智能变电站试验与调试实用技术

《智能变电站试验与调试实用技术》编委会　编

中国水利水电出版社
www.waterpub.com.cn
·北京·

内 容 提 要

为实现国家电网公司"坚强智能电网"发展战略,建设好作为坚强智能电网重要基础和支撑的智能变电站,本书编委会依据国家及行业标准,特别是国家电网公司的企业标准,组织众多专家学者和一线试验调试人员编写了本书。本书共分 3 篇:第一篇为智能变电站技术;第二篇为智能变电站试验;第三篇为智能变电站调试。

本书可供智能变电站设计、施工安装、调试、试验、运维检修人员阅读,也可作为变电运行、继电保护等工种的岗位培训和职业技能鉴定教材,还可作为高等院校相关专业的辅导教材。

图书在版编目(CIP)数据

智能变电站试验与调试实用技术 / 《智能变电站试验与调试实用技术》编委会编. -- 北京 : 中国水利水电出版社,2017.11
ISBN 978-7-5170-6049-9

Ⅰ. ①智… Ⅱ. ①智… Ⅲ. ①智能系统-变电所-试验②智能系统-变电所-调试方法 Ⅳ. ①TM63

中国版本图书馆CIP数据核字(2017)第281648号

书 名	智能变电站试验与调试实用技术 ZHINENG BIANDIANZHAN SHIYAN YU TIAOSHI SHIYONG JISHU
作 者	《智能变电站试验与调试实用技术》编委会 编
出版发行	中国水利水电出版社 (北京市海淀区玉渊潭南路 1 号 D 座　100038) 网址:www.waterpub.com.cn E-mail:sales@waterpub.com.cn 电话:(010)68367658(营销中心)
经 售	北京科水图书销售中心(零售) 电话:(010)88383994、63202643、68545874 全国各地新华书店和相关出版物销售网点
排 版	中国水利水电出版社微机排版中心
印 刷	北京市密东印刷有限公司
规 格	184mm×260mm　16 开本　42.5 印张　1008 千字
版 次	2017 年 11 月第 1 版　2017 年 11 月第 1 次印刷
定 价	**198.00 元**

《智能变电站试验与调试实用技术》
编 委 会 名 单

主　　任：刘劲松

副 主 任：开赛江

委　　员：白　伟　　张龙钦　　乔西庆　　车　勇　　王修江
　　　　　吕新东　　陈海东　　张　健　　毕雪昱　　王宇辉
　　　　　肖　伟　　李吉文　　张惠玲　　杨新猛　　米和勇
　　　　　于　勇

主　　编：杨新猛

主　　审：乔西庆　　吕新东

编写人员：姚　晖　　高秋生　　周健敏　　盛建星　　贾　鹏
　　　　　宋焕东　　苗松虎　　金晓兵　　陈舒理　　胡　兵
　　　　　谭小刚　　贾逸豹　　李　强　　牛　志　　李树兵
　　　　　刘　毅　　孔　文　　张起福　　梁　慧　　曹　军
　　　　　焦　傲　　曹光辉　　王龙龙　　丁赞成　　张辉疆
　　　　　徐世玉　　尹　涛　　魏　强　　李家勇　　王克侠
　　　　　殷章桃　　刘跃辉　　陈新海　　席金星　　熊　坤
　　　　　杨新杰　　杨　玲

前言
FOREWORD

　　智能化是当今社会发展的必然方向，电力行业也不例外，近些年出现了世界范围的智能电网建设高潮。国家电网公司顺应发展潮流，在2009年5月于北京召开的"2009特高压输电技术国际会议"上正式向外界公布了我国"坚强智能电网"发展战略。与此同时大规模地展开了坚强智能电网课题及相关课题的研究和实践，取得了丰硕成果。

　　智能变电站是坚强智能电网的重要基础和支撑，是电网运行数据的采集源头和命令执行单元，是统一坚强智能电网安全、优质、经济运行的重要保障。与常规变电站相比，智能变电站有了质的变化。IEC 61850标准体系、电子式互感器、智能化二次设备、光纤物理回路、逻辑虚回路、一体化监控系统等大量新技术和新设备的应用使得以往的经验和方法成为过去时，给电力职工特别是电网二次专业人员带来了新的挑战，急需大批掌握智能变电站相关技术和技能的员工充实到建设坚强智能电网的行列中来。

　　为实现国家电网公司"坚强智能电网"发展战略，建设好作为坚强智能电网重要基础和支撑的智能变电站，本书编委会依据国家及行业标准，特别是国家电网公司的企业标准，组织众多专家学者和一线试验调试人员编写了本书，希望能对智能变电站的建设、试验、调试及运行、维护、检修工作起到积极作用，保障智能变电站顺利投运和安全稳定运行。

　　本书共分3篇：第一篇为智能变电站技术；第二篇为智能变电站试验；第三篇为智能变电站调试。第一篇有9章，分别是智能变电站概述，智能变电站智能装置，智能变电站网络交换机和网络报文装置，新建智能变电站设计，智能变电站模块化建设，智能变电站自动化体系，智能变电站一体化监控系统，智能变电站在线监测，智能变电站继电保护及相关设备。第二篇有6章，分别是智能变电站站用交直流一体化电源系统功能、技术要求和试验，智能变电站站用交直流一体化电源交接验收，智能变电站一次设备性能及试验要求，智能变电站数字化继电保护试验，智能变电站网络测试，智能变电站工厂验收。第三篇有13章，分别是智能变电站二次系统现场调试作业过程及要求，智能变电站二次系统信息模型校验要求，智能变电站自动化系统现场调试，智能变电站保护测控一体化装置，智能变电站RCS－915系列母线保护装置现场调试，电力系统同步相量测量装置（PMU）测试技术，智能变电站合并单元测试，电力系统二次设备SPD防雷技术，智能变电站现场工作安全措施，智能变电站自动化系统现场验收，变电站智能化改造，变电站智能化改造工程验收，智能变电站顺序控制和智能设备运维检修。本书还有三个附录，分别是智能变电站相关术语、智能变电站相关缩略语、智能变电站相关技术标准。

参加本书编写的还有王晋生、王源、李禹萱、李佳辰、王雪、杜松岩、李军华、张帆、胡中流等。

在本书编写过程中，得到了新疆送变电有限公司的高度重视并给予大力支持，同时得到了南瑞继保、北京四方等公司的大力支持与帮助，参考了近年来最新的技术标准、相关资料以及书末所列参考文献，在此谨向以上单位和相关文献编著者一并表示衷心的感谢。

由于智能变电站在我国还处于刚刚起步阶段，加上作者水平有限，书中难免有疏漏和不足之处，恳请读者批评指正。

作者

2017年10月

目录
CONTENTS

前言

第一篇　智能变电站技术　1

第一章　智能变电站概述 ………………………………………………………………… 3

第一节　智能电网 ……………………………………………………………………… 3

一、坚强智能电网计划、内涵和特征 ……………………………………………… 3

二、坚强智能电网体系构成 ………………………………………………………… 4

三、智能变电站是智能电网重要组成部分 ………………………………………… 4

第二节　智能变电站技术要求 ……………………………………………………… 5

一、智能变电站技术原则 …………………………………………………………… 5

二、智能变电站体系结构 …………………………………………………………… 6

三、智能变电站设备功能要求 ……………………………………………………… 7

四、智能变电站系统功能要求 ……………………………………………………… 8

五、智能变电站辅助设施功能要求 ………………………………………………… 9

六、智能变电站设计要求 …………………………………………………………… 10

七、智能变电站调试、验收与运行维护要求 ……………………………………… 10

八、智能变电站的检测评估 ………………………………………………………… 11

第三节　我国智能变电站发展目标 ………………………………………………… 12

一、组网技术进一步发展 …………………………………………………………… 12

二、可视化设计技术成为发展方向 ………………………………………………… 12

三、模块化与可装配式变电站成为可能 …………………………………………… 12

四、海量信息与高度集成的自动化系统 …………………………………………… 12

五、实现分布式变电站与变电站集群绿色环保能源供应方式 …………………… 13

六、电网层面的在线监测与评估实现变电站运行风险预警 ……………………… 13

七、智能化诊断与一键式运维检修管理实现电网自愈 …………………………… 13

第二章　智能变电站智能装置 ………………………………………………………… 15

第一节　智能变电站智能控制柜 …………………………………………………… 15

　　一、技术要求 ……………………………………………………………… 15

　　二、技术服务 ……………………………………………………………… 18

第二节　智能变电站间隔层设备中的测控单元 …………………………… 19

　　一、使用环境条件 ………………………………………………………… 19

　　二、主要技术指标 ………………………………………………………… 19

　　三、性能要求 ……………………………………………………………… 21

　　四、安装要求 ……………………………………………………………… 22

　　五、技术服务 ……………………………………………………………… 22

第三节　智能变电站智能终端 ……………………………………………… 23

　　一、主要技术指标 ………………………………………………………… 23

　　二、主要性能要求 ………………………………………………………… 25

　　三、安装要求 ……………………………………………………………… 26

　　四、技术服务 ……………………………………………………………… 27

第四节　智能变电站合并单元 ……………………………………………… 27

　　一、基本技术条件 ………………………………………………………… 27

　　二、主要功能要求 ………………………………………………………… 29

　　三、安装要求和技术服务 ………………………………………………… 31

第三章　智能变电站网络交换机和网络报文装置 ………………………… 32

第一节　网络交换机 ………………………………………………………… 32

　　一、主要技术指标 ………………………………………………………… 32

　　二、主要性能要求 ………………………………………………………… 34

　　三、安装要求 ……………………………………………………………… 36

　　四、技术服务 ……………………………………………………………… 37

第二节　智能变电站网络报文记录及分析装置 …………………………… 37

　　一、对网络报文记录及分析装置的基本要求 …………………………… 37

　　二、技术要求 ……………………………………………………………… 38

　　三、检验规则 ……………………………………………………………… 42

　　四、技术服务 ……………………………………………………………… 42

　　五、网络报文记录分析装置报文文件格式（PCAP） …………………… 43

第四章　新建智能变电站设计 ……………………………………………… 46

第一节　智能变电站设计应遵循的原则 …………………………………… 46

第二节　智能变电站总体布置要求 ………………………………………… 46

　　一、变电站布置 …………………………………………………………… 46

　　二、土建 …………………………………………………………………… 46

第三节　智能变电站电气一次部分 ………………………………………… 47

　　一、智能设备 ……………………………………………………………… 47

　　二、互感器 ………………………………………………………………… 49

三、设备状态监测 ……………………………………………………… 51

第四节 智能变电站二次部分 …………………………………………… 52

一、一般规定 …………………………………………………………… 52

二、变电站自动化系统 ………………………………………………… 53

三、其他二次系统 ……………………………………………………… 64

四、二次设备组柜 ……………………………………………………… 65

五、二次设备布置 ……………………………………………………… 67

六、光/电缆选择 ……………………………………………………… 67

七、智能变电站智能装置 GOOSE 虚端子配置 ……………………… 68

八、防雷、接地和抗干扰 ……………………………………………… 68

第五节 智能变电站高级功能要求和辅助设施功能要求 …………… 69

一、高级功能要求 ……………………………………………………… 69

二、辅助设施功能要求 ………………………………………………… 69

第五章 智能变电站模块化建设 ………………………………………… 70

第一节 智能变电站模块化建设技术 ………………………………… 70

一、智能变电站模块化建设的意义和技术原则 ……………………… 70

二、装配范围和型式 …………………………………………………… 71

三、电气一次 …………………………………………………………… 71

四、二次系统 …………………………………………………………… 72

五、土建部分 …………………………………………………………… 75

第二节 预制舱式二次组合设备 ……………………………………… 78

一、基本技术条件 ……………………………………………………… 78

二、预制舱式二次组合设备典型模块 ………………………………… 85

三、主要性能要求 ……………………………………………………… 86

四、试验 ………………………………………………………………… 89

五、运输及吊装 ………………………………………………………… 89

六、技术服务 …………………………………………………………… 90

第三节 预制光缆 ……………………………………………………… 90

一、表示方法与结构 …………………………………………………… 90

二、基本技术条件 ……………………………………………………… 92

三、技术要求 …………………………………………………………… 92

四、敷设及安装 ………………………………………………………… 97

五、检验与检测 ………………………………………………………… 97

六、包装、运输和储存 ………………………………………………… 98

第四节 预制电缆 ……………………………………………………… 100

一、预制电缆表示与结构 ……………………………………………… 100

二、基本技术条件 ……………………………………………………… 100

三、预制电缆技术要求 ·· 102

四、预制电缆主要性能指标 ·· 104

五、检验与检测 ·· 105

六、包装、运输和储存 ·· 109

第六章　智能变电站自动化体系 ·· 111

第一节　智能变电站自动化系统构成和分类原则 ························· 111

一、实现智能变电站大自动化体系的意义 ······························ 111

二、智能变电站自动化系统结构 ·· 111

三、网络结构 ·· 111

四、硬件设备 ·· 111

五、软件系统 ·· 113

第二节　网络通信和数据采集控制 ····································· 113

一、网络通信 ·· 113

二、数据采集与控制 ·· 117

第三节　分析应用功能和调试检修 ····································· 119

一、分析应用功能 ·· 119

二、调试检修 ·· 122

第四节　运行管理功能和性能指标 ····································· 123

一、运行管理功能 ·· 123

二、智能变电站自动化系统性能指标 ···································· 126

第五节　其他要求 ··· 127

一、场地与环境 ·· 127

二、防雷与接地 ·· 127

第六节　试验与验收 ··· 128

第七章　智能变电站一体化监控系统 ···································· 129

第一节　智能变电站一体化监控系统功能 ······························ 129

一、基本原则 ·· 129

二、数据采集 ·· 129

三、运行监视 ·· 131

四、操作与控制 ·· 133

五、信息综合分析与智能告警 ·· 136

六、运行管理 ·· 143

七、辅助应用 ·· 144

八、信息传输 ·· 145

第二节　智能变电站一体化监控系统建设 ······························ 147

一、智能变电站一体化监控系统建设的技术原则 ·························· 147

二、智能变电站一体化管控体系架构 ···································· 147

三、智能变电站一体化监控系统功能要求 ·················· 148

四、应用功能数据流向 152

五、智能变电站一体化监控系统结构 ·················· 154

六、智能变电站一体化监控系统配置 157

七、数据采集与信息传输 ·················· 160

八、二次系统安全防护 ·················· 160

第八章　智能变电站在线监测 ·················· 162

第一节　智能变电站在线监测系统 ·················· 162

一、技术原则 ·················· 162

二、系统架构 ·················· 162

三、监测系统选用与配置原则 ·················· 164

四、功能要求 ·················· 166

五、通信要求 ·················· 167

六、技术要求 ·················· 167

七、在线监测系统的试验、调试、验收 ·················· 168

八、变电设备状态监测数据接入规范 ·················· 169

第二节　智能变电站在线监测装置 ·················· 175

一、工作条件 ·················· 175

二、技术要求 ·················· 175

三、试验 ·················· 179

四、检验规则 ·················· 182

五、标志、包装、运输、储存 ·················· 184

第三节　基于 DL/T 860 标准的变电设备在线监测逻辑节点和模型创建 ·················· 185

一、在线监测逻辑节点定义 ·················· 185

二、在线监测设备建模总体要求 ·················· 213

三、在线监测设备建模原则 ·················· 213

四、LN 实例建模 ·················· 215

五、服务 ·················· 222

六、配置 ·················· 224

七、测试 ·················· 225

第九章　智能变电站继电保护及相关设备 ·················· 227

第一节　智能变电站继电保护技术基本要求 ·················· 227

第二节　继电保护及相关设备配置要求 ·················· 228

一、一般要求 ·················· 228

二、具体要求 ·················· 228

第三节　继电保护装置及相关设备技术要求 ·················· 231

一、继电保护装置技术要求 ·················· 231

二、相关设备技术要求 ……………………………………………………………… 232

第四节　继电保护信息交互原则 …………………………………………………… 236

一、信息交互要求 ………………………………………………………………… 236

二、信息交互内容 ………………………………………………………………… 236

三、站控层相关设备的要求 ……………………………………………………… 237

第五节　继电保护就地化实施原则 ………………………………………………… 237

第六节　支持通道可配置的扩展 IEC 60044-8 协议帧格式 …………………… 238

一、链路层 ………………………………………………………………………… 238

二、应用层 ………………………………………………………………………… 241

三、可配置的采样通道映射 ……………………………………………………… 246

四、IEC 61850-9-2 点对点传输的额定延迟时间 …………………………… 250

第七节　3/2 接线形式继电保护实施方案 ………………………………………… 250

一、线路保护配置方案 …………………………………………………………… 250

二、断路器保护和短引线保护配置方案 ………………………………………… 251

三、变压器保护配置方案 ………………………………………………………… 252

四、母线保护配置方案 …………………………………………………………… 254

五、高压并联电抗器保护配置方案 ……………………………………………… 254

六、GOOSE 网及 SV 网组网方案 ……………………………………………… 256

七、合并单元技术方案 …………………………………………………………… 256

八、智能终端技术方案 …………………………………………………………… 257

第八节　220kV 及以上变电站双母线接线型式继电保护实施方案 …………… 260

一、220kV 线路保护 ……………………………………………………………… 260

二、母线保护 ……………………………………………………………………… 260

三、变压器保护 …………………………………………………………………… 260

四、220kV 母联（分段）保护 …………………………………………………… 262

五、110kV 线路保护 ……………………………………………………………… 263

六、66kV、35kV 及以下间隔保护 ……………………………………………… 263

第九节　110(66)kV 变电站继电保护实施方案 …………………………………… 265

一、线路保护 ……………………………………………………………………… 265

二、变压器保护 …………………………………………………………………… 265

三、分段（母联）保护 …………………………………………………………… 266

四、35kV 及以下电压等级间隔保护 …………………………………………… 266

第十节　智能变电站继电保护设备的命名规则 …………………………………… 268

一、线路保护命名规则 …………………………………………………………… 268

二、线路保护相关辅助、接口设备命名规则 …………………………………… 268

三、远跳保护命名规则 …………………………………………………………… 268

四、远跳保护相关辅助、接口设备命名规则 …………………………………… 268

五、母线、发变组、发电机、变压器、电抗器、电容器、断路器、短引线保护命名规则 …… 268

六、静止型动态无功补偿设备（SVC）保护命名规则 ……………………………… 268

七、滤波器保护命名规则 …………………………………………………………………… 268

八、断路器操作箱命名规则 ………………………………………………………………… 269

九、电压并列装置命名规则 ………………………………………………………………… 269

十、电压切换装置命名规则 ………………………………………………………………… 269

十一、故障录波器、故障测距装置命名规则 ……………………………………………… 269

第二篇　智能变电站试验 2

第一章　智能变电站站用交直流一体化电源系统功能、技术要求和试验 …………… 273

第一节　基本技术条件 ……………………………………………………………………… 273

一、环境条件 ………………………………………………………………………………… 273

二、主要性能指标 …………………………………………………………………………… 273

第二节　系统组成和系统功能要求 ………………………………………………………… 276

一、系统组成 ………………………………………………………………………………… 276

二、系统功能要求 …………………………………………………………………………… 276

第三节　站用交直流一体化电源技术要求 ………………………………………………… 276

一、交流电源技术要求 ……………………………………………………………………… 276

二、直流电源技术要求 ……………………………………………………………………… 277

三、交流不间断电源（逆变电源）的技术要求 …………………………………………… 279

四、直流变换电源装置的技术要求 ………………………………………………………… 281

五、变电站用交直流一体化电源系统总监控装置的要求 ………………………………… 282

第四节　结构及元器件要求 ………………………………………………………………… 289

一、结构要求 ………………………………………………………………………………… 289

二、元器件的要求 …………………………………………………………………………… 290

第五节　站用交直流一体化系统试验 ……………………………………………………… 290

一、站用交直流一体化电源系统设备参数 ………………………………………………… 290

二、试验 ……………………………………………………………………………………… 293

第六节　技术服务 …………………………………………………………………………… 295

一、运输与安装要求 ………………………………………………………………………… 295

二、技术服务 ………………………………………………………………………………… 295

第二章　智能变电站站用交直流一体化电源交接验收 ………………………………… 297

第一节　通用要求 …………………………………………………………………………… 297

一、外观检查 ………………………………………………………………………………… 297

二、绝缘电阻试验 …………………………………………………………………………… 297

第二节　交流电源 …………………………………………………………………………… 298

一、站用交流电源 ··· 298

二、交流不间断电源（UPS） ··· 298

第三节 直流电流 ··· 298

一、蓄电池 ··· 298

二、充电单元 ··· 299

三、通信用直流变换电源 ··· 299

四、直流电源供电能力试验 ·· 300

第四节 监控模块 ··· 300

一、一般要求 ··· 300

二、监测功能 ··· 300

三、报警功能 ··· 301

第五节 资料审查和提交 ·· 302

一、资料审查 ··· 302

二、资料提交 ··· 302

第六节 交接验收及记录 ·· 302

第三章 智能变电站一次设备性能及试验要求 ························· 306

第一节 总体要求 ··· 306

第二节 智能变电站变压器技术性能和试验 ······························· 306

一、变压器本体 ··· 306

二、传感器 ··· 307

三、智能组件 ··· 307

四、配置 ··· 307

五、变压器试验 ··· 307

第三节 智能变电站高压开关设备技术性能和试验 ······················ 309

一、高压开关设备本体 ··· 309

二、传感器 ··· 310

三、智能组件 ··· 310

四、配置 ··· 310

五、高压开关设备试验 ··· 310

第四节 智能变电站互感器技术性能和试验 ································ 312

一、技术性能 ··· 312

二、电子式互感器试验 ··· 312

第五节 智能变电站避雷器技术性能 ·· 314

第四章 智能变电站数字化继电保护试验 ······························· 316

第一节 测试仪器和测试前准备 ·· 316

一、测试仪器 ··· 316

二、测试前准备 ··· 316

第二节 软件设置 ……………………………………………………………… 316

一、手动设置 ……………………………………………………………… 316

二、自动设置 ……………………………………………………………… 317

第三节 测试 …………………………………………………………………… 317

第四节 保护定值校验 ……………………………………………………… 317

一、差动保护 ……………………………………………………………… 317

二、距离保护 ……………………………………………………………… 318

三、零序保护 ……………………………………………………………… 318

四、TA 断线 ………………………………………………………………… 319

五、工频变化量距离 ……………………………………………………… 319

六、TV 断线过流 …………………………………………………………… 319

七、距离加速保护（以距离Ⅲ段加速为例，时间 0.8s） ……………… 319

第五节 继电保护装置 GOOSE 压力测试 ………………………………… 320

一、测试目的 ……………………………………………………………… 320

二、测试方法 ……………………………………………………………… 320

第五章 智能变电站网络测试 ………………………………………………… 321

第一节 网络测试目的和网络流量估算 …………………………………… 321

一、网络测试目的 ………………………………………………………… 321

二、网络流量估算 ………………………………………………………… 321

三、网络流量压力对 PTP 授时系统影响的测试 ………………………… 321

第二节 工业以太网交换机测试检查 ……………………………………… 322

一、交换机基本测试检查项目 …………………………………………… 322

二、交换机功能手段测试 ………………………………………………… 322

三、单机调试中交换机应检查项目 ……………………………………… 323

四、智能变电站工业以太网交换机吞吐量测试 ………………………… 325

五、智能变电站工业以太网交换机优先级队列测试 …………………… 325

六、智能变电站工业以太网交换机转发率测试 ………………………… 327

七、智能变电站合并单元网络环境影响试验 …………………………… 327

八、交换机网络风暴抑制功能测试 ……………………………………… 328

第三节 智能变电站过程层、站控层网络压力测试 ……………………… 328

一、智能变电站过程层网络压力测试 …………………………………… 328

二、智能变电站站控层网络压力测试 …………………………………… 329

第六章 智能变电站工厂验收 ………………………………………………… 330

第一节 工厂验收应具备条件 ……………………………………………… 330

第二节 工厂验收的组织和原则 …………………………………………… 330

一、智能变电站工厂验收的组织 ………………………………………… 330

二、智能变电站工厂验收的原则 ………………………………………… 331

第三节　智能变电站工厂验收的主要项目 ……………………………………… 331

一、设备验收及资料审查 ………………………………………………… 331

二、监控后台验收测试 …………………………………………………… 331

三、过程层设备验收测试 ………………………………………………… 331

四、网络设备验收测试 …………………………………………………… 332

五、间隔层设备验收测试 ………………………………………………… 332

六、系统性能测试 ………………………………………………………… 334

第三篇　智能变电站调试 3

第一章　智能变电站二次系统现场调试作业过程及要求 ……………………… 337

第一节　总体要求和调试过程控制 ………………………………………… 337

一、总体要求 ……………………………………………………………… 337

二、调试过程控制 ………………………………………………………… 337

第二节　调试作业准备 ……………………………………………………… 338

一、范围与要求 …………………………………………………………… 338

二、调试条件 ……………………………………………………………… 339

三、设备检查 ……………………………………………………………… 339

四、系统配置检查 ………………………………………………………… 339

第三节　单体设备调试 ……………………………………………………… 340

一、范围与要求 …………………………………………………………… 340

二、站控层设备 …………………………………………………………… 340

三、网络及间隔层公用设备 ……………………………………………… 341

四、间隔层设备 …………………………………………………………… 343

五、过程层设备 …………………………………………………………… 344

第四节　分系统功能调试 …………………………………………………… 345

一、范围与要求 …………………………………………………………… 345

二、保护与安自 …………………………………………………………… 346

三、测控及监控 …………………………………………………………… 347

四、告警直传及远动 ……………………………………………………… 347

五、电能计量 ……………………………………………………………… 347

六、PMU 相量测量 ……………………………………………………… 348

七、一体化电源 …………………………………………………………… 348

八、在线监测 ……………………………………………………………… 348

九、辅助控制 ……………………………………………………………… 348

第五节　系统联调 …………………………………………………………… 349

一、范围与要求 ……………………………………………………………… 349

二、数据采集 ………………………………………………………………… 349

三、操作与控制 ……………………………………………………………… 349

四、高级应用 ………………………………………………………………… 349

五、运行管理与信息传输 …………………………………………………… 350

第六节　送电试验 …………………………………………………………… 350

第七节　调试资料 …………………………………………………………… 350

一、调试报告 ………………………………………………………………… 350

二、资料移交 ………………………………………………………………… 350

第八节　调试模型 …………………………………………………………… 351

一、精密时间信息检测 ……………………………………………………… 351

二、合并单元采样值转换性能校验 ………………………………………… 352

三、智能终端实时响应性能检测 …………………………………………… 352

四、同步采样与时间失步试验 ……………………………………………… 353

五、交流同步采样全站一致性试验 ………………………………………… 354

六、一体化监控与视频联动试验 …………………………………………… 354

第二章　智能变电站二次系统信息模型校验要求 ………………………… 356

第一节　校验总则 …………………………………………………………… 356

一、校验目的 ………………………………………………………………… 356

二、校验原则 ………………………………………………………………… 356

三、校验结果划分原则 ……………………………………………………… 356

四、校验指标要求 …………………………………………………………… 356

第二节　校验流程 …………………………………………………………… 357

第三节　校验项目和要求 …………………………………………………… 357

一、模型标准化校验 ………………………………………………………… 358

二、工程应用模型规范化校验 ……………………………………………… 361

三、模型动态校验 …………………………………………………………… 363

四、不同 ICD 模型文件之间的一致性校验 ………………………………… 363

五、同一工程不同类型模型文件的一致性校验 …………………………… 364

第四节　校验方法 …………………………………………………………… 364

第三章　智能变电站自动化系统现场调试 ………………………………… 365

第一节　自动化系统现场调试内容 ………………………………………… 365

一、站内网络系统调试 ……………………………………………………… 365

二、计算机监控系统调试 …………………………………………………… 365

三、继电保护系统调试 ……………………………………………………… 366

四、远动通信系统调试 ……………………………………………………… 366

五、电能量信息管理系统调试 ……………………………………………… 367

六、全站同步对时系统调试 ………………………………………………… 367

七、网络状态监测系统调试 ………………………………………………… 368

八、不间断电源系统调试 …………………………………………………… 368

九、二次系统安全防护调试 ………………………………………………… 368

十、采样值系统调试 ………………………………………………………… 369

第二节　自动化系统现场调试管理 ……………………………………………… 369

一、调试流程和调试组织 …………………………………………………… 369

二、现场调试应具备的要求 ………………………………………………… 370

三、资料移交和带负荷试验 ………………………………………………… 370

第三节　智能变电站网络报文记录及分析装置检测 ………………………… 371

一、检测条件 ………………………………………………………………… 371

二、一般功能检测 …………………………………………………………… 371

三、性能检测 ………………………………………………………………… 373

四、监视与分析功能检测 …………………………………………………… 374

五、数据分析功能检测 ……………………………………………………… 376

六、数据管理功能检测 ……………………………………………………… 377

七、时间同步检测 …………………………………………………………… 377

八、电源影响检测 …………………………………………………………… 378

九、功率消耗检测 …………………………………………………………… 379

十、温度影响检测 …………………………………………………………… 379

十一、绝缘性能检测 ………………………………………………………… 379

十二、湿热性能检测 ………………………………………………………… 379

十三、机械性能检测 ………………………………………………………… 380

十四、电磁兼容性能检测 …………………………………………………… 380

十五、稳定性检测 …………………………………………………………… 382

十六、检验分类 ……………………………………………………………… 382

第四章　智能变电站保护测控一体化装置 …………………………………… 384

第一节　基本技术条件 …………………………………………………………… 384

一、使用环境条件 …………………………………………………………… 384

二、主要技术指标 …………………………………………………………… 384

三、装置硬件要求 …………………………………………………………… 387

四、装置软件要求 …………………………………………………………… 388

第二节　性能要求 ………………………………………………………………… 388

一、技术要求 ………………………………………………………………… 388

二、220～750kV 智能变电站保护测控一体化装置测控功能要求 ……… 390

三、220～750kV 智能变电站保护测控一体化装置保护功能要求 ……… 391

四、110kV 智能变电站保护测控一体化装置功能要求 ………………… 392

　　五、35kV智能变电站保护测控一体化装置功能要求 ·············· 395

　　六、安装要求 ··· 397

　第三节　试验检验 ··· 397

　　一、一般要求 ··· 397

　　二、型式试验 ··· 398

　　三、出厂检验 ··· 398

　　四、动模试验 ··· 398

　　五、现场检验 ··· 399

　　六、抽样检验 ··· 399

　第四节　技术服务 ··· 399

　　一、应提供的技术文件 ··· 399

　　二、应提供的资料 ··· 400

第五章　智能变电站 RCS - 915 系列母线保护装置现场调试 ·········· 401

　第一节　RCS - 915 系列母线保护装置现场调试工作流程 ··········· 401

　第二节　RCS - 915 系列母线保护装置配置文件检查 ··············· 402

　　一、调试目的和要求 ··· 402

　　二、调试工作内容 ··· 402

　　三、调试方法 ··· 402

　第三节　RCS - 915 系列母线保护装置光纤通道检查 ··············· 408

　　一、调试目的和要求 ··· 408

　　二、调试工作内容 ··· 409

　　三、调试方法 ··· 409

　第四节　RCS - 915 系列母线保护装置通道状态监测功能检查 ······· 409

　　一、调试目的和要求 ··· 409

　　二、调试工作内容 ··· 409

　　三、调试方法 ··· 410

　第五节　RCS - 915 系列母线保护装置 GOOSE 开入/开出检查 ······ 410

　　一、调试目的和要求 ··· 410

　　二、调试工作内容 ··· 411

　　三、调试方法 ··· 412

　第六节　RCS - 915 系列母线保护装置采样值特性检查 ············· 423

　　一、调试目的和要求 ··· 423

　　二、调试工作内容 ··· 424

　　三、采样正确性检查调试方法 ··································· 425

　　四、双 AD 采样特性检查调试方法 ······························ 426

　　五、SV 压板功能检查调试方法 ································· 427

　　六、SV 品质异常闭锁功能检查调试方法 ························ 428

七、报文异常情况下装置响应检查调试方法 ………………………………… 428

八、检修闭锁特性检查调试方法 …………………………………………… 431

第七节 母线保护整组试验 ……………………………………………………… 432

一、调试目的和要求 ………………………………………………………… 432

二、调试工作内容 …………………………………………………………… 433

三、调试方法 ………………………………………………………………… 434

第六章 电力系统同步相量测量装置（PMU）测试技术 ……………………… 439

第一节 电力系统同步相量 ……………………………………………………… 439

一、相量表示和同步相量 …………………………………………………… 439

二、同步相量矢量误差 ……………………………………………………… 439

第二节 PMU 装置应用性能测试平台 …………………………………………… 440

一、测试平台分类 …………………………………………………………… 440

二、静态性能测试平台 ……………………………………………………… 440

三、比对试验测试平台 ……………………………………………………… 442

四、动态波形回放测试平台 ………………………………………………… 442

五、高性能标准源测试 ……………………………………………………… 443

第三节 型式试验 ………………………………………………………………… 445

一、试验条件和测试方法 …………………………………………………… 445

二、测试内容 ………………………………………………………………… 445

第四节 出厂试验 ………………………………………………………………… 446

一、试验条件和测试方法 …………………………………………………… 446

二、测试内容 ………………………………………………………………… 446

第五节 现场验收试验 …………………………………………………………… 447

一、现场验收试验条件和测试方法 ………………………………………… 447

二、测试内容 ………………………………………………………………… 447

三、试验步骤 ………………………………………………………………… 448

四、试验验收安全注意事项 ………………………………………………… 449

第六节 试验方法 ………………………………………………………………… 449

一、外观检查 ………………………………………………………………… 449

二、时钟同步性检测 ………………………………………………………… 449

三、回路检测 ………………………………………………………………… 451

四、规约测试 ………………………………………………………………… 451

五、功能检查 ………………………………………………………………… 452

六、精度测试 ………………………………………………………………… 453

七、数据传输延时测试 ……………………………………………………… 458

八、触发启动测试 …………………………………………………………… 458

九、装置接线的正确性检查 ………………………………………………… 459

十、系统联试 ……………………………………………………………………… 460

十一、信息配置和定值整定检查 ……………………………………………… 460

十二、电磁兼容测试 ……………………………………………………………… 460

第七节 误差分析方法 ………………………………………………………… 462

一、相对误差 ……………………………………………………………………… 462

二、绝对误差 ……………………………………………………………………… 462

三、测量误差的标准偏差 σ ………………………………………………… 462

四、矢量误差 ……………………………………………………………………… 463

第七章 智能变电站合并单元测试 …………………………………………… 464

第一节 测试环境和试验分类 ………………………………………………… 464

一、测试环境 ……………………………………………………………………… 464

二、试验分类 ……………………………………………………………………… 464

第二节 测试内容 ……………………………………………………………… 465

一、DL/T 860 一致性测试 ……………………………………………………… 465

二、准确度测试 …………………………………………………………………… 466

三、实时性与完整性测试 ………………………………………………………… 468

四、合并单元的时钟误差测试 …………………………………………………… 469

五、网络流量干扰测试 …………………………………………………………… 470

六、其他功能测试 ………………………………………………………………… 471

第三节 合并单元与 ECT/EVT 的接口 ……………………………………… 472

一、异步方式传输 ………………………………………………………………… 472

二、帧结构的说明 ………………………………………………………………… 477

第八章 电力系统二次设备 SPD 防雷技术 ………………………………… 480

第一节 电力系统二次设备 SPD 基本要求和设置 ………………………… 480

一、基本要求 ……………………………………………………………………… 480

二、SPD 的设置 …………………………………………………………………… 480

第二节 接地与屏蔽 …………………………………………………………… 480

一、接地 …………………………………………………………………………… 480

二、屏蔽 …………………………………………………………………………… 481

第三节 SPD 配置原则与基本参数要求 …………………………………… 481

一、SPD 配置原则 ………………………………………………………………… 481

二、电源系统的 SPD 配置与基本参数要求 …………………………………… 481

三、信号系统的 SPD 配置与基本参数要求 …………………………………… 484

第四节 SPD 安装 ……………………………………………………………… 485

一、电源用 SPD 安装 …………………………………………………………… 485

二、信号用 SPD 安装 …………………………………………………………… 485

第五节 竣工验收、运行维护检测 …………………………………………… 485

一、竣工验收 ………………………………………………………………… 485

二、运行维护检测 ……………………………………………………………… 486

第九章　智能变电站现场工作安全措施………………………………………… 487

第一节　智能变电站自动化系统现场工作安全措施 …………………………… 487

一、智能变电站自动化系统现场工作总体要求 ……………………………… 487

二、自动化系统现场工作管控措施 …………………………………………… 488

三、自动化系统现场工作安全措施示例 ……………………………………… 492

第二节　智能变电站保护及安自装置检修安全措施及压板投退原则 ………… 494

一、保护装置检修安全措施实施及压板投退总体原则 ……………………… 494

二、一次设备在运行状态下不同工作情况保护装置检修安措实施及压板投退原则 … 495

三、一次设备停电时不同工作情况保护装置检修安措实施及压板投退原则 … 497

四、其他 ………………………………………………………………………… 498

第三节　继电保护、电网安全自动装置和相关二次回路现场工作安全技术措施 … 499

一、基本要求 …………………………………………………………………… 499

二、现场工作前准备 …………………………………………………………… 499

三、现场工作进行中安全技术措施 …………………………………………… 501

四、现场工作结束 ……………………………………………………………… 504

第十章　智能变电站自动化系统现场验收……………………………………… 505

第一节　验收原则和验收依据 ………………………………………………… 505

一、验收原则 …………………………………………………………………… 505

二、验收依据 …………………………………………………………………… 505

第二节　验收组织管理 ………………………………………………………… 506

一、验收组织 …………………………………………………………………… 506

二、验收职责分工 ……………………………………………………………… 506

三、验收流程 …………………………………………………………………… 506

第三节　通用验收项目 ………………………………………………………… 507

一、系统和设备完整性检查 …………………………………………………… 507

二、资料检查 …………………………………………………………………… 507

三、外观和接线检查 …………………………………………………………… 507

四、工作电源检查 ……………………………………………………………… 507

五、抗干扰措施检查 …………………………………………………………… 507

第四节　分系统专用验收项目 ………………………………………………… 507

一、计算机监控系统 …………………………………………………………… 507

二、同步相量测量装置（PMU） ……………………………………………… 508

三、调度数据网络及二次安全防护 …………………………………………… 508

四、时钟同步系统 ……………………………………………………………… 509

五、电量采集系统 ……………………………………………………………… 509

　　第五节　现场验收实施细则 ·· 509
　　　一、计算机监控系统现场验收实施细则 ·························· 509
　　　二、相量测量装置（PMU）现场验收实施细则 ·················· 509
　　　三、调度数据网络及二次安全防护现场验收实施细则 ············ 514
　　　四、时钟同步装置现场验收实施细则 ·························· 514
　　　五、电量采集系统现场验收实施细则 ·························· 515

第十一章　变电站智能化改造 ·· 516
　　第一节　变电站智能化改造基本原则和选择条件 ···················· 516
　　　一、变电站智能化改造的基本原则 ···························· 516
　　　二、变电站智能化改造的选择条件 ···························· 516
　　第二节　智能化改造变电站的技术要求 ···························· 517
　　　一、总体要求 ··· 517
　　　二、一次设备智能化改造 ···································· 521
　　　三、智能组件 ··· 521
　　　四、监控一体化系统功能 ···································· 522
　　　五、辅助系统智能化 ·· 523
　　第三节　变电站智能化改造标准化设计 ···························· 525
　　　一、基本要求 ··· 525
　　　二、变电站自动化系统改造 ·································· 525
　　　三、变电站继电保护改造 ···································· 528
　　　四、变电站一次设备改造 ···································· 530
　　　五、变电站二次设备组屏 ···································· 534
　　　六、变电站辅助系统改造 ···································· 536
　　　七、变电站电源系统改造 ···································· 538
　　第四节　变电站智能化改造设计典型方案 ·························· 538
　　　一、220kV变电站智能化改造工程典型设计方案 ················ 538
　　　二、330~750kV变电站智能化改造工程典型设计方案 ············ 539

第十二章　变电站智能化改造工程验收 ···································· 548
　　第一节　验收基本要求 ·· 548
　　第二节　资料验收要求 ·· 548
　　第三节　网络设备和变电一次设备验收 ···························· 548
　　　一、网络及网络设备验收要求 ································ 548
　　　二、变电一次设备验收要求 ·································· 549
　　第四节　智能组件、高级应用和辅助设施验收 ······················ 552
　　　一、智能组件验收 ·· 552
　　　二、高级应用验收 ·· 553
　　　三、辅助设施验收 ·· 555

第十三章　智能变电站顺序控制和智能设备运维检修 …………………………………… 557

　第一节　智能变电站顺序控制应用功能 …………………………………… 557

　　一、智能变电站的顺序控制技术 …………………………………… 557

　　二、智能变电站顺序控制范围 …………………………………… 557

　　三、智能变电站顺序控制实现方式 …………………………………… 558

　　四、智能变电站顺序控制功能要求 …………………………………… 558

　　五、智能变电站顺序控制流程 …………………………………… 560

　　六、智能变电站顺序控制性能要求 …………………………………… 560

　　七、智能变电站顺序控制协议扩展 …………………………………… 560

　第二节　智能设备巡视 …………………………………… 569

　　一、原则要求 …………………………………… 569

　　二、运行巡视 …………………………………… 570

　　三、专业巡视 …………………………………… 572

　第三节　设备操作和设备维护 …………………………………… 573

　　一、设备操作 …………………………………… 573

　　二、设备维护 …………………………………… 574

　　三、维护界面 …………………………………… 575

　　四、试验仪器配备要求 …………………………………… 576

　第四节　设备验收和台账管理 …………………………………… 576

　　一、设备验收 …………………………………… 576

　　二、台账管理 …………………………………… 577

　第五节　缺陷管理和异常及事故处理 …………………………………… 579

　　一、智能设备缺陷管理 …………………………………… 579

　　二、智能设备缺陷分级 …………………………………… 579

　　三、异常及事故处理原则 …………………………………… 580

　第六节　安全管理 …………………………………… 581

　　一、顺序控制管理 …………………………………… 581

　　二、压板及定值操作管理 …………………………………… 582

　　三、特殊状态管理 …………………………………… 582

　　四、防误闭锁管理 …………………………………… 582

　　五、辅助系统管理 …………………………………… 582

　第七节　智能变电站设备运行管理 …………………………………… 583

　　一、巡回检查制度 …………………………………… 583

　　二、现场运行规程编制 …………………………………… 583

　　三、设备管理制度 …………………………………… 584

　　四、资料管理 …………………………………… 585

　　五、培训工作 …………………………………… 585

　第八节　智能变电站设备检修管理 …………………………………… 586

一、检修原则 ⋯⋯⋯⋯⋯⋯⋯⋯⋯⋯⋯⋯⋯⋯⋯⋯⋯⋯⋯⋯⋯⋯⋯ 586

二、综合检修 ⋯⋯⋯⋯⋯⋯⋯⋯⋯⋯⋯⋯⋯⋯⋯⋯⋯⋯⋯⋯⋯⋯⋯ 586

三、工厂化检修 ⋯⋯⋯⋯⋯⋯⋯⋯⋯⋯⋯⋯⋯⋯⋯⋯⋯⋯⋯⋯⋯⋯ 586

四、设备分界 ⋯⋯⋯⋯⋯⋯⋯⋯⋯⋯⋯⋯⋯⋯⋯⋯⋯⋯⋯⋯⋯⋯⋯ 586

五、一般要求 ⋯⋯⋯⋯⋯⋯⋯⋯⋯⋯⋯⋯⋯⋯⋯⋯⋯⋯⋯⋯⋯⋯⋯ 587

第九节　智能变电站继电保护装置运行与检修 ⋯⋯⋯⋯⋯⋯⋯⋯⋯ 588

一、智能变电站继电保护系统主要设备 ⋯⋯⋯⋯⋯⋯⋯⋯⋯⋯⋯ 588

二、装置压板 ⋯⋯⋯⋯⋯⋯⋯⋯⋯⋯⋯⋯⋯⋯⋯⋯⋯⋯⋯⋯⋯⋯⋯ 588

三、装置运行状态划分及要求 ⋯⋯⋯⋯⋯⋯⋯⋯⋯⋯⋯⋯⋯⋯⋯ 590

四、运行操作原则及注意事项 ⋯⋯⋯⋯⋯⋯⋯⋯⋯⋯⋯⋯⋯⋯⋯ 591

五、装置告警信息及处理原则 ⋯⋯⋯⋯⋯⋯⋯⋯⋯⋯⋯⋯⋯⋯⋯ 595

六、智能变电站继电保护系统检修机制 ⋯⋯⋯⋯⋯⋯⋯⋯⋯⋯⋯ 595

七、智能变电站继电保护现场检修策略 ⋯⋯⋯⋯⋯⋯⋯⋯⋯⋯⋯ 596

八、检修作业指导书 ⋯⋯⋯⋯⋯⋯⋯⋯⋯⋯⋯⋯⋯⋯⋯⋯⋯⋯⋯ 607

附录一　智能变电站相关术语 ⋯⋯⋯⋯⋯⋯⋯⋯⋯⋯⋯⋯⋯⋯⋯⋯ 636

附录二　智能变电站相关缩略语 ⋯⋯⋯⋯⋯⋯⋯⋯⋯⋯⋯⋯⋯⋯⋯ 645

附录三　智能变电站相关技术标准 ⋯⋯⋯⋯⋯⋯⋯⋯⋯⋯⋯⋯⋯⋯ 647

参考文献 ⋯⋯⋯⋯⋯⋯⋯⋯⋯⋯⋯⋯⋯⋯⋯⋯⋯⋯⋯⋯⋯⋯⋯⋯⋯ 653

第 一 篇

智能变电站技术

第一章 智能变电站概述

第一节 智能电网

一、坚强智能电网计划、内涵和特征

1. 坚强智能电网计划

电网智能化是世界电力发展的趋势，发展智能电网已在世界范围内达成共识。智能变电站作为智能电网运行数据的采集源头和命令执行单元，是建设坚强智能电网的重要组成部分，国家电网公司为此专门提出了建设智能变电站的目标和规划。国家电网公司将建设110kV 及以上智能变电站 6214 座，实现新建变电站智能化率 30％～50％，原有重要变电站智能化改造率达 10％；规划在 2016—2020 年全国实现新建重要变电站智能化率 100％，全国原有重要变电站智能化改造率达 30％～50％，全国改造原有变电站 5000 座左右。

坚强智能电网能够友好兼容各类电源和用户接入与退出，最大限度地提高电网的资源优化配置能力，提升电网的服务能力，保证安全、可靠、清洁、高效、经济的电力供应；推动电力行业及其他产业的技术升级，满足我国经济社会全面、协调、可持续发展要求。其发展的总体目标是：以特高压电网为骨干网架，各级电网协调发展的坚强电网为基础，利用先进的通信、信息和控制等技术，构建以信息化、数字化、自动化、互动化为特征的自主创新、国际领先的坚强智能电网。

2. 坚强智能电网内涵

坚强可靠、经济高效、清洁环保、透明开放、友好互动是坚强智能电网的基本内涵。坚强可靠是指拥有坚强的网架和强大的电力输送能力，可提供安全可靠的电力供应，是中国坚强智能电网发展的物质基础；经济高效是指提高电网运行和输送效率，降低运营成本，促进能源资源的高效利用，是对中国坚强智能电网发展的基本要求；清洁环保是指促进可再生能源发展与利用，减少化石能源消耗，提高清洁电能在终端能源消费中的比重，降低能耗并减少排放，是经济社会对中国坚强智能电网的基本诉求；透明开放是指为电力市场化建设提供透明、开放的实施平台，提供高品质的附加增值服务，是中国坚强智能电网的发展理念；友好互动是指灵活调整电网运行方式，友好兼容各类电源和用户接入与退出，促进发电企业和用户主动参与电网运行调节。

3. 坚强智能电网特征

信息化、数字化、自动化、互动化是坚强智能电网的基本技术特征。信息化是坚强智能电网的基本途径，体现为对实时和非实时信息的高度集成和挖掘利用能力；数字化是坚

强智能电网的实现基础，以数字化形式清晰表述电网对象、结构、特性及状态，实现各类信息的精确高效采集与传输；自动化是坚强智能电网发展水平的直观体现，依靠高效的信息采集传输和集成应用，实现电网自动运行控制与管理水平提升；互动化是坚强智能电网的内在要求，通过信息的实时沟通及分析，实现电力系统各个环节的良性互动与高效协调，提升用户体验，促进电网的安全、高效、环保应用。

二、坚强智能电网体系构成

坚强智能电网由四大体系构成，如图 1-1-1 所示。电网基础体系是电网系统的物质载体，是实现"坚强"的重要基础；技术支撑体系是指先进的通信、信息、控制等应用技术，是实现"智能"的基础；智能应用体系是保障电网安全、经济、高效运行，最大效率地利用能源和社会资源，提供用户增值服务的具体体现；标准规范体系是指技术、管理方面的标准、规范体系，以及试验、认证、评估体系，是建设坚强智能电网的制度保障。

图 1-1-1　我国坚强智能电网体系构成示意图

三、智能变电站是智能电网重要组成部分

作为智能电网的重要组成部分的智能变电站是采用先进、可靠、集成和环保的智能设备，以全站信息数字化、通信平台网络化、信息共享标准化为基本要求，自动完成信息采集、测量、控制、保护、计量和检测等基本功能，同时，具备支持电网实时自动控制、智能调节、在线分析决策和协同互动等高级功能的变电站。

智能变电站主要包括智能高压设备和变电站统一信息平台两部分。智能高压设备主要包括智能变压器、智能高压开关设备、电子式互感器等。智能变压器与控制系统依靠通信光纤相连，可及时掌握变压器状态参数和运行数据。当运行方式发生改变时，设备根据系统的电压、功率情况，决定是否调节分接头；当设备出现问题时，会发出预警并提供状态参数等，在一定程度上降低运行管理成本，减少隐患，提高变压器运行可靠性。

变电站的发展先后经历了综合自动化变电站、数字化变电站、智能变电站、新一代智能变电站等阶段，我国变电站发展阶段如图 1-1-2 所示。

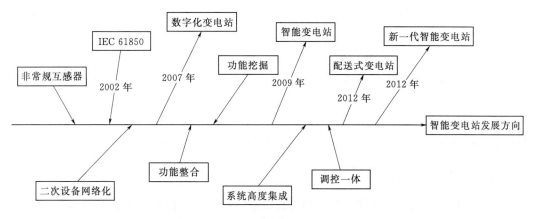

图 1-1-2　我国变电站发展阶段

智能变电站经历了传统变电站、综合自动化站、数字化变电站到智能变电站的发展过程。数字化变电站使用了电子互感器，模拟量通过通信方式上送间隔层保护、测控装置；通过为传统开关配备智能操作箱实现状态量采集与控制的数字化；在间隔层的设备通过网络通信方式从过程层获得模拟量、状态量并进行控制；间隔层的不同厂家的装置都遵循 IEC 61850 标准，通信上实现了互联互通，取消了保护管理机制；间隔层保护、测控等装置支持 IEC 61850，直接通过网络与变电站层监控等相连。智能变电站与数字化变电站的差别主要体现在智能一次设备、变电站高级应用功能，以及可再生能源的接入等几个方面。

第二节　智能变电站技术要求

一、智能变电站技术原则

（1）智能变电站应以高度可靠的智能设备为基础，智能变电站设备应具有信息数字化、功能集成化、结构紧凑化、状态可视化等主要技术特征，符合易扩展、易升级、易改造、易维护的工业化应用要求。智能设备之间应实现进一步的互联互通，支持采用系统级的运行控制策略。

（2）智能变电站的设计及建设应按照 DL/T 1092 三道防线要求，满足 DL 755 三级安全稳定标准；满足 GB/T 14285 继电保护选择性、速动性、灵敏性、可靠性的要求。

（3）智能变电站的测量、控制、保护等装置应满足 GB/T 14285、DL/T 769、DL/T 478、GB/T 13729 的相关要求，后台监控功能应参考 DL/T 5149 的相关要求。

（4）智能变电站的通信网络与系统应符合 DL/T 860 标准，应建立包含电网实时同步信息、保护信息、设备状态、电能质量等各类数据的标准化信息模型，满足基础数据的完整性及一致性的要求。

（5）宜建立站内全景数据的统一信息平台，供各子系统统一数据标准化、规范化存取访问以及和调度等其他系统进行标准化交互，智能变电站数据源应统一标准化，实现网络共享。

（6）应满足变电站集约化管理、顺序控制等要求，并可与相邻变电站、电源（包括可再生能源）、用户之间的协同互动，支撑各级电网的安全稳定经济运行。

（7）应满足无人值班的要求。

（8）严格遵照《电力二次系统安全防护总体方案》和《变电站二次系统安全防护方案》的要求，进行安全分区、通信边界安全防护，确保控制功能安全。

（9）智能变电站自动化系统采用的网络架构应合理，可采用以太网、环形网络，网络冗余方式宜符合 IEC 61499 及 IEC 62439 的要求。

二、智能变电站体系结构

智能变电站体系结构分为三层，即过程层、间隔层和站控层，见表 1-2-1。

表 1-2-1 智能变电站体系结构分层

分层	内　　　容
过程层	包括变压器、断路器、隔离开关、电流/电压互感器等一次设备及其所属的智能组件以及独立的智能电子装置
间隔层	间隔层设备一般指继电保护装置、系统测控装置、监测功能组主智能电子设备（IED）等二次设备，实现使用一个间隔的数据并且作用于该间隔一次设备的功能，即与各种远方输入/输出、传感器和控制器通信
站控层	站控层包括自动化站级监视控制系统、站域控制、通信系统、对时系统等，实现面向全站设备的监视、控制、告警及信息交互功能，完成数据采集和监视控制（SCADA）、操作闭锁以及同步相量采集、电能量采集、保护信息管理等相关功能。 站控层功能宜高度集成，可在一台计算机或嵌入式装置实现，也可分布在多台计算机或嵌入式装置中

智能变电站与传统变电站体系结构的比较如图 1-2-1 所示。与传统变电站相比，

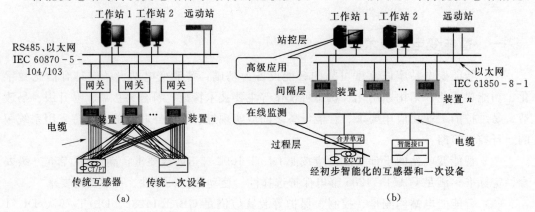

图 1-2-1 智能变电站与传统变电站体系结构的比较
(a) 传统变电站；(b) 智能变电站

智能变电站在网络结构上采用了三层两网的结构，增加了过程层网络，增加了合并单元、智能终端等过程层设备，采用光纤取代传统的电缆硬接线。全站采用统一的通信规约 IEC 61850 实现信息交互。同时增加了一次设备状态监测和自动化系统高级应用。

三、智能变电站设备功能要求

智能变电站设备功能要求见表 1-2-2。

表 1-2-2 智能变电站设备功能要求

项目	功 能 要 求
一次设备	（1）一次设备应具备高可靠性，外绝缘宜采用复合材料，并与运行环境相适应。 （2）智能化所需各型传感器或/和执行器与一次设备本体可采用集成化设计。 （3）根据需要，电子式互感器可集成到其他一次设备中
智能组件	（1）结构要求： 1）智能组件是可灵活配置的智能电子装置，测量数字化、控制网络化和状态可视化为其基本功能。 2）根据实际需要，在满足相关标准要求的前提下，智能组件可集成计量、保护等功能。 3）智能组件宜就地安置在宿主设备旁。 4）智能组件采用双电源供电。 5）智能组件内各 IED 凡需要与站控层设备交互的，接入站控层网络。 6）根据交际情况，可以由一个以上智能电子装置实现智能组件的功能。 （2）通用技术要求： 1）应适应现场电磁、温度、湿度、沙尘、降雨（雪）、振动等恶劣运行环境。 2）相关 IED 应具备异常时钟信息的识别防误功能，同时具备一定的守时功能。 3）应具备就地综合评估、实时状态预报的功能，满足设备状态可视化要求。 4）宜有标准化的物理接口及结构，具备即插即用功能。 5）应优化网络配置方案，确保实时性、可靠性要求高的 IED 的功能及性能要求。 6）应支持顺序控制。 7）应支持在线调试功能
信息采集和测量	（1）应实现对全站遥测信息和遥信信息（包括刀闸、变压器分接头等信息）的采集。 （2）对测量精度要求高的模拟量，宜采用高精度数据采集技术。 （3）对有精确绝对时标和同步要求的电网数据，应实现统一断面实时数据的同步采集。 （4）宜采用基于三态数据（稳态数据、暂态数据、动态数据）综合测控技术，进行全站数据的统一采集及标准方式输出。 （5）测量系统应具有良好的频谱响应特性。 （6）宜具备电能质量的数据测量功能
控制	（1）应支持全站防止电气误操作闭锁功能。 （2）应支持本间隔顺序控制功能。 （3）遥控回路宜采用两级开放方式抗干扰措施。 （4）应支持紧急操作模式功能。 （5）应支持网络化控制功能
状态监测	（1）宜具备通过传感器自动采集设备状态信息（可采集部分）的能力。 （2）宜具备从相关系统自动复制宿主设备其他状态信息的能力。 （3）宜将传感器外置，在不影响测量和可靠性的前提下，确需内置的传感器，可将最必要部分内置。 （4）应具备综合分析设备状态的功能，具备将分析结果与其他相关系统进行信息交互的功能。 （5）应逐步扩展设备的自诊断范围，提高自诊断的准确性和快速性。 （6）应具备远方调阅原始数据的能力

项目	功　能　要　求
保护	(1) 应遵循继电保护基本原则，满足 GB/T 14285、DL/T 769 等相关继电保护的标准要求。 (2) 保护装置宜独立分散、就地安装。 (3) 保护应直接采样，对于单间隔的保护应直接跳闸，涉及多间隔的保护（母线保护）宜直接跳闸。对于涉及多间隔的保护（母线保护），如确有必要采用其他跳闸方式，相关设备应满足保护对可靠性和快速性的要求。 (4) 保护装置应不依赖于外部对时系统实现其保护功能。 (5) 双重化配置的两套保护，其信息输入、输出环节应完全独立。 (6) 当采用电子式互感器，应针对电子式互感器特点优化相关保护算法、提高保护性能。 (7) 纵联保护应支持一端为电子式互感器，另一端为常规互感器或两端均为电子式互感器的配置形式
计量	(1) 应能准确的计算电能量，计算数据完整、可靠、及时、保密，满足电能量信息的唯一性和可信度的要求。 (2) 应具备分时段、需量电能量自动采集、处理、传输、存储等功能，并能可靠的接入网络。 (3) 应根据重要性对某些部件采用冗余配置。 (4) 计量用互感器的选择配置及准确度要求应符合 DL/T 448 的规定。 (5) 计量 IED 应具备可靠的数字量或模拟量输入接口，用于接收合并单元输出的信号。合并单元应具备参数设置的硬件防护功能，其准确度要求应能满足计量要求。 (6) 宜针对不同计量 IED 特点制定各方认可的检定和溯源规程
通信	(1) 宜采用完全自描述的方法实现站内信息与模型的交换。 (2) 应具备对报文丢包及数据完整性甄别功能。 (3) 网络上的数据应分级，具备优先传送功能，并计算和控制流量，满足全站设备正常运行的需求。 (4) 宜按照 IEC 62351 要求，采用信息加密、数字签名、身份认证等安全技术，满足信息通信安全的要求

四、智能变电站系统功能要求

智能变电站系统功能要求见表 1-2-3。

表 1-2-3　　　　　　　　　　智能变电站系统功能要求

项目		功　能　要　求
基本功能	顺序控制	(1) 满足无人值班及区域监控中心站管理模式的要求。 (2) 可接收和执行监控中心、调度中心和本地自动化系统发出的控制指令，经安全校核正确后，自动完成符合相关运行方式变化要求的设备控制。 (3) 应具备自动生成不同主接线和不同运行方式下典型操作流程的功能。 (4) 应具备投、退保护软压板功能。 (5) 应具备急停功能。 (6) 可配备直观图形图像界面，在站内和远端实现可视化操作
	站内状态估计	实现数据辨识与处理，保证基础数据的正确性，支持智能电网调度技术支持系统对电网状态估计的应用需求
	与主站系统通信	宜采用基于统一模型的通信协议与主站进行通信
	同步对时	(1) 应建立统一的同步对时系统。全站应采用基于卫星时钟（优先采用北斗）与地面时钟互备方式获取精确时间。 (2) 地面时钟系统应支持通信光传输设备提供的时钟信号。 (3) 用于数据采样的同步脉冲源应全站唯一，可采用不同接口方式将同步脉冲传递到相应装置。 (4) 同步脉冲源应同步于正确的精确时间秒脉冲，应不受错误的秒脉冲的影响。 (5) 支持网络、IRIG-B 等同步对时方式

项 目		功 能 要 求
基本功能	通信系统	（1）应具备网络风暴抑制功能，网络设备局部故障不应导致系统性问题。 （2）应具备方便的配置向导进行网络配置、监视、维护。 （3）应具备对网络所有节点的工况监视与报警功能。 （4）宜具备 DOS 防御能力和防止病毒传播的能力
	电能质量评估与决策	宜实现包含谐波、电压闪变、三相不平衡等监测在内的电能质量监测、分析与决策的功能，为电能质量的评估和治理提供依据
	区域集控功能	当智能变电站在系统中承担区域集中控制功能时，除本站功能外，应支持区域智能控制防误闭锁，同时应满足集控站相关技术标准及规范的要求
	防误操作	具备全站防止电气误操作闭锁功能。根据变电站高压设备的网络拓扑结构，对开关、刀闸操作前后不同的分合状态，进行高压设备的有电、停电、接地三种状态的拓扑变化计算，自动实现防止电气误操作逻辑判断
	配置工具	应采用标准化的配置工具，实现对全站设备和数据建模及通信配置
	源端维护	（1）变电站作为调度/集控系统数据采集的源端，应提供各种可自描述的配置参量，维护时仅需在变电站利用统一配置工具进行配置，生成标准配置文件，包括变电站主接线图、网络拓扑等参数及数据模型。 （2）变电站自动化系统与调度/集控系统可自动获得变电站的标准配置文件，并自动导入到自身系统数据库中。同时，变电站自动化系统的主接线图和分画面图形文件，应以标准图形格式提供给调度/集控系统
	网络记录分析	（1）可配置独立的网络报文记录分析系统，实现对全站各种网络报文的实时监视、捕捉、存储、分析和统计功能。 （2）网络报文记录分析系统宜具备变电站网络通信状态的在线监视和状态评估功能
高级功能	设备状态可视化	应采集主要一次设备（变压器、断路器等）状态信息，进行状态可视化展示并发送到上级系统，为实现优化电网运行和设备运行管理提供基础数据支撑
	智能告警及分析决策	（1）应建立变电站故障信息的逻辑和推理模型，实现对故障告警信息的分类和过滤，对变电站的运行状态进行在线实时分析和推理，自动报告变电站异常并提出故障处理指导意见。 （2）可根据主站需求，为主站提供分层分类的故障告警信息
	故障信息综合分析决策	宜在故障情况下对包括事件顺序记录信号及保护装置、相量测量、故障录波等数据进行数据挖掘、多专业综合分析，并将变电站故障分析结果以简洁明了的可视化界面综合展示
	支撑经济运行与优化控制	应综合利用变压器自动调压、无功补偿设备自动调节等手段，支持变电站及智能电网调度技术支持系统安全经济运行及优化控制
	站域控制	利用对站内信息的集中处理、判断，实现站内自动控制装置（如备自投、母线分台运行）的协调工作，适应系统运行方式的要求
	与外部系统交互信息	宜具备与大用户及各类电源等外部系统进行信息交换的功能

五、智能变电站辅助设施功能要求

智能变电站辅助设施功能要求见表 1-2-4。

表 1-2-4 智能变电站辅助设施功能要求

项目	功能要求
视频监控	站内宜配置视频监控系统并可远传视频信息,在设备操控、事故处理时与站内监控系统协同联动,并具备设备就地和远程视频巡检及远程视频工作指导的功能
安防系统	(1) 应配置灾害防范、安全防范子系统,告警信号、量测数据宜通过站内监控设备转换为标准模型数据后,接入当地后台和控制中心,留有与应急指挥信息系统的通信接口。 (2) 宜配备语音广播系统,实现设备区内流动人员与集控中心语音交流,非法入侵时能广播告警
照明系统	应采用高效节能光源以降低能耗,应有应急照明设施。有条件时,可采用太阳能、地热、风能等清洁能源供电
站用电源系统	全站直流、交流、逆变、UPS、通信等电源一体化设计、一体化配置、一体化监控,其运行工况和信息数据能通过一体化监控单元展示并转换为标准模型数据,以标准格式接入当地自动化系统,并上传至远方控制中心
辅助系统优化控制	宜具备变电站设备运行温度、湿度等环境定时检测功能,实现空调、风机、加热器的远程控制或与温度、湿度控制器的智能联动

六、智能变电站设计要求

智能变电站设计要求见表 1-2-5。

表 1-2-5 智能变电站设计要求

项目	要求
设计原则	(1) 变电站设计选型应遵循安全可靠的原则,采用符合智能变电站高效运行维护要求的结构紧凑型设备,减少设备重复配置,实现功能整合、资源和信息共享。设备宜采用新材料。 (2) 系统设计内容包括但不限于如下方面:全站的网络图、VLAN 划分、IP 配置、虚端子设计接线图、同步系统图等
总平面布置	在安全可靠、技术先进、经济合理的前提下,智能变电站设计应符合资源节约、环境友好的技术原则和设计要求。宜结合智能设备的集成,简化智能变电站总平面布置(包括电气主接线、配电装置、构支架等),节约占地,节能环保
土建与建筑物	(1) 结合智能变电站设备的融合,宜减少占地和建筑面积,合并相同功能的房间;合理减少机房、主控楼等建筑的面积,节约投资。 (2) 结合智能变电站电缆减少、光缆增加的情况,采用合理的电缆沟截面
网络架构	(1) 局域网络设备可灵活配置,合理配置交换机数量,降低设备投资。 (2) 网络系统应易扩展、易配置。 (3) 应计算和控制信息流量,设立最大接入节点数和最大信息流量,在变电站新设备接入引起网络性能下降时,也应满足自动化功能及性能指标的要求。 (4) 网络通信架构设计应确保在运行维护时试验部分的网络不影响运行系统

七、智能变电站调试、验收与运行维护要求

智能变电站调试、验收与运行维护要求见表 1-2-6。

表 1 - 2 - 6　　　　　　　　　智能变电站调试、验收与运行维护要求

项目	要　　　　求
调试	（1）应提供面向各项功能要求的方便、可靠的调试工具与手段，满足调试简便、分析准确、结构清晰的要求。 （2）调试工具通过连接智能组件导入智能组件模型配置文件，自动产生智能组件所需的信息文件，自动检测智能组件的输出信息流。调试工具具备电力系统动态过程的仿真功能，可输出信息流，实现对智能组件的自动化调试。 （3）合并单元调试专用工具，可向电子互感器提供输入信号，监测合并单元的输出，测试合并单元的同步、测量误差等性能指标。 （4）智能组件或各功能的调试工具，可向合并单元提供输入信号，监测智能组件或各功能的输出，测试智能组件或各功能的数字采样的正确性、同步、测量误差等性能指标
验收	（1）工程启动及竣工验收应参照 DL/T 782、DL/T 995 及相关调试验收规范。工程启动调试组织应在实施启动前编制启动调试方案，相关调度部门负责编写调度方案。 （2）电力设备的现场交接试验和预防性试验应满足 GB 50150 以及 Q/GDW 157、Q/GDW 168 等标准的要求。智能设备的特殊验收办法应由相关部门共同制定。 （3）工厂验收流程应按 Q/GDW 213 开展；现场验收流程应按 Q/GDW 214 开展。 （4）工厂验收时对于不易搬动的设备，应具备设备模拟功能，以便完成完整功能验收。 （5）具备状态监测功能组的设备验收应包括：对自检功能逐一进行检验，要求测量值正确、单一测量评价结论合理；故障模式及几率预报功能正常，预报结果合理
运行维护	（1）应配套一体化检验装置或系统，满足整间隔检修及移动检修的要求。 （2）智能变电站设备检修，应能依托顺序控制及工作票自动管理系统，自动生成设备和网络的安全措施卡，指导对检修设备进行可靠、有效的安全隔离。 （3）工作票自动管理系统应能根据系统方式的安排和调度员的指令，自动生成相关内容和步骤，并能与顺序控制步骤进行校核和监控

八、智能变电站的检测评估

智能变电站的检测评估要求见表 1 - 2 - 7。

表 1 - 2 - 7　　　　　　　　　智能变电站的检测评估要求

项目	内　　　　容
基本要求	（1）智能变电站的设备和系统应进行统一标准的应用功能测试与整体性能评估。 （2）智能电子设备和交换机等设备，变电站自动化系统及子系统，应满足对应的标准要求及工程应用需求，并通过国家电网公司认可的检验机构检验。 （3）批量生产的设备应由国家电网公司认可的检验机构做定期抽样检验。 （4）通信规约应通过国家电网公司认可的检验机构的一致性测试，再进行工程应用。 （5）智能电子设备与系统应在仿真运行环境中进行测试与评估，在变电站典型故障的仿真环境下进行设备、网络、系统的测试与评估，验证功能与性能。 （6）应用创新技术的设备，相关单位应组织制定试验方法、评价工具及可靠性指标，进行综合评估，保证应用的质量和水平
电能计量装置的检验	（1）实验室检验。电能计量器使用前应先在实验室进行全面检测，量值应溯源到上一级的电能计量基准；电子式互感器量值应能溯源到电压和电流比例基准，其有关功能和技术指标的检定和现场检验，宜由当地供电企业在具备资质的电能计量技术机构进行，也可委托上级电力部门具备资质的电能计量技术机构进行。 （2）现场检验。新投运的电能计量装置，应在一个月内进行首次检验，其后的检验周期应参照 DL/T 448 的相关规定执行。 （3）运程检验。宜适时实现电能表站内集中选择校验功能

第三节　我国智能变电站发展目标

一、组网技术进一步发展

随着 IEC 61850 Ed.2 版本的发布，IEC 61850 实施的进一步规范化，基于 IEC 61850 的智能变电站的集成和维护过程将变得越来越简单高效。在 IEC 61850 Ed.2 中推荐网络冗余的方案为：高可靠性无缝环网（HSR）技术和并行冗余网络（PRP）技术。这些技术将使网络的冗余处理更标准化，网络可靠性也将得到保证。

国内提出的集成报文延时标签的交换机技术，由交换机将报文进入交换机和出交换机的延时测量出来并标记到网络报文中，保护装置将报文接收时间减去该延时和合并单元延时就可以得到合并单元采样的时间，然后应用与点对点同样的插值算法就可以得到同步后的采样值。该技术具有点对点模式不依赖于同步时钟的优点，又具有组网模式数据共享的特点，是有良好应用前景的一种组网模式。

二、可视化设计技术成为发展方向

通过可视化的设计技术，使工程设计人员不再直接面对其不熟悉的装置 ICD 文件和变电站 SCD 文件开展工作，而是提供一整套变电站的设计工具。设计人员采用其熟悉的方法在图纸上进行一次设备和二次设备的布置、连线，工具将自动形成描述一次设备配置的系统规格描述（system specification description，SSD）文件、全站设备配置的 SCD 文件及相关信号连线与关联关系。

可视化设计方法可以消除设计工作与配置工作中的重复部分，提高智能变电站工程实施的效率，同时降低智能变电站维护的难度，是智能变电站设计技术的发展方向。

三、模块化与可装配式变电站成为可能

智能变电站的发展大大促进了一次设备的智能化水平，拥有自身数字化接口的智能变压器、智能开关等一次设备得到应用。一、二次设备的界限变得模糊，二次设备的一些技术在一次设备中得到大量体现，一次设备的在线检测技术与本体保护在一次设备侧得到更好的集成。一次设备的智能化，使变电站中二次设备的数量大大减少，简化了运维管理的同时提高了系统的整体可靠性。目前变电站的过程层设备，如智能终端，将进一步集成到一次设备中。由于一次设备直接提供网络数据接口，现场设备间的组装连接将变得非常简单。

一次设备智能化程度的提高与二次设备的简化，有助于实现设备、系统的模块化设计，为可组装式智能变电站的发展提供了可能。

四、海量信息与高度集成的自动化系统

通信技术与通信标准的进一步结合，为智能变电站提供了前所未有的海量信息，这些信息能够得到很好的集成并实现共享，为智能变电站的更多智能应用提供了信息基础。统

一的应用平台与模型建设，可实现电网的源端、远端的图模一体化设计和维护。结合自动发布等技术，会大大降低智能站和调度监控系统的设计、实施工作量。

智能变电站的通信带宽进一步提高，千兆网络得到广泛的应用。借助物联网通信，变电站的各种信息以更方便的方式集成到自动化系统中，包括监控影像、智能机器人自动控制信息链等，为变电站的无人值班提供了所有的技术手段。无人值班的超高压变电站将更安全、可靠。

变电站的各种海量信息的存储由传统硬盘过渡到"电力云"的云端存储。通过云端充足的实时信息和历史信息，设备的状态检修变得可能。事故的分析、故障的定位甚至故障后的恢复，将变得更为准确和可靠。

五、实现分布式变电站与变电站集群绿色环保能源供应方式

高度智能化的变电站，结合变电站间通信协议标准，以及海量信息的云端存储，为分布式局域性智能变电站与智能变电站的集群提供了技术支撑，可形成分布式微电网、互动型局域性电网；结合实时大数据的智能分析系统，这种分布式、集群式的智能变电站通过协作，具有局域性故障可自愈等功能，且为风、光等分布式能源接入电网提供了方便。在这种分布式智能变电站，接入的风、光等分布式能源，可根据其特点进行能量的自动调配、负荷的自动均衡，在保障电网运行可靠、电力供应正常的基础上，最大限度地实现一种绿色环保的能源供应方式。

六、电网层面的在线监测与评估实现变电站运行风险预警

现代通信标准体系以及网络技术，为变电站及电力系统的运行、设计、评估提供了丰富的信息资源。通过对故障原因、故障影响范围及经济影响等方面大量数据的统计分析，结合各种变电站配置方案（如星形、环形、双星形等各种网络）实际可靠性的信息统计，可以为智能变电站的设计方案，进行经济性、可靠性的进一步评估，为电网用户提供更多设计选择的信息。

通过更大规模的故障信息统计分析，可以实现系统层面的在线评估。如根据大量统计的某厂家产品的平均运行无故障时间，结合目前运行设备的无故障运行时间，以及运行环境温度、湿度等统计信息，构建电力系统评估模型，实现对运行系统的可靠性、可用性、安全性的分析与评估，可实现变电站运行风险预警、检修智能提醒等功能。

七、智能化诊断与一键式运维检修管理实现电网自愈

智能变电站技术为变电站的运行、维护、检修提供了进一步的创新发展空间。结合云端大数据统计结果、智能神经网络分析方法、变电站运行现状，可实现智能化的故障分析诊断。通过"类人"的思维模式，根据统计结果与实际运行信息，进行分析推理，实现设备故障、网络故障的提前预警、自动诊断与故障排除。模块化、可组装式变电站的出现，简化了整个变电站的检修逻辑，为程序化检修提供了一种可能。在变电站设计阶段，编制出一些常规检修方案与实施办法，并将该方法以检修操作票的方式进行程序式固化，结合顺序控制功能以及在线分析通信报文，可通过一个远端命令的方式，使智能变电站的一键

式进入检修状态。一键式检修使操作更加简单，系统的运维管理更加智能。

　　未来变电站的一次设备可靠性、智能化水平将大大提高，一次、二次设备技术将充分融合，模块化、装配式的变电站将会出现，结合高级应用的发展，变电站的建设、运行、维护变得越来越简单。相应地，与电网的互动能力将显著增强，从而提升电网可靠性，实现电网的自愈。

第二章 智能变电站智能装置

第一节 智能变电站智能控制柜

一、技术要求

1. 电源

控制柜电源额定电压：AC380V/220V，50Hz。

2. 控制柜尺寸

控制柜尺寸宜按照 GB/T 19183.2—2003《电子设备机械结构 户外机壳 第 2 部分：箱体和机柜的协调尺寸》中尺寸系列的数值选择。控制柜尺寸宜为 800（宽度）mm×600（深度）mm、1000（宽度）mm×800（深度）mm，高度视柜内设备情况确定。

3. 控制柜结构

（1）安装于户外的控制柜宜采用双层柜体，两层板材之间距离为 25mm。户内控制柜可采用单层柜体。板材厚度不小于 1.5mm。

（2）控制柜应为前后开门，便于设备安装和连接。

（3）控制柜应留有地脚安装孔。

（4）控制柜应设有便于产品运输的起吊设施。

（5）控制柜应设有供调试、检测接线用穿线孔。

（6）结构组装后应整洁、美观，各焊口应无裂纹、烧穿、咬边、气孔、夹渣等缺陷，并应及时清除焊渣。

（7）各紧固连接应牢固、可靠，所有紧固件均应具有防腐蚀镀层或涂层，紧固连接应采取防松措施。

（8）结构各结合处及门的缝隙应匀称，门的开启、关闭应灵活自如，锁紧可靠。门的开启角度应不小于 90°。

（9）控制柜应提供可靠的锁具、铰链及外壳防护。

（10）控制柜具备防盗性能，所有的装配螺钉应从机柜内部拆卸。

（11）户外安装的控制柜应安装防雨帽，防止雨水进入柜内。

4. 控制柜材料

（1）控制柜材料宜采用优质冷轧钢板，也可采用复合材料。柜体外表面和内表面宜采用粉末喷涂。对于高污染地区，控制柜材料可采用不锈钢。

（2）用于控制柜的金属材料应具备抗腐蚀和抗电化学反应的能力。

（3）用于控制柜的非金属材料应无脱层、空洞等缺陷。在经腐蚀性液体试验后无应力裂纹、无涂层剥落、无蜕皮、无颜色改变。

（4）非金属零部件（包括绝缘电线、电缆和发泡材料）应为自熄性材料，其阻燃性应能通过阻燃试验的要求。

（5）所有外露非金属制件应能抵抗紫外线，经过模拟太阳辐射试验后，无裂纹、针孔、破损等现象。

5．绝缘性能

（1）绝缘电阻。在正常运行条件下，控制柜的外引带电部分和外露非带电金属部分及外壳之间，以及电气上无联系的各回路之间，用 1000V 直流兆欧表测量其绝缘电阻值，应不低于 20MΩ。

（2）介电强度。在正常运行条件下，控制柜能承受交流 50Hz、2000V，历时 1min 工频耐压试验，无击穿闪络及元器件损坏现象。工频试验电压值按表 2-1-1 选择，也可以采用直流试验电压，其值应为规定工频试验电压的 1.4 倍。

表 2-1-1　　　　　　　智能控制柜各回路工频试验电压要求　　　　　　　单位：V

被试回路	额定绝缘电压	工频试验电压
整机引出端子和背板线-地	60（不含）～250	2000
直流输入回路-地	60（不含）～250	2000
信号输出触点-地	60（不含）～250	1000
无电气联系的各回路之间	60（不含）～250	2000
整机带电部分-地	≤60	500

（3）冲击电压。在正常运行条件下，控制柜的工作电源回路、输出触点等回路对地，以及回路之间，应能承受 1.2/50μs 的标准雷电波的短时冲击电压试验，试验电压为 5000V。

6．耐气候性能

控制柜应能承受表 2-1-2 中严酷等级 I 级气候试验。试验后，用目测检验内部零件，判定是否合格，应无锈蚀、裂纹或其他损坏，无水进入。铰链、锁和把手等应处于工作条件。表 2-1-2 中第 9 项的试验应证明冰霜可能接近内部零件，但没有导致防护等级降低的损坏。

表 2-1-2　　　　　　　环境等级 I 和等级 II 的气候条件

序号	环境参数	试验严酷程度		持续时间	试验方法
		等级 I	等级 II		
1	低温	−45℃	−65℃	16h	GB/T 2423.1
2	高温	80℃	90℃	16h	GB/T 2423.2
3	湿热	30℃、93%	30℃、93%	96h	GB/T 2423.9
4	温度改变速率	−50～23℃，1℃/min	−50～23℃，1℃/min	2 次循环	GB/T 2423.22
5	太阳辐射	1120W/m²	1120W/m²	72h，40℃	GB/T 2423.24

序号	环境参数	试验严酷程度		持续时间	试验方法
		等级1	等级2		
6	凝露	40℃ 90%～100%RH	40℃ 90%～100%RH	96h	GB/T 2423.4
7	降水（雨、雪、冰雹等）	IP54	IP55	—	GB 4208
8	周围空气运动	50m/s	60m/s	—	—
9	冰和霜的形成	是	是	—	—

7. 温度、湿度调节性能

（1）控制柜应对柜内温度、湿度具有调节和控制能力。通过调节，柜内最低温度应保持在5℃以上，柜内最高温度不超过柜外环境最高温度，柜内湿度应保持在90%以下，以满足柜内智能电子设备正常工作的环境条件，避免大气环境的恶劣导致的智能电子设备误动或拒动行为。

（2）控制柜内应配置加热器，防止柜内出现凝露。

（3）控制柜顶部应加装隔热材料，阻止太阳辐射对机柜内部的影响。

（4）控制柜宜采用自然通风方式。柜内空气循环为下进风，上出风。控制柜底座高度应不小于10mm，以确保空气流入不受阻。进、出风口内侧应配置可拆卸的滤网。柜内设备布置时应考虑预留风道的位置。在环境温度较高的地区，可配置换气扇进行主动换气。换气扇应采用AC220V供电，振动、噪声及电磁干扰不影响控制柜内智能电子设备的可靠性。

（5）双层控制柜外壁宜上下不封口，形成自然风冷风道。

（6）在环境温度寒冷的地区，柜体内六面应铺设阻燃型保温层，保温材料选用导热系数小、比重轻、阻燃、无毒、防水性好和耐腐蚀的产品。

（7）在环境温度炎热的地区，可在控制柜顶部加装铝散热片，加强传导散热。

8. 告警功能

控制柜的温度、湿度控制系统应具有告警功能，能够对温度、湿度传感器及控制器执行元件的异常工作状态进行告警。

（1）报警信号应包括对下述行为的监视：凝露控制器异常、温度控制器异常、加热器异常、换气扇异常等。

（2）温度控制系统中发生温度传感器、换气扇、低温控制加热器损坏时，温度控制系统应能发出异常告警信息。

（3）湿度控制系统中发生湿度传感器、加热器损坏时，湿度控制系统应能发出异常告警信息。

9. 机械性能

控制柜在经过振动、冲击和碰撞等机械试验后，不应出现下列缺陷：

（1）出现影响形状、配合和功能的变形或损坏。

（2）脱层、翘曲、戳穿和永久变形。

（3）密封部位的膨胀、开裂、脱落。

（4）安装件、紧固件的弯曲、松动、移位或损坏。

（5）门、盖板等活动部件转动不灵活、关（锁）不住、卡死。

10. 接线、回路布置要求

（1）控制柜的设计应满足光缆、电缆由柜底引入的要求。

（2）柜内应配置足够端子排。端子排、电缆夹头、电缆走线槽均应由阻燃型材料制造。端子排的安装位置应便于接线，距柜底不小于 300mm，距柜顶不小于 150mm。每组端子排应留有不少于端子总量 15% 的备用端子。端子排上的操作回路引出线与操作电源不能接在相邻的端子上，直流电源正、负极也不能接在相邻端子上。

（3）控制柜内应留有安装光纤熔接盒的位置。

11. 接地

控制柜内宜设置截面不小于 $100mm^2$ 的接地铜排，并使用截面不小于 $100mm^2$ 的铜缆和电缆沟道内的接地网连接。控制柜内装置的接地端子应用截面不小于 $4mm^2$ 的多股铜线和接地铜排连接。

12. 柜内照明

控制柜内应设有照明设施。

13. 防护等级

户外控制柜的外壳防护等级应符合 IP55，户内控制柜的外壳防护等级应符合 IP40。

二、技术服务

1. 应提供的技术文件

（1）经具有中国国家认证认可监督管理委员会认可的设备质检部门出具的产品型式试验质检报告。

（2）产品的 ISO 9000（GB/T 1900）质量保证体系文件，能够证明该质量保证体系经过国家认证并且正常运转。

2. 应提供的资料

（1）控制柜的安装布置图，包括柜体尺寸和安装尺寸。

（2）控制柜内元件的原理接线及其说明。

（3）柜内光纤、电缆的连接要求等。

（4）其他资料和说明手册，主要包括：

1）控制柜的装配、运行、检验、维护、零件清单、推荐的部件以及型号等方面的说明。

2）试验设备及专用工具的说明和有关注意事项。

3）控制柜的正常试验、运行维护、故障诊断的说明。

3. 技术配合

（1）现场安装/投运的合作和管理。

（2）提供设备的现场验收、测试方案和技术指标。

（3）其他约定的配合工作。

第二节 智能变电站间隔层设备中的测控单元

一、使用环境条件

（1）海拔：不大于 1000m。

（2）环境温度：−5～45℃（户内）；−25～55℃（户外）。

（3）最大日温差：25K。

（4）最大相对湿度：95%（日平均）；90%（月平均）。

（5）大气压力：86～106kPa。

（6）抗震能力：水平加速度 0.30g；垂直加速度 0.15g。

注意：以上环境条件可根据工程实际条件修改。

二、主要技术指标

1. 电源

（1）基本参数：

1）额定电压：DC220V/110V。

2）允许偏差：−20%～15%。

3）纹波系数：不大于 5%。

（2）拉合直流电源以及插拔熔丝发生重复击穿火花时，装置不应误输出；直流电源回路出现各种异常情况（如短路、断线、接地等）时，装置不应误输出。

（3）按 GB/T 7261—2016《继电保护和安全自动装置基本试验方法》中规定进行直流电源中断 20ms 影响试验，装置不应误动。

（4）将输入直流电源的正负极性颠倒，装置无损坏，并能正常工作。

（5）装置加上电源、断电、电源电压缓慢上升或缓慢下降，装置均不应误输出或误发信号；当电源恢复正常后，装置应自动恢复正常运行。

（6）当正常工作时，装置功率消耗不大于 30W；当装置动作时，功率消耗不大于 60W。

2. 绝缘性能

（1）绝缘电阻。在试验的标准大气条件下，装置的外引带电回路部分和外露非带电金属部分及外壳之间，以及电气上无联系的各回路之间，用 1000V 的直流兆欧表测量其绝缘电阻值，应不小于 20MΩ。

（2）介质强度：

1）在试验的标准大气条件下，装置应能承受频率为 50Hz，历时 1min 的工频耐压试验而无击穿闪络及元器件损坏现象。

2）工频试验电压值按表 2−2−1 选择。也可以采用直流试验电压，其值应为规定的工频试验电压值的 $\sqrt{2}$ 倍。

表 2 - 2 - 1　　　　　　　　　　　　测控单元工频试验电压值　　　　　　　　　　单位：V

被 试 回 路	额定绝缘电压	工频试验电压
整机引出端子和背板线-地	60（不含）～250	2000
直流输入回路-地	60（不含）～250	2000
信号输出触点-地	60（不含）～250	2000
无电气联系的各回路之间	60（不含）～250	2000
整机带电部分-地	≤60	500

3）试验过程中，任一被试回路施加电压时其余回路等电位互联接地。

（3）冲击电压。在试验的标准大气条件下，装置的电源输入回路、交流输入回路对地，以及回路之间，应能承受 $1.2/50\mu s$ 的标准雷电波的短时冲击电压试验。当额定绝缘电压大于 60V 时，开路试验电压为 5kV；当额定绝缘电压不大于 60V 时，开路试验电压为 1kV。试验后，装置的性能应符合相关标准的规定。

3. 耐湿热性能

装置应能承受 GB/T 2423.9《电工电子产品环境试验　第 2 部分：试验方法　试验 Cb：设备恒定湿热》规定的恒定湿热试验。试验温度为（40±20）℃，相对湿度为（93±3）％，试验持续时间 48h。在试验结束前 2h 内，用 1000V 直流兆欧表，测量各外引带电回路部分对外露非带电金属部分及外壳之间，以及电气上无联系的各回路之间的绝缘电阻值应不小于 1.5MΩ；介质强度不低于规定值的 75％。

4. 抗干扰性能

抗电磁干扰能力要求满足 IEC 61850 - 3 和 GB/T 17626《电磁兼容　试验和测量技术》等标准，并提供型式试验检测报告。抗干扰性能试验和要求见表 2 - 2 - 2。

表 2 - 2 - 2　　　　　　　　　测控单元抗干扰性能试验和要求

序号	试　　　验	引用标准	等级要求
1	静电放电抗扰度	GB/T 17626.2	Ⅳ级
2	射频电磁场辐射抗扰度	GB/T 17626.3	Ⅲ级
3	电快速瞬变脉冲群抗扰度	GB/T 17626.4	Ⅳ级
4	浪涌（冲击）抗扰度	GB/T 17626.5	Ⅲ级
5	射频场感应的传导骚扰抗扰度	GB/T 17626.6	Ⅲ级
6	工频磁场抗扰度	GB/T 17626.8	Ⅴ级
7	脉冲磁场抗扰度	GB/T 17626.9	Ⅴ级
8	阻尼振荡磁场抗扰度	GB/T 17626.10	Ⅲ级
9	振铃波抗扰度	GB/T 17626.12	Ⅱ级

注　以上各项试验评价准则均采用 A 级。

5. 结构、外观及其他

（1）机箱尺寸应符合 GB/T 19520.3《电子设备机械结构　486.6mm（19in）系列机械结构尺寸　第 3 部分：插箱及其插件》的规定，高度宜采用 6U（266.7mm）机箱。

（2）装置的不带电金属部分应在电气上连成一体，并具备可靠接地点。

（3）装置应有安全标志，安全标志应符合 GB 14598.27《量度继电器和保护装置 第27 部分：产品安全要求》中的规定。

（4）金属结构件应有防锈蚀措施。

三、性能要求

1. 一般技术要求

（1）装置应具备高可靠性，所有芯片选用微功率、宽温芯片，装置 GOOSE 信息处理时延应小于 1ms，MTBF 时间大于 50000h，使用寿命宜大于 12 年。

（2）装置应是模块化的、标准化的、插件式结构；大部分板卡应容易维护和更换，且允许带电插拔；任何一个模块故障或检修时，应不影响其他模块的正常工作。

（3）装置电源模块应为满足现场运行环境的工业级产品，电源端口必须设置过电压保护或浪涌保护器件。

（4）装置内 CPU 芯片和电源功率芯片应采用自然散热。

（5）配置的软件应与系统的硬件资源相适应，宜配置必要的辅助功能软件，如定值整定辅助软件、在线故障诊断软件、故障记录分析软件、调试辅助软件等。

数据库应考虑具有在线修改运行参数、在线修改屏幕显示画面等功能。软件设计应遵循模块化和向上兼容的原则。软件技术规范、汉字编码、点阵、字形等都应符合相应的国家标准。

（6）网络通信介质宜采用多模 1310nm 型光纤或屏蔽双绞线，接口宜统一采用 ST 光纤接口以及 RJ45 电接口。

（7）在任何网络运行工况流量冲击下，装置均不应死机或重启，不发出错误报文，响应正确报文的延时不应大于 1ms。

（8）装置的 SOE 分辨率应小于 2ms。

（9）装置控制操作输出正确率应为 100%，遥控脉冲宽度可调。

2. 功能要求

（1）测控单元应具有交流采样、测量、防误闭锁、同期检测、就地断路器紧急操作和单接线状态及测量数字显示等功能，对全站运行设备的信息进行采集、转换、处理和传送。其基本功能如下：

1）采集模拟量、接收数字量并发送数字量。

2）应具有选择-返校-执行功能，接收、返校并执行遥控命令；接收执行复归命令、遥调命令。

3）宜具有合闸同期检测功能。

4）应具有本间隔顺序操作功能。

5）宜具有事件顺序记录功能；

6）应具有功能参数的当地或远方设置。

7）遥控回路宜采用两级开放方式抗干扰。

（2）测控单元应按照 DL/T 860（IEC 61850）标准建模，具备完善的自描述功能，与变电站层设备直接通信。

（3）测控单元与过程层设备之间的通信应满足 IEC 61850 - 9 - 2、IEC 61850 - 9 - 1、IEC 60044 - 8 及 GOOSE 协议中规定的数据格式，能够识别协议中数据的有效性，实时闭锁，并能将告警事件上送。

（4）测控单元应支持通过 GOOSE 协议实现间隔层防误闭锁功能。

（5）测控单元应至少带有 2 个独立的 GOOSE 接口、2 个独立的 SMV 采样值接口、2 个独立的 MMS 接口。若采样值与 GOOSE 共网传输，则应至少带有 2 个独立的 GOOSE/SMV 采样值接口、2 个独立的 MMS 接口。装置可带有 1 个本地通信接口（调试口），此通信接口也可与装置的 MMS 接口复用。

（6）装置应具有在线自动检测功能，并能输出装置本身的自检信息报文，与自动化系统状态监测接口。

（7）装置应能发出装置异常信号、装置电源消失信号、装置出口动作信号，其中装置电源消失信号应能输出相应的报警触点。装置异常及电源消失信号在装置面板上宜直接有 LED 指示灯显示。

（8）装置的主要动作信号和事件报告，在失去直流工作电源的情况下不能丢失。在电源恢复正常后，应能重新正确显示并输出。

（9）为方便装置的正常运行维护，应具备当地信息显示功能，应能实时反映本间隔一次设备的分、合状态，应有该电气单元的实时模拟接线状态图。

（10）测控单元应能设置所测量间隔的检修状态。

（11）测控单元仅保留检修硬压板，在有操作界面的情况下，可取消操作把手。

（12）装置应具备接收 IEC 61588 或 B 码时钟同步信号功能，装置的对时精度误差应在 ±1ms 之间。

四、安装要求

1. 安装地点

适用于户内柜或户外柜等封闭空间内安装。

2. 防护等级

装置应采用密闭壳体，安装在户内柜时，防护等级应达到 IP40；安装在户外控制柜内时，防护等级应达到 IP42。

3. 对安装柜体的要求

（1）屏（柜）上各测控单元应有隔离措施，以便根据不同运行方式的需要断开或连接。

（2）测控系统中任一设备故障时，均不应影响其他设备的正常运行工作。

五、技术服务

1. 应提供的技术文件

（1）产品的鉴定证书和满足规范技术要求的电力设备质检中心出具的产品型式试验质检报告。

（2）产品的 ISO 9000（GB/T 1900）质量保证体系文件，能够证明该质量保证体系经过国家认证并且正常运转。

（3）模型一致性说明文档，包括装置数据模型中采用的逻辑节点类型定义、CDC 数据类型定义以及数据属性类型定义，文档格式采用 DL/T 860.73 和 DL/T 860.74 中数据类型定义的格式。

（4）协议一致性说明文档，按照 DL/T 860.72 附录 A 提供协议一致性说明，包括 ACSI 基本一致性说明、ACSI 模型一致性说明和 ACSI 服务一致性说明 3 个部分。

（5）协议补充信息说明文档，包含协议一致性说明文档中没有规定的装置通信能力的描述信息，如支持的最大客户连接数，TCP＿KEEPLIVE 参数，文件名的最大长度以及 ACSI 实现的相关补充信息等。

2．应提供的资料

（1）装置的方框原理图及其说明。

（2）装置及其元件的原理接线及其说明（包括手动控制回路、操作原理接线、电气闭锁原理接线等）。

（3）装置布置和安装接线图，包括设备尺寸和安装尺寸，光纤网络设备的连接及其安装要求等。

（4）其他资料和说明手册如下：

1）装置的装配、运行、检验、维护、零件清单、推荐的部件以及型号等方面的说明。

2）试验设置及专用工具的说明和有关注意事项。

3）装置的正常试验、运行维护、故障诊断的说明。

3．技术配合

（1）现场安装/投运的合作和管理。

（2）负责协助接入全站过程层网络系统。

（3）提供设备的现场验收、测试方案和技术指标。

（4）其他约定的配合工作。

第三节　智能变电站智能终端

一、主要技术指标

1．电源

（1）基本参数：

1）额定电压：DC220V/110V。

2）允许偏差：−20％～15％。

3）纹波系数：不大于 5％。

（2）拉合直流电源以及插拔熔丝发生重复击穿火花时，装置不应误动作；直流电源回路出现各种异常情况（如短路、断线、接地等）时，装置不应误输出。

（3）按 GB/T 7261—2016 的规定进行直流电源中断 20ms 影响试验，装置不应误动作。

（4）将输入直流工作电源的正负极性颠倒，装置无损坏，并能正常工作。

（5）装置加上电源、断电、电源电压缓慢上升或缓慢下降，装置均不应误动作或误发信号；当电源恢复正常后，装置应自动恢复正常运行。

（6）当正常工作时，装置功率消耗不大于 30W；当装置动作时，功率消耗不大于 60W。

2. 绝缘性能

（1）绝缘电阻。在试验的标准大气条件下，装置的外引带电回路部分和外露非带电金属部分及外壳之间，以及电气上无联系的各回路之间，用 500V 的直流兆欧表测量其绝缘电阻值，应不小于 100MΩ。

（2）介质强度：

1）在试验的标准大气条件下，装置应能承受频率为 50Hz，历时 1min 的工频耐压试验而无击穿闪络及元器件损坏现象。

2）工频试验电压值按表 2-3-1 选择。也可以采用直流试验电压，其值应为表 2-3-1 规定的工频试验电压值的 1.4 倍。

表 2-3-1   智能终端工频试验电压值   单位：V

被试回路	额定绝缘电压	工频试验电压
整机引出端子和背板线-地	60（不含）～250	2000
直流输入回路-地	60（不含）～250	2000
信号输出触点-地	60（不含）～250	2000
无电气联系的各回路之间	60（不含）～250	2000
整机带电部分-地	≤60	500

3）试验过程中，任一被试回路施加电压时其余回路等电位互联接地。

（3）冲击电压。在试验的标准大气条件下，装置的直流输入回路、交流输入回路、信号输出触点等诸回路对地，以及回路之间，应能承受 1.2/50μs 的标准雷电波的短时冲击电压试验。当额定绝缘电压大于 60V 时，开路试验电压为 5kV；当额定绝缘电压不大于 60V 时，开路试验电压为 1kV。试验后，装置的性能应符合相关标准的规定。

3. 耐湿热性能

装置应能承受 GB/T 2423.9 规定的恒定湿热试验。试验温度为（40±20）℃，相对湿度为（93±3）%，试验持续时间 48h。在试验结束前 2h 内，用 500V 直流兆欧表，测量各外引带电回路部分对外露非带电金属部分及外壳之间，以及电气上无联系的各回路之间的绝缘电阻值应不小于 1.5MΩ；介质强度不低于规定值的 75%。

4. 抗干扰性能

抗电磁干扰能力要求满足 IEC 61850-3 标准、GB/T 17626 系统等标准，并提供型式试验检测报告。抗干扰性能试验和要求见表 2-3-2。

表 2-3-2   智能终端抗干扰性能试验和要求

序号	试验	引用标准	等级要求
1	静电放电抗扰度	GB/T 17626.2	Ⅳ级
2	射频电磁场辐射抗扰度	GB/T 17626.3	Ⅲ级

续表

序号	试 验	引用标准	等级要求
3	电快速瞬变脉冲群抗扰度	GB/T 17626.4	Ⅳ级
4	浪涌（冲击）抗扰度	GB/T 17626.5	Ⅳ级
5	射频场感应的传导骚扰抗扰度	GB/T 17626.6	Ⅲ级
6	工频磁场抗扰度	GB/T 17626.8	Ⅴ级
7	脉冲磁场抗扰度	GB/T 17626.9	Ⅴ级
8	阻尼振荡磁场抗扰度	GB/T 17626.10	Ⅲ级
9	振铃波抗扰度	GB/T 17626.12	Ⅲ级

注 以上各项试验评价准则均采用 A 级。

5. 结构、外观及其他

（1）机箱尺寸应符合 GB/T 19520.3—2004 的规定，高度宜采用 6U 机箱。

（2）装置的不带电金属部分应在电气上连成一体，并具备可靠接地点。

（3）装置应有安全标志，安全标志应符合 GB/T 14598.27—2008 中的规定。

（4）金属结构件应有防锈蚀措施。

二、主要性能要求

1. 一般技术要求

（1）装置应具备高可靠性，所有芯片选用微功率、宽温芯片。装置 MTBF 时间大于 50000h，使用寿命宜大于 12 年。

（2）装置应是模块化、标准化、插件式结构；大部分板卡应容易维护和更换，且允许带电插拔；任何一个模块故障或检修时，应不影响其他模块的正常工作。

（3）装置电源模块应为满足现场运行环境的工业级或军工级产品，电源端口必须设置过电压保护或浪涌保护器件抑制浪涌骚扰。

（4）装置内 CPU 芯片和电源功率芯片应采用自然散热。

（5）装置应采用全密封、高阻抗、小功耗的继电器，尽可能减少装置的功耗和发热，以提高可靠性；装置的所有插件应接触可靠，并且有良好的互换性，以便检修时能迅速更换。

（6）装置开关量外部输入信号宜选用 DC220V/110V，进入装置内部时应进行光电隔离，隔离电压不小于 2000V，软硬件滤波。信号输入的滤波时间常数应保证在接点抖动（反跳或振动）以及存在外部干扰情况下不误发信号，时时常数可调整。

（7）网络通信介质宜采用多模光缆，波长 1310nm，宜统一采用 ST 型接口。

（8）在任何网络运行工况流量冲击下，装置均不应死机或重启，不发出错误报文，响应正确报文的延时不应大于 1ms。

（9）装置的 SOE 分辨率应小于 2ms。

（10）装置控制操作输出正确率应为 100%。

2. 功能要求

（1）智能终端具有开关量（DI）和模拟量（AI）采集功能，输入量点数可根据工程需要灵活配置；开关量输入宜采用强电方式采集；模拟量输入应能接收 4～20mA 电流量和 0～5V 电压量。

（2）智能终端具有开关量（DO）输出功能，输出量点数可根据工程需要灵活配置；继电器输出接点容量应满足现场实际需要。

（3）智能终端具有断路器控制功能，可根据工程需要选择分相控制或三相控制等不同模式。

（4）智能终端宜具备断路器操作箱功能，包含分合闸回路、合后监视、重合闸、操作电源监视和控制回路断线监视等功能。断路器防跳、断路器三相不一致保护功能以及各种压力闭锁功能宜在断路器本体操作机构中实现。

（5）智能终端应具有信息转换和通信功能，支持以 GOOSE 方式上传一次设备的状态信息，同时接收来自二次设备的 GOOSE 下行控制命令，实现对一次设备的实时控制功能。

（6）智能终端应具备 GOOSE 命令记录功能，记录收到 GOOSE 命令时刻、GOOSE 命令来源及出口动作时刻等内容，并能提供便捷的查看方法。

（7）智能终端应至少带有 1 个本地通信接口（调试口）、2 个独立的 GOOSE 接口（并可根据工程需要增加独立的 GOOSE 接口）；必要时还可设置 1 个独立的 MMS 接口（用于上传状态监测信息）。通信规约遵循 DL/T 860（IEC 61850）标准。

（8）智能终端 GOOSE 的单双网模式可灵活设置，宜统一采用 ST 型接口。

（9）智能终端安装处应保留总出口压板和检修压板。

（10）智能终端应有完善的闭锁告警功能，包括电源中断、通信中断、通信异常、GOOSE 断链、装置内部异常等信号；其中装置异常及直流消失信号在装置面板上宜直接有 LED 指示灯。

（11）智能终端应具有完善的自诊断功能，并能输出装置本身的自检信息，自检项目可包括：出口继电器线圈自检、开入光耦自检、控制回路断线自检、断路器位置不对应自检、定值自检、程序 CRC 自检等。

（12）智能终端应具备接收 IEC 61588 或 B 码时钟同步信号功能，装置的对时精度误差应不大于 ±1ms。

（13）智能终端应提供方便、可靠的调试工具与手段，以满足网络化在线调试的需要。

（14）智能终端可具备状态监测信息采集功能，能够接收安装于一次设备和就地智能控制柜传感元件的输出信号，比如温度、湿度、压力、密度、绝缘、机械特性以及工作状态等，支持以 MMS 方式上传一次设备的状态信息。

（15）主变本体智能终端包含完整的本体信息交互功能（非电量动作报文、调挡及测温等），并可提供用于闭锁调压、启动风冷、启动充氮灭火等出口接点，同时还宜具备就地非电量保护功能；所有非电量保护启动信号均应经大功率继电器重动，非电量保护跳闸通过控制电缆以直跳方式实现。

三、安装要求

1. 安装地点

适用于户内柜或户外柜等封闭空间内安装。

2. 防护等级

装置应采用密闭壳体，安装在户外控制柜内时，装置壳体防护等级应达到 IP42；安装在户内柜时，防护等级应达到 IP40。

四、技术服务

1．应提供的技术文件

（1）产品的鉴定证书和满足规范技术要求的电力设备质检中心出具的产品型式试验质检报告。

（2）产品的 ISO 9000（GB/T 1900）质量保证体系文件，能够证明该质量保证体系经过国家认证并且正常运转。

（3）模型一致性说明文档，包括装置数据模型中采用的逻辑节点类型定义、公用数据类型定义以及数据属性类型定义，文档格式采用 DL/T 860.73 和 DL/T 860.74 中数据类型定义的格式。

（4）协议一致性说明文档，按照 DL/T 860.72 附录 A 提供的协议一致性说明，包括 ACSI 基本一致性说明、ACSI 模型一致性说明和 ACSI 服务一致性说明 3 个部分。

（5）协议补充信息说明文档，包含协议一致性说明文档中没有规定的装置通信能力的描述信息，如支持的最大客户连接数、TCP＿KEEPLIVE 参数、文件名的最大长度以及 ACSI 实现的相关补充信息等。

2．应提供的资料

（1）装置的方框原理图及其说明。

（2）装置及元件的原理接线和说明。

（3）装置布置和安装接线图，包括设备尺寸和安装尺寸，光纤网络设备的连接及其安装要求等。

（4）其他资料和说明手册如下：

1）装置的装配、运行、检验、维护、零件清单、推荐的部件以及型号等方面的说明。

2）试验设置及专用工具的说明和有关注意事项。

3）装置的正常试验、运行维护、故障诊断的说明。

3．技术配合

（1）配合现场安装和调试。

（2）负责协助接入全站自动化网络系统。

（3）配合设备的现场验收、提供测试方案和技术指标。

（4）其他约定的配合工作。

第四节　智能变电站合并单元

一、基本技术条件

（一）使用环境条件

（1）海拔：不大于 1000m。

（2）环境温度：－5～45℃（户内）；－25～55℃（户外）。

（3）最大日温差：25K。

（4）最大相对湿度：95％（日平均）；90％（月平均）。

（5）大气压力：86～106kPa。

（6）抗震能力：水平加速度0.30g；垂直加速度0.15g。

注意：以上环境条件可根据具体工程调整。

（二）主要技术指标

1．电源

（1）基本参数：

1）额定电压：DC220V/110V。

2）允许偏差：−20％～15％。

3）纹波系数：不大于5％。

（2）拉合直流电源以及插拔熔丝发生重复击穿火花时，装置不应误输出；直流电源回路出现各种异常情况（如短路、断线、接地等）时，装置不应误输出。

（3）按GB/T 7261—2016中15.3的规定进行直流电源中断20ms影响试验，装置不应误输出。

（4）将输入直流电源的正负极性颠倒，装置无损坏，并能正常工作。

（5）装置加上电源、断电、电源电压缓慢上升或缓慢下降，装置均不应误输出；当电源恢复正常后，装置应自动恢复正常运行。

（6）当正常工作时，装置功率消耗不大于40W。

2．绝缘性能

（1）绝缘电阻。在试验的标准大气条件下，装置的外引带电回路部分和外露非带电金属部分及外壳之间，以及电气上无联系的各回路之间，用1000V的直流兆欧表测量其绝缘电阻值，应不小于20MΩ。

（2）介质强度：

1）在试验的标准大气条件下，装置应能承受频率为50Hz，历时1min的工频耐压试验而无击穿闪络及元器件损坏现象。

2）工频试验电压值按表2−4−1选择。也可以采用直流试验电压，其值应为规定的工频试验电压值的1.4倍。

表2−4−1 合并单元各回路工频试验电压值要求 单位：V

被 试 回 路	额定绝缘电压	工频试验电压
整机引出端子和背板线−地	60（不含）～250	2000
直流输入回路−地	60（不含）～250	2000
信号输出触点−地	60（不含）～250	2000
无电气联系的各回路之间	60（不含）～250	2000
整机带电部分−地	≤60	500

3）试验过程中，任一被试回路施加电压时其余回路等电位互联接地。

（3）冲击电压。在试验的标准大气条件下，装置的电源输入回路、交流输入回路、信号输出触点等诸回路对地，以及回路之间，应能承受 1.2/50μs 的标准雷电波的短时冲击电压试验。当额定绝缘电压大于 60V 时，开路试验电压为 5kV；当额定绝缘电压不大于 60V 时，开路试验电压为 1kV。

3. 耐湿热性能

装置应能承受 GB/T 2423.9 规定的恒定湿热试验。试验温度为（40±20）℃，相对湿度为（93±3）%，试验持续时间 48h。在试验结束前 2h 内，用 1000V 直流兆欧表测量各外引带电回路部分对外露非带电金属部分及外壳之间以及电气上无联系的各回路之间的绝缘电阻值，应不小于 1.5MΩ；介质强度不低于规定值的 75%。

4. 抗干扰性能

合并单元应通过表 2-4-2 中的电磁兼容类试验。

表 2-4-2　　　　　　　合并单元抗干扰性能试验和要求

序号	试 验	参考标准	严酷等级
1	静电放电抗扰度	GB/T 17626.2	Ⅳ级
2	射频电磁场辐射抗扰度	GB/T 17626.3	Ⅲ级
3	电快速瞬变脉冲群抗扰度	GB/T 17626.4	Ⅳ级
4	浪涌（冲击）抗扰度	GB/T 17626.5	Ⅲ级
5	射频场感应的传导骚扰抗扰度	GB/T 17626.6	Ⅲ级
6	工频磁场抗扰度	GB/T 17626.8	Ⅴ级
7	脉冲磁场抗扰度	GB/T 17626.9	Ⅴ级
8	阻尼振荡磁场抗扰度	GB/T 17626.10	Ⅲ级
9	振铃波抗扰度	GB/T 17626.12	Ⅱ级

5. 结构、外观及其他

（1）机箱尺寸应符合 GB/T 3047.3 的规定，高度宜采用 6U（266.7mm）。

（2）装置的不带电金属部分应在电气上连成一体，并具备可靠接地点。

（3）装置应有安全标志，安全标志应符合 GB 16836—2003 中 5.7.5、5.7.6 的规定。

（4）金属结构件应有防锈蚀措施。

二、主要功能要求

1. 一般技术要求

（1）装置应具备高可靠性，所有芯片选用微功率、宽温芯片，装置 MTBF 时间大于 50000h，使用寿命宜大于 12 年。

（2）装置应是模块化、标准化、插件式结构；大部分板卡应容易维护和更换，且允许带电插拔；任何一个模块故障或检修时，应不影响其他模块的正常工作。

（3）装置电源模块应为满足现场运行环境的工业级产品，电源端口必须设置过电压保护或浪涌保护器件。

（4）装置内 CPU 芯片和电源功率芯片应采用自然散热。

（5）装置应采用全密封、高阻抗、小功率的继电器，尽可能减少装置的功耗和发热，以提高可靠性；装置的所有插件应接触可靠，并且有良好的互换性，以便检修时能迅速更换。

（6）合并单元的输入/输出应采用光纤传输系统，兼容接口是合并单元的光纤接插件。宜采用多模 1310nm 型光纤，ST 接口。

（7）合并单元与电子式互感器之间的数据传输协议应标准、统一。

2. 功能要求

（1）按间隔配置的合并单元应提供足够的输入接口，接收来自本间隔电流互感器的电流信号；若间隔设置有电压互感器，还应接入间隔的电压信号；若本间隔的二次设备需要母线电压，还应接入来自母线电压合并单元的母线电压信号。

（2）母线电压应配置单独的母线电压合并单元。合并单元应提供足够的输入接口，接收来自母线电压互感器的电压信号。对于单母线接线，一台母线电压合并单元对应一段母线；对于双母线接线，一台母线电压合并单元宜同时接收两段母线电压；对于双母线单分段接线，一台母线电压合并单元宜同时接收三段母线电压；对于双母线双分段接线，宜按分段划分为两个双母线来配置母线电压合并单元。

（3）对于接入了两段及以上母线电压的母线电压合并单元，母线电压并列功能宜由合并单元完成，合并单元通过 GOOSE 网络获取断路器、刀闸位置信息，实现电压并列功能。

（4）合并单元应能提供输出 IEC 61850-9 协议的接口及输出 IEC 60044-7/8 的 FT3 协议的接口，能同时满足保护、测控、录波、计量设备使用。对于采样值组网传输的方式，合并单元应提供相应的以太网口；对于采样值点对点传输的方式，合并单元应提供足够的输出接口分别对应保护、测控、录波、计量等不同的二次设备。输出接口应模块化并可根据需要增加输出模块。

（5）合并单元应能接收 12 路电子式互感器的采样信号，经同步和合并之后对外提供采样值数据。

（6）合并单元应能够接收 IEC 61588 或 B 码同步对时信号。合并单元应能够实现采集器间的采样同步功能，采样的同步误差应在 $\pm 1\mu s$ 之间。在外部同步信号消失后，至少能在 10min 内继续满足 $4\mu s$ 同步精度要求。合并单元与电子式互感器之间没有硬同步信号时，合并单元应具备前端采样、处理和采样传输时延的补偿功能。

（7）输出协议采用 IEC 61850-9-2 时，合并单元的数字量输出宜采用 24 位有符号数值。输出协议采用 IEC 61850-9-1 或 IEC 60044-8 时，合并单元的数字量输出宜采用二次值方式。

（8）合并单元应能保证在电源中断、电压异常、采集单元异常、通信中断、通信异常、装置内部异常等情况下不误输出；应能够接收电子式互感器的异常信号；应具有完善的自诊断功能。合并单元应能够输出上述各种异常信号和自检信息。

（9）合并单元宜具备光纤通道光强监视功能，实时监视光纤通道接收到的光信号强度，并根据检测到的光强度信息，提前报警。

（10）根据工程需要，合并单元可提供接收常规互感器或模拟小信号互感器输出的模拟信号的接口。

（11）合并单元与电子式互感器之间通信速度应满足最高采样率要求。合并单元与电子式互感器之间的通信协议应开放、标准，宜采用 IEC 60044 - 7/8 的 FT3 格式。

（12）合并单元应支持可配置的采样频率，采样频率应满足保护、测控、录波、计量及故障测距等采样信号的要求。

（13）合并单元应提供调试接口，可以根据现场要求对所发送通道的顺序、相序、极性、比例系数等进行配置。

（14）根据工程需要，合并单元可以光能量形式，为电子式互感器采集器提供工作电源。

三、安装要求和技术服务

（一）安装要求

1. 安装地点

户内柜，户外柜安装。

2. 防护等级

装置应采用密闭壳体，安装在户外柜内时，防护等级应达到 IP42；安装在户内柜时，防护等级应达到 IP40。

（二）技术服务

1. 应提供的技术文件

（1）产品的鉴定证书和满足规范技术要求的电力设备质检中心出具的产品型式试验质检报告。

（2）产品的 ISO 9000（GB/T 1900）质量保证体系文件，能够证明该质量保证体系经过国家认证并且正常运转。

2. 应提供的资料

（1）装置的方框原理图及其说明。

（2）装置及其元件的原理接线及其说明。

（3）装置布置和安装接线图，包括设备尺寸和安装尺寸，光纤网络设备的连接及其安装要求等。

（4）其他资料和说明手册如下：

1）装置的装配、运行、检验、维护、零件清单、推荐的部件以及型号等方面的说明。

2）试验设置及专用工具的说明和有关注意事项。

3）装置的正常试验、运行维护、故障诊断的说明。

3. 技术配合

（1）现场安装/投运的合作和管理。

（2）提供设备的现场验收、测试方案和技术指标。

（3）其他约定配合工作。

第三章 智能变电站网络交换机和网络报文装置

第一节 网络交换机

一、主要技术指标

1. 电源

（1）基本参数：

1）额定电压：DC220V/110V，为调试方便，交换机也应支持220V AC交流供电。

2）允许偏差：−20%～15%。

3）纹波系数：不大于5%。

（2）电源接线应采用端子式接线方式。

（3）将输入直流电源的正负极性颠倒，装置无损坏，并能正常工作。

（4）当电源参数在极限内变化时，交换机应能可靠工作，各项功能和性能指标应符合有关标准的要求。

（5）当装置满配满负荷工作条件下的整机功耗不大于60W。

2. 绝缘性能

（1）绝缘电阻。在试验的标准大气条件下，装置的外引带电回路部分和外露非带电金属部分及外壳之间，以及电气上无联系的各回路之间，用1000V的直流兆欧表测量其绝缘电阻值，应不小于20MΩ。

（2）介质强度：

1）在试验的标准大气条件下，装置应能承受频率为50Hz，历时1min的工频耐压试验而无击穿闪络及元器件损坏现象。

2）工频试验电压值按表3-1-1选择。也可以采用直流试验电压，其值应为规定的工频试验电压值的1.4倍。

3）试验过程中，任一被试回路施加电压时其余回路等电位互联接地。

表3-1-1 网络交换机工频试验电压值 单位：V

被测回路	额定绝缘电压	工频试验电压
整机引出端子和背板线-地	60（不含）～250	2000
直流输入回路-地	60（不含）～250	2000
信号输出触点-地	60（不含）～250	2000
无电气联系的各回路之间	60（不含）～250	2000
以太网（电）接口-地	≤60	500

（3）冲击电压。交换机各导电回路与地（或与地有良好接触的金属框架）之间，对于额定绝缘电压大于 60V 的回路，应能承受 1.2/50μs、开路试验电压为 5kV 的标准雷电波的短时冲击电压试验；对于额定绝缘电压小于 60V 的回路，应能承受 1.2/50μs、开路试验电压为 1kV 的标准雷电波的短时冲击电压试验，交换机允许闪络，但不应出现绝缘击穿或损坏。试验后，装置的技术性能指标应符合有关标准的规定。

3．耐湿热性能

装置应能承受 GB/T 2423.9 规定的恒定湿热试验。试验温度为（40±20）℃，相对湿度为（93±3）％，试验持续时间 48h。在试验结束前 2h 内，用 1000V 直流兆欧表测量各外引带电回路部分对外露非带电金属部分及外壳之间以及电气上无联系的各回路之间的绝缘电阻值，应不小于 1.5MΩ；介质强度不低于规定值的 75％。

4．抗干扰性能

抗电磁干扰能力应满足 DL/T 860 标准、GB/T 17626 系列等标准的相关要求，并提供型式试验检测报告。

网络交换机至少应通过表 3－1－2 所包含的电磁兼容类试验。

表 3－1－2　　　　　　　　网络交换机抗干扰性能要求和试验

序号	试　　验	参考标准	严酷等级
1	静电放电抗扰度	GB/T 17626.2	Ⅳ级
2	射频电磁场辐射抗扰度	GB/T 17626.3	Ⅲ级
3	电快速瞬变脉冲群抗扰度	GB/T 17626.4	Ⅳ级
4	浪涌（冲击）抗扰度	GB/T 17626.5	Ⅲ级
5	射频场感应的传导骚扰抗扰度	GB/T 17626.6	Ⅲ级
6	工频磁场抗扰度	GB/T 17626.8	Ⅴ级
7	脉冲磁场抗扰度	GB/T 17626.9	Ⅴ级
8	阻尼振荡磁场抗扰度	GB/T 17626.10	Ⅲ级
9	振铃波抗扰度	GB/T 17626.12	Ⅱ级
10	直流电源输入端口电压暂降、短时中断和电压变化的抗扰度	GB/T 17626.29	100ms/0％

5．无线电骚扰限值

无线电骚扰限值应符合 GB/T 9254—2008《信息技术设备的无线电骚扰限制和测量方法》的有关规定，见表 3－1－3。

表 3－1－3　　　　　　交换机在 10mm 测量距离处的辐射骚扰限制

频率范围/MHz	准峰值限制/dB（μV/m）	频率范围/MHz	准峰值限制/dB（μV/m）
30～230	40	230～1000	47

注　1．在过渡频率处（230MHz）应采用较低的限制。

　　2．当出现环境干扰时，可以采取附加措施。

6．结构、外观及其他

（1）机箱尺寸宜采用标准 19in 机箱，高度采用 1U 的整数倍。

（2）装置的不带电金属部分应在电气上连成一体，具备可靠接地端子，并应有相应的标识。

（3）金属结构件应有防锈蚀措施。

（4）外观要求：

1）应于交换机设备正面（非出线端）设置交换机品牌标志、型号名称。

2）背面接线端口应标明端口序号或名称，电源端子上方应标注接线说明。

3）底面板应标注交换机制造方名称、设备名称、型号、MAC 地址、默认 IP 地址、产品序列号、硬件版本号、通过认证标志、产地及其他必要信息。

4）交换机前后均设有按端口序号排列的指示灯。

二、主要性能要求

1. 一般技术要求

（1）装置应是模块化的、标准化的、插件式结构；大部分板卡应容易维护和更换，且允许带电插拔；任何一个模块故障或检修时，应不影响其他模块的正常工作。

（2）装置电源模块应为满足现场运行环境的工业级产品，电源端口必须设置过电压保护或浪涌保护器件。

（3）交换机应采用自然散热（无风扇）方式。

（4）装置的所有插件应接触可靠，并且有良好的互换性。

（5）单个交换机平均故障间隔时间 $MTBF \geqslant 200000$h。

（6）双电源供电的交换机应支持电源输出报文告警功能。

（7）网络交换机应具有完善的自诊断功能，并能以报文方式输出装置本身的自检信息，与变电站自动化系统状态监测接口。

（8）当交换机用于传输 SMV 或 GOOSE 等可靠性要求较高的信息时应采用光接口；当交换机用于传输 MMS 等信息时宜采用电接口。

（9）全光口配置的交换机的规格一般选用 8 口、16 口或 24 口；全电口配置的交换机的规格一般选用 16 口、24 口或 48 口；光口/电口混合配置的交换机可根据工程具体需求进行选型。

2. 基本性能

（1）交换机吞吐量等于端口速率×端口数量（流控关闭）。

（2）在满负荷下，交换机可以正确转发帧的速率（端口吞吐量）应等于端口速率。

（3）当 SMV 采用组网或与 GOOSE 共网的方式传输时，用于母线差动保护或主变差动保护的过程层交换机宜支持在任意 100M 网口出现持续 0.25ms 的 1000M 突发流量时不丢包，在任意 1000M 网口出现持续 0.25ms 的 2000M 突发流量时不丢包。

（4）交换机 MAC 地址缓存能力应不低于 4096 个。

（5）交换机学习新的 MAC 地址速率大于 1000 帧/s。

（6）传输各种帧长数据时交换机固有时延应小于 10μs。

（7）交换机在全线速转发条件下，丢包（帧）率为 0。

（8）虚拟局域网 VLAN：

1）交换机应支持 IEEE 802.1q 定义的 VIAN 标准。

2）交换机应支持通过 VLAN 技术实现 VPN，至少应支持基于端口或 MAC 地址的 VLAN。

3）应支持同一 VLAN 内不同端口间的隔离功能。

4）单端口应支持多个 VLAN 划分。

5）交换机应支持在转发的帧中插入标记头，删除标记头，修改标记头。

6）其他具体要求参见 YD/T 1099—2013《以太网交换机技术要求》中 7.6 的规定。

（9）交换机应支持 IEEE 802.1p 流量优先级控制标准，提供流量优先级和动态组播过滤服务，应至少支持 4 个优先级队列，具有绝对优先级功能，应能够确保关键应用和时延要求高的信息流优先进行传输。

（10）当交换机采用环形网络时，为实现变电站通信网络设备一致性，网络恢复宜采用快速生成树协议 RSTP 或多生成树协议 MSTP，并符合 IEEE 802.1w，且与 IEEE 802.1d 的兼容。环形网络 RSTP、MSTP 最长恢复时间通过每个交换机不超过 50ms。

（11）时钟传输性能。交换机作为 IED 连接的汇集点，应具备实现对于所连接的 IED 时间同步的功能。

1）交换机应支持简单网络时钟（SNTP）时钟传输协议，传输精度小于 1ms。

2）当过程层采用 IEC 61588 网络对时方式时，交换机应支持精密同步时钟传输协议，并可以作为边界时钟、透明时钟、普通时钟等。

a. 边界时钟传输精度在 ±200ns 之间。

b. EtoE 透明时钟单级传输精度在 ±200ns 之间。

c. PtoP 透明时钟单级传输精度在 ±200ns 之间。

（12）宜支持 IPv6 协议，同时兼容 IPv4 协议。

（13）以太网接口。交换机的接口类型及技术要求符合 IEEE 802.3 要求。

1）交换机光接口器件类型及技术要求见表 3-1-4。

表 3-1-4 交换机光接口器件类型及技术要求

技术指标 \ 器件	多模光器件		单模光器件	
	发光器件	接收器件	发光器件	接收器件
波长	850nm/1310nm	—	1310nm/1550nm	—
发光功率	≥−14dBm	—	≥−8dBm	—
接收灵敏度	—	≤−25dBm	—	≤−25dBm

注 智能变电站宜统一采用多模光器件，发光器件采用 1310nm 波长，接口选用 ST 型。

2）电接口性能指标。采用五类双绞线传输距离不小于 100m，传输速率不小于端口的线速，接口统一选用 RJ45 接口。

3. 功能要求

（1）数据帧转发。交换机应支持电力相关协议数据的转发功能，如 IEC 60870-5-104、DL/T 860 相关协议的数据帧转发。

（2）数据帧过滤。交换机应实现基于 IP 或 MAC 地址的数据帧过滤功能。

（3）网络风暴抑制功能：

1）支持广播风暴抑制。

2）支持组播风暴抑制。

3）支持未知单播风暴抑制。

（4）组播功能。网络交换机支持包括 GMRP 二层动态 MAC 地址的配置组播功能、静态 MAC 地址的配置组播功能以及动态 IP 映射（IGMP‐SNOOPING）组播功能。

（5）镜像。以太网交换机应支持镜像功能，包括一对一端口镜像、多对一端口镜像。使用该功能可以将交换机的流量拷贝以用于进行详细的分析利用。在保证镜像端口吞吐量的情况下，镜像端口不应当丢失数据。

（6）多链路聚合。支持逻辑上多条单独的链路作为一条独立链路使用，支持不少于 4 个端口的链路聚合；链路聚合功能开启过程中不应数据丢失。

（7）组网功能。可以按照智能变电站自动化系统的需求进行组网，组网方式可为以下方式之一：

1）星形。

2）环形。

3）双星形。

4）双环形。

（8）管理功能：

1）支持网络管理协议（SNMPV2、V3）。

2）提供安全的 Web 界面管理。

3）提供密码管理。

4）支持端口断线报警和端口状态实时监测。

5）提供异常告警提示。

（9）通信安全。交换机支持用户密码保护、加密认证和访问安全、基于 MAC 地址的端口安全等。交换机可具有抵御拒绝服务攻击和防止常见病毒传播的能力。

（10）其他。其他功能参见 YD/T 1099—2013 和 YD/T 1627—2007《以太网交换机设备安全技术要求》。

三、安装要求

1. 安装地点

适用于户内柜或户外柜等封闭空间内安装。

2. 防护等级

装置应采用密闭壳体，当安装在户外柜内时，防护等级应达到 IP42；安装在户内柜时，防护等级应达到 IP40。

3. 出线方式

网络交换机可采用前出线或后出线方式，现场安装的交换机宜采用后出线方式。

四、技术服务

1. 应提供的技术文件

（1）产品的鉴定证书和满足规范技术要求的电力设备质检中心出具的产品型式试验质检报告。

（2）产品的 ISO 9000（GB/T 1900）质量保证体系文件，能够证明该质量保证体系经过国家认证并且正常运转。

2. 应提供的资料

（1）交换机的方框原理图及其说明。

（2）交换机的嵌入 Web 软件说明以及基于 SNMP 协议的网络管理软件的说明，根据工程需求提供 MIB 管理库文件和技术支持。

（3）交换机布置和安装接线图，包括设备尺寸和安装尺寸，光纤网络设备的连接及其安装要求等。

（4）交换机网络端口（包括光纤端口）类型、电源端、报警端接线定义及说明，模块化设计的交换机应说明选用模块的端口类型及接口数量。

（5）其他资料和说明手册如下：

1）交换机的装配、运行、检验、维护、零件清单、推荐的部件以及型号等方面的说明。

2）试验设置及专用工具的说明和有关注意事项。

3）装置的正常试验、运行维护、故障诊断的说明。

3. 技术配合

（1）现场安装/投运的合作和管理。

（2）负责协助接入全站过程层网络系统。

（3）提供设备的现场验收、测试方案和技术指标。

（4）其他约定配合工作。

第二节　智能变电站网络报文记录及分析装置

一、对网络报文记录及分析装置的基本要求

（1）装置应具备对全站各种网络报文（快速报文、中速报文、低速报文、原始数据报文、文件传输功能报文、时间同步报文、访问控制命令报文等）进行实时监视、捕捉、分析、存储和统计的功能。装置应具备变电站网络通信状态在线监视和状态评估的功能。

（2）装置对报文的捕捉应安全、透明，不得对原有的网络通信产生任何影响。

（3）装置所记录的数据应真实、可靠，并具有足够的安全性。不应因供电电源中断等偶然因素丢失已记录数据；按装置上任意一个开关或按键不应丢失或抹去已记录的数据。

（4）装置应按照 DL/T 860 标准建模，具备完善的自描述功能。装置应能导入 SCD文件中相关的配置信息。

（5）装置相关信息应经独立的通信接口直接上送站控层。

（6）装置的各网络接口，应采用相互独立的数据接口控制器。

（7）装置应具备防病毒和网络攻击能力；不应因病毒感染影响正常记录或丢失已记录的数据。

（8）装置应具有自复位功能。当软件工作不正常时，应能通过自复位功能自动恢复正常工作。装置在任何情况下不得出现死机现象。

（9）装置应能通过全站统一时钟信号（IRIG-B、IEC 61588、SNTP等）实现对时功能，并满足对时精度要求。

（10）装置应具有远方复归信号的功能。

（11）装置应具有必要的自检功能，应具有装置异常、电源消失、事件信号的硬接点输出。

（12）装置应支持双电源供电。

（13）装置应满足无人值班的要求。

（14）装置应易扩展、易升级、易改造、易维护。

二、技术要求

1. 正常工作大气条件

（1）环境温度：−10～55℃。

（2）相对湿度：5%～95%。

（3）大气压力：86～106kPa。

2. 电源

（1）交流电源：

1）额定电压：单相220V，允许偏差为−15%～10%。

2）频率：50Hz/60Hz，允许偏差为±0.5Hz。

3）波形：正弦，波形畸变不大于5%。

（2）直流电源：

1）额定电压：220V/110V，允许偏差为−20%～15%。

2）纹波系数：不大于5%。

3. 功率消耗

当正常工作时，宜不大于100W。

4. 接口要求

站控层宜采用RJ45接口；过程层宜采用光纤接口，光纤连接器应采用1310nm多模ST光纤接口。

（1）以太网监听记录端口数：不小于8。

（2）单个端口的报文接入能力：不小于100Mbit/s。

（3）装置长期稳定工作时的最大报文接入能力：不小于400Mbit/s。

（4）站控层通信端口：不小于2个。

5. 数据记录

装置应能连续记录报文；当满足有关标准规定的任一启动条件时，装置应能自启动并完整记录报文异常全过程。记录应满足以下要求：

（1）SV、GOOSE、MMS 报文连续记录：不小于 3d。

（2）报文异常事件记录：不小于 1000 条。

（3）记录数据的分辨率：不大于 $1\mu s$。

（4）文件格式：PCAP 格式。

6. 监视与分析

（1）报文实时监视及分析。装置应能够实时监视及分析报文，给出预警信息并自启动报文记录。启动报文记录的条件包括：

1）报文格式错误，如 SV、GOOSE、MMS 等报文格式错误。

2）报文不连续，如丢帧、重复、超时等。

3）报文不同步，如 SV 报文不同步等。

4）数据属性变化，如品质因数变化、同步标志变化等。

5）SV 采样异常，如频率不稳定，双 A/D 不一致等。

6）GOOSE StNum 与 SqNum 的变化规律，如变位、重启、状态虚变等。

7）对时服务事件，如时钟加入、时钟退出、时钟切换、报文超时等。

8）与 SCD 配置不一致，如数据集、条目数、地址、参引等。

9）ACSI 服务分析，如名称解析、数据解析、服务过程解析、捕获时间、否定响应等。

（2）网络状态实时监视及分析。装置应能够实时监视及分析网络状态。应能够实时监视网络中节点的增加和删除、报文流量、帧速、通信状态等，给出预警信息并自启动报文记录。启动报文记录的条件包括：流量异常、网络风暴、节点突增、通信超时、通信中断等。

（3）电力系统数据实时监视及分析。装置宜具备实时监视电力系统数据（如有效值、相角、频率、有功功率、无功功率、功率因数、差流、阻抗等）当前量值及开关量当前状态的功能。装置宜具备实时分析电力系统数据的功能。

（4）高级分析。装置应具备网络流量、报文的统计功能。应具备在实时分析中实现的所有报文分析功能。

7. 数据管理

装置应提供就地人机交互接口，可对该装置进行数据查询和调用。对装置的操作（如用户登录等）以固定菜单形式实现并形成工况记录。应具有数据文件的管理列表，可对历史数据进行查询、分析、打印、导出等管理。应能够根据时间、类型和服务等关键字对已记录的数据进行查询。

装置应能根据设定的条件向调度端上传有关数据和分析报告，宜采用 DL/T 860 标准规定的文件服务进行传送。

8. 时钟精度

（1）同步对时精度：

1）IRIG - B 同步对时精度不超过 $\pm 4\mu s$。

2）SNTP 同步对时精度不超过 $\pm 100ms$。

3）IEC 61588 同步对时精度不超过 $\pm 1\mu s$。

（2）守时精度：装置内部独立时钟 24h 守时精度不超过 $\pm 500ms$。

9. 绝缘性能

（1）绝缘电阻。在试验的标准大气条件下，装置各带电的导电电路对地（外壳或外露的非带电金属零件）之间，以及电气上无联系的各带电的导电电路之间，分别用开路电压为 500V 的测试仪器测定，其绝缘电阻值应不小于 20MΩ。

（2）介质强度。在试验的标准大气条件下，装置应能承受频率为 50Hz，历时 1min 的工频耐压试验，而无击穿、闪络及元器件损坏现象。若需要，也可采用直流试验电压。试验部位及其试验电压值按表 3-2-1 进行选择。

表 3-2-1　网络报文记录分析装置试验部位及其试验电压（介质强度）　　　单位：V

被 试 回 路	额定绝缘电压	交流试验电压（有效值）	直流试验电压
各带电的导电电路对地	63（不含）～300（不含）	2000	2800
电气上无联系的各带电的导电电路之间	63（不含）～300（不含）	2000	2800
弱电部分对地	≤63	500	700

（3）冲击电压。在试验的标准大气条件下，装置各带电的导电电路对地（外壳或外露的非带电金属零件）之间，以及电气上无联系的各带电的导电电路之间，应能承受 1.2/50μs 的标准雷电波的短时冲击电压试验。试验后，装置应无绝缘损坏。试验部位及其试验电压值按表 3-2-2 进行选择。

表 3-2-2　网络报文记录分析装置试验部位及其试验电压（冲击电压）　　　单位：V

被 试 回 路	额定绝缘电压	试验电压
各带电的导电电路对地	63（不含）～300（不含）	5000
电气上无联系的各带电的导电电路之间	63（不含）～300（不含）	5000
弱电部分对地	≤63	1000

10. 耐湿热性能

可根据试验条件和使用环境，选择以下两种方法中的一种。

（1）恒定湿热试验。装置应能承受 GB/T 7261—2016《继电保护和安全自动装置基本试验方法》规定的恒定湿热试验。试验温度（40±2）℃，相对湿度（93±3）%，试验持续时间 2d(48h)。在试验结束前 2h，在试验箱（室）内测量绝缘电阻和进行介质强度试验。根据有关标准的要求，各测试部位的绝缘电阻值不应小于 1.5MΩ。

（2）交变湿热试验。装置应能承受 GB/T 7261—2016 规定的交变湿热试验。高温试验温度（40±2）℃，低温试验温度（25±3）℃，试验持续时间 2d(48h)，每周期 24(12＋12)h。在试验结束前 2h（即低温高温恒定阶段），在试验箱（室）内测量绝缘电阻和进行介质强度试验。根据有关标准的要求，各测试部位的绝缘电阻值应不小于 1.5MΩ；各测试部位的介质强度应不低于规定试验电压值的 75%。

11. 机械性能

（1）振动。装置应具有承受 GB/T 11287—2000《电气继电器　第 21 部分：量度继电器和保护装置的振动、冲击、碰撞和地震试验　第 1 篇：振动试验（正弦）》规定的严酷等级为Ⅰ级的振动能力。

（2）冲击。装置应具有承受 GB/T 14537—1993《量度继电器和保护装置的冲击与碰撞试验》规定的严酷等级为 I 级的冲击能力。

（3）碰撞。装置应具有承受 GB/T 14537—1993 规定的严酷等级为 I 级的碰撞能力。

12. 电磁兼容

（1）静电放电试验。装置应能承受 GB/T 14598.14—2010《度量继电器和保护装置 第 22-2 部分：电气骚扰试验 静电放电试验》规定的严酷等级为 IV 级的静电放电试验。

（2）脉冲群抗扰度试验。装置应能承受 GB/T 14598.13—2008《电气继电器 第 22-1 部分：量度继电器和保护装置的电气骚扰试验 1MHz 脉冲群抗扰度试验》规定的频率为 1MHz 脉冲群抗扰度试验。

（3）电快速瞬变/脉冲群抗扰度试验。装置应能承受 GB/T 14598.10—2007《电气继电器 第 22-4 部分：量度继电器和保护装置的电气骚扰试验 电快速瞬变/脉冲群抗扰度试验》规定的严酷等级为 A 级的电快速瞬变抗扰度试验。

（4）浪涌抗扰度试验。装置应能承受 GB/T 14598.18—2012《量度继电器和保护装置 第 22-5 部分：电气骚扰试验 浪涌抗扰度试验》规定的浪涌抗扰度试验。试验电压值见表 3-2-3。

表 3-2-3　　网络报文记录分析装置试验端口的试验电压及耦合网络阻抗

试验端口	试验条件：线对地			试验条件：线对线		
	开路试验电压 ±10%/kV	耦合网络		开路试验电压 ±10%/kV	耦合网络	
		R/Ω	$C/\mu F$		R/Ω	$C/\mu F$
辅助电源	2.0	10	9	1.0	0	18
输入/输出	2.0	40	0.5	1.0	40	0.5
通信端口	1.0	0	0	不试验	—	—

（5）射频场感应的传导骚扰的抗扰度试验。装置应能承受 GB/T 14598.17—2005《电气继电器 第 22-6 部分：量度继电器和保护装置的电气骚扰试验——射频场感应的传导骚扰的抗扰度》规定的严酷等级的射频场感应传导骚扰抗扰度试验。

（6）辐射电磁场抗扰度试验。装置应能承受 GB/T 14598.9—2010《量度继电器和保护装置 第 22-3 部分：电气骚扰试验——辐射电磁场抗扰度》规定的严酷等级的辐射电磁场抗扰度试验。

（7）工频磁场抗扰度试验。装置应能承受 GB/T 17626.8—2006《电磁兼容 试验和测量技术 工频磁场抗扰度试验》规定的严酷等级为 V 级的工频磁场抗扰度试验。

13. 电压暂降、短时中断和电压变化抗扰度试验

装置应能承受 GB/T 17626.11—2008《电磁兼容 试验与测量技术 电压暂降、短时中断和电压变化抗扰度试验》规定的电压中断、电压暂降 40% 持续 100ms 和电压变化为 40% 的电压暂降、短时中断和电压变化抗扰度试验。

14. 最高允许温度

当环境温度为最高标称温度时，装置的电源回路施加 1.1 倍额定值，长期带电工作的发热元件，最高允许温度为 150℃，并且不出现绝缘、元器件损坏现象。

15. 连续通电

装置进行不少于 100h（室温）或 72h（140℃）的连续通电试验，装置的性能应符合有关标准的要求。

三、检验规则

1. 出厂检验

每台装置出厂前应由生产厂家的检验部门进行出厂检验。出厂检验在试验的标准大气条件下进行，检验项目如下：

（1）结构和外观。

（2）主要功能及技术性能。

（3）绝缘电阻。

（4）介质强度。

（5）连续通电。

2. 型式检验

（1）应进行型式试验的情况：

1）新产品定型鉴定前。

2）产品转厂生产定型鉴定前。

3）正常生产时，定期或累计一定产量后（周期和数量由企业标准规定）。

4）正式投产后，如设计、工艺材料、元器件有较大改变，可能影响产品性能时。

5）产品停产 1 年以上又重新恢复生产时。

6）国家技术监督机构或受其委托的技术检验部门提出型式检验要求时。

7）出厂检验结果与上批产品检验有较大差异时。

8）合同规定时。

（2）型式检验项目：

1）结构和外观。

2）主要功能和技术性能。

3）电源影响。

4）功率消耗。

5）绝缘性能。

6）电磁兼容。

7）高温、低温、湿热、最高允许温度。

8）机械性能。

9）动态模拟（选做）。

四、技术服务

1. 标志

产品执行的标准编号应予明示。

（1）装置标志：

1）装置型号及代号。

2）产品名称的全称。

3）生产厂家的厂名全称及商标。

4）额定参数。

5）出厂年月及编号。

（2）包装箱标志：

1）发货厂名、产品名称、型号。

2）收获单位名称、地址、到站。

3）包装箱外形尺寸（长×宽×高）及毛重。

4）包装箱外面书写"防潮""向上""小心轻放"等字样。

2．包装

应有内包装和外包装。插件等可动部分应锁紧扎牢。包装应有防尘、防潮、防雨、防水、防震等措施。

3．运输

应适于陆运、水（海）运、空运，运输装卸按照包装箱上的标志进行操作。

4．储存

装置储存的极限环境温度为 $-25\sim75℃$。长期不用的装置应保留原包装，在相对湿度不大于 85% 的库房内储存，并且室内无酸、碱、盐，无腐蚀性、爆炸性气体或灰尘，不受雨、雪的侵害。

5．质量保证

平均无故障时间 $MTBF\geq20000h$。

五、网络报文记录分析装置报文文件格式（PCAP）

（一）基本格式

报文文件基本格式见表 3-2-4。

表 3-2-4　　　　　　　　网络报文记录分析装置报文文件基本格式

类　　别	格　　式
文 件 头	格式如结构体 pcap_file_header
数据包头 1	格式如结构体 pcap_pkthdr
数据包	数据包
……	……
……	……
……	……
数据包头 $n-1$	格式如结构体 pcap_pkthdr
数据包	数据包
数据包头 n	格式如结构体 pcap_pkthdr
数据包	数据包

（二）文件头结构体

Sturct pcap _ file _ header

{

    Unsigned int   magic；

    Unsigned short   version _ major；

    Unsigned short   version _ minor；

    Unsigned int   thiszone；

    Unsigned int   sigfigs；

    Unsigned int   snaplen；

    Unsigned int   linktype；

}

说明如下：

（1）magic 标识位：32 位，这个标识位的值是 16 进制的 0xa1b2c3d4。宜采用大端模式。

（2）version _ major 主版本号：16 位，默认值为 0x2。

（3）version _ minor 副版本号：16 位，默认值为 0x04。

（4）thiszone 区域时间：32 位，交际上该值并未使用，因此可以将该值设置为 0。

（5）sigfigs 精确时间戳：32 位，实际上该值并未使用，因此可以将该值设置为 0。此处可指定为时间戳精度：0 表示微秒；1 表示纳秒。

（6）snaplen：32 位，该值设置所抓获的数据包的最大长度。例如：想获取数据包的前 64 字节，可将该值设置为 64。如果所有数据包都要抓获，将该值设置为 65535。

（7）链路层类型：32 位，数据包的链路层包头决定了链路层的类型。

数据值与链路层类型的对应见表 3-2-5。

表 3-2-5 数据值与链路层类型的对应表

类型	描 述	备 注
0	BSD loopback devices, except for later OpenBSD	
1	Ethernet, and Linux loopback devices	以太网类型，大多数的数据包为这种类型。本系统使用此值
6	802.5 Token Ring	
7	APCnet	
8	SLIP	
9	PPP	
10	FDDI	
100	LLC/SNAP - encapsulated ATM	
101	raw IP, with no link	
102	BSD/OS SLIP	
103	BSD/OS PPP	
104	Cisco HDLC	

续表

类型	描　述	备　注
105	802.11	
108	later OpenBSD loopback devices with the AF_value in network byte order	
113	special Linux cooked capture	
114	LocalTalk	

（三）数据包头结构体

```
struct pcap _ pkthdr
{
    struct timeval          ts；
    Unsigned int            caplen；
    Unsigned int            len；
}


struct timeval
{
    Unsigned int            GMTtime；
    Unsigned int            us
}
```

（1）时间戳包括以下内容：

1）秒计时：32 位，一个 UNIX 格式的精确到秒的时间值，用来记录数据包抓获的时间，记录方式是记录从格林尼治时间的 1970 年 1 月 1 日 00：00：00 到抓包时经过的秒数。

2）微秒计时：32 位，抓取数据包时的微秒值。

注意：此处可受头结构中的 sigfigs 字段限制，精度为微秒或纳秒。

（2）数据包长度。32 位，标识所抓获的数据包保存在 PCAP 文件中的实际长度，以字节为单位。

（3）数据包实际长度。所抓获的数据包的真实长度，如果文件中保存的不是完整的数据包，那么这个值可能要比前面的数据包长度的值大。

第四章　新建智能变电站设计

第一节　智能变电站设计应遵循的原则

智能变电站应体现设备智能化、连接网络化、信息共享化等特征，并实现高级功能应用。智能变电站的设计应遵循如下原则：

（1）智能变电站的设计应遵循 Q/GDW 383《智能变电站技术导则》中的有关技术原则。

（2）在安全可靠的基础上，采用智能设备，提高变电站智能化水平。

（3）在技术先进、运行可靠的前提下，可采用电子式互感器。

（4）应建立全站的数据通信网络，数据的采集、传输、处理应数字化、共享化。

（5）在现有技术条件下，全站设备状态监测功能宜利用统一的信息平台，应综合状态监测技术的成熟度和经济性，对关键设备实现状态检修，减少停电次数、提高检修效率。

（6）应严格遵照《电力二次系统安全防护规定》（电监会令第 5 号）《电力二次系统安全防护总体方案》和《变电站二次系统安全防护方案》（电监安全〔2006〕34 号）的要求，进行安全分区、通信边界安全防护，确保控制功能安全。

（7）优化设备配置，实现功能的集成整合。

（8）提高变电站运行的自动化水平和管理效率，优化变电站设备的全寿命周期成本。

（9）技术符合未来发展趋势，对于现阶段不具备条件实现的高级功能应用，应预留其远景功能接口。

第二节　智能变电站总体布置要求

一、变电站布置

智能变电站设计应安全可靠、技术先进、符合资源节约、环境友好的技术原则，结合新设备、新技术的使用条件，优化配电装置场地和建筑物布置。

二、土建

（1）宜结合设备整合，优化设备布置和建筑结构，减少占地面积和建筑面积。

（2）光缆敷设可采取电缆沟敷设、穿管敷设、槽盒敷设等方式。严寒地区宜采取防冻措施，防止光缆损伤。

（3）应优化电缆沟设计。智能变电站内连接介质减少，宜缩小电缆沟截面，减少敷设材料。

第三节　智能变电站电气一次部分

一、智能设备

智能变电站宜采用智能设备。

（一）智能终端配置原则

1. 750kV 变电站

（1）330(220)～750kV 除母线外智能终端宜冗余配置。

（2）66kV 及以下配电装置采用户内开关柜布置时宜不配置智能终端；采用户外敞开式布置时宜配置单套智能终端。

（3）主变压器高、中、低压侧智能终端宜冗余配置，主变压器本体智能终端宜单套配置。

（4）每段母线智能终端宜单套配置，66kV 及以下配电装置采用户内开关柜布置时母线宜不配置智能终端。

（5）智能终端宜分散布置于配电装置场地。

2. 500kV 变电站

（1）220～500kV 除母线外智能终端宜冗余配置。

（2）66(35)kV 及以下配电装置采用户内开关柜布置时宜不配置智能终端；采用户外敞开式布置时宜配置单套智能终端。

（3）主变压器高、中、低压侧智能终端宜冗余配置，主变压器本体智能终端宜单套配置。

（4）每段母线智能终端宜单套配置，66(35)kV 及以下配电装置采用户内开关柜布置时母线宜不配置智能终端。

（5）智能终端宜分散布置于配电装置场地。

3. 330kV 变电站

（1）330kV 除母线外智能终端宜冗余配置。

（2）110kV 智能终端宜单套配置。

（3）35kV 及以下配电装置若采用户内开关柜布置，宜不配置智能终端；若采用户外敞开式布置，宜配置单套智能终端。

（4）主变压器高中低压侧智能终端宜冗余配置，主变压器本体智能终端宜单套配置。

（5）每段母线智能终端宜单套配置，35kV 及以下配电装置采用户内开关柜布置时母线不宜配置智能终端。

（6）智能终端宜分散布置于配电装置场地。

4. 220kV 变电站

（1）220kV（除母线外）智能终端宜冗余配置，220kV 母线智能终端宜单套配置。

（2）110(66)kV智能终端宜单套配置。

（3）35kV及以下（主变间隔除外）若采用户内开关柜保护测控下放布置时，可不配置智能终端；若采用户外敞开式配电装置保护测控集中布置时，宜配置单套智能终端。

（4）主变高、中、低压侧智能终端宜冗余配置，主变本体智能终端宜单套配置。

（5）智能终端宜分散布置于配电装置场地。

5. 110kV及以下变电站

（1）110(66)kV智能终端宜单套配置。

（2）35kV及以下（主变间隔除外）若采用户内开关柜保护测控下放布置时，可不配置智能终端，若采用户外敞开式配电装置保护测控集中布置时，宜配置单套智能终端。

（3）主变高、中、低压侧智能终端宜冗余配置、主变本体智能终端宜单套配置。

（4）智能终端宜分散布置于配电装置场地。

（二）技术要求

1. 智能设备

（1）一次设备应具备高可靠性，与当地环境相适应。

（2）智能化所需各型传感器或/和执行器与一次设备本体可采用集成化设计。

（3）智能组件是可灵活配置的智能电子装置，测量数字化、控制网络化和状态可视化为其基本功能。

（4）智能组件宜就地安置在宿主设备旁。

（5）智能组件内各IED凡需要与站控层设备交互的，接入站控层网络。

（6）根据实际情况，可以由一个以上智能电子装置实现智能组件的功能。

（7）应适应现场电磁、温度、湿度、沙尘、降雨（雪）、振动等恶劣运行环境。

（8）相关IED应具备异常时钟信息的识别防误功能，同时具备一定的守时功能。

（9）应具备就地综合评估、实时状态预报的功能，满足设备状态可视化要求。

（10）宜有标准化的物理接口及结构，具备即插即用功能。

（11）应优化网络配置方案，确保实时性、可靠性要求高的IED的功能及性能要求。

（12）应支持顺序控制。

（13）应支持在线调试功能。

（14）一次设备可采用组合型设备。

2. 智能终端

（1）应支持以GOOSE方式进行信息传输。

（2）GOOSE信息处理时延应小于1ms。

（3）宜能接入站内时间同步网络，通过光纤接收站内时间同步信号。

（4）应具备GOOSE命令记录功能，记录收到GOOSE命令的时刻、GOOSE命令的来源及出口动作时刻等内容，并能提供查看方法。

（5）宜有完善的闭锁告警功能，包括电源中断、通信中断、通信异常、GOOSE断链、装置内部异常等。

（6）智能终端安装处宜保留检修压板、断路器操作回路出口压板。

（7）宜能接收传感器的输出信号，宜具备接入温度、湿度等模拟量输入信号，并上传自动化系统。

（8）主变压器本体智能终端宜具有主变本体非电量保护、有载开关非电量保护、上传本体各种非电量信号等功能；非电量保护跳闸通过控制电缆直跳方式实现。

二、互感器

（一）配置原则

1. 互感器

互感器的配置原则应兼顾技术先进性与经济性。

（1）750kV变电站：

1）220(330)～750kV电压等级宜采用电子式互感器。

2）66kV电压等级可采用电子式互感器。

3）主变压器中性点（或公共绕组）可采用电子式电流互感器。

4）线路、主变压器间隔设置三相电压互感器时，可采用电流电压组合型互感器。

5）电子式互感器可与隔离开关、断路器进行组合安装。

（2）500kV变电站：

1）220～500kV电压等级宜采用电子式互感器。

2）66(35)kV及以下配电装置若采用户内开关柜布置宜采用常规互感器或模拟小信号输出互感器，可采用带模拟量插件的合并单元进行数字转换；若采用户外敞开式布置，可采用电子式互感器。

3）主变压器中性点（或公共绕组）可设置电子式电流互感器。

4）线路、主变压器间隔若设置三相电压互感器，可采用电流电压组合型互感器。

5）电子式互感器可与隔离开关、断路器进行组合安装。

（3）330kV变电站：

1）110～330kV电压等级宜采用电子式互感器。

2）35kV及以下配电装置采用户内开关柜布置时宜采用常规互感器或模拟小信号输出互感器，可采用带模拟量插件的合并单元进行数字转换；采用户外敞开式布置时，可采用电子式互感器。

3）主变压器中性点（或公共绕组）可设置电子式电流互感器。

4）线路、主变压器间隔若设置三相电压互感器，可采用电流电压组合型互感器。

5）电子式互感器可与隔离开关、断路器进行组合安装。

（4）220kV变电站：

1）110(66)～220kV电压等级宜采用电子式互感器。

2）35kV及以下（主变间隔除外）若采用户内开关柜保护测控下放布置时，宜采用常规互感器或模拟小信号输出互感器，可采用带模拟量插件的合并单元进行数字转换；若采用户外敞开式配电装置保护测控集中布置时，可采用电子式互感器。

3）主变中性点（或公共绕组）可采用电子式电流互感器，其余套管电流互感器根据实际需求可取消。

4）线路、主变间隔若设置三相电压互感器，可采用电流电压组合型互感器。

5）在具备条件时，互感器可与隔离开关、断路器进行组合安装。

（5）110kV及以下变电站：

1）110(66)kV电压等级宜采用电子式互感器。

2）35kV及以下（主变间隔除外）若采用户内开关柜保护测控下放布置时，宜采用常规互感器或模拟小信号输出互感器，可采用带模拟量插件的合并单元进行数字转换；若采用户外敞开式配电装置保护测控集中布置时，可采用电子式互感器。

3）主变中性点（或公共绕组）可采用电子式电流互感器，其余套管电流互感器根据实际需求可取消。

4）线路、主变间隔若设置三相电压互感器，可采用电流电压组合型互感器。

在具备条件时，互感器可与隔离开关、断路器进行组合安装。

2. 合并单元

（1）750kV变电站：

1）330(220)～750kV各间隔合并单元宜冗余配置。

2）66kV各间隔合并单元宜单套配置。

3）主变压器各侧、中性点（或公共绕组）合并单元宜冗余配置。

4）各电压等级母线电压互感器合并单元宜冗余配置。

（2）500kV变电站：

1）220～500kV各间隔合并单元宜冗余配置。

2）66(35)kV各间隔合并单元宜单套配置。

3）主变压器各侧、中性点（或公共绕组）合并单元宜冗余配置。

4）各电压等级母线电压互感器合并单元宜冗余配置。

（3）330kV变电站：

1）330kV各间隔合并单元宜冗余配置。

2）35～100kV各间隔合并单元宜单套配置。

3）主变压器各侧、中性点（或公共绕组）合并单元宜冗余配置。

4）各电压等级母线电压互感器合并单元宜冗余配置。

（4）220kV变电站：

1）220kV各间隔合并单元宜冗余配置。

2）110kV及以下各间隔合并单元宜单套配置。

3）主变各侧、中性点（或公共绕组）合并单元宜冗余配置；各电压等级母线电压互感器合并单元宜冗余配置。

（5）110kV及以下变电站：

1）主变各侧合并单元宜冗余配置。

2）其余各间隔合并单元宜单套配置。

（二）技术要求

1. 互感器

（1）常规互感器应符合 GB 1207—2006、GB 1208—2006 的有关规定。

（2）电子式互感器应符合 GB/T 20840.7—2007、GB/T 20840.8—2007 的有关规定。

（3）电子式互感器与合并单元间的接口、传输协议宜统一。

（4）测量用电流准确度应不低于 0.2S，保护用电流准确度应不低于 5TPE。

（5）测量用电压准确级应不低于 0.2，保护用电压准确级应不低于 3P。

（6）电子式互感器及合并单元工作电源宜采用直流。

（7）用于双重化保护用的带两路独立采样系统的电子式互感器，其传感部分、采集单元、合并单元宜冗余配置；对于带一路独立采样系统的电子式互感器，其传感部分、采集单元、合并单元宜单套配置；每路采样系统应采用双 A/D 系统，接入合并单元，每个合并单元输出两路数字采样值由同一路通道进入一套保护装置。

（8）双重化（或双套）配置保护所采用的电子式电流互感器应带两路独立采样系统，单套配置保护所采用的电子式电流互感器带一路独立采样系统。

（9）变电站主变压器各侧及中性点（或公共绕组）电子式电流互感器宜带两路独立采样系统。

（10）220～750kV 出线、主变压器进线电子式电压互感器，全站母线电子式电压互感器宜带两路独立采样系统，110kV 及以下出线电子式电压互感器宜带一路独立采样系统。

2. 合并单元

（1）宜具备多个光纤接口，满足保护直接采样要求。整站输出采样速率宜统一，额定数据速率宜采用 DL/T 860 推荐标准。

（2）宜具有完善的闭锁告警功能，能保证在电源中断、电压异常、采集单元异常、通信中断、通信异常、装置内部异常等情况下不误输出。

（3）宜具备合理的时间同步机制以及前端采样和采样传输时延补偿机制，确保各类电子互感器信号或常规互感器信号在经合并单元输出后的相差保持一致；多个合并单元之间的同步性能应满足保护要求和现场使用要求。

（4）宜具备电压切换或电压并列功能，宜支持以 GOOSE 方式开入断路器或刀闸位置状态。

（5）宜具备光纤通道光强监视功能，实时监视光纤通道接收到的光信号的强度，并根据检测到的光强度信息，提前预警。

（6）需要时可接入常规互感器或模拟小信号互感器输出的模拟信号。

（7）合并单元宜设置检修压板。

三、设备状态监测

（一）监测范围与参量

状态监测设备主要包括变压器、高压并联电抗器、GIS、断路器、避雷器，可根据实际工程需要经过技术经济比较后增加状态监测设备与监测的参量。

1. 750kV 变电站

（1）监测范围：主变压器、高压并联电抗器、断路器、GIS、避雷器。

（2）监测参量：主变压器的油中溶解气体分析，高压并联电抗器的油中溶解气体分析，GIS 的 SF_6 气体密度、微水，避雷器的泄漏电流、动作次数。

主变压器、750kV GIS、750kV 断路器局部放电，应综合考虑安全可靠、经济合理、运行维护方便等要求，通过技术经济比较后确定。

2. 500kV 变电站

（1）监测范围：主变压器、高压并联电抗器、GIS、避雷器。

（2）监测参量：主变压器的油中溶解气体分析，高压并联电抗器的油中溶解气体分析，GIS 的 SF_6 气体密度、微水，避雷器的泄漏电流、动作次数。

主变压器、500kV GIS 局部放电，应综合考虑安全可靠、经济合理、运行维护方便等要求，通过技术经济比较后确定。

3. 330kV 变电站

（1）监测范围：主变压器、高压并联电抗器、GIS、避雷器。

（2）监测参量：主变压器的油中溶解气体分析，高压并联电抗器的油中溶解气体分析，GIS 的 SF_6 气体密度、微水，避雷器的泄漏电流、动作次数。

主变压器、330kV GIS 局部放电，应综合考虑安全可靠、经济合理、运行维护方便等要求，通过技术经济比较后确定

4. 220kV 变电站

（1）监测范围：主变、GIS、避雷器。

（2）监测参量：主变的油中溶解气体，200kV GIS 的 SF_6 气体密度、微水，110kV GIS 的 SF_6 气体密度、微水，避电器的泄漏电流、动作次数。

220kV GIS 局部应综合考虑安全可靠、经济合理、运行维护方便等要求，通过技术经济比较后确定。

5. 110kV 及以下变电站

（1）监测范围：主变、避雷器。

（2）监测参量：主变的油中溶解气体，避电器的泄漏电流、动作次数。

（二）技术要求

（1）各类设备状态监测宜统一后台机、后台分析软件、接口类型和传输规约，实现全站设备状态监测数据的传输、汇总和诊断分析。设备状态监测后台机宜预留数据远传通信接口。

（2）设备本体宜集成状态监测功能，宜采用一体化设计。

（3）设备状态监测的参量应根据运行部门的实际需求设置，不应影响主设备的运行可靠性和寿命。

第四节　智能变电站二次部分

一、一般规定

（1）变电站自动化系统采用开放式分层分布式系统，由站控层、间隔层和过程层构成。

（2）变电站自动化系统宜统一组网，信息共享，采用 DL/T 860 通信标准。变电站内

信息宜具有共享性和唯一性，保护故障信息、远动信息不重复采集。

（3）保护及故障信息管理功能由变电站自动化系统实现。

（4）故障录波可采用集中式，也可采用分布式，故障录波支持 DL/T 860 标准。

（5）电能表宜采用支持 DL/T 860 标准的数字式电能表。

（6）变电站宜配置公用的时间同步系统。

（7）变电站自动化系统应实现全站的防误操作闭锁功能。

（8）应按照变电站无人值班相关要求进行设计。

（9）变电站自动化系统远动部分应为 IEC 61970 的建模及数据通信预留相关接口。

（10）与保护装置相关采样值传输，应满足 Q/GDW 383—2009 对保护装置采样要求。

（11）与保护装置相关过程层 GOOSE 传输报文，应满足 Q/GDW 383—2009 对保护装置跳闸的要求。

（12）应提供完整、准确、一致、及时的基础自动化数据。逐步实现对自动化设备的在线监测功能。

二、变电站自动化系统

（一）系统构成

（1）变电站自动化系统构成在逻辑功能上宜由站控层、间隔层和过程层三层设备组成。

（2）站控层由主机兼操作员站、远动通信装置和其他各种二次功能站构成，提供所内运行的人机联系界面，实现管理控制间隔层、过程层设备等功能，形成全所监控、管理中心，并与远方监控/调度中心通信。

（3）间隔层由若干个二次子系统组成，在站控层及站控层网络失效的情况下，仍能独立完成间隔层设备的就地监控功能。

（4）过程层由电子式互感器、合并单元、智能终端等构成，完成与一次设备相关的功能，包括实时运行电气量的采集、设备运行状态的监测、控制命令的执行等。

（二）网络结构

1. 网络结构要求

（1）全站网络宜采用高速以太网组成，通信规约宜采用 DL/T 860 标准，传输速率不低于 100Mbit/s。

（2）全站网络在逻辑功能上可由站控层网络、间隔层、过程层网络组成。

（3）变电站站控层网络、间隔层网络、过程网络结构应符合 DL 860.1 定义的变电站自动化系统接口模型，以及逻辑接口与物理接口映射模型。

（4）站控层网络、间隔层网络、过程层网络应相对独立，减少相互影响。

2. 750kV 变电站网络结构

（1）站控层网络：

1）通过相关网络设备与站控层其他设备通信、与间隔层网络通信。逻辑功能上，覆盖站控层的数据交换接口、站控层与间隔层之间数据交换接口。

2）可传输 MMS 报文和 GOOSE 报文。

（2）间隔层网络（含 MMS、GOOSE）：

1）通过相关网络设备与本间隔其他设备通信、与其他间隔设备通信、与站控层设备通信。

2）间隔层网络（含 MMS、GOOSE）部分，逻辑功能上，覆盖间隔层内数据交换、间隔层与站控层数据交换、间隔层之间（根据需要）数据交换接口，可传输 MMS 报文和 GOOSE 报文。

3）间隔层网络（含采样值、GOOSE）部分，支持与过程层数据交换接口，可传输采样值和 GOOSE 报文。

（3）过程层网络（含采样值和 GOOSE）：

1）通过相关网络设备与间隔层设备通信；逻辑功能上，覆盖间隔层与过程层数据交换接口；可传输采样值和 GOOSE 报文。

2）按照 Q/GDW 383—2009 对保护装置跳闸要求，对于单间隔的保护应直接跳闸，涉及多间隔的保护（母线保护）宜直接跳闸。对于涉及多间隔的保护（母线保护），如确有必要采用其他跳闸方式，相关设备应满足保护对可靠性和快速性的要求；其余 GOOSE 报文采用网络方式传输。

网络方式传输时，75kV 电压等级 GOOSE 网络宜配置双套物理独立的单网；330（220）kV 电压等级 GOOSE 网络宜配置双套物理独立的单网；66kV 电压等级采用户外敞开式布置时 GOOSE 网络可按照双网配置。

3）按照 Q/GDW 383—2009 对保护装置采样要求，向保护装置传输的采样值信号应直接采样；其余过程层采样值报文采用网络方式传输时，通信协议宜采用 DL/T 860.92 标准。

4）网络方式传输时，750kV 电压等级采样值网络宜配置双套物理独立的单网；330（220）kV 电压等级采样值网络宜配置双套物理独立的单网；66kV 电压等级采样值网络可配置双网。

3. 500kV 变电站网络结构

（1）站控层网络：

1）通过相关网络设备与站控层其他设备通信、与间隔层网络通信。逻辑功能上，覆盖站控层之间数据交换接口、站控层与间隔层之间数据交换接口。

2）可传输 MMS 报文和 GOOSE 报文。

（2）间隔层网络（含 MMS、GOOSE）：

1）通过相关网络设备与本间隔其他设备通信、与其他间隔设备通信、与站控层设备通信。间隔层网络（含 MMS、GOOSE）部分，逻辑功能上，覆盖间隔层内数据交换、间隔层与站控层数据交换、间隔层之间（根据需要）数据交换接口，可传输 MMS 报文和 GOOSE 报文。

2）间隔层网络支持与过程层数据交换接口，可传输采样值和 GOOSE 报文。

（3）过程层网络（含采样值和 GOOSE）：

1）通过相关网络设备与间隔层设备通信；逻辑功能上，覆盖间隔层与过程层数据交换接口，可传输采样值和 GOOSE 报文。

2）按照 Q/GDW 383—2009 对保护装置跳闸要求，对于单间隔的保护应直接跳闸，涉及多间隔的保护（母线保护）宜直接跳闸。对于涉及多间隔的保护（母线保护），如确有必要采用其他跳闸方式，相关设备应满足保护对可靠性和快速性的要求；其余 GOOSE 报文采用网络方式传输。

3）网络方式传输时，500kV 电压等级 GOOSE 网络宜配置双套物理独立的单网；220kV 电压等级 GOOSE 网络宜配置双套物理独立的单网；66(35)kV 电压等级采用户外敞开式布置时 GOOSE 网络可按照双网配置，采用户内开关柜布置宜不设置独立的 GOOSF 网络，GOOSF 报文可通过站控层网络传输。

4）按照 Q/GDW 383—2009 对保护装置采样要求，向保护装置传输的采样值信号应直接采样；其余过程层采样值报文采用网络方式传输时，通信协议宜采用 DL/T 860.92 标准。

5）网络方式传输时，500kV 电压等级采样值网络宜配置双套物理独立的单网；220kV 电压等级采样值网络宜配置双套物理独立的单网；66(35)kV 电压等级采样值网络可配置双网。

4．330kV 变电站网络结构

（1）站控层网络：

1）通过相关网络设备与站控层其他设备通信、与间隔层网络通信。逻辑功能上，覆盖站控层之间数据交换接口、站控层与间隔层之间数据交换接口。

2）可传输 MMS 报文和 GOOSE 报文。

（2）间隔层网络（含 MMS、GOOSE）：

1）通过相关网络设备与本间隔其他设备通信、与其他间隔设备通信、与站控层设备通信。

2）间隔层网络（含 MMS、GOOSE）部分，逻辑功能上，覆盖间隔层内数据交换、间隔层与站控层数据交换、间隔层之间（根据需要）数据交换接口，可传输 MMS 报文和 GOOSE 报文。

3）间隔层网络支持与过程层数据交换接口，可传输采样值和 GOOSE 报文。

（3）过程层网络（含采样值和 GOOSE）：

1）通过相关网络设备与间隔层设备通信。逻辑功能上，覆盖间隔层与过程层数据交换接口。可传输采样值和 GOOSE 报文。

2）按照 Q/GDW 383—2009 对保护装置跳闸要求，对于单间隔的保护应直接跳闸，涉及多间隔的保护（母线保护）宜直接跳闸。对于涉及多间隔的保护（母线保护），如确有必要采用其他跳闸方式，相关设备应满足保护对可靠性和快速性的要求；其余 GOOSE 报文采用网络方式传输。

3）网络方式传输时，330kV 电压等级 GOOSE 网络宜配置双套物理独立的单网；110kV 电压等级 GOOSE 网络宜配置双套物理独立的单网；35kV 电压等级采用户外敞开式布置时 GOOSE 网络可按照双网配置，采用户内开关柜布置宜不设置独立的 GOOSE 网络，GOOSE 报文可通过站控层网络传输。

4）按照 Q/GDW 383—2009 对保护装置采样要求，向保护装置传输的采样值信号应直接采样；其余过程层采样值报文采用网络方式传输时，通信协议宜采用 DL/T 860.92 标准。

5）网络方式传输时，330kV 电压等级采样值网络宜配置双套物理独立的单网；110kV 电压等级采样值网络宜配置双网；35kV 电压等级采样值网络宜配置双网。

5. 220kV 变电站网络结构

（1）站控层网络：

1）通过相关网络设备与站控层其他设备通信、与间隔层网络通信。逻辑功能上，覆盖站控层之间数据交换接口、站控层与间隔层之间数据交换接口。

2）可传输 MMS 报文和 GOOSE 报文。

3）宜采用冗余网络，网络结构拓扑宜采用双星型或单环形。

（2）间隔层网络（含 MMS、GOOSE）：

1）通过相关网络设备与本间隔其他设备通信、与其他间隔设备通信、与站控层设备通信。

2）间隔层网络（含 MMS、GOOSE）部分，逻辑功能上，覆盖间隔层内数据交换、间隔层与站控层数据交换、间隔层之间（根据需要）数据交换接口，可传输 MMS 报文和 GOOSE 报文。

间隔层网络支持与过程层数据交换接口，可传输采样值和 GOOSE 报文。

（3）过程层网络（含采样值和 GOOSE）：

1）通过相关网络设备与间隔层设备通信。逻辑功能上，覆盖间隔层与过程层数据交换接口。

2）按照 Q/GDW 383—2009 对保护装置跳闸要求，对于单间隔的保护应直接跳闸，涉及多间隔的保护（母线保护）宜直接跳闸。对于涉及多间隔的保护（母线保护），如确有必要采用其他跳闸方式，相关设备应满足保护对可靠性和快速性的要求；其余 GOOSE 报文采用网络方式传输。

3）当采用网络方式传输时，220kV 宜配置双套物理独立的单网，110(66)kV 宜配置双网；主变 220kV 侧宜配置双套物理独立的单网，主变 110(66)kV、35kV 侧宜配置双网。

4）35kV 及以下若采用户内开关柜保护测控下放布置时，宜不设置独立的 GOOSE 网络，GOOSE 报文可通过站控层网络传输；若采用户外敞开式配电装置保护测控集中布置时，可设置独立的 GOOSE 网络。

5）按照 Q/GDW 383—2009 对保护装置采样要求，向保护装置传输的采样值信号应直接采样；其余采样值报文采用网络方式传输时，通信协议宜采用 DL/T 860.92。

6）对于网络方式，网络结构拓扑宜采用星型。220kV 宜配置双套物理独立的单网；110(66)kV 及以下宜配置双网；主变各侧宜配置双套物理独立的单网。

7）35kV 及以下若采用户内开关柜保护测控下放布置时，可采用点对点连接方式；若采用户外敞开式配电装置保护测控集中布置时，可采用点对点或网络连接方式。

6. 110kV 及以下变电站网络结构

（1）站控层网络：

1）通过相关网络设备与站控层其他设备通信，与间隔层网络通信。逻辑功能上，覆盖站控层之间数据交换接口、站控层与间隔层之间数据交换接口。

2）网络结构拓扑宜采用单星型。

3）可传输 MMS 报文和 GOOSE 报文。

（2）间隔层网络（含 MMS、GOOSE）：

1）通过相关网络设备与本间隔其他设备通信、与其他间隔设备通信、与站控层设备通信。

2）间隔层网络（含 MMS、GOOSE）部分，逻辑功能上，覆盖间隔层内数据交换、间隔层与站控层数据交换、间隔层之间（根据需要）数据交换接口，可传输 MMS 报文和 GOOSE 报文。

3）间隔层网络支持与过程层数据交换接口，可传输采样值和 GOOSE 报文。

（3）过程层网络（含采样值和 GOOSE）：

1）通过相关网络设备与间隔层设备通信。逻辑功能上，覆盖间隔层与过程层数据交换接口。可传输采样值和 GOOSE 报文。

2）按照 Q/GDW 383—2009 对保护装置跳闸要求，对于单间隔的保护应直接跳闸，涉及多间隔的保护（母线保护）宜直接跳闸。对于涉及多间隔的保护（母线保护），如确有必要采用其他跳闸方式，相关设备应满足保护对可靠性和快速性的要求；其余 GOOSE 报文采用网络方式传输时，网络结构拓扑宜采用星形。

3）当采用网络方式传输时，110(66)kV 主变各侧宜配置双网。

4）35kV 及以下若采用户内开关柜保护测控下放布置时，宜不设置独立的 GOOSE 网络，GOOSE 报文可通过站控层网络传输；若采用户外敞开式配电装置保护测控集中布置时，可设置独立的 GOOSE 网络。

5）按照 Q/GDW 383—2009 对保护装置采样要求，向保护装置传输的采样值信号应直接采样；其余采样值报文采用网络方式传输时，通信协议宜采用 DL/T 860.92 标准。

6）对于网络方式，网络结构拓扑宜采用星型，宜按照双网配置。

7）35kV 及以下若采用户内开关柜保护测控下放布置时，可采用点对点连接方式；若采用户外敞开式配电装置保护测控集中布置时，可采用点对点或网络连接方式。

（三）自动化系统设备配置

1. 330～750kV 智能变电站自动化系统设备配置

（1）站控层设备。站控层设备包括主机、操作员工作站、工程师站、远动通信装置、保护及故障信息子站、网站通信记录分析系统以及其他智能接口设备等。无人值班变电站中主机可兼操作员工作站和工程师站。

1）主机。站控层主机配置应能满足整个系统的功能要求及性能指标要求，主机应与变电站的规划容量相适应。330～750kV 变电站主机宜双套配置。

2）操作员站（选配）。操作员站是变电站自动化系统的主要人机界面，应满足运行人员操作时直观、便捷、安全、可靠的要求。330～750kV 变电站的操作员站宜双套配置。

3）工程师站（选配）。工程师站是变电站自动化系统与专职维护人员联系的主要界面，包括操作员站的所有功能和维护、开发功能。330～750kV 变电站的工程师站宜单套配置。

4）保护及故障信息子站（选配）。保护及故障信息子站要求直接采集来自间隔层或过程层的实时数据，能在正常和电网故障时，采集、处理各种所需信息，能够与调度中心进行通信，支持远程查询和维护。330～750kV 变电站保护及故障信息子站功能宜由统一信息平台实现。

5）远动通信装置。远动通信装置要求直接采集来自间隔层或过程层的实时数据，远动通信设备应满足 DL/T 5002《地区电网调度自动化设计技术规程》、DL/T 5003《电力系统调度自动化设计技术规程》的要求，其容量及性能指标应能满足变电所运动功能及规范转换要求。远动通信装置应双套配置。

6）网络通信记录分析系统（选配）。网络通信记录分析系统应实时监视、记录网络通信报文（MMS、GOOSE、采样值报文等），周期性保存为文件，并进行各种分析。330～750kV 变电站网络通信记录分析系统可单套配置。

（2）间隔层设备。间隔层设备包括测控装置、保护装置、故障录波装置、电能计量装置及其他智能接口设备等。

1）测控装置：

a. 测控装置应按照 DL/T 860 标准建模，具备完善的自描述功能，与站控层设备直接通信。测控装置应支持通过 GOOSE 报文实现间隔层五防联闭锁功能，支持通过 GOOSE 报文下行实现设备操作。

b. 测控装置宜设置检修压板，其余功能投退和出口压板宜采用软压板。

2）继电保护装置：

a. 保护装置采样和跳闸满足 Q/GDW 383—2009 的相关要求。

b. 保护装置应按照 DL/T 860 标准建模，具备完善的自描述功能，与站控层设备直接通信。

c. 保护装置应支持通过 GOOSE 报文实现装置之间状态和跳合闸信息传递。

d. 保护装置宜设置检修压板，其余功能投退和出口压板宜采用软压板。

e. 保护双重化配置时，任一套保护装置不应跨接双重化配置的两个网络。

f. 保护装置应不依赖于外部对时系统实现其保护功能。

g. 保护配置应满足继电保护规程规范要求。

3）故障录波装置。故障录波装置应按照 DL/T 860 标准建模，故障录波装置应能通过 GOOSE 网络接收 GOOSE 报文录波，应具有采样数据接口，支持网络方式或点对点方式接收采样值，使用网络方式时，规约采用 DL/T 860.92。

宜按电压等级配置故障录波装置。

4）电能计量装置：

a. 电能计量装置宜支持 DL/T 860.92 标准；可通过点对点或网络方式采集电流电压信息。

b. 电能计量配置应满足电能计量规程规范要求。

5）其他装置。设备自投装置、区域稳定控制装置、失步解列装置、低周减载装置、同步向量测量装置等应按照 DL/T 860 标准建模，配置应满足现行相关标准。

6）有载调压（AVC）和无功投切（VQC）。变电站有载调压和无功投切不宜设置独立的控制装置，宜由变电站自动化系统和调度/集控主站系统共同实现集成应用。

7）打印机。宜取消装置屏上的打印机，设置网络打印机，通过变电站自动化系统的工程师站或保护及故障信息子站打印全站各装置的保护告警、事件、波形等。

（3）过程层设备：

1）电子式互感器和合并单元。满足电子式互感器和合并单元的要求。

2）智能终端。满足智能终端要求。

2. 220kV 变电站设备配置

（1）站控层设备。站控层设备一般包括主机兼操作员工作站、远动通信装置、网络通信记录分析系统，以及其他智能接口设备等。

1）主机兼操作员工作站：

a. 主机兼操作员工作站是变电站自动化系统的主要人机界面，应满足运行人员操作时直观、便捷、安全、可靠的要求。主机兼操作员工作站配置应能满足整个系统的功能要求及性能指标要求，容量应与变电站的规划容量相适应。

b. 主机兼操作员工作站还应能实现保护及故障信息管理功能，应能在电网正常和故障时，采集、处理各种所需信息，能够与调度中心进行通信。

c. 主机兼操作员工作站宜双套配置。

2）远动通信装置：

a. 远动通信装置要求直接采集来自间隔层或过程层的实时数据，远动通信装置应满足 DL/T 5002、DL/T 5003 的要求，其容量及性能指标应能满足变电所远动功能及规范转换要求。

b. 远动通信装置应双套配置。

3）网络通信记录分析系统（选配）。变电站可配置一套网络通信记录分析系统。系统应能实时监视、记录网络通信报文，周期性保存为文件，并进行各种分析。信息记录保存不少于 6 个月。

（2）间隔层设备。间隔层设备包括测控装置、保护装置、电能计量装置、集中式处理装置以及其他智能接口设备等。

1）测控装置：

a. 测控装置应按照 DL/T 860 标准建模，具备完善的自描述功能，与站控层设备直接通信。测控装置应支持通过 GOOSE 报文实现间隔层五防联闭锁和下发控制命令功能。

b. 测控装置宜设置检修压板，其余功能投退和出口压板宜采用软压板。

2）继电保护装置：

a. 保护装置采样和跳闸满足 Q/GDW 383—2009 相关要求。

b. 保护装置应按照 DL/T 860 标准建模，具备完善的自描述功能，与站控层设备直接通信。

c. 保护装置应支持通过 GOOSE 报文实现装置之间状态和跳合闸信息传递。

d. 保护装置宜设置检修压板，其余功能投退和出口压板宜采用软压板。

e. 保护双重化配置时，任一套保护装置不应跨接双重化配置的两个网络。

f. 保护装置应不依赖于外部对时系统实现其保护功能。

g. 保护配置应满足继电保护规程规范要求。

3）故障录波：

a. 故障录波装置应按照 DL/T 860 标准建模，具备完善的自描述功能，与变电站层设备直接通信。

b. 可采用集中式故障录波，也可采用分布式录波方式。集中式录波时，装置应支持通过 GOOSE 网络接收 GOOSE 报文录波，以网络方式或点对点方式接收采样值数据录波；当采用集中式故障录波时，故障录波装置宜按照电压等级配置。

c. 故障录波应满足故障录波相关标准。

4）电能计量装置：

a. 电能计量装置宜支持 DL/T 860 标准，以网络方式或点对点方式采集电流电压信息。

b. 电能计量配置应满足现行相关标准。

5）其他装置。备自投装置、区域稳定控制装置、低周减载装置等应按照 DL/T 860 标准建模，配置应满足现行相关标准。

6）有载调压（AVC）和无功投切（VQC）。变电站有载调压和无功投切不宜设置独立的控制装置，宜由变电站自动化系统和调度/集控主站系统共同实现集成应用。

7）打印机。宜取消装置柜内的打印机，设置网络打印机，通过站控层网络通信打印全站各装置的保护告警、事件等。

（3）过程层设备：

1）电子式互感器和合并单元。满足电子式互感器和合并单元要求。

2）智能终端。满足智能终端要求。

3. 110kV 及以下变电站设备配置

（1）站控层设备。站控层设备一般包括主机兼操作员工作站、远动通信装置、网络通信记录分析系统，以及其他智能接口设备等。

1）主机兼操作员工作站：

a. 主机兼操作员工作站是变电站自动化系统的主要人机界面，应满足运行人员操作时直观、便捷、安全、可靠的要求。主机兼操作员工作站配置应能满足整个系统的功能要求及性能指标要求，容量应与变电站的规划容量相适应。

b. 主机兼操作员工作站还应能实现保护及故障信息管理功能，应能在电网正常和故障时，采集、处理各种所需信息，能够与调度中心进行通信。

c. 主机兼操作员工作站宜单套配置。

2）远动通信装置：

a. 远动通信装置要求直接采集来自间隔层或过程层的实时数据，远动通信装置应满足 DL/T 5002、DL/T 5003 的要求，其容量及性能指标应能满足变电所远动功能及规范转换要求。

b. 远动通信装置应单套配置。

3）网络通信记录分析系统（选配）。变电站宜配置一套网络通信记录分析系统。系统应能实时监视、记录网络通信报文，周期性保存为文件，并进行各种分析。信息记录保存不少于 6 个月。

（2）间隔层设备。间隔层设备包括测控装置、保护装置、电能计量装置、集中式处理装置以及其他智能接口设备等。

1）测控装置：

a. 测控装置应按照 DL/T 860 标准建模，具备完善的自描述功能，与站控层设备直接通信。测控装置应支持通过 GOOSE 报文实现间隔层五防联闭锁和下发控制命令功能。

b. 测控装置宜设置检修压板，其余功能投退和出口压板宜采用软压板。

2）继电保护装置：

a. 保护装置应按照 DL/T 860 标准建模，具备完善的自描述功能，与站控层设备直接通信。

b. 保护装置应支持通过 GOOSE 报文实现装置之间状态和跳合闸信息传递。保护装置宜设置检修压板，其余功能投退和出口压板宜采用软压板。

c. 保护装置采样和跳闸满足 Q/GDW 383—2009 的相关要求。

d. 保护双重化配置时，任一套保护装置不应跨接双重化配置的两个网络。

e. 保护装置应不依赖于外部对时系统实现其保护功能。

f. 保护配置应满足继电保护规程规范要求。

3）故障录波：

a. 宜采用分布式故障录波，也可采用集中式故障录波。故障录波装置应支持通过 GOOSE 网络接收 GOOSE 报文录波，以网络方式或点对点方式接收采样值数据录波。

b. 当采用集中式故障录波时，故障录波装置宜按照电压等级配置。

c. 故障录波装置应满足故障录波相关标准。

4）电能计量装置：

a. 电能计量装置宜支持 DL/T 860 标准，以网络方式或点对点方式采集电流电压信息。

b. 电能计量配置应满足现行相关标准。

5）其他装置。设备自投装置、区域稳定控制装置、低周减载装置等应按照 DL/T 860 标准建模，配置应满足现行相关标准。

6）有载调压和无功投切。变电站有载调压和无功投切不宜设置独立的控制装置，宜由变电站自动化系统和调度/集控主站系统共同实现集成应用。

7）打印机。宜取消装置柜内上的打印机，设置网络打印机，通过站控层网络通信打印全站各装置的保护告警、事件等。

（3）过程层设备：

1）电子式互感器和合并单元。满足电子式互感器和合并单元要求。

2）智能终端。满足智能终端要求。

（四）智能变电站网络通信设备

交换机应选用满足现场运行环境要求的工业交换机，并通过电力工业自动化检测机构的测试，满足 DL/T 860 标准。

1. 750kV 变电站交换机配置原则

（1）站控层网络（含 MMS、GOOSE）交换机。站控层宜冗余配置 2 台交换机，每台交换机端口数量应满足站控层设备接入要求；根据继电器室所包含一次设备规模，配置继电器室内间隔层侧交换机和端口数量，每台交换机端口数量满足应用需求。

（2）间隔层网络（含 GOOSE）交换机。GOOSE 报文采用网络方式传输时：

1）750kV 电压等级 GOOSE 网络交换机宜按串配置 2 台冗余交换机。

2）330（220）kV 电压等级 GOOSE 网络交换机采用 3/2 接线时宜按串配置 2 台冗余交换机，采用双母线接线时按 4 个断路器单元配置 2 台冗余交换机。

3）66kV 电压等级 GOOSE 网络交换机宜按照母线段配置。

（3）过程层网络（含采样值）交换机。采样值报文采用网络方式传输时：

1）750kV 电压等级采样值网络交换机宜按串配置 2 台冗余交换机。

2）330（220）kV 电压等级采样值网络交换机采用 3/2 接线时宜按串配置 2 台冗余交换机，采用双母线接线时按 4 个断路器单元配置 2 台冗余交换机。

3）66kV 电压等级采样值网络交换机宜按照母线段配置。

2. 500kV 变电站交换机配置原则

（1）站控层网络交换机：

1）站控层宜冗余配置 2 台交换机，每台交换机端口数量应满足站控层设备接入要求。

2）根据继电器室所包含一次设备规模，配置继电器室内间隔层侧交换机和端口数量，每台交换机端口数量满足应用需求。

（2）间隔层网络（含 GOOSE）交换机。GOOSE 报文采用网络方式传输时：

1）500kV 电压等级 GOOSE 网络交换机采用 3/2 接线时宜按串配置 2 台冗余交换机。

2）220kV 电压等级 GOOSE 网络交换机采用双母线接线时宜按 4 个断路器单元配置 2 台冗余交换机。

3）66（35）kV 电压等级 GOOSE 网络交换机宜按照母线段配置。

（3）过程层网络（含采样值）交换机。采样值报文采用网络方式传输时：

1）500kV 电压等级采样值网络交换机采用 3/2 接线时宜按串配置 2 台冗余交换机。

2）220kV 电压等级采样值网络交换机采用双母线接线时宜按 4 个断路器单元配置 2 台冗余交换机。

3）66（35）kV 电压等级采样值网络交换机宜按照母线段配置。

3. 330kV 变电站交换机配置原则

（1）站控层网络（含 MMS、GOOSE）交换机：

1）站控层宜冗余配置 2 台交换机，每台交换机端口数量应满足站控层设备接入要求。

2）根据继电器室所包含一次设备规模，配置继电器室内间隔层侧交换机和端口数量，每台交换机端口数量满足应用需求。

（2）间隔层网络（含 GOOSE）交换机。GOOSE 报文采用网络方式传输时：

1）330kV 电压等级采样值网络交换机采用 3/2 接线时宜按串配置 2 台冗余交换机，采用双母线接线时按 4 个断路器单元配置 2 台冗余交换机。

2）110kV 电压等级 GOOSE 网络交换机宜按 4～6 个断路器单元配置 2 台冗余交换机；35kV 电压等级采用户内开关柜布置，GOOSE 报文和 MMS 报文宜采用同一通信口接入站控层网络。

（3）过程层网络（采样值）交换机。采样值报文采用网络方式传输时：

1）330kV 电压等级采样值网络交换机采用 3/2 接线时宜按串配置 2 台冗余交换机，采用双母线接线时按 4 个断路器单元配置 2 台冗余交换机。

2）110kV 电压等级采样值网络交换机宜按 6 个断路器单元配置 2 台冗余交换机。

4. 220kV 变电站交换机配置原则

（1）站控层网络（含 MMS、GOOSE）交换机。站控层宜冗余配置 2 台中心交换机，每台交换机端口数量应满足站控层设备接入要求，端口数量宜满足应用需求。

（2）间隔层网络（含 MMS、GOOSE）交换机。间隔层侧二次设备室网络交换机宜按照设备室或按电压等级配置，每台交换机端口数量宜满足应用需求。

（3）过程层网络（含采样值、GOOSE）交换机。当 GOOSE 和采样值报文均采用网络方式传输时，220kV 电压等级宜每 2 个间隔配置 2 台交换机，110(66)kV 电压等级宜每 2 个间隔配置 2 台交换机，主变各侧可独立配置 2 台交换机，35kV 及以下交换机宜按照母线段配置。

1）当采样值报文采用点对点方式传输，GOOSE 报文采用网络方式传输时，220kV 电压等级 GOOSE 网络宜每 4 个间隔配置 2 台交换机，110(66)kV 电压等级宜每 4 个间隔配置 2 台交换机，主变各侧可独立配置 2 台交换机，35kV 及以下交换机宜按照母线段配置。

2）220kV 母线差动保护宜按远景规模配置 2 台交换机。

3）110(66)kV 母线差动保护宜按远景规模配置 2 台交换机。

5. 110kV 及以下变电站交换机配置原则

（1）站控层网络（含 MMS、GOOSE）交换机。站控层宜配置 1 台中心交换机，每台交换机端口数量应满足站控层设备接入要求，端口数量满足应用需求。

（2）间隔层网络（含 MMS、GOOSE）交换机。间隔层侧二次设备室网络交换机宜按照设备室或电压等级配置，每台交换机端口数量满足应用需求。

（3）过程层网络（含采样值、GOOSE）交换机。当 GOOSE 和采样值报文均采用网络方式传输时，110(66)kV 电压等级宜每 2 个间隔配置 2 台交换机，主变各侧可独立配置 2 台交换机，35kV 及以下交换机宜按照母线段配置；当采样值报文采用点对点方式传输，GOOSE 报文采用网络方式传输时，110(66)kV 电压等级宜每 4 个间隔配置 2 台交换机，主变各侧可独立配置 2 台交换机，35kV 及以下交换机宜按照母线段配置。

6. 网络通信介质

（1）二次设备室内网络通信介质宜采用屏蔽双绞线；通向户外的通信介质应采用光缆。

（2）采样值和保护 GOOSE 等可靠性要求较高的信息传输宜采用光纤。

（五）系统功能

（1）应能实现数据采集和处理功能。

（2）应建立实时数据库，存储并不断更新来自间隔层或过程层设备的全部实时数据。

（3）应具有顺序控制功能。

（4）应满足无人值班相关功能要求。

（5）应具有防误闭锁功能。

（6）应具有报警处理功能，报警信息来源应包括自动化系统自身采集和通信数据通信接口获取的各种数据。

（7）应具有事件顺序记录及事故追忆功能。

（8）应具有画面生成及显示功能。

（9）应具有在线计算及制表功能。

（10）应具备对数字或模拟电能量的处理功能。

（11）应具备远动通信功能。

（12）应具备人-机联系功能。

（13）应具备系统自诊断和自恢复功能。

（14）应具备与其他智能设备的接口功能。

（15）应具备保护及故障信息管理功能。

（16）宜具备设备状态可视化功能。

（17）宜具备智能告警及事故信息综合分析决策功能。

（18）应具备网络报文记录分析功能。

（19）应具备对基本数据信息模型进行配置管理，并自动生成数据记录功能。

（20）根据运行要求，实现其他需要的高级应用功能。

（六）与其他智能设备的接口

变电站直流系统、站用电系统、UPS系统、图像监视和安全警卫系统以火灾自动报警系统等宜采用 DL/T 860 标准与变电站自动化系统通信。

三、其他二次系统

1．全站时间同步系统

（1）变电站应配置 1 套全站公用的时间同步系统，主时钟应双重化配置，支持北斗系统和 GPS 系统单向标准授时信号，优先采用北斗系统，时钟同步精度和守时精度满足站内所有设备的对时精度要求。

（2）站控层设备宜采用 SNTP 网络对时方式。

（3）间隔层和过程层设备宜采用 IRIG-B、1PPS 对时方式，条件具备时也可采用 IEC 61588 网络对时方式。

2．调度数据网接入设备

具备网络信息传输通道条件时，智能变电站应配置两套调度数据网络接入设备，实现双网接入。

3．二次系统安全防护

应按照电力二次系统安全防护的有关要求，配置相关二次安全防护设备。

4．站用电源系统

全站直流、交流、逆变、UPS、通信等电源一体化设计、一体化配置、一体化监控，其运行工况和信息数据能通过一体化监控单元展示并转换为 DL/T 860 标准模型数据接入自动化系统。

5. 图像监视及安全警卫系统

（1）全站应设置一套图像监视及安全警卫系统。

（2）图像监视及安全警卫系统宜实现与变电站设备操作、报警等各类事件的联动。

（3）图像监视及安全警卫系统宜实现对变电站相关照明灯具的辅助控制。

四、二次设备组柜

（一）330～750kV 智能变电站

1. 站控层设备

（1）主机、操作员站和工程师站：宜组 2 面屏，显示器根据运行需要进行组屏安装或布置在控制台上。

（2）远动通信装置：2 套远动通信装置宜组 1 面屏。

（3）保护及故障信息子站：主机宜组 1 面保护故障信息子站屏，显示器可组屏布置。

（4）网络通信记录分析系统：分析仪和记录仪宜组 1 面屏。

（5）调度数据网接入设备和二次安全防护设备：调度数据网接入设备和二次安全防护设备组 2 面屏。

2. 间隔层设备

间隔层设备采用集中布置时，保护、测控、计量等宜按照电气单元间隔组屏。也可按下列原则组屏。

（1）750kV 电压等级：

1）测控装置每串可组 1～2 面测控屏，每面屏上宜布置 3～4 个测控装置。

2）750kV 每回线路保护宜配置 2 面保护屏。

3）每台断路器保护、合并单元组 1 面断路器保护屏。

4）750kV 每组母线保护宜配置 1 面保护屏。

（2）500kV 电压等级：

1）测控装置每串可组 1～2 面测控屏，每面屏上宜布置 3～4 个测控装置。

2）500kV 每回线路保护宜配置 2 面保护屏。

3）每台断路器保护、合并单元组 1 面断路器保护屏。

4）500kV 每组母线保护宜配置 1 面保护屏。

（3）330kV 电压等级：

1）测控装置每串可组 1～2 面测控屏，每面屏上宜布置 3～4 个测控装置。

2）330kV 每回线路保护宜配置 2 面保护屏。

3）每台断路器保护、合并单元组 1 面断路器保护屏。

4）可按 1 个间隔内的保护、测控、合并单元组 2 面屏。

5）330kV 每组母线保护宜配置 1 面保护屏。

（4）220kV 电压等级：

1）采用保护测控合一装置时，1 个间隔内的保护测控装置、合并单元可组 1 面屏。

2）采用保护、测控独立装置时，1个间隔内的保护、测控、合并单元可组2面屏，双重化配置的保护分开组屏。

（5）110kV电压等级。采用保护测控合一装置时，2个间隔内的保护测控、合并单元可组1面屏。采用保护、测控独立装置时，1个间隔内的保护、测控、合并单元可组1面屏。

（6）66kV电压等级。采用保护测控合一装置，2个间隔内的保护测控、合并单元可组1面屏。

（7）35kV电压等级。采用保护测控合一装置，2个间隔内的保护测控、合并单元可组1面屏。户内开关柜布置时，保护测控合一装置宜就地布置于开关柜内。

（8）330～750kV变电站主变压器。保护、测控、合并单元可组2面屏。

（9）全站配置1面公用测控屏，屏上布置2个测控装置，用于站内其他公用设备接入。

3. 过程层设备

（1）合并单元宜与保护装置合并组屏。

（2）智能终端宜安装在所在间隔的户外柜或汇控柜内。

4. 网络通信设备

（1）站控层交换机。宜与远动通信装置共组1面屏；可单独组1面屏。

（2）间隔层交换机。间隔层网络通信设备可采用分散式安装，按照光缆和电缆连接数量最少原则安装在保护、测控屏上。组屏安装时，每面屏可组4～6台交换机，并配置相应的ODU（光纤分配单元）和PDU（电源分配单元）。

（3）过程层交换机。宜按电压等级分别组柜，每面柜组4～6台交换机，并配置相应的ODU（光纤分配单元）和PDU（电源分配单元）。

（二）110～220kV智能变电站

1. 站控层设备

（1）220kV变电站：

1）主机兼操作员站：可不组柜，布置在控制台上。

2）远动通信装置：2套远动通信装置宜组1面柜。

3）网络记录分析仪：分析仪和记录仪宜组1面柜。

4）调度数据网接入设备和二次安全防护设备：调度数据网接入设备和二次安全防护设备宜组2面柜。

（2）110kV变电站：

1）主机兼操作员站：可不组柜，布置在控制台上。

2）远动通信装置：1套远动通信装置宜组1面柜。

3）网络记录分析仪：分析仪和记录仪宜组1面柜。

4）调度数据网接入设备和二次安全防护设备：调度数据网接入设备和二次安全防护设备宜组1面柜。

2. 间隔层设备

当采用集中布置方式时，宜按照以下原则进行组柜。

（1）220kV 间隔：

1）若采用保护测控合一装置，1 个间隔内的保护测控、合并单元可组 1 面柜。

2）若采用保护、测控独立装置，1 个间隔内的保护、测控、合并单元可组 2 面柜。

3）220kV 母线保护可组 1～2 面柜。

（2）110(66)kV 间隔：2 个间隔内的保护测控、合并单元可组 1 面柜；110(66)kV 母线保护宜组 1 面柜。

（3）220kV 变电站主变压器：保护、测控、合并单元可组 2 面柜。

（4）110kV 以下电压等级变电站主变压器：保护、测控、合并单元可组 1 面柜。

（5）35kV 及以下电压等级保护测控合一装置宜就地布置于开关柜。

（6）全站配置 1 面公用测控柜，柜上布置 2 个测控装置，用于站内其他公用设备接入。

当采用分散布置方式时，设备组柜方式可根据配电装置场地的具体安装条件，参照集中布置方式的原则确定。

3. 过程层设备

（1）合并单元宜与保护装置合并组柜，也可单独组柜。

（2）智能终端宜安装布置于所在间隔的户外柜或汇控柜内。

4. 网络通信设备

（1）站控层交换机：

1）站控层中心交换机宜与远动通信装置台组 1 面柜。

2）二次设备室站控层交换机宜根据设备室条件，按照光缆和电缆连接数量最少的原则与其他设备共同组柜安装。

（2）过程层交换机。宜按电压等级分别组柜，每面柜组 4～6 台交换机，并配置相应 ODU（光纤分配单元）和 PDU（电源分配单元）。

五、二次设备布置

（1）智能变电站宜集中设置二次设备室，不分散设置继电器小室。

（2）站控层设备宜集中布置于二次设备室。

（3）对于户外配电装置，间隔层设备宜集中布置于二次设备室，智能终端宜分散布置于配电装置场地，合并单元宜集中布置于二次设备室。

（4）对于户内配电装置，间隔层设备可分散布置于配电装置场地，智能终端和合并单元宜分散布置于配电装置场地。

六、光/电缆选择

（1）二次设备室内通信联系宜采用屏蔽双绞线，但采样值和保护 GOOSE 等可靠性要求较高的信息传输宜采用光纤。

（2）双重化保护的电流、电压，以及 GOOSE 跳闸控制回路等需要增强可靠性的两套系统，应采用各自独立的光缆。

（3）电缆选择及敷设的设计应符合 GB 50217《电力工程电缆设计规范》的规定。

（4）光缆选择：

1）光缆的选用根据其传输性能、使用的环境条件决定。

2）除线路保护专用光纤外，宜采用缓变型多模光纤。

3）室内光缆一般采用非金属阻燃增强型光缆，缆芯一般采用紧套光纤。

4）室外光缆宜采用中心束管式或层绞式光缆。

5）每根光缆宜备用 2～4 芯，光缆芯数宜选取 4 芯、8 芯或 12 芯。

七、智能变电站智能装置 GOOSE 虚端子配置

数字化变电站智能装置 GOOSE 虚端子配置方法通过如下技术方案实现：提出智能装置虚端子、虚端子逻辑连线以及 GOOSE 配置表等概念，具体包括有：

（1）虚端子：智能装置 GOOSE "虚端子"的概念，将智能装置的开入逻辑 $1～i$ 分别定义为虚端子 IN1～INi，开出逻辑 $1～j$ 分别定义为虚端子 OUT1～OUTj。

虚端子除了标注该虚端子信号的中文名称外，还需标注信号在智能装置中的内部数据属性。

智能装置的虚端子设计需要结合变电站的主接线形式，应能完整体现与其他装置联系的全部信息，并留适量的备用虚端子。

（2）逻辑连线：虚端子逻辑连线以智能装置的虚端子为基础，根据继电保护原理，将各智能装置 GOOSE 配置以连线的方式加以表示，虚端子逻辑连线 $1～k$ 分别定义为 LL1～LLk。

虚端子逻辑连线可以直观地反映不同智能装置之间 GOOSE 联系的全貌，供保护专业人员参阅。

（3）配置表：GOOSE 配置表以虚端子逻辑连线为基础，根据逻辑连线，将智能装置间 GOOSE 配置以列表的方式加以整理再现。

GOOSE 配置表由虚端子逻辑连线及其对应的起点、终点组成，其中逻辑连线由逻辑连线编号 LLk 和逻辑连线名称 2 列项组成，逻辑连线起点包括起点的智能装置名称、虚端子 OUTj 以及虚端子的内部数据属性 3 列项，逻辑连线终点包括终点的智能装置名称、虚端子 INi 以及虚端子的内部属性 3 列项。

GOOSE 配置表对所有虚端子逻辑连线的相关信息系统化地加以整理，作为图纸依据。

在具体工程设计中，首先根据智能装置的开发原理，设计智能装置的虚端子，其次，结合继电保护原理，在虚端子的基础上设计完成虚端子逻辑连线，最后，按照逻辑连线，设计完成 GOOSE 配置表。逻辑连线与 GOOSE 配置表共同组成了数字化变电站 GOOSE 配置虚端子设计图。

八、防雷、接地和抗干扰

防雷、接地和抗干扰宜满足 DL/T 620、DL/T 621、DL/T 5136、DL/T 5149 的要求。

第五节 智能变电站高级功能要求和辅助设施功能要求

一、高级功能要求

1. 设备状态可视化

应采集主要一次设备（变压器、断路器等）状态信息，进行状态可视化展示并发送到上级系统，为实现优化电网运行和设备运行管理提供基础数据支撑。为电网实现基于状态检测的设备全寿命周期综合优化管理提供基础数据支撑。

2. 智能告警及分析决策

应建立变电站故障信息的逻辑和推理模型，实现对故障告警信息的分类和过滤，对变电站的运行状态进行在线实时分析和推理，自动报告变电站异常并提出故障处理指导意见。

可根据主站需求，为主站提供分层分类的故障告警信息。

3. 故障信息综合分析决策

宜在故障情况下对包括事件顺序记录信号及保护装置、相量测量、故障录波等数据进行数据挖掘、多专业综合分析，并将变电站故障分析结果以简洁明了的可视化界面综合展示。

4. 支持经济运行与优化控制

应综合利用变压器自动调压、无功补偿设备自动调节、FACTS 等手段，支持变电站系统层及智能电网调度技术支持系统安全经济运行及优化控制。

5. 站域控制

利用对站内信息的集中处理、判断，实现站内自动控制装置（如各自投、母线分合运行）的协调工作，适应系统运行方式的要求。

6. 与外部系统交互信息

宜具备与大用户及各类电源等外部系统进行信息交换的功能，能转发相关设备运行状况等信息。

二、辅助设施功能要求

（1）应选用配光合理、效率高的节能环保灯具，以降低能耗。

（2）采暖、通风等应实现采暖设备按设定温度自动或远方控制；可实现 SF_6 电气设备室内的自动检测报警，超限自动启动机械通风系统；实现散热设备室运行温度检测，超温自动启动散热排风系统，并设烟感闭锁，火灾报警自动切断电源。

（3）变电站应设置一套火灾自动报警系统；火灾自动报警系统应取得当地消防部门认证，宜采用 DL/T 860 标准与站控层通信，实现对采暖、通风系统的闭锁，以及图像监视及安全警卫系统的联动。

（4）宜设置关键水位监测和传感控制，实现排水系统自动或远方控制。

第五章 智能变电站模块化建设

第一节 智能变电站模块化建设技术

一、智能变电站模块化建设的意义和技术原则

1. 智能变电站模块化建设的意义

为推进智能变电站模块化建设，实现"标准化设计、模块化建设"，国家电网公司基建部牵头，组织浙江省电力设计院、福建省电力勘测设计院、中国电力工程顾问集团公司、国网北京经济技术研究院、上海市电力设计院有限公司、江苏省电力设计院、安徽省电力设计院等单位，开展了《智能变电站模块化建设技术导则》的制定工作，标准号为：Q/GDW 11152—2014。

智能变电站模块化建设技术属变电技术领域的前沿，国内仅有个别技术的案例，没有成体系的先例，国外也尚未有正式运行的报道，国内外均没有针对智能变电站模块化建设的相关技术规范。

新一代智能变电站建设技术提出的要求是要集成应用成熟适用新技术、深化标准化建设、实现二次系统设备集成、"即插即用"、建筑、构筑物预制技术等，提升变电站智能化技术水平，提升节能节资环保水平。智能变电站模块化建设可以提高智能变电站建设效率，实现初步设计、设备采购、施工图设计、土建施工、安装调试、生产运行等环节有效衔接，提高变电站建设全过程精益化管理和建设效率。全面提高电网设计建设能力的需要。形成系列技术标准、设计规范、设备规范、工程典型设计，进一步提高公司工程设计和建设能力。

2. 智能化变电站模块化建设应遵循的技术原则

（1）标准化设计：

1）深化应用智能先进技术，支撑"大运行、大检修"，实现变电站信息统一采集、综合分析、按需传送。实现顺序控制、智能告警等高级应用功能。

2）建筑、构筑物应用装配结构，结构件采用工厂预制，实现标准化。统一建筑结构、材料、模数。规范、围墙、防火墙、电缆沟等构筑物类型。应用通用设备基础，应用标准化定型钢模。

（2）模块化建设：

1）电气一次设备高度集成测量、控制、状态监测等智能化功能，监控、保护、通信等二次设备采用二次组合设备，一次、二次集成设备最大程度实现工厂内规模生产、集成调试、模块化配送，有效减少现场安装、接线、调试工作，提高建设质量、效率。

2）建筑、构筑物采用工厂化预制、机械化现场装配，减少现场"湿作业"，减少劳动力投入，实现环保施工，提高施工效率。基础采用标准化定型钢模浇制混凝土，提高成品工艺水平，提高工程建设质量。

二、装配范围和型式

1. 装配范围

（1）户外变电站：

1）电气一次装配范围：主变压器、GIS 设备、AIS 设备、35(10)kV 开关柜。

2）二次系统装配范围：预制舱式二次组合设备实现二次接线"即插即用"。

3）土建装配范围：主控通信室和 35(10)kV 配电装置室等单层装配式建筑、构支架、标准钢模基础、主变和 GIS 通用基础、主墙、防火墙、电缆沟、小型设备基础。

（2）户内 GIS 变电站：

1）电气一次装配范围：主变压器、GIS 设备、35(10)kV 开关柜。

2）二次系统装配范围：模块化二次组合设备实现二次接线"即插即用"。

3）土建装配范围：配电装置楼等多层装配式建筑、主变通用基础、围墙、防火墙、电缆沟、小型设备基础。

2. 装配型式

（1）单层建筑宜采用轻型门式刚架结构或钢框架结构；多层建筑宜采用钢框架结构。围护结构宜采用装配式墙体。

（2）围墙、防火墙等构筑物宜采用装配式组合墙板体系；构支架宜采用钢结构，基础采用螺栓连接；设备基础宜采用标准钢模或通用基础。

（3）变电站二次系统宜由集成商一体化设计、安装、调试和运输。对于户外变电站，宜采用预制舱式二次组合设备，实现二次设备安装、接线、照明、暖通、火灾报警、安防、图像监控等工厂集成。

三、电气一次

1. 总平面布置

（1）总平面布置应紧凑合理，同时应满足巡视、维护、检修要求。

（2）变电站大门及道路的设置应满足主变压器、大型装配式预制件、预制舱式二次组合设备等的整体运输。

（3）户外变电站宜采用预制舱式二次组合设备，宜利用配电装置附近空余场地布置预制舱式二次组合设备，减小二次设备室面积，优化变电站总平面布置。

（4）户内变电站宜采用模块化二次组合设备，布置于装配式建筑内。

2. 配电装置布置

（1）配电装置布局紧凑合理，主要电气设备、装配式建（构）筑物以及预制舱式二次组合设备的布置应便于安装、消防、扩建、运维、检修及试验工作。

（2）配电装置可结合装配式建筑以及预制舱式二次组合设备的应用进一步合理优化，但电气设备与建（构）筑物之间电气尺寸应满足 DL/T 5352 的要求，且不限制产品生产厂家。

（3）户外配电装置的布置应能适应预制舱式二次组合设备的特殊布置，缩短一次设备与二次系统之间的距离。

（4）户内配电装置布置在装配式建筑内时，应考虑其安装、检修、起吊、运行、巡视以及气体回收装置所需的空间和通道。

3. 主要电气设备选择和安装

（1）电气一次设备选择应符合现行行业标准 DL/T 5222 的有关规定。

（2）电气一次设备应采用通用设备，安装应满足标准工艺库的要求。

（3）户外 AIS 设备与其支架间、设备支架与基础间宜采用螺栓式连接。

（4）户外 GIS 设备宜采用通用设备基础，应能与筏板结合支墩基础的形式相适应。

（5）户内 GIS 设备宜采用通用设备基础，GIS 电缆出线、架空出线套管定位应能与建筑通用模数相配合。

4. 装配式建筑电气

（1）站用动力、照明、暖通、安防、图像监控、火灾报警、插座等管线宜采用暗敷方式。

（2）装配式建筑物内部管线的连接以及与建筑物外管线的连接的接口宜按照统一、协调的标准进行设计。

（3）装配式建筑物屋顶避雷带的设置应满足 GB 50065、DL/T 620、DL/T 621 等规范相关要求，避雷带应采用专用接地引下线。

（4）装配式建筑、构筑物或围墙金属部分应可靠接地。

四、二次系统

1. 预制舱式二次组合设备

（1）结构型式：

1）预制舱式二次组合设备由预制舱舱体、二次设备屏柜（或机架）、舱体辅助设施等组成，在工厂内完成相关配线、调试等工作，并作为一个整体运输至工程现场。

2）变电站预制舱式二次组合设备舱船体宜采用钢结构箱房。结合现有运输条件，预制舱舱体外形尺寸宜为（长×宽×高）：Ⅰ 型 6200mm×2800mm×3133mm；Ⅱ 型 9200mm×2800mm×3133mm；Ⅲ 型 12200mm×2800mm×3133mm。

3）预制舱舱体总体结构设计应符合现行相关国家标准、设计规范的要求，结合工程实际，合理选用材料、结构方案和构造措施，保证结构在运输、安装过程中满足强度、稳定性和刚度要求及防水、防火、防腐、耐久性等设计要求。

4）预制舱舱体围护结构外侧应采用功能性、装饰性一体化的材料，内侧应采用轻质高强、耐水防腐、阻燃隔热的材料，中间应采用不易燃烧、吸水率低、保温隔热效果好的材料。

5）预制舱屋面为双坡屋面型式，坡度不小于 5%，屋面板应采用轻质高强、耐腐蚀、防水性能好的材料，中间层应采用不易燃烧、吸水率低、密度和导热系数小，并有一定强度的保温材料。

6）预制舱舱门设置应满足舱内设备运输及巡视要求，采用乙级防火门，其余建筑构件燃烧性能和耐火极限应满足 GB 50016 中 3.2.1 条规定。预制舱体不宜设置窗户，采用风机及空调实现通风。

7）预制舱地板宜采用陶瓷防静电活动地板，活动地板钢支架应固定于舱底。方便电缆的敷设与检修，抗静电活动地板高度宜为 200～250mm。

8）每个预制舱内应设置空调、电暖器、风机等采暖通风设施，满足二次设备运行环境要求。

9）预制舱内应设置完好的安全防护及视频监控措施，同时设置照明、检修、接地等，保证预制舱设备安全运行及人员巡检需求。

10）预制舱的重要性系数应根据结构的安全等级设计，设计使用年限按 40 年考虑。

11）预制舱内火灾探测及报警系统的设计和消防控制设备及其功能应符合 CB 50116 的规定。

12）预制舱应配置手提式灭火器，灭火器级别及数量应按火灾危险类别为中危险等级配置。在确保安全可靠的情况下，可设置固定式气体灭火系统。

（2）设置原则：

1）预制舱应根据变电站建设规模、总平面布置、配电装置型式等，按设备对象模块化设置，就地布置于一次设备附近。

2）预制舱式二次组合设备可分为公用设备预制舱、间隔层设备预制舱、交直流电源预制舱、蓄电池预制舱等。

3）当二次设备布置于建筑物内时，宜采用预制式二次组合设备。

（3）内部布置：

1）预测舱内二次屏柜可采用单列或双列布置。当前接线、前显示式二次装置技术成熟时，宜采用双列靠墙布置方式。

2）预制舱内屏柜宽、深均宜采用 600mm，服务器柜尺寸及开门方式根据实际工程需求确定。

3）预制舱内屏柜的柜体应按终期规模与舱体整体配置。

4）预制舱内照明、消防、暖通、图像监控、通信、环境监控等设施的布置应与舱内二次设备统筹协调考虑。

5）每个预制舱应预留 1～3 面备用屏位置。

（4）接口要求：

1）预制舱光电缆进线可采用分散或集中两种方武，敷设路径及方法应综合考虑电缆、光缆的弯曲半径、防火封堵、施工及维护方便等。

2）预制舱可设置集中外部电缆接口箱，其布置应综合考虑空间利用，可与空调等设备布置相结合。

3）预制舱与外部设备之间的连接宜采用预制式光电缆。

（5）接地反抗干扰：

1）预制舱应采取屏蔽措施，满足二次设备抗干扰要求。

2）预制舱内应设置一次、二次接地网。

3）预制舱墙体内，离活动地板 250mm 高处暗敷舱内接地干线，在接地干线上设置若干临时接地端子。

2. 信息一体化及高级应用

（1）信息一体化：

1）智能变电站信息一体化应满足"调控一体、运维一体"的要求，对变电站各子系统信息进行梳理和规范，实现站内信息的"统一接入、统一存储、统一应用和统一展示"。

2）站内各种类型二次设备应统一信息模型、信号名称，遵循 Q/GDW 396、Q/GDW 739，实现站内模型的标准化。

3）站内信息交互应遵循 DL/T 860 和 DL/T 1146 标准，实现站内信息的统一采集。站内各子系统信息交互应遵循 Q/GDW 679 标准。

4）变电站与调度（调控）中心主站的信息交互应充分考虑主站与变电站协同互动的要求，遵循"告警直传，远程浏览，数据优化，认证安全"技术原则，支撑顺序控制、智能告警、故障综合分析等高级应用。

5）与保护信息管理主站的信息交互应遵循 DL/T 860 或 Q/GDW 273 标准。

6）与输变电设备状态监测主站的信息交互应遵循 Q/GDW 740 标准。

（2）高级应用功能：

1）变电站高级应用应满足电网大运行、大检修的运行管理需求，采用模块化设计、分阶段实施。

2）变电站高级应用应支持主站对变电站的顺序控制功能，支撑主站对一次、二次设备的顺序控制操作。

3）变电站应满足调控一体、无人值守的相关应用功能要求，宜实现保护的远方投退、远方定值区切换、远方定值修改及核查、远方复归等功能。

4）变电站应具备智能告警功能，综合站内保护装置动作、运行状态信息等进行智能告警分析，支撑调控主站对电网单一故障、多重故障的推理分析、电网事故紧急处理及事故恢复。

5）变电站宜支持源端维护功能，导入 SSD 与 SCD 配置文件，导出符合 DL/T 890 标准的 CIM 模型和 Q/GDW 624 标准的图形文件，支撑图模自动化维护。

（3）监控系统设备配置原则：

1）站控层设备应针对变电站及其主站端功能需求及设备处理能力集成优化配置。

2）110kV 配送式智能变电站站控层设备配置。

a. 监控主机单套配置，操作员站、工程师工作站与监控主机合并。

b. 数据服务器或综合应用服务器单套配置。

c. Ⅰ区数据通信网关机兼具图形网关机功能：调度数据网具备双平面，Ⅰ区数据通信网关机按双重化配置；调度数据网单平面，Ⅰ区数据通信网关机单套配置。

d. Ⅱ区数据通信网关机单套配置（可选）。

e. Ⅲ/Ⅳ区数据通信网关机单套配置（可选）。

3）220kV 及以上电压等级配送式智能变电站站控层设备配置。

a. 监控主机双套配置，操作员站、工程师工作站与监控主机合并。

b. 数据服务器单套配置。

c. 综合应用服务器单套配置。

d. Ⅰ区数据通信网关机双重化配置，兼具图形网关机功能。

e. Ⅱ区数据通信网关机单套配置。

f. Ⅲ/Ⅳ区数据通信网关机单套配置。

3．二次接线"即插即用"

智能变电站宜采用预制线缆实现一次设备与二次设备、二次设备间的光缆、电缆标准化连接，提高二次线缆施工的工艺质量和建设效率。

（1）预制光缆：

1）跨房间、跨场地不同屏柜间二次装置连接采用预制光缆。对于站区面积较小、室外光缆长度较短的应用场合可采用双端预测方式；对于站区面积较大、室外光缆长度较长的应用场合可采用单端预制方式。

2）二次预制舱对外预制光缆宜采用双端预制方式，采用建筑物布置的二次屏柜预制光缆可视敷设路径的复杂情况采用单端或双端的预制方式。

3）室外预制光缆宜选用铠装、阻燃型，自带高密度连接器或分支器。光缆芯数宜选用 4 芯、8 芯、12 芯、24 芯。

4）室内不同屏柜间二次装置连接宜采用尾缆或软装光缆，尾缆（软装光缆）宜采用 4 芯、8 芯、12 芯、24 芯规格。柜内二次装置间连接宜采用跳线，柜内跳线宜采用单芯或多芯跳线。

5）应准确测算预制光缆敷设长度，避免出现光缆长度不足或过长情况。可利用柜体底部或特制槽盒两种方式进行光缆余长收纳。

6）应根据室外光缆、尾缆、跳线不同的性能指标、布线要求预先规划合理的柜内布线方案，有效利用线缆收纳设备，合理收纳线缆余长及备用芯，满足柜内布线整洁美观、柜内布线分区清楚、线缆标识明晰的要求，便于运行维护。

7）室外光缆、尾缆宜从屏柜底部两侧或中间开孔进入，合理分配开孔数量，在屏柜两侧布线。

（2）预制电缆：

1）主变压器、GIS/HGIS 本体与智能控制柜之间二次控制电缆宜采用预制电缆连接。对于 AIS 变电站，断路器、隔离开关与智能控制柜之间二次控制电缆宜采用预制电缆。电流、电压互感器与智能控制柜之间二次控制电缆不宜采用预制电缆。交直流电源电缆可视工程情况选用预制电缆。

2）当一次设备本体至就地控制柜间路径满足预制电缆敷设要求时（全程无电缆穿管）优先选用双端预制电缆。应准确测算双端预制电缆长度，避免出现电缆长度不足或过长情况。预制电缆余长有足够的收纳空间。

3）当电缆采用穿管敷设时，宜采用单端预制电缆，预制端宜设置在智能控制柜侧。预制缆端采用圆形连接器且满足穿管要求时也可采用双端预制。

4）在满足试验、调试要求前提下，预制电缆插座端宜直接引至二次装置背板端子排。

5）预制电缆采用双端预制且为穿管敷设方式下，宜选用圆形高密度连接器。

6）预制电缆参数的选择及预制电缆敷设应满足 GB 50217 的规定。

五、土建部分

1．建筑物

（1）主要原则：

1）装配式建筑应按工业建筑标准设计，统一标准、统一模数，满足 60 年使用寿命要求。

2）建筑物体型应紧凑、规整，外立面体现国网公司企业标准色彩，与预制舱及周围环境相协调。

3）建筑设计按无人值守运行要求，合理配置生产用房，辅助用房仅考虑设置安全工具间、资料室、卫生间。

4）建筑物门窗应几何规整，预留洞口位置应与装配式外墙板尺寸相适应，并采取密封、节能等措施。

5）结构体系选择应综合考虑使用功能、抗震类别、地质条件等因素，安全可靠、经济合理。柱距、层高、跨度宜统一尺寸，采用标准模数。

6）围护结构应就地取材、便于安装，选用节能环保、经济合群的材料；应满足保温、隔热、防水、防火、强度及稳定性要求；材料尺寸应采用标准模数。

7）对于二次设备室、资料室、安全工具间等净高较低的房间应考虑简洁美观，适当装饰。

（2）单层建筑：

1）单层建筑包括主控通信室、35(10)kV 配电装置室、GIS 配电装置室等。

2）结构型式宜采用轻型门式刚架结构。当屋面恒载、活载均大于 $0.7kN/m^2$，基本风压大于 $0.7kN/m^2$ 时应采用钢框架结构。

3）柱间距宜统一，推荐采用 6m。

a. 主控通信室净高 3m，跨度推荐采用 9m 和 12m。

b. 35(10)kV 配电装置室净高 4.3m，当采用单列布置时，跨度推荐采用 7.5(6)m，当采用双列布置时推荐采用 12.5(9)m。

c. 220kV GIS 配电装置室净高 7m，跨度推荐采用 12m，110kV GIS 配电装置室净高 7m，跨度推荐采用 10m。

4）钢框架结构屋面材料宜采用压型钢板底模现浇板或压型钢板复合板；轻型门式刚架结构屋面材料宜采用压型钢板复合板。

5）钢框架结构外墙材料宜采用压型复合钢板或纤维水泥板（FC 板）复合墙体；轻型门式刚架结构外墙材料宜选用压型钢板复合板。

6）内墙材料宜采用压型复合钢板或纤维水泥板（FC 板）复合墙体。

（3）多层建筑：

1）多层建筑包括配电装置楼等。

2）结构型式宜采用钢框架结构。柱间距应根据电气工艺布置进行优化，柱距宜控制在 2～3 种，不宜太多。

3）楼面采用压型钢板底模现浇板。

4）屋面材料宜采用压型钢板底模现浇板或压型钢板复合板。

5）内、外墙材料宜采用压型钢板复合板或纤维水泥板（FC 板）复合墙体。

6）楼梯采用装配式钢结构。

（4）钢结构的防腐可采用镀层防腐和涂层防腐。

（5）主变压室钢结构防火应外包防火板，其他房间钢结构宜涂刷白色涂料，均应满足防火规范要求。

2．构筑物

（1）围墙。围墙宜采用装配式实体围墙，采用预制钢筋混凝土柱＋预制墙板或大砌块砌体围墙。城市规划有特殊要求的变电站可采用通透式围墙。

1）预制钢筋混凝土柱＋预制墙板形式围墙：墙体材料采用清水混凝土预制板（推荐厚度80mm）或蒸压轻质加气混凝土板（推荐厚度100mm）；围墙柱采用预制钢筋混凝土工字柱，截面尺寸不宜小于250mm×250mm；围墙顶部设置预测压顶；基础采用独立基础，推荐尺寸1200mm、1400mm。

2）大砌块砌体围墙：采用蒸压加气混凝土砌块，水泥砂浆或干粘石抹面，砌块推荐尺寸为600mm×300mm×300mm，围墙顶部宜设置预制压顶，基础采用条形基础。

（2）防火墙。防火端宜采用框架＋大砌块、框架＋墙板或钢结构＋墙板等装配型式，墙体耐火极限不低于3h，防火墙柱基础采用独立基础。

1）框架＋大砌块防火墙：根据主变构架柱根开和防火墙长度设置钢筋混凝土现浇柱；墙体材料采用蒸压加气混凝土砌块，砌块推荐尺寸为600mm×300mm×300mm，水泥砂浆抹面。

2）框架＋墙板防火墙：根据主变构架柱根开和防火墙长度设置钢筋混凝土现浇柱；墙体材料采用清水混凝土预制板（推荐厚度120mm）或蒸压轻质加气混凝土板（推荐厚度150mm）。

3）钢结构＋墙板防火墙：根据主变构架柱根开和防火墙长度设置钢结构柱；墙体材料采用蒸压轻质加气混凝土板（推荐厚度150mm）整体包覆。

（3）电缆沟：

1）主电缆沟宜采用砌体或现浇混凝土沟体，砌体沟体顶部宜设置压顶。配电装置区不设电缆支沟，可采用电缆埋管或电缆排管。紧靠道路（离路边距离小于1.0m）的电缆沟段，以及埋深大于1.0m的电缆沟段，应采用混凝土沟体。有特殊要求时，可采用复合材料预制式电缆沟或地面槽盒。电缆沟沟壁应高出场地地坪100mm。

2）GIS基础上宜采用成品地面槽盒系统。

3）除电缆出线外，电缆沟沟宽宜采用800mm和1000mm。

4）电缆沟盖板宜采用有机复合盖板，也可因地制宜采用其他工厂化预制盖板，盖板每边宜超出沟壁（压顶）外沿30～50mm。

（4）构支架：

1）构架柱宜采用钢管结构，管径宜采用300～400mm；构架梁宜采用三角形钢桁架梁，主材采用角钢，双跨出线梁主材宜采用钢管；梁柱连接宜采用铰接，柱底采用地脚螺栓连接。

2）设备支架宜由厂家配送、现场安装，柱底采用地脚螺栓连接。

3）构架基础采用标准钢模浇制混凝土，天然地基时，220kV构架基础推荐尺寸为2400mm、2600mm、2800mm和3000mm；110kV构架基础推荐尺寸为2000mm、2200mm、2400mm、2600mm和2800mm。

（5）设备基础：

1）主变基础宜采用筏板基础，顶面设通用埋件。推荐油坑尺寸：220kV 主变 13000mm×10400mm，110kV 主变 9500mm×8000mm。

2）GIS 设备基础宜采用筏板结合支墩的基础形式，支墩按通用设备定位设置，支墩顶面设埋件。天然地基时筏板厚度不宜大于 800mm。

3）AIS 设备基础采用标准钢模浇制混凝土，天然地基时，220kV 设备支架基础推荐尺寸 1200mm、1400mm、1600mm；110kV 设备支架基础推荐尺寸 1000mm、1200mm、1400mm。

4）小型基础如端子箱、灯具等基础宜采用清水混凝土基础。

第二节　预制舱式二次组合设备

一、基本技术条件

（一）使用环境条件

（1）海拔：≤3000m。

（2）环境温度：−25～55℃。

（3）极端环境温度：−40～55℃。

（4）最大日温差：25K。

（5）最大相对湿度：95%（日平均）；90%（月平均）。

（6）大气压力：86～106kPa。

（7）抗震能力：水平加速度 0.30g；垂直加速度 0.15g。

（8）太阳辐射强度：0.11W/cm²。

（9）最大覆冰厚度：10mm。

（10）设计最大风速：40m/s。

以上环境条件可根据具体工程调整。

（二）主要技术指标

1. 舱体技术指标

舱体宜采用钢结构体系。舱体尺寸应综合考虑舱内二次设备屏柜数量、屏柜尺寸、舱体维护通道、运输条件等确定，舱体建议尺寸见表 5-2-1，当运输条件受限时，预制舱宽度也可采用 2500mm。

表 5-2-1　预制舱舱体尺寸

型号	预制舱尺寸/mm（长×宽×高）
Ⅰ	6200×2800×3133
Ⅱ	9200×2800×3133
Ⅲ	12200×2800×3133

变电站预制舱按照舱体规格分为 3 种：Ⅰ型预制舱、Ⅱ型预制舱、Ⅲ型预制舱。以上 3 种典型钢构房式预制舱舱体外形及材料实施时应根据具体工程情况（如当地气候条件、抗震要求、舱内二次设备配置等），对其结构受力进行计算；根据当地气候条件确定采暖通风设施（空调、

电暖器、风机等）功率及台数，选择保温隔热材料形式及厚度。

预制舱平面图、立面图、剖面图和构造图分别见图 5-2-1～图 5-2-4，预制舱通用基础图分别见图 5-2-5～图 5-2-7。

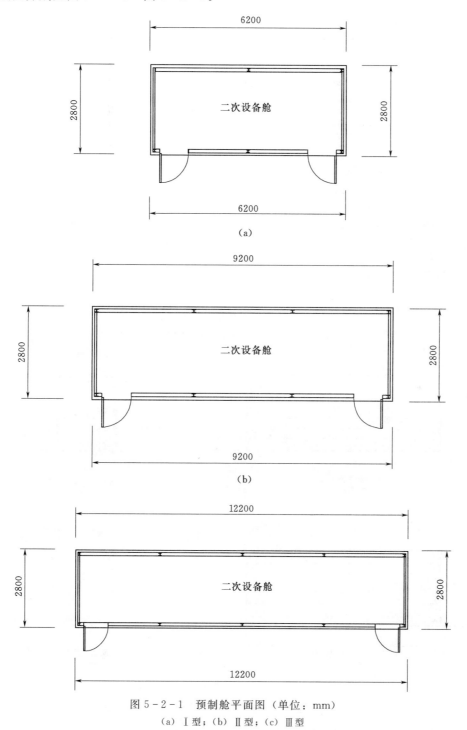

图 5-2-1　预制舱平面图（单位：mm）

(a) Ⅰ型；(b) Ⅱ型；(c) Ⅲ型

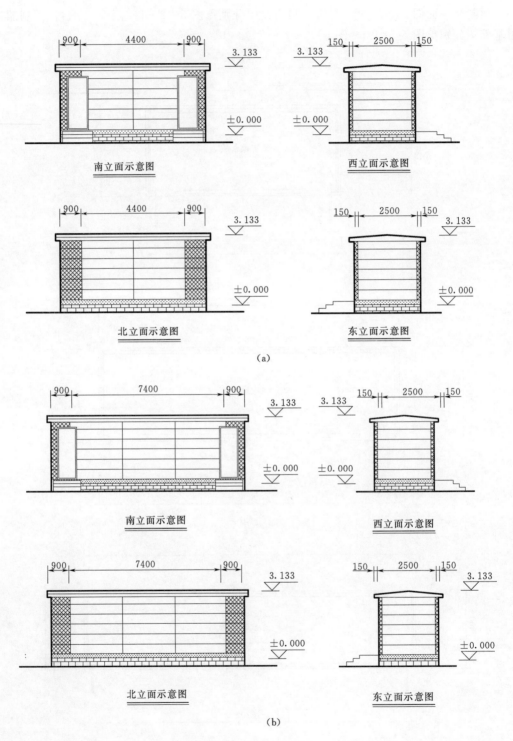

图 5-2-2（一） 预制舱立面图（尺寸单位：mm；标高单位：m）

(a) Ⅰ型；(b) Ⅱ型

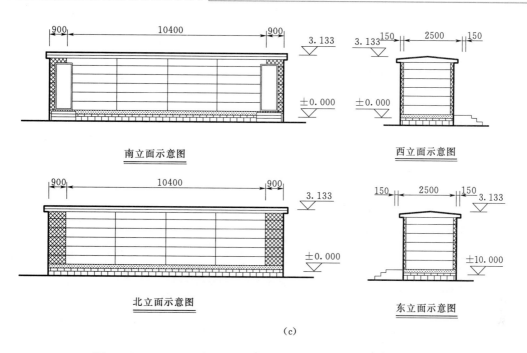

(c)

图 5-2-2（二） 预制舱立面图（尺寸单位：mm；标高单位：m）

(c) Ⅲ型

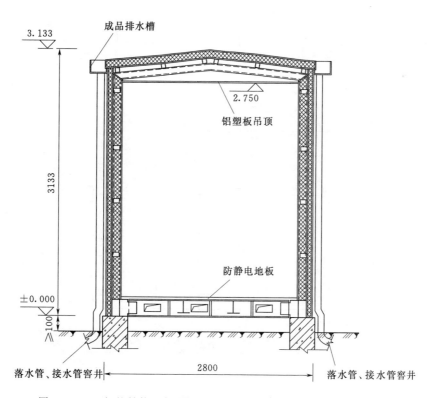

图 5-2-3 钢柱结构预制舱剖面图（尺寸单位：mm；标高单位：m）

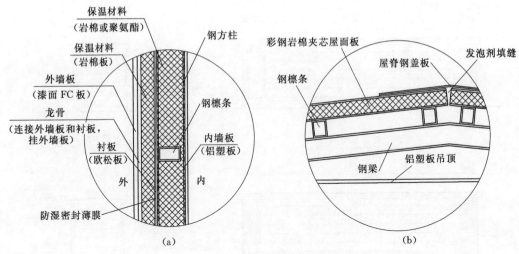

图 5-2-4　钢柱结构预制舱构造图

(a) 墙体构造示意；(b) 屋面构造示意

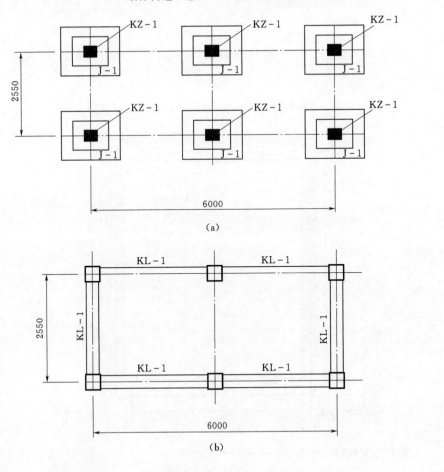

图 5-2-5　I 型预制舱通用基础图 (单位：mm)

(a) 基础平面布置图；(b) 基础梁平面布置图

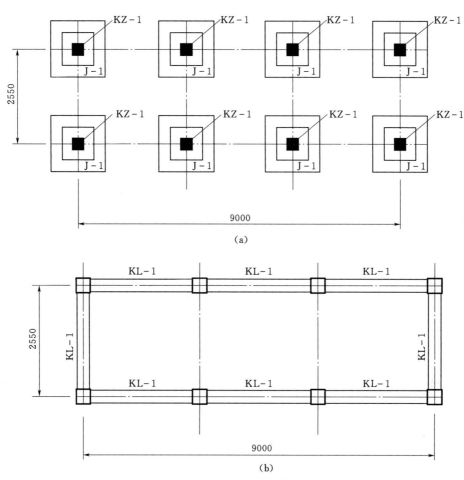

图 5-2-6　Ⅱ型预制舱通用基础图（单位：mm）

（a）基础平面布置图；（b）基础梁平面布置图

2. 预制舱式二次组合设备额定值

（1）额定交流电压：220V。

（2）额定直流电压：110V/220V。

（3）UPS 电压：AC220V。

（4）额定频率：50Hz。

（5）工作电源：间隔层设备（包括网络设备）采用 DC110V/220V。

（6）UPS 电源：站控层设备采用 AC220V UPS 电源。

3. 电磁兼容性要求

在雷击过电压、一次回路操作、开关场故障及其他强干扰作用下，在二次回路操作干扰下，预制舱内二次组合设备各装置包括测量元件，逻辑控制元件，均不应误动作且满足技术指标要求。装置不应要求其交直流输入回路外接抗干扰元件来满足有关电磁兼容标准的要求。系统装置的电磁兼容性能应达到表 5-2-2 的等级要求。

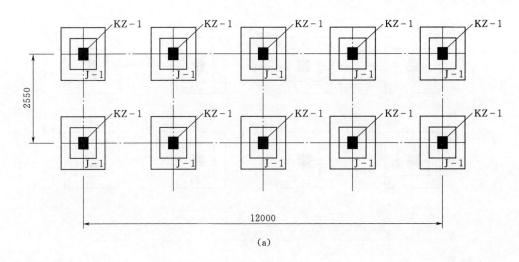

(a)

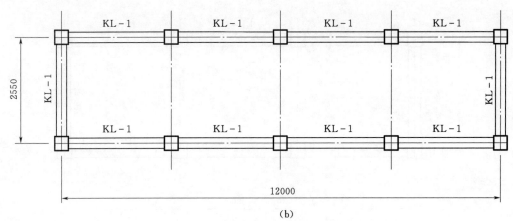

(b)

图 5-2-7 Ⅲ型预制舱通用基础图（单位：mm）

（a）基础平面布置图；（b）基础梁平面布置图

表 5-2-2   预制舱二次系统装置电磁兼容性能等级要求

序号	电磁干扰项目	依据的标准	等级要求
1	静电放电干扰	GB/T 17626.2	4级
2	辐射电磁场干扰	GB/T 17626.3	3级
3	快速瞬变干扰	GB/T 17626.4	4级
4	浪涌（冲击）抗扰度	GB/T 17626.5	3级
5	电磁感应的传导	GB/T 17026.6	3级
6	工频磁场抗扰度	GB/T 17626.8	4级
7	脉冲磁场抗扰度	GB/T 17626.9	5级
8	阻尼震荡磁场抗扰度	GB/T 17626.10	5级
9	震荡波抗扰度	GB/T 17626.12	2级（信号端口）

二、预制舱式二次组合设备典型模块

预制舱式二次组合设备宜按设备对象模块化设置，以方便运行、维护，变电站可根据需要设置公用设备预制舱、间隔设备预制舱、交直流电源预制舱、蓄电池预制舱等模块，可根据变电站具体建设规模、布置方式等进行选择调整组合。

（一）110kV 变电站预制舱式二次组合设备典型模块

1. 110kV 变电站公用设备预制舱

110kV 公用预制舱配置变电站计算机监控系统站控层设备、公用测控装置、调度数据网络设备、二次系统安全防护设备、通信设备、交直流一体化电源、时钟同步系统、智能辅助控制系统、火灾报警系统等设备。

2. 110kV 间隔设备预制舱

110kV 间隔设备预制舱配置变电站 110kV 电压等级间隔层设备，包括 110kV 线路（母联、桥、分段）保护测控一体化装置、110kV 母线保护、110kV 故障录波装置、110kV 线路电能表、110kV 公用测控装置、交换机及直流分屏等二次设备。

3. 110kV 主变压器间隔设备预制舱

主变压器间隔设备预制舱配置主变压器间隔层设备，包括主变压器保护装置、主变压器测控装置、主变压器电度表及直流分屏等。

（二）220kV 变电站预制舱式二次组合设备典型模块

1. 220kV 变电站公用设备预制舱

220kV 公用预制舱配置变电站计算机监控系统站控层设备、公用测控装置、调度数据网络设备、二次系统安全防护设备、通信设备、时钟同步系统、智能辅助控制系统、火灾报警系统等设备。

2. 110kV 间隔设备预制舱

110kV 间隔设备预制舱配置变电站 110kV 电压等级间隔层设备，包括 110kV 线路（母联、桥、分段）保护测控一体化装置、110kV 母线保护、110kV 故障录波装置、110kV 线路电能表、110kV 公用测控装置交换机及直流分屏等二次设备。

3. 220kV 间隔设备预制舱

220kV 间隔设备预制舱配置变电站 220kV 电压等级间隔层设备，包括 220kV 线路（母联、桥、分段）保护装置、220kV 线路（母联、桥、分段）测控一体化装置、220kV 母线保护、220kV 故障录波装置、220kV 线路电度表、220kV 公用测控装置、交换机及直流分屏等二次设备。

4. 220kV 主变压器间隔设备预制舱

主变压器间隔设备预制舱配置主变压器间隔层设备，包括主变压器保护装置、主变压器测控装置、主变压器故障录波装置、主变压器电能表及直流分屏等。

5. 交直流电源预制舱

交直流电源预制舱配置交流配电屏，直流充电柜、直流馈线屏等设备。

6. 蓄电池预制舱

蓄电池预制舱配置蓄电池组。

三、主要性能要求

1. 一般技术要求

（1）舱体总体结构设计应符合现行国家标准、设计规范要求，并结合工程实际，合理选用材料、结构方案和构造措施，保证结构在运输、安装过程中满足强度、稳定性和刚度要求及防水、防火、防腐、耐久性等设计要求。

（2）预制舱内设备安装布置应满足相关规程规范要求。

（3）舱体技术要求分为舱体结构要求、预制舱二次屏柜布置要求、预制舱电气及辅助设施配置要求、预制舱线缆接口要求、预制舱接地及抗干扰要求。

2. 舱体结构要求

（1）舱体的重要性系数应根据结构的安全等级设计，设计使用年限按 40 年考虑。

（2）舱体宜采用钢结构体系，屋盖宜采用冷弯薄壁型钢檩条结构，围护结构外侧应采用功能性、装饰性一体化的免维护材料，内侧应采用轻质高强、耐水防腐、阻燃隔热面板材料，中间应采用不易燃烧、吸水率低、保温隔热效果好的材料。

（3）舱体宜采用轻型门式刚架结构，主刚架可采用等截面实腹刚架，柱间支撑间距应根据箱房纵向柱距、受力情况和安装条件确定。当不允许设置交叉柱间支撑时，可设置其他形式的支撑；当不允许设置任何支撑时，可设置纵向刚架。在刚架转折处（边棱柱顶和屋脊）应沿舱体全长设置刚性系杆。

（4）舱体起吊点宜设置在预制舱底部，吊点应根据舱内设备荷载分布经详细计算后确定吊点位置及吊点数量，确保安全可靠。

（5）结构自重、检修集中荷载、屋面雪荷载和积灰荷载等，应按 GB 50009《建筑结构荷载规范》的规定采用，悬挂荷载应按实际情况取用。

（6）舱体的风荷载标准值，应按 CECS102《门式刚架轻型房屋钢结构技术规程》附录 A 的规定计算。

（7）地震作用应按 GB 50011《建筑抗震设计规范》的规定计算。

（8）舱体骨架应整体焊接，保证足够的强度与刚度。舱体在起吊、运输和安装时不应变形或损坏。钢柱结构的舱体钢结构变形应按 CECS102 的要求计算。

（9）舱门设置应满足舱内设备运输及巡视要求，采用乙级防火门，其余建筑构件燃烧性能和耐火极限应满足 GB 50016《建筑设计防火规范》的规定。舱体一般不设窗户，采用风机及空调实现通风。

（10）舱体宜采用双坡屋顶结构，屋面坡度不小于 5%，北方地区可适当增大屋面坡度，预防积水和积雪。屋面板应采用轻质高强、耐腐蚀、防水性能好的材料，中间层应采用不易燃烧、吸水率低、密度和导热系数小，并有一定强度的保温材料。

（11）舱体屋面宜采用有组织排水，排水槽及落水管与舱体配套供货，现场安装；对于寒冷地区可采用散排。空调排水管宜采用暗敷或槽盒暗敷方式。

（12）舱底板可采用花纹钢板或环氧树脂隔板。舱地面宜采用陶瓷防静电活动地板，活动地板钢支架应固定于舱底。防静电活动地板高度宜为 200～250mm，应方便电缆敷设与检修。

（13）舱体与基础应牢固连接，宜焊接于基础预埋件上，舱体与基础交界四周应用耐候硅酮胶封缝，防止潮气进入。

（14）二次设备用控制柜等在箱内沿预制舱长度方向放置，沿每列屏柜舱底板上布置两根槽钢（♯5以上），与底板焊接作为控制柜安装基础，机柜底盘通过地脚螺栓与槽钢固定，螺栓规格M12以上。

（15）舱体结构必须采取有效的防腐蚀措施，构造上应考虑便于检查、清刷、油漆及避免积水。经过防腐处理的零部件，在中性盐雾试验最少196h后应无金属基体腐蚀现象。

3. 预制舱二次屏柜布置要求

（1）预制舱内间隔层二次设备、通信设备及直流分屏等二次设备屏柜采用2260mm×600mm×600mm（高×宽×深）屏柜；站控层服务器柜可采用2260mm×900mm×600mm（高×宽×深）屏柜，柜前后门均采用双开门模式；交直流柜预制舱可单独配置，柜体采用2260mm×600mm×600mm（高×宽×深），也可采用2260mm×800mm×600mm（高×宽×深）屏柜。在满足国网智能变电站通用设计组屏原则，并考虑装置实际尺寸情况下，缩减二次设备屏柜尺寸，可采用2060mm×600mm×500mm（高×宽×深）屏柜，有效扩充舱内空间。

（2）舱内二次屏柜可采用单列或双列布置。当前接线、前显示式二次装置技术成熟时，宜采用双列靠墙布置方式。

（3）当屏柜单列布置时，柜前维护通道不小于900mm，柜后维护通道不小于600mm，两侧维护通道不小于800mm。

（4）预制舱内二次设备当采用双列布置时，宜设置集中接线柜。

（5）每个预制舱宜预留1～3面备用屏位置。

4. 预制舱电气及辅助设施配置要求

（1）预制舱内应设置完好的安全防护及视频监控措施，同时设置照明、检修、接地等，保证预制舱设备安全运行及人员巡检需求。

（2）舱内照明应满足GB 17945《消防应急照明和疏散指示系统》、GB 50034《建筑照明设计规范》、GB 50054《低压配电设计规范》、DL/T 5390《发电厂和变电站照明设计技术规定》等相关规程规范的要求，舱内0.75m水平面的照度不小于300lx。灯具宜采用嵌入式LED灯带，均匀布置在走廊及屏后顶部，各照明开关应设置于门口处，方便控制。照明箱安于门口处，底部距地面高度为1.3m。

（3）预制舱内照明系统由正常照明和应急照明组成，正常照明采用380V/220V三相五线制。部分正常照明灯具自带蓄电池，兼作应急照明，应急时间不小于60min，出口处设自带蓄电池的疏散指示标志。

（4）预制舱内火灾探测及报警系统的设计和消防控制设备及其功能应符合GB 50116《火灾自动报警系统设计规范》的规定。

（5）舱内应配置手提式灭火器，灭火器级别及数量应按火灾危险类别为中危险等级配置。在确保安全可靠的情况下，可设置固定式气体灭火系统。

（6）舱内应设置空调、电暖器、风机等采暖通风设施，满足二次设备运行环境要求。空调宜采用带远程故障告警功能的工业空调一体机，壁挂式安装，毛细管、电源线及与冷凝水管采用暗敷或舱外壁槽盒暗敷方式。采用风机通风时，风道应有除尘防水措施，且应采用正压通风，以防通风时粉尘进入舱体。

（7）舱内相对湿度为 $45\% \sim 75\%$，确保任何情况下设备不出现凝露现象。

（8）舱内应安装视频监控，屏柜前后各设置 $1 \sim 2$ 台摄像机。

（9）舱内宜设置有线电话，采用挂壁式安装。

（10）舱内宜设置温度、湿度传感器，可根据需要设置水浸传感器，并将信息上传至智能辅助控制系统。

（11）舱内至少设置一个检修箱，采用户内挂式，安装于角落处，底部距地面高度为 0.9m。

（12）舱内可设置 $1 \sim 2$ 张折叠式办公桌。

（13）舱内应设置紧急逃生门，此门可装设电子门锁，且在任何情况下都可以紧急启动。

5. 预制舱线缆接口要求

（1）舱内与舱外光纤联系应采用预制光缆，舱内与舱外电缆联系可采用预制电缆。

（2）预制舱可设置集中外部电缆接口箱，其布置应综合考虑空间利用、与空调设备布置相结合。

（3）舱内应设置配电盒、开关面板、插座等，配电盒底部距地面高度为 1.3m，开关面板采用嵌入式安装，面板底部距地面 1.3m，侧边距门框 0.2m，面板间距不小于 0.2m，插座底边离地 0.3m，其他应满足相关规程规范要求，相关走线均应采用暗敷方式。

（4）预制舱宜采用下走线方式，舱底部可根据需要设置电缆槽盒，电缆敷设及电缆排列配置遵循常规电缆敷设规定。

6. 预制舱接地及抗干扰要求

（1）预制舱应采用屏蔽措施，满足二次设备抗干扰要求。对于钢柱结构房，可采用 $40mm \times 4mm$ 的扁钢焊成 $2m \times 2m$ 的方格网，并连成一个六面体，并和周边接地网相连，网格可与钢构房的钢结构统筹考虑。

（2）在预制舱静电地板下层，按屏柜布置的方向敷设 $100mm^2$ 的专用铜排，将该专用铜排首末端连接，形成预制舱内二次等电位接地网。屏柜内部接地铜排采用 $100mm^2$ 的铜带（缆）与二次等电位接地网连接。舱内二次等电位接地网采用 4 根以上截面积不小于 $50\ mm^2$ 的铜带（缆）与舱外主地网一点连接。连接点处需设置明显的二次接地标识。

（3）预制舱内宜暗敷接地干线，每个预制舱在离活动地板 300mm 处宜设置 2 个临时接地端子，连接点处需设置明显的二次接地标识。

7. 预制舱材质要求

（1）钢柱结构舱体材料由外到内宜由漆面 FC 板、聚乙烯防湿密封膜、保温材料、欧松板、结构构件、铝塑板等材料组成，吊顶宜采用铝塑板。其中铝塑板宜采用内嵌聚氨酯保温层铝塑板。

（2）保温材料宜采用岩棉或聚氨酯，保温材料的厚度根据热力学仿真计算确定。

8. 舱体内外装修要求

（1）舱体顶部及外立面两侧颜色为国网绿，外立面中间为白色（色标 RAL9010），外立面勒脚宜设置为黑色带反光标示。舱体外立面长度方向两侧"国网绿"色宽900mm，宽度方向两侧"国网绿"色宽150mm。排水槽及落水管采用白色。

（2）舱体外立面正面喷写预制舱名称，不应明显体现厂家名称。预制舱名称按照功能命名，应居中标注在预制舱长度方向外墙舱底约总高2/3处，字体采用黑色、黑体字，字高500mm。

（3）舱内屏柜外观形式、颜色统一，屏柜名称、厂家名称等标识位置、字体、高度应保持一致。

四、试验

1. 型式试验

预制舱式二次组合设备应开展以下型式试验：

（1）预制舱舱体结构加荷试验。

（2）预制舱舱体保温隔热试验。

（3）预制舱舱体风雨密封性试验。

（4）预制舱舱体运输颠簸试验。

（5）预制舱舱体起吊试验。

（6）舱内相关二次设备型式试验参照相关规程规范。

2. 工厂试验

为保证工程进度，减少简化现场试验工作量，预制舱式二次组合设备及其相关所有IED设备应在工厂内进行联调；因此预制舱式二次设备除完成相关设备单体工厂试验外，还应完成以下测试：

（1）系统集成试验。系统集成试验包括：设备配置文件的一致性试验、设备通信服务的一致性试验、设备数据的传输和显示试验、设备其他特定功能试验及所有设备的系统联调试验。

（2）系统网络测试、信息安全测评。

（3）高级应用功能测试。

3. 现场试验

（1）通流试验。

（2）传动试验。

五、运输及吊装

1. 运输

（1）预制舱应可靠固定在运输车上，固定及拆卸方式应快速简便。

（2）预制舱在运输中应直立放置，不许倒置、侧放。

2. 吊装

（1）运输与现场安装均采用吊装方式，以舱底部吊件为起吊点，起吊应保证箱体两端平衡，不得倾斜。

（2）起吊应采用起吊梁。

六、技术服务

1. 应提供的技术文件

产品的 GB/T 19001 质量保证体系文件，能够证明该质量保证体系经过国家认证并且正常运转。

2. 应提供的资料

（1）预制舱结构设计图纸、材料。

（2）预制舱内部的安装布置图，包括舱体尺寸、柜体尺寸和安装尺寸。

（3）预制舱内屏柜、元件的原理接线及其说明。

（4）预制舱内线缆的连接要求等。

（5）预制舱的装配、运行、检验、维护、零件清单、推荐的部件以及型号等方面的说明。

3. 技术配合

（1）现场安装/投运的配合。

（2）提供设备的现场验收、测试方案和技术指标。

（3）其他约定配合工作。

（4）设计院需提供预制舱内屏柜布置图、组屏方案。

第三节　预　制　光　缆

一、表示方法与结构

（一）预制光缆表示方法

1. 预制光缆的型号命名规则

预制光缆型号中的外文字母、数字意义见表 5 - 3 - 1。

表 5 - 3 - 1　　　　　　　　　　预制光缆型号中的外文字母、数字意义

系列主称	文字、数字代表意义
预制光缆	F—表示预制光缆，主称代号
预制光缆接头座配置情况	用"＊－＊"形式： A—光缆端头所接为圆形多芯连接器并配置对插插座（a：不配对插插座）； B—光缆端头所接为矩形多芯连接器并配置对插插座（b：不配对插插座）； D—光缆端头经分支器预制； N—光缆端头保持开放，不接连接器
光缆类型	C—非金属铠装，室外缆； CK—金属铠装，室外缆
光缆规格	$L=30000$—光缆长度从多芯连接器尾部计算为 30000mm（30m）； $L=30000+2000$—光缆长度从分支器尾部计算为 30000mm（30m），分支尾纤最短 2000mm（2m）； 12—光缆芯数为 12 芯； M—多模 62.5/125； S—单模 9/125

2. 预制光缆型号示例

(1) 圆形插头双端预制，均配套插座，光缆类型为金属铠装、室外缆，尾部光缆长度为 100000mm（100m），光缆为 4 芯、多模 62.5，表示为：ＦＡ－Ａ－ＣＫ（$L=100000$，4M）。

(2) 分支器型双端预制，光缆类型为非金属铠装、室外缆，尾部光缆长度为 50000mm（50m），分支尾纤最短长度为 2000mm（2m）12 芯、单模，表示为：Ｆ－Ｄ－Ｄ－Ｃ（$L=50000+2000$，12S）。

(3) 圆形插头单端预制，不配套插座，光缆类型为非金属铠装、室外缆，尾部光缆长度为 15000mm（15m），光缆为 24 芯、多模 62.5，表示为：ＦＡ－Ｎ－Ｃ（$L=15000$，24M）。

（二）预制光缆结构

预制光缆的结构组成包括光缆、插头/插座或分支器、尾纤、热缩管等。预制光缆可以有双端预制或单端预制两种形式。变电站中常用的预制光缆型式有连接器型多芯预制光缆和分支器型多芯预制光缆等。

1. 连接器型多芯预制光缆组件

连接器型多芯预制光缆组件主要分为室外光缆组件和室内光缆组件两种形式。室外光缆组件包括插头、室外光缆、标记热缩管、防护材料等，如图 5－3－1 所示；室内光缆组件包括插座、室内光缆、光纤活动插头、标记热缩管、防护材料等，如图 5－3－2 所示。

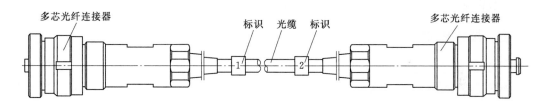

图 5－3－1 连接器型室外光缆组件（插头端）

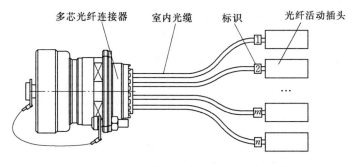

图 5－3－2 连接器型室内光缆组件（插座端）

2. 分支器型多芯预制光缆组件

分支器型多芯预制光缆组件内部无断点，在室外光缆两端经分支器直接预制室内分支，并以套管等防护方式妥善保护。预制光缆组件包括室外光缆、分支器、标记热缩管、防护材料等组成，如图 5－3－3 所示。

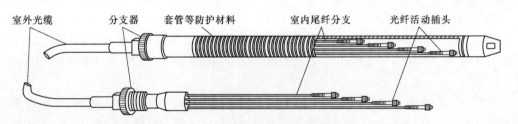

图 5-3-3 分支器型室外预制光缆组件

二、基本技术条件

1. 使用环境条件

(1) 海拔：不大于 3000m。

(2) 环境温度：—5～45℃（户内）；—40～60℃（户外）。

(3) 最大日温差：25K。

(4) 最大相对湿度：95%（日平均）；90%（月平均）。

(5) 大气压力：86～106kPa。

(6) 抗震能力：水平加速度 0.30g；垂直加速度 0.15g。

注意：以上环境条件可根据具体工程调整。

2. 敷设条件

一般情况下，预制光缆的敷设温度应不低于 0℃。

三、技术要求

（一）预制光缆组件

根据智能变电站光缆应用的需求，预制光缆可选用连接器型预制光缆与分支器型预制光缆两种类型，光缆芯数宜选用 4 芯、8 芯、12 芯、24 芯，并应适应户外复杂环境敷设需要。

根据使用环境和安装位置区别，连接器型预制光缆又分为插头光缆组件和插座光缆组件两部分。插头光缆组件主要由插头、室外光缆和其他辅助材料组成，插头通过附件和室外光缆组合在一起，能适应户外敷设。插座光缆组件主要由插座、室内光缆、单芯活动连接器和其他辅助材料组成，用于同插头光缆组件配接并连接柜内装置。

（二）光纤

预制光缆组件应满足多模 A1b（62.5/125μm）和单模 B1（9/125μn）信号传输，符合 IEC 60793 光纤技术要求，见表 5-3-2。

表 5-3-2 　　　　　　　　　　　预制光缆光纤性能要求

项　　目	参　　　数	
光纤类型	A1b（62.5/125μm）多模	B1（9/125μm）单模
光纤衰减系数	≤3.5dB/km@850nm ≤1.5dB/km@1300nm	≤0.5dB/km@1310nm ≤0.4dB/km@1550nm
带宽	200MHz·km@850nm 500MHz·km@1300nm	

（三）光缆

光缆主要性能参数包括光缆规格、机械性能、环境性能、燃烧性能。光缆应符合 GB/T 7424.2《光缆总规范　第 2 部分：光缆基本试验方法》等相关技术标准的要求。

1.室外光缆

用于户外敷设的室外光缆应选用防潮耐湿、防鼠咬、抗压、抗拉光缆。非金属铠装光缆宜采用玻璃纤维纱铠装方式，玻纱应沿圆周均布，玻纱密度应能保证满足光缆的拉伸性能，防鼠咬。金属铠装光缆宜采用涂塑铝带或涂塑钢带作为防鼠咬加强部件。

预制光缆配套室外非金属铠装光缆性能参数应满足表 5-3-3～表 5-3-6 要求。

表 5-3-3　　　　　预制光缆配套室外非金属铠装光缆规格要求

项　　目		要　　求
外护套	材料	聚乙烯
		聚氯乙烯
		聚氨酯
		低烟无卤
	颜色	黑色
防鼠咬加强元件	类型	玻璃纤维纱（可防鼠咬，玻纱应沿圆周均布，玻纱密度应能保证满足光缆的拉伸性能）

表 5-3-4　　　　　预制光缆配套室外非金属铠装光缆机械性能要求

项　　目	单位	参数	标　　准
拉伸（长期）	N	500	IEC 60794-1-2 E1
拉伸（短期）	N	1000	光纤应变：≤2%（长期），≤0.4%（短期）
压扁（长期）	N/10cm	1000	IEC 60794-1-2 E3 光纤不断裂
压扁（短期）	N/10cm	6000	
最小弯曲半径（动态）	mm	20 倍光缆外径	IEC 60794-1-2 E11
最小弯曲半径（静态）	mm	10 倍光缆外径	
冲击 $W_p=1.53J$	次	200	IEC 60794-1-2 E4

表 5-3-5　　　　　预制光缆配套室外非金属铠装光缆环境性能要求

项　　目	单位	参数	标　　准
渗水 $H=1m$，24h，$p<3m$	—	满足	IEC 60794-1-2 F5B
工作温度	℃	−40～85	IEC 60794-1-2 F1
安装温度	℃	−25～75	
储藏/运输温度	℃	−40～85	温度循环试验后，附加损耗≤0.3dB
环保要求	—	满足	2002/95/EC RoHS

表 5-3-6　　　　　预制光缆配套室外非金属铠装光缆燃烧性能要求

项　　目	单位	参数	标　　准
火焰蔓延 单根垂直燃烧（火焰能量 0.7MJ/m）	—	满足	IEC 60332-1-2
火焰蔓延 成束垂直燃烧（火焰能量 0.7MJ/m）	—	满足	IEC 60332-3-24

续表

项　目	单位	参数	标　准
燃烧时工作测试	60min	满足	IEC 60754－25
燃烧测试：含卤气体	光缆外护套	无卤	IEC 60754－1
燃烧测试：酸性气体浓度	光缆外护套	满足	IEC 60754－2

预制光缆配套金属铠装室外光缆命名符合 YD/T 908《光缆型号命名方法》规定，性能参数应满足表 5－3－7～表 5－3－10 的要求。

表 5－3－7　　　　　　　　预制光缆配套室外金属铠装光缆规格要求

项　目		要　求
外护套	材料	聚乙烯
		聚氯乙烯
		聚氨酯
		低烟无卤
	颜色	黑色
防鼠咬加强元件	类型	涂塑铝带
		涂塑钢带

表 5－3－8　　　　　　　　预制光缆配套室外金属铠装光缆机械性能要求

项　目	单位	参　数	标　准
拉伸（长期）	N	600	
拉伸（短期）	N	1500	
压扁（长期）	N/10cm	300	
压扁（短期）	N/10cm	1000	
最小弯曲半径（动态）	mm	20 倍光缆外径	GB/T 7424.2—2008
最小弯曲半径（静态）	mm	10 倍光缆外径	
冲击		冲锤重量：450g； 冲锤落高：1m； 冲击柱面半径：12.5mm； 冲击次数：5 次	

表 5－3－9　　　　　　　　预制光缆配套室外金属铠装光缆环境性能要求

项　目	单位	参数	标　准
渗水 1m 水头加在光缆的全部截面上时，光缆应能防止水纵向渗流		满足	GB/T 7424.2—2008
工作温度	℃	－40～60	YD/T 901—2009
安装温度	℃	－20～60	《层绞式通信用室外光缆》
储藏/运输温度	℃	－40～60	
环保要求	—	满足	YD/T 901—2009

表 5 - 3 - 10　　　　　预制光缆配套室外金属铠装光缆燃烧性能要求

项目	参数	标准
火焰蔓延 单根垂直燃烧	满足	GB/T 18380.12—2008
烟密度	光缆燃烧时释放出的烟雾应使透光率不小于 50%	GB/T 17651.2—1998
腐蚀性	光缆燃烧时产生的气体的 pH 值应不小于 4.3，电导率应不大于 $10\mu S/mm$	GB/T 17650.2—1998

2. 室内光缆

预制光缆配套室内光缆性能参数应满足表 5 - 3 - 11～表 5 - 3 - 14 的要求。

表 5 - 3 - 11　　　　　　预制光缆配套室内光缆规格要求

项目		要求
外护套	材料	低烟无卤，聚氨酯
	颜色	橙色（多模），黄色（单模）或根据定制
加强元件	类型	芳纶纤维

表 5 - 3 - 12　　　　　　预制光缆配套室内光缆机械性能要求

项目	单位	参数	标准
拉伸（长期）	N	60	
拉伸（短期）	N	100	
压扁（长期）	N/10cm	100	YD/T 1272.2
压扁（短期）	N/10cm	500	《光纤活动连接器
最小弯曲半径（动态）	mm	50	第 2 部分：MT - RJ 型》
最小弯曲半径（静态）	mm	30	

表 5 - 3 - 13　　　　　　预制光缆配套室内光缆环境性能要求

项目	单位	参数	标准
工作温度	℃	－40～60（低烟无卤）	YD/T 1272.2
		－40～85（聚氨酯）	
储存温度	℃	－5～50	

表 5 - 3 - 14　　　　　　预制光缆配套室内光缆燃烧性能要求

项目	参数	标准
火焰蔓延（单根垂直燃烧 或成束垂直燃烧）	满足	GB/T 18380.12—2008
烟密度	光缆燃烧时释放出的烟雾应使透光率不小于 50%	GB/T 17651.2—1998
腐蚀性	光缆燃烧时产生的气体的 pH 值应不小于 4.3，电导率应不大于 $10\mu S/mm$	GB/T 17650.2—1998

（四）连接器

1. 多芯连接器

多芯连接器用于连接器型预制光缆组件的连接，分为插头和插座两部分。多芯连接器应集成化、小型化，在同一个链路方向内集成更多的芯数。如果多芯连接器用于户外环境，应满足 IP67 防护等级；如果多芯连接器用于户内环境，应满足 IP55 防护等级。多芯连接器外壳宜采用合金、不锈钢、PEI 工程树脂等高强度材料。

多芯连接器应符合 GJB 599A《耐环境快速分离高密度小圆形电连接器总规范》、GR 3152 CORE 等相关标准的技术要求见表 5-3-15。

表 5-3-15　　　　　　　　　预制光缆多芯连接器基本参数要求

性能指标	性能参数			
	4 芯	8 芯	12 芯	24 芯
插入损耗/dB	≤0.6（最大值） ≤0.4（典型值）		≤0.8（最大值） ≤0.6（典型值）	
回波损耗/dB	≥40（仅限单模）			
机械寿命/次	≥500			
振动参数	10～500Hz，加速度 98m/s²			
冲击参数	980m/s²			
工作温度/℃	−40～85			
湿热	温度：30～(60±2)℃，湿度 90%～95%，持续 4d			
抗拉力/N	≥720（插头）			
产品防护等级	IP67（用于室外），IP55（用于室内）			
盐雾	铝合金镀镍	96h		
	铜合金镀镍	500h		
	不锈钢钝化	1000h		

2. 单芯连接器

单芯连接器用于柜内、舱内的设备光口连接，应满足设备厂家 ST、LC 等类型光口的连接需要。单芯连接器应满足 IEC 61754 的相关技术要求见表 5-3-16。

表 5-3-16　　　　　　　　　预制光缆单芯连接器基本参数要求

性能指标	性能参数	性能指标	性能参数
插入损耗/dB	≤0.5（最大值） ≤0.2（典型值）	机械寿命/次	＞500
		工作温度/℃	−40～85
回波损耗/dB	≥50	抗拉力/N	＞100

（五）分支器

分支器用以实现预制光缆的无断点的分支与连接。分支器应集成化、小型化，在同一个链路方向内集成更多的芯数。分支外应有可拆卸套管等辅助材料妥善保护。如果分支器端用于户外环境，应满足 IP67 防护等级；如果分支器端用于户内环境，应满足 IP55 防护等级，见表 5－3－17。

表 5－3－17　　　　　　　　　　预制光缆分支器基本参数要求

性能指标	性能参数	性能指标	性能参数
芯数	4 芯、8 芯、12 芯、24 芯	抗压力/（N/10cm）	≥1000N（套管等防护材料）
工作温度/℃	−40～85	产品防护等级	IP67（用于室外），IP55（用于室内）
抗拉力/N	≥1000N		

（六）成品预制光缆标识

预制光缆应在光缆适当位置有光缆编号、长度等明晰标志。

在尾纤靠近光纤活动插头端应有线号标识，可用线卡、热缩管等方式实现。

（七）使用寿命

预制光缆组件整体应具备 25 年以上使用寿命。

四、敷设及安装

1. 敷设

预制光缆从盘绕状态铺开布线时，应理顺后再布线，防止光缆处于扭曲状态。布设光缆时，应注意光缆的弯曲半径，光缆的静态弯曲半径应不小于光缆外径的 10 倍，光缆的动态弯曲半径应不小于光缆外径的 20 倍。若光缆长度过长需将光缆绕圈盘绕，严禁对折捆扎。

若布线需要将光缆固定在柱、杆上时，要注意捆扎松紧度，不能捆扎的过紧勒伤光缆，避免捆扎处挤伤纤芯造成光缆损耗变大情况。

2. 安装

连接器型预制光缆插座安装分为板前式、板后式和卡槽式等。插头和插座连接分为卡口式和螺纹式等。分支器型预制光缆安装分为板前式和卡槽式等。可采用螺钉、螺母、卡槽等附件将预制光缆牢固固定。

五、检验与检测

（1）预制光缆连接器的试验项目和类型应按 IEC 61300、GR 3152、GJB 1217—1991等标准规定的方法进行试验，见表 5－3－18。

表 5－3－18　　　　　　　　　预制光缆连接器试验项目和试验类型

序号	试验项目	型式试验	验收（抽样）试验
1	外观	△	△
2	插入损耗	△	△
3	回波损耗	△	△
4	啮合和分离力矩	△	
5	机械寿命	△	

序号	试验项目	型式试验	验收（抽样）试验
6	振动	△	
7	冲击	△	
8	高温寿命	△	
9	温度循环	△	
10	耐湿	△	
11	盐雾	△	

注　△表示要进行的项目。

（2）预制光缆配套光缆的试验项目和类型应按 IEC 60793/60794、GB/T 9771/15972/12357/7424.2、YD/T 901 等标准的规定和要求进行，见表 5-3-19。

表 5-3-19　　　　　　　预制光缆配套光缆的试验项目和试验类型

序号	试验项目	型式试验	验收（抽样）试验
1	光缆的结构完整性及外观	△	△
2	识别色谱	△	△
3	光缆结构尺寸	△	△
4	光缆长度	△	△
5	光纤特性	△	△
6	护套性能	△	△
7	拉伸力	△	△
8	压扁	△	△
9	冲击	△	△
10	弯曲	△	△
11	温度循环	△	△
12	燃烧	△	△
13	燃烧时工作	△	△
14	环保要求的禁含物质限制量	△	△
15	光缆标记	△	△

注　△表示要进行的项目。

六、包装、运输和储存

（一）包装

1. 插头插座防护

包装预制光缆时，首先要将连接器插头、插座的插合面进行防护。如果产品已配有金属防尘盖，注意将防尘盖与插头或插座旋紧，避免运输途中松脱。然后将每个连接器用海绵包裹，外套自封塑料袋，或直接用合适大小的珍珠泡塑料袋包裹，挤出多余空气后封口或扎口，以保护产品镀层，减少碰撞。

2. 盘绕和捆扎

盘绕直径要求：光缆盘绕后内圈直径不小于光缆直径的 20 倍（例如 $\phi7$ 光缆盘绕后，最内圈直径应不小于 140mm）。

对于长度大于 300mm 的预制光缆产品，完成插头插座防护后，盘绕成圈，盘绕时注意不要损伤光缆，再用捆扎线圆周均布捆扎 3 处，离连接器端不大于 60mm 处必须捆扎，应保证光缆不会松散、交错，扎线拆除后各光缆易于分离。

若光缆成盘后较粗可用缠绕膜全盘缠绕固定。

3. 中层包装

对于长度小于 300mm 的预制光缆产品可直接装入合适的自封塑料袋，挤出多余空气后封口，再放入合适的中层包装—纸盒中，盒内放合格证，在盒体外的规定位置处应加贴中层标签。

同一型号的预制光缆，中层包装的满装数量要统一，且尽量取 5 的整数倍数量，如 10、15、20 等，在盒内摆放整齐统一，必要时可用海绵做隔层，以提高防护性能。

对于长度大于 300mm 的预制光缆产品，在盘绕捆扎后装入合适的塑料袋并封口，有合适纸盒的装入纸盒中，在纸盒虚线框位置粘贴中层标签；若无合适纸盒装袋子，则在塑料袋中间位置贴中层标签。

4. 外包装

预制光缆的外包装通常采用光电连接器专用外包装纸箱。包装的产品重量不能超过外包装箱最大承重。

对于有特殊包装要求的预制光缆产品按照要求对连接器进行防护后用规定的包装物进行包装（包装物和包装方式可按供货合同执行，无明确要求的按相关标准规定进行）。

把已包装的预制光缆逐一放入包装箱内，然后在最上方放置合格证，待检验后用封签封箱。

将包装后产品分层装入包装箱后封箱，层数若不够，可用填充物填充，保证单个包装箱的实装率应大于 85%。

为防止外包装箱在运输中破损散包，产品装箱后要用宽胶带进行封口，并用塑料打包带在打包机上捆扎，捆扎时应平直拉紧，不得歪斜扭曲。

尾数箱应在包装箱的两个端面粘贴尾箱标签。

（二）运输

包装成箱的产品，应在避免雨雪直接淋袭的条件下，可用任何运输工具运输。

（三）储存

包装成箱的产品，应储存在−5～35℃，相对湿度不大于 80%，周围空气中无酸、碱和其他腐蚀性气体的库房里。

第四节 预 制 电 缆

一、预制电缆表示与结构

1. 预制电缆表示方法

预制电缆的型号命名规则如下：

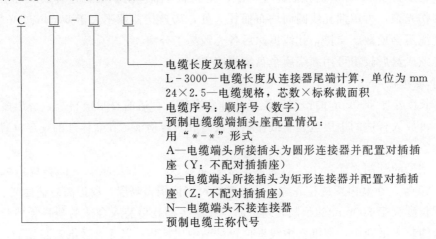

电缆长度及规格：
L-3000—电缆长度从连接器尾端计算，单位为 mm
24×2.5—电缆规格，芯数×标称截面积
电缆序号：顺序号（数字）
预制电缆缆端插头座配置情况：
用"*-*"形式
A—电缆端头所接插头为圆形连接器并配置对插插座（Y：不配对插插座）
B—电缆端头所接插头为矩形连接器并配置对插插座（Z：不配对插插座）
N—电缆端头不接连接器
预制电缆主称代号

2. 预制电缆型号示例

（1）圆形插头/座单端预制，不配套插合端，电缆型号顺序号为 1688，尾部电缆（导线）长度为 15000mm（15m），电缆（导线）为 55 芯，其中 25 芯每芯截面为 $2.5mm^2$、30 芯每芯截面为 $1.5mm^2$，表示为：ＣＹ-Ｎ-1688(L=15000，25×2.5+30×1.5)。

（2）矩形插头/座双端预制，其中一端配套插合端，电缆型号顺序号为 1690，电缆长度为 25000mm（25m），电缆为 10 芯，每根截面为 $1.5mm^2$，表示为：ＣＢ-Ｚ-1690(L=25000，10×1.5)。

（3）一端为圆形插头/座，另一端为矩形插头/座，双端预制，两端均不配套插合端，电缆型号顺序号为 1698，电缆长度为 20000mm（20m），电缆为 16 芯，每芯截面为 $2.5mm^2$，表示为：ＣＹ-Ｚ-1698(L=20000，16×2.5)。

3. 预制电缆结构

预制电缆主要分为单端预制和双端预制两种型式。预制电缆结构组成包括插座、插头、导线或者电缆、热缩管等。插座通过其方（圆）盘固定在设备上，插头一般接导线或者电缆，通过连接器固定装置实现插头插座连接。结构示意参见图 5-4-1～图 5-4-4。

二、基本技术条件

1. 运行条件

（1）海拔：不大于 3000m。

（2）环境温度：-40～60℃。

（3）最大日温差：25K。

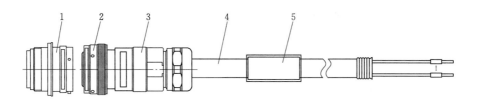

图 5-4-1　单端预制电缆组件（圆形连接器）

1—电连接器插座；2—电连接器插头；3—电连接器附件；4—电缆；5—标识

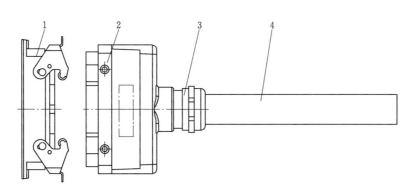

图 5-4-2　单端预制电缆组件（矩形连接器）

1—电连接器插座；2—电连接器插头；3—电缆接头；4—电缆

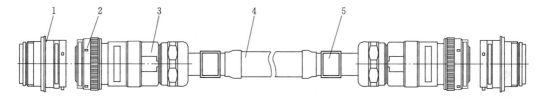

图 5-4-3　双端预制电缆组件（圆形连接器）

1—电连接器插座；2—电连接器插头；3—电连接器附件；4—电缆；5—标识

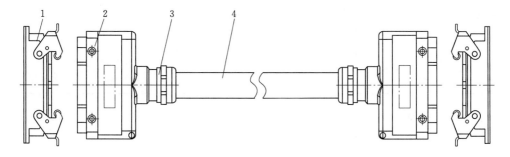

图 5-4-4　双端预制电缆组件（矩形连接器）

1—电连接器插座；2—电连接器插头；3—电缆接头；4—电缆

（4）最大相对湿度：95%（日平均）；90%（月平均）。

（5）大气压力：86～106kPa。

（6）抗震能力：水平加速度 0.30g；垂直加速度 0.15g。

注意：以上环境条件可根据具体工程调整。

2. 敷设条件

一般情况下，电缆的敷设温度应不低于 0℃。

三、预制电缆技术要求

（一）预制电缆选择

（1）预制电缆主要用于一次设备本体至智能控制柜间的二次回路：

1）主变压器：GIS/HGIS 本体与智能控制柜之间二次控制电缆宜采用预制电缆连接。

2）对于 AIS 变电站，断路器、隔离开关与智能控制柜之间二次控制电缆宜采用预制电缆。

3）电流、电压互感器与智能控制柜之间二次控制电缆不宜采用预制电缆。

（2）预制电缆应按如下要求选择单端预制或双端预制型式：

1）当一次设备本体至就地控制柜间路径满足预制电缆敷设要求时（全程无电缆穿管）优先选用双端预制电缆。

2）当电缆采用穿管敷设时，宜采用单端预制电缆，预制端宜设置在智能控制柜侧。

3）在预制缆端采用圆形连接器且满足穿管要求时也可采用双端预制。

（二）配套电缆选择

（1）一般情况下，预制电缆推荐采用阻燃、带屏蔽、软控制电缆，户外敷设时采用铠装电缆，并宜符合表 5-4-1 的规定。

（2）在有低毒阻燃性防火要求的场合，预制电缆推荐采用 WDZCN 型电缆（无卤、低烟、阻燃 C 级、耐火），阻燃级别不低于 C 级。

（3）对于低温高寒地区，宜选择具备耐低温型电缆以满足特殊环境要求。

（4）交流动力回路缆芯截面根据载流量选择、截面不小于 2.5mm^2；直流控制回路缆芯截面选择 2.5mm^2。

直流信号回路、弱电回路缆芯截面选择 1.5mm^2。

表 5-4-1　　　　　　　　　预制电缆配套电缆规格及技术参数

预制电缆规格型号	适用条件	技术参数
ZR-KVVRP	户内控制电缆	符合 GB/T 9330
ZR-KVVRP22	户外控制电缆	《塑料绝缘控制电缆》相应标准规定

（三）电连接器

（1）预制电缆电连接器结构宜符合表 5-4-2 要求。

表 5-4-2　　　　　　　　　预制电缆电连接器结构及要求

电连接器结构形式	结构组成	插座安装方式	插头座连接方式	适用条件
圆形	插头、插座及其附件和防护盖	插座分板前和板后安装两种	卡口和螺纹连接两种	柜内或柜外
矩形带外壳	插头、插座及其附件和防护盖	带外壳螺丝固定	螺丝锁定	柜外
矩形不带外壳	插头、插座及导轨安装支架	导轨安装	导轨支架锁定	柜内

（2）预制电缆芯数选择宜符合以下要求：

1）电连接器插芯数量按照 10 芯、16 芯、24 芯、64 芯进行选择。

2）对于 24 芯及以下电连接器，预制电缆芯数与电连接器相同。

3）对于 64 芯电连接器，预制电缆芯数在考虑适当备用后按 40 芯、50 芯、55 芯来选择。

（3）预制电缆电连接器端接方式宜符合以下要求：

1）预制电缆的端接方式为冷压压接或螺钉压接。

2）预制电缆的两种端接方式应分别满足相应连接技术要求。

a. 连接器插头（座）的接触件（插针、插孔）与导线、电缆的端接推荐采用压接型，对圆形电连接器应符合 GJB 5020 压接连接技术要求，矩形电连接器冷压压接的连接要求应符合 IEC 61984 的相关规定。不同规格线芯压接后的压接强度符合表 5-4-3 要求。导线截面应与压接筒相匹配，具体对应关系见表 5-4-4。

表 5-4-3 预制电缆不同规格线芯压接后的压接强度和接触电阻要求

线芯标称截面 /mm²	压接强度（不小于）/N		接触电阻（不大于）/μΩ	
	镀银锡或裸铜电线	镀镍电线	镀银锡或裸铜电线	镀镍电线
1.0	190	150	500	2000
1.5	300	220	350	1575
2.0	380	280	300	1350
2.5	480	360	250	1125
3.0	550	430	200	900
4.0	650	500	180	810

表 5-4-4 接线端压接筒与压接导线匹配规格

接线端内径/mm	匹配导线截面积/mm²	接线端内径/mm	匹配导线截面积/mm²
1.6	1.0～1.2	2.5	3.0
1.8	1.2～1.5	3.0	4.0
2.3	2.0～2.5		

b. 电连接器插头（座）的接触件（插针、插孔）与导线、电缆的端接可采用螺钉压接型。预制电缆电连接器插头（座）螺钉连接要求见表 5-4-5。

表 5-4-5 预制电缆电连接器插头（座）螺钉连接要求

螺丝型号	矩形航空插类型	拧紧力矩（GB/T 11918 第 25 部分：螺钉载流部件和连接）/(N·m)	螺丝刀尺寸 /mm
压线螺丝 M3	10 芯、16 芯、24 芯	0.5	0.5×3.5
接地螺丝 M4	10 芯、16 芯、24 芯、64 芯	1.2	0.5×3.5

（4）预制电缆电连接器连接附件。预制电缆组件连接器端可根据使用空间及电缆外径采用合适的附件，电缆与连接器连接后，附件可使电缆与连接器可靠固定在一起，增加整体的抗拉、抗拖拽性能；可一定程度地防止连接器的接触件与导线的端接处弯折、受力脱

落。户外及户内箱/柜体表面使用时应采用屏蔽密封式附件实现屏蔽与防水的要求；箱/柜体内使用且不受力情况下也可不使用附件。

（5）预制电缆电连接器防尘盖。预制电缆组件所使用连接器应有防尘盖，特别是预制缆端，在施工现场安装连接前应带好防尘盖，以防操作过程中对预制缆端连接器内部接触件造成损伤，或者插合端进入杂物等影响连接器正常使用。

（6）预制电缆电连接器试验特性。圆形与矩形电连接器可利用试验工装完成出厂前回路试验。在现场带电缆联调情况下，电连接器宜满足不通过转接端子排即可方便地对二次回路进行试验的要求。

（7）预制电缆屏蔽层与铠装层接地。预制电缆屏蔽层接地要求详见《国家电网公司十八项电网重大反事故措施》中 15.7.3.8 条及 GB 50217—2007《电力工程电缆设计规范》中 3.6.9 条相关规定，预制电缆屏蔽层接地推荐采用在电连接器上设置单独的 PE 接线端来实现，该 PE 接线端应能实现与电连接器金属外壳电气绝缘。

预制电缆铠装层接地要求详见 GB/T 50065—2011《交流电气装置的接地设计规范》中 3.2.1 条与 5.2.1 条相关规定，预制电缆铠装层接地可采用铠装层与电连接器金属外壳可靠电气连接来实现。

预制电缆金属铠装层应与变电站主接地网相连接，屏蔽层则与二次等电位接地网相连接。预制电缆制作缆端时应保证铠装层接地与屏蔽层接地相互独立。

（四）成品电缆标志

预制电缆应在适当位置有厂家标志、电缆组件型号、批次号、额定电压和计米长度的连续标志。

印刷标志符合 GB 6995.3《电线电缆识别标志方法　第 3 部分：电线电缆识别标志》的规定。

为便于单端预制电缆组件甩线端的接线，需在电缆组件甩线端增加线号标识，可采用热缩标记热缩套管等方式实现。

四、预制电缆主要性能指标

（一）塑料绝缘控制电缆

塑料绝缘控制电缆主要性能指标包括成品电缆外径、导体电阻、绝缘非电性能、护套非电性能、电压试验、绝缘电阻、颜色和标志的耐擦性检查、电缆燃烧性能试验等，性能要求参见 GB/T 9330—2008 相关条文。

（二）电连接器

电连接器主要性能指标包括工作电压、工作电流、耐电压、接触电阻、绝缘电阻、工作温度、机械寿命、振动、加速度、阻燃等级等，性能要求参见 GJB 598B《耐环境快速分离圆形连接器通用规范》与 GJB 599A《耐环境快速分离高密度小圆形电连接器总规范》相关条文。

（三）预制电缆

1. 预制电缆长度

预制电缆供货长度应满足采购合同要求，长度公差应符合表 5-4-6 或合同规定的要求。

表 5 - 4 - 6　　　　　　　　　预制电缆长度公差

电缆供货长度	长度公差	备　　注
＜7m	0～150mm	预制电缆长度从连接器附件尾端出线口测量
＞7m	0～3%L（L 为总长度）	

2. 线号对应性

预制电缆每芯的连接应保证与预期孔位导通，与非预期导通孔位绝缘。

3. 耐电压

预制电缆符合合同规定的工频交流电压及直流电压；推荐预制电缆耐电压不低于额定工作电压的 3 倍。

4. 绝缘电阻

预制电缆绝缘线芯长期工作温度下的绝缘电阻应满足合同的规定；并应符合 IEC 60228 及 GB/T 9330《塑料绝缘控制电缆》系列标准的相关规定。

5. 颜色和标志的耐擦性

应符合 GB 6995.1《电线电缆识别标志方法　第 1 部分：一般规定》的相关规定。

五、检验与检测

（一）电缆和试验类型和项目

电缆的试验类型和项目应符合 GB/T 2951、GB/T 2952、GB/T 3048、GB/T 19666—2005 及 GB/T 9330—2008 的相关规定。电缆试验项目参见表 5 - 4 - 7。

表 5 - 4 - 7　　　　　　　电缆的试验项目和试验类型

序号	试验项目	型式试验	验收（抽样）试验
1	结构尺寸检查	△	△
2	绝缘机械物理性能	△	△
3	护套机械物理性能	△	△
4	电气性能试验	△	△
5	电缆的燃烧性能	△	△
6	外观	△	△
7	交货长度		△

注　△表示要进行的项目。

1. 结构尺寸检查

电缆绝缘厚度、护套厚度、成缆、屏蔽、内衬层、铠装、外径等数值应满足 GB/T 9330 的相关要求，试验方法应符合 GB/T 2951《电缆机械物理性能试验方法》及 GB/T 2952《电缆外护层》的相关规定。

2. 绝缘机械物理性能

绝缘材料抗张强度和断裂伸长率、空气烘箱老化后的性能、失重试验、热冲击试验、高温压力试验、低温拉升试验、低温冲击试验均应满足 GB/T 9330 的相关要求。试验方法应符合 GB/T 2951 的相关规定。

3. 电气性能试验

导体电阻、绝缘线芯电压试验、成品电压试验、70℃时绝缘电阻应满足 GB/T 9330 的相关要求。试验方法应符合 GB/T 3048 的相关规定。

4. 电缆的燃烧性能

电缆应符合单根燃烧试验要求，如有其他各种燃烧特性应符合 GB/T 19666 的相关规定。试验方法应符合 GB/T 19666《阻燃和耐火电线电缆通则》的相关规定。

5. 外观

产地标志和电缆识别、产品表示方法、绝缘线芯的颜色识别方法、绝缘线芯的数字识别方法均应符合 GB/T 9330 的相关规定，外观以正常目力检查。

6. 交货长度

以计米器测量。

（二）连接器的试验类型和项目

电连接器的试验类型和项目应符合 GJB 1217A—2009 的相关规定。电连接器试验项目参见表 5-4-8。

表 5-4-8　　　　　　　　　　电连接器的试验项目和试验类型

序号	试验项目	型式（周期）试验	验收（抽样）试验	鉴定试验
1	外观	△	△	△
2	互换性		△	△
3	啮合力和分离力	△	△	△
4	接触电阻	△	△	△
5	绝缘电阻	△	△	△
6	耐电压	△	△	△
7	常温温升	△		△
8	接触件固定性	△		△
9	外壳防护等级	△		△
10	机械寿命	△		△
11	温度冲击	△		△
12	振动	△		△
13	冲击	△		△
14	盐雾	△		△
15	潮湿	△		△
16	压接拉脱力	△		至少 10 只接触件

注　△表示要进行的项目。

1. 外观质量

电缆组件的外观应无裂纹、起泡、起皮等缺陷；绝缘安装板应无龟裂、明显掉块、气泡等影响使用的缺陷；绝缘安装板上表示孔位排列的数字应永久清晰；电缆表面光滑、无砂粒、无气泡、粗细均匀。

2. 互换性

在机械安装和性能方面，同一型号的电缆组件应能完全互换。

3. 接触件的分离力

按 GJB 1217A—2009 方法 2014 的规定对单独的插孔接触件进行试验，应采用下列细则：

（1）直接用标准插针进行检测。

（2）试验时标准插针插入深度不小于 4mm。

使用标准插针检测，每对接触件的单孔拔力应满足 GJB 599A 的相关规定。

4. 啮合和分离力矩

按照 GB/T 5095《电子设备用机电元件 基本试验规程及测量方法》规定的试验方法进行试验，插合和分离成对连接器的最大啮合和分离力矩应满足 GJB 599A 的相关规定。

5. 接触电阻

按 GJB 1217A—2009 方法 3004 的规定对插合好的接触件进行试验，应满足 GJB 599A 的相关规定。

6. 绝缘电阻

连接器任意相邻接触件之间，以及任一接触件对外壳之间的绝缘电阻应满足 GJB 599A 的相关规定。电缆组件的绝缘电阻应不小于 30MΩ。

7. 耐电压

按 GJB 1217A《电连接器的试验方法》方法 3001 规定的试验方法对插合好的连接器进行试验，应采用以下细则：

（1）试验电压：符合表 5-4-9 的规定。

（2）施加电压时间：在达到电压要求之后保持（60±10）s，施加电压不超过 500V/s。

按以上规定进行试验时，任何相邻接触件之间、接触件与壳体之间应能承受下表中规定的试验电压而不出现击穿或飞弧现象，漏电流不大于 10mA。

表 5-4-9　　　　　　　　　电连接器耐电压测试用电压值

试 验 条 件	使 用 等 级	耐电压（AC 有效值）/V
常温	使用等级Ⅰ	1500
	使用等级Ⅱ	2300

注　电缆组件耐电压按照 1000V 执行。

8. 外壳防护等级

按 GB 4208—2008 中 IP67 防护要求试验后，电缆组件、连接器应无漏水现象。

9. 机械寿命

按 GJB 1217A—2009 方法 2016 规定的试验方法进行试验。成对电缆组件连接和分开一次为一个周期，用专用试验工具或手动进行。插拔速度每分钟不大于 15 次。

电缆组件与连接器做 500 次连接和分离试验后，电缆组件与连接器应无机械损伤，但金属零件摩擦表面允许有轻微磨损；插针、插孔表面不允许镀层脱落。

10. 温度冲击

按 GJB 1217A—2009 方法 1003 规定的试验方法对插合好的电缆组件及连接器进行试验。试验条件：A 极；限温度值：−55～85℃。按规定试验后，应没有影响电缆组件正常工作的镀层起泡、剥皮或掉层以及其他损伤。

11. 振动

按 GJB 1217A—2009 方法 2005 规定的试验办法对插合好的电缆组件进行试验。试验时电缆组件上的电缆应与夹具固定。

12. 冲击

按 GJB 1217A—2009 方法 2004 规定的试验方法对插合好的电缆组件及连接器进行试验。试验时电缆组件上的电缆应与夹具固定。试验条件：D。按规定进行试验时，不允许有大于 1μs 的电气不连续性，应采用能检测 1μs 不连续性的检测器，试验后，应无外观或机械损伤现象。

13. 盐雾

按 GJB 1217A—2009 方法 1001 规定的试验方法对插合好的电缆组件进行试验。试验时间、试验条件符合单篇规范。试验后，电缆组件的外观应符合下列要求：

（1）应不暴露出影响产品性能的基体金属。

（2）非金属材料应无明显泛白、膨胀、起泡、皱裂、麻坑等。

14. 潮湿

按 GJB 1217A—2009 方法 1002 规定的试验方法对插合好的电缆组件及连接器进行试验。试验条件：Ⅰ 型 A。按规定试验后，应无对电缆组件、连接器性能产生影响的损坏，试验后绝缘电阻应不小于 30MΩ。

15. 电缆拉脱

按 GJB 1217A—2009 方法 2009 规定的试验方法进行试验。

（三）预制电缆整体试验

预制电缆整体部件的试验类型和项目应符合下列要求。预制电缆整体试验项目参见表 5-4-10。

表 5-4-10　　　　　　　　预制电缆整体试验项目和试验类型

序　号	试 验 项 目	型式（周期）试	验收（抽样）试验
1	外观	△	△
2	尺寸检验	△	△
3	线号对应性	△	△
4	绝缘电阻	△	△
5	耐电压	△	△

注　△表示要进行的项目。

1. 外观检查

预制电缆表面不应有锈蚀及影响外观质量的伤痕、变形和磨损等；电缆组件的标记应正确、清晰、牢固；标志内容符合相应图纸的规定，颜色和标志的耐擦性应符合 GB 6995.1 的相关规定。

2. 尺寸检验

预制电缆尺寸应符合相应图纸的规定。

3. 线号对应性

预制电缆的线号对应性应符合相应图纸的规定。

4. 绝缘电阻

按照 GJB 1217 A—2009《电连接器试验方法》方法 3003，对预制电缆的各不相通接触偶之间，以及与壳体不相通的接触偶与壳体之间进行常态绝缘电阻检查。

5. 耐电压

按照 GJB 1217 A—2009《电连接器试验方法》方法 3001 对预制电缆的各不相通接触偶之间，以及壳体不相通的接触偶与壳体之间进行耐电压检测。

六、包装、运输和储存

（一）包装要求

电缆组件的包装分解为：插头插座防护、盘绕和捆扎、中层包装和外包装 4 个部分。为保证出厂产品包装的统一，现对各类产品的包装形式进行规定。

1. 插头/座防护

包装电缆组件时，首先要将连接器插头、插座的插合面进行防护，如使用塑料防护盖等。如果产品已配有金属防尘盖，注意将防尘盖与插头或插座旋紧，避免运输途中松脱。然后将每个连接器用海绵包裹，外套自封塑料袋，或直接用合适大小的珍珠泡塑料袋包裹，挤出多余空气后封口或扎口，以保护产品镀层，减少碰撞。

2. 盘绕和捆扎

盘绕直径要求：线缆盘绕后内圈直径不小于电缆直径的 20 倍（例如 ϕ7 电缆盘绕后，最内圈直径应不小于 140mm）。对于长度大于 300mm 的线缆组件产品，完成插头插座防护后，盘绕成圈，盘绕时注意不要损伤电缆，再用捆扎线圆周均布捆扎 3 处，离连接器端不大于 60mm 处必须捆扎，应保证线缆不会松散、交错，扎线拆除后各线缆易于分离。插头有多根分线时，把分线聚集在一起每隔 200mm 用捆扎线固定，然后再按普通线缆盘绕捆扎。

若线缆成盘后较粗可用缠绕膜全盘缠绕固定。

3. 中层包装

对于长度小于 300mm 的线缆组件产品可直接装入合适的自封塑料袋，挤出多余空气后封口，再放入合适的中层包装—纸盒中，盒内放入合格证，在盒体外的规定位置处应加贴中层标签。同一型号的线缆组件，中层包装的满装数量要统一，且尽量取 5 的整数倍数量，如 10、15、20 等，在盒内摆放整齐统一，必要时可用海绵作隔层，以提高防护性能。对于长度大于 30mm 的线缆组件产品，在盘绕捆扎后装入合适的塑料袋并封口，有合适纸盒的装入纸盒中，在纸盒虚线框位置粘贴中层标签；若无合适纸盒，则在塑料袋中间位置贴中层标签。

4. 外包装

线缆组件的外包装通常采用电连接器用外包装纸箱。包装的产品重量不能超过外包装箱最大承重。对于长度特别长或特别粗的线缆组件以及有特殊包装要求的线缆组件产品，按照要求对连接器进行防护后用规定的包装物进行包装（包装物和包装方式按相关规定要求进行，无明确要求的按本规定相关内容进行）。对于有特殊要求要用木箱包装的电缆组件，装箱前确认木箱的规格、板材、质量和牢固度是否符合要求，将电缆盘成适合木箱内径的盘，插头用海绵防护后装箱，封盖后要保证箱子牢靠。把已包装的线缆产品逐一放入包装箱内，然后在最上方放置合格证，待检验后用封签封箱。将包装后产品分层装入包装箱后封箱，层数若不够，可用填充物填充，保证单个包装箱的实装率应大于 85%，要求每箱只能装同一批次产品。为防止外包装箱在运输中破损散包，产品装箱后要用宽胶带进行封口，并用塑料打包带在打包机上捆扎，捆扎时应平直拉紧，不得歪斜扭曲。尾数箱应在包装箱的两个端面粘贴尾箱标签。

（二）运输

包装成箱的产品，应在避免雨雪直接淋袭的条件下，可用任何运输工具运输。

（三）储存

包装成箱的产品，应储存在 $-5\sim35℃$，相对湿度不大于 80%，周围空气中无酸、碱和其他腐蚀性气体的库房里。

第六章 智能变电站自动化体系

第一节 智能变电站自动化系统构成和分类原则

一、实现智能变电站大自动化体系的意义

为确保智能变电站变电设备和运行、维护、管理的自动化发展，以满足未来电网建设的需求，应遵循三统一的原则，即统一规划、统一标准、统一建设。根据变电站在智能电网中的定位与功能，明确智能电网对变电站变电装备的自动化技术需求，明确智能变电站自动化的范围界定，明确智能变电站自动化的运行项目，形成涵盖智能变电站的设计、调试验收、运行维护、检测评估各个环节，将网络通信自动化、数据采集与控制自动化、分析应用功能自动化、调试检修自动化、运行管理自动化互相关联的整体。实现智能变电站自动化体系建设的标准化，实现智能变电站运行项目的标准化及统一管理。

二、智能变电站自动化系统结构

根据变电站在智能电网中的定位与功能，考虑智能电网对变电站变电装备的自动化技术需求，智能变电站自动化系统按照功能作用区域应划分为 5 个部分：网络通信、数据采集与控制、分析应用功能、调试检修、运行管理功能。

三、网络结构

智能变电站应采用三层网络结构。220kV 及以上电压等级变电站自动化系统应采用冗余通信网络结构，110kV 及以下电压等级变电站自动化系统宜采用单网结构，变电站层与过程层宜分别独立组网。变电站层 MMS 通信实时性要求比过程层低，冗余组网方式宜采用双星型网或环型网方式。工程实施时应根据实际需要选择其中一种。过程层采样值通信宜采用点对点方式通信并使用 DL/T 860.91 进行采样值传输，也可采用 IEC 60044 - 8 标准进行采样值传输。在通过试点工程验证传输可靠性后，可采用 DL/T 860.92 进行采样值传输。采样值网络宜多间隔共用交换机。用于 GOOSE 联闭锁通信网络结构宜采用星型结构。GOOSE 网络宜多间隔共用交换机。用于传输保护信息和跳闸的 GOOSE 通信宜采用点对点方式，在通过试点工程验证传输可靠性后可采用双星形网。

四、硬件设备

1. 站控层

站控层设备应包括主机兼操作员工作站、远动通信装置、网络通信记录分析系统，以

及其他智能接口设备等。系统层设备可以集成在一台计算机或嵌入式装置，也可以分布在多台计算机或嵌入式装置。

（1）主机兼操作员工作站。应满足运行人员操作时直观、便捷、安全、可靠的要求。主机兼操作员工作站配置应满足整个系统的功能要求及性能指标要求，容量应与变电站的规划容量相适应。应实现保护及故障信息管理功能，应在电网正常和故障时，采集、处理各种所需信息，能够与调度中心进行通信。主机兼操作员工作站宜双套配置。

（2）远动通信装置。应实现采集来自间隔层或过程层的实时数据，远动通信装置应满足 DL 5002、DL 5003 的要求，其容量及性能指标应满足变电所远动功能及规范转换要求。远动通信装置应双套配置。

（3）网络通信记录分析系统。可配置一套网络通信记录分析系统。系统应实时监视、记录网络通信报文，周期性保存为文件，并进行各种分析。信息记录保存不少于 6 个月。

2. 间隔层

间隔层设备应包括测量单元、控制单元、保护单元、状态监测单元、计量单元、通信单元等智能设备。

（1）测控单元。应按照 DL/T 860 标准建模，具备完善的自描述功能，与系统层设备直接通信。测控单元应支持通过 GOOSE 报文实现设备层防误联闭锁和下发控制命令功能；单元宜设置检修压板，其余功能投退和出口压板宜采用软压板。

（2）继电保护单元。采样和跳闸应满足 Q/GDW 383 相关要求；应按照 DL/T 860 标准建模，具备完善的自描述功能，与系统层设备直接通信；应支持通过 GOOSE 报文实现装置之间状态和跳合闸信息传递；宜设置检修压板，其余功能投退和出口压板宜采用软压板；保护双重化配置时，任一套保护单元不应跨接双重化配置的两个网络；保护单元应不依赖于外部对时系统实现其保护功能；保护配置应满足继电保护规程规范要求。

（3）故障录波。应按照 DL/T 860 标准建模，具备完善的自描述功能，与系统层设备直接通信；可采用集中式故障录波，也可采用分布式录波方式。集中式录波时，装置应支持通过 GOOSE 网络接收 GOOSE 报文录波，以网络方式或点对点方式接收采样值数据录波；当采用集中式故障录波时，故障录波单元宜按照电压等级配置；故障录波应满足故障录波相关标准。

（4）电能计量单元。宜支持 DL/T 860 标准，以网络方式或点对点方式采集电流电压信息；电能计量单元应满足现行相关标准。

（5）其他装置。备自投装置、区域稳定控制装置、低周减载装置等应按照 DL/T 860 标准建模，配置应满足现行相关标准。

（6）有载调压（AVC）和无功投切（VQC）。变电站有载调压和无功投切不宜设置独立的控制装置，宜由变电站自动化系统和调度/集控主站系统共同实现集成应用。

（7）打印机。宜取消装置柜内的打印机，设置网络打印机，通过系统层网络通信打印全站各装置的保护告警、事件等。

3. 过程层

过程层设备包括光电式互感器、MU 单元、智能操作箱及相关智能组件。

（1）光电式互感器。应满足实时监控、保护、计量的数据精度要求，可以提供数字信号/模拟信号的输出。

（2）MU单元。应实现提供测控、保护、计量等设备符合标准的交直流数据信息的功能。

（3）智能操作箱。应实现接受、发送标准信息数据的智能操作的功能。

（4）智能组件。智能综合组件是灵活配置的物理设备，可内嵌于电力功能元件之中，也可外置于电力功能元件，也可以是独立的智能设备。智能组件可实现与本间隔各种远方输入/输出、传感器和控制器通信。

五、软件系统

1. 开放性要求

系统应满足开放性要求，选用通用的、符合相关国际标准和国家标准的软硬件产品，包括计算机、网络设备、操作系统、网络协议、数据库等。系统应采用开放式体系结构，提供开放式环境，支持多种硬件平台，所有功能模块之间的接口标准应统一，支持用户应用软件程序开发。系统应具有良好的可扩展性，可以方便地进行扩充和升级。

2. 可维护性要求

系统应具备完善的数据录入工具，方便系统维护人员画图、建模、建库，实现三者数据的同步性和一致性。系统应具备简便、易用的维护诊断工具，使系统维护人员可以迅速、准确地确定异常和故障发生的位置、原因。产品应有完整详细的使用和维护手册。

3. 安全性要求

系统在设计时应考虑安全防护的要求，采取的措施应符合国家有关规定，应具备自身安全防护设施。系统应通过电力调度数据网络实现上下级异地系统的互联。与其他安全等级低的信息系统之间以网络方式互联时，应采用经国家有关部门认证的专用、可靠的安全隔离设备，不得直接相连。系统禁止与互联网相连。应采取各种措施防止内部人员对系统软、硬件资源、数据的非法利用，严格控制各种计算机病毒的侵入与扩散。

第二节　网络通信和数据采集控制

一、网络通信

1. 总体架构

（1）智能变电站的通信网络与系统应符合 DL/T 860 标准。

（2）全站网络应采用高速以太网组成，传输速率不低于 100Mbit/s。

（3）全站网络在逻辑功能上可由系统层网络和设备层网络组成，设备层网络包括GOOSE网络和采样值网络。全站两层网络物理上可相互独立，也可合并为一层网络。

2. 同步对时

（1）全站宜配置一套公用的时间同步系统，220kV 及以上智能变电站宜采用 GPS 和北斗系统标准授时信号进行时钟校正。110kV 及以下智能变电站可根据具体情况决定是否采用卫星标准授时信号进行时钟校正。

(2) 系统层设备宜采用 SNTP 网络对时方式；设备层设备宜采用 IRIG-B (DC)、1PPS 对时方式，具备条件时也可采用 IEC 61588 网络对时方式。

(3) 合并单元正常情况下对时精度应为±1μs，守时精度范围为±4μs；其他智能设备宜参照执行。

3. 信息安全

(1) 智能变电站内智能综合组件可采用加密算法对敏感报文信息加密。

(2) 智能变电站与外部系统之间数据交换应采用经国家有关部门认证的专用、可靠的安全隔离设备。

(3) 在条件允许情况下智能变电站内可设置安全认证中心，保证信息交换的主题身份认证及信息的完整性的认证。信息交换的主体应具备加密、解密、签名和验证等密码计算功能。

4. 信息描述

系统应具备的信息描述文件如下：

(1) ICD 文件。IED 能力描述文件，由装置厂商提供给系统集成厂商，该文件描述 IED 提供的基本数据模型及服务，但不包含 IED 实例名称和通信参数。ICD 文件应包含模型自描述信息，如 LD 和 LN 实例应包含中文 "desc" 属性，通用模型 GAPC 和 GGIO 实例中的 DOI 应包含中文 "desc" 属性，数据类型模板 LNType 中 DO 应包含中文 "desc" 属性。ICD 文件应包含版本修改信息，明确描述修改时间、修改版本号等内容。

(2) SSD 文件。系统规范文件，应全站唯一，该文件描述变电站一次系统结构以及相关联的逻辑节点，最终包含在 SCD 文件中。

(3) SCD 文件。全站系统配置文件，应全站唯一，该文件描述所有 IED 的实例配置和通信参数、IED 之间的通信配置以及变电站一次系统结构，由系统集成厂商完成。SCD 文件应包含版本修改信息，明确描述修改时间、修改版本号等内容。

(4) CID 文件。IED 实例配置文件，每个装置有一个，由装置厂商根据 SCD 文件中本 IED 相关配置生成。

5. 传输体系

变电站通信传输体系由抽象通信服务接口 (ACSI)、公共数据类、兼容逻辑节点类和数据类构成。

6. 接口标准与协议

接口标准与协议应满足 DL/T 860 对抽象服务通信接口 (ACSI) 模型、语义以及调用这些服务的操作（包括请求和应答中的参数）的规定见表 6-2-1。

表 6-2-1　　　　　　　　接　口　标　准　与　协　议

信息交换模型	信息交换服务	是否强制 (M/O)		
		客户	服务器	备注
服务器 SERVER	GetServerDirectory		M	

续表

信息交换模型	信息交换服务	是否强制（M/O）		
		客户	服务器	备注
关联 ASSOCIATION	Associate	M	M	
	Abort	M	M	
	Release	M	M	
逻辑设备 LOGICAL－DEVICE	GetLogicalDeviceDirectory	M	M	
逻辑节点 LOGICAL－NODE	GetLogicalNodeDirectory	M	M	
	GetAllDataValues	M	M	
数据 DATA	GetDataValues	M	M	
	DetDataValues	M	M	
	GetDataDirectory	M	M	
	GetDataDefinition	M	M	
数据集 DATA－SET	GetDataSetDirectory	M	M	
	GetDataSetValues	M	M	
	SetDataSetValues	O	O	
	CreateDataSet	O	O	
	DeleteDataSet	O	O	
取代 Substitution	SetDataValues	M	C1	
定值组控制 Setting Group Control	GetSGCBValues	M	C2	
	SelectEditSG	M	C2	
	SelectActiveSG	M	C2	
	SetSGValues	M	C2	
	ConfirmEditSGValues	M	C2	
	GetSGValues	M	C2	
报告 Reporting	Report	M	M	
	data－change	M	M	
	quality－change	M	O	
	data－update	O	O	
	GI	M	M	
	IntgPd	M	M	
	GetBRCBValues	M	C3	
	SetBRCBValues	M	C3	
	GetURCBValues	M	C3	
	SetURCBValues	M	C3	
日志控制块	GetLCBValues	M	C4	
	SetLCBValues	M	C4	

续表

信息交换模型	信息交换服务	是否强制（M/O）		
		客户	服务器	备注
日志 Log	GetLogStatusValues	M	C4	
	QueryLogByTime	M	C4	
	QueryLogAfter	M	C4	
GOOSE	SendGOOSEMessage	O	C5	
	GetGoCBValues	M	C5	
	SetGoCBValues	M	C5	
	GetGoReference	O	O	
	GetGOOSEElementNumber	O	O	
采样值 SVC	SendMSVMessage	C6	C6	
	SendUSVMessage	C6	C6	
	GetMSVCBValues	O	O	
	SetMSVCBValues	O	O	
	GetUSVCBValues	O	O	
	SetUSVCBValues	O	O	
控制 Control	Select	M	O	
	SelectWithValue	M	M	
	Cancel	M	M	
	Operate	M	M	
	Command – Termination	M	M	
	TimeActivated – Operate	O	O	
文件传输 File Transfer	GetFile	M	M	
	SetFile	O	O	
	DeleteFile	O	O	
	GetFileAttributeValues	M	M	
时间 Time	时钟同步	O	C7	

注　1. M 为强制，O 为任选。

2. 如服务器支持取代 Substitution，C1 为 M。

3. 如服务器支持定值组控制 Setting Group Control，C2 为 M。

4. C3 为服务器可支持 BRCB、URCB 中的一种。

5. 如服务器支持日志 Loging，C4 为 M。

6. 如服务器支持 GOOSE，C5 为 M。

7. C6 为服务器可支持 SendMSVMessage、SendUSVMessage 中的一种。

8. 如服务器支持网络对时，C7 为 M。

7. 组网方案

（1）站控层宜采用双重化以太网络。宜采用双星型结构网络，可采用环形结构网络。站控层网络可传输 MMS 报文和 GOOSE 报文。

（2）过程层 GOOSE 报文应采用网络方式传输，网络结构宜采用星型结构。110kV 及以上电压等级 GOOSE 网络宜配置双套物理独立的单网。66(35)kV 电压等级采用户外敞开式布置时 GOOSE 网络可按照双网配置，采用户内开关柜布置宜不设置独立的 GOOSE 网络，GOOSE 报文可通过站控层网络及间隔层传输。

（3）过程层采样值网络宜采用网络方式传输，也可采用点对点方式传输；通信协议宜采用 DL/T 860.92 或 IEC 61850-9-2 标准；对于网络方式，110kV 及以上电压等级采样值网络宜配置双套物理独立的单网；66(35)kV 电压等级采样值网络宜配置双网。

8. 交换机技术

（1）交换机 MAC 地址缓存能力应不低于 4096 个。

（2）交换机学习新 MAC 地址速率大于 1000 帧/s。

（3）传输各种帧长数据时，交换机固有时延应小于 10μs。

（4）交换机在全线速转发条件下，丢包（帧）率为 0。

（5）交换机应支持 IEEE 802.1Q 定义的 VLAN 标准。

（6）交换机应支持 IEEE 802.1p 流量优先级控制标准。

（7）当交换机采用环形网络时，网络恢复宜采用快速生成树协议 RSTP 或多生成树协议 MSTP，并符合 IEEE 802.1w，且与 IEEE 802.1d 相兼容。

（8）交换机应支持简单网络时钟传输协议（SNTP），传输精度小于 1ms。

（9）当设备层采用 IEC 61588 网络对时方式时，交换机应支持精密同步时钟传输协议。

9. 电源管理

智能变电站宜采用交直流、UPS 一体化电源系统。电源管理应符合 GB/T 13729《远动终端设备》的要求。对 UPS 电源应满足下列技术指标：

（1）备用电源切换时间小于 5ms。

（2）备用时间不小于 2h。

智能变电站宜设智能型电源监测装置，具有完善的保护、在线自诊断、绝缘检测、直流接地巡检及微机蓄电池自动巡检等功能。

二、数据采集与控制

1. 数据采集与处理

（1）系统应通过测控单元实时采集模拟量、开关量。

（2）测控单元以下列方式获取模拟量和开关量：

1）通过电缆硬连接方式与传统互感器和开关连接。

2）通过网络通信方式与电子互感器的合并单元、智能终端相连。

（3）以通信方式采集模拟量和开关量的方式中，通信规约应符合 DL/T 860 的要求。

（4）需要采集的模拟量、开关量范围应符合 DL/T 5149 的要求，模拟量、开关量采集本身的电气特性应符合 GB/T 13729 的要求。

（5）采集到的数据应进行有效性检查、工程值转换、信号接点抖动消除、刻度计算等加工，然后以统一格式放入监控系统，并对不良数据进行监测。

（6）宜采用高精度数据采集技术，用全数据或不小于 16 位的数据长度表示。

（7）应实现统一断面实时数据的同步采集，提供带绝对精确时标的电网数据，供站内外各种应用软件使用。

（8）宜采用基于三态数据（稳态数据、暂态数据、动态数据）综合测控技术，进行统一采集及标准化。

（9）应采集主要一次设备（变压器、断路器等）状态信息，进行状态可视化展示并发送到上级系统，为实现优化电网运行和设备运行管理提供基础数据支撑。

（10）智能变电站应在数据信息可靠完整的前提下，实现全景信息同步数据采集技术，为智能电网广域实时综合监测技术提供技术支持。

2. 控制与操作

（1）应具有自动控制和手动控制两种控制方式。控制操作级别由高到低为就地、站内主控、远方调度/集控，操作应遵守唯一性原则。

（2）自动控制应包括顺序控制和调节控制，应具有电压无功自动控制、主变联调控制，以及操作顺序控制等功能，这些功能应各自独立，互不影响。由站内设定其是否采用或者运行。

（3）在自动控制过程中，程序遇到任何软、硬件故障均应输出报警信息，停止控制操作，并保持所控设备的状态。

（4）在人工操作时，监控系统应具有操作监护功能，监护人员可在本机或者另外的操作员站实施监护。

（5）在任何控制方式下都应采用选择、返校、执行 3 个步骤，实施分步操作。

（6）所有的控制操作（包括自动控制和人工控制）应自动生成日志，录入系统数据库，且禁止删除和修改。

（7）间隔层和过程层设备应具备作为后备操作或检修操作的手段。

3. 同期

（1）应具备检无压合闸和检同期合闸两种工作方式。

（2）应根据电气接线状态，自动选择同期检测的对象。

（3）同期合闸角度应小于 5°。

（4）同期功能宜由间隔层设备完成。

4. 保护

（1）应遵守继电保护的基本原则，满足 DL/T 769《电力系统微机继电保护技术导则》等相关保护的标准要求。

（2）可基于网络通信方式接入电流电压等数值和输出控制信号，信号的输入及输出环节的故障不应影响保护的动作行为。

（3）保护应不依赖于外部对时系统实现其保护功能。

（4）双重化配置的保护系统，应分别独立接入双重化输入信息和反馈双重化输出信息。

（5）当采用电子互感器时，应针对电子互感器特点优化相关保护算法、提高保护动作性能。

（6）线路保护宜支持一端为电子式互感器，另一端为常规互感器的配置形式。

（7）应具备对保护系统各环节进行状态在线监测、报警的手段。

（8）应充分考虑网络延时，确保保护功能及性能要求。

（9）应具备调试试验的装置和工具，具备较完善模拟电力系统动态过程下信息流仿真输出的功能。

5. 故障信息处理

（1）可根据主站需求，为主站提供分层分类的故障告警信息。

（2）宜在故障情况下对包括事件顺序记录信号及保护装置、相量测量、故障录波等数据进行数据挖掘、多专业综合分析，并将变电站故障分析结果以简洁明了的可视化界面综合展示。

6. 备自投

（1）基本要求和功能应符合 DL/T 526《备用电源自动投入装置技术条件》功能和性能指标要求。

（2）采样、出口配置应简单，可采用网络化接口，全站可实现灵活的备自投方式。

（3）对于故障和异常情况引起的失电，备自投应快速动作，动作时间自适应。

（4）宜利用站内信息的集中处理、判断，实现站内自动控制装置（如备自投、母线分合运行）的协调工作，适应系统运行方式的要求。

7. 小电流接地系统

（1）应符合 DL/T 872《小接地电流系统单相接地保护装置》对小电流接地选线功能和性能指标要求。

（2）应利用新传感原理电子互感器的特性，改善零序判据，提高小电流接地选线性能。

第三节　分析应用功能和调试检修

一、分析应用功能

1. 信息模型

（1）应建立包含电网实时同步运行信息、保护信息、设备状态、电能质量等各类数据的标准化信息模型，保证基础数据的完整性及一致性。

（2）应具备对基本数据信息模型进行配置管理，并自动生成数据记录功能。

2. 数据整合

（1）应实现对各种不同数据源之间的数据传递、转换、净化、集成等功能。

（2）应对现有的数据资源和处理流程进行综合分析，通过数据层面的整理提炼，将分散在各个"信息孤岛"中的有效信息资源，整合到一体化信息平台中。

（3）应形成完善的数据中心系统，全面支持数据共享、统一管理和分析决策。

3. 顺序控制

（1）由厂站后台发出整批指令，系统应根据设备状态信息变化情况判断每步操作是否到位，确认到位后自动执行下一指令，直至执行完所有指令。

（2）宜实现远方监控中心及就地顺序控制功能，适应不同主接线形式、不同运行方式下的典型和组合顺序控制操作。

（3）可加强对顺序控制操作关键设备的图像监视，实现图像监视系统与变电站操作事件的联动。顺序控制应自动生成典型的操作票（比如间隔倒闸），在操作时每一步都应在控、可控，还可急停干预。

（4）顺控不全是开关、刀闸的控制操作，一些智能组件具体功能的运行方式设置包括软压板投退、定值区切换等也应在操作范围之内。

4. 信息防误闭锁

（1）应具有防止误拉、合断路器；防止带负荷拉、合刀闸；防止带电挂接地线；防止带地线送电；防止误入带电间隔（五防）的功能。

（2）防误闭锁应由系统层防误、设备层测控装置防误及现场布线式单元电气闭锁 3 个层面构成。设备层联闭锁逻辑信息可由 GOOSE 实现。

（3）所有操作控制应有防误闭锁环节，与站内防误闭锁编码锁协同完成全站防误闭锁操作，并有出错报警和判断信息输出。

（4）宜具备与 GIS 组合开关、PASS 插接式开关的接口。

（5）全站设备信息防误闭锁逻辑应实现自动打印、查询、删除、保存操作票、模拟预演等功能。

5. 经济运行与优化控制

（1）应综合利用 FACTS、变压器自动调压、无功补偿设备自动调节等手段，保证电压在负荷高峰和低谷运行方式下，分（电压）层和分（供电）区无功平衡。

（2）变电站是否装设灵活交流输电装置（FACTS）应根据系统条件，综合技术经济比较确定。需要装设 FACTS 时，应具有自适应控制和协调控制功能，以灵活调节系统的运行状态，提高智能电网的安全稳定性水平，优化运行效益。

（3）电压无功自动调节功能应设定"自动/手动""站端/调度端""投入/退出"选择开关，供运行人员选择选择操作方式。控制应分为开环、闭环两种。开环控制不出口，只提示值班员当前操作策略，闭环控制实际出口。

（4）变电站主变有载调压和无功自动投切不宜设置集中式控制装置，而由变电站自动化系统和调度/集控主站系统共同实现集成应用。

（5）无功补偿设备容量可按主变容量的 0.10～0.30 倍确定。

（6）主变在最大负荷时，其一次功率因数应不低于 0.95，在低谷时功率因数应不高于 0.95。

6. 故障综合分析决策

（1）宜根据变电站逻辑和推理模型，实现对告警信息进行分类告警、信号过滤、对变电站的运行状态进行在线实时分析和推理、自动报告变电站异常并提出故障处理指导意见。

（2）宜建立各类设备状态和功能应用模型，在电网事故、保护动作、装置故障、异常报警等情况下，对事件顺序记录及保护装置、相量测量、故障录波等数据综合分析，形成对下一步操作处理步骤的建议，并以简洁明了的可视化方式显示。

7. 源端维护

（1）应实现 IEC 61850 模型与 IEC 61970 模型的无缝转换，在变电站侧一次维护数据模型，通过对数据模型的分析，可即时导入主接线图、网络拓扑等参数及模型供调度中心各种自动化系统中使用。

（2）调度中心与变电站系统之间应保持模型语义的一致性和数据的互操作性。

8. 智能告警

（1）应实现对告警信息进行分类、筛选、屏蔽、快速定位、历史查询等功能。

（2）应根据每条告警信息，给出告警信息的描述、发生原因、处理措施以及图解。

（3）宜关联多事件推理，对多个关联事件进行综合推理，给出判断和处理方案。

（4）宜利用网络拓扑技术，根据每种故障类型发生的条件，结合接线方式、运行方式、逻辑、时序等综合判断，给出故障报告，提供故障类型、相关信息、故障结论及处理方式给运行人员参考，辅助故障判断及处理。

9. 区域保护

（1）区域保护系统应以现有保护为基础，寻求与主后备保护的配合，达到加强第一道防线的目的。

（2）区域保护应以略慢于主保护但明显快与后备保护的动作速度切除区内故障。

（3）区域保护的范围应能完全覆盖所保护的区域，应取得比主保护更高的动作灵敏性，应正确定位到故障区段，确保保护的选择性。

（4）保护区域范围外的任何故障应被有效闭锁，应杜绝由于保护失配造成的后备保护无选择动作。

10. 站域控制

（1）应在通信网数据传输速率满足控制要求的基础上采纳站域控制逻辑，站域控制应能在相关数据通信网络故障状态下自动推出。

（2）应利用对站内信息的集中处理、判断，实现站内安全自动控制装置（如备自投、母线分合运行）的协调工作。

11. 外部交互

应在符合电力二次系统安全防护总体方案的基础上，与相邻的变电站、发电厂、用户建立信息交互，为将来变电站接入绿色能源发电和可控用户提供技术基础。

12. 站内状态估计

（1）站内设备状态估计应结合全寿命周期化管理功能，具备录入标准化设备数据库的数据内容。宜具备全寿命周期的设备运行状态数据存储容量。

（2）可实现数据辨识与处理，保证基础数据的正确性，支持智能电网调度技术支持系统对电网状态估计的应用需求。

13. 人机界面

（1）人机界面不仅包含运行在本地的界面系统，还应实现基于浏览器的显示功能，用于远程操作和诊断。应可适应各种自动控制技术框架、集成高级报表和分析工具以及实时信息入口。

（2）应具备符合标准模型的数据显示方案，宜具备图模一体化的转换方法。

二、调试检修

1. 设备状态可视化

（1）应采集主要一次设备（变压器、断路器等）状态信息，综合利用状态数据结果的横向与纵向比较，进行数据挖掘，结合环境条件等多专业综合分析，判断设备的运行状况，对一次设备状况进行预测，给出检修决策。

（2）二次智能设备应对本装置内各软硬件模块的运行工况具有在线自诊断功能，当发现异常及故障时能及时上送报警并存储。

（3）设备状态结果应以简洁明了的可视化界面进行综合展示。

（4）设备状态数据应发送到上级系统为电网实现基于状态监测的设备全寿命周期综合优化管理提供基础数据的支撑。

2. 一次设备状态监测

（1）应具有通过传感器自动采集设备状态信息（可采集部分）的能力，同时应具有从生产管理系统（PMS）自动复制宿主设备其他状态信息的能力，包括指纹信息、家族缺陷信息、现场试验信息等。

（2）在不影响测量和可靠性的前提下，宜采用外置型传感器，确需内置的，仅内置最必要部分。不论内置或外置，传感器的接入应不影响宿主一次设备的安全运行。

（3）监测范围如下。

1）变压器：DGA 监测、局放监测、铁芯电流监测、油中含水量监测。

2）断路器：SF_6 压力监测、SF_6 含水监测、储能电机电流检测、分合闸时间监测。

3）避雷器：工频泄漏电流、动作次数。

3. 设备自诊断与自维护

（1）应能够在线诊断系统硬件、软件及网络的运行情况，一旦发生异常或故障应立即发出告警信号并提供相关信息。

（2）应具有看门狗和电源监测硬件，在软件死锁、硬件出错或电源掉电时，能够自动保护现场数据。在故障排除后，能够重新启动并自动恢复正常的运行。

（3）某个设备的换修和故障，应不会影响其他设备的正常运行。

（4）应逐步扩展设备的自诊断范围，并提高自诊断的准确性和时效性。

4. 电子式互感器准确度及极性测试

应保证电子式互感器在运输和安装过程中的振动不会对传变特性产生影响，电子式互感器现场安装工艺应符合相关技术要求。

所测试的互感器误差应符合以下要求：

额定比例/%	误差/±%	相角差/±(°)
5	0.4	15
20	0.2	8
100	0.1	5
120	0.1	5

5. 电子式互感器同步性测试

应具备检测一次模拟量信号输入与二次数字量输出的信号相位差的分辨能力,给出精度为微秒级的误差指标。

6. GOOSE 报文正确性效验

应具备检测 GOOSE 报文发送及接受的地址配置与系统要求一致的能力,应具备完整的 GOOSE 数据模型的测试,保证数据的一致性和唯一性。

7. 光纤以太网性能测试

应具备整体光纤以太网通信裕度的测试能力,宜能测试在模拟最大负荷状态下,不同优先级要求的报文的最大延时数据指标。

8. 合并单元性能测试

应能测试合并单元输入信号与输出信号的最大延时,应能测试输入信号与输出信号的最大误差,应能测试在不同采样率要求下的合并单元数据最大误码率。

9. 智能单元性能测试

(1) 应能测试智能设备的功能性能。

(2) 应能测试智能设备的电磁兼容指标。

(3) 应具备为智能设备的型式试验能力。

10. 调试工具

(1) 宜具备基于数字化量的自动试验调试。

(2) 宜具备交流电压、电流、功率的在线自动校验技术。

(3) 宜具备状态量采集功能的在线自动校验技术。

(4) 宜具备控制出口功能的在线自动校验技术。

(5) 宜具备同期功能及断路器合闸导前时间的在线自动校验技术。

(6) 宜具备防误闭锁功能的在线自动校验技术。

(7) 宜具备试验仿真工具,建立智能变电站试验仿真平台。

第四节　运行管理功能和性能指标

一、运行管理功能

1. 监视与报警

(1) 应具备监视一次设备在线监测系统、视频系统、直流系统、UPS 系统、火灾报警及消防系统、安防系统、变电站环境系统的能力。

(2) 应具有事故报警和预告报警功能。事故报警应包括非正常操作引起的断路器跳闸和保护装置动作信号;预告报警应包括一般设备变位、状态异常信息、模拟量或温度量越限、工况投退等。

(3) 报警发生时应立即推出报警条文,并伴以声、光提示,也可打印输出,事故信号和预告信号可以明显区分,带确认功能。报警点可人工退出/恢复。

(4) 报警处理宜采用智能处理方案。应根据现场实际情况,自动判别报警级别和报警条目之间的联系，确定报警内容，简化报警窗口信息量。

2．统计与计算

（1）应具有加、减、乘、除、积分、求平均值、求最大最小值和逻辑判断、功率总加、分时累计等计算功能。

（2）计算参量可以是采集量、人工输入量或者前次计算量。

（3）应具有用户自定义特殊公式功能，并可按要求整定周期进行计算。

3．制表打印

（1）应利用系统数据库的各种数据，支持生成不同格式的生产报表。

（2）报表应支持文件、打印等方式输出。

（3）报表应按时间顺序存储，报表保存量应满足运行管理需求。

4．事故顺序记录及事故追忆

（1）事件顺序记录（SOE）应包含开关、刀闸变位、保护动作、人工操作等内容，其分辨率应满足同一装置1ms、不同装置之间2ms的要求。

（2）事故追忆应记录事故前1min至事故后5min的相关模拟量，根据不同的触发条件可选择必要的模拟量进行记录。事故追忆可由事故或手动产生，数个触发点同时发生不应影响系统可靠性。

5．电能量处理

根据现场实际情况处理电能量，电能量作为一个独立子集时，应具有与电能计量系统通信的接口，通信规约宜采用DL/T 719。也可将电能量宜纳入一体化信息平台，统一模型接口。

6．远动功能

（1）应具有远动数据处理及通信功能，实现与监控系统信息共享，远动信息为直采直送，按照调度端所要求的通信规约，完成与各级调度的通信。远动工作站应采用嵌入式设备，且独立冗余配置。

（2）应支持串口和网络通信方式，通信规约应支持DL/T 634.5101《远动设备及系统　第5-101部分：传输规约　基本远动任务配套标准》、DL/T 634.5104《远动设备及系统　第5-104部分：传输规约　采用标准传输协议集的IEC 60870-5-101网络访问》、DL/T 860中的一种或多种。

（3）应支持与多个调度/集控中心通信，支持多通道，并监视通道状态，支持无扰动自动切换。

（4）在执行由调度/集控中心下达的遥控等重要命令时，应采用唯一性原则。

（5）变电站内信息宜具有共享性和唯一性，远动信息不应重复采集。

7．视频监控

（1）应将变电站现场的各种设备运行情况、现场环境情况通过远程图像直观地显示出来，并与灯光进行联动。

（2）应实现图像智能切换，多画面显示与轮流查看，数字视频记录及回放等功能，并与智能报警进行联动，确保变电站的安全运行。

（3）视频监视系统不应影响监控系统功能。

8. 智能操作票

（1）应利用计算机实现对倒闸操作票的智能开票及管理功能，可使用图形开票、手工开票、典型票等方式开出完全符合"五防"要求的倒闸操作票，并可对操作票进行在线修改与打印。

（2）操作票的数据应分在线运行和模拟运行两种方式，在模拟操作时完全不影响在线运行。

（3）应具有操作及操作票追忆功能。应记录在五防工作站上模拟的操作步骤，以及执行操作过程中的实际操作步骤，并对错误的操作步骤做提示标志。应能记录 16 个以上的操作任务。

9. 智能接地管理

应具备操作过程中与接地闭锁相关的安全逻辑处理。宜具备操作过程中与接地逻辑相关的智能控制建议措施。

10. 紧急解锁钥匙管理

（1）应具有检修、传动功能（设置此状态时需使用专用钥匙）。

（2）应具有跳步功能（使用此功能需专用解锁钥匙）。

（3）应具备意外操作终止功能。

（4）应具备重复操作功能。

（5）应具有 220kV 及以上变电站内抗各种干扰的能力。在雷击过电压、一次回路操作、配电装置内故障及其他强干扰作用下，钥匙应能正常工作。

11. 绿色照明

（1）应优先采用太阳能、地热、风能等清洁能源，如容量不够时，再利用其他供电实时匹配需要的容量，清洁能源与其他供电方式应自动切换。

（2）应选用配光合理、效率高的节能灯具，以降低能耗。

12. 智能安防系统

（1）应进行身份确认，禁止无卡人员进入。应阻止非法闯入，遇到警情应立即告警。

（2）应在重要的场合设置烟雾传感器，将传感器的信号接入到监控系统中，一旦出现警情，系统自动告警。

13. 站用电源

应将直流电源（含通信－48V 电源）、UPS 及站用交流配电屏集组成为一个系统，统一设计、统一监控。应通过网络通信、设计优化、系统联动的方法，实现站用电源安全化、实现效益目标最大化。

14. 变电站环境

应无爆炸危险、无腐蚀性气体及导电尘埃、无严重霉菌、无剧烈震动源、不允许有超过发电厂变电站范围内可能遇到的电磁场存在。应有防御雨、雪、风、沙、尘埃及防静电措施。

15. 配置工具

（1）系统应提供灵活的模型配置工具，能自动正确识别和导入不同制造商的模型文件，具备良好的兼容性，配置工具应包括系统配置工具和装置配置工具。

（2）装置配置工具应生成和维护装置 ICD 文件，并支持导入 SCD 文件以提取需要的装置实例配置信息，完成装置配置并下装配置数据到装置，同一厂商同一类型装置 ICD 文件的数据模板应符合一致性原则。

（3）装置配置工具功能应包括信息建模、模型转换、参数设置、逻辑配置等部分。

（4）系统配置工具应生成和维护 SCD 文件，支持生成或导入 SSD 和 ICD 文件，且应保留 ICD 文件的私有项；应对一次、二次系统的关联关系、全站的 IED 实例，以及 IED 间的交换信息进行配置，完成系统实例化配置，并导出全站 SCD 配置文件。

（5）系统配置工具应集成作图功能，并根据图形设置自动生成相应的 SCD 与 SVG 文件供智能设备、各厂站与调度端使用。变电站规划设计宜纳入配置工具范畴之内。

16．仿真培训

（1）变电站培训仿真系统应通过硬件隔离设备接至监控系统主网，自动与监控系统核对设备状态，获得同一实时断面数据。

（2）变电站培训仿真系统中的教员机、学员机应独立设置。

（3）变电站培训仿真系统的功能和技术要求应符合 DL/T 1023。

17．智能巡视

智能巡视应由小车和智能巡视控制分析系统组成，在巡视路线上铺设磁条进行导航。智能机器人携带红外监测和可见光监测设备，负责监测主变区、220kV 进出线等区域所有设备本体及接头的发热、外观异常（破损、异物、油污等）、刀闸分合状态、仪表读数等。智能机器人具备防电磁干扰的远传数据功能，远传数据经过基站系统的分析处理后，接入一体化信息平台。

二、智能变电站自动化系统性能指标

智能变电站自动化系统性能指标见表 6－4－1。

表 6－4－1　　　　　　　智能变电站自动化系统性能指标

序号	技 术 参 数 名 称	参　数
1	模拟量 U、I 测量误差	≤0.2％
	模拟量 P、Q 测量误差	≤0.5％
2	电网频率测量误差	≤0.01Hz
3	事件顺序记录分辨率（SOE）	同一装置 1ms，不同装置、不同间隔之间 2ms
4	遥测超越定值传送时间（至站控层）	≤2s
5	遥信变位传送时间（至站控层）	≤1s
6	遥测信息响应时间（从 I/O 输入端至远动工作站出口）	≤2s
7	遥信变化响应时间（从 I/O 输入端至远动工作站出口）	<1s
8	遥控命令执行传输时间	≤3s
9	动态画面响应时间	≤2s
10	双机系统可用率	≥99.99％

续表

序号	技术参数名称		参　数
11	控制操作正确率		100％
12	系统平均无故障间隔时间（MTBF）		≥30000h
13	I/O 单元模件 MTBF		≥50000h
14	间隔级测控单元平均无故障间隔时间		≥40000h
15	各工作站的 CPU 平均负荷率	正常时（任意 30min 内）	≤20％
		电力系统故障时（10s 内）	≤40％
16	网络负荷率	正常时（任意 30min 内）	≤20％
		电力系统故障（10s 内）	≤30％
17	模数转换分辨率		≥16 位
18	整个系统对时精度		≤1ms
19	远动工作站双机切换时间		≤10s
20	双网切换时间		≤10s
21	后台双机切换时间		≤10s

第五节　其　他　要　求

一、场地与环境

1. 温度与湿度

（1）室内环境温度：−5～45℃。

（2）最大日温差：25℃。

（3）最大相对湿度：日平均 95％；月平均 90％。

（4）储存、运输极限环境温度：符合 GB/T 15145 的要求。

2. 耐震能力

（1）水平加速度：0.3g。

（2）垂直加速度：0.15g。

（3）正弦共振三周波，安全系数：不小于 1.67。

3. 其他

（1）海拔：不大于 1000m。

（2）安装方式：室内垂直安装屏立面倾斜度不大于 5°。

（3）周围环境：符合 GB/T 15145 的要求。

二、防雷与接地

防雷与接地应符合 DL/T 5149 的要求。

1. 防雷应采取的措施

（1）监控系统应设有防雷和防止过电压的保护措施。

（2）在各种装置的交、直流输入处应设电源防雷器。

（3）监控系统跨小室的通信连接（包含网络与串口方式）和远动专用通道应有电气隔离措施。

（4）系统交流回路应设防雷器。

（5）卫星时钟天线应设防雷器。

2. 接地应采取的措施

（1）监控系统信号电缆遵循"一点接地"原则，接地线连接于变电站的主接地网的一个点上。

（2）监控系统的机箱、机柜、打印机外设等设备均应可靠接地。

（3）通信设备各直流电源正极在电源设备侧均应直接接地。

（4）控制电缆的屏蔽层两端应可靠接地。

（5）信号电缆的内屏蔽层在计算机侧一点接地，外屏蔽层宜两端接地。

（6）主控室应采取屏蔽措施。

第六节　试　验　与　验　收

（1）工程启动及竣工验收应参照 DL/T 782《110kV 及以上送变电工程启动及竣工验收规程》、DL/T 995《继电保护和电网安全自动装置检验规程》及相关调试验收规范。

（2）电力设备的现场交接试验和预防性试验应满足 GB 50150《电气装置安装工程　电气设备交接试验标准》，以及 Q/GDW 157《750kV 电气设备交接试验规程》、Q/GDW 168《输变电设备状态检修试验规程》等标准的要求。

（3）工厂验收流程应按 Q/GDW 213《变电站计算机监控系统工厂验收管理规程》开展；现场验收流程应按 Q/GDW 214《变电站计算机监控系统现场验收管理规程》开展。

（4）试验与验收总体环节应符合 Q/GDW 383—2009《智能变电站技术导则》的要求。

第七章 智能变电站一体化监控系统

第一节 智能变电站一体化监控系统功能

一、基本原则

（1）通过各应用系统的集成和优化，实现电网运行监视、操作控制、信息综合分析与智能告警、运行管理和辅助应用功能。

（2）遵循 DL/T 860 标准，实现站内信息、模型、设备参数的标准化和全景信息的共享。

（3）遵循 Q/GDW 215《电力系统数据标记语言·E 语言规范》、Q/GDW 622《电力系统简单服务接口规范》、O/GDW 623《电力系统动态消息编码规范》、Q/GDW 624《电力系统图形描述规范》，满足调度对站内数据、模型和图形的应用需求。

（4）变电站二次系统安全防护遵循国家电力监管委员会电监安全〔2006〕34 号文。

二、数据采集

（一）总体要求

数据采集的总体要求如下：

（1）应实现电网稳态、动态和暂态数据的采集。

（2）应实现一次设备、二次设备和辅助设备运行状态数据的采集。

（3）量测数据应带时标、品质信息。

（4）支持 DL/T 860，实现数据的统一接入。

（二）电网运行数据采集

1. 稳态数据采集

电网稳态运行数据的范围和来源如下。

（1）状态数据采集：

1）馈线、联络线、母联（分段）、变压器各侧断路器位置。

2）电容器、电抗器、所用变断路器位置。

3）母线，馈线、联络线、主变隔离开关位置。

4）接地刀闸位置。

5）压变刀闸、母线地刀位置。

6）主变分接头位置，中性点接地刀闸位置等。

（2）量测数据采集：

1）馈线、联络线、母联（分段）、变压器各测电流、电压、有功功率、无功功率、功率因数。

2）母线电压、零序电压、频率。

3）3/2 接线方式的断路器电流。

4）电能量数据：①主变各侧有功/无功电量；②联络线和线路有功/无功电量；③旁路开关有功/无功电量；④馈线有功/无功电量；⑤并联补偿电容器电抗器无功电量；⑥站（所）用变有功/无功电量。

5）统计计算数据。

（3）电网运行状态信息主要通过测控装置采集，信息源为一次设备辅助接点，通过电缆直接接入测控装置或智能终端。测控装置以 MMS 报文格式传输，智能终端以 GOOSE 报文格式传输。

（4）电网运行量测数据通过测控装置采集，信息源为互感器（经合并单元输出）。

（5）电能量数据来源于电能计量终端或电子式电能表。

2. 动态数据采集

电网动态运行数据的范围和来源如下。

（1）数据范围：

1）线路和母线正序基波电压相量、正序基波电流相量。

2）频率和频率变化率。

3）有功、无功计算量。

（2）动态数据通过 PMU 装置采集，信息源为互感器（经合并单元输出）。

（3）动态数据采集和传输频率应可根据控制命令或电网运行事件进行调整。

3. 暂态数据采集

电网暂态运行数据的范围和来源如下。

（1）数据范围：

1）主变保护录波数据。

2）线路保护录波数据。

3）母线保护录波数据。

4）电容器/电抗器保护录波数据。

5）开关分/合闸录波数据。

6）测量异常录波数据。

（2）录波数据通过故障录波装置采集。

（三）设备运行信息采集

1. 一次设备数据采集

一次设备在线监测信息范围和来源如下。

（1）数据范围：

1）变压器油箱油面温度、绕阻热点温度、绕组变形量、油位、铁芯接地电流、局部放电数据等。

2）变压器油色谱各气体含量等。

3）GIS、断路器的 SF_6 气体密度（压力）、局部放电数据等。

4）断路器行程—时间特性、分合闸线圈电流波形、储能电机工作状态等。

5）避雷器泄漏电流、阻性电流、动作次数等。

6）其他监测数据可参考 Q/GD W616《基于 DL/T 860 标准的变电设备在线监测装置应用规范》。

（2）在线监测装置应上传设备状态信息及异常告警信号。

（3）一次设备在线监测数据通过在线监测装置采集。

2．二次设备数据采集

二次设备运行状态信息范围和来源如下。

（1）信息范围：

1）装置运行工况信息。

2）装置软压板投退信号。

3）装置自检、闭锁、对时状态、通信状态监视和告警信号。

4）装置 SV/GOOSE/MMS 链路异常告警信号。

5）测控装置控制操作闭锁状态信号。

6）保护装置保护定值、当前定值区号。

7）网络通信设备运行状态及异常告警信号。

8）二次设备健康状态诊断结果及异常预警信号。

（2）二次设备运行状态信息由站控层设备、间隔层设备和过程层设备提供。

3．辅助设备数据采集

辅助设备运行状态信息范围和来源如下。

（1）信息范围：

1）辅助设备量测数据：①直流电源母线电压、充电机输入电压/电流、负载电流；②逆变电源交、直流输入电压和交流输出电压；③环境温、湿度；④开关室气体传感器氧气或 SF_6 浓度信息。

2）辅助设备状态量信息：①交直流电源各进、出线开关位置；②设备工况、异常及失电告警信号；③安防、消防、门禁告警信号；④环境监测异常告警信号。

3）其他设备的量测数据及状态量。

（2）辅助设备量测数据和状态量由电源、安防、消防、视频、门禁和环境监测等装置提供。

三、运行监视

1．总体要求

运行监视的总体要求如下：

（1）应在 DL/T 860 的基础上，实现全站设备的统一建模。

（2）监视范围包括电网运行信息、一次设备状态信息、二次设备状态信息和辅助应用信息。

（3）应对主要一次设备（变压器、断路器等）、二次设备运行状态进行可视化展示，为运行人员快速、准确地完成操作和事故判断提供技术支持。

2. 电网运行监视

电网运行监视内容及功能要求如下：

（1）电网实时运行信息包括电流、电压、有功功率、无功功率、频率，断路器、隔离开关、接地刀闸、变压器分接头的位置信号。

（2）电网实时运行告警信息包括全站事故总信号、继电保护装置和安全自动装置动作及告警信号、模拟量的越限告警、双位置节点一致性检查、信息综合分析结果及智能告警信息等。

（3）支持通过计算公式生成各种计算值，计算模式包括触发、周期循环方式。

（4）开关事故跳闸时自动推出事故画面。

（5）设备挂牌应闭锁关联的状态量告警与控制操作，检修挂牌应能支持设备检修状态下的状态量告警与控制操作。

（6）实现保护等二次设备的定值、软压板信息、装置版本及参数信息的监视。

（7）全站事故总信号宜由任意间隔事故信号触发，并保持至一个可设置的时间间隔后自动复归。

3. 一次设备状态监视

一次设备状态监视内容如下：

（1）站内状态监测的主要对象包括：变压器、电抗器、组合电器（GIS/HGIS）、断路器、避雷器等。

（2）一次设备状态监测的参量及范围参见《国家电网公司输变电工程通用设计［110（66）～750kV 智能变电站部分（2011 版）］》。

（3）一次设备状态监测设备信息模型应遵循 Q/GDW 616 标准。

4. 二次设备状态监视

二次设备状态监视内容如下：

（1）监视对象包括合并单元、智能终端、保护装置、测控装置、安稳控制装置、监控主机、综合应用服务器、数据服务器、故障录波器、网络交换机等。

（2）监视信息内容包括：设备自检信息、运行状态信息、告警信息、对时状态信息等。

（3）应支持 SNMP 协议，实现对交换机网络通信状态、网络实时流量、网络实时负荷、网络连接状态等信息的实时采集和统计。

（4）辅助设备运行状态监视。

5. 电网运行可视化展示

电网运行可视化应满足如下要求：

（1）应实现稳态和动态数据的可视化展示，如有功功率、无功功率、电压、电流、频率、同步相量等，采用动画、表格、曲线、饼图、柱图、仪表盘、等高线等多种形式展现。

（2）应实现站内潮流方向的实时显示，通过流动线等方式展示电流方向，并显示线路、主变的有功、无功等信息。

（3）提供多种信息告警方式，包括：最新告警提示、光字牌、图元变色或闪烁、自动推出相关故障间隔图、音响提示、语音提示、短信等。

（4）不合理的模拟量、状态量等数据应置异常标志，并用闪烁或醒目的颜色给出提示，颜色可以设定。

（5）支持电网运行故障与视频联动功能，在电网设备跳闸或故障情况下，视频应自动切换到故障设备。

6. 设备状态可视化展示

设备状态可视化应满足如下要求：

（1）使用动画、图片等方式展示设备状态。

（2）针对不同监测项目显示相应的实时监测结果，超过阈值的应以醒目颜色显示。

（3）可根据监测项目调取、显示故障曲线和波形，提供不同历史时期曲线比对功能。

（4）在电网间隔图中通过曲线、音响、颜色效果等方式综合展示一次设备各种状态参量，内容包括：运行参数、状态参数、实时波形、诊断结果等。

（5）应根据监视设备的状态监测数据，以颜色、运行指示灯等方式，显示设备的健康状况、工作状态（运行、检修、热备用、冷备用）、状态趋势。

（6）实现通信链路的运行状态可视化，包括网络状态、虚端子连接等。

7. 远程浏览

远程浏览应满足如下要求：

（1）数据通信网关机应为调度（调控）中心提供远程浏览和调阅服务。

（2）远程浏览只允许浏览，不允许操作。

（3）远程浏览内容包括一次接线图、电网实时运行数据、设备状态等。

（4）远程调阅内容包括历史记录、操作记录、故障综合分析结果等信息。

四、操作与控制

（一）总体要求

操作与控制的总体要求如下：

（1）应支持变电站和调度（调控）中心对站内设备的控制与操作，包括遥控、遥调、人工置数、标识牌操作、闭锁和解锁等操作。

（2）应满足安全可靠的要求，所有相关操作应与设备和系统进行关联闭锁，确保操作与控制的准确可靠。

（3）应支持操作与控制可视化。

（二）站内操作与控制

1. 分级控制

（1）电气设备的操作采用分级控制，控制宜分为四级。

1）第一级，设备本体就地操作，具有最高优先级的控制权。当操作人员将就地设备的"远方/就地"切换开关放在"就地"位置时，应闭锁所有其他控制功能，只能进行现场操作。

2）第二级，间隔层设备控制。

3）第三级，站控层控制。该级控制应在站内操作员工作站上完成，具有"远方调控/站内监控"的切换功能。

4）第四级，调度（调控）中心控制，优先级最低。

（2）设备的操作与控制应优先采用遥控方式，间隔层控制和设备就地控制作为后备操作或检修操作手段。

（3）全站同一时间只执行一个控制命令。

2. 单设备控制

单设备遥控应满足如下要求。

（1）单设备控制应支持增强安全的直接控制或操作前选择控制方式。

（2）开关设备控制操作分三步进行：选择-返校-执行。选择结果应显示，当"返校"正确时才能进行"执行"操作。

（3）在进行选择操作时，若遇到以下情况之一应自动撤销：

1）控制对象设置禁止操作标识牌。

2）校验结果不正确。

3）遥控选择后 30～90s 内未有相应操作。

（4）单设备遥控操作应满足以下安全要求：

1）操作必须在具有控制权限的工作站上进行。

2）操作员必须有相应的操作权限。

3）双席操作校验时，监护员需确认。

4）操作时每一步应有提示。

5）所有操作都有记录，包括操作人员姓名、操作对象、操作内容、操作时间、操作结果等，可供调阅和打印。

3. 同期操作

同期操作应满足如下需求。

（1）断路器控制具备检同期、检无压方式，操作界面具备控制方式选择功能，操作结果应反馈。

（2）同期检测断路器两侧的母线、线路电压幅值、相角及频率，实现自动同期捕捉合闸。

（3）过程层采用智能终端时，针对双母线接线，同期电压分别来自 I 母或 II 母相电压以及线路侧的电压，测控装置经母线刀闸位置判断后进行同期，母线刀闸位置由测控装置从 GOOSE 网络获取。

4. 定值修改

定值修改操作应满足如下要求。

（1）可通过监控系统或调度（调控）中心修改定值，装置同一时间仅接受一种修改方式。

（2）定值修改前应与定值单进行核对，核对无误后方可修改。

（3）支持远方切换定值区。

5. 软压板投退

软压板投退应满足如下要求。

（1）远方投退软压板宜采用"选择-返校-执行"方式。

（2）软压板的状态信息应作为遥信状态上送。

6. 主变分接头调节

主变分接头的调节应满足如下要求。

（1）宜采用直接控制方式逐挡调节。

（2）变压器分接头调节过程及结果信息应上送。

（三）调度操作与控制

调度操作与控制应满足如下要求：

（1）应支持调度（调控）中心对管辖范围内的断路器、电动刀闸等设备的遥控操作；支持保护定值的在线召唤和修改、软压板的投退、稳定控制装置策略表的修改、变压器挡位调节和无功补偿装置投切。此类操作应通过Ⅰ区数据通信网关机实现。

（2）应支持调度（调控）中心对全站辅助设备的远程操作与控制。此类操作应通过Ⅱ区数据通信网关机和综合应用服务器实现。调度（调控）中心将控制命令下发给Ⅱ区数据通信网关机，Ⅱ区数据通信网关机将其传输给综合应用服务器，并由综合应用服务器将操作命令传输给相关的辅助设备，完成控制操作。

（四）防误闭锁

防误闭锁功能应满足如下要求：

（1）防误闭锁分为三个层次，站控层闭锁、间隔层联闭锁和机构电气闭锁。

（2）站控层闭锁宜由监控主机实现，操作应经过防误逻辑检查后方能将控制命令发至间隔层，如发现错误应闭锁该操作。

（3）间隔层联闭锁宜由测控装置实现，间隔间闭锁信息宜通过 GOOSE 方式传输。

（4）机构电气闭锁实现设备本间隔内的防误闭锁，不设置跨间隔电气闭锁回路。

（5）站控层闭锁、间隔层联闭锁和机构电气闭锁属于串联关系，站控层闭锁失效时不影响间隔层联闭锁，站控层和间隔层联闭锁均失效时不影响机构电气闭锁。

（五）顺序控制

顺序控制功能应满足如下要求：

（1）变电站内的顺序控制可以分为间隔内操作和跨间隔操作两类。

（2）顺序控制的范围：

1）一次设备（包括主变、母线、断路器、隔离开关、接地刀闸等）运行方式转换。

2）保护装置定值区切换、软压板投退。

（3）顺序控制应提供操作界面，显示操作内容、步骤及操作过程等信息，应支持开始、终止、暂停、继续等进度控制，并提供操作的全过程记录。对操作中出现的异常情况，应具有急停功能。

（4）顺序控制宜通过辅助接点状态、量测值变化等信息自动完成每步操作的检查工作，包括设备操作过程、最终状态等。

（5）顺序控制宜与视频监控联动，提供辅助的操作监视。

（六）无功优化

无功优化功能应满足如下要求：

（1）应根据预定的优化策略实现无功的自动调节，可由站内操作人员或调度（调控）中心进行功能投退和目标值设定。

（2）具备参数设置功能，包括控制模式、计算周期、数据刷新周期、控制约束等设置。

（3）提供实时数据、电网状态、闭锁信号、告警等信息的监视界面。

（4）变压器、电容器和母线故障时应自动闭锁全部或部分功能，支持人工恢复和自动恢复。

（5）调节操作应生成记录。记录内容应有操作前的控制目标值、操作时间及操作内容、操作后的控制目标值。操作异常时应记录操作时间、操作内容、引起异常的原因、是否由操作员进行人工处理等。

（七）智能操作票

智能操作票应满足如下要求：

（1）根据操作任务，结合操作规则和运行方式，自动生成符合操作规范的操作票。

（2）操作票的生成有 3 种方式：

1）方式 1：根据在人机界面上选择的设备和操作任务到典型票库中查找，如果匹配到典型票，则装载典型票，保存为未审票。

2）方式 2：如果没有匹配到典型票，根据在画面上选择的设备和操作任务到已校验的顺控流程定义库中查找，如果匹配到顺控流程定义，则装载顺控流程定义，拟票人根据具体任务进行编辑，保存为未审票。

3）方式 3：如果没有匹配到典型票和顺控流程定义，根据在画面上选择的设备和操作任务到操作规则库中查找操作规则、操作术语，得到这个特定任务的操作规则列表，然后用实际设备替代操作规则列表中的模板设备，得到一系列的实际操作列表，生成未审票。

（八）操作可视化

操作可视化应满足如下要求：

（1）应为操作人员提供形象、直观的操作界面。

（2）展示内容包括：操作对象的当前状态（运行状态、健康状况、关联设备状态等）、操作过程中的状态（状态信息、异常信息）和操作结果（成功标志、最终运行状态）。

（3）应支持视频监控联动功能，自动切换摄像头到预置点，为操作人员提供实时视频图像辅助监视。

五、信息综合分析与智能告警

（一）总体要求

信息综合分析与智能告警功能应能为运行人员提供参考和帮助，具体要求如下：

（1）应实现对站内实时/非实时运行数据、辅助应用信息、各种告警及事故信号等综合分析处理。

（2）系统和设备应根据对电网的影响程度提供分层、分类的告警信息。

（3）应按照故障类型提供故障诊断及故障分析报告。

（二）数据辨识

1. 数据合理性检测

对量测值和状态量进行检测分析，确定其合理性，具体内容如下：

（1）检测母线的功率量测总和是否平衡。

（2）检测并列运行母线电压量测是否一致。

（3）检查变压器各侧的功率量测是否平衡。

（4）对于同一量测位置的有功、无功、电流量测，检查是否匹配。

（5）结合运行方式、潮流分布检测开关状态量是否合理。

2. 不良数据检测

对量测值和状态量的准确性进行分析，辨识不良数据，具体内容如下：

（1）检测量测值是否在合理范围，是否发生异常跳变。

（2）检测断路器/刀闸状态和量测值是否冲突，并提供其合理状态。

（3）检测断路器/刀闸状态和标志牌信息是否冲突，并提供其合理状态。

（4）当变压器各侧的母线电压和有功、无功量测值都可用时，可以验证有载调压分接头位置的准确性。

（三）智能告警

智能告警涉及的信息命名及分类应明确和规范。

1. 信息命名规范

全站采集信息应统一命名格式。

（1）信息命名原则。信息名称应明确简洁，以满足生产实时监控系统的需要，方便变电站、调度（调控）中心运行人员的监视、操作和检修，保证电力系统和设备的安全可靠运行。

信息名称应根据调度命名原则进行定义，符合安全规程和调度规程的要求。

（2）信息命名结构。信息命名结构可表示为：<u>电网</u>.<u>厂站</u>/<u>电压</u>.<u>间隔</u>.<u>设备</u>/<u>部件</u>.<u>属性</u>。其中：

1）带下划线的部分为名称项，"."和"/"为分隔符。

2）"电网"指设备所属调度机构对应的电网的名称，电网可分多层描述，当一个厂站内的设备分属不同调度机构时，站内所有设备对应的电网名称应一致，如没有特别指明，选取最高级别的调度机构对应的电网名称。

3）"厂站"指所描述的变电站的名称。

4）"电压"指电力设备的电压等级（单位为 kV）。

5）"间隔"指变电站内的电气间隔名称（或称串）。

6）"设备"指所描述的电力系统设备名称，可分多层描述。

7）"部件"指构成设备的部件名称，可分多层描述。

8）"属性"指部件的属性名称，可以为量测属性、事件信息、控制行为等（如有功、无功、动作、告警等），由应用根据需要进行定义和解释。

（3）信息命名规则。

1）命名中的"厂站""设备"等有调度命名的，直接采用调度命名；测控装置按"对应一次设备命名"＋"测控装置"进行命名。

2）自然规则。所有名称项均采用自然名称或规范简称，宜采用中文名称。依据调度命名的习惯，信息表中断路器的信息名称描述为"开关"，隔离开关的信息名称描述为"刀闸"。

3）唯一规则。同一厂站内的信息命名不重复。

4）分隔规则。用"."作为层次分隔符，将层次结构的名称项分隔；用"/"作为定位分隔符，放在"厂站"和"设备"之后。在有的应用场合可以不区分层次分隔符和定位分隔符，可全用"."。

5）分层规则。各名称项按自然结构分层次排列。如"电网"可按国家电网、区域电网、省电网、地市电网、县电网等；"设备"可分多层，如一次设备及其配套的元件保护设备；"部件"可细分为更小部件，并依次排列。

6）转换规则。当现有系统的内部命名与本命名规范不一致时，与外部交换的模型信息名称需按本规范进行转换。新建调度技术支持系统应直接采用本规范命名，减少转换。

7）省略规则。在不引起混淆的情况下，名称项及其后的层次分隔符"."可以省略，在应用功能引用全路径名作为描述性文字时定位分隔符"/"可省略；但在进行系统之间信息交换时两个定位分隔符"/"不能省略。

（4）信息命名示例。信息命名示例参见表7-1-1。

表7-1-1　　　　　　信　息　命　名　示　例

序号	信　息　交　换	描　述　性　文　字
1	杭州.110kV 文三变/110kV. 天文 1096 线/有功	杭州 110kV 文三变 110kV 天文 1096 线有功
2	110kV 文三变/110kV. 天文 1096 线/有功	110kV 文三变 110kV 天文 1096 线有功
3	/天文 1096 线/文三侧. 有功	天文 1096 线文三侧有功
4	杭州.110kV 文三变/110kV. ♯1 主变/高压侧. 有功	杭州 110kV 文三变 110kV ♯1 主变高压侧有功
5	110kV 文三变/10kV 母线/A 相电压	110kV 文三变 10kV 母线 A 相电压
6	杭州//总负荷	杭州总负荷
7	浙江.220kV 半山厂/♯5 机/有功.	浙江 220kV 半山厂 ♯5 机有功
8	220kV 牌头变/东牌 2337 线第一套线路保护/动作	220kV 牌头变东牌 2337 线第一套线路保护动作
9	220kV 牌头变/东牌 2337 线测控装置/远方就地把手. 位置	220kV 牌头变东牌 2337 线测控装置远方就地把手位置
10	110kV 文三变/♯1 主变/有载调压. 急停	110kV 文三变 ♯1 主变有载调压急停

2.告警信息分类规范

全站告警信息分为事故信息、异常信息、变位信息、越限信息和告知信息五类。

（1）告警信息分类。按照对电网影响的程度，告警信息分为事故信息、异常信息、变位信息、越限信息、告知信息五类。

1）事故信息。事故信息是由于电网故障、设备故障等，引起开关跳闸（包含非人工操作的跳闸）、保护装置动作出口跳合闸的信号以及影响全站安全运行的其他信号。是需实时监控、立即处理的重要信息。

2）异常信息。异常信息是反应设备运行异常情况的报警信号，影响设备遥控操作的信号，直接威胁电网安全与设备运行，是需要实时监控、及时处理的重要信息。

3）变位信息。变位信息特指开关类设备状态（分、合闸）改变的信息。该类信息直接反映电网运行方式的改变，是需要实时监控的重要信息。

4）越限信息。越限信息是反映重要遥测量超出报警上下限区间的信息。重要遥测量主要有设备有功、无功、电流、电压、主变油温、断面潮流等。是需实时监控、及时处理的重要信息。

5）告知信息。告知信息是反映电网设备运行情况、状态监测的一般信息。主要包括隔离开关、接地刀闸位置信号，主变运行挡位，以及设备正常操作时的伴生信号（如：保护压板投/退，保护装置、故障录波器、收发信机的启动，异常消失信号，测控装置就地/远方等）。该类信息需定期查询。

（2）告警信息实例。告警信息实例见表 7-1-2。

表 7-1-2　　　　　　　　　告 警 信 息 实 例

分层	分类	信 号 实 例
1	事故信息	1. 电气设备事故信息 （1）开关操作机构三相不一致动作跳闸。 （2）站用电：站用电消失。 （3）线路保护动作信号：保护动作（按构成线路保护装置分别接入监视）、重合闸动作、保护跳闸出口、低频减载动作。 （4）母差保护动作信号：母差动作、失灵动作。 （5）母联（分）保护动作信号：充电解列保护动作。 （6）断路器保护动作信号：保护动作、重合闸动作。 （7）主变保护动作信号：主保护动作、高（中、低）后备保护动作、过负荷告警、公共绕组过负荷告警（自耦变）、过载切负荷装置动作。 （8）主变本体保护动作信号：本体重瓦斯动作、有载重瓦斯动作、本体压力释放动作、有载压力释放动作、冷却器全停、主变温度高跳闸等信号。 （9）并联电容、电抗保护动作信号：保护动作。 （10）所（站）用变保护动作信号：保护动作、非电量保护动作。 （11）直流系统：全站直流消失。 （12）继电保护、自动装置的动作类报文信息。 （13）厂站、间隔事故总信号。 （14）接地信号。 2. 辅助系统事故信息 （1）公用消防系统：火灾报警动作、消防装置动作。 （2）主变消防系统喷淋装置动作、主变排油注氮出口动作。 （3）厂站全站远动通信中断
2	异常信息	1. 威胁电网安全与设备运行的 （1）主变本体：冷却器全停、冷却器控制电源消失、本体油温过高、本体绕组温度高、本体风机工作电源故障、风机电源消失、本体风机停止、本体轻瓦斯告警、有载轻瓦斯告警。 （2）开关操作机构： 1）液压机构：油压低分闸闭锁、油压低合闸闭锁、氮气泄漏总闭锁。 2）气动机构：气压低分、合闸闭锁。 3）弹簧机构：储能电源故障、弹簧未储能。 （3）气体绝缘的电流互感器、电压互感器：SF_6 压力异常（告警）信号。

续表

分层	分类	信 号 实 例
2	异常信息	（4）GIS 本体动作信号：各气室 SF₆ 压力低报警、闭锁信号。 （5）线路电压回路监视：线路、母线电压无压、母线切换继电器动作异常。 （6）母线电压回路监视：PT 二次侧并列动作、保护或测量电压消失、PT 二次侧测量保护空开动作、计量电压消失、PT 二次侧并列装置失电。 （7）直流系统：绝缘报警（直流接地）、充电机交流电源消失。 （8）UPS 及逆变装置：交直流失电、过载、故障信号。 （9）保护装置信号：异常运行告警信号、故障闭锁信号（含重合闸闭锁）、交流回路（保护 CT 或 PT 断线）、装置电源消失信号、保护通道异常、保护自检异常的报文信号。 （10）测控装置：异常运行告警信号、装置电源消失。 （11）各测控/保护/测控保护一体化装置、远动装置：通信中断信号。 （12）稳控装置：低周低压减荷装置、过负荷联切装置等稳控装置故障信号。 （13）各备用电源自投装置：装置故障信号。 2.影响遥控操作的 （1）GIS 操作机构异常信号：开关储能电动机失电、隔离开关操作电机失电。 （2）控制回路状态：控制回路断线、控制电源消失。 （3）主变过负荷闭锁有载调压操作的信号。 3.设备故障告警信号 （1）主变本体：本体冷却器故障、有载油位异常、本体油位异常、本体风机故障、滤油机故障。 （2）开关操作机构：加热器、照明空开跳闸。 （3）GIS 操作机构异常信号：加热器故障、GIS 汇控柜告警电源消失。 （4）厂站、间隔预告信号。 （5）直流系统：直流接地、直流模块故障、直流电压过高、直流电压过低信号。 （6）防误系统：电源失压告警信号。 （7）继电保护与自动装置的网络异常信号。 （8）GPS 告警信号：失步、异常告警、失电、无脉冲
3	变位信息	特指开关类设备变位
4	越限信息	重要遥测量主要有断面潮流、电压、电流、负荷、主变油温等，是需实时监控、及时处理的重要信息
5	告知信息	主要包括主变运行挡位及设备正常操作时的伴生信号，保护功能压板投退的信号，保护装置、故障录波器、收发信机等设备的启动、异常消失信号，测控装置就地/远方等

（3）应建立变电站故障信息的逻辑和推理模型，实现对故障告警信息的分类和过滤。

（4）结合遥测越限、数据异常、通信故障等信息，对电网实时运行信息、一次设备信息、二次设备信息、辅助设备信息进行综合分析，通过单事项推理与关联多事件推理，生成告警简报。

（5）应根据告警信息的级别，通过图像、声音、颜色等方式给出告警信息。

（6）应支持多种历史查询方式，既可以按厂站、间隔、设备来查询，也可按时间查询，还应支持自定义查询。

（7）智能告警的分析结果应以简报的形式上送给调度（调控）中心，具体内容见图 7-1-1。

（8）告警简报信息应按照调度（调控）中心的要求及时上送。

智 能 告 警 简 报

智能告警简报的示例：

<ISystem—兰溪变电站　Version－V1.0 Code－UTF－8 Type－全模型 Time－′20111104 _ 15：02：26 _ 120′！>

<E>

<类名　Entity＝′兰溪′>

@#	Num	属性名	数值
#	1	时间	′2011－11－04　15：02：26；120′
#	2	设备名	浙江．兰溪220kV．东牌2337线．ARP301
#	3	事件	跳闸
#	4	原因	接地故障

</类名：：兰溪>

</E>

注1：时间的格式按照"year－mon－day 空格 hour；min；sec；ms"；

注2：设备名的格式应按照附录A的要求；

注3：原因的内容可为结构体或指针，其内容为告警产生的具体原因，可为文字、数据等多种形式。

图 7－1－1　智能告警简报

（四）故障分析

故障分析报告应包括故障相关的电网信息和设备信息，要求如下：

（1）在故障情况下对事件顺序记录、保护事件、相量测量数据及故障波形等信息进行数据挖掘和综合分析，生成分析结果，以保护装置动作后生成的报告为基础，结合故障录波、设备台账等信息，生成故障分析报告。

（2）故障分析报告的格式遵循 XML1.0 规范，存储于数据服务器，具体内容见后。

（3）故障分析报告可采用主动上送或召唤方式，通过Ⅰ区数据通信网关机上送给调度（调控）中心。故障报告格式遵循 Q/GDW396。故障报告主要分为 TripInfo、FaultInfo、DigitalStatus、DigitalEvent、SettingValue 五种信息体。TripInfo 中 phase 的内容可以为空。TripInfo 信息体中可以包含多个可选的 FaultInfo 信息体，FaultInfo 信息体表示该次动作时相应的电流电压等信息。通过该报告内容可以比较好地反应和显示故障的概况和动作过程。六种主要信息体元素属性见表 7－1－3 所示。

表 7－1－3　　六种主要信息体元素属性

信息体元素名	属性名	属性值类型	说　明
DeviceInfo	name	字符型	装置描述信息名称
	value	字符型	装置描述信息内容
TripInfo	time	字符型	动作报文相对时间
	name	字符型	动作报文名称
	phase	字符型	动作相别，可以为空字符
	value	整型	动作报文变化值，取值0或1

信息体元素名	属性名	属性值类型	说　　　明
FaultInfo	name	字符型	故障参数名称
	value	整形、浮点型 字符型	故障参数实际值
	unit	字符型	故障参数单位，可以为空字符
DigitalStatus	name	字符型	开入自检等信号名称
	value	整型	开入自检等信号故障前状态值，取值 0 或 1
DigitalEvent	time	字符型	开入自检等信号状态变化的相对时间
	name	字符型	开入自检等信号名称
	value	整型	开入自检等信号状态变化值，取值 0 或 1
SettingValue	name	字符型	装置定值名称
	value	整型、浮点型 字符型	故障时装置定值的实际值
	unit	字符型	装置名称单位，可以为空字符

　　TripInfo 信息体中可以包含多个可选的 FaultInfo 信息体。PaultInfo 信息体表示该次动作的电流电压等信息。通过该报告内容可以比较好地反映和显示故障的概况和动作过程。

　　DeviceInfo 信息的内容来源可以为定值或配置文件，其必选部分作为装置识别信息必须记录在 HDR 文件中。FaultInfo、DigitalStatus、DigitalEvent、SettingValue 信息的多少可以根据不同的保护类型、不同的制造厂商而不同。其中 FaultInfo 既可作为单条动作报文的附属信息使用，也可作为动作整组的故障参数使用。各信息体表示的内容如下：

　　1）DeviceInfo 部分记录装置的相关描述信息，具体可见表 7-1-4。

表 7-1-4　　　　　　　　　DeviceInfo 类信息列表

DeviccInfo 类信息名称	标识字符	必选/可选
厂站名称	StationName	必选
一次设备名称	DeviceName	必选
装置型号	DeviceType	必选
程序版本	ProgramVer	必选
网络地址	NetAddr	必选
一次设备调度编号	DeviceNumber	可选
配置版本	ConfigVer	可选
制造厂家	Manufacturer	可选
程序形成时间	ProgramTime	可选
校验码	CheckCode	可选
程序识别号	ProgramID	可选
用户定义…	…	可选

2）TripInfo 部分记录故障过程中的保护动作事件。

3）FaultInfo 部分记录故障过程中的故障电流、故障电压、故障相、故障距离等信息。

4）DigialStatus 部分记录故障前装置开入自检等信号状态。

5）DigitalEvent 部分记录保护故障过程中装置开入自检等信号的变化事件。

6）SettingValue 部分记录故障时装置定值的实际值。

除了 6 种主要信息体，IIDR 文件还需通过 FaultStartTime、DalaFileSize、Fault-KeepingTime 等公共信息体元素记录故障的其他整组信息，见表 7－1－5 所示。

表 7－1－5　　　　　　　　　　　其他公共信息体元素

信息体元素名	值类型	说　明
FaultStartTime	字符型	故障起始时间，格式 YYYY－MM－DD hh：mm：ss
DataFileSize	整型	故障相关 COMTRADE 录波数据 Dat 文件大小，单位字节
FaultKeepingTime	字符型	故障持续时间

六、运行管理

1．总体要求

运行管理总体上应满足如下要求：

（1）支持源端维护和模型校核功能，实现全站信息模型的统一。

（2）建立站内设备完备的基础信息，为站内其他应用提供基础数据。

（3）支持检修流程管理，实现设备检修工作规范化。

2．源端维护

源端维护功能应满足如下要求：

（1）利用基于图模一体化技术的系统配置工具，统一进行信息建模及维护，生成标准配置文件，为各应用提供统一的信息模型及映射点表。

（2）提供的信息模型文件应遵循 SCL、CIM、E 语言格式；图形文件应遵循 Q/GDW 624。

（3）实现 DL/T 860 的 SCD 模型到 DL/T 890 的 CIM 模型的转换，满足主站系统自动建模的需要。

（4）具备模型合法性校验功能，包括站控层与间隔层装置的模型一致性校验，站控层 SCD 模型的完整性校验，支持离线和在线校验方式。

3．权限管理

权限管理应满足如下要求：

（1）应区分设备的使用权限，只允许特定人员使用。

（2）应针对不同的操作，运行人员设置不同的操作权限。

4．设备管理

（1）设备台账信息。设备台账信息应满足如下要求：

1）可采用与生产管理信息系统（PMS）交互、SCD 文件读取和人工录入的方式，建立变电站运行设备完备的基础信息。

2）为一次、二次设备运行、操作、检修、维护管理提供统一的设备信息服务。

3）实现对设备台账信息的版本管理。文件名称应包含时间信息，可追溯。

（2）设备缺陷信息。设备缺陷信息的生成和交互应满足以下要求：

1）通过站内智能设备的自检信息、告警信息和故障信息，自动生成设备缺陷信息。

2）设备运行维护中发现的设备缺陷可人工输入。

3）可与生产管理信息系统（PMS）进行信息交互。

5．保护定值管理

运行管理应包含保护定值管理功能，要求如下：

（1）具备接收定值整定单的功能。

（2）具备保护定值校核及显示修改部分的功能。

6．检修管理

检修管理应满足如下要求：

（1）根据调度检修计划或工作要求生成检修工作票。

（2）应支持对设备检修情况的记录功能，并与设备台账、缺陷信息融合，为故障分析提供数据支持。

七、辅助应用

1．总体要求

辅助应用功能应明确监视范围和信息传输标准，要求如下：

（1）实现对辅助设备运行状态的监视：包括电源、环境、安防、辅助控制等。

（2）支持对辅助设备的操作与控制。

（3）辅助设备的信息模型及通信接口遵循 DL/T 860 标准。

2．电源监测

电源监测应明确检测对象和范围，要求如下：

（1）监测范围包括：交流电源、直流电源、通信电源、逆变电源、绿色电源等。

（2）电源运行状态信息包括：三相交流输入电压、充电装置输出电流、充电装置输出电流、母线电压、电池电压、电池电流、各模块输出电压电流、各种位置信号、各种故障信息、单体电池电压、电池组温度等。

（3）电源告警信息包括：交流输入过压、欠压、缺相，直流母线过压、欠压，电池组过压、欠压，模块故障，电池单体过压、欠压等。

（4）绿色电源监测信息包括：系统母线电压、累积电量、变压器输入/输出电流、逆变器输入/输出电压、输入/输出电流、汇流箱输入/输出电流（光伏发电）、风机运行状态（风力发电）等。

3．安全防护

安全防护应明确监测范围和内容，要求如下：

（1）监测范围包括：视频、安防、消防及门禁等。

（2）安防告警信息包括：红外对射报警、电子围栏报警及警笛等。

（3）消防告警信息包括：烟雾报警及火灾报警等。

（4）门禁信息包括：门开关状态、人员进出记录；对非法闯入、门长时间未关闭及非法刷卡进行告警等。

4. 环境监测

环境监测应明确监控范围和具体内容，要求如下：

（1）监控范围应包括：户内外环境、照明、暖通、给排水等。

（2）户内外环境信息应包括：温度、温度、风力、水浸、SF_6 气体浓度等实时环境信息及告警信息。

（3）照明信息应包括：灯光控制开关状态等。

（4）暖通信息应包括：温度、风机运行状态、空调运行状态等。

（5）给排水信息应包括：水位、水泵运行状态等。

5. 辅助控制

辅助控制应满足如下要求：

（1）对照明系统分区域、分等级进行远程控制。

（2）远程控制空调、风机和水泵的启停。

（3）远程控制声光报警设备。

（4）远程开关门禁。

（5）支持与视频的联动。

八、信息传输

1. 总体要求

信息传输的总体要求如下：

（1）信息传输的内容及格式应标准化、规范化。

（2）信息传输应满足实时性、可靠性要求。

（3）遵循《电力二次系统安全防护总体方案》的要求。

2. 站内信息传输

站内信息传输应满足如下要求：

（1）与测控装置、保护装置、故障录波装置、安控装置、在线监测设备、辅助设备之间信息的传输应遵循 DL/T 860-7-2、DL/T 860-8-1。

（2）同步相量数据传输格式采用 Q/GDW 131，装置参数和装置自检信息的传输遵循 DL/T 860-7-2、DL/T 860-8-1；当同一厂站内有多个 PMU 装置时，应设置通信集中处理模块，汇集各 PMU 装置的数据后，再与智能变电站一体化监控系统通信。

（3）故障录波文件格式采用 GB/T 22386《电力系统暂态数据交换通用格式》。

（4）与网络交换机信息传输应采用 SNMP 协议。

（5）在线监测设备的模型应遵循 Q/GDW 616。

3. 站外信息传输

（1）与调度（调控）中心信息传输应满足如下要求。

1）通过Ⅰ区数据通信网关机传输的内容包括：

a. 电网实时运行的量测值和状态信息。

b. 保护动作及告警信息。

c. 设备运行状态的告警信息。

d. 调度操作控制命令。

2）通过Ⅱ区数据通信网关机传输的内容包括：

a. 告警简报、故障分析报告。

b. 故障录波数据。

c. 状态监测数据。

d. 电能量数据。

e. 辅助应用数据。

f. 模型和图形文件：全站的 SCD 文件，导出的 CIM、SVG 文件等。

g. 日志和历史记录：SOE 事件、故障分析报告、告警简报等历史记录和全站的操作记录。

3）广域相量测量传输的内容包括：

a. 线路和母线正序基波电压相量、正序基波电流相量。

b. 频率和频率变化率。

c. 线路和母线的电压、电流、有功、无功。

d. 配置命令。

e. 电网扰动、低频振荡等事件信息。

4）继电保护信息传输的内容包括：

a. 保护启动、动作及告警信号。

b. 保护定值、定值区和装置参数。

c. 保护压板、软压板和控制字。

d. 装置自检和告警信息。

e. 录波文件列表和录波文件。

f. 保护故障报告：包括录波文件名称、访问路径、时间信息、故障类型、故障线路、测距结果、故障前后的电流、电压最大值和最小值、开关变位等信息。

g. 远方操作命令：定值修改、定值区切换、软压板投退、装置复归。

5）Ⅰ区数据通信网关机的信息传输应遵循 DL/T 634.5104 或 DL/T 860。

6）Ⅱ区数据通信网关机的信息传输遵循 DL/T 860。

7）广域相量测量信息传输由 PMU 数据集中器实现，传输格式遵循 Q/GDW 131。

8）继电保护信息传输由Ⅰ区（或Ⅱ区）数据通信网关机实现；传输规约采用 DL/T 667《远动设备及系统 第 5 部分 传输规约 第 103 篇：继电保护设备信息接口配套标准》或 DL/T 860。

9）应支持与多级调度（调控）中心的信息传输。

（2）与输变电站设备状态监测主站及 PMS 信息传输应满足如下要求。

1）转输的内容包括：

a. 变压器监测数据。

b. 断路器监测数据。

c. 避雷器监测数据。

d. 监测分析结果。

e. 设备台账信息。

f. 设备缺陷信息。

g. 保护定值单。

h. 检修票。

i. 操作票。

2）信息传输由Ⅲ/Ⅳ区数据通信网关机实现。

3）信息模型应遵循 Q/GDW 616 标准，传输协议遵循 DL/T 860。

第二节　智能变电站一体化监控系统建设

一、智能变电站一体化监控系统建设的技术原则

智能变电站一体化监控系统的技术原则如下：

（1）遵循 DL/T 860，实现全站信息统一建模。

（2）建立变电站全景数据，满足基础数据的完整性、准确性和一致性的要求。

（3）实现变电站信息统一存储，提供统一规范的数据访问服务。

（4）继电保护配置及相关技术要求遵循 Q/GDW 441《智能变电站继电保护技术规范》。

（5）与调度主站通信的文件描述和配置遵循 Q/GDW 622、Q/GDW 623 和 Q/GDW 624。

（6）变电站信息通信遵循国家电力监管委员会电监安全〔2006〕34 号文中《电力二次系统安全防护总体方案》和《变电站二次系统安全防护方案》要求。

二、智能变电站一体化管控体系架构

1. 智能变电站自动化体系架构

（1）智能变电站自动化由一体化监控系统和输变电设备状态监测、辅助设备、时钟同步、计量等共同构成。一体化监控系统纵向贯通调度、生产等主站系统，横向联通变电站内各自动化设备，是智能变电站自动化的核心部分。

（2）智能变电站一体化监控系统直接采集站内电网运行信息和二次设备运行状态信息，通过标准化接口与输变电设备状态监测、辅助应用、计量等进行信息交互，实现变电站全景数据采集、处理、监视、控制、运行管理等，其逻辑关系如图 7-2-1 所示。

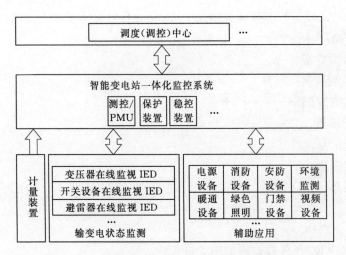

图 7-2-1　智能变电站自动化体系架构逻辑关系图

2. 一体化监控系统架构

智能变电站一体化监控系统可分为安全Ⅰ区和安全Ⅱ区，如图 7-2-2 所示。

（1）在安全Ⅰ区中，监控主机采集电网运行和设备工况等实时数据，经过分析和处理后进行统一展示，并将数据存入数据服务器。Ⅰ区数据通信网关机通过直采直送的方式实现与调度（调控）中心的实时数据传输，并提供运行数据浏览服务。

（2）在安全Ⅱ区中，综合应用服务器与输变电设备状态监测和辅助设备进行通信，采集电源、计量、消防、安防、环境监测等信息，经过分析和处理后进行可视化展示，并将数据存入数据服务器。Ⅱ区数据通信网关机通过防火墙从数据服务器获取Ⅱ区数据和模型等信息，与调度（调控）中心进行信息交互，提供信息查询和远程浏览服务。

（3）综合应用服务器通过正反向隔离装置向Ⅲ/Ⅳ区数据通信网关机发布信息，并由Ⅲ/Ⅳ区数据通信网关机传输给其他主站系统。

（4）数据服务器存储变电站模型、图形和操作记录、告警信息、在线监测、故障波形等历史数据，为各类应用提供数据查询和访问服务。

（5）计划管理终端实现调度计划、检修工作票、保护定值单的管理等功能。视频可通过综合数据网通道向视频主站传送图像信息。

三、智能变电站一体化监控系统功能要求

（一）功能结构

智能变电站一体化监控系统的应用功能结构如图 7-2-3 所示，分为 3 个层次：数据采集和统一存储、数据消息总线和统一访问接口、五类应用功能。

五类应用动能包括：运行监视、操作与控制、信息综合分析与智能告警、运行管理、辅助应用。

（二）运行监视

通过可视化技术，实现对电网运行信息、保护信息、一次设备、二次设备运行状态等信息的运行监视和综合展示。包含以下 3 个方面：

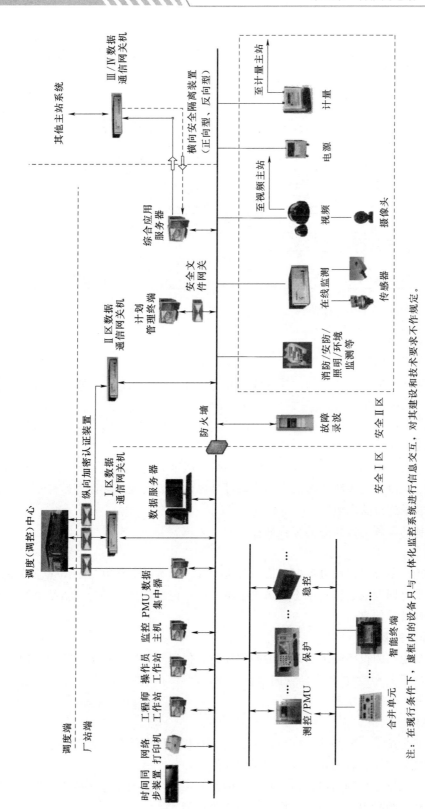

图7-2-2 智能变电站一体化监控系统架构示意图

注：在现行条件下，虚框内的设备只与一体化监控系统进行信息交互，对其建设和技术要求不作规定。

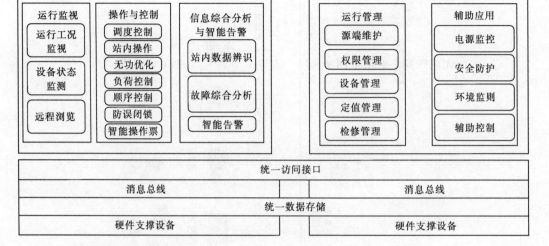

图 7-2-3 智能变电站一体化监控系统应用功能结构示意图

1. 运行工况监视

（1）实现智能变电站全景数据的统一存储和集中展示。

（2）提供统一的信息展示界面，综合展示电网运行状态、设备监测状态、辅助应用信息、事件信息、故障信息。

（3）实现装置压板状态的实时监视，当前定值区的定值及参数的召唤、显示。

2. 设备状态监测

（1）实现一次设备的运行状态的在线监视和综合展示。

（2）实现二次设备的在线状态监视，宜通过可视化手段实现二次设备运行工况、站内网络状态和虚端子连接状态监视。

（3）实现辅助设备运行状态的综合展示。

3. 远程浏览

调度（调控）中心可以通过数据通信网关机，远方查看智能变电站一体化监控系统的运行数据，包括电网潮流、设备状态、历史记录、操作记录、故障综合分析结果等各种原始信息以及分析处理信息。

（三）操作与控制

实现智能变电站内设备就地和远方的操作控制。包括顺序控制、无功优化控制、正常或紧急状态下的开关/刀闸操作、防误闭锁操作等。调度（调控）中心通过数据通信网关机实现调度控制、远程浏览等。

1. 站内操作

（1）具备对全站所有断路器、电动开关、主变有载调压分接头、无功功率补偿装置及与控制运行相关的智能设备的控制及参数设定功能。

（2）具备事故紧急控制功能，通过对开关的紧急控制，实现故障区域快速隔离。

（3）具备软压板投退、定值区切换、定值修改功能。

2．调度控制

（1）支持调度（调控）中心对站内设备进行控制和调节。

（2）支持调度（调控）中心对保护装置进行远程定值区切换和软压板投退操作。

3．自动控制

（1）无功优化控制。根据电网实际负荷水平，按照一定的策略对站内电容器、电抗器和变压器挡位进行自动调节，并可接收调度（调控）中心的投退和策略调整指令。

（2）负荷优化控制。根据预设的减载目标值，在主变过载时根据确定的策略切负荷，可接收调度（调控）中心的投退和目标值调节指令。

（3）顺序控制。在满足操作条件的前提下，按照预定的操作顺序自动完成一系列控制功能，宜与智能操作票配合进行。

（4）防误闭锁。根据智能变电站电气设备的网络拓扑结构，进行电气设备的有电、停电、接地三种状态的拓扑计算，自动实现防止电气误操作逻辑判断。

（5）智能操作票。在满足防误闭锁和运行方式要求的前提下，自动生成符合操作规范的操作票。

（四）信息综合分析与智能告警

通过对智能变电站各项运行数据（站内实时/非实时运行数据、辅助应用信息、各种报警及事故信号等）的综合分析处理，提供分类告警、故障简报及故障分析报告等结果信息。包含以下内容：

1．站内数据辨识

（1）数据校核。检测可疑数据，辨识不良数据，校核实时数据准确性。

（2）数据筛选。对智能变电站告警信息进行筛选、分类、上送。

2．故障分析决策

（1）故障分析。在电网事故、保护动作、装置故障、异常报警等情况下，通过综合分析站内的事件顺序记录、保护事件、故障录波、同步相量测量等信息，实现故障类型识别和故障原因分析。

（2）分析决策。根据故障分析结果，给出处理措施。宜通过设立专家知识库，实现单事件推理、关联多事件推理、故障智能推理等智能分析决策功能。

（3）人机互动。根据分析决策结果，提出操作处理建议，并将事故分析的结果进行可视化展示。

3．智能告警

建立智能变电站故障信息的逻辑和推理模型，进行在线实时分析和推理，实现告警信息的分类和过滤，为调度（调控）中心提供分类的告警简报。

（五）运行管理

通过人工录入或系统交互等手段，建立完备的智能变电站设备基础信息，实现一次、二次设备运行、操作、检修、维护工作的规范化。具体内容如下：

1．源端维护

（1）遵循 Q/GDW 624，利用图模一体化建模工具生成包含变电站主接线图、网络拓扑、一次设备和二次设备参数及数据模型的标准配置文件，提供给一体化监控系统与调度

（调控）中心。

（2）智能变电站一体化监控系统与调度（调控）中心根据标准配置文件，自动解析并导入到自身系统数据库中。

（3）变电站配置文件改变时，装置、一体化监控系统与调度（调控）中心之间应保持数据同步。

2．权限管理

（1）设置操作权限，根据系统设置的安全规则或者安全策略，操作员可以访问且只能访问自己被授权的资源。

（2）自动记录用户名、修改时间、修改内容等详细信息。

3．设备管理

（1）通过变电站配置描述文件（SCD）的读取、与生产管理信息系统交互和人工录入三种方式建立设备台账信息。

（2）通过设备的自检信息、状态监测信息和人工录入三种方式建立设备缺陷信息。

4．定值管理

接收定值单信息，实现保护定值自动校核。

5．检修管理

通过计划管理终端，实现检修工作票生成和执行过程的管理。

（六）辅助应用

通过标准化接口和信息交互，实现对站内电源、安防、消防、视频、环境监测等辅助设备的监视与控制。包含以下 4 个方面的内容。

1．电源监控

采集交流、直流、不间断电源、通信电源等站内电源设备运行状态数据，实现对电源设备的管理。

2．安全防护

接收安防、消防、门禁设备运行及告警信息，实现设备的集中监控。

3．环境监测

对站内的温度、湿度、风力、水浸等环境信息进行实时采集、处理和上传。

4．辅助控制

实现与视频、照明的联动。

四、应用功能数据流向

智能变电站五类应用功能数据流向见图 7 - 2 - 4。

（一）内部数据流

运行监视、操作与控制、信息综合分析与智能告警、运行管理和辅助应用通过标准数据总线与接口进行信息交互，并将处理结果写入数据服务器。五类应用流入、流出数据如下：

1．运行监视

（1）流入数据：告警信息、历史数据、状态监测数据、保护信息、辅助信息、分析结

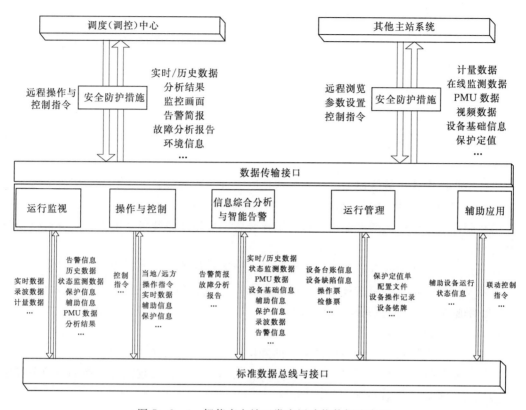

图 7-2-4 智能变电站五类应用功能数据流向图

果信息等。

（2）流出数据：实时数据、录波数据、计量数据等。

2．操作与控制

（1）流入数据：当地/远方的操作指令、实时数据、辅助信息、保护信息等。

（2）流出数据：设备控制指令。

3．信息综合分析与智能告警

（1）流入数据：实时/历史数据、状态监测数据、PMU 数据、设备基础信息、辅助信息、保护信息、录波数据、告警信息等。

（2）流出数据：告警简报、故障分析报告等。

4．运行管理

（1）流入数据：保护定值单、配置文件、设备操作记录、设备铭牌等。

（2）流出数据：设备台账信息、设备缺陷信息、操作票和检修票等。

5．辅助应用

（1）流入数据：联动控制指令。

（2）流出数据：辅助设备运行状态信息。

（二）外部数据流

智能变电站一体化监控系统的五类应用通过数据通信网关机与调度（调控）中心及其他主站系统进行信息交互。外部信息流如下：

（1）流入数据：远程浏览和远程控制指令。

（2）流出数据：实时/历史数据、分析结果、监视画面、设备基础信息、环境信息、告警简报、故障分析报告等。

五、智能变电站一体化监控系统结构

（一）系统结构

智能变电站一体化监控系统由站控层、间隔层、过程层设备，以及网络和安全防护设备组成。

（1）站控层设备包括监控主机、数据通信网关机、数据服务器、综合应用服务器、操作员站、工程师工作站、PMU 数据集中器和计划管理终端等。

（2）间隔层设备包括继电保护装置、测控装置、故障录波装置、网络记录分析仪及稳控装置等。

（3）过程层设备包括合并单元、智能终端、智能组件等。

220kV 及以上电压等级智能变电站一体化监控系统结构如图 7 - 2 - 5 所示，110(66) kV 智能变电站一体化监控系统结构如图 7 - 2 - 6 所示。

（二）网络结构

变电站网络在逻辑上由站控层网络、间隔层网络、过程层网络组成：

（1）站控层网络：间隔层设备和站控层设备之间的网络，实现站控层内部以及站控层与间隔层之间的数据传输。

（2）间隔层网络：用于间隔层设备之间的通信，与站控层网络相连。

（3）过程层网络：间隔层设备和过程层设备之间的网络，实现间隔层设备与过程层设备之间的数据传输。

全站的通信网络应采用高速工业以太网组成，传输带宽应大于或等于 100Mbit/s，部分中心交换机之间的连接宜采用 1000Mbit/s 数据端口互联。

（三）站控层网络

站控层网络采用结构、传输速率和主要连接设备：

（1）站控层网络采用星型结构。

（2）站控层网络采用 100Mbit/s 或更高速度的工业以太网。

（3）站控层交换机连接数据通信网关机、监控主机、综合应用服务器、数据服务器等设备。

（四）间隔层网络

间隔层网络连接站控层网络，采用星型结构，传输速率和主要连接设备：

（1）间隔层网络采用 100Mbit/s 或更高速度的工业以太网。

（2）间隔层交换机连接间隔内的保护、测控和其他智能电子设备，用于间隔内信息交换。

（3）宜通过划分虚拟局域网（VLAN）将网络分隔成不同的逻辑网段。

（五）过程层网络

过程层网络包括 GOOSE 网和 SV 网，分别要求如下：

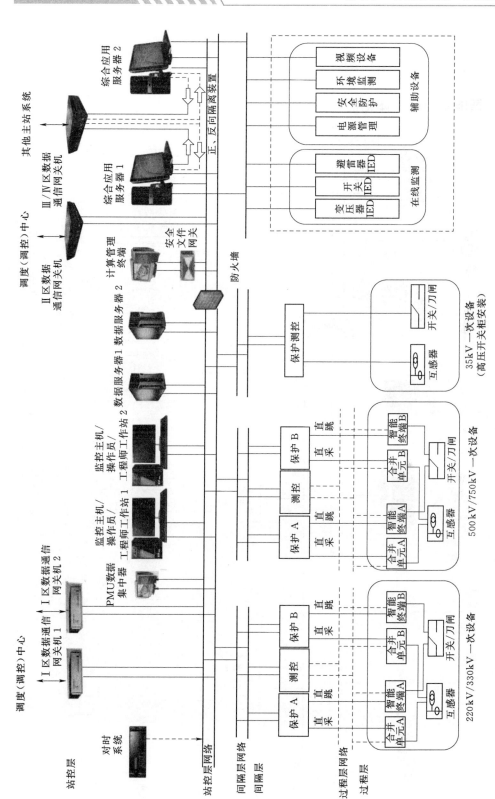

图 7 - 2 - 5　220kV 及以上电压等级智能变电站一体化监控系统结构示意图

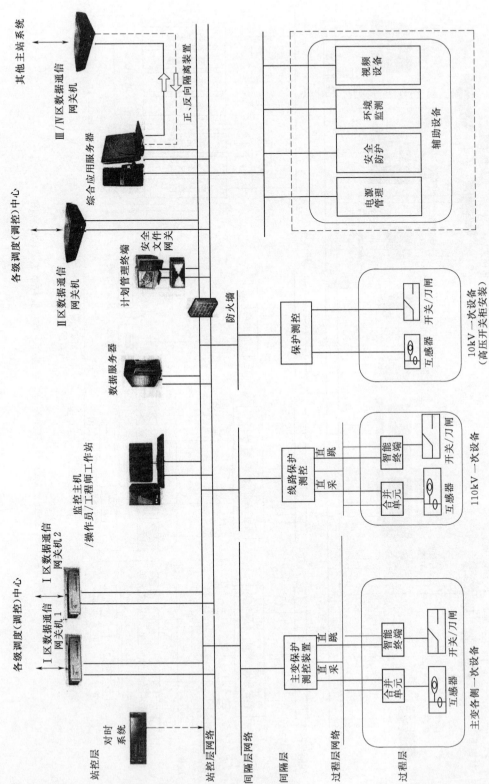

图 7 - 2 - 6 110(66)kV 电压等级智能变电站一体化监控系统结构示意图

1. GOOSE 网

（1）采用 100Mbit/s 或更高速度的工业以太网。

（2）用于间隔层和过程层设备之间的数据交换。

（3）按电压等级配置，采用星形结构。

（4）220kV 以上电压等级应采用双网。

（5）保护装置与本间隔的智能终端设备之间采用点对点通信方式。

2. SV 网

（1）采用 100Mbit/s 或更高速度的工业以太网。

（2）用于间隔层和过程层设备之间的采样值传输。

（3）按电压等级配置，采用星形结构。

（4）保护装置以点对点方式接入 SV 数据。

六、智能变电站一体化监控系统配置

（一）硬件配置

1. 站控层设备

站控层负责变电站的数据处理、集中监控和数据通信，包括监控主机、数据通信网关机、数据服务器、综合应用服务器、操作员站、工程师工作站、PMU 数据集中器、计划管理终端、二次安全防护设备、工业以太网交换机及打印机等。

（1）主要设备功能要求如下。

1）监控主机：负责站内各类数据的采集、处理，实现站内设备的运行监视、操作与控制、信息综合分析及智能告警，集成防误闭锁操作工作站和保护信息子站等功能。

2）操作员站：站内运行监控的主要人机界面，实现对全站一次、二次设备的实时监视和操作控制，具有事件记录及报警状态显示和查询、设备状态和参数查询、操作控制等功能。

3）工程师工作站：实现智能变电站一体化监控系统的配置、维护和管理。

4）Ⅰ区数据通信网关机：直接采集站内数据，通过专用通道向调度（调控）中心传送实时信息，同时接收调度（调控）中心的操作与控制命令。采用专用独立设备，无硬盘、无风扇设计。

5）Ⅱ区数据通信网关机：实现Ⅱ区数据向调度（调控）中心的数据传输，具备远方查询和浏览功能。

6）Ⅲ/Ⅳ区数据通信网关机：实现与 PMS、输变电设备状态监测等其他主站系统的信息传输。

7）综合应用服务器：接收站内一次设备在线监测数据、站内辅助应用、设备基础信息等，进行集中处理、分析和展示。

8）数据服务器：用于变电站全景数据的集中存储，为站控层设备和应用提供数据访问服务。

（2）220kV 及以上电压等级智能变电站主要设备配置要求如下。

1）监控主机宜双重化配置。

2) 数据服务器宜双重化配置。

3) 操作员站和工程师工作站宜与监控主机合并。

4) 综合应用服务器可双重化配置。

5) Ⅰ区数据通信网关机双重化配置。

6) Ⅱ区数据通信网关机单套配置。

7) Ⅲ/Ⅳ区数据通信网关机单套配置。

8) 500kV及以上电压等级有人值班智能变电站操作员站可双重化配置。

9) 500kV及以上电压等级智能变电站工程师工作站可单套配置。

(3) 110(66)kV智能变电站主要设备配置要求如下。

1) 监控主机可单套配置。

2) 数据服务器单套配置。

3) 操作员站、工程师工作站与监控主机合并，宜双套配置。

4) 综合应用服务器单套配置。

5) Ⅰ区数据通信网关机双重化配置。

6) Ⅱ区数据通信网关机单套配置。

7) Ⅲ/Ⅳ区数据通信网关机单套配置。

2. 间隔层设备

(1) 220kV及以上电压等级智能变电站主要设备配置要求如下。

1) 测控装置应独立配置。

2) 测控装置有以下3种配置模式，应根据工程实际情况进行选择。

a. 配单套测控装置接单网模式：仅接入过程层A网，实现对过程层A网SV数据采样和A网智能终端GOOSE状态信息传输。

b. 配单套测控装置跨双网模式：跨接到过程层的A网、B网段，实现对A网、B网的SV数据的二取一采样和智能终端数据的GOOSE状态信息传输，跨接双网的网口具有独立的网络接口控制器。

c. 测控双重化配置模式：分别接入过程层A网、B网，实现对A网、B网的SV数据的冗余采样和智能终端数据的GOOSE状态信息传输。

3) 其他设备配置参见《国家电网公司输变电工程通用设计［110(66)～750kV智能变电站部分（2011版)]》。

(2) 110(66)kV智能变电站主要设备配置参见《国家电网公司输变电工程通用设计［110(66)～750kV智能变电站部分（2011版)]》。

3. 过程层设备

过程层主要设备配置要求如下：

(1) 合并单元应独立配置，每周波采样点可配置，采样同步误差不大于$1\mu s$，支持DL/T 860.92、GB/T 20840.8。

(2) 智能终端应独立配置，输入/输出可灵活配置。

(3) 合并单元和智能终端应满足就地安装的防护要求。

(4) 其他设备配置参见《国家电网公司输变电工程通用设计［110(66)～750kV智能

变电站部分 2011 版]》。

（二）系统软件配置

1. 系统软件

主要系统软件包括操作系统、历史/实时数据库和标准数据总线与接口等，配置要求如下。

（1）操作系统。操作系统应采用 Linux/UNIX 操作系统。

（2）历史数据库。采用成熟商用数据库。提供数据库管理工具和软件开发工具进行维护、更新和扩充操作。

（3）实时数据库。提供安全、高效的实时数据存取，支持多应用并发访问和实时同步更新。

（4）应用软件。采用模块化结构，具有良好的实时响应速度和稳定性、可靠性、可扩充性。

（5）标准数据总线与接口。应提供基于消息的信息交换机制，通过消息中间件完成不同应用之间的消息代理、传送功能。

2. 工具软件

工具软件包括系统配置工具和模型校核工具。

（1）系统配置工具：

1）提供独立的系统配置工具和装置配置工具，能正确识别和导入不同制造商的模型文件，具备良好的兼容性。

2）系统配置工具应支持对一次设备、二次设备的关联关系、全站的智能电子设备（IED）实例以及 IED 间的交换信息进行配置，导出全站 SCD 配置文件；支持生成或导入变电站规范模型文件（SSD）和智能电子设备配置描述（ICD）文件，且应保留 ICD 文件的私有项。

3）装置配置工具应支持装置 ICD 文件生成和维护，支持从 SCD 文件中提取需要的装置实例配置信息。

4）应具备虚端子导出功能，生成虚端子连接图，以图形形式来表达各虚端子之间的连接。

（2）模型校核工具：

1）应具备 SCD 文件导入和校验功能，可读取智能变电站 SCD 文件，测试导入的 SCD 文件的信息是否正确。

2）应具备合理性检测功能，包括介质访问控制（MAC）地址、网际协议（IP）地址唯一性检测和 VLAN 设置及端口容量合理性检测。

3）应具备智能电子设备实例配置文件（CID）文件检测功能，对装置下装的 CID 文件行检测，保证与 SCD 导出的文件内容一致。

3. 时间同步

智能变电站应配置一套时间同步子系统，配置要求如下。

（1）时间同步子系统由主时钟和时钟扩展装置组成，时钟扩展装置数量按工程实际需求确定。

（2）主时钟应双重化配置，支持北斗导航系统（BD）、全球定位系统（GPS）和地面授时信号，优先采用北斗导航系统，主时钟同步精度优于 $1\mu s$，守时精度优于 $1\mu s/h$（12h 以上）。

（3）站控层设备宜采用简单网络时间协议（SNTP）对时方式。

（4）间隔层和过程层设备宜采用 IRIG-B、PPS 对时方式。

4. 性能要求

智能变电站一体化监控系统主要性能指标要求如下。

（1）模拟量越死区传送整定最小值小于 0.1%（额定值），并逐点可调。

（2）事件顺序记录分辨率（SOE）：间隔层测控装置不大于 1ms。

（3）模拟量信息响应时间（从 I/O 输入端至数据通信网关机出口）不大于 2s。

（4）状态量变化响应时间（从 I/O 输入端至数据通信网关机出口）不大于 1s。

（5）站控层平均无故障间隔时间（$MTBF$）不小于 20000h，间隔层测控装置平均无故障间隔时间不小于 30000h。

（6）站控层各工作站和服务器的 CPU 平均负荷率：正常时（任意 30min 内）不大于 30%，电力系统故障时（10s 内）不大于 50%。

（7）网络平均负荷率：正常时（任意 30min 内）不大于 20%，电力系统故障时（10s 内）不大于 40%。

（8）画面整幅调用响应时间：实时画面不大于 1s，其他画面不大于 2s。

（9）实时数据库容量：模拟量不小于 5000 点，状态量不小于 10000 点，遥控不小于 3000 点，计算量不小于 2000 点。

（10）历史数据库存储容量：历史数据存储时间不小于 2 年，历史曲线采样间隔 1～30min（可调），历史趋势曲线不小于 300 条。

七、数据采集与信息传输

数据采集应满足变电站当地运行管理和调度（调控）中心及其他主站系统的数据需求，满足智能电网调度技术支持系统以及调控一体化运行模式的要求，数据采集范围和传输要求如下：

（1）数据采集范围应包括电网运行数据、设备运行信息、变电站运行异常信息。

（2）电网运行信息包括稳态、动态和暂态数据。

（3）设备运行信息包括一次设备、二次设备和辅助设备运行信息。

（4）变电站运行异常信息包括保护动作、异常告警、自检信息和分析结果信息等。

（5）变电站内变电站与主站交互的图形格式遵循 Q/GDW 624。

（6）数据传输采用 DL/T 860。

（7）变电站与主站交互的模型格式遵循 Q/GDW 215。

（8）变电站与主站之间通信采用 DL/T 634.5101、DL/T 634.5104 或 DL/T 860。

八、二次系统安全防护

智能变电站一体化监控系统安全分区及防护原则如下：

（1）安全Ⅰ区的设备包括一体化监控系统监控主机、Ⅰ区数据通信网关机、数据服务器、操作员站、工程师工作站、保护装置、测控装置、PMU等。

（2）安全Ⅱ区的设备包括综合应用服务器、计划管理终端、Ⅱ区数据通信网关机、变电设备状态监测装置、视频监控、环境监测、安防、消防等。

（3）安全Ⅰ区设备与安全Ⅱ区设备之间通信应采用防火墙隔离。

（4）智能变电站一体化监控系统通过正反向隔离装置向Ⅲ/Ⅳ区数据通信网关机传送数据，实现与其他主站的信息传输。

（5）智能变电站一体化监控系统与远方调度（调控）中心进行数据通信应设置纵向加密认证装置。

第八章 智能变电站在线监测

第一节 智能变电站在线监测系统

一、技术原则

随着输变电设备状态检修策略的全面推进和智能电网建设加速发展，输变电状态监测及故障诊断技术得到广泛应用，输变电设备状态监测系统的安全性、可靠性、稳定性以及测量结果的准确性直接影响状态检修策略的有效开展，以及智能电网设备状态可视化功能和状态的有效监控。

1. 安全、可靠

在线监测系统的接入不应改变一次电气设备的完整性和正常运行，能准确可靠地连续或周期性监测、记录被监测设备的状态参数及特征信息，监测数据应能反映设备状态，并且系统具有自检、自诊断和数据上传功能。

2. 先进、成熟

在线监测系统具有测量数字化、功能集成化、通信网络化、状态可视化等主要技术特征，符合易扩展、易升级、易改造、易维护的工业化应用要求。

3. 灵活、高效

在线监测系统的配置可根据被监测设备的重要性、监测装置的可靠性、维护及投入成本等灵活选择。

4. 标准、统一

在线监测系统应以变电站为对象，建立统一的状态监测、分析、预测和预警平台，建立统一的通信标准。

二、系统架构

1. 系统框架

在线监测系统分为过程层、间隔层和站控层，这和智能电网的要求基本相同。

过程层为各种监测装置，监测装置以监测项目为对象，如变压器油中溶解气体监测装置、变压器局部放电监测装置等。过程层包括变压器（电抗器）、断路器（GIS）、电容型设备等一次设备的在线监测装置。实现变电设备状态信息自动采集、测量、就地数字化等功能。监测装置应该采用统一的通信协议与综合监测单元通信，或直接与站端监测单元通信，推荐采用 DL/T 860 标准。

间隔层为综合监测单元，综合监测单元以被监测设备为对象，包括变压器/电抗器综合监测单元、断路器/GIS 综合监测单元、电容型设备综合监测单元。实现被监测设备全部监测装置的监测数据汇集、智能化数据加工处理、标准化数据通信代理等功能。综合监测单元支持多种协议的转换，采用 DL/T 860.81 标准与站端监测单元通信。

站控层为站端监测单元，站端监测单元以变电站为监测对象，实现整个在线监测系统的运行控制，以及站内所有变电设备的在线监测数据的汇集、阈值比较、趋势分析、故障诊断、监测预警、数据展示（设在集控站）、存储和标准化数据转发等功能。站端监测单元应具有 CAC 的功能与上层平台通信。

今后，在变电站不会再出现一个监测项目构成一个独立监测系统的情况，也不会出现一个设备安装多套监测系统的情况，而是以变电站为监测对象，同一设备通过综合监测单元将不同的监测装置联系在一起，对应各设备的综合监测单元通过站端监测单元联系在一起，最终形成以变电站为对象的统一的在线监测系统。

变电设备在线监测系统一般采用总线式的分层分布式结构，分为过程层、间隔层和站控层。

对于过程层到间隔层未采用 DL/T 860 通信标准的在线监测系统，应在间隔层配置综合监测单元，实现在线监测装置通信标准统一转换为 DL/T 860 与站端监测单元通信。其系统结构如图 8-1-1 所示。

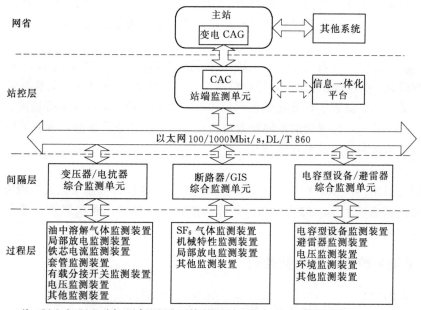

注：CAG 和 CAC 引自《国家电网公司输变电设备状态监测系统概要设计》。

图 8-1-1 在线监测系统框架图之一

对于各层之间均采用 DL/T 860 通信标准的在线监测系统，其系统结构如图 8-1-2 所示。

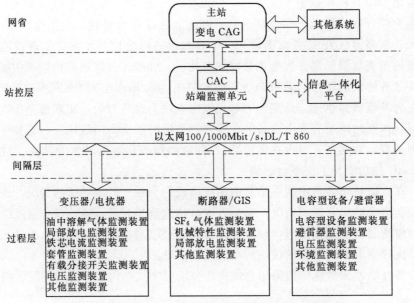

注：CAG 和 CAC 引自《国家电网公司输变电设备状态监测系统概要设计》。

图 8-1-2　在线监测系统框架图之二

2. 过程层

过程层包括变压器、电抗器、断路器、GIS、电容型设备、金属氧化物避雷器等一次设备的在线监测装置。实现变电设备状态信息自动采集、测量、就地数字化等功能。

3. 间隔层

在图 8-1-1 中，间隔层包括变压器/电抗器综合监测单元、断路器/GIS 综合监测单元、电容型设备/金属氧化物避雷器综合监测单元。实现被监测设备相关监测装置的监测数据汇集、数据加工处理、标准化数据通信代理、阈值比较、监测预警等功能。

在图 8-1-2 中，过程层的监测装置均符合 DL/T 860 通信标准，省去了综合监测单元，监测装置直接与站端监测单元通信。

4. 站控层

站控层包括站端监测单元。实现整个在线监测系统的运行控制，以及站内所有变电设备的在线监测数据的汇集、综合分析、故障诊断、监测预警、数据展示（设在集控站）、存储和标准化数据转发等功能。

三、监测系统选用与配置原则

（一）选用原则

（1）变电设备在线监测装置的选用应综合考虑设备的运行状况、重要程度、资产价值等因素，并通过经济技术比较，选用成熟可靠、具有良好运行业绩的产品。

（2）对于设备状态信息的采样，不应改变一次设备的完整性和安全性。

（3）变电设备在线监测装置的型式试验报告和相关技术文件应齐全、完整、准确、有效，并有一年以上的挂网运行证明。

（4）变电设备在线监测系统配置，应以变电站（集控站）为对象，综合考虑各种变电设备需求，制定具备统一信息平台的配置方案。

（5）变电设备在线监测系统功能、结构、数据通信等技术要求需满足本导则及《变电设备在线监测装置通用技术规范》等标准的要求。

（6）随主设备配套的在线监测系统功能、结构、数据通信等技术要求，也须满足本导则及《变电设备在线监测装置通用技术规范》等标准的要求。

（二）配置原则

基于在线监测技术的发展水平、在线监测系统应用效果以及变电设备重要程度，在线监测系统配置原则如下：

1. 变压器、电抗器

（1）750kV 及以上电压等级油浸式变压器、电抗器应配置油中溶解气体在线监测装置。

（2）±400kV 及以上电压等级换流变压器、500kV 油浸式变压器应配置油中溶解气体在线监测装置。

（3）500(330) kV 电抗器、330kV、220kV 油浸式变压器宜配置油中溶解气体在线监测装置。

（4）对于 110(66) kV 电压等级油浸式变压器（电抗器）存在以下情况之一的宜配置油中溶解气体在线监测装置。

1）存在潜伏性绝缘缺陷。

2）存在严重家族性绝缘缺陷。

3）运行时间超过 15 年。

4）运行位置特别重要。

（5）220kV 及以上电压等级变压器、换流变可根据需要配置铁芯、夹件接地电流在线监测装置。

（6）500(330)kV 及以上电压等级油浸式变压器和电抗器可根据需要配置油中含水量在线监测装置。

（7）220kV 及以上电压等级变压器宜预留供日常检测使用的超高频传感器及测试接口，以满足运行中开展局部放电带电检测需要；对局部放电带电检测异常的，可根据需要配置局部放电在线监测装置进行连续或周期性跟踪监视。

（8）220kV 及以上电压等级变压器可预埋光纤测温传感器及测试接口。

2. 断路器及 GIS（含 HGIS）

（1）500kV 及以上电压等级 SF$_6$ 断路器或 220kV 及以上电压等级 GIS 可根据需要配置 SF$_6$ 气体压力和湿度在线监测装置。

（2）220kV 及以上电压等级 GIS 应预留供日常检测使用的超高频传感器及测试接口，以满足运行中开展局部放电带电检测需要；对局部放电带电检测异常的，可根据需要配置局部放电在线监测装置进行连续或周期性跟踪监视。

（3）220kV 及以上电压等级 SF$_6$ 断路器及 GIS 可逐步配置断路器分合闸线圈电流在线监测装置。

3. 电容型设备

（1）220kV 及以上电压等级变压器（电抗器）套管可配置在线监测装置，实现对全电流、tanδ、电容量、三相不平衡电流或不平衡电压等状态参量的在线监测。

（2）对于 110(66)kV 电压等级电容型设备存在以下情况之一的宜配置在线监测装置：

1）存在潜伏性绝缘缺陷。

2）存在严重家族性绝缘缺陷。

3）运行位置特别重要。

（3）倒立式油浸电流互感器、SF$_6$ 电流互感器因其结构原因不宜配置在线监测装置。

4. 金属氧化物避雷器

220kV 及以上电压等级金属氧化物避雷器宜配置阻性电流在线监测装置。

5. 其他在线监测装置

其他在线监测装置应在技术成熟完善后，经由具有资质的检测单位检测合格方可试点应用。

四、功能要求

1. 在线监测装置功能

（1）实现被监测设备状态参数的自动采集、信号调理、模数转换和数据的预处理功能。

（2）实现监测参量就地数字化和缓存，监测结果可根据需要定期发至综合监测单元或站端监测单元，也可通过计算机本地提取。

（3）监测装置至少可以存储一周的数据。

（4）若已安装综合监测单元或站端监测单元，可不实现上述（2）和（3）项功能。

2. 综合监测单元功能

（1）汇聚被监测设备所有相关监测装置发送的数据，结合计算模型生成站端监测单元可以直接利用的标准化数据，具备计算机本地提取数据的接口。

（2）具有初步分析（如阈值、趋势等比较）、预警功能。

（3）作为监测装置和站端监测单元的数据交互和控制节点，实现现场缓存和转发功能。包括上传综合监测单元的标准化数据；下传站端监测单元发出的控制命令，如计算模型参数下装、数据召唤、对时、强制重启等。

3. 站端监测单元功能

（1）对站内在线监测装置、综合监测单元以及所采集的状态监测数据进行全局监视管理，支持人工召唤和定时自动轮询两种方式采集监测数据，可实现对在线监测装置和综合监测单元安装前和安装后的检测、配置和注册等功能。

（2）建立统一的数据库，进行时间序列存盘，实现在线数据的集中管理，并具有 CAC 的功能与上层平台通信，同时具有与站内信息一体化平台交互的接口。

（3）实现变电设备状态监测数据综合分析、故障诊断及预警功能。

（4）系统具有可扩展性和二次开发功能，可接入的监测装置类型、监视画面、分析报表等不受限制；同时系统的功能亦可扩充，应用软件采用 SOA 架构，支持状态检测数据分析算法的添加、删除、修改操作，能适应在线监测与运行管理的不断发展。

（5）实现变电设备状态监测数据及分析结果发布平台，提供图形、曲线、报表等数据发布工具。

（6）具有远程维护和诊断功能，可通过远程登录实现系统异地维护、升级、故障诊断和排除等工作。

五、通信要求

1. 一般性要求

（1）变电设备在线监测系统应采用满足监测数据传输要求的标准、可靠的通信网络。

（2）间隔层向站控层传送的变电设备状态监测数据接入规范应满足本节八的要求。

（3）变电站过程层和间隔层之间宜选用统一的通信协议，推荐采用符合 DL/T 860 标准的通信协议。

（4）基于 DL/T 860 标准的变电设备在线监测系统宜采用 100M 及以上高速以太网作为通信网络。

2. 监测装置通信要求

监测装置应该采用统一的通信协议与综合监测单元通信。直接与站端监测单元通信，应采用 DL/T 860.92 标准。

3. 综合监测单元通信要求

综合监测单元支持多种协议的转换，采用 DL/T 860.81 标准与站端监测单元通信。

4. 站端监测单元通信要求

站端监测单元应具有 CAC 的功能与上层平台通信。

六、技术要求

1. 总体技术要求

（1）连续或周期性监测、记录被监测设备状态的参数。及时有效地跟踪设备的状态变化，有利于预防事故的发生。

（2）根据监测数据能够有效判断被监测设备状况，以便调整设备试验周期，减少不必要的停电试验，或对潜伏性故障进行预警。

（3）在线监测系统宜具备多种输出接口，具有与其他监控系统间按统一通信规约相连的接口；系统还宜具有多种报警输出接口，既可以通过其他监控系统报警，又可按常规报警装置。

（4）在线监测系统的软件具有良好的人机界面，操作简单，便于运用。

（5）在满足故障判断要求的前提下，装置和单元的结构应简单，使用维护应方便。

（6）应严格遵照《电力二次系统安全防护总体方案》和《变电站二次系统安全防护方案》的要求，实现在线监测数据安全接入主站（如身份认证、数据加解密等），确保信息安全。

（7）在线监测系统设计寿命一般应不少于 8 年；对于预埋在设备内部的传感器，其设计寿命应不少于被监测设备的使用寿命。

2. 监测装置技术要求

（1）监测装置向上层单元传送经过信号调理、模数转换和预处理的被监测设备状态监测数据，以及接受上层单元下传的参数配置、数据召唤、对时、强制重启等控制命令。

（2）监测装置安装在被监测设备附近，需要对信号与电路实施有效的隔离和绝缘，其电源也应采用合适的隔离措施。

3. 综合监测单元技术要求

（1）综合监测单元向站端监测单元传送经过计算模型生成的站端监测单元可以直接利用的标准化数据以及简单的分析结果和预警信息，并接收上层单元下传的更新分析模型、更新配置、数据召唤、对时、强制重启等控制命令。

（2）重要的综合监测单元，应该具有备用单元。

（3）综合监测单元安装在被监测设备附近，需要对信号与电路实施有效的隔离和绝缘，其电源也应采用合适的隔离措施。

4. 站端监测单元技术要求

（1）站端监测单元向上层传送经过深度加工的数据（即"熟数据"）、分析诊断结果、预警信息以及根据上层需求定制的数据，并接受上层单元下传的下装分析模型、参数配置、数据召唤、对时、强制重启等控制命令。

（2）站端监测单元的安全性和可靠性直接影响安全系统稳定运行，应采用主备设计（即主机出故障后，备用计算机能代替主机运行），其电源应采用 UPS 供电，通信模板应采用良好隔离措施，以防止由于异常干扰电压损坏主机。还应有防止主机"死机"的措施。

（3）计算机系统应安装完整、安全、可靠的操作系统、应用软件和数据库软件。

（4）宜分别建立历史数据库和实时数据库，历史数据库应能存放 5 年以上的历史数据，实时数据库存放最近的实测数据。

（5）应能根据生产运行需要及变电站设备变更的实际状况，对监测系统进行配置和修改。

（6）对装置厂商开放在线监测系统的数据结构，负责解释其含义；对监测系统数据分析算法进行封装，用适应 CAC 的标准接口提供给上层平台调用。

（7）应具有专门软硬件设备，对操作系统、数据库系统、应用软件系统及其他软件和数据进行管理、维护、备份和故障恢复。

七、在线监测系统的试验、调试、验收

（一）试验

1. 型式试验

在线监测装置、综合监测单元及站端监测单元在设计完成后，为了验证产品能否满足技术规范的全部要求，对试制出来的新产品进行的定型试验。只有通过型式试验，该产品才能正式投入生产。

2. 出厂试验

在线监测装置、综合监测单元及站端监测单元出厂前在正常试验条件下逐个按规定进行例行检验，检验合格后，附有合格证，方可允许出厂。

3. 入网检测试验

入网检测是对待挂网运行的在线监测装置、综合监测单元及站端监测单元进行的检测，试验合格后，方可正式投运。

4. 现场试验

现场试验是现场运行单位或具有资质的检测单位对现场待测装置性能进行测试。现场试验一般分两种情况：

（1）正式投运前。

（2）对装置进行的例行校验。

（3）怀疑装置有故障时。

5. 特殊试验

根据应用需求，需要增补的试验项目。

（二）调试

调试主要针对监测装置、综合监测单元、站端监测单元及其功能实现。具体调试包括两个部分：一是各个装置或单元的功能调试，包括数据采集、存储、显示、分析、预警等；二是监测系统整体调试，主要检验在线监测系统各层之间的信息交互情况，检验结果应符合设计要求。

（三）验收

依据《变电设备在线监测系统安装验收规范》及技术协议进行验收，验收资料应包括完备的型式试验报告、出厂试验报告、特殊试验报告、现场调试报告和现场验收报告，且均符合系统的技术要求。

八、变电设备状态监测数据接入规范

（一）概述

变电设备状态检测数据接入规范用于规范变电站综合监测单元和站端监测单元之间，以及变电站站端监测单元与网省侧主站或集控中心之间的信息交换内容，为信息共享和各类专业应用功能的设计和开发提供基本依据。

（二）编码规范

1. 监测类型代码

监测类型编码是指监测类型的唯一标识。标识编码出三段六位字符组成。第一段为监测专业（输电/变电），采用2位数字码；第二段为数据分类，1~4分别表示变压器/电抗器、电容型设备、金属氧化物避雷器、断路器/GIS监测类型；第三段采用3位流水号标识。监测类型代码见表8-1-1。

2. 被监测设备代码

被监测设备代码是指监测装置所监测设备的唯一标识。该代码采用生产管理信息系统（PMS）中通行的17位编码。

表 8-1-1　　　　　　　　　　　　　监测类型代码

变电设备监测内容		类型编码	备　注
变压器/电抗器	局部放电	021001	02 表示变电专业
	油中溶解气体	021002	
	微水	021003	
	铁芯接地电流	021004	
	顶层油温	021005	
	绕组光纤测温	021006	
	变压器振动波谱	021007	
	有载分接开关	021008	
	变压器声学指纹	021009	
电容型设备	绝缘监测	022001	
金属氧化物避雷器	绝缘监测	023001	
断路器/GIS	局部放电	024001	
	分合闸线圈电流波形	024002	
	负荷电流波形	024003	
	SF_6 气体压力	024004	
	SF_6 气体水分	024005	
	储能电机工作状态	024006	

3. 监测装置代码

监测装置代码是指监测装置的唯一标识。该代码在网省侧主站中产生，生成后将保持不变，该代码的使用范围为监测装置的整个生命周期。标识编码由三段 17 位字符组成。第一段为网省公司标识，采用 2 位数字码；第二段采用固定标识符 M；第三段采用 14 位流水号标识。

4. 监测数据参数代码

监测数据参数代码是各监测装置传输监测数据的参数标识，用于指导接入通信规约的制定。参数采用汉语拼音首字母的方式编制（若参数名称少于 3 个汉字，则采用汉语拼音全部字母的方式编制），具体参数代码内容（表 8-1-2）将依据本小节（三）接入数据规范编制。

（三）接入数据规范

1. 变压器/电抗器

（1）局部放电接入数据规范见表 8-1-2。

表 8-1-2　　　　　　　　　　　局部放电接入数据规范

序号	参数名称	参数代码	字段类型	计量单位	备　注
1	被监测设备标识	BJCSBBS	字符		17 位设备编码
2	监测装置标识	JCZZBS	字符		17 位设备编码

续表

序号	参数名称	参数代码	字段类型	计量单位	备　注
3	监测时间	JCSJ	日期		yyyy‐MM‐dd HH：mm：ss
4	被监测设备相别	BJCSBXB	字符		
5	放电量	FDL	数字	pC 或 mV 或 dB	
6	放电位置	FDWZ	数字		
7	脉冲个数	MCGS	数字		
8	放电波形	FDBX	二进制流		

（2）油中溶解气体接入数据规范见表8‐1‐3。

表8‐1‐3　　　　　　　　　　油中溶解气体接入数据规范

序号	参数名称	参数代码	字段类型	计量单位	备　注
1	被监测设备标识	BJCSBBS	字符		17位设备编码
2	监测装置标识	JCZZBS	字符		17位设备编码
3	监测时间	JCSJ	日期		yyyy‐MM‐dd HH：mm：ss
4	被监测设备相别	BJCSBXB	字符		
5	氢气	QINGQI	数字	μL/L	
6	甲烷	JIAWAN	数字	μL/L	
7	乙烷	YIWAN	数字	μL/L	
8	乙烯	YIXI	数字	μL/L	
9	乙炔	YIQUE	数字	μL/L	
10	一氧化碳	YYHT	数字	μL/L	
11	二氧化碳	EYHT	数字	μL/L	
12	氧气	YANGQI	数字	μL/L	
13	氮气	DANQI	数字	μL/L	
14	总烃	ZONGTING	数字	μL/L	

（3）微水接入数据规范见表8‐1‐4。

表8‐1‐4　　　　　　　　　　微 水 接 入 数 据 规 范

序号	参数名称	参数代码	字段类型	计量单位	备　注
1	被监测设备标识	BJCSBBS	字符		17位设备编码
2	监测装置标识	JCZZBS	字符		17位设备编码
3	监测时间	JCSJ	日期		yyyy‐MM‐dd HH：mm：ss
4	被监测设备相别	BJCSBXB	字符		
5	水分	SHUIFEN	数字	μL/L	

（4）铁芯接地电流接入数据规范见表8‐1‐5。

表 8-1-5　　　　　　　　　铁芯接地电流接入数据规范

序号	参数名称	参数代码	字段类型	计量单位	备　　注
1	被监测设备标识	BJCSBBS	字符		17 位设备编码
2	监测装置标识	JCZZBS	字符		17 位设备编码
3	监测时间	JCSJ	日期		yyyy-MM-dd HH：mm：ss
4	被监测设备相别	BJCSBXB	字符		
5	铁芯全电流	TXQDL	数字	mA	

（5）顶层油温接入数据规范见表 8-1-6。

表 8-1-6　　　　　　　　　顶层油温接入数据规范

序号	参数名称	参数代码	字段类型	计量单位	备　　注
1	被监测设备标识	BJCSBBS	字符		17 位设备编码
2	监测装置标识	JCZZBS	字符		17 位设备编码
3	监测时间	JCSJ	日期		yyyy-MM-dd HH：mm：ss
4	被监测设备相别	BJCSBXB	字符		
5	顶层油温	DCYW	数字	℃	

2. 电容型设备

绝缘监测接入数据规范见表 8-1-7。

表 8-1-7　　　　　　　　　绝缘监测接入数据规范

序号	参数名称	参数代码	字段类型	计量单位	备　　注
1	被监测设备标识	BJCSBBS	字符		17 位设备编码
2	监测装置标识	JCZZBS	字符		17 位设备编码
3	监测时间	JCSJ	日期		yyyy-MM-dd HH：mm：ss
4	被监测设备相别	BJCSBXB	字符		
5	电容量	DRL	数字	pF	
6	介质损耗因数	JZSHYS	数字		
7	三相不平衡电流	SXBPHDL	数字		
8	三相不平衡电压	SXBPHDY	数字		
9	全电流	QDL	数字	mA	
10	系统电压	XTDY	数字	kV	

3. 金属氧化物避雷器

绝缘监测接入数据规范见表 8-1-8。

表 8 - 1 - 8   绝缘监测接入数据规范

序号	参数名称	参数代码	字段类型	计量单位	备　　　注
1	被监测设备标识	BJCSBBS	字符		17 位设备编码
2	监测装置标识	JCZZBS	字符		17 位设备编码
3	监测时间	JCSJ	日期		yyyy - MM - dd HH：mm：ss
4	被监测设备相别	BJCSBXB	字符		
5	系统电压	XTDY	数字	kV	
6	全电流	QDL	数字	mA	
7	阻性电流	ZXDL	数字	mA	
8	计数器动作次数	JSQDZCS	数字		
9	最后一次动作时间	ZHYCDZSJ	日期		yyyy - MM - dd HH：mm：ss

4. 断路器/GIS

（1）局部放电接入数据规范见表 8 - 1 - 9。

表 8 - 1 - 9   局部放电接入数据规范

序号	参数名称	参数代码	字段类型	计量单位	备　　　注
1	被监测设备标识	BJCSBBS	字符		17 位设备编码
2	监测装置标识	JCZZBS	字符		17 位设备编码
3	监测时间	JCSJ	日期		yyyy - MM - dd HH：mm：ss
4	放电量	FDL	数字	pC 或 mV 或 dB	
5	放电位置	FDWZ	数字		
6	脉冲个数	MCGS	数字		
7	放电波形	FDBX	二进制流		

（2）分合闸线圈电流波形接入数据规范见表 8 - 1 - 10。

表 8 - 1 - 10   分合闸线圈电流波形接入数据规范

序号	参数名称	参数代码	字段类型	计量单位	备　　　注
1	被监测设备标识	BJCSBBS	字符		17 位设备编码
2	监测装置标识	JCZZBS	字符		17 位设备编码
3	被监测设备相别	BJCSBXB	字符		
4	监测时间	JCSJ	日期		yyyy - MM - dd HH：mm：ss
5	动作	DONGZUO	整型		"0" 表示分闸； "1" 表示合闸
6	线圈电流波形	XQDLBX	二进制流		

（3）负荷电流波形接入数据规范见表 8 - 1 - 11。

表 8-1-11 负荷电流波形接入数据规范

序号	参数名称	参数代码	字段类型	计量单位	备注
1	被监测设备标识	BJCSBBS	字符		17 位设备编码
2	监测装置标识	JCZZBS	字符		17 位设备编码
3	被监测设备相别	BJCSBXB	字符		
4	监测时间	JCSJ	日期		yyyy-MM-dd HH：mm：ss
5	动作	DONGZUO	整型		"0" 表示分闸；"1" 表示合闸
6	负荷电流波形	FHDLBX	二进制流		

（4）SF$_6$ 气体压力接入数据规范见表 8-1-12。

表 8-1-12 FS$_6$ 气体压力接入数据规范

序号	参数名称	参数代码	字段类型	计量单位	备注
1	被监测设备标识	BJCSBBS	字符		17 位设备编码
2	监测装置标识	JCZZBS	字符		17 位设备编码
3	监测时间	JCSJ	日期		yyyy-MM-dd HH：mm：ss
4	温度	WENDU	数字	℃	
5	绝对压力	JDYL	数字	MPa	
6	密度	MIDU	数字	kg/m^3	
7	压力（20℃）	YALI	数字	MPa	

（5）SF$_6$ 气体水分接入数据规范见表 8-1-13。

表 8-1-13 SF$_6$ 气体水分接入数据规范

序号	参数名称	参数代码	字段类型	计量单位	备注
1	被监测设备标识	BJCSBBS	字符		17 位设备编码
2	监测装置标识	JCZZBS	字符		17 位设备编码
3	监测时间	JCSJ	日期		yyyy-MM-dd HH：mm：ss
4	温度	WENDU	数字	℃	
5	水分	SHUIFEN	数字	μL/L	

（6）储能电机工作状态接入数据规范见表 8-1-14。

表 8-1-14 储能电机工作状态接入数据规范

序号	参数名称	参数代码	字段类型	计量单位	备注
1	被监测设备标识	BJCSBBS	字符		17 位设备编码
2	监测装置标识	JCZZBS	字符		17 位设备编码
3	监测时间	JCSJ	日期		yyyy-MM-dd HH：mm：ss
4	储能时间	CNSJ	数字	s	

第二节　智能变电站在线监测装置

一、工作条件

1. 正常工作条件

（1）环境温度：－25～40℃；－40～40℃。

（2）环境相对湿度：5％～95％（产品内部，既不应凝露，也不应结冰）。

（3）大气压力：80～110kPa。

（4）最大风速：35m/s（离地面10m高，10min平均风速）（户外）。

（5）最大日温差：25℃（户外）。

（6）日照强度：0.1W/cm²（风速0.5m/s）（户外）。

（7）覆冰厚度：10mm（户外）。

（8）场地安全要求：符合GB 9361中B类安全规定。

（9）监测装置安全要求：符合GB 4943中的相关规定。

（10）工作电源。额定电压：AC 220V±15％；频率：（50±0.5）Hz；谐波含量：小于5％。

2. 特殊工作条件

当超出上述1中规定的正常工作条件时，由用户与供应商协商确定。

二、技术要求

（一）安全性能

（1）在线监测装置的接入不应改变主设备的连接方式、密封性能以及绝缘性能，不应影响现场设备的安全运行，接地引下线应保证可靠接地，并满足相应的通流能力。

（2）在线监测装置中传感器的特性阻抗应符合DL/T 5189《电力线载波通信设计技术规程》的要求，不应影响电力通信的质量。

（3）对于有远动部件的在线监测装置，应保证不会因其故障影响被监测设备的性能。

（二）基本功能要求

1. 监测功能

（1）实现被监测设备状态参量的自动采集、信号调理、模数转换和数据的预处理功能。

（2）实现监测参量就地数字化和缓存，监测结果可根据需要定期发送至综合监测单元或站端监测单元。

（3）监测结果可通过计算机本地提取，并且可存储至少一周内的状态监测数据。

（4）若已安装综合监测单元或站端监测单元，可不具备上述（3）项功能。

2. 数据记录功能

（1）在线监测装置运行后应能正确记录动态数据，装置异常等情况下应能够正确建立事件标识。

（2）保证记录数据的安全性，不应因电源中断、快速或缓慢波动及跌落丢失已记录的动态数据；不应因外部访问而删除动态记录数据；不提供人工删除和修改动态记录数据的功能；按任意一个开关或按键，不应丢失或抹去已记录的信息。

3．自诊断功能

装置具备自诊断功能，并能根据要求将自诊断结果远传。

4．通信功能

（1）在线监测装置通信接口应满足监测数据交换所需要的、标准的、可靠的现场工业控制总线、以太网络总线或无线网络的要求。

（2）在线监测装置宜采用统一的通信协议，建议采用符合 DL/T 860 标准的通信协议。

（3）在线监测装置应采用统一的数据格式，特殊情况下采用自有数据格式的，应公开所用数据格式，并负责解释其含义。

（三）测量误差及重复性

在线监测装置的测量误差及重复性应满足相关监测装置技术规范中的具体规定。

（四）绝缘性能

1．绝缘电阻

（1）在正常试验大气条件下，装置各独立电路与外露的可导电部分之间，以及各独立电路之间，绝缘电阻的要求见表 8-2-1。

表 8-2-1　　　　　　在线监测装置在正常试验条件下的绝缘电阻要求

额定工作电压 U_r/V	绝缘电阻要求	额定工作电压 U_r/V	绝缘电阻要求
$U_r \leqslant 60$	≥5MΩ（用 250V 兆欧表测量）	$250 > U_r > 60$	≥5MΩ（用 500V 兆欧表测量）

注　与二次设备及外部回路直接连接的接口回路绝缘电阻满足 $250 > U_r > 60$V 的要求。

（2）温度（40±2）℃，相对湿度（93±3）％恒定湿热条件下，装置各独立电路与外露的可导电部分之间，以及各独立电路之间，绝缘电阻的要求见表 8-2-2。

表 8-2-2　　　　　　在线监测装置在恒定湿热条件下的绝缘电阻要求

额定工作电压 U_r/V	绝缘电阻要求	额定工作电压 U_r/V	绝缘电阻要求
$U_r \leqslant 60$	≥1MΩ（用 250V 兆欧表测量）	$250 > U_r > 60$	≥1MΩ（用 500V 兆欧表测量）

注　与二次设备及外部回路直接连接的接口回路绝缘电阻采用 $250 > U_r > 60$V 的要求。

2．介质强度

（1）在正常试验大气条件下，装置各独立电路与外露的可导电部分之间，以及各独立电路之间，应能承受频率为 50Hz，历时 1min 的工频耐压试验而无击穿闪络及元件损坏现象。

（2）工频耐压试验电压值按表 8-2-3 规定进行选择，也可以采用直流试验电压，其值应为规定的交流试验电压值的 1.4 倍。

表 8-2-3　　　　　　在线监测装置介质强度工频耐压试验电压要求

额定工作电压 U_r/V	交流试验电压有效值/kV	额定工作电压 U_r/V	交流试验电压有效值/kV
$U_r \leqslant 60$	0.5	$250 > U_r > 60$	2.0

注　与二次设备及外部回路直接连接的接口回路试验电压满足 $250 > U_r > 60$V 的要求。

3. 冲击电压

在正常试验大气条件下，装置各独立电路与外露的可导电部分之间，以及各独立电路之间，应能承受 1.2/50μs 的标准雷电波的短时冲击电压试验。当额定工作电压大于 60V时，开路试验电压为 5kV；当额定工作电压不大于 60V 时，开路试验电压为 1kV。试验后设备应无绝缘损坏和器件损坏。

（五）电磁兼容性能

1. 静电放电抗扰度

装置应能承受 GB/T 17626.2 规定的严酷等级为Ⅳ级的静电放电干扰。

2. 射频电磁场辐射抗扰度

装置应能承受 GB/T 17626.3 规定的严酷等级为Ⅲ级的射频电磁场辐射干扰。

3. 电快速瞬变脉冲群抗扰度

装置应能承受 GB/T 17626.4 规定的严酷等级为Ⅳ级的电快速瞬变脉冲群干扰。

4. 浪涌（冲击 v 抗扰度）

装置应能承受 GB/T 17626.5 规定的严酷等级为Ⅳ级的浪涌（冲击）干扰。

5. 射频场感应的传导骚扰抗扰度

装置应能承受 GB/T 17626.6 规定的严酷等级为Ⅲ级的射频场感应的传导骚扰干扰。

6. 工频磁场抗扰度

装置应能承受 GB/T 17626.8 规定的严酷等级为Ⅴ级的工频磁场干扰。

7. 脉冲磁场抗扰度

装置应能承受 GB/T 17626.9 规定的严酷等级为Ⅴ级的脉冲磁场干扰。

8. 阻尼振荡磁场抗扰度

装置应能承受 GB/T 17626.10 规定的严酷等级为Ⅴ级的阻尼振荡磁场干扰。

9. 电压暂降、短时中断抗扰度

装置应能承受 GB/T 17626.11 规定的电压暂降和短时中断为 $60\%U_T$，持续时间 10 个周波的电压暂降和短时中断干扰。

（六）环境适应性能

1. 低温

装置应能承受 GB/T 2423.1 规定的低温试验，试验温度为表 8 - 2 - 4 规定的低温温度，试验时间 2h。

2. 高温

装置应能承受 GB/T 2423.2 规定的高温试验，试验温度为表 8 - 2 - 4 规定的高温温度，试验时间 2h。

表 8 - 2 - 4　　　　　　　　　在线监测装置环境考核适用温度　　　　　　　单位:℃

类别	低温温度	高温温度
−25/55	−25	55
−40/65	−40	65

3. 恒定湿热

装置应能承受 GB/T 2423.9 规定的恒定湿热试验。试验温度（40±2）℃、相对湿度（93±3）％，试验时间为 48h。

4. 温度变化

装置应能承受 GB/T 2423.22 规定的温度变化试验，低温为−10℃，高温为50℃，暴露时间为 2h，温度转换时间为 3min，温度循环次数为 5 次。

（七）机械性能

1. 振动（正弦）

（1）振动响应。装置应能承受 GB/T 11287 中规定的严酷等级为Ⅰ级的振动响应试验。

（2）振动耐久。装置应能承受 GB/T 11287 中规定的严酷等级为Ⅰ级的振动耐久试验。

2. 冲击

（1）冲击响应。装置应能承受 GB/T 14537 中规定的严酷等级为Ⅰ级的冲击响应试验。

（2）冲击耐久。装置应能承受 GB/T 14537 中规定的严酷等级为Ⅰ级的冲击耐久试验。

3. 碰撞

装置应能承受 GB/T 14537 中规定的严酷等级为Ⅰ级的碰撞试验。

（八）外壳防护性能

1. 防尘

室内及遮蔽场所使用的装置，应符合 GB 4208《外壳防护等级（IP 代码）》中规定的外壳防护等级 IP31 的要求；户外使用的装置，应符合 GB 4208 中规定的外壳防护等级 IP55 的要求。

2. 防水

室内及遮蔽场所使用的装置，应符合 GB 4208 中规定的外壳防护等级 IP31 的要求；户外使用的装置，应符合 GB 4208 中规定的外壳防护等级 IP55 的要求。

（九）连续通电

监测装置应进行 72h（常温）连续通电试验。要求试验期间，测量误差及性能应满足技术要求的规定。

（十）可靠性

监测装置的设计应充分考虑其工作条件，要求能在本节一所述工作条件下长期可靠工作，至少满足平均无故障工作时间（MTBF）大于 8760h 或年故障次数不超过 1 次。

（十一）结构和外观要求

（1）装置机箱应采取必要的防电磁干扰的措施。机箱的外露导电部分应在电气上连成一体，并可靠接地。

（2）机箱应满足发热元器件的通风散热要求。

（3）机箱模件应插拔灵活、接触可靠、互换性好。

（4）外表涂敷、电镀层应牢固均匀、光洁，不应有脱皮锈蚀等。

三、试验

（一）试验条件

除非另有规定，正常试验大气条件不应超出下列范围：

（1）环境温度：15～35℃。

（2）相对湿度：45%～75%。

（3）大气压力：80～110kPa。

注意：对大型设备或基于某种原因，设备不能在上述条件下进行试验时，应把实际气候条件记录在检验报告中。当有关标准要求严格控制环境条件时，应在该标准中另行规定。

（二）基本功能检验

按照现场配置方案组成在线监测系统，给监测装置通电，施加相应信号，分项检验在线监测装置是否具有本节二中（二）所描述的各项功能。利用上位机通信软件对在线监测装置进行通信功能检测，装置应能正确响应上位机召唤传送记录数据。

（三）测量误差及重复性试验

按照相关变电设备在线监测装置专用技术规范的要求进行试验。在进行其他试验项目之前，以及完成其他试验项目之后，分别进行一次测量误差及重复性试验，前后两次测量误差及重复性试验均应满足技术规范的要求。

（四）绝缘性能试验

1. 绝缘电阻试验

根据本节二中（四）1的要求。按 GB/T 7261《继电保护和安全自动装置基本试验方法》的规定和方法，进行绝缘电阻试验。

湿热条件下的绝缘电阻试验同上，但应在完成湿热试验之后 5min 内进行。

2. 介质强度试验

根据本节二中（四）2的要求，按 GB/T 7261《继电保护和安全自动装置基本试验方法》的规定和方法，进行介质强度试验。

3. 冲击电压试验

根据本节二中（四）3的要求，按 GB/T 7261《继电保护和安全自动装置基本试验方法》的规定和方法，进行冲击电压试验。

（五）电磁兼容性能试验

1. 静电放电抗扰度试验

按照 GB/T 17626.2《电磁兼容　试验和测量技术　静电放电抗扰度试验》的规定，并在下述条件下进行：

（1）监测装置在正常工作状态。

（2）接触放电或空气放电。

（3）在外壳和工作人员经常可能触及的部位。

（4）试验电压：接触放电 8kV，空气放电 15kV。

（5）正负极性放电各 10 次，每次放电间隔至少 1s。

在施加干扰的情况下，监测装置应能正常工作。

2. 射频电磁场辐射抗扰度试验

按照 GB/T 17626.3《电磁兼容　试验和测量技术　射频电磁场辐射抗扰度试验》的规定，并在下述条件下进行：

(1) 监测装置在正常工作状态。

(2) 频率范围：80～3000MHz。

(3) 试验场强：10V/m。

在施加干扰的情况下，监测装置应能正常工作。

3. 电快速瞬变脉冲群抗扰度试验

按照 GB/T 17626.4《电磁兼容　试验和测量技术　电快速瞬变脉冲群抗扰度试验》的规定，并在下述条件下进行：

(1) 监测装置在正常工作状态。

(2) 试验电压：电源端口 4kV，数据端口 2kV。

在施加干扰的情况下，监测装置应能正常工作。

4. 浪涌（冲击）抗扰度试验

按照 GB/T 17626.5《电磁兼容　试验和测量技术　浪涌（冲击）抗扰度试验》的规定，并在下述条件下进行：

(1) 监测装置在正常工作状态。

(2) 试验电压：4kV。

在施加干扰的情况下，监测装置应能正常工作。

5. 射频场感应的传导骚扰抗扰度试验

按照 CB/T 17626.6《电磁兼容　试验和测量技术　射频场感应的传导骚扰抗扰度》的规定，并在下述条件下进行：

(1) 监测装置在正常工作状态。

(2) 频率范围：150kHz～80MHz。

(3) 试验场强：10V。

在施加干扰的情况下，监测装置应能正常工作。

6. 工频磁场抗扰度试验

按照 GB/T 17626.8《电磁兼容　试验和测量技术　工频磁场抗扰度试验》的规定，并在下述条件下进行：

(1) 监测装置在正常工作状态。

(2) 磁场强度：100A/m。

在施加干扰的情况下，监测装置应能正常工作。

7. 脉冲磁场抗扰度试验

按照 GB/T 17626.9《电磁兼容　试验和测量技术　脉冲磁场抗扰度试验》的规定，并在下述条件下进行：

(1) 监测装置在正常工作状态。

(2) 磁场强度：1000A/m。

在施加干扰的情况下，监测装置应能正常工作。

8. 阻尼振荡磁场抗扰度试验

按照 GB/T 17626.10《电磁兼容　试验和测量技术　阻尼振荡磁场抗扰度试验》的规定，并在下述条件下进行：

（1）监测装置在正常工作状态。

（2）磁场强度：100A/m。

在施加干扰的情况下，监测装置应能正常工作。

9. 电压暂降、短时中断抗扰度试验

按照 GB/T 17626.11《电磁兼容　试验和测量技术电压暂降、短时中断和电压变化的抗扰度试验》的规定，并在下述条件下进行：

（1）监测装置在正常工作状态。

（2）暂降电压：60%U_T。

（3）持续时间：10 个周波。

在施加干扰的情况下，监测装置应能正常工作。

（六）环境适应性能试验

1. 低温试验

按 GB/T 2423.1《电工电子产品环境试验　第 2 部分：试验方法　试验 A：低温》中规定的试验要求和试验方法进行，应能承受严酷等级为：温度为 GB/T 2423.1 中表 4 规定的低温温度、持续时间 2h 的低温试验。试验后监测装置性能应满足技术要求的规定。

2. 高温试验

按 GB/T 2423.2《电工电子产品环境试验　第 2 部分：试验方法　试验 B：高温》中规定的试验要求和试验方法进行，应能承受严酷等级为：温度为 GB/T 2423.2 中表 4 规定的高温温度、持续时间 2h 的高温试验。试验后监测装置性能应满足技术要求的规定。

3. 恒定湿热试验

按 GB/T 2423.3《电工电子产品环境试验　第 2 部分：试验方法　试验 Cab：恒定湿热试验》中规定的试验要求和试验方法进行，应能承受严酷等级为：温度（40±2）℃，相对湿度（93±3）%，持续时间 48h 的恒定湿热试验。试验后监测装置性能应满足技术要求的规定。

4. 温度变化试验

按 GB/T 2423.22《电工电子产品环境试验　第 2 部分：试验方法　试验 N：温度变化》中规定的试验要求和试验方法进行，应能承受严酷等级为：低温为 −10℃，高温为 50℃，暴露时间为 2h，温度转换时间为 3min，温度循环次数为 5 次的温度变化试验。试验后监测装置的性能应满足技术要求的规定。

（七）机械性能试验

1. 振动（正弦）试验

（1）振动响应试验。按 GB/T 11287 中的规定和办法，对监测装置进行严酷等级 Ⅰ 级的振动响应试验。监测装置不工作，将其固定在扫频范围为 10～150Hz，60Hz 以下振幅为 0.035mm、60Hz 以上峰值加速度为 5m/s² 的振动试验台上，在每个轴线方向上进行一次扫频循环约 8min。试验后，装置不应发生紧固件松动、机械损坏等现象。

（2）振动耐久试验。按 GB/T 11287 中的规定和方法，对监测装置进行严酷等级Ⅰ级的振动耐久试验。监测装置不工作，将其固定在扫频范围为 10～150Hz、峰值加速度为 10m/s^2 的振动试验台上，在每个轴线方向上进行 20 次扫频循环，每次扫频循环约 8min。试验后，装置不应发生紧固件松动、机械损坏等现象。

2. 冲击试验

（1）冲击响应试验。按 GB/T 14537 中的规定和方法，监测装置不工作，进行严酷等级Ⅰ级的冲击响应试验。加速度峰值为 49m/s^2，脉冲持续时间为 11ms，在一个相互垂直的轴线的每个方向上各施加脉冲数为 3 个。试验后，装置不应发生紧固件松动、机械损坏等现象。

（2）冲击耐久试验。按 GB/T 14537 的规定和方法，监测装置不工作，进行严酷等级Ⅰ级的冲击耐久试验，加速度峰值为 147m/s^2，脉冲持续时间为 11ms，在三个相互垂直的轴线的每个方向上各施加脉冲数为 3 个。试验后，装置不应发生紧固件松动、机械损坏等现象。

（3）碰撞试验。按 GB/T 14537 中的规定和方法，监测装置不工作，进行严酷等级Ⅰ级的碰撞试验，加速度峰值为 98m/s^2，脉冲持续时间为 16ms，在三个相互垂直的轴线的每个方向上各施加脉冲数为 1000 个。试验后，装置不应发生紧固件松动、机械损坏等现象。

（八）外壳防护性能试验

1. 防尘

按 GB 4208《外壳防护等级（IP 代码）》中规定的试验要求和试验方法进行，室内及遮蔽场所使用的装置，应符合外壳防护等级 IP31 的要求；户外使用的装置，应符合外壳防护等级 IP55 的要求。

2. 防水

按 GB 4208《外壳防护等级（IP 代码）》中规定的试验要求和试验方法进行，室内及遮蔽场所使用的装置，应符合外壳防护等级 IP31 的要求；户外使用的装置，应符合外壳防护等级 IP55 的要求。

（九）连续通电试验

按照现场配置方案组成在线监测系统，工作电压为额定值，施加相应信号使在线监测装置工作在有效测量范围，进行 72h 连续通电试验（常温）。同时进行测量数据稳定性检查，数据记录时间间隔不大于 2h，或不少于 12 次/24h。要求 72h 期间监测装置各项功能正常。

（十）结构和外观检查

根据本节二中（十一）的要求逐项进行检查。

四、检验规则

1. 检验类别和试验项目

装置检验分为出厂试验、型式试验、现场试验、入网检测试验和特殊试验五类。试验项目和试验类别按表8-2-5的规定进行。

表8-2-5　　　　　　　智能变电站在线监测装置试验项目和试验类别

序号	检验项目	技术要求	试验方法	型式试验	出厂试验	入网检测试验	现场试验
1	结构和外观检查	5.11	6.10	●	●	●	●
2	基本功能检验	5.2	6.2	●	●	●	○
3	测量误差及重复性试验	5.3	6.3	●	●	●	●
4	绝缘电阻试验	5.4.1	6.4.1	●	●	●	○
5	介质强度试验	5.4.2	6.4.2	●	●	●	○
6	冲击电压试验	5.4.3	6.4.3	○	●	●	○
7	电磁兼容性能试验	5.5	6.5	●	○	●	○
8	低温试验	5.6.1	6.6.1	●	○	●	○
9	高温试验	5.6.2	6.6.2	●	○	●	○
10	恒定湿热试验	5.6.3	6.6.3	●	○	＊	○
11	温度变化试验	5.6.4	6.6.4	●	○	＊	○
12	振动试验	5.7.1	6.7.1	●	○	＊	○
13	冲击试验	5.7.2	6.7.2	●	○	○	○
14	碰撞试验	5.7.3	6.7.3	●	○	○	○
15	防尘试验	5.8.1	6.8.1	●	○	●	○
16	防水试验	5.8.2	6.8.2	●	○	●	○
17	连续通电试验	5.9	6.9	●	●	●	○

注　●表示规定必须做的项目；○表示规定可不做的项目；＊表示根据客户要求选做的项目。

2. 型式试验

当出现下列情况之一时，应进行型式试验：

（1）新产品定型，投运前。

（2）连续批量生产的装置每四年一次。

（3）正式投产后，如设计、工艺材料、元器件有较大改变，可能影响产品性能。

（4）产品停产一年以上又重新恢复生产。

（5）出厂试验结果与型式试验有较大差异。

（6）国家技术监督机构或受其委托的技术检验部门提出型式试验要求。

（7）合同规定进行型式试验。

3. 出厂试验

每台装置出厂前在正常试验条件下逐个按规定进行例行检验，检验合格后，附有合格证，方可允许出厂。

4. 入网检测试验

入网检测是对待挂网运行的在线监测装置进行的检测，装置试验合格后，方可入网运行。

5. 现场试验

现场试验是现场运行单位或具有资质的检测单位对现场待测装置性能进行测试。现场试验一般分三种情况：

（1）正式投运前。

（2）对装置进行的例行校验。

（3）怀疑装置有故障时。

6. 特殊试验

根据应用需求，需要增补的试验项目。

五、标志、包装、运输、储存

（一）标志

（1）在监测装置的显著位置应有下列标志：

1）装置型号。

2）产品全称。

3）制造厂全称及商标。

4）额定参数。

5）出厂年月及编号。

（2）在包装箱的适当位置，应标有显著、牢固的包装标志，内容包括：

1）生产企业名称、地址。

2）产品名称、型号。

3）设备数量。

4）包装箱外形尺寸及毛重。

5）包装箱外面书写"防潮""小心轻放""不可倒置"等字样。

6）到站（港）及收货单位。

7）发站（港）及发货单位。

（二）包装

1. 产品包装前的检查

（1）产品的合格证书和产品说明书、附件、备品、备件齐全。

（2）产品外观无损伤。

（3）产品表面无灰尘。

2. 包装的一般要求

产品应有内包装和外包装，包装应有防尘、防雨、防水、防潮、防振等措施。

（三）运输

产品应适用于陆运、空运、水（海）运，运输装卸包装箱上的标准进行操作。运输允许的环境温度为 $-40 \sim 70℃$，相对湿度不大于 85%。

（四）储存

包装好的装置应存储在环境温度为 $-25 \sim 55℃$、湿度不大于 85% 的库房内，室内无酸、碱、盐及腐蚀性、爆炸性气体，不受灰尘雨雪的侵蚀。

第三节　基于 DL/T 860 标准的变电设备在线监测逻辑节点和模型创建

一、在线监测逻辑节点定义

表 8-3-1～表 8-3-34 列举了在线监测相关逻辑节点及定义，表中 M/O/C/E 表示数据选择，M 为必选、O 为可选、C 为条件、E 为扩展。

1. 电弧监测逻辑节点 SARC（表 8-3-1）

此逻辑节点用于电弧的监测。

表 8-3-1　　　　　　　　　　　　　电弧监测逻辑节点 SARC

对象名称	CDC 类型	英文语义	M/O/C/E	中文语义
SARC 节点类				
数据对象				
公用逻辑节点信息				
Mod	INC	Mode	M	模式
Beh	INS	Behaviour	M	行为
Health	INS	Health	M	健康状态
Namplt	LPL	Name	M	逻辑节点铭牌
状态信息				
FADet	SPS	Fault arc detected	M	检测到故障电弧
SwArcDet	SPS	Switch are detected	O	检测到开关电弧
控制信息				
OpCntRs	INC	Resettable Operation Counter (Switch and fault arcs)	O	可复位的操作计数器（开关与故障电弧）
FACntRs	INC	Fault are counter	M	故障电弧计数器
ArcCntRs	INC	Switch are counter	O	开关电弧计数器
定值				
SmpProd	ASG	Sampling period	E	采集间隔

2. 断路器监测逻辑节点 SCBR（表 8-3-2）

此逻辑节点用于断路器监测。操作断路器特别是切断短路电流时会造成触头磨损。由于触头是每相配置的，因此监测也是按相进行。

表 8-3-2　　　　　　　　　　　　　断路器监测逻辑节点 SCBR

对象名称	CDC 类型	英文语义	M/O/C/E	中文语义
SCBR 节点类				
数据对象				
公用逻辑节点信息				
Mod	INC	Mode	M	模式
Beh	INS	Behaviour	M	行为

续表

SCBR 节点类				
对象名称	CDC 类型	英文语义	M/O/C/E	中文语义
数据对象				
公用逻辑节点信息				
Health	INS	Health	M	健康状态
Namplt	LPL	Name	M	逻辑节点铭牌
状态信息				
ColOpn	SPS	Open command of trip coil	M	跳闸线圈分命令
AbrAlm	SPS	Contact abrasion alarm	O	触头磨损告警
AbrWrn	SPS	Contact abrasion warning	O	触头磨损报警
MechHealth	ENS	Mechanical behaviour alarm	O	机械行为告警
OpTmAlm	SPS	Switch operating time exceeded	O	开关操作超时
ColAlm	SPS	Coil alarm	O	线圈异常告警
OpCntAlm	SPS	Number of operations (modelled in the XCBR) has exceeded the alarm level for number of operations	O	操作次数（在 XCBR 中建模）超出告警门限
OpCntWrn	SPS	Number of operations (modelled in the XCBR) exceeds the warning limit	O	操作次数（在 XCBR 中建模）超出报警门限
OpTmWrn	SPS	Warning when operation time reaches the warning level	O	操作时间达到告警门槛时告警
OpTmh	INS	Time since installation or last maintenance in hours	O	从安装或最后一次维修的时间
RclsNum	INS	Number of reclosing	E	重合闸次数（0 次表示为非重合闸）
测量信息				
AccAbr	MV	Cumulated abrasion	O	累计磨损
SwA	MV	Current that was interrupted during last open operation	O	最后一次分操作切断的电流
ActAbr	MV	Abrasion of last open operation	O	最后一次分操作的磨损
AuxSwTmOpn	MV	Auxiliary switches timing Open	O	辅助开关节点测量的分闸时间
AuxSwTmCls	MV	Auxiliary switches timing Close	O	辅助开关节点测量的合闸时间
RctTmOpn	MV	Reaction time measurement Open	O	分反应时间
RctTmCls	MV	Reaction time measurement	O	合反应时间
OpSpdOpn	MV	Operation speed Open	O	分操作速度
OpSpdCls	MV	Operation speed Close	O	合操作速度

续表

SCBR 节点类				
对象名称	CDC 类型	英文语义	M/O/C/E	中文语义
测量信息				
OpTmOpn	MV	Operation time Open	O	分操作时间
OpTmCls	MV	Operation time Close	O	合操作时间
Stk	MV	Contact Stroke	O	开距
OvStkOpn	MV	Overstroke Open	O	分闸超行程
OvStkCls	MV	Overstroke Close	O	合闸超行程
ColA	MV	Coil current	O	线圈电流
Tmp	MV	Temperature e. g. inside drive mechanism	O	温度，例如操作机构内的温度
控制信息				
OpCntRs	INC	Resettable Operation Counter	O	可复位的操作计数器
定值信息				
AbrAlmLev	ASG	Abrasion sum threshold for alarm state	O	磨损告警状态的门槛值
AbrWrnLev	ASG	Abrasion sum threshold for warning state	O	磨损警告状态的门槛值
OpAlmTmh	ING	Alarm level for operation time in hours	O	操作时间告警门槛值
OpWrnTmh	ING	Warning level for operation time in hours	O	操作时间警告门槛值
OpAlmNum	ING	Alarm level for number of operations	O	操作次数告警门槛值
OpWrnNum	ING	Warning level for number of operations	O	操作次数警告门槛值
SmpProd	ASG	Sampling period	E	采集间隔

3. 气体绝缘介质监测逻辑节点 SIMG（表 8-3-3）

此逻辑节点用于气体绝缘介质的监测，如气体绝缘隔离装置中 SF_6 气体。

表 8-3-3　　　　　　　　　气体绝缘介质监测逻辑节点 SIMG

SIMG 节点类				
对象名称	CDC 类型	英文语义	M/O/C/E	中文语义
数据对象				
公用逻辑节点信息				
Mod	INC	Mode	M	模式
Beh	INS	Behaviour	M	行为

续表

SIMG 节点类				
对象名称	CDC 类型	英文语义	M/O/C/E	中文语义
公用逻辑节点信息				
Health	INS	Health	M	健康状态
Namplt	LPL	Name	M	逻辑节点铭牌
状态信息				
InsAlm	SPS	Insulation gas critical (refill isolation medium)	M	绝缘气体告警（需要重新注入绝缘介质）
InsBlk	SPS	Insulation gas not safe (block device operation)	O	绝缘气体不安全（闭锁设备操作）
InsTr	SPS	Insulation gas dangerous (trip for device isolation)	O	绝缘气体危险（为隔离设备跳闸）
PresAlm	SPS	Insulation gas pressure alarm	C	绝缘气体压力告警
DenAlm	SPS	Insulation gas density alarm	C	绝缘气体密度告警
TmpAlm	SPS	Insulation gas temperature alarm	C	绝缘气体温度告警
InsLevMax	SPS	Insulation gas level maximum (relates to predefined filling value)	O	绝缘气体水平最高限（相对于事先设定的注入量）
InsLevMin	SPS	Insulation gas level minimum (relates to predefined filling value)	O	绝缘气体水平最低限（相对于事先设定的注入量）
测量数值				
Pres	MV	Insulation gas pressure	O	绝缘气体压力
Den	MV	Insulation gas density	O	绝缘气体密度
Tmp	MV	Insulation gas temperature	O	绝缘气体温度
InsBlkTmh	INS	Calculated time till blocking level is reached, corresponds to leakage of gas compartment	O	对应于气室泄漏，计算距离闭锁剩余的时间
控制				
OpCntRs	INC	Resettable Operation Counter	O	可复位操作计数器
定值				
SmpProd	ASG	Sampling period	E	采集间隔
条件 C：与监测气体性质有关，但至少要测量其中一种				

4. 液体绝缘介质监测逻辑节点 SIML（表 8-3-4）

此逻辑节点用于液体绝缘介质的监测，如变压器中使用的油。

表 8-3-4　　　　　　　　　　　　液体绝缘介质监测逻辑节点 SIML

对象名称	CDC 类型	英文语义	M/O/C/E	中文语义
SIML 节点类				
数据对象				
公用逻辑节点信息				
Mod	INC	Mode	M	模式
Beh	INS	Behaviour	M	行为
Health	INS	Health	M	健康状态
Namplt	LPL	Name	M	逻辑节点铭牌
状态信息				
InsAlm	SPS	Insulation liquid critical （refill insulation medium）	M	绝缘液体告警（需要重新注入绝缘介质）
InsBlk	SPS	Insulation liquid not safe （block device operation）	O	绝缘液体不安全（闭锁设备操作）
InsTr	SPS	Insulation liquid dangerous （trip for device isolation）	O	绝缘液体危险（为隔离设备跳闸）
TmpAlm	SPS	Insulation liquid temperature alarm	O	绝缘液体温度告警
GasInsAlm	SPS	Gas in insulation liquid alarm （may be used for buchholz alarm）	O	绝缘液体中的气体告警（可能启动瓦斯继电器告警）
GasInsTr	SPS	Gas in insulation liquid trip （may be used for buchholz trip）	O	绝缘气体温度告警（可能用于瓦斯继电器跳闸）
GasFlwTr	SPS	Insulation liquid flow trip because of gas （may be used for buchholz trip）	O	由于气体绝缘液体流跳闸（可能用于瓦斯继电器跳闸）
InsLevMax	SPS	Insulation liquid level maximum	O	绝缘液体最高门限
InsLevMin	SPS	Insulation liquid level minimum	O	绝缘液体最低门限
H_2Alm	SPS	H_2 alarm	O	H_2 告警
H_2Wrn	SPS	H_2 warning level	O	H_2 注意
MstAlm	SPS	Moisture alarm	O	湿度告警
MstWrn	SPS	Moisture warning	O	湿度警告
C_2H_2Alm		C_2H_2 alarm	E	乙炔告警
Tmp	MV	Insulation liquid temperature	O	绝缘液体温度
Lev	MV	Insulation liquid level （usually in m）	O	绝缘液体液位

对象名称	CDC 类型	英文语义	M/O/C/E	中文语义
SIML 节点类				
测量信息				
Pres	MV	Insulation liquid pressure	O	绝缘液体压力
Mst	MV	Moisture	E	微水
WtrAct	MV	Water activity	E	水活性
H_2O	MV	Relative saturation of moisture in insulating liquid (in %)	O	绝缘液体湿度相对饱和值（%）
H_2OPap	MV	Relative saturation of moisture in insulating paper (in %)	O	绝缘纸湿度相对饱和值（%）
H_2OAir	MV	Relative saturation of moisture in air in expansion volume (%)	O	空气中湿度相对饱和值（%）
H_2OTmp	MV	Temperature of insulating liquid at point of H_2O measurement	O	在 H_2O 测量点的绝缘液体温度
H_2ppm	MV	Measurement of Hydrogen (H_2 in ppm)	O	H_2 测量量（ppm）
N_2ppm	MV	Measurement of N_2 in ppm	O	N_2 测量量（ppm）
COppm	MV	Measurement of CO in ppm	O	CO 测量量（ppm）
CO_2ppm	MV	Measurement of CO_2 in ppm	O	CO_2 测量量（ppm）
CH_4ppm	MV	Measurement of CH_4 in ppm	O	CH_4 测量量（ppm）
C_2H_2ppm	MV	Measurement of C_2H_2 in ppm	O	C_2H_2 测量量（ppm）
C_2H_4ppm	MV	Measurement of C_2H_4 in ppm	O	C_2H_4 测量量（ppm）
C_2H_6ppm	MV	Measurement of C_2H_6 in ppm	O	C_2H_6 测量量（ppm）
O_2ppm	MV	Measurement of O_2 in ppm	O	O_2 测量量（ppm）
CmbuGas	MV	Measurement of total dissolved combustible gases (TDCG)	O	总的溶解可燃气体测量量
FltGas	MV	Fault gas volume in Buchholz relay	O	瓦斯继电器中故障气体量
控制				
OpCntRs	INC	Resettable Operation Counter	O	可复位操作计数器
定值				
SmpProd	ASG	Sampling period	E	采集间隔

5. 绝缘子监测逻辑节点 SINS（表 8 - 3 - 5）

此逻辑节点用于绝缘子监测。

表 8 - 3 - 5　　　　　　　　　　　绝缘子监测逻辑节点 SINS

对象名称	CDC 类型	英文含义	M/O/C/E	中文含义
SINS 节点类				
数据对象				
公用逻辑节点信息				
Mod	INC	Mode	M	模式
Beh	INS	Behaviour	M	行为
Health	INS	Health	M	健康状态
Namplt	LPL	Name	M	逻辑节点铭牌
状态信息				
EEHealth	ENS	External equipment health	O	外部设备健康状态
EEName	DPL	External equipment name plate	O	外部设备铭牌
OpTmh	INS	Operation time	M	运行时间
BatAlm	SPS	Battery low – voltage	E	电池欠压（"FALSE"正常；"TRUE"欠压）
SamAlm	SPS	Sampling period	E	采集周期（"FALSE"正常；"TRUE"异常）
测量信息				
Aleak	WYE	leakage current	E	泄漏电流
PlsHzOv3mA	WYE	Number of pulse mort then 3mA	E	超过 3mA 的脉冲次数
PlsHzOv10mA	WYE	Number of pulse mort then 10mA	E	超过 10mA 的脉冲次数
MaxCv	WYE	Maximal peak	E	最大峰值
AvCv	WYE	Average peak	E	平均峰值

6. 有载调压分接头监测逻辑节点 SLTC（表 8 - 3 - 6）

此逻辑节点用于监测及评估调压分接头。

表 8 - 3 - 6　　　　　　　　　有载调压分接头监测逻辑节点 SLTC

对象名称	CDC 类型	英文语义	M/O/C/E	中文语义
SLTC 节点类				
数据对象				
公用逻辑节点信息				
Mod	INC	Mode	M	模式
Beh	INS	Behaviour	M	行为
Health	INS	Health	M	健康状态
Namplt	LPL	Name	M	逻辑节点铭牌

续表

SLTC 节点类				
对象名称	CDC 类型	英文语义	M/O/C/E	中文语义
状态信息				
OilFil	SPS	Oil filtration running	O	油过滤器运行
MotDrvBlk	SPS	Motor drive overcurrent blocking	O	驱动电机过流闭锁
VacCelAlm	SPS	Circuit status of vacuum cell（ANSI）	O	真空包电路状态
OilfilTr	SPS	Oil filter unit trip	O	油过滤器单元跳闸
测量信息				
Torq	MV	Drive torque	O	驱动扭矩
MotDrvA	MV	Motor drive current	O	电机驱动电流
AbrPrt	MV	Abrasion（in %）of parts subject to wear	O	磨损（%）
控制				
OpCntRs	INC	Resettable Operation Counter	O	可复位操作计数器
定值				
SmpRrod	ASG	Sampling period	E	采集间隔

7. 操作机构监测逻辑节点 SOPM（表 8-3-7）

此逻辑节点用于监测开关的操动机构，评估操作机构的特性以便于估计未来可能发生的误操作。目前有不同原理的操作机构。典型的断路器操作机构中配置储能单元（用于提供断路器短时操作需要的能量）。储能可以通过弹簧或压缩气体实现，由机械结构或液压来传递能量。充电电机用于补偿能量损失（泄漏）或在断路器操作后重新充电。

此逻辑节点内容涵盖弹簧和液压两种系统的相关元件特性的描述，也可用于由电机驱动的操作机构。

表 8-3-7　　　　　　　　　　操作机构监测逻辑节点 SOPM

SOPM 节点类				
对象名称	CDC 类型	英文语义	M/O/C/E	中文语义
数据对象				
公用逻辑节点信息				
Mod	INC	Mode	M	模式
Beh	INS	Behaviour	M	行为
Health	INS	Health	M	健康状态
Namplt	LPL	Name	M	逻辑节点铭牌

SOPM 节点类				
对象名称	CDC 类型	英文语义	M/O/C/E	中文语义
状态信息				
MotOp	SPS	Indicates if the motor is running	O	用于指示电机是否运行
MotStrAlm	SPS	Alarm for number of motor starts exceeds MotAlmNum	O	电机启动次数超过 MotAlmNum 告警
HyAlm	SPS	Hydraulic Alarm	O	液压告警
HyBlk	SPS	Block of operation due to hydraulic	O	由于液压问题闭锁操作
EnBlk	SPS	Energy block	O	能量闭锁
EnAlm	SPS	Energy alarm	O	能量告警
MotAlm	SPS	Motor operating time exceeded	O	电机运行超时
HeatAlm	SPS	Heater alarm	O	加热器告警
ChaIntvTms	INS	Time interval between last two charging operations	O	最近两次储能操作时间间隔
MotStr	INS	Number of motor starts	O	电机启动次数
测量信息				
En	MV	Stored energy（e. g. stored energy or remaining energy）	O	储能
HyPres	MV	Hydraulic pressure	O	液压
HyTmp	MV	Hydraulic temperature	O	液体温度
MotTm	MV	Operating time of the motor	O	电机运行时间
MotA	MV	Motor current	O	电机电流
Tmp	MV	Temperature inside the drive cubicle	O	机构箱内的温度
控制				
OpCntRs	INC	Resettable Operation Counter	O	可复位操作计数器
定值				
MotAlmTms	ING	Alarm level for motor run time in s	O	电机运行时间告警门槛值（s）
MotStrNum	ING	Alarm level for number of motor starts	O	电机启动次数告警门槛值
MotStrTms	ING	Time interval for acquisition of motor starts	O	电机启动采集时间间隔
SmpProd	ASG	Sampling period	E	采集间隔

8. 局放监测逻辑节点 SPDC（表 8－3－8）

此逻辑节点用于局放监测。

表 8 - 3 - 8　　　　　　　　　　局放监测逻辑节点 SPDC

对象名称	CDC 类型	英文语义	M/O/C/E	中文语义
SPDC 节点类				
数据对象				
公用逻辑节点信息				
Mod	INC	Mode	M	模式
Beh	INS	Behaviour	M	行为
Health	INS	Health	M	健康状态
Namplt	LPL	Name	M	逻辑节点铭牌
状态信息				
PaDschAlm	SPS	Partial discharge alarm	C	局放告警
OpCnt	INS	Operation counter	M	操作计数器
PlsNum	INS	Number of pulse	E	脉冲个数
PaDschType	ENS	Type of partial discharge	E	局放类型
测量信息				
AcuPaDsch	MV	Acoustic level of partial discharge	C	局放声学水平
AppPaDsch	MV	Apparent charge of partial discharge，peak level（PD）	C	视在局放，峰值
NQS	MV	Average discharge current	C	平均放电电流
UhfPaDsch	MV	UHF level of partial discharge	C	局放 UHF 水平
Phase	MV	phase	E	相位
控制				
OpCntRs	INC	Resettable operation counter	O	可复位操作计数器
定值				
CtrHz	ASG	Center Frequency of measurement unit according to IEC 60270，3.8	O	IEC 60270 标准 3.8 节的测量单元中心频率
BndWid	ASG	Bandwidth of measurement unit according to IEC 60270，3.8	O	IEC 60270 标准 3.8 节测量单元带宽
SmpProd	ASG	Sampling period	E	采集间隔

条件 C：根据功能，至少应使用 AcuPaDsch，UHFPaDch，NQS，AppPaDsch 或 PaDschAlm 中的一种数据对象

9. 变压器监测逻辑节点 SPTR（表 8 - 3 - 9）

此逻辑节点用于电力变压器监测，用于评估电力变压器的状态。

表 8－3－9　　　　　　　　　**变压器监测逻辑节点 SPTR**

对象名称	CDC 类型	英文语义	M/O/C/E	中文语义
SPTR 节点类				
数据对象				
公用逻辑节点信息				
Mod	INC	Mode	M	模式
Beh	INS	Behaviour	M	行为
Health	INS	Health	M	健康状态
Namplt	LPL	Name	M	逻辑节点铭牌
状态信息				
HPTmpAlm	SPS	Winding hotspot temperature alarm	M	绕组热点温度告警
HPTmpOp	SPS	Winding hotspot temperature operate	O	绕组热点温度状态
HPTmpTr	SPS	Winding hotspot temperature trip	O	绕组热点温度跳闸
MbrAlm	SPS	Leakage supervision alarm of tank conservator membrane	O	油箱泄漏监测告警
CGAlm	SPS	Core ground alarm	O	铁芯接地告警
HeatAlm	SPS	Heater alarm	O	加热器告警
测量信息				
AgeRte	MV	Aging rate	O	老化率
BotTmp	MV	Bottom oil temperature	O	底层油温
CoreTmp	MV	Core temperature	O	铁芯温度
HPTmpClc	MV	Calculated winding hotspot temperature	O	绕组热点计算温度
控制				
OpCntRs	INC	Resettable operation counter	O	可复位操作计数器
定值				
SmpProd	ASG	Sampling period	E	采集间隔

10. 开关监测逻辑节点 SSWI（表 8－3－10）

此逻辑节点用于监测除断路器之外的所有开关及刀闸，如隔离开关，接地开关等。与 SOPM 类似，可以评估开关的现状。大部分的属性用于描述开关的操作时间和触头运动。某值偏离正常值时，预示开关可能发生误操作。零部件的磨损用于判断开关的维修时间。对某些与断路器有关的特殊要求，如磨损等，用 SCBR 来描述。SSWI 是按相监测的。

表 8 - 3 - 10　　　　　　　　　　　开关监测逻辑节点 SSWI

对象名称	CDC 类型	中文语义	M/O/C/E	英文语义
SSWI 节点类				
数据对象				
公用逻辑节点信息				
Mod	INC	Mode	M	模式
Beh	INS	Behaviour	M	行为
Health	INS	Health	M	健康状态
Namplt	LPL	Name	M	逻辑节点铭牌
状态信息				
OpTmAlm	SPS	Switch operating time exceeded	O	开关操作超时
OpCntAlm	SPS	Number of operations (modelled in XSWI) has exceeded the alarm level for number of operations	O	操作次数（在 XSWI 中建模）超出告警门限
OpCntWrn	SPS	Number of operations (modelled in XSWI) exceeds the warning limit	O	操作次数（在 XSWI 总建模）到报警门槛
OpTmWrn	SPS	Warning when operation time reaches the warning level	O	操作时间达到警报门槛发出警报
OpTmh	INS	Time since installation or last maintenance in hours	O	从安装或最近一次维修至今的时间
MechHealth	ENS	Mechanical behaviour alarm	O	机械行为告警
测量信息				
AccAbr	MV	Cumulated abrasion of parts subject to wear	O	累计磨损
AuxSwTmOpn	MV	Auxiliary switches timing Open	O	辅助开关分
AuxSwTmCls	MV	Auxiliary switches timing Close	O	辅助开关合
RctTmOpn	MV	Reaction time measurement Open	O	分反应时间
RctTmCls	MV	Reaction time measurement	O	合反应时间
OpSpdOpn	MV	Operation speed Open	O	分操作速度
OpSpdCls	MV	Operation speed Close	O	合操作速度
OpTmOpn	MV	Operation time Open	O	合操作时间
OpTmCls	MV	Operation time Close	O	分操作时间

对象名称	CDC 类型	中文语义	M/O/C/E	英文语义
SSWI 节点类				
测量信息				
Stk	MV	Contact Stroke	O	触头撞击
OvStkOpn	MV	Overstroke Open	O	分超行程
OvStkCls	MV	Overstroke Close	O	合超行程
ColA	MV	Coil current	O	线圈电流
Tmp	MV	Temperature e. g. inside drive mechanism	O	温度，例如驱动机构内的
控制				
OpCntRs	INC	Resettable Operation Counter	O	可复位的操作计数器
定值				
OpAlmTmh	ING	Alarm level for operation time in hours	O	磨损告警状态的门槛值
OpWrnTmh	ING	Warning level for operation time in hours	O	操作时间告警门槛值
OpAlmNum	ING	Alarm level for number of operations	O	操作次数告警门槛值
OpWrnNum	ING	Warning level for number of operations	O	操作次数警告门槛值
SmpProd	ASG	Sampling period	E	采集间隔

11. 温度监测逻辑节点 STMP（表 8-3-11）

此逻辑节点用于监测不同设备的温度，提供告警、跳闸/停机功能。如果连接的传感器超过一个（TTMP），应该为每个传感器配置一个 STMP 逻辑节点。

表 8-3-11 **温度监测逻辑节点 STMP**

对象名称	CDC 类型	中文语义	M/O/C/E	英文语义
STMP 节点类				
数据对象				
公用逻辑节点信息				
Mod	INC	Mode	M	模式
Beh	INS	Behaviour	M	行为
Health	INS	Health	M	健康状态
Namplt	LPL	Name	M	逻辑节点铭牌
状态信息				
EEHealth	ENS	External equipment health	O	外部设备健康状态
Alm	SPS	Temperature alarm level reached	O	达到温度告警门槛值
Trip	SPS	Temperature trip level reached	O	达到温度跳闸门槛值

STMP 节点类				
对象名称	CDC 类型	中文语义	M/O/C/E	英文语义
测量信息				
Tmp	MV	Temperature	O	温度
控制				
OpCntRs	INC	Resettable Operation Counter	O	可复位操作计数器
定值				
TmpAlmSpt	ASG	Temperature alarm level set – point	O	温度告警门槛值
TmpTripSpt	ASG	Temperature trip level set – point	O	温度跳闸门槛值
SmpProd	ASG	Sampling period	E	采集间隔

12. 振动监测逻辑节点 SVBR（表 8 - 3 - 12）

此逻辑节点用于监测不同设备的振动，如旋转电机的轴、涡轮、发电机等，提供告警、跳闸/停机功能。如果连接的传感器超过一个（TVBR），应该为每个传感器配置一个 SVBR 逻辑节点。

表 8 - 3 - 12　　　　　　　　　振动监测逻辑节点 SVBR

SVBR 节点类				
对象名称	CDC 类型	中文语义	M/O/C/E	英文语义
数据对象				
公用逻辑节点信息				
Mod	INC	Mode	M	模式
Beh	INS	Behaviour	M	行为
Health	INS	Health	M	健康状态
Namplt	LPL	Name	M	逻辑节点铭牌
状态信息				
Alm	SPS	Vibration alarm level reached	M	达到振动告警门槛值
Trip	SPS	Vibration trip level reached	O	达到振动跳闸门槛值
测量信息				
Vbr	MV	Vibration level	O	振动级别
AxDsp	MV	Total axial displacement	O	总的轴位移
控制				
OpCntRs	INC	Resettable Operation Counter	O	可复位操作计数器

续表

SVBR 节点类				
对象名称	CDC 类型	中文语义	M/O/C/E	英文语义
定值				
VbrAlmSpt	ASG	Vibration alarm level set – point	O	振动告警门槛值
VbrTripSpt	ASG	Vibration trip level set – point	O	振动跳闸门槛值
AxDAlmSpt	ASG	Axial displacement alarm level set – point	O	轴位移告警门槛值
AxDTripSpt	ASG	Axial displacement trip level set – point	O	轴位移跳闸门槛值
SmpProd	ASG	Sampling period	E	采集间隔

13. 角度逻辑节点 TANG（表 8 - 3 - 13）

此逻辑节点用于表示两个对象（一个可能是水平或垂直线）之间的角度测量结果。测量结果可以是角度或弧度。

表 8 - 3 - 13　　　　　　　　　　角度逻辑节点 TANG

TANG 节点类				
对象名称	CDC 类型	中文语义	M/O/C/E	英文语义
数据对象				
公用逻辑节点信息				
Mod	INC	Mode	M	模式
Beh	INS	Behaviour	M	行为
Health	INS	Health	M	健康状态
Namplt	LPL	Name	M	逻辑节点铭牌
状态信息				
EEHealth	ENS	External equipment health	O	外部设备健康状况
测量信息				
AngSv	SAV	Angle	C	角度
定值				
SmpRle	ING	Sampling rate setting	O	采样率
条件 C：如果数据对象通过通信连接传输，此数据对象就是必需的，对外可视				

14. 轴位移逻辑节点 TAXD（表 8 - 3 - 14）

此逻辑节点用于表示坐标轴位移。坐标轴位移可以是长度或轴的转动。轴位移传感器常与振动传感器一起使用作为振动监测系统输入。

表 8 - 3 - 14　　　　　　　　　　　　　　轴位移逻辑节点 TAXD

对象名称	CDC 类型	中文语义	M/O/C/E	英文语义
TAXD 节点类				
数据对象				
公用逻辑节点信息				
Mod	INC	Mode	M	模式
Beh	INS	Behaviour	M	行为
Health	INS	Health	M	健康状态
Namplt	LPL	Name	M	逻辑节点铭牌
状态信息				
EEHealth	ENS	External equipment health	O	外部健康信息
测量信息				
AxDspSv	SAV	Total axial displacement	C	总轴位移
定值				
SmpRte	ING	Sampling rate setting	O	采样率设置
条件 C：如果数据对象通过通信连接传输，此数据对象就是必需的，对外可视				

15. 距离逻辑节点 TDST（表 8 - 3 - 15）

此逻辑节点用于表示对象位移的测量结果，可用于提供固定位置与移动对象之间距离的测量结果。

表 8 - 3 - 15　　　　　　　　　　　　　　距离逻辑节点 TDST

对象名称	CDC 类型	中文语义	M/O/C/E	英文语义
TDST 节点类				
数据对象				
公用逻辑节点信息				
Mod	INC	Mode	M	模式
Beh	INS	Behaviour	M	行为
Health	INS	Health	M	健康状态
Namplt	LPL	Name	M	逻辑节点铭牌
状态信息				
EEHealth	ENS	External equipment health	O	外部健康信息
测量信息				
DisSv	SAV	Distance [m]	C	位移（m）
定值				
SmpRte	ING	Sampling rate setting	O	采样率设置
条件 C：如果数据对象通过通信连接传输，此数据对象就是必需的，对外可视				

16. 液流逻辑节点 TFLW（表 8 - 3 - 16）

此逻辑节点用于表示流体速率。

表 8 - 3 - 16　　　　　　　　　　　　　　　**液流逻辑节点 TFLW**

对象名称	CDC 类型	中文语义	M/O/C/E	英文语义
TFLW 节点类				
数据对象				
公用逻辑节点信息				
Mod	INC	Mode	M	模式
Beh	INS	Behaviour	M	行为
Health	INS	Health	M	健康状态
Namplt	LPL	Name	M	逻辑节点铭牌
状态信息				
EEHealth	ENS	External equipment health	O	外部健康信息
测量信息				
FlwSv	SAV	Liquid flow rate $[m^3/s]$	C	液流速率（m^3/s）
定值				
SmpRte	ING	Sampling rate setting	O	采样率设置
条件 C：如果数据对象通过通信连接传输，此数据对象就是必需的，对外可视				

17. 频率逻辑节点 TFRQ（表 8 - 3 - 17）

此逻辑节点用于表示频率的测量结果，可用于与电无关的频率测量，例如声波、振动等的频率测量。如果是单纯的振动，并且关心的主要是运动而非频率，则应采用 TVBR 逻辑节点。

表 8 - 3 - 17　　　　　　　　　　　　　　　**频率逻辑节点 TFRQ**

对象名称	CDC 类型	中文语义	M/O/C/E	英文语义
TFRQ 节点类				
数据对象				
公用逻辑节点信息				
Mod	INC	Mode	M	模式
Beh	INS	Behaviour	M	行为
Health	INS	Health	M	健康状态
Namplt	LPL	Name	M	逻辑节点铭牌
状态信息				
EEHealth	ENS	External equipment health	O	外部健康信息
测量信息				
HzSv	SAV	Frequency $[Hz]$ related to non - electrical values	C	与非电量相关的频率（Hz）
定值				
SmpRte	ING	Sampling rate setting	O	采样率设置
条件 C：如果数据对象通过通信连接传输，此数据对象就是必需的，对外可视				

18. 通用传感器逻辑节点 TGSN（表 8 - 3 - 18）

此逻辑节点用于通用传感器的表示。如果没有专用逻辑节点描述的传感器，则用该逻辑节点描述。

表 8 - 3 - 18　　　　　　　　　通用传感器逻辑节点 TGSN

对象名称	CDC 类型	中文语义	M/O/C/E	英文语义
TGSN 节点类				
数据对象				
公用逻辑节点信息				
Mod	INC	Mode	M	模式
Beh	INS	Behaviour	M	行为
Health	INS	Health	M	健康状态
Namplt	LPL	Name	M	逻辑节点铭牌
状态信息				
EEHealth	ENS	External equipment health	O	外部健康信息
测量信息				
GenSv	SAV	Generic sampled value	C	通用采样值
定值				
SmpRte	ING	Sampling rate setting	O	采样率设置
条件 C：如果数据对象通过通信连接传输，此数据对象就是必需的，对外可视				

19. 湿度逻辑节点 THUM（表 8 - 3 - 19）

此逻辑节点用于表示介质中的湿度测量，测量结果以百分比表示。

表 8 - 3 - 19　　　　　　　　　湿度逻辑节点 THUM

对象名称	CDC 类型	中文语义	M/O/C/E	英文语义
THUM 节点类				
数据对象				
公用逻辑节点信息				
Mod	INC	Mode	M	模式
Beh	INS	Behaviour	M	行为
Health	INS	Health	M	健康状态
Namplt	LPL	Name	M	逻辑节点铭牌
状态信息				
EEHealth	ENS	External equipment health	O	外部健康信息

续表

THUM 节点类				
对象名称	CDC 类型	中文语义	M/O/C/E	英文语义
测量信息				
HumSv	SAV	Humidity［％］	C	湿度（％）
定值				
SmpRte	ING	Sampling rate setting	O	采样率设置
条件 C：如果数据对象通过通信连接传输，此数据对象就是必需的，对外可视				

20. 磁场逻辑节点 TMGF（表 8-3-20）

此逻辑节点用于表示磁场强度。

表 8-3-20　　　　　　　　　磁场逻辑节点 TMGF

TMGF 节点类				
对象名称	CDC 类型	中文语义	M/O/C/E	英文语义
数据对象				
公用逻辑节点信息				
Mod	INC	Mode	M	模式
Beh	INS	Behaviour	M	行为
Health	INS	Health	M	健康状态
Namplt	LPL	Name	M	逻辑节点铭牌
状态信息				
EEHealth	ENS	External equipment health	O	外部健康信息
测量信息				
MagFldSv	SAV	Magnetic field strength/flux density（T）	C	磁场强度/磁通密度（T）
定值				
SmpRte	ING	Sampling rate setting	O	采样率设置
条件 C：如果数据对象通过通信连接传输，此数据对象就是必需的，对外可视				

21. 运动传感器逻辑节点 TMVM（表 8-3-21）

此逻辑节点用于表示运动或速度的测量。

表 8-3-21　　　　　　　　　运动传感器逻辑节点 TMVM

TMVM 节点类				
对象名称	CDC 类型	中文语义	M/O/C/E	英文语义
数据对象				
公用逻辑节点信息				
Mod	INC	Mode	M	模式

TMVM 节点类				
对象名称	CDC 类型	中文语义	M/O/C/E	英文语义
数据对象				
公用逻辑节点信息				
Beh	INS	Behaviour	M	行为
Health	INS	Health	M	健康状态
Namplt	LPL	Name	M	逻辑节点铭牌
状态信息				
EEHealth	ENS	External equipment health	O	外部健康信息
测量信息				
MvmRteSv	SAV	Movement rate［m/s］	C	运动速率（m/s）
定值				
SmpRte	ING	Sampling rate setting	O	采样率设置
条件 C：如果数据对象通过通信连接传输，此数据对象就是必需的，对外可视				

22. 位置指示逻辑节点 TPOS（表 8-3-22）

此逻辑节点用于表示可移动物体的位置，测量结果以整个监测范围的百分比表示。

表 8-3-22　　　　　　　　　位置指示逻辑节点 TPOS

TPOS 节点类				
对象名称	CDC 类型	中文语义	M/O/C/E	英文语义
数据对象				
公用逻辑节点信息				
Mod	INC	Mode	M	模式
Beh	INS	Behaviour	M	行为
Health	INS	Health	M	健康状态
Namplt	LPL	Name	M	逻辑节点铭牌
状态信息				
EEHealth	ENS	External equipment health	O	外部健康信息
测量信息				
PosPctSv	SAV	Position given as percentage of full movement［%］	C	占整个行程的百分比（%）
定值				
SmpRte	ING	Sampling rate setting	O	采样率设置
条件 C：如果数据对象通过通信连接传输，此数据对象就是必需的，对外可视				

23. 压力逻辑节点 TPRS（表 8-3-23）

此逻辑节点表示介质的绝对压力，介质可以是压力需要监测的空气、水、油、蒸汽或其他物质。

表 8-3-23 　　　　　　　　　　**压力逻辑节点 TPRS**

对象名称	CDC 类型	中文语义	M/O/C/E	英文语义
TPRS 节点类				
数据对象				
公用逻辑节点信息				
Mod	INC	Mode	M	模式
Beh	INS	Behaviour	M	行为
Health	INS	Health	M	健康状态
Namplt	LPL	Name	M	逻辑节点铭牌
状态信息				
EEHealth	ENS	External equipment health	O	外部健康信息
测量信息				
PresSv	SAV	Pressure of media［Pa］	C	媒介的压力（Pa）
定值				
SmpRte	ING	Sampling rate setting	O	采样率设置
条件 C：如果数据对象通过通信连接传输，此数据对象就是必需的，对外可视				

24. 转动逻辑节点 TRTN（表 8-3-24）

此逻辑节点用于表示旋转设备的旋转速度。可采用不同的测量原理，但结果应是相同的。

表 8-3-24 　　　　　　　　　　**转动逻辑节点 TRTN**

对象名称	CDC 类型	中文语义	M/O/C/E	英文语义
TRIN 节点类				
数据对象				
公用逻辑节点信息				
Mod	INC	Mode	M	模式
Beh	INS	Behaviour	M	行为
Health	INS	Health	M	健康状态
Namplt	LPL	Name	M	逻辑节点铭牌
状态信息				
EEHealth	ENS	External equipment health	O	外部健康信息
测量信息				
RotSpdSv	SAV	Rotational speed	C	转速
定值				
SmpRte	ING	Sampling rate setting	O	采样率设置
条件 C：如果数据对象通过通信连接传输，此数据对象就是必需的，对外可视				

25. 声压逻辑节点 TSND（表 8 - 3 - 25）

此逻辑节点用于表示声压。

表 8 - 3 - 25 声压逻辑节点 TSND

对象名称	CDC 类型	中文语义	M/O/C/E	英文语义
TSND 节点类				
数据对象				
公用逻辑节点信息				
Mod	INC	Mode	M	模式
Beh	INS	Behaviour	M	行为
Health	INS	Health	M	健康状态
Namplt	LPL	Name	M	逻辑节点铭牌
状态信息				
EEHealth	ENS	External equipment health	O	外部健康信息
测量信息				
SndSv	SAV	Sound pressure level ［dB］	C	声压（dB）
定值				
SmpRte	ING	Sampling rate setting	O	采样率设置
条件 C：如果数据对象通过通信连接传输，此数据对象就是必需的，对外可视				

26. 温度传感器逻辑节点 TTMP（表 8 - 3 - 26）

此逻辑节点表示单个温度测量结果。

表 8 - 3 - 26 温度传感器逻辑节点 TTMP

对象名称	CDC 类型	中文语义	M/O/C/E	英文语义
TTMP 节点类				
数据对象				
公用逻辑节点信息				
Mod	INC	Mode	M	模式
Beh	INS	Behaviour	M	行为
Health	INS	Health	M	健康状态
Namplt	LPL	Name	M	逻辑节点铭牌
状态信息				
EEHealth	ENS	External equipment health	O	外部健康信息
测量信息				
TmpSv	SAC	Temperature ［℃］	C	温度（℃）
定值				
SmpRte	ING	Sampling rate setting	O	采样率设置
条件 C：如果数据对象通过通信连接传输，此数据对象就是必需的，对外可视				

27. 机械压力逻辑节点 TTNS（表 8 - 3 - 27）

此逻辑节点表示机械压力。

表 8 - 3 - 27　　　　　　　　　　　　**机械压力逻辑节点 TTNS**

对象名称	CDC 类型	中文语义	M/O/C/E	英文语义
TTNS 节点类				
数据对象				
公用逻辑节点信息				
Nod	INC	Mode	M	模式
Beh	INS	Behaviour	M	行为
Health	INS	Health	M	健康状态
Namplt	LPL	Name	M	逻辑节点铭牌
状态信息				
EEHealth	ENS	External equipment health	O	外部健康信息
测量信息				
TnsSv	SAV	Mechanical stress［N］	C	机械压力（N）
定值				
SmpRte	ING	Sampling rate setting	O	采样率设置
条件 C：如果数据对象通过通信连接传输，此数据对象就是必需的，对外可视				

28. 振动传感器逻辑节点 TVBR（表 8 - 3 - 28）

此逻辑节点表示振动水平。在振动以频率定义的场合，可使用 TFRQ 替代该逻辑节点。

表 8 - 3 - 28　　　　　　　　　　　　**振动传感器逻辑节点 TVBR**

对象名称	CDC 类型	中文语义	M/O/C/E	英文语义
TVBR 节点类				
数据对象				
公用逻辑节点信息				
Mod	INC	Mode	M	模式
Beh	INS	Behaviour	M	行为
Health	INS	Health	M	健康状态
Namplt	LPL	Name	M	逻辑节点铭牌
状态信息				
EEHealth	ENS	External equipment health	O	外部健康信息
测量信息				
VbrSv	SAV	Vibration［mm/s］	C	振动（mm/s）
定值				
SmpRte	ING	Sampling rate setting	O	采样率设置
条件 C：如果数据对象通过通信连接传输，此数据对象就是必需的，对外可视				

29. 套管逻辑节点 ZBSH（表 8-3-29）

此逻辑节点用于套管监测。

表 8-3-29　　　　　　　　　　**套管逻辑节点 ZBSH**

对象名称	CDC 类型	英文含义	M/O/C/E	中文含义
ZBSH 节点类				
数据对象				
公用逻辑节点信息				
Mod	INC	Mode	M	模式
Beh	INS	Behaviour	M	行为
Health	INS	Health	M	健康状态
Namplt	LPL	Name	M	逻辑节点铭牌
状态信息				
EEHealth	ENS	External equipment health	O	外部设备健康状态
OpTmh	INS	Operation time	O	运行时间
测量信息				
React	MV	Relative capacitance of bushing related to the data object RefReact	C	套管相对电容
AbsReact	MV	Online capacitance，absolute value	O	在线电容，绝对值
LosFact	MV	Loss Factor（tan delta）	O	介质损耗系数（tanδ）
Vol	MV	Voltage of bushing measuring tap	O	套管电压
DisplA	MV	Displacement current：apparent current at measuring tap	O	置换电流：套管表观电流
LeakA	MV	Leakage current：active current at measuring tap	O	泄漏电流：套管有源电流
RefPhs	MV	Reference phase	E	参考相角
定值				
RefReact	ASG	Reference capacitance for bushing at commissioning	O	投运时套管参考电容
RefPF	ASG	Reference power factor for bushing at commissioning	O	投运时套管参考功率因数
RefV	ASG	Reference voltage for bushing at commissioning	O	投运时套管参考电压

30. 避雷器逻辑节点 ZSAR（表 8-3-30）

此逻辑节点用于避雷器监测。

表 8 - 3 - 30　　　　　　　　　　避雷器逻辑节点 ZSAR

对象名称	CDC 类型	英文含义	M/O/C/E	中文含义
ZSAR 节点类				
数据对象				
公用逻辑节点信息				
Mod	INC	Mode	M	模式
Beh	INS	Behaviour	M	行为
Health	INS	Health	M	健康状态
Namplt	LPL	Name	M	逻辑节点铭牌
状态信息				
EEHealth	ENS	External equipment health	O	外部设备健康状态
OpCnt	INS	Operation counter	O	动作计数
OpSar	SPS	Operation of surge arrestor	O	避雷器运行
测量信息				
TotA	WYE	Total current	E	全电流
RisA	WYE	Resistive current	E	阻性电流
RefPhs	MV	Reference phase	E	参考相角

31. 电容器逻辑节点 ZCAP（表 8 - 3 - 31）

此逻辑节点用于电容器监测。

表 8 - 3 - 31　　　　　　　　　　电容器逻辑节点 ZCAP

对象名称	CDC 类型	英文含义	M/O/C/E	中文含义
ZCAP 节点类				
数据对象				
公用逻辑节点信息				
Mod	INC	Mode	M	模式
Beh	INS	Behaviour	M	行为
Health	INS	Health	M	健康状态
Namplt	LPL	Name	M	逻辑节点铭牌
状态信息				
EEHealth	ENS	External equipment health	O	外部设备健康状态
OpTmh	INS	Operation time	O	运行时间
DschBlk	SPS	Blocked due to discharge	M	充电闭锁
测量信息				
ALeak	WYE	Leakage current	E	泄漏电流
DieLoss	WYE	Dielectric loss	E	介损
Capac	WYE	Capacitance	E	电容

续表

ZCAP 节点类				
对象名称	CDC 类型	英文含义	M/O/C/E	中文含义
测量信息				
DicLosAna	WYE	Relative dielectric loss	E	相对介损
RefPhs	MV	Reference phase	E	参考相角
PwrNetVol	WYE	Power – net voltage	E	系统电压
FndmVol	WYE	Fundamental voltage	E	基波电压
ThdHarVol	WYE	Third harmonic voltage	E	三次谐波电压
FfthHarVol	WYE	Fifth harmonic voltage	E	五次谐波电压
SvnthHarVol	WYE	Seventh harmonic voltage	E	七次谐波电压
NnthHarVol	WYE	ninth harmonic voltage	E	九次谐波电压
控制				
CapDS	SPC	Capacitor bank device status	O	电容器组放电闭锁

32. 气象信息逻辑节点 MMET（表 8-3-32）

此逻辑节点用于气象状况的监测。

表 8-3-32　　　　　　　　　　　**气象信息逻辑节点 MMET**

MMET 节点类				
对象名称	CDC 类型	英文含义	M/O/C/E	中文含义
数据对象				
公用逻辑节点信息				
Mod	INC	Mode	M	模式
Beh	INS	Behaviour	M	行为
Health	INS	Health	M	健康状态
Namplt	LPL	Name	M	逻辑节点铭牌
测量信息				
EnvTmp	MV	Ambient temperature	O	环境温度
EnvHum	MV	Humidity	O	湿度
DctInsol	MV	Direct normal insolation	O	直射辐射强度
HorWdDir	MV	Horizontal Wind direction	O	水平风向
HorWdSpd	MV	Average Horizontal Wind speed	O	平均水平风速
VerWdDir	MV	Vertical Wind Direction	O	垂直风向
VerWdSpd	MV	Average Vertical Wind speed	O	平均垂直风速
RnFllInMin	MV	Rainfall in minute	O	分钟雨量
RnFllInHour	MV	Rainfall in minute in hour	O	小时雨量
CntmCrrnt	MV	Contamination current	E	污秽电流

33. 断路器逻辑节点 XCBR（表 8 - 3 - 33）

此逻辑节点用于为具有切断短路电流能力的开关建模。有时可能还需要额外逻辑节点配合完成断路器的建模，如 SIMS 逻辑节点。若应用 CSWI 或 CPOW，应从逻辑节点 CSWI 或 CPOW 处取得分合命令。如果在 CSWI 或 CPOW 和 XCBR 之间无"时间激活控制"服务，则用 GSE 报文完成分合命令传输（参见 IEC 61850 - 7 - 2）。

表 8 - 3 - 33　　　　　　　　　　　　断路器逻辑节点 XCBR

对象名称	CDC 类型	英文含义	M/O/C/E	中文含义
XCBR 节点类				
数据对象				
公用逻辑节点信息				
Mod	INC	Mode	M	模式
Beh	INS	Behaviour	M	行为
Health	INS	Health	M	健康状态
Namplt	LPL	Name	M	逻辑节点铭牌
状态信息				
EEHealth	ENS	External equipment health	O	外部设备健康状况
LocKey	SPS	Local or remote key（local means without substation automation communication，hardwired direct control）	O	当地或远方控制模式
Loc	SPS	Local Control Behaviour	M	当地控制行为
OpCnt	INS	Operation counter	M	操作计数器
CBOpCap	INS	Circuit breaker operating capability	O	断路器操作能力
POWCap	ENS	Pont On Wave switching capability	O	过零点操作能力
MaxOpCap	INS	Circuit breaker operating capability when fully charged	O	完全储能状况下断路器操作能力
Dsc	SPS	Discrepancy	O	差异
ClsCnt	INS	Close operation times	E	合闸操作次数
OpnCnt	INS	Open operation times	E	分闸操作次数
EngyActTms	INS	Times action of energy storage motor	E	储能电机动作次数
EngyStrgeMtrTm	INS	Single storage time of energy storage motor	E	储能电机单次储能时间
测量信息				
SumSwARs	BCR	Sum of Switched Amperes，resettable	O	累计开断电流值
A	WYE	Three - Phase current	E	三相电流

续表

XCBR 节点类

对象名称	CDC 类型	英文含义	M/O/C/E	中文含义
控制				
LocSta	SPC	Switching authority at station level	O	站控层操作授权
Pos	DPC	Switch position	M	断路器位置
BlkOpn	SPC	Block opening	M	分闭锁
BlkCls	SPC	Block closing	M	合闭锁
ChaMotEna	SPC	Charger motor enabled	O	允许储能电机工作
定值				
CBTmms	ING	Closing Time of breaker	O	断路器合时间

34. 开关逻辑节点 XSWI（表 8-3-34）

此逻辑节点用于为不具备切断短路电流能力的开关建模，如刀闸、空气开关、接地开关等。有时可能还需要额外逻辑节点，如 SIMS 逻辑节点。应从逻辑节点 CSWI 处取得分合命令。如果在 CSWI 和 XSWI 之间无"时间激活控制"服务，则用 GSE 报文完成分合命令传输（参见 IEC 61850-7-2）。

表 8-3-34　　　　　　　　　　　开关逻辑节点 XSWI

XSWI 节点类

对象名称	CDC 类型	英文含义	M/O/C/E	中文含义
数据对象				
公用逻辑节点信息				
Mod	INC	Mode	M	模式
Beh	INS	Behaviour	M	行为
Health	INS	Health	M	健康状态
Namplt	LPL	Name	M	逻辑节点铭牌
状态信息				
EEHealth	ENS	External equipment health	O	外部设备健康状况
LocKey	SPS	Local or remote key (local means without substation automation communication, hardwired direct control)	O	当地或远方控制模式
Loc	SPS	Local Control Behaviour	M	当地控制行为
OpCnt	INS	Operation counter	M	操作计数器
SwTyp	ENS	Switch type	M	刀闸类型
SwOpCap	ENS	Switch operating capability	M	刀闸操作能力
MaxOpCap	INS	Circuit switch operating capability when fully charged		完全储能状况下刀闸操作能力
Dsc	SPS	Discrepancy	O	差异

续表

XSWI 节点类				
对象名称	CDC 类型	英文含义	M/O/C/E	中文含义
控制				
LocSta	SPC	Switching authority at station level	O	站控层操作授权
Pos	DPC	Switch position	M	刀闸位置
BlkOpn	SPC	Block opening	M	分闭锁
BlkCls	SPC	Block closing	M	合闭锁
ChaMotEna	SPC	Charger motor enabled	O	允许储能电机工作
定值				
CBTmms	ING	Closing Time of breaker	O	断路器合时间

二、在线监测设备建模总体要求

变电设备在线监测功能逻辑节点定义及监测设备模型的创建应按照上述有关定义和要求进行。当表中定义的逻辑节点无法满足需求时，应根据实际应用功能，按照 DL/T 1146《DL/T 860 实施技术规范》中的相关规定进行扩展。

三、在线监测设备建模原则

（一）物理设备建模原则

（1）一个监测功能物理设备，应建模为一个 IED 对象。该对象是一个容器，包含服务器对象，服务器对象中至少包含一个 LD 对象，每个 LD 对象中至少包含 3 个 LN 对象：LLN0、LPHD 和其他应用逻辑节点。

（2）装置 ICD 文件中 IED 名应为"TEMPLATE"。实际系统中的 IED 名由系统配置工具统一配置。

（二）服务器建模原则

服务器描述了一个设备外部可见（可访问）的行为，每个服务器至少应有一个访问点（AccessPoint）。访问点应在同一个 ICD 文件中体现。

（三）逻辑设备建模原则

逻辑设备建模原则，应把具有公用特性的逻辑节点组合成一个逻辑设备。逻辑设备不宜划分过多，各个监测功能 IED 相关监测功能宜采用一个逻辑设备。SGCB 控制的数据对象不应跨逻辑设备，数据集包含的数据对象不应跨逻辑设备。

逻辑设备的划分宜依据功能进行，按以下几种类型进行划分：

（1）公用 LD，inst 名为"LD0"。

（2）监测功能 LD，ins 名为"MONT"。

（四）逻辑节点建模原则

需要通信的每个最小功能单元建模为一个逻辑节点对象，属于同一功能对象的数据和数据属性应放在同一个逻辑节点对象中。逻辑节点类的数据对象统一扩充。统一扩充的逻辑节点类，见本节的一。

（1）DL/T 860 标准和本节的一中已经定义的逻辑节点类而且是 IED 自身完成的最小功能单元，应按照 DL/T 860 标准和本节的一建立逻辑节点模型。

（2）DL/T 860 标准和本节的一中均已定义的逻辑节点类，应优先选用本节的一中的定义。

（3）其他没有定义或不是 IED 自身完成的最小功能单元应选用通用逻辑节点模型（GGIO 或 GAPC），或按照 Q/GDW 534—2010 的原则扩充。

（五）逻辑节点类型定义

（1）统一的逻辑节点类，见表 8-3-1～表 8-3-34。

（2）各制造厂商根据监测装置实际功能，实例化逻辑节点类型。

（六）数据对象类型定义

（1）统一使用 DL/T 860.73 所定义的公用数据类。

（2）统一扩展的公用数据类，见表 8-3-35 和表 8-3-36。

表 8-3-35 和表 8-3-36 只列举统一扩充的公用数据类，其他公用数据类应符合 DL/T 860.73 的要求，不得扩充。

1）字符整定（STG）。扩充命名空间为"CNCMD：2010"，见表 8-3-35。

表 8-3-35　　　　　　　　　　　字符整定（STG）

属性名	属性类型	功能约束	触发条件	值/范围	M/O/C
DataName	Inherited from Data Class (see IEC 61850-7-2)				
数据属性					
Setting					
setVal	UNICODE STRNG255	SP			AC_NSG_M
setVal	UNICODE STRING255	SG，SE			AC_SG_M
configuration，description and extension					
D	VISIBLE STRING255	DC		Text	O
dU	UNICODE STRING255	DC			O
cdcNs	VISIBLE STRING255	EX			AC_DLNDA_M
cdcName	VISIBLE STRING255	EX			AC_DLNDA_M
dataNs	VISIBLE STRING255	EX			AC_DLN_M

2）枚举型状态值（ENS）见表 8-3-36。

表 8-3-36　　　　　　　　　　　枚举型状态值（ENS）

属性名	属性类型	功能约束	触发条件	值/范围	M/O/C
DataName	Inherited from Data Class (see IEC 61850-7-2)				
数据属性					
stuts					
stVaI	ENUMERATED	ST	dchg，dupd		M
q	Quality	ST	qupd		M
t	TimeStamp	ST			M

续表

属性名	属性类型	功能约束	触发条件	值/范围	M/O/C
		Substitution and blocked			
subEna	BOOLEAN	SV			PICS_SUBST
subVal	ENUMERATED	SV			PICS_SUBST
subQ	Quality				PICS_SUBST
subID	VISIBLE STRING64				PICS_SUBST
blkEna	BOOLEAN	BL			O
		configuration，description and extension			
d	VISIBLE STRING255	DC		Text	O
dU	UNICODE STRING255	DC			O
cdcNs	VISIBLE STRING255	EX			AC_DLNDA_M
cdcName	VISIBLE STRING255	EX			AC_DLNDA_M
dataNs	VISIBLE STRING255	EX			AC_DLN_M

（3）装置使用的数据对象类型应按表8-3-1~表8-3-34统一定义。

（七）数据属性类型定义

（1）公用数据属性类型通常不应扩充。

（2）如需扩充，则需报请有关机构批准。

（八）取代模型

装置模型中的所有支持输出的数据对象如状态量、模拟量等，应支持取代模型和服务。

（1）数据对象中应包含数据属性 subEna、subVal、subQ、subID。

（2）当数据对象处于取代状态时，送出的该数据对象 q 的取代位应置1。

（九）模型的描述

所建立的模型需要使用 DL/T 860.6 所定义的变电站配置语言（SCL）进行描述。设备供应商需要保证其所提供的模型文件符合 DL/T 860.6 的语法，能够通过检查。

四、LN 实例建模

（一）LN 实例化建模原则

（1）分相断路器应分相建不同的实例。

（2）标准已定义的报警使用模型中的信号，其他的统一在 GGIO 中扩充；告警信号用 GGIO 的 Alm 上送，普通遥信信号用 GGIO 的 Ind 上送。

（二）定值建模

（1）定值应按面向逻辑节点对象分散放置，一些多个逻辑节点公用的定值放在 LN0 下。

（2）监测设备的定值单采用装置 ICD 文件中定义固定名称的定值数据集的方式。装置参数数据集名称为 dsParameter，装置参数不受 SGCB 控制；装置定值数据集名称为

dsSetting。客户端根据这两个数据集获得装置定值单进行显示和整定。参数数据集 dsParameter 和定值数据集 dsSetting 由制造厂商根据定值单顺序自行在 ICD 文件中给出。

（3）当前定值区号按标准从 1 开始，编辑定值区号按标准从 0 开始，0 区表示当前处于没有修改定值的正常运行状态。

（三）逻辑节点实例化建模要求

（1）一个逻辑节点中的 DO 如果需要重复使用时，应按加阿拉伯数字后缀的方式扩充。

（2）GGIO 和 GAPC 是通用输入/输出逻辑节点，扩充 DO 应按 Ind1、Ind2、Ind3、Alm1、Alm2、Alm3，SPCSO1、SPCSO2、SPCSO3 等标准方式实现。

（3）监测评价结果信息，建模在 LLN0 中，数据对象名称为 EvlRslt，公共数据类采用 ENS，数据属性采用枚举类型，使用者根据需传送的信息自定义枚举内容。

（四）录波与录波报告模型

（1）录波应使用逻辑节点 RDRE 进行建模。每个逻辑设备只包含一个 RDRE 实例。

（2）录波逻辑节点 RDRE 中的数据录波开始（RcdStr）和录波完成（RcdMade），应配置到录波数据集中，通过报告服务通知客户端。

（3）监测装置录波文件存储于 \ COMTRADE 文件目录中，文件名称为：IED 名 _ 逻辑设备名 _ 录波时间，其中逻辑设备名不包含 IED 名，录波时间格式为年月日 _ 时分秒 _ 毫秒，如 20070531 _ 172305 _ 456；录波头文件格式见本节四中（十三）数据记录。

（4）监测装置完成录波后，通过报告上送录波完成信号 RcdMade；客户端应同时支持二进制和 ASCII 两种格式的录波文件。

（五）开关在线监测信息模型

开关在线监测包括局放监测、机械特性监测、SF_6 气体在线监测等功能，涉及的逻辑节点见表 8-3-37。表 8-3-37～表 8-3-43 中标注"M"为必选，标注"O"为根据设备功能选择。

表 8-3-37　　　　　　　　　　开关在线监测逻辑节点

功能类	逻辑节点	逻辑节点类	M/O	备注	LD
基本逻辑节点	管理逻辑节点	LLN0	M		
	物理设备逻辑节点	LPHD	M		
局放监测	局放监测逻辑节点	SPDC	O		
机械特性监测	断路器逻辑节点	XCBR	O		MONT
	断路器监测逻辑节点	SCBR	O	行程	
	刀闸逻辑节点	XSWI	O		
	刀闸监测逻辑节点	SSWI	O		
	操作机构监测逻辑节点	SOPM	O	储能	
SF_6 气体监测	气体绝缘介质监测逻辑节点	SIMG	O		
录波	录波逻辑节点	RDRE	O		

注 生产制造商可能采用集中方式或者分布方式实现高压开关监测功能，对于具体的高压开关监测装置可根据实际的功能在本表中选择合适的逻辑节点进行建模，如果开关为分相断路器，则上述逻辑节点全部需要分相建模。

（六）变压器在线监测信息模型

交压器监测功能组包括局部放电监测、油中溶解气体监测、绕组热点温度测量、铁芯接地电流等，涉及的逻辑节点见表8-3-38。

表8-3-38　　　　　　　　　变压器在线监测逻辑节点表

功能类	逻辑节点	逻辑节点类	M/O	备注	LD
基本逻辑节点	管理逻辑节点	LLN0	M		
	物理设备逻辑节点	LPHD	M		
局放监测	局放监测逻辑节点	SPDC	O		
油中溶解气体监测	液体绝缘介质监测逻辑节点	SIML	O		
顶层油温	温度监测逻辑节点	STMP	O		MONT
绕组热点温度测量	温度监测逻辑节点	STMP	O	光纤直接测量	
	变压器监测逻辑节点	SPTR	O	间接计算测量	
铁芯接地电流	无相别相关测量	MMXN	O		
夹件接地电流	无相别相关测量	MMXN	O		
中性点接地电流	无相别相关测量	MMXN	O	接地交流电流	
	直流相关测量	MMDC	O	接地直流电流	
变压器有载调压分接开关监测	有载调压分接头监测逻辑节点	SLTC	O		
录波	录波逻辑节点	RDRE	O		

注　生产制造商可能采用集中方式或者分布方式实现变压器监测功能，对于具体的变压器监测装置可根据实现的功能在本表中选择合适的逻辑节点进行建模。

（七）套管监测信息模型

套管监测功能涉及的逻辑节点见表8-3-39。

表8-3-39　　　　　　　　　套管监测逻辑节点

功能类	逻辑节点	逻辑节点类	M/O	备注	LD
基本逻辑节点	管理逻辑节点	LLN0	M		
	物理设备逻辑节点	LPHD	M		
套管监测	套管逻辑节点	ZBSH	M		MONT
电压监测	电压互感器逻辑节点	TVTR	O		
录波	录波逻辑节点	RDRE	O		

（八）避雷器监测信息模型

避雷器监测功能涉及的逻辑节点见表8-3-40。

表 8 - 3 - 40　　　　　　　　　　避雷器监测逻辑节点

功能类	逻辑节点	逻辑节点类	M/O	备注	LD
基本逻辑节点	管理逻辑节点	LLN0	M		
	物理设备逻辑节点	LPHD	M		
避雷器监测	避雷器逻辑节点	ZSAR	M		MONT
电压监测	电压互感器逻辑节点	TVTR	O		
录波	录波逻辑节点	RDRE	O		

（九）电容型设备监测信息模型

电容型设备监测功能涉及的逻辑节点见表 8 - 3 - 41。

表 8 - 3 - 41　　　　　　　　　电容型设备监测逻辑节点

功能类	逻辑节点	逻辑节点类	M/O	备注	LD
基本逻辑节点	管理逻辑节点	LLN0	M		
	物理设备逻辑节点	LPHD	M		
容性设备监测	电容器逻辑节点	ZCAP	M		MONT
电压监测	电容器逻辑节点	ZCAP	M		
录波	录波逻辑节点	RDRE	O		

（十）变电站环境监测信息模型

变电站环境监测功能涉及的逻辑节点见表 8 - 3 - 42。

表 8 - 3 - 42　　　　　　　　　变电站环境监测逻辑节点

功能类	逻辑节点	逻辑节点类	M/O	备注	LD
基本逻辑节点	管理逻辑节点	LLN0	M		
	物理设备逻辑节点	LPHD	M		MONT
环境监测	气象信息逻辑节点	MMET	M		

（十一）绝缘子监测信息模型

绝缘子监测功能涉及的逻辑节点见表 8 - 3 - 43。

表 8 - 3 - 43　　　　　　　　　　绝缘子监测逻辑节点

功能类	逻辑节点	逻辑节点类	M/O	备注	LD
基本逻辑节点	管理逻辑节点	LLN0	M		
	物理设备逻辑节点	LPHD	M		
绝缘子监测	绝缘子逻辑节点	SINS	M		MONT
录波	录波逻辑节点	RDRE	O		

（十二）其他变电设备在线监测功能模型

变电设备在线监测还包括电弧监测、振动监测、侵入波监测等监测功能，具体的监测装置可根据实现的功能在表 8-3-1～表 8-3-34 中选择合适的逻辑节点进行建模。

（十三）数据记录

数据以文件形式记录，格式以 COMTRADE 文件为基础，扩展了适用于二维和三维曲线数据的内容，具体格式规范如下：

1. 总体

整体框架以 COMTRADE 文件为基础，配置文件采用 XML 格式。

2. 数据表示

数据作为一系列二进制的位存储在文件中。每个位可以是 1 或 0。位被组织在一个由 8 个位构成的字节中。当计算机读取一个文件的数据时，它把数据作为一系列的字节来读取。

（1）二进制数据。一个字节中的 8 个位可以被组成 256 个不同的组合。因而，它们可以用于表示从 0 到 255 的数字。如果需要较大数字，可以使用几个字节来表示一个单个数字。比如，2 个字节（16 位）可以表示从 0 到 65535 的数字。当字节以这种方式被解释时，可得知它们为二进制数据。几个不同的格式被同时用于以二进制形式存储数字数据。

（2）ASCII。它作为一个表示 0 到 255 的数字的替换物，可以用于表示 255 个不同的符号。美国国家信息交换标准代码（ASCII）是一个列出等于 8 个二进制位的 127 种组合的符号的标准。比如，字节 01000001 表示大写字母"A"，而 01100001 表示小写字母"a"。它可以用 127 个不同的组合来表示键盘上所有的键以及许多其他特殊符号。从 8 位格式得到的 256 个组合的剩余部分用于绘图和其他特殊应用字符。为了表示 ASCII 格式的一个数字，该数的每一位要求一个字节。

3. 数据记录文件定义

每个曲线记录有一组两个配置（.XML）和数据（.DAT）信息文件。每一组中的所有文件必须有相同文件名，其区别只在于说明文件类型的扩展名。

（1）配置文件（.XML）。配置文件是应由计算机程序阅读的 XML 文件，代替 COMTRADE 格式中的配置文件（CFG 文件）。配置文件包含着计算机程序为了正确解读数据（.DAT）文件而需要的信息。

配置文件基于 XML1.0 格式，编码为 UTF-8，为对人或计算机程序提供必要的信息，以便阅读和解释相关数据文件中的数据值。配置文件具有预定的标准化的格式，故无需为每个配置文件改写计算机程序。

总体上配置文件定义包括：①曲线信息定义，如曲线名称、曲线描述、曲线维数、数据个数、曲线数据文件类型等；②曲线数据定义，数据名称、数据描述、数据类型、单位、长度、乘数、偏移加数等信息。

1）配置文件总体定义：

a. 曲线名称 name：必选。

b. 曲线描述 desc：可选。

c. 曲线维数 dimension：必选。

d. 数据个数 number：必选。

e. 曲线数据文件类型：ASCII 或 ascii，BINARY 或 binary（同 COMTRADE）。

2）配置文件曲线数据定义。根据曲线总体定义的曲线维数，定义每一维数据。

a. 数据名称 name：必选，在曲线坐标轴名称。

b. 数据描述 desc：可选，说明。

c. 数据类型 dataType：必选（参考 COMTRADE）。

d. 单位 unit：必选（参考 COMTRADE）。

e. 长度 length：必选数据长度（参考 COMTRADE）。

f. 通道乘数 a：必选（参考 COMTRADE）。

g. 通道偏移加数 b：必选（参考 COMTRADE）。

h. 通道号 Chn：可选，多条两位曲线需要表达在一个图中时，每条曲线占用一个通道号，从 0 开始（参考 COMTRADE）。

注意：通道数据转换是 ax+b，文件中的存储数据值 x 与上面规定的单位（unit）中的（ax+b）的抽样值相对应。

（2）曲线数据文件（.DAT）。数据文件包含着表示被采样的暂态数据的数据值。数据必须完全符合配置文件所定义的格式，以便供计算机程序阅读。

配置文件所定义的数据文件类型规定了文件类型。对于二进制数据文件组为 BINARY；对于 ASCII 数据文件组为 ASCII。

在 ASCII 数据文件中，一个参数点中的每个数据通过一个逗号与下一个数据分开。它通常被称作"逗号分界格式"。序列数据之间用被<CR/LF>分开。

在 BINARY 文件中，在一个参数点中的每个通数据之间没有分隔符。在数据文件中没有其他信息。

存储数据可能是零基或有一个零点漂移。零基数据从一负数扩展至正数（比如−2000～2000）。零点漂移数值全是正的，其中选出一个正数代表零（比如 0～4000，用 2000 代表零）。配置文件中的转换系数规定如何将数据值转换为工程单位。

数据文件对于文件中的每个采样，包含着采样数量，时间标记（或频率标记）和每个通道的数据值。数据文件的所有数据的格式都是整数。

数据文件名有一个".DAT"扩展名，以便与同一组中的头标、配置和信息文件相区分并作为易于记忆和识别的惯例。对于头标、配置、数据和信息文件，文件名本身是同样的，以便联系所有文件。

（十四）数据文件示例

1. 时域曲线示例

以分合闸电流为例，说明两维曲线。

配置文件（.XML）：

```
<? xml version=" 1.0" encoding= " UTF-8"? >
<CurveInfo name=" Crv1" desc=" 分合闸电流" dimension=" 2" number=" 100" >
    <XVal name=" t" desc=" 采样时间" dataType=" INT" unit=" ms" LONGTH=" 2" />
    <YVal name=" Io" desc=" 分闸电流" dataType=" Float" unit=" A" LONGTH=" 2" chn−1/>
```

<YVal name=" Ic" desc=" 分闸电流" dataType=" Float" unit=" A" LONGTH=" 2" chn=2/>

</CurveInfo>

数据文件（.DAT）：

则按照以上定义，DAT 文件数据存储顺序为：

1、t1、Io1、Ic1、

2、t2、Io2、Ic2、

3、t3、Io3、Ic3、

……

100、t100、Io100、Ic100

2.频域曲线示例

配置文件（.XML）：

<? xml version= "1.0" encoding=" UTF‐8"? >

<CurveInfo name=" Crv1" desc=" 频域两维测试" dimension=" 2" number=" 25" >

　　<XVal name=" f" desc=" 频率" dataType=" INT" unit=" MHz" LONGTH=" 2" />

　　<YVal name=" mag" desc=" 幅值" dataType=" Float" unit=" Unitl" LONGTH=" 2" />

　　<CurveInfo>

数据文件（.DAT）：

则按照以上定义，".DAT"文件数据存储顺序为：

1、f1、mag1、

2、f2、mag2、

3、f3、mag3、

……

25、f25、mag25

3.三维曲线族示例

以时域、频域混合分析曲线振动曲线为例，下面表示定义在每个 t 时刻的幅频特性曲线组成的曲线族。X 轴为频率，Y 轴为时间，Z 轴为幅值。

配置文件（.XML）：

<? xml version=" 1.0" encoding=" UTF‐8"? >

<CurveInfo name=" Crv1" desc=" 时域频域三维测试1" dimension=" 3" number=" 2500" >

　< YVal name=" t" desc= "采样时间" unit=" ms" dataType=" INT" number=" 100" >

　　< XVal name=" f" desc=" 频率" unit = " MHz" dataType=" INT" number=" 25" />

　　</YVal>

　<ZVal name=" I" desc=" 幅值" dataType=" Float" unit=" UnitX" LONGTH=" 2" />

　</CurveInfo>

<CurveInfo name=" Crv1" desc=" 时域频域三维测试1" dimension=" 3" number=2500" >

　<YVal name=" t" desc=" 采样时间" unit=" ms" dataType=" INT" number=" 100" >

　　<XVal name=" f" desc=" 频率" unit=" MHz" dataType= "INT" number=" 25" />

<YVal/>

<ZVal name=" I" desc=" 幅值" dataType=" Float" unit=" UnitX" LONETH=" 2" />

</CurveInfo>

数据文件（.DAT）：

以参数 t 时间为第一个基准，参数 f 频率为第二基准，数据文件如下：

1、t1

2、f1、I [t1、f1]、

3、f2、I [t1，f2]、

4、f3、I [t1，f3]、

……

25、f25、I [t1，f25]

2、t2

1、f1、I [t2，f1]、

2、f2、I [t2，f2]、

3、f3、I [t2，f3]、

……

25、f25、I [t1，f25]

……

100、t100

1、f1、I [t100，f1]、

2、f2、I [t100，f2]、

3、f3、I [t100，f3]、

……

25、f25、I [t100，f25]

五、服务

1. 关联服务

（1）使用关联（Associate）、异常中止（Abort）和释放（Release）服务。

（2）应支持同时与不少于 4 个客户端建立连接。

（3）当装置与客户端的通信意外中断时，装置通信故障的检出时间应不大于 1min。

（4）客户端应能检测服务器端应用层软件运行是否正常，如果通信故障客户端检出时间不大于 1min。

2. 数据读写服务

（1）使用读服务器目录（GetServerDirectory）、读逻辑设备目录（GetLogicalDevice-Directory）、读逻辑节点目录（GetLogicalNodeDirectory）、读数据目录（GetDataDirectory）、读数据定义（GetDataDefinition）、读数据值（GetDataValues）、设置数据值（SetDataValues）、读数据集定义（GetDataSetDirectory）和读数据集值（GetDataSetValues）服务。

（2）所有数据和控制块都应支持读数据目录（GetDataDirectory）、读数据定义（Get-DataDefinition）和读数据值（GetDataValues）服务。

（3）只允许可操作数据使用设置数据值（SetDataValues）服务。可操作数据包括控制块、遥控、修改定值、取代数据等。

3．报告服务

（1）报告服务包含：报告（Report）、读缓存报告控制块值（GetBRCBValues）、设置缓存报告控制块值（SetBRCBValues）、读非缓存报告控制块值（GetURCBValues）、设置非缓存报告控制块值（SetURCBValues）服务。

（2）报告触发方式应支持数据变化（dchg）、品质变化（qchg）、完整性周期（IntgPd）和总召（GI）。

（3）应支持客户端在线设置 OptFlds 和 TrgOp。

（4）各个客户端使用的报告实例号应使用预先分配的方式。

（5）ICD 文件中报告控制块的 rptID 应唯一。

4．数据集

装置 ICD 文件中应预先定义数据集，并由装置制造厂商预先配置数据集中的数据，可在 SCD 文件中进行增减，不要求数据集动态创建和修改。

5．报告

BRCB 和 URCB 均采用多个实例可视方式。装置 ICD 文件应预先配置与预定义的数据集相对应的报告控制块，报告控制块的名称应统一，各装置制造厂商应预先正确配置报告控制块中的参数。遥测类报告控制块使用无缓冲报告控制块类型，报告控制块名称以urcb 开头；遥信、告警类报告控制块为有缓冲报告控制块类型，报告控制块名称以 brcb开头。

6．控制服务

（1）使用带值的选择（selectWithValue）、取消（Cancel）和操作（Operate）服务。

（2）装置复归使用加强型直控（Direct control with enhanced security）方式。

（3）其他控制采用加强型 SBO（SBO-with-enhanced security）方式。

（4）装置应初始化遥控相关参数（ctlModel、SBOTimeout 等）。

（5）SBOw、Oper 和 Cancel 数据应支持读数据目录（GetDataDirectory）、读数据定义（GetDataDefinition）和读数据值（GetDataValues）服务。

7．取代服务

（1）使用写数据值（setDataValues）服务将 subEna 置为 True 时，SubVal、subQ 应被赋值到相应的数据属性 Val、q，其品质的第 10 位（0 开始）应该置 1，表明取代状态。

（2）当 subEna 置为 True 时，改变 subVal、subQ 应直接改变相应的数据属性 Val、q，无须再次使能 subEna。

（3）当取代的数据配置在数据集中，subEna 置为 True 时，取代的状态值和实际状态值不同，应上送报告，上送的数据值为取代后的数值，原因码同时置数据变化和品质变化位。

（4）客户端除了设置取代值，还应设置 subID。当某个数据对象处于取代状态时，服务器端应禁止 subID 不一致的客户端改变取代相关的属性。

8．定值服务

（1）使用选择激活定值组（SelectActiveSG）、选择编辑定值组（SelectEditSG）、设置定值组值（SetSGValues）、确认编辑定值组值（confirmEditSGValues）、读定值组值（GetSGValues）和读定值组控制块值（GetSGCBValues）服务。

（2）单个装置的 IED 可以有多个 LD 和 SGCB，每个 LD 只能有一个 SGCB 实例。

（3）装置参数（其功能约束为 SP），宜采用读数据值（GetDataValues）和设置数据值（SetDataValues）服务对其进行读写操作。

9．文件服务

（1）使用读文件（GetFile）和读文件属性值（GetFileAttributeValues）服务。

（2）文件服务的参数应按 DL/T 860.81 中的规定执行。

（3）文件名称（FileData）参数不应为空。

（4）文件数据（FileData）参数应包含被传输的数据，文件数据（file-data）的类型为 8 位位组串。

（5）读文件目录时，参数为目录名，不可使用"*.*"参数。

10．日志服务

（1）使用读日志控制块值（GetLCBValues）、设置日志控制块值（SetLCBValues）、按时间查询日志（QueryLogByTime）、查询某条目以后的日志（QueryLogAfter）和读日志状态值（GetLogStatusValues）服务。

（2）装置上电运行时，LogEna 属性值应缺省为 True。

（3）日志条目的数据索引（DataRef）和值（Value）参数分别填充日志数据集成员的引用名和数值，类似 URCB 和 BRCB 的处理，需要区分日志数据集成员是 FCD 还是 FCDA。

（4）日志触发方式应支持数据变化（dchg）、品质变化（qchg）、完整性周期（IntgPd）。

11．其他

上述未涉及的服务，使用时应遵循 DL/T 860 标准。

六、配置

1．总体要求

配置工具、配置文件、配置流程应符合 DL/T 1146《DL/T 860 实施技术规范》。

2．配置流程

（1）监测装置制造厂商应向系统集成方提供符合本标准的监测装置 ICD 模型文件。

（2）在线监测装置的系统集成方提供系统配置工具，实现所有监测装置的系统集成并完成 SCD 文件的创建。

（3）监测装置制造厂商使用装置配置工具，根据 SCD 文件中特定 IED 的相关信息，自动导出生成监测装置的 CID 文件。

变电设备在线监测装置通信配置流程如图 8-3-1 所示。

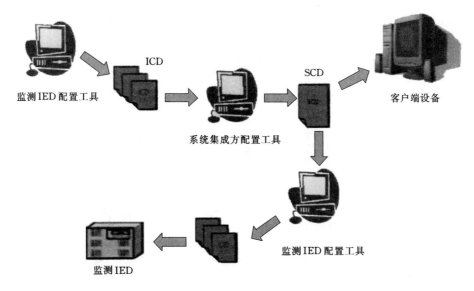

图 8-3-1 变电设备在线监测装置通信配置流程图

七、测试

1. 测试要求

监测装置在投入使用之前，应通过国内具备电力工业检测资质机构的 DL/T 860 通信一致性测试。测试按照 DL/T 860.10 规定的测试流程和测试案例进行，制造商应提交以下内容：

（1）被测设备。

（2）协议实现一致性陈述（PICS）。应提供标准的 PICS，也称为 PICS 表格（见 DL/T 860.72 附录 A）。

（3）协议实现额外信息（PIXIT，测试用）。

（4）模型实现一致性陈述（MICS）。

（5）设备安装和操作的详细指导手册。

2. 一致性测试分类

（1）一致性测试的要求分为以下两类：

1）静态一致性要求（定义应实现的要求）。

2）动态一致性要求（定义由协议用于特定实现引起的要求）。

（2）静态和动态一致性要求应在协议实现一致性陈述（PICS）中规定。PICS 用于三种目的：

1）适当的测试组合的选择。

2）保证执行适合一致性要求的测试。

3）提供检查静态一致性的基础。

3. 一致性测试过程

一致性评价过程如图8-3-2所示，逐步进行静态测试、选择和参数化以及动态测试，最后得出一致性测试结果。

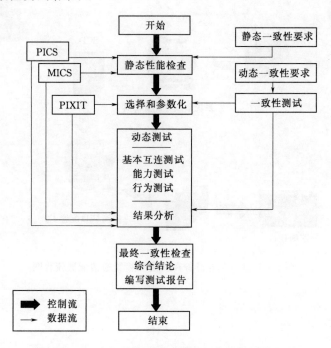

图8-3-2　变电设备在线监测装置一致性评价过程

第九章 智能变电站继电保护及相关设备

第一节 智能变电站继电保护技术基本要求

（1）智能变电站继电保护与站控层信息交互采用 DL/T 860（IEC 61850）标准，跳合闸命令和联闭锁信息可通过直接电缆连接或 GOOSE 机制传输，电压电流量可通过传统互感器或电子式互感器采集。具体应用中采用的技术应遵循本标准中与之对应的部分。

（2）继电保护新技术应满足"可靠性、选择性、灵敏性、速动性"的要求，并提高保护的性能和智能化水平。继电保护在功能实现上是统一的整体，需要一次设备、二次回路、通道、保护装置之间的配合协调，发挥其整体性能。

（3）220kV 及以上电压等级继电保护系统应遵循双重化配置原则，每套保护系统装置功能独立完备、安全可靠。双重化配置的两个过程层网络应遵循完全独立的原则。

（4）按照 GB/T 14285《继电保护和安全自动装置技术规程》的要求：除出口继电器外，装置内的任一元件损坏时，装置不应误动作跳闸。智能变电站中的电子式互感器的二次转换器（A/D 采样回路）、合并单元（MU）、光纤连接、智能终端、过程层网络交换机等设备内任一个元件损坏，除出口继电器外，不应引起保护误动作跳闸。

（5）保护装置应不依赖于外部对时系统实现其保护功能。

（6）保护应直接采样，对于单间隔的保护应直接跳闸，涉及多间隔的保护（母线保护）宜直接跳闸。对于涉及多间隔的保护（母线保护），如确有必要采用其他跳闸方式，相关设备应满足保护对可靠性和快速性的要求。

（7）继电保护设备与本间隔智能终端之间通信应采用 GOOSE 点对点通信方式；继电保护之间的联闭锁信息、失灵启动等信息宜采用 GOOSE 网络传输方式。

（8）在技术先进、运行可靠的前提下，可采用电子式互感器。

（9）110kV 及以上电压等级的过程层 SV 网络、过程层 GOOSE 网络、站控层 MMS 网络应完全独立，继电保护装置接入不同网络时，应采用相互独立的数据接口控制器。

（10）110kV 及以上电压等级双母线、单母线分段等接线型式（单断路器）EVT 设置，宜在各线路、变压器间隔分别装设三相 EVT，条件具备时宜采用 ECVT。

（11）保护装置宜独立分散、就地安装，保护装置安装运行环境应满足相关标准技术要求。

（12）110kV 及以下电压等级宜采用保护测控一体化设备。

（13）智能变电站应利用网络技术将保护信息上送至站控层，集成断路器变位动作信息、保护装置、故障录波等数据以及电子式互感器、MU、智能终端的状态信息和变电站监控信息，最终实现变电站故障信息综合分析决策。

（14）智能变电站的二次安全防护应严格遵照《电力二次系统安全防护总体方案》和《变电站二次系统安全防护方案》（电监安全〔2006〕34 号）的要求，进行安全分区，通信边界安全防护，确保控制功能安全。

第二节　继电保护及相关设备配置要求

一、一般要求

（1）220kV 及以上电压等级的继电保护及与之相关的设备、网络等应按照双重化原则进行配置，双重化配置的继电保护应遵循以下要求：

1）每套完整、独立的保护装置应能处理可能发生的所有类型的故障。两套保护之间不应有任何电气联系，当一套保护异常或退出时不应影响另一套保护的运行。

2）两套保护的电压（电流）采样值应分别取自相互独立的 MU。

3）双重化配置的 MU 应与电子式互感器两套独立的二次采样系统一一对应。

4）双重化配置保护使用的 GOOSE（SV）网络应遵循相互独立的原则，当一个网络异常或退出时不应影响另一个网络的运行。

5）两套保护的跳闸回路应与两个智能终端分别一一对应；两个智能终端应与断路器的两个跳闸线圈分别一一对应。

6）双重化的线路纵联保护应配置两套独立的通信设备（含复用光纤通道、独立纤芯、微波、载波等通道及加工设备等），两套通信设备应分别使用独立的电源。

7）双重化的两套保护及其相关设备（电子式互感器、MU、智能终端、网络设备、跳闸线圈等）的直流电源应一一对应。

8）双重化配置的保护应使用主、后一体化的保护装置。

（2）保护装置、智能终端等智能电子设备间的相互启动、相互闭锁、位置状态等交换信息可通过 GOOSE 网络传输，双重化配置的保护之间不直接交换信息。

（3）双母线电压切换功能可由保护装置分别实现。

（4）3/2 接线型式，两个断路器的电流 MU 分别接入保护装置，电压 MU 单独接入保护装置。

（5）110kV 及以下保护就地安装时，保护装置宜集成智能终端等功能。

二、具体要求

1. 线路保护

（1）220kV 及以上线路按双重化配置保护装置，每套保护包含完整的主、后备保护功能。

（2）线路过电压及远跳就地判别功能应集成在线路保护装置中，站内其他装置启动远跳经 GOOSE 网络启动。

（3）线路保护直接采样，直接跳断路器；经 GOOSE 网络启动断路器失灵、重合闸。

2. 变压器保护

(1) 220kV 及以上变压器电量保护按双重化配置，每套保护包含完整的主、后备保护功能；变压器各侧及公共绕组的 MU 均按双重化配置，中性点电流、间隙电流并入相应侧 MU。

(2) 110kV 变压器电量保护宜按双套配置，双套配置时应采用主、后备保护一体化配置；若主、后备保护分开配置，后备保护宜与测控装置一体化。变压器各侧 MU 按双套配置，中性点电流、间隙电流并入相应侧 MU。

(3) 变压器保护直接采样，直接跳各侧断路器；变压器保护跳母联、分段断路器及闭锁备自投、启动失灵等可采用 GOOSE 网络传输。变压器保护可通过 GOOSE 网络接收失灵保护跳闸命令，并实现失灵跳变压器各侧断路器。

(4) 变压器非电量保护采用就地直接电缆跳闸，信息通过本体智能终端上送过程层 GOOSE 网。

(5) 变压器保护可采用分布式保护。分布式保护由主单元和若干个子单元组成，子单元不应跨电压等级。

3. 母线保护

(1) 220kV 及以上电压等级母线按双重化配置母线保护。

(2) 母线保护直接采样、直接跳闸，当接入元件数较多时，可采用分布式母线保护。

4. 高压并联电抗器保护

(1) 高压并联电抗器电量保护按双重化配置，每套保护包含完整的主、后备保护功能。

(2) 高压并联电抗器配置独立的电流互感器，主电抗器首端、末端电流互感器共用一个 MU。

(3) 高压并联电抗器非电量保护采用就地直接电缆跳闸，并通过相应断路器的两套智能终端发送。

5. 3/2 接线断路器保护和短引线保护

(1) 断路器保护按断路器双重化配置，每套保护包含失灵保护及重合闸等功能。

(2) 短引线保护可独立设置，也可包含在边断路器保护内。

(3) 断路器保护跳本断路器采用点对点直接跳闸；本断路器失灵时，经 GOOSE 网络通过相邻断路器保护或母线保护跳相邻断路器。

6. 母联（分段）保护

(1) 220kV 及以上母联（分段）断路器按双重化配置母联（分段）保护、合并单元、智能终端。

(2) 母联（分段）保护跳母联（分段）断路器采用点对点直接跳闸方式；母联（分段）保护启动母线失灵可采用 GOOSE 网络传输。

7. 66kV、35kV 及以下间隔保护

(1) 采用保护测控一体化设备，按间隔单套配置。

(2) 当采用开关柜方式时，保护装置安装于开关柜内，不宜使用电子式互感器。

(3) 当使用电子式互感器时，每个间隔的保护、测控、智能终端、合并单元功能宜按

间隔合并实现。

（4）跨间隔开关量信息交换可采用过程层 GOOSE 网络传输。

8. 录波及网络报文记录分析装置

（1）对于 220kV 及以上变电站，宜按电压等级和网络配置故障录波装置和网络报文记录分析装置，当 SV 或 GOOSE 按入量较多时，单个网络可配置多台装置。每台故障录波装置或网络报文记录分析装置不应跨接双重化的两个网络。

（2）主变宜单独配置主变故障录波装置。

（3）故障录波装置和网络报文记录分析装置应能记录所有 MU、过程层 GOOSE 网络的信息。录波器、网络报文记录分析装置对应 SV 网络、GOOSE 网络、MMS 网络的接口，应采用相互独立的数据接口控制器。

（4）采样值传输可采用网络方式或点对点方式，开关量采用 DL/T 860.81（IEC 61850-8-1）通过过程层 GOOSE 网络传输，采样值通过 SV 网络传输时采用 DL/T 860.92（IEC 61850-9-2）协议。

（5）故障录波装置采用网络方式接受 SV 报文和 GOOSE 报文时，故障录波功能和网络记录分析功能可采用一体化设计。

9. 安全自动装置

（1）220kV 及以上的安全稳定控制装置按双重化配置。

（2）备自投、过载联切等功能可在间隔层或站控层实现。

（3）要求快速跳闸的安全稳定控制装置应采用点对点直接跳闸方式。

10. 过程层网络

（1）过程层 SV 网络、过程层 GOOSE 网络、站控层网络应完全独立配置。

（2）过程层 SV 网络、过程层 GOOSE 网络宜按电压等级分别组网。变压器保护接入不同电压等级的过程层 GOOSE 网时，应采用相互独立的数据接口控制器。

（3）继电保护装置采用双重化配置时，对应的过程层网络亦应双重化配置，第一套保护接入 A 网，第二套保护接入 B 网；110kV 过程层网络宜按双网配置。

（4）任两台智能电子设备之间的数据传输路由不应超过 4 个交换机。

（5）根据间隔数量合理配置过程层交换机，3/2 接线形式，交换机宜按串设置。每台交换机的光纤接入数量不宜超过 16 对，并配备适量的备用端口。

11. 智能终端

（1）220kV 及以上电压等级智能终端按断路器双重化配置，每套智能终端包含完整的断路器信息交互功能。

（2）智能终端不设置防跳功能，防跳功能由断路器本体实现。

（3）220kV 及以上电压等级变压器各侧的智能终端均按双重化配置；110kV 变压器各侧智能终端宜按双套配置。

（4）每台变压器、高压并联电抗器配置一套本体智能终端，本体智能终端具有完整的变压器、高压并联电抗器本体信息交互功能（非电量动作报文、调挡及测温等），并可提供用于闭锁调压、启动风冷、启动充氮灭火等出口接点。

（5）智能终端采用就地安装方式，放置在智能控制柜中。

（6）智能终端跳合闸出口回路应设置硬压板。

12. 电子式互感器（含合并单元）

（1）双重化（或双套）配置保护所采用的电子式电流互感器一次、二次转换器及合并单元应双重化（或双套）配置。

（2）3/2 接线型式，其线路 EVT 应置于线路侧。

（3）母线差动保护、变压器差动保护、高抗差动保护用电子式电流互感器相关特性宜相同。

（4）配置母线电压合并单元。母线电压合并单元可接收至少 2 组电压互感器数据，并支持向其他合并单元提供母线电压数据，根据需要提供电压并列功能。各间隔合并单元所需母线电压量通过母线电压合并单元转发。

1）3/2 接线：每段母线配置合并单元，母线电压由母线电压合并单元点对点通过线路电压合并单元转接。

2）双母线接线：两段母线按双重化配置两台合并单元。每台合并单元应具备 GOOSE 接口，接收智能终端传递的母线电压互感器刀闸位置、母联刀闸位置和断路器位置，用于电压并列。

3）双母单分段接线：按双重化配置两台母线电压合并单元，不考虑横向并列。

4）双母双分段接线：按双重化配置四台母线电压合并单元，不考虑横向并列。

5）用于检同期的母线电压由母线合并单元点对点通过间隔合并单元转接给各间隔保护装置。

第三节　继电保护装置及相关设备技术要求

一、继电保护装置技术要求

（1）线路纵联保护、母线差动保护、变压器差动保护应适应常规互感器和电子式互感器混合使用的情况。

（2）保护装置采样值采用点对点接入方式，采样同步应由保护装置实现，支持 GB/T 20840.8（IFC 60044 - 8）或 DL/T 860.92（IEC 61850 - 9 - 2）协议，在工程应用时应能灵活配置。

（3）保护装置应自动补偿电子式互感器的采样响应延迟，当响应延时发生变化时应闭锁采自不同 MU 且有采样同步要求的保护。保护装置的采样输入接口数据的采样频率宜为 4000 Hz。

（4）保护装置的交流量信息应具备自描述功能，传输协议应符合 IEC 60044 - 8 协议帧格式。

（5）保护装置应处理 MU 上送的数据品质位（无效、检修等），及时准确提供告警信息。在异常状态下，利用 MU 的信息合理地进行保护功能的退出和保留，瞬时闭锁可能误动的保护，延时告警，并在数据恢复正常之后尽快恢复被闭锁的保护功能，不闭锁与该异常采样数据无关的保护功能。接入两个及以上 MU 的保护装置应按 MU 设置"MU 投入"软压板。

（6）当采用电子式互感器时，保护装置应针对电子式互感器特点优化相关保护算法、提高保护性能。

（7）保护装置应采取措施，防止输入的双 A/D 数据之一异常时误动作。

（8）除检修压板可采用硬压板外，保护装置应采用软压板，满足远方操作的要求。检修压板投入时，上送带品质位信息，保护装置应有明显显示（面板指示灯和界面显示）。参数、配置文件仅在检修压板投入时才可下装，下装时应闭锁保护。

（9）保护装置应同时支持 GOOSE 点对点和网络方式传输，传输协议遵循 DL/T 860.81（IEC 61850-8-1）。

（10）保护装置采样值接口和 GOOSE 接口数量应满足工程的需要，母线保护、变压器保护在接口数量较多时可采用分布式方案。

（11）保护装置应具备 MMS 接口与站控层设备通信。保护装置的交流电流、交流电压及保护设备参数的显示、打印、整定应能支持一次值，上送信息应采用一次值。

（12）保护装置内部 MMS 接口、GOOSE 接口、SV 接口应采用相互独立的数据接口控制器接入网络。

（13）保护装置应具备通信中断、异常等状态的检测和告警功能。

二、相关设备技术要求

（一）对网络及其设备的要求

（1）网络除应满足智能变电站断电保护技术基本要求外，还应满足以下要求：

1）变电站自动化系统宜采用开放式分层分布式系统，由站控层、间隔层和过程层构成。

2）继电保护与故障录波器应共用站控层网络上送信息。

3）电子式互感器、MU、保护装置、智能终端、过程层网络交换机等设备之间应采用光纤连接，正常运行时，应有实时监测设备状态及光纤连接状态的措施。

4）站控层网络：网络结构宜符合 IEC 62439 标准，满足继电保护信息传送安全可靠的要求。

5）过程层网络：网络结构宜符合 IEC 62439 标准，宜采用双网星型结构。

6）过程层 SV 数据应以点对点方式接入继电保护设备。

7）继电保护设备与本间隔智能终端之间通信应采用 GOOSE 点对点通信方式。

8）继电保护之间的联闭锁信息、失灵启动等信息宜采用 GOOSE 网络传输方式。

9）交换机的 VLAN 划分应采用最优路径方法结合逻辑功能划分。

（2）对网络可靠性的要求。保护信息处理系统应满足二次系统安全防护要求。

（3）对网络时延的要求。传输各种帧长数据时交换机固有时延应小于 $10\mu s$。

（4）网络交换机，应满足以下要求：

1）应采用工业级或以上等级产品。

2）应使用无扇形，采用直流工作电源。

3）应满足变电站电磁兼容的要求。

4）支持端口速率限制和广播风暴限制。

5）提供完善的异常告警功能，包括失电告警、端口异常等。

（5）交换机的配置使用原则：

1）根据间隔数量合理分配交换机数量，每台交换机保留适量的备用端口。

2）任两台智能电子设备之间的数据传输路由不应超过 4 个交换机。当采用级联方式时，不应丢失数据。

（二）电子式互感器技术要求

（1）电子式互感器内应由两路独立的采样系统进行采集，每路采样系统应采用双 A/D 系统接入 MU，每个 MU 输出两路数字采样值由同一路通道进入一套保护装置，以满足双重化保护相互完全独立的要求。

1）罗氏线圈电子式互感器。每套 ECT 内应配置两个保护用传感元件，每个传感元件由两路独立的采样系统进行采集（双 A/D 系统），两路采样系统数据通过同一通道输出至MU，见图 9-3-1。

2）纯光学电子式互感器。每套 OCT/OVT 内应配置两个保护用传感元件，由两路独立的采样系统进行采集（双 A/D 系统），两路采样系统数据通过同一通道输出至 MU，见图 9-3-2。

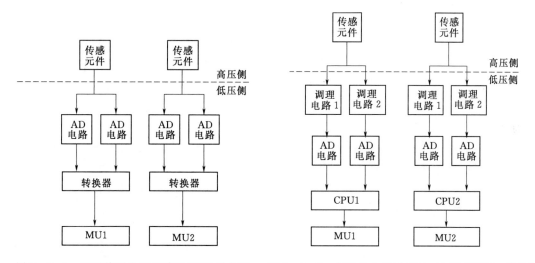

图 9-3-1　罗氏线圈电子互感器 ECT 示意图　　图 9-3-2　纯光学电子互感器（OCT/OVT）示意图

3）全光纤电流互感器。每套 FOCT 内宜配置 4 个保护用传感元件，由四路独立的采样系统进行采集（单 A/D 系统），每两路采样系统数据通过各自通道输出至同一 MU，见图 9-3-3。

4）每套 EVT 内应由两路独立的采样系统进行采集（双 A/D 系统），两路采样系统数据通过同一通道输出数据至 MU，见图 9-3-4。

5）每个 MU 对应一个传感元件（对应 FOCT 宜为两个传感元件），每个 MU 输出两路数字采样值由同一路通道进入对应的保护装置。

6）每套 ECVT 内应同时满足上述要求。

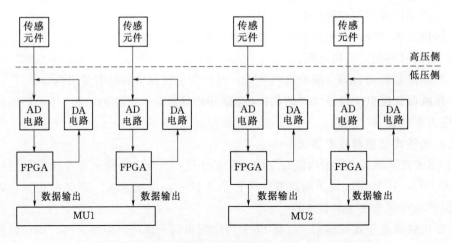

图 9-3-3 全光纤电流互感器（FOCT）示意图

（2）电子式互感器（含 MU）应能真实地反映一次电流或电压，额定延时时间不大于 2ms、唤醒时间为 0；电子式电流互感器的额定延时不大于 2Ts（2 个采样周期，采样频率 4000Hz 时 Ts 为 $250\mu s$）；电子式电流互感器的复合误差应满足 5P 级或 5TPE 级要求，电子式电压互感器的复合误差不大于 3P 级要求。

（3）用于双重化保护的电子式互感器，其两个采样系统应由不同的电源供电并与相应保护装置使用同一组直流电源。

（4）电子式互感器采样数据的品质标志应实时反映自检状态，不应附加任何延时或展宽。

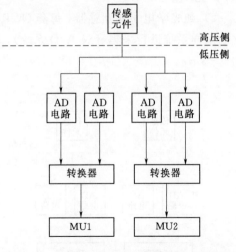

图 9-3-4 电子式电压互感器 EVT 示意图

（三）合并单元（MU）

（1）每个 MU 应能满足最多 12 个输入通道和至少 8 个输出端口的要求。

（2）MU 应能支持 GB/T 20840.8（IEC 60044-8）《互感器 第 8 部分：电子式电流互感器》、DL/T 860.92（IEC 61850-9-2）等协议。当 MU 采用 GB/T 20840.8（IEC 60044-8）协议时，应支持数据帧通道可配置功能。

（3）MU 应输出电子式互感器整体的采样响应延时。

（4）MU 采样值发送间隔离散值应小于 $10\mu s$。

（5）MU 应能提供点对点和组网输出接口。

（6）MU 输出应能支持多种采样频率，用于保护、测控的输出接口采样频率宜为 4000Hz。

（7）若电子式互感器由 MU 提供电源，MU 应具备对激光器以及取能回路的监视能力。

（8）MU 输出采样数据的品质标志应实时反映自检状态，不应附加任何延时或展宽。

（9）对传统互感器通过 MU 数字化的采样方式，相关技术要求参照有关标准执行。

（四）智能终端

（1）智能终端应具备以下功能：

1）接收保护跳合闸命令、测控的手合/手分断路器命令及隔离刀闸、地刀等 GOOSE 命令；输入断路器位置、隔离刀闸及地刀位置、断路器本体信号（含压力低闭锁重合闸等）；跳合闸自保持功能；控制回路断线监视、跳台闸压力监视与闭锁功能等。

2）智能终端应具备三跳硬接点输入接口，可灵活配置的保护点对点接口（最大考虑 10 个）和 GOOSE 网络接口。

3）至少提供两组分相跳闸接点和一组合闸接点。

4）具备对时功能、事件报文记录功能。

5）跳、合闸命令需可靠校验。

6）智能终端的动作时间应不大于 7ms。

7）智能终端具备跳/合闸命令输出的监测功能。当智能终端接收到跳闸命令后，应通过 GOOSE 网发出收到跳令的报文。

8）智能终端的告警信息通过 GOOSE 上送。

（2）智能终端配置单工作电源。

（3）智能终端不配置液晶显示屏，但应具备（断路器位置）指示灯位置显示和告警。

（4）智能终端不设置防跳功能，防跳功能由断路器本体实现。

（五）SCD 文件规范

（1）ICD、SCD、CID 文件符合统一的模型要求，适用于通用的配置工具和静态检测、分析软件。

（2）ICD 文件应完整描述 IED 提供的数据模型及服务，采用模块化设计，包含版本信息。

（3）SCD 文件应完整描述全站 IED 之间逻辑关系，应采用模块化设计，应包含版本信息。

（4）CID 文件应完整描述本 IED 的实例化信息，应包含版本信息。

（六）智能控制柜的技术要求

（1）控制柜应装有 $100mm^2$ 截面的铜接地母线，并与柜体绝缘，接地母线末端应装好可靠的压接式端子，以备接到电站的接地网上。柜体应采用双层结构，循环通风。

（2）控制柜内设备的安排及端子排的布置，应保证各套保护的独立件，在一套保护检修时不影响其他任何一套保护系统的正常运行。

（3）控制柜应具备温度、湿度的采集、调节功能，柜内温度控制在－10～50℃，湿度保持在 90％以下，并可通过智能终端 GOOSE 接口上送温度、湿度信息。

（4）控制柜应能满足 GB/T 18663.3《电子设备机械结构 公制系列和英制系列的试验 第3部分：机柜、机架和插箱的电磁屏蔽性能试验》中变电站户外防电磁干扰的要求。

（七）光纤敷设

（1）智能变电站内，除纵联保护通道外，应采用多模光纤，采用无金属、阻燃、防鼠咬的光缆。

（2）双重化的两套保护应采用两根独立的光缆。

（3）光缆不宜与动力电缆同沟（槽）敷设。

（4）光缆应留有足够的备用芯。

（八）故障录波器及网络报文记录分析装置

（1）网络报文记录分析装置对全站各种网络报文进行实时监视、捕捉、存储、分析和统计。网络报文记录分析装置宜具备变电站网络通信状态的在线监视和状态评估功能。

（2）故障录波器及网络报文记录分析装置对报文的捕捉应安全、透明，不得对原有的网络通信产生任何影响。应能监视、捕捉过程层 SV 网络、过程层 GOOSE 网络报文的传输。

（3）故障录波器和网络报文记录分析装置支持双 A/D 系统，记录两路 A/D 数字采样数据和报文。

（4）故障录波器和网络报文记录分析装置应具有 MMS 接口，装置相关信息经 MMS接口直接上送站控层。

（九）对时

合并单元、智能终端、保护装置可通过 IRIG-B（DC）码对时，也可采用 IEC 61588（IEEE 1588）标准进行网络对时，对时精度应满足要求。

第四节　继电保护信息交互原则

一、信息交互要求

（1）智能变电站继电保护应满足运行维护、监视控制及无人值班、智能电网调度等信息交互的要求。继电保护设备与站控层设备通信，其标准应采用 DL/T 860（IEC 61850）。

（2）继电保护设备与 MU 通信，其标准应采用 DL/T 860.92（IEC 61850-9-2）或GB/T 20840.8（IEC 60044-8）；继电保护设备与智能终端、继电保护设备过程层之间的通信，其标准应采用 DL/T 860.81（IEC 61850-8-1）。

（3）继电保护设备的通信服务、数据模型以及配置流程应满足 Q/GDW 396《IEC 61850 工程继电保护应用模型》的要求。

（4）继电保护设备应该支持在线和离线获取模型，离线获取和在线召唤的模型应保持一致。定值模型应包含描述、定值单位、定值上限、定值下限等信息。

（5）继电保护设备应将检修压板状态上送站控层；当继电保护设备检修压板投入时，上送报文中信号品质 q 的"Test 位"应置位。

（6）继电保护设备应支持取代服务，取代数据的上送报文中，信号品质 q 的"取代位"应置位。

（7）继电保护设备应能够支持不小于 16 个客户端的 TCP/IP 访问连接；应能够支持10 个报告实例。

二、信息交互内容

（1）变电站配置信息应包括 ICD 文件、SSD 文件、SCD 文件和 CID 文件。

（2）继电保护设备应支持上送采样值，开关量、压板状态、设备参数、定值区号及定值、自检信息、异常告警信息、保护动作事件及参数（故障相别、跳闸相别和测距）、录波报告信息、装置硬件信息、装置软件版本信息、装置日志信息等数据。

（3）故障录波器应支持上送故障录波简报、录波文件列表、录波文件、录波器工作状态信息及录波器定值等。

（4）继电保护设备主动上送的信息应包括开关量变位信息、异常告警信息和保护动作事件信息等。

（5）继电保护设备应支持远方投退压板、修改定值、切换定值区、设备复归功能，并具备权限管理功能。

（6）继电保护设备的自检信息应包括硬件损坏、功能异常、与过程层设备通信状况等。

（7）继电保护设备应支持远方召唤至少最近 8 次录波报告的功能。

三、站控层相关设备的要求

（1）变电站监控系统应能分辨继电保护装置正常运行和检修信息，并在不同的窗口显示。

（2）站控层设备应具备保护及录波信息收集、处理、控制、存储并按要求向调度端发送的能力。

（3）站控层设备应支持对装置信息的优先级划分，信息分级原则可配置。

第五节　继电保护就地化实施原则

（1）就地化安装的继电保护装置应靠近被保护设备，减少与互感器（合并单元）及操作箱（智能终端）的连接电缆（光缆）长度。当采用开关柜方式时，保护设备安装于开关柜内；对于户内 GIS 厂站，保护设备宜就地安装于 GIS 汇控柜内；对于户外安装的厂站，可就地安装于智能控制柜内。

（2）就地安装继电保护装置的汇控柜和智能控制柜应符合相应的技术规范，具有规定的防护性能和环境调节性能，为继电保护装置提供必需的运行环境。就地安装的继电保护装置应能适应汇控柜和智能控制柜规定的柜内部环境条件。

（3）继电保护装置采用就地安装方式时，220kV 及以下电压等级宜采用保护测控一体化设备；母线保护、变压器保护宜采用分布式保护设备，子单元就地安装，主单元可安装于室内，主单元、子单元间应采用光纤连接。

（4）继电保护装置采用就地安装方式时，应采用电缆跳闸。

（5）就地安装的继电保护装置应具有运行、位置指示灯和告警指示信息，可不配备液晶显示器，但应具有用于调试、巡检的接口和外设。

（6）双重化配置的继电保护装置就地安装时宜分别安装在不同的智能控制柜中。

1）双跳闸线圈的每台断路器配置两台智能控制柜，每台智能控制柜各安装一套智能终端。

2）双重化的母线保护、变压器保护采用分布式方案时，每套主单元各组一面保护柜。

（7）就地安装的继电保护设备的输入、输出接口宜统一。

1）当为常规互感器时，宜直接用电缆接入交流电流电压回路。

2）保护装置（子单元）的跳闸出口接点应采用电缆直接接至智能终端（操作箱）。

3）保护装置需要的本间隔的开关和刀闸位置信号宜用电缆直接接入，保护联闭锁信号等宜采用光纤 GOOSE 网交换。

（8）当采用合并单元（MU）时，MU 的配置及与保护的连接方式按有关标准的规定，双重化的合并单元可对应双重化的智能终端分别安装在两个智能控制柜中。

（9）户外就地安装的继电保护装置，当安装于不具有环境调节性能的屏柜时，应满足以下使用环境条件：

1）大气压力：70～106kPa。

2）环境温度：−25～70℃。

3）最大相对湿度：95%（日平均）；90%（月平均）。

4）抗震能力：水平加速度 0.30g；垂直加速度 0.15g。

第六节　支持通道可配置的扩展 IEC 60044 - 8 协议帧格式

一、链路层

（一）传输规则

（1）IEC 60044 - 8 标准中的链路层选定为 IEC 60870 - 5 - 1 的 FT3 格式。通用帧的标准传输速度为 10Mbit/s（数据时钟），采用曼彻斯特编码，首先传输 MSB（最高位）。

（2）IEC 60044 - 8 串行通信光波长范围为 820～860nm（850nm），光缆类型为 62.5/125μm 多模光纤，光纤接口类型为 ST/ST。

（3）链接服务类别为 Sl：SEND/NO REPLY（发送/不回答）。这实际上反映了互感器连续和周期性地传输其数值并不需要二次设备的任何认可或应答。

（4）传输细则：

1）R1。空闲状态是一进制 1。两帧之间按曼彻斯特编码连续传输此值 1，为了使接收器的时钟容易同步，由此提高通信链接的可靠性。两帧之间应传输最少 20 个空闲位。

2）R2。帧的最初两个八位字节代表起始符。

3）R3。16 个八位字节用户数据由一个 16bit 校验序列结束。需要时，帧应填满缓冲字节，以完成给定的字节数。

4）R4。由下列多项式生成校验序列码：

$$X16+X13+X12+X11+X10+X8+X6+X5+X2+1$$

注意：此规范生成的 16bit 校验序列需按位取反。

5）R5。接收器检验信号品质、起始符、各校验序列和帧长度。

（二）帧格式

FT3 帧格式中包括 3 个数据块，考虑到为了扩展采样通道数，将链路层帧格式扩展为 4 个数据块。

链路层帧格式见表 9 - 6 - 1。

表 9 - 6 - 1 链 路 层 帧 格 式

字节	项 目	2^7	2^6	2^5	2^4	2^3	2^2	2^1	2^0
字节 1、 字节 2	起始符	0	0	0	0	0	1	0	1
		0	1	1	0	0	1	0	0
字节 3 ～ 字节 20	数据载入 1 （16 个字节）				数据				
	CRC	msb			数据载入 1 的 CRC				lsb
字节 21 ～ 字节 38	数据载入 2 （16 个字节）				数据				
	CRC	msb			数据载入 2 的 CRC				lsb

续表

字节	项　目	2^7	2^6	2^5	2^4	2^3	2^2	2^1	2^0
字节 39 ～ 字节 56	数据载入 3 （16 个字节）				数据				
	CRC	msb			数据载入 3 的 CRC				lsb
字节 57 ～ 字节 74	数据载入 4 （16 个字节）				数据				
	CRC	msb			数据载入 4 的 CRC				lsb

注　CRC 为"循环冗余码"，msb 为"最高位"，lsb 为"最低位"。

二、应用层

（一）IEC 60044 - 8 扩展帧格式

IEC 60044 - 8 扩展帧格式见表 9 - 6 - 2。

表 9 - 6 - 2　　　　　　　　　　　　IEC 60044 - 8 扩展帧格式

数据块 1：

字节	项目	2^7	2^6	2^5	2^4	2^3	2^2	2^1	2^0
字节 1	前导	msb			数据集长度				
字节 2					（＝62 十进制）				lsb
字节 3	数据集	msb			LNName（＝02）				lsb
字节 4		msb			DataSetName				lsb
字节 5		msb			LDName				
字节 6									lsb
字节 7		msb			额定相电流				
字节 8					（PhsA. Artg）				lsb
字节 9		msb			额定中性点电流				
字节 10					（Neut. Artg）				lsb
字节 11		msb			额定相电压				
字节 12					（PhsA. Vrtg）				lsb
字节 13		msb			额定延迟时间				
字节 14					（t_{dr}）				lsb
字节 15		msb			SmpCnt（样本计数器）				
字节 16									lsb

数据块 2：

字节	项目	2^7	2^6	2^5	2^4	2^3	2^2	2^1	2^0
字节 1	数据集	msb			DataChannel＃1				
字节 2									lsb
字节 3		msb			DataChannel＃2				
字节 4									lsb
字节 5		msb			DataChannel＃3				
字节 6									lsb
字节 7		msb			DataChannel＃4				
字节 8									lsb
字节 9		msb			DataChannel＃5				
字节 10									lsb
字节 11		msb			DataChannel＃6				
字节 12									lsb
字节 13		msb			DataChannel＃7				
字节 14									lsb
字节 15		msb			DataChannel＃8				
字节 16									lsb

续表

数据块 3：

字节	项目	2^7	2^6	2^5	2^4	2^3	2^2	2^1	2^0
字节 1		msb			DataChannel #9				
字节 2									lsb
字节 3		msb			DataChannel #10				
字节 4									lsb
字节 5		msb			DataChannel #11				
字节 6									lsb
字节 7		msb			DataChannel #12				
字节 8									lsb
字节 9	数据集	msb			DataChannel #13				
字节 10									lsb
字节 11		msb			DataChannel #14				
字节 12									lsb
字节 13		msb			DataChannel #15				
字节 14									lsb
字节 15		msb			DataChannel #16				
字节 16									lsb

数据块 4：

字节	项目	2^7	2^6	2^5	2^4	2^3	2^2	2^1	2^0
字节 1		msb			DataChannel #17				
字节 2									lsb
字节 3		msb			DataChannel #18				
字节 4									lsb
字节 5		msb			DataChannel #19				
字节 6									lsb
字节 7		msb			DataChannel #20				
字节 8									lsb
字节 9	数据集	msb			DataChannel #21				
字节 10									lsb
字节 11		msb			DataChannel #22				
字节 12									lsb
字节 13		msb			StatusWord #1				
字节 14									lsb
字节 15		msb			StatusWord #2				
字节 16									lsb

（二）帧内容说明

1. 数据集长度

Length：＝UI 16 [1..16]，＜0..65535＞

长度字段包括下述数据集的长度。长度用八位字节给出，按无标题（长度和数据群）数据集的长度计算。本书定义的点对点链接的长度是 62（十进制）。

2. 逻辑节点名（LNName）

LNName＝ENUM 8＜0..255＞

本书定义的点对点链接的逻辑节点名（LNName）值是 02。

3. 数据集名（DataSetName）

DataSetName＝ ENUM 8＜0..255＞

DataSetName 是识别数据集结构的一个独定数，即数据通道分配。其允许值为 01 和 FEH（十进制 254）。DataSetName＝01 对应为标准通道映射。

由于扩展协议中通道映射为可配置，不是标准通道映射，所以 DataSetName＝FEH（十进制 254）。

4. 逻辑设备名（LDName）

LDName＝ UI 16，＜0..65535＞

逻辑设备名（LDName）是用在变电站中识别数据集信号源的一个独定数。LDName 可以参数化，例如，在安装时给定其参数。

工程实施中，每个合并单元对应一个逻辑设备名（无符号 16 位整数）。需接收多个合并单元的保护装置，可根据逻辑设备名识别数据来源。

5. 额定相电流（PhsA. Artg）

PhsA. Artg：＝UI 16 ＜0..65535＞

额定相电流以安培（方均根值）数给出。

6. 额定中性点电流（Neut. Artg）

Neut. Artg：＝UI 16＜0..65535＞

额定中性点电流以安培（方均根值）数给出。

7. 额定相电压和额定中性点电压（PhsA. Vrtg）

PhsA. Vrtg：＝UI 16＜0..65535＞

额定电压以 $1/(\sqrt{3}\times10)$ kV（方均根值）给出。

额定相电压和额定中性点电压皆乘以 $10\sqrt{3}$ 进行传输，避免舍位误差。

8. 额定延迟时间

tdr：＝UI 16＜0..65535＞

额定延迟时间以微秒（μs）数给出。

9. 样本计数器（SmpCtr）

SmpCir＝UI 16 [1..16] ＜0..65535＞

＜0...65535＞：＝顺序计数

每进行一次新的模拟量采样，该 16 比特计数器加 1。

采用同步脉冲进行各合并单元同步时，样本计数应随每一个同步脉冲出现时置零。在没有外部同步情况下，样本计数器根据采样率进行自行翻转（比如在每秒 4000 点的采样速率下，样本计数器范围为 0～3999）。

10. 数据通道 DataChannel♯1～♯22

DataChannel ♯n.＝I 16＜－32768…32767＞——DataChannei♯1～♯22 各数据通道给出测得的即时值。

对测量值的数据通道分配，可以根据合并单元采样发送数据集中的内容灵活配置。

保护三相电流参考值为额定相电流，比例因子为 SCP。

中性点电流参考值为额定中性点电流，比例因子为 SCP。

测量三相电流参考值为额定相电流，比例因子为 SCM。

电压参考值为额定相电压，比例因子为 SV。

数字量输出额定值和比例因子见表 9-6-3。

表 9-6-3　　　　　　　数字量输出额定值和比例因子

类　型	测量用 ECT （比例因子 SCM）	保护用 ECT （比例因子 SCP）	EVT （比例因子 SV）
额定值 （range－flag＝0）	2D41 H （十进制 11585）	01CF H （十进制 463）	2D41 H （十进制 11585）
额定值量程标志 （range－flag＝1）	2D41 H （十进制 11585）	00E7 H （十进制 231）	2D41 H （十进制 11585）

注　1. 所列十六进制数值，在数字侧代表额定一次电流（皆为方均根值）。

2. 保护用 ECT 能测量电流高达 50 倍额定一次电流（0％偏移）或 25 倍额定一次电流（100％偏移），而无任何溢出。测量用 ECT 和 EVT 能测量达 2 倍额定一次值而无任何溢出。

3. 如果互感器的输出是一次电流的导数，其动态范围与电流输出的动态范围不同。电流互感器的最大量程与暂态过程的直流分量有关。微分后，此低频分量的幅值减小。因而，例如 range－flag＝0 时，电流导数输出的保护用 ECT 能测量无直流分量（0％偏移）的 50 倍额定一次电流，或全直流分量（100％偏移）的 25 倍额定一次电流。

4. 对保护用 ECT，当设置 rang－flag 时，不发生溢出的一次电流最大可测量值是两倍关系。

11. 状态字（StatusWord ♯1 和 StatusWord ♯2）

状态字 StatusWord♯1 和 StatusWord ♯2 的说明见表 9-6-4 和表 9-6-5。

如果一个或多个数据通道不使用，相应的状态标志应设置为无效，相应的数据通道应填入 0000 H。

如果互感器有故障，相应的状态标志应设置为无效，并应设置要求维修标志（LPHD. PHHealth）。

如为预防性维修，所有配置信号皆有效，可以设置要求维修标志（LPHD. PHHealth）。

运行状态标志（LLN0. Mode）为 0 时表示正常运行，为 1 时表示检修试验状态。

当因在唤醒时间期间而数据无效时，应设置无效标志和唤醒时间指示的标志。

逻辑条件满足（［同步脉冲消逝或无效］和［合并单元内部时钟漂移超过其在满足相位误差额定限值的一半］）时，应设置同步脉冲消逝或无效比特（比特 4）。

表 9－6－4　　　　　　　　　　　　状态字＃1（StatusWord＃1）

类型	说　　明		注　　释
比特 0	要求维修（LPHD. PHHealth）	0：良好 1：警告或报警（要求维修）	用于设备状态检修
比特 1	LLN0. Mode	0：接通（正常运行） 1：试验	检修标志位
比特 2	唤醒时间指示 唤醒时间数据的有效性	0：接通（正常运行），数据有效 1：唤醒时间，数据无效	在唤醒期间应设置
比特 3	合并单元的同步方法	0：数据集不采用插值法 1：数据集适用于插值法	
比特 4	对同步的各合并单元	0：样本同步 1：时间同步消逝/无效	如合并单元用插值法也要设置
比特 5	对 DataChannel＃1	0：有效 1：无效	
比特 6	对 DataChannel＃2	0：有效 1：无效	
比特 7	对 DataChannel＃3	0：有效 1：无效	
比特 8	对 DataChannel＃4	0：有效 1：无效	
比特 9	对 DataChannel＃5	0：有效 1：无效	
比特 10	对 DataChannel＃6	0：有效 1：无效	
比特 11	对 DataChannel＃7	0：有效 1：无效	
比特 12	电流互感器输出类型 $i(t)$ 或 $d[i(t)/dt]$	0：$i(t)$ 1：$d[i(t)/dt]$	对空心线圈应设置
比特 13	RangeFlag	0：比例因子 SCP＝01CF H 1：比例因子 SCP＝00E7 H	比例因子 SCM 和 SV 皆无作用
比特 14	供将来使用		
比特 15	供将来使用		

表 9－6－5　　　　　　　　　　　　状态字＃2（StatusWord＃2）

类型	说　　明		注　　释
比特 0	对 DataChannel＃8	0：有效 1：无效	
比特 1	对 DataChannel＃9	0：有效 1：无效	
比特 2	对 DataChannel＃10	0：有效 1：无效	

类型	说　　明		注　　释
比特 3	对 DataChannel ♯ 11	0：有效 1：无效	
比特 4	对 DataChannel ♯ 12	0：有效 1：无效	
比特 5	对 DataChannel ♯ 13	0：有效 1：无效	
比特 6	对 DataChannel ♯ 14	0：有效 1：无效	
比特 7	对 DataChannel ♯ 15	0：有效 1：无效	
比特 8	对 DataChannel ♯ 16	0：有效 1：无效	
比特 9	对 DataChannel ♯ 17	0：有效 1：无效	
比特 10	对 DataChannel ♯ 18	0：有效 1：无效	
比特 11	对 DataChannel ♯ 19	0：有效 1：无效	
比特 12	对 DataChannel ♯ 20	0：有效 1：无效	
比特 13	对 DataChannel ♯ 21	0：有效 1：无效	
比特 14	对 DataChannel ♯ 22	0：有效 1：无效	
比特 15	供将来使用		

三、可配置的采样通道映射

采样值帧中数据通道 DataCnannel ♯ 1～♯ 22 与合并单元实际信号源的映射关系，保护装置与合并单元的采样通道连接关系，都是可灵活配置的。合并单元的 22 个采样通道的含义和次序由合并单元 ICD 模型文件中的采样发送数据集决定。DataChannel ♯ 1 对应采样发送数据集中的第一个数据，依次类推，采样发送数据集中的数据个数不应超过最大数据通道数 22。对于未使用的采样通道，相应的状态标志应设置为无效，相应的数据通道应填入 0000 H。

（一）合并单元的模型配置

IEC 61850 没有规定采样的访问点和逻辑设备的名称细节，考虑工程实施的规范性，合并单元的访问点定义为 M1，合并单元 LD 的 inst 名为"MU"。

1. 根据 IEC 61850－7－2 定义模型对象

采样帧中的数据集长度、LNName、DataSetName、额定相电流、额定中性点电流、额定相电压、SmpCnt（样本计数器）以及两个状态字，不需建立模型对象，由采样值程序根据工程设置的参数填充到采样帧。采样帧中的逻辑设备名（LDName）和 22 个采样数据通道，工程实施时有灵活配置的需求，需建立模型对象。

2. 逻辑设备实例"MU"

逻辑设备 MU 的属性见表 9－6－6。

表 9－6－6　　　　　　　　　　　　　逻辑设备"MU"实例

属性名称	属性值	M/O	备　注
逻辑设备名	xxxxMUnn	M	采样帧中的逻辑设备名（LDName）为无符号 16 位整数，与这里的字符串的逻辑设备名存在对应关系，用来识别具体的合并单元
基本逻辑节点	管理逻辑节点 LLN0	N	采样数据通道的发送数据集
	物理设备逻辑节点 LPHD	M	
电压逻辑节点	A 相电压互感器 TVTR	O	采样帧中的每个采样数据通道，对应一个 TCTR 或 TVTR；双 A/D 采样数据在同一逻辑节点中实现
	B 相电压互感器 TVTR	O	
	C 相电压互感器 TVTR	O	
	零序电压互感器 TVTR	O	
测量电流逻辑节点	A 相电流互感器 TCTR	O	
	B 相电流互感器 TCTR	O	
	C 相电流互感器 TCTR	O	
保护电流逻辑节点	A 相电流互感器 TCTR	O	
	B 相电流互感器 TCTR	O	
	C 相电流互感器 TCTR	O	
	零序电流互感器 TCTR	O	

3. 逻辑节点实例"LLN0"

逻辑节点 LLN0 的属性见表 9－6－7。

表 9－6－7　　　　　　　　　　　　　逻辑节点"LLN0"实例

属性名称	属性值	M/O	备　注
逻辑节点名	LLN0	M	
逻辑节点引用名	xxxxMUnn/LLN0	M	
逻辑设备名	LDName	O	合并单元的公共数据。60044－8 采样帧中的逻辑设备名（LDName）为无符号 16 位整数，具体数值配置在此数据对象下
额定延迟时间	DelayTRtg	M	合并单元的公共数据
采样发送数据集	dsSV	M	根据采样发送数据集，确定采样通道的发送次序和内容

4. 数据集 "dsSV"

（1）采样发送数据集 dsSV 的属性见表 9-6-8。

表 9-6-8　　　　　　　　　　　　数据集 "dsSV"

属性名称	属性值	M/O	备　注
数据集名	dsSV	M	
数据集引用名	xxxxMUnn/LN0$dsSV	M	
发送数据集成员 （FCDA）	LLN0. DetayTRtg. instMag. i TCTR1. Amp［MX］. instMag. i TCTR2. Amp［MX］. instMag. i TCTR3. Amp［MX］. instMag. i TCTR4. Amp［MX］. instMag. i TVTR1. Vol［MX］. instMag. i TVTR2. Vol［MX］. instMag. i TVTR3. Vol［MX］. instMag. i TVTR4. Vol［MX］. instMag. i	O	考虑每个采样通道不发送对应通道的品质，所有采样通道的品质信息集中在两个状态字中，因此数据集的成员直接配置到 DA。 额定延迟时间配置在采样发送数据集

（2）采样通道和额定延迟时间的数据集 SAV 的属性见表 9-6-9。

表 9-6-9　　　　　　　　　　　　数据集 "SAV"

属性名称	属性类型	备　注
instMag. i	INT32	
q	Quality	
units	CN _ units	具体类型定义参见国家电网公司的 IEC 61850 工程应用模型
sVC	CN _ ScaledValueConfig	
min	INT16	
max	INT16	
dU	Unicode255	

（二）保护装置的模型配置

IEC 61850 没有规定采样的访问点和逻辑设备的名称细节，考虑工程实施的规范性，保护装置的访问点定义为 M1，LD 的 inst 名为 "SVLD"。

1. 逻辑设备实例 "SVLD"

逻辑设备 SVLD 的属性见表 9-6-10。

表 9-6-10　　　　　　　　　　　逻辑设备 "SVLD" 实例

属性名称	属性值	M/O	备　注
逻辑设备名	xxxxSVLDnn	M	
基本逻辑节点	管理逻辑节点 LLN0	M	与合并单元的每个采样通道的逻辑连接关系体现在 LLN0 的 inputs 中
	物理设备逻辑节点 LPHD	M	

续表

属性名称	属性值	M/O	备 注
电压采样值接收逻辑节点	A 相电流互感器 TVTR	O	
	B 相电流互感器 TVTR	O	
	C 相电流互感器 TVTR	O	
	零序电流互感器 TVTR	O	
测量电流采样值接收逻辑节点	A 相电流互感器 TCTR	O	保护装置的每个采样接收，对应一个 TCTR 或 TVTR；双 A/D 采样数据在同一逻辑节点中实现
	B 相电流互感器 TCTR	O	
	C 相电流互感器 TCTR	O	
保护电流采样值接收逻辑节点	A 相电流互感器 TCTR	O	
	B 相电流互感器 TCTR	O	
	C 相电流互感器 TCTR	O	
	零序电流互感器 TCTR	O	

2. 逻辑节点实例"LLN0"

逻辑节点 LLN0 的属性见表 9 - 6 - 11。

表 9 - 6 - 11 逻辑节点"LLN0"实例

属性名称	属性值	M/O	备 注
逻辑节点名	LLN0	M	
逻辑节点引用名	xxxxSVLDnn/LLN0	M	
数据对象		O	保护装置的公共数据
采样值接收逻辑连接关系	Inputs	M	根据接收逻辑连接关系，确定接收的合并单元以及合并单元的采样通道

3. 采样值接收逻辑关系"Inputs"

采样值接收逻辑关系"Inputs"的属性见表 9 - 6 - 12。

表 9 - 6 - 12 逻辑关系"Inputs"的属性

属性名称	合并单元发送属性	保护接收属性	备 注
逻辑连接线（ExtRcf）	ldInst＝"01"TCTR1. Amp[MX]. instMag. i	SVLD/TCTR1. Amp[MX]. instMag. i	ldInst 的属性值为合并单元采样帧中的逻辑设备名数字
	ldInst＝"01"TCTR2. Amp[MX]. instMag. i	SVLD/TCTR2. Amp[MX]. instMag. i	
	ldInst＝"01"TCTR3. Amp[MX]. instMag. i	SVLD/TCTR3. Amp[MX]. instMag. i	
	ldInst＝"01"TCTR4. Amp[MX]. instMag. i	SVLD/TCTR4. Amp[MX]. instMag. i	
	ldInst＝"01"TVTR1. Vol[MX]. instMag. i	SVLD/TVTR1. Vol[MX]. instMag. i	
	ldInst＝"01"TVTR2. Vol[MX]. instMag. i	SVLD/TVTR2. Vol[MX]. instMag. i	
	ldInst＝"01"TVTR3. Vol[MX]. instMag. i	SVLD/TVTR3. Vol[MX]. instMag. i	
	ldInst＝"01"TVTR4. Vol[MX]. instMag. i	SVLD/TVTR4. Vol[MX]. instMag. i	

（三）工程实施的配置方法

具体配置原则如下：

（1）合并单元应存 ICD 文件中预先定义采样值访问点 M1，并配置采样值发送数据集。

（2）采样值输出数据集应支持 DA 方式，数据集的 FCDA 中包含每个采样值的 inst-Mag. i。

（3）合并单元装置应在 ICD 文件的采样值数据集中预先配置满足工程需要的采样值输出，采样值发送数据集的一个 FCDA 成员就是一个采样值输出虚端子。为了避免误选含义相近的信号，进行采样值逻辑连线配置时应从合并单元采样值发送数据集中选取信号。

（4）保护装置应在 ICD 文件中预先定义采样值访问点 M1，并配置采样值输入逻辑节点。采样值输入定义采用虚端子的概念，一个 TCTR 的 Amp 信号或 TVTR 的 Vol 信号就是一个采样值输入虚端子。保护装置根据应用需要，定义全部的采样值输入。通过逻辑节点中 Amp 或者 Vol 的描述和 dU，可以确切描述该采样值输入信号的含义，作为与合并单元采样值逻辑连线的依据。

（5）系统配置工具在合并单元的采样值输出虚端子（采样值发送数据集的 FCDA）和保护装置的采样值输入虚端子（一个 Amp 或 Vol 信号）间作逻辑连线，逻辑连线关系保存在保护装置的 Inputs 部分。

（6）保护装置的 Inputs 部分定义了该装置输入的采样值连线，每一个采样值连线包含了装置内部输入虚端子信号和外部合并单元的输出信号信息，虚端子与每个外部输出采样值为一一对应关系。ExtRef 中的 IntAddr 描述了内部输入采样值的引用地址，引用地址的格式为"LD/LN. DO. DA"。

四、IEC 61850 - 9 - 2 点对点传输的额定延迟时间

考虑 IEC 61850 - 9 - 2 点对点传输采样值时，合并单元不接同步脉冲，采样数据帧中需传输额定延迟时间数值。IEC 61850 - 9 - 2 的 APDU 帧格式中，没有额定延迟时间的属性定义。因此，需处理在 IEC 61850 - 9 - 2 采样数据帧中传输额定延迟时间问题。综合各种因素，额定延迟时间配置在采样发送数据集中。

第七节　3/2 接线形式继电保护实施方案

一、线路保护配置方案

每回线路配置 2 套包含有完整的主、后备保护功能的线路保护装置，线路保护中宜包含过电压保护和远跳就地判别功能，如图 9 - 7 - 1 所示。

线路间隔 MU、智能终端均按双重化配置，具体的配置方式如下：

（1）按照断路器配置的电流 MU 采用点对点方式接入各自对应的保护装置。

（2）出线配置的电压传感器对应两套双重化的线路电压 MU，线路电压 MU 单独接入线路保护装置。

（3）线路间隔内线路保护装置与合并单元之间采用点对点采样值传输方式，每套线路保护装置应能同时接入线路保护电压 MU、边开关电流 MU、中开关电流 MU 的输出，即

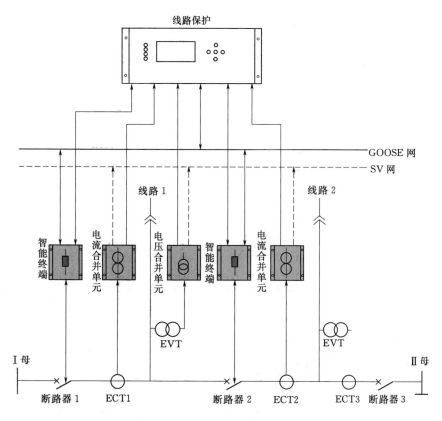

图 9 - 7 - 1　线路保护（单套）技术实施方案

至少三路 MU 接口。

（4）智能终端双重化配置，分别对应于两个跳闸线圈，具有分相跳闸功能；其合闸命令输出则并接至合闸线圈。

（5）线路间隔内，线路保护装置与智能终端之间采用点对点直接跳闸方式，由于 3/2 接线的每个线路保护对应两个断路器，因此每套保护装置应至少提供两路接口，分别接至两个断路器的智能终端。

（6）线路保护启动断路器失灵与重合闸采用 GOOSE 网络传输方式。合并单元提供给测控、录波器等设备的采样数据采用 SV 网络传输方式，SV 采样值网络与 GOOSE 网络应完全独立。

二、断路器保护和短引线保护配置方案

断路器保护按断路器双重化配置，具体的配置方式如下：

（1）当失灵或者重合闸需要用到线路电压时，边断路器保护还需要接入线路 EVT 的 MU，中断路器保护任选一侧 EVT 的 MU。

（2）对于边断路器保护，当重合闸需要检同期功能时，采用母线电压 MU 接入相应间隔电压 MU 的方式接入母线电压，不考虑中断路器检同期。

（3）断路器保护装置与合并单元之间采用点对点采样值传输方式。

（4）断路器保护与本断路器智能终端之间采用点对点直接跳闸方式。

（5）断路器保护的失灵动作跳相邻断路器及远跳信号通过 GOOSE 网络传输，通过相邻断路器的智能终端、母线保护（边断路器失灵）及主变保护跳开关联的断路器，通过线路保护启动远跳。

图 9-7-2 为边断路器保护（单套）技术实施方案，图 9-7-3 为中断路器保护（单套）技术实施方案。

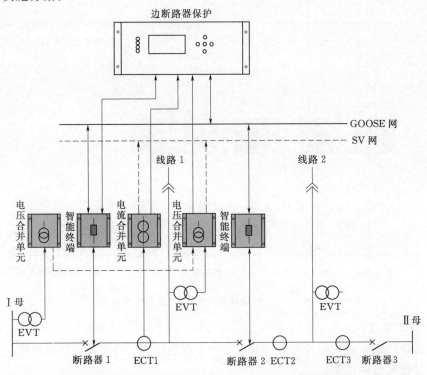

图 9-7-2　边断路器保护（单套）技术实施方案

出线有刀闸的接线型式，其短引线保护功能可集成在边断路器保护装置中，也可单独配置。本方案短引线保护单独配置。

短引线保护的配置见图 9-7-4，图中，边断路器电流 MU、中断路器电流 MU 均需要接入短引线保护，刀闸位置经由边断路器智能终端传给短引线保护装置。

三、变压器保护配置方案

每台主变配置 2 套含有完整主、后备保护功能的变压器电量保护装置。

非电量保护就地布置，采用直接电缆跳闸方式，动作信息通过本体智能终端上 GOOSE 网，用于测控及故障录波。

（1）按照断路器配置的电流 MU 按照点对点方式接入对应的保护装置，3/2 接线侧的电流由两个电流 MU 分别接入保护装置。

（2）3/2 接线侧配置的电压传感器对应双重化的主变电压 MU，主变电压 MU 单独接入保护装置。

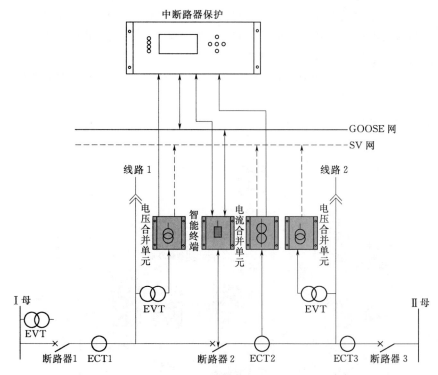

图 9-7-3 中断路器保护（单套）技术实施方案（以接入线路 1 电压合并单元为例）

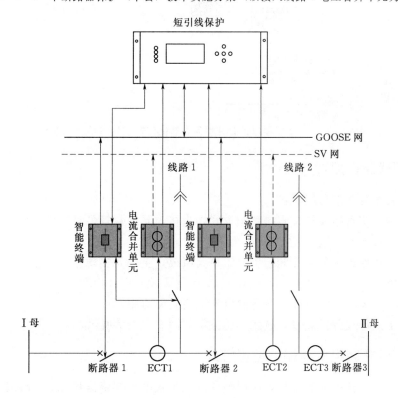

图 9-7-4 短引线保护（单套）技术实施方案

（3）双母线接线侧的电压电流按照双母线接线形式继电保护实施方案考虑。

（4）单母线接线侧的电压和电流合并接入 MU，点对点接入保护装置。

（5）主变保护装置与主变各侧智能终端之间采用点对点直接跳闸方式。

（6）断路器失灵启动、解复压闭锁、启动变压器保护联跳各侧及变压器保护跳母联（分段）信号采用 GOOSE 网络传输方式。

技术实施方案如图 9-7-5 和图 9-7-6 所示。

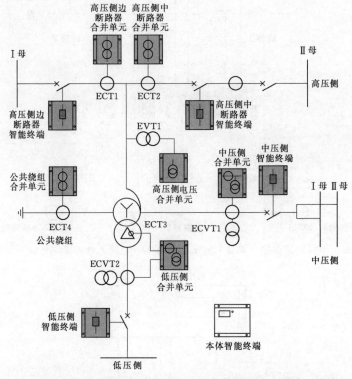

图 9-7-5　变压器保护合并单元、智能终端配置（单套）方案

四、母线保护配置方案

每条母线配置 2 套母线保护。

母线保护采用直接采样、直接跳闸方式，当接入元件数较多时，可采用分布式母线保护形式。

分布式母线保护由主单元和若干个子单元组成，主单元实现保护功能，子单元执行采样、跳闸功能。

边断路器失灵经 GOOSE 网络传输启动母差失灵功能。

采用集中式母线保护装置，技术实施方案如图 9-7-7 所示。

五、高压并联电抗器保护配置方案

高压并联电抗器的电流采样，采用独立的电子式电流互感器和 MU，跳闸需要智能终端预留一个 GOOSE 接口。电抗器首、末端电流合并接入电流 MU，电流 MU 按照点对点

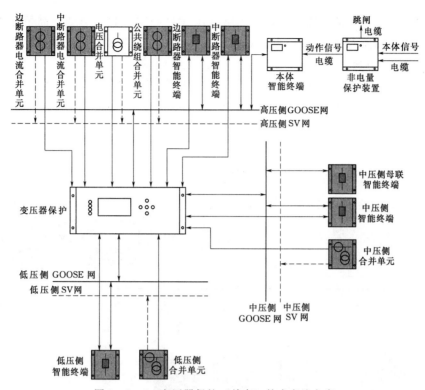

图 9-7-6　变压器保护（单套）技术实施方案

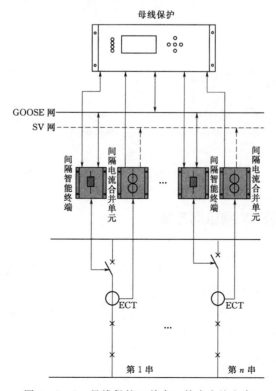

图 9-7-7　母线保护（单套）技术实施方案

方式接入保护装置；保护装置电压采用线路电压 MU 点对点接入方式；高抗保护装置与智能终端之间采用点对点直接跳闸方式。高抗保护启动断路器失灵、启动远跳信号采用 GOOSE 网络传输方式。

非电量保护就地布置，采用直接跳闸方式，动作信息通过本体智能终端上 GOOSE 网，用于测控及故障录波。非电量保护动作信号通过相应断路器的两套智能终端发送 GOOSE 报文，实现远跳。

技术实施方案如图 9-7-8 所示。

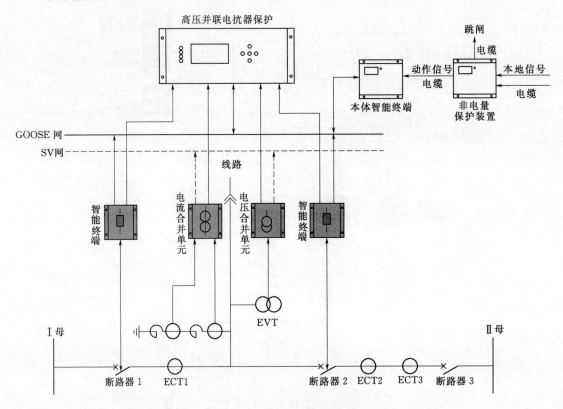

图 9-7-8　高抗保护（单套）技术实施方案

六、GOOSE 网及 SV 网组网方案

1. 组网方案要求

（1）GOOSE 按照电压等级组网，3/2 接线侧交换机宜按照串设置。

（2）3/2 接线侧 SV 按照串组网。

2. 组网系统

过程层组网方案如图 9-7-9 所示。

七、合并单元技术方案

MU 的接口如图 9-7-10～图 9-7-14 所示。

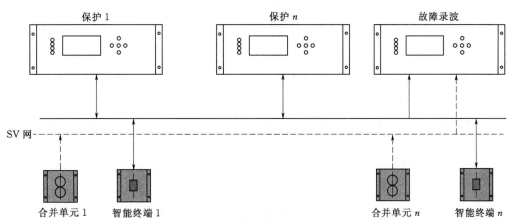

图 9-7-9　过程层组网方案示意图

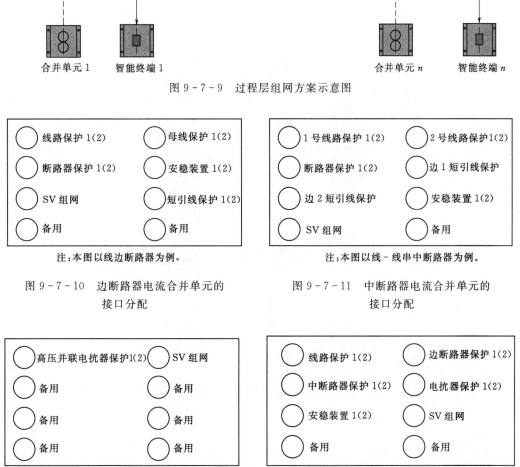

图 9-7-10　边断路器电流合并单元的
接口分配

图 9-7-11　中断路器电流合并单元的
接口分配

图 9-7-12　高抗电流合并单元 1（2）
的接口分配

图 9-7-13　线路电压合并单元 1（2）
的接口分配

3/2 接线一个串的合并单元、智能终端配置示意图如图 9-7-15 所示。

八、智能终端技术方案

智能终端按断路器双重化配置，每个智能终端配置足够的以太网接口，按照 IEC 61850-8-1 协议通信。智能终端的接口如图 9-7-16 和图 9-7-17 所示。

500kV 智能变电站继电保护系统如图 9-7-18 所示。

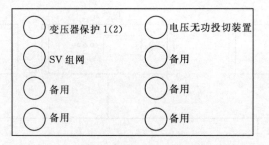

○ 变压器保护1(2)	○ 电压无功投切装置
○ SV组网	○ 备用
○ 备用	○ 备用
○ 备用	○ 备用

图9-7-14 变压器高压侧电压合并单元1(2)的接口分配

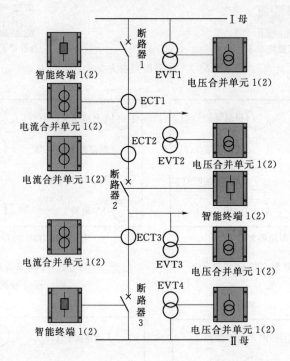

图9-7-15 3/2接线合并单元、智能终端配置

○ 线路保护1(2)	○ 母线保护1(2)
○ 断路器保护1(2)	○ 电抗器保护1(2)
○ 短引线保护1(2)	○ GOOSE组网
○ 安稳1(2)	○ 备用
○ 备用	○ 备用

注:本图以线-线串边断路器为例。

图9-7-16 边断路器智能终端1(2)
的接口分配

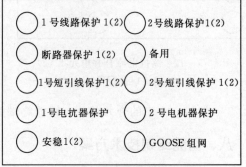

注:本图以线-线串中断路器为例。

图9-7-17 中断路器智能终端1(2)
的接口分配

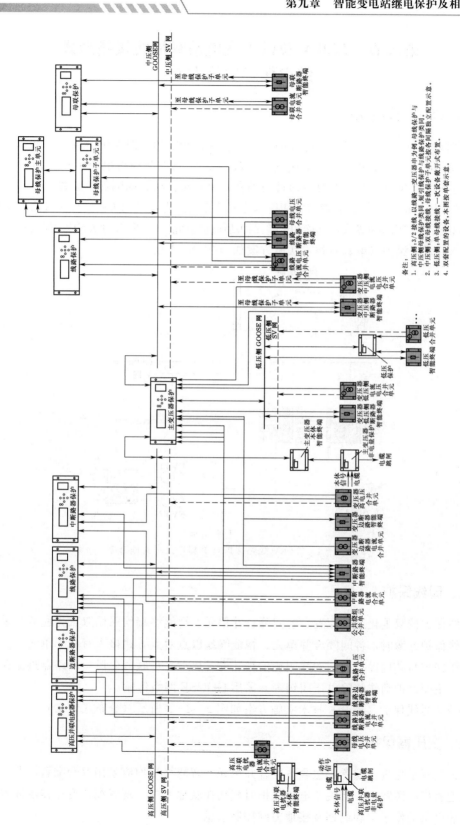

图 9-7-18 500kV 智能变电站继电保护系统示意图

第八节　220kV 及以上变电站双母线接线型式
继电保护实施方案

一、220kV 线路保护

每回线路应配置 2 套包含有完整的主、后备保护功能的线路保护装置。合并单元、智能终端均应采用双套配置，保护采用安装在线路上的 ECVT 获得电流电压。用于检同期的母线电压由母线合并单元点对点通过间隔合并单元转接给各间隔保护装置。

线路间隔内应采用保护装置与智能终端之间的点对点直接跳闸方式。保护应直接采样。跨间隔信息（启动母差失灵功能和母差保护动作远跳功能等）采用 GOOSE 网络传输方式。

220kV 线路保护（单套）技术实施方案如图 9-8-1 所示。

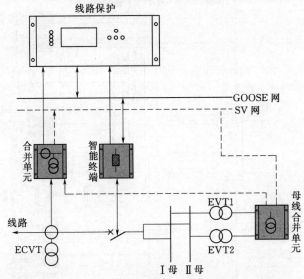

图 9-8-1　220kV 线路保护（单套）技术实施方案

二、母线保护

母线保护按双重化进行配置。各间隔合并单元、智能终端均采用双重化配置。采用分布式母线保护方案时，各间隔合并单元、智能终端以点对点方式接入对应子单元。

母线保护与其他保护之间的联闭锁信号［失灵启动、母联（分段）断路器过流保护启动失灵、主变保护动作解除电压闭锁等］采用 GOOSE 网络传输。

220kV 母线保护（单套）技术实施方案如图 9-8-2 所示（分布式方案）。

三、变压器保护

保护按双重化进行配置，包含各侧合并单元、智能终端均应采用双套配置。非电量保护应就地直接电缆跳闸，有关非电量保护时延均在就地实现，现场配置变压器本体智能终端上传非电量动作报文和调挡及接地刀闸控制信息。

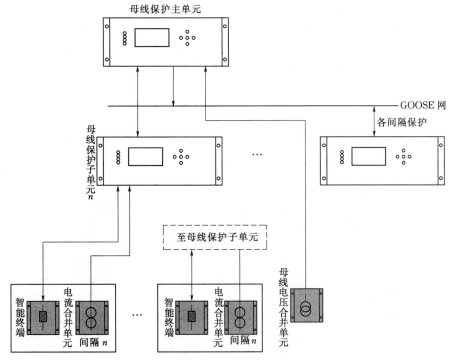

注：本图以各间隔独立配置子单元为例。

图 9 - 8 - 2　220kV 母线保护（单套）技术实施方案

技术实施方案如图 9 - 8 - 3 和图 9 - 8 - 4 所示。

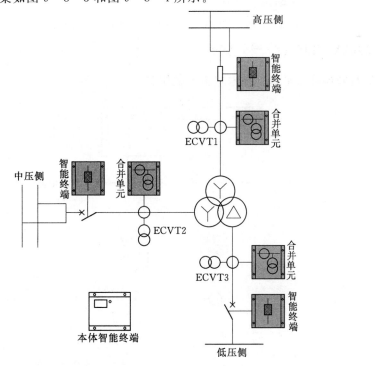

图 9 - 8 - 3　220kV 主变保护合并单元、智能终端配置（单套）示意图

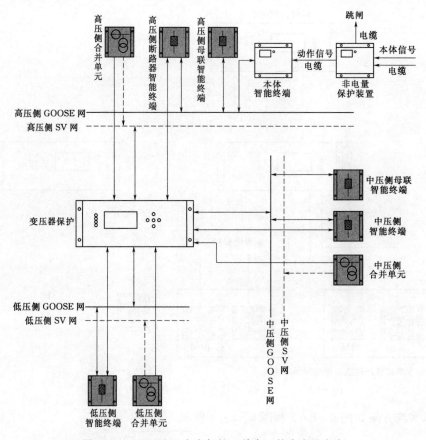

图 9-8-4 220kV 主变保护（单套）技术实施方案

四、220kV 母联（分段）保护

220kV 母联保护（单套）技术实施方案如图 9-8-5 所示。

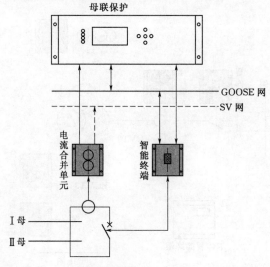

图 9-8-5 220kV 母联保护（单套）技术实施方案

五、110kV 线路保护

每回线路宜配置单套完整的主、后备保护功能的线路保护装置。合并单元、智能终端均采用单套配置，保护采用安装在线路上的 ECVT 获得电流和电压如图 9 - 8 - 6 所示。

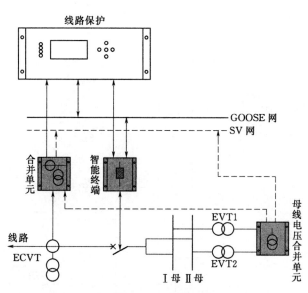

图 9 - 8 - 6　110kV 线路保护技术实施方案

六、66kV、35kV 及以下间隔保护

采用保护测控一体化设备，按间隔单套配置。当一次设备采用开关柜时，保护测控一体化设备安装于开关柜内，宜使用常规互感器，如图 9 - 8 - 7 所示。

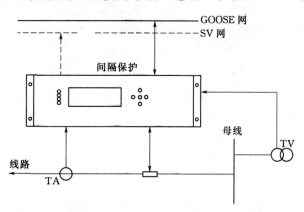

图 9 - 8 - 7　66kV、35kV 及以下间隔保护技术实施方案

220kV 智能变电站继电保护系统如图 9 - 8 - 8 所示。

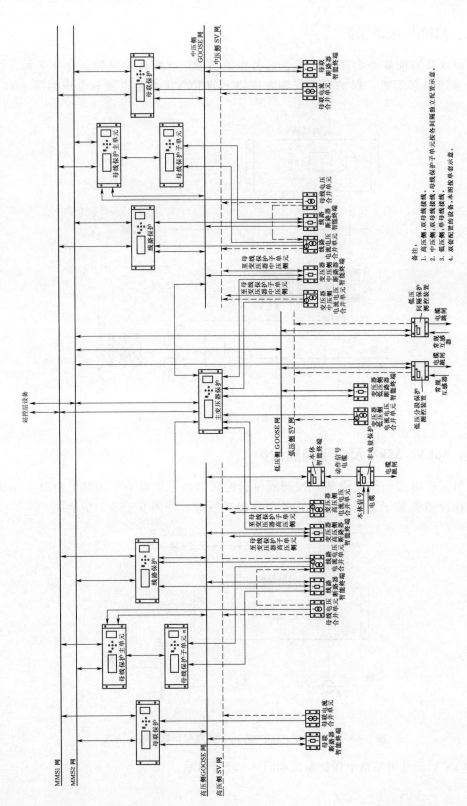

图 9 - 8 - 8 220kV 智能变电站继电保护系统示意图

第九节　110(66)kV变电站继电保护实施方案

一、线路保护

保护、测控功能宜一体化，按间隔单套配置。

保护采用安装在线路上的ECVT获得电流电压。用于检同期功能的母线电压由母线合并单元点对点通过间隔合并单元接发给各间隔保护装置，电压合并单元应具有母线电压并列功能。

线路间隔内，智能终端与保护装置之间的采用点对点连接方式，直接跳闸，合并单元采样值采用点对点传输。

跨间隔信息采用GOOSE网络传输方式。

110kV线路保护技术实施方案如图9-9-1所示。

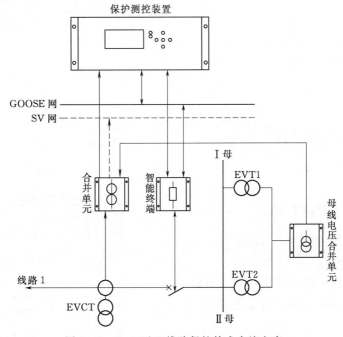

图9-9-1　110kV线路保护技术实施方案

二、变压器保护

变压器保护宜双套进行配置，双套配置时应采用主、后备保护一体化配置。若主、后备保护分开配置，后备保护宜与测控装置一体化。

当保护采用双套配置时，各侧合并单元宜采用双套配置，各侧智能终端宜采用双套配置。

变压器非电量保护应就地直接电缆跳闸，有关非电量保护时延均在就地实现，现场配置本体智能终端上传非电量动作报文和调挡及接地刀闸控制信息。

本方案中采用双套主、后一体化配置，技术实施方案如图9-9-2所示。

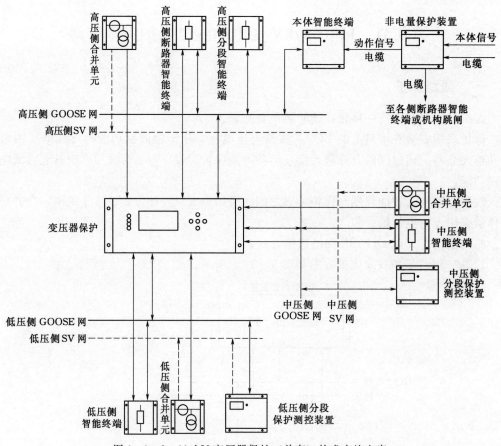

图 9-9-2　110kV 变压器保护（单套）技术实施方案

三、分段（母联）保护

分段保护按单套配置，110kV 宜保护、测控一体化，如图 9-9-3 所示。

110kV 分段保护跳闸采用点对点直跳，其他保护（主变保护）跳分段采用 GOOSE 网络方式。

35kV 及以下等级的分段保护宜就地安装，保护、测控、智能终端、合并单元一体化，装置应提供 GOOSE 保护跳闸接口（主变跳分段），接入 110kV 过程层 GOOSE 网络。

四、35kV 及以下电压等级间隔保护

35kV 及以下各间隔保护按单套配置，开关柜安装时宜集成保护、测控、合并单元和智能终端功能。

110kV 智能变电站继电保护系统，如图 9-9-4 所示。

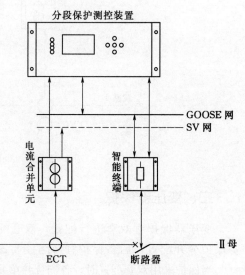

图 9-9-3　110kV 分段保护配置示意图

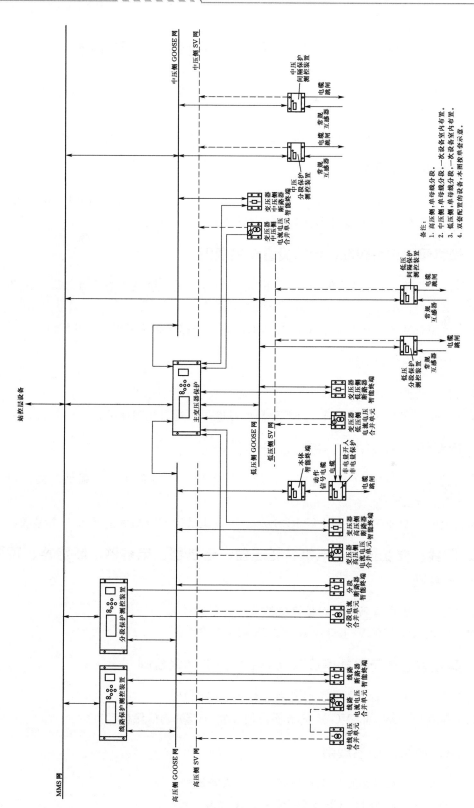

图 9 - 9 - 4　110kV 智能变电站继电保护系统示意图

第十节　智能变电站继电保护设备的命名规则

需要命名的智能变电站继电保护设备属性主要有：线路保护、过电压及远方跳闸保护、母线保护、发变组保护、发电机保护、变压器保护、电抗器保护、电容器保护、断路器保护、短引线保护、滤波器保护、操作箱、电压并列装置、电压切换装置等。

一、线路保护命名规则

厂站名称＋线路名称（双重编号）＋保护设备型号＋通道类型（光纤/高频）＋设备属性。

例如：兰州东变 7051 东官Ⅰ线 RCS931 BM 光纤线路保护。

二、线路保护相关辅助、接口设备命名规则

厂站名称＋线路名称（双重编号）＋保护设备型号＋通道类型（光纤/高频）＋设备属件＋辅助、接门设备型号。

例如：兰州东变 30520 东和Ⅰ线 PSL602GA 高频线路保护 PSF631 收发信机。

三、远跳保护命名规则

厂站名称＋线路名称（双重编号）＋保护设备型号＋设备属性。

例如：兰州东交 30520 东和Ⅰ线 RCS925A 过电压及远方跳闸保护。

四、远跳保护相关辅助、接口设备命名规则

厂站名称＋线路名称（双重编号）＋保护设备型号＋设备属性＋辅助、接口设备型号。

例如：兰州东变 30520 东和Ⅰ线 RCS925A 过电压及远方跳闸保护 FOX41A 装置。

五、母线、发变组、发电机、变压器、电抗器、电容器、断路器、短引线保护命名规则

厂站名称＋一次设备名称＋保护设备型号＋设备属性。

例如：兰州东变 750kV Ⅰ母线 RCS915E 母线保护。

六、静止型动态无功补偿设备（SVC）保护命名规则

厂站名称＋SVC 名称＋构成元件名称＋保护设备型号。

例如：拉萨换流站 ♯1 SVC 3518 五次滤波支路 RCS9631C 保护。

七、滤波器保护命名规则

厂站名称＋一次设备名称＋保护设备型号＋设备属性。

例如：拉萨换流站 2611ACF 支路 RCS976A 滤波器保护。

八、断路器操作箱命名规则

厂站名称＋断路器名称＋操作箱型号＋设备属性。

例如：兰州东变 3311 断路器 FCX22HT 操作箱。

九、电压并列装置命名规则

厂站名称＋电压等级＋第一组母线编号＋第二组母线编号＋装置型号＋设备属性。

例如：河寨变 330kV Ⅰ母Ⅱ母 YQX23J 电压并列装置。

十、电压切换装置命名规则

厂站名称＋一次设备名称（线路采用双重编号）＋装置型号＋设备属性。

十一、故障录波器、故障测距装置命名规则

由运行单位负责，命名结果报网调。命名原则分别如下：

（1）故障录波器：厂站名称＋电压等级＋线路(或主变)＋序号。

（2）故障测距装置：厂站名称＋电压等级＋序号。

第 二 篇

智能变电站试验

第一章 智能变电站站用交直流一体化电源系统功能、技术要求和试验

第一节 基本技术条件

一、环境条件

(1) 海拔：不大于 2000m。

(2) 环境温度：$-5 \sim 40℃$；蓄电池在环境温度 $-10 \sim 45℃$ 条件下应能正常使用（推荐使用的温度为 $5 \sim 30℃$）。

(3) 最大相对湿度：不大于 95%（日平均）；不大于 90%（月平均）。

(4) 抗震能力：水平加速度 $0.3g$；垂直加速度 $0.15g$。

(5) 外磁场感应强度：不大于 0.5mT。

(6) 安装垂直倾斜度：不大于 5%。

注意：以上条件可根据工程实际环境条件进行修正。

二、主要性能指标

1. 电源

(1) 频率变化范围：不超过 $\pm 2\%$。

(2) 交流输入电压波动范围：不大于 15%。

(3) 交流输入电压不对称度：不大于 5%。

(4) 交流输入电压应为正弦波，非正弦含量：不大于额定值的 10%。

(5) 交流不间断电源、逆变电源和直流变换电源的直流输入电压范围不超过直流电源标称电压的 80%～130%，特殊要求的直流输入电压范围：上限值为蓄电池组充电装置的上限（按 DL/T 459—2000《电力系统直流电源柜订货技术条件》中表 10 的规定），下限值为单个蓄电池额定电压值与蓄电池个数乘积的 85%（按 DL/T 857—2004《发电厂、变电所蓄电池用整流逆变设备技术条件》中 5.1c 的规定）。

2. 电气间隙和爬电距离

电源柜内两带电导体之间、带电导体与裸露的不带电导体之间的最小距离，均应符合表 1-1-1 规定的最小电气间隙和爬电距离的要求。

3. 电气绝缘性能

绝缘试验的试验电压等级及绝缘电阻要求见表 1-1-2。

试验加压部位如下：

(1) 非电连接的各带电电路之间。

表 1-1-1　　　　　　　　　　电气间隙和爬电距离

额定电压 U_N/V	额定电流≤63A		额定电流＞63A	
	电气间隙/mm	爬电距离/mm	电气间隙/mm	爬电距离/mm
U_N≤60	3.0	5.0	3.0	5.0
60＜U_N≤300	5.0	6.0	6.0	8.0
300＜U_N≤600	8.0	12.0	10.0	12.0

注　1. 小母线汇流排或不同极的裸露带电的导体之间，以及裸露带电导体与未经绝缘的不带电导体之间的电气间隙
不小于 12mm，爬电距离不小于 20mm。
　　2. 当主电路与控制电路或辅助电路的额定电压不一致时，其电气间隙和爬电距离可分别按其额定值选取。
　　3. 具有不同额定值主电路或控制电路导电部分之间的电气间隙与爬电距离，应按最高额定电压选取。

表 1-1-2　　　　　　　绝缘试验的试验电压等级及绝缘电阻要求

额定电压 U_N/V	绝缘电阻测试仪器的电压等级/kV	绝缘电阻/MΩ	工频电压/kV	冲击电压/kV
U_N≤60	0.5	≥2	1.0	1.0
60＜U_N≤300	1.0	≥10	2.0	5.0
300＜U_N≤500	1.0	≥10	2.5	12.0

（2）各独立带电电路与地（金属框架）之间。

（3）柜内所有母排与地之间（断开母排与其他支路的连接）。

4. 防护等级

电源设备柜体外壳防护等级应不低于 GB 4208 的规定，户内安装的馈（分）电屏
（柜）外壳防护等级应不低于 IP50，户外安装的馈（分）电屏（柜）外壳防护等级应不低
于 IP55。

5. 温升

在额定负载下长期运行时，各发热元器件的温升均不应超过表 1-1-3 的规定。

表 1-1-3　　　　　　　　　设备各部件的极限温升

部件或器件		极限温升/K	备　注
整流管外壳		70	
晶闸管外壳		55	
电阻发热元件		25	距外表 30mm 处
与半导体器件的连接处		55	
与半导体器件连接的塑料绝缘线		25	
整流变压器、电抗器 B 级绝缘绕组		80	
铁芯表面			不损伤相接触的绝缘零件
母线连接处	铜与铜	50	
	铜搪锡与铜搪锡	60	
MOS（IGBT）管衬板		70	
高频变压器		80	

续表

部件或器件	极限温升/K	备 注
金属材料操作手柄 绝缘材料操作手柄	15 25	装在屏内的操作手柄，允许其温升高 10K
可接触的外壳和覆板 金属材料 绝缘材料	 30 40	除另有规定外，对可以接触但正常工作时不需 触及的外壳和覆板，允许其温升高 10K

6. 噪声

在正常运行时，自冷式设备的噪声最大值应不大于 55dB（A），风冷式设备的噪声最大值应不大于 60dB（A）。

7. 电磁兼容抗干扰性能

抗电磁干扰性能应满足 GB/T 17626 的要求。抗干扰性能试验和要求见表 1-1-4。

表 1-1-4 抗干扰性能试验和要求

序号	试 验	引用标准	等级要求
1	静电放电抗扰度	GB/T 17626.2	Ⅳ级
2	射频电磁场辐射抗扰度	GB/T 17626.3	Ⅲ级
3	电快速瞬变脉冲群抗扰度	GB/T 17626.4	Ⅳ级
4	浪涌（冲击）抗扰度	GB/T 17626.5	Ⅳ级
5	射频场感应的传导骚扰抗扰度	GB/T 17626.6	Ⅲ级
6	工频磁场抗扰度	GB/T 17626.8	Ⅳ级
7	阻尼振荡磁场抗扰度	GB/T 17626.10	Ⅳ级
8	电压短时中断	GB/T 17626.11	0 级
9	振铃波抗扰度	GB/T 17626.12	Ⅲ级

8. 电磁发射限制要求

设备的传导发射限值和辐射发射限值应符合表 1-1-5 和表 1-1-6 的要求。

表 1-1-5 传导发射限值要求

频率范围/MHz	发射限值/dB（μV）	
	准峰值	平均值
0.15～0.5（不含 0.5）	79	66
0.5～30	73	60

表 1-1-6 辐射发射限值要求

频率范围/MHz	在 10m 测量距离处辐射发射限值/dB（μV/m）（峰值）
30～230	40
230（不含）～1000	47

9. 谐波电流

在设备的交流输入端，第 2～第 19 次各次谐波电流含有率均应不大于 30％。

第二节 系统组成和系统功能要求

一、系统组成

站用交直流一体化电源系统由站用交流电源、直流电源、交流不间断电源（UPS）、逆变电源（INV）（根据工程需要选用）、直流变换电源（DC/DC）等装置组成，并统一监视控制，共享直流电源的蓄电池组。变电站站用交直流一体化电源系统结构见图 1-2-1。

二、系统功能要求

（1）系统应符合 Q/GDW 383—2009《智能变电站技术导则》8.4 条、Q/GDW 393—2009《110（66）kV～220kV 智能变电站设计规范》6.3.4 条、Q/GDW 394—2009《330～750kV 智能变电站设计规范》中 6.3.4 条的规定，各电源应进行一体化设计、一体化配置、一体化监控，其运行工况和信息数据能够上传至远方控制中心，能够实现就地和远方控制功能，能够实现站用电源设备的系统联动。

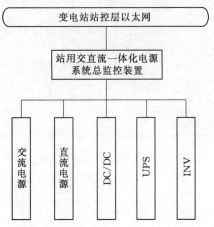

图 1-2-1 变电站站用交直流一体化电源系统结构图

（2）系统中各电源通信规约应相互兼容，能够实现数据、信息共享。

（3）系统的总监控装置应通过以太网通信接口采用 IEC 61850 规约与变电站后台设备连接，实现对一体化电源系统的远程监控维护管理。

（4）系统应具有监视交流电源进线开关、交流电源母线分段开关、直流电源交流进线开关、充电装置输出开关、蓄电池组输出保护电器、直流母线分段开关、交流不间断电源（逆变电源）输入开关、直流变换电源输入开关等状态的功能。上述开关宜选择智能型断路器，具备远方控制及通信功能。

（5）系统应具有监视站用交流电源、直流电源、蓄电池组、交流不间断电源（UPS）、逆变电源（INV）、直流交换电源（DC/DC）等设备的运行参数的功能。

（6）系统应具有控制交流电源切换、充电装置充电方式转换及有关标准所列开关投切等的功能。

第三节 站用交直流一体化电源技术要求

一、交流电源技术要求

（1）交流电源设备应符合 GB/T 7251.1《低压成套开关设备和控制设备 第 1 部分：

总则》和 GB/T 7251.8《低压成套开关设备和控制设备 智能型成套设备技术要求》的规定。

（2）交流电源设备应具备自动投切功能，可通过以下方式实现：

1）采用备自投装置实现自动投切功能，母线分段，设有母线分段开关。

2）采用自动转换开关电器实现自动投切功能，母线分段，不设母线分段开关。

（3）交流电源应具备遥控投切功能，能自主改变主供电源和备供电源。

（4）自恢复功能。交流电源在主备用供电方式下应具备自恢复功能，上供电源失电后又恢复正常，应能自动恢复到由主供电源供电方式。

（5）电量采集功能。应具备电量采集功能，能实时测量三相电压、频率、功率因数以及三相电流、有功功率、无功功率等。

（6）开关状态采集功能。应具有进线开关、馈线开关、母线分段开关及 ATSE 等的状态采集功能。

（7）保护功能。当交流电源过载或短路时，应自动切除故障，待故障排除后，应能手动恢复工作。

（8）自动转换开关电器（ATSE）：

1）自动转换开关电器（ATSE）宜选择 PC 级 ATSE 类型。

2）自动转换开关电器应符合 GB/T 14048.11 的规定。

3）转换动作条件。ATSE 应装有监测电源电压异常或电源频率异常的电路，当监测到电源电压异常或电源频率异常时能够完成设定的运行方式转换。

4）外部闭锁功能。ATSE 应可通过监测进线开关故障跳闸或其他辅助保护动作判断母线故障，并闭锁 ATSE 转换进线电源，避免事故扩大。

二、直流电源技术要求

1. 蓄电池的技术要求

（1）蓄电池类型。采用阀控式密封铅酸蓄电池。

（2）蓄电池应符合 DL/T 5044《电力工程直流电源系统设计技术规程》的规定和 DL/T 637—1997《阀控式密封铅酸蓄电池订货技术条件》的规定。

（3）蓄电池组容量。蓄电池组按表 1-3-1 规定的放电电流进行容量试验，蓄电池组允许进行三次充放电循环，10h 率容量在第一次循环不应低于 $0.95C_{10}$，第三次循环应达到额定容量，放电终止电压应符合表 1-3-1 的规定。

表 1-3-1　　　　　　　　蓄电池放电终止电压与充放电电流

电池类别	标称电压/V	放电终止电压/V	额定容量/(A·h)	充放电电流/A
阀控式密封铅酸蓄电池	2	1.8	C_{10}	I_{10}
	6	5.25(1.75×3)	C_{10}	I_{10}
	12	10.5(1.75×6)	C_{10}	I_{10}

2. 直流电源供电能力要求

（1）事故放电能力。必要时蓄电池组按规定的事故放电电流放电 1h 后，叠加 $8I_{10}$ 的冲击电流，进行 10 次冲击放电。冲击放电时间为 500ms，两次之间间隔时间为 2s，在 10 次冲击放电的时间内，直流（动力）母线上的电压不得低于直流标称电压的 90%。

（2）直流母线连续供电。设备在正常运行时，当发生交流电源中断或充电装置故障的情况下，直流（控制）母线应连续供电，且其电压的瞬间波动不得低于直流标称电压的 90%。

（3）直流母线负荷能力。设备在正常浮充电状态下运行，当提供冲击负荷时，要求其直流母线上电压不得低于直流标称电压的 90%。

3. 充电装置的技术要求

采用高频开关电源型充电装置。

（1）设备应有充电（恒流、限流恒压充电），浮充电及自动转换的功能，并具有软启动特性，软启动时间 3～8s，防止开机电压冲击。

（2）高频开关电源模块应具有带电插拔更换功能。

（3）每台充电装置有两路交流输入，互为备用，当运行的交流输入失去时能自动切换到备用交流输入供电。

（4）高频开关电源型充电装置主要技术参数应达到表 1-3-2 中的规定。

表 1-3-2　　　　　　　　充电装置的精度及纹波系数允许值

项目名称	高频开关电源型	项目名称	高频开关电源型
稳压精度	不超过±0.5%	纹波系数	不超过 0.5%
稳流精度	不超过±1%		

（5）采用高频开关电源模块应满足下列要求。模块采用并联运行方式，模块总数宜不小于 3 块。

（6）高频开关电源模块并机均流要求。多台高频开关电源模块并机工作时，在额定负载电流的 50%～100% 范围内，其均流不平衡度应不超过±5%。

（7）限压及限流特性。充电装置以稳流充电方式运行，当充电电压达到限压整定值时，设备应能自动限制电压，自动转换为恒压充电运行。充电装置以稳压充电方式运行，若输出电流超过限流的整定值，设备应能自动限制电流，并自动降低输出电压，输出电流将会立即降至整定值以下。

（8）恒流充电时，充电电流的调整范围为（20%～100%）I_n。

（9）充电装置的充电电压调整范围。电压调整范围为 90%～125%（2V 铅酸式蓄电池）。

（10）效率。高频开关电源型充电装置的效率应达到表 1-3-3 的规定。

表 1-3-3　　　　　　　　高频开关电源型充电装置的效率

装置类型	额定输出功率	效　率
高频开关电源模块	单模块功率≤1.5kW	≥85%
	单模块功率>1.5kW	≥90%

（11）功率因数。高频开关电源型充电装置的功率因数应不小于 0.9。

（12）保护功能：

1）模块应具有报警和运行指示灯，异常信号应上送到监控单元。

2）当交流输入过压时，充电装置应具有输入过压关机保护功能或输入自动切换功能，同时发出告警信号，输入恢复正常后应能自动恢复原工作状态。

3）当交流输入欠压时，充电装置应具有输入欠压保护功能或输入自动切换功能，同时发出告警信号，输入恢复正常后应能自动恢复原工作状态。

4）当直流输出过压时，充电装置应具有输出过压关机保护功能，同时发出告警信号，故障排除后应能人工恢复工作。

5）当直流输出欠压时，充电装置应发出告警信号，但不进行关机保护，故障排除后应能自动恢复正常工作。

6）具有限流及短路保护、模块过热保护及模块故障报警功能。

三、交流不间断电源（逆变电源）的技术要求

1. 电气隔离

交流不间断电源（逆变电源）的直流输入应与交流输入和输出侧完全电气隔离。

2. 稳压精度

当输入电压和负载电流（线性负载）在允许的变化范围内，稳压精度应不超过±3％。

3. 动态电压瞬变范围

动态电压瞬变范围应不超过标称电压值的±10％。

4. 瞬变响应恢复时间

瞬变响应恢复时间应不大于20ms。

5. 同步精度

同步精度应不超过±2％。

6. 输出频率

当输入电压和负载电流（线性负载）为额定值时，断开旁路输入，输出频率应不超过（50±0.2）Hz。

7. 电压不平衡度

对于三相输出的交流不间断电源，电压不平衡度应不大于5％。

8. 电压相位偏差

对于三相输出的交流不间断电源，电压相位偏差应不超过3°。

9. 电压波形失真度

当输入电压和负载电流（线性负载）在允许的变化范围内，交流不间断电源（逆变电源）装置逆变输出波形的失真度应不超过3％。

10. 输出电流峰值系数

在输入电压与负载容量（非线性负载）为额定值，交流不间断电源（逆变电源）装置逆变输出的电流峰值系数应不小于3。

11. 直流反灌纹波电压

在负载容量（线性负载）为额定值时，交流不间断电源（直流供电）和逆变电源装置

逆变输出状态下对直流母线反灌纹波电压的有效值应不超过直流母线电压标称值的 0.5%。

12. 总切换时间

(1) 冷备用模式。旁路输出切换到逆变输出的切换时间应不大于 10ms。逆变输出切换到旁路输出的切换时间应不大于 4ms。

(2) 双变换模式。交流供电与直流供电相互切换的切换时间应为 0ms。旁路输出与逆变输出相互切换的切换时间应不大于 4ms。

13. 交流旁路输入隔离变压器（可选）

(1) 绝缘电阻。绝缘电阻应不小于 10MΩ。

(2) 工频耐压。应能承受历时 1min 的 3kV 工频电压的耐压试验。

(3) 冲击耐压。应能承受 5kV 标准雷电波的短时冲击电压试验。

14. 交流旁路输入稳压器（可选）

(1) 调压范围。调压范围应不超过 ±10%。

(2) 稳压精度。稳压精度应不超过 ±3%。

15. 交流旁路输入过载能力

30min 内允许过载 150%。

16. 效率

当输入电压与负载电流（线性负载）为额定值时，交流不间断电源、逆变电源的效率应达到表 1 – 3 – 4 中的规定。

表 1 – 3 – 4　　　　　　　　交流不间断电源、逆变电源的效率

额定输出功率	交流不间断电源、逆变电源的变换效率/%			
	高　频　机		工频机（输入输出具有工频隔离的变压器）	
	交流输入 逆变输出	直流输入 逆变输出	交流输入 逆变输出	直流输入 逆变输出
3kAV 以上	≥90	≥85	≥80	≥85
3kAV 及以下	≥85	≥80	≥75	≥80

17. 输入功率因数

交流不间断电源的输入功率因数应不小于 0.9。

18. 并机均流性能

具有并机功能的交流不间断电源装置并机工作时，在负载电流为 50%～100% 额定值时，其均流不平衡度应不超过 ±5%。

19. 保护功能

(1) 当交流输入过压时，交流不间断电源装置应具有自动切换为直流供电功能，同时发出告警信号，输入恢复正常后应能自动恢复原工作状态。

(2) 当交流输入欠压时，交流不间断电源装置应具有自动切换为直流供电功能，同时发出告警信号，输入恢复正常后应能自动恢复原工作状态。

(3) 当直流输入欠压时，交流不间断电源和逆变电源装置应首先发出告警信号，再低

欠压后交流不间断电源输出应能自动切换为旁路供电，故障排除后应能自动恢复正常工作。

（4）当交流输出过压时，交流不间断电源和逆变电源装置应具有输出自动切换功能，同时发出告警信号，故障排除后应能自动恢复原工作状态。

（5）当交流输出欠压时，交流不间断电源和逆变电源装置应具有输出自动切换功能，同时发出告警信号，故障排除后应能自动恢复原工作状态。

（6）当交流输出功率为额定值的 $105\%\sim125\%$ 范围时，运行时间大于或等于 10min 后应自动切换为旁路供电，故障排除后应能自动恢复正常工作。

（7）当交流输出功率为额定值的 $125\%\sim150\%$ 范围时，运行时间大于或等于 1min 后应自动切换为旁路供电，故障排除后应能自动恢复正常工作。

（8）当交流输出功率超过额定值的 150% 或短路时，应无延时自动切换为旁路供电。旁路开关应有足够的过载能力使馈电开关脱扣，故障排除后应能自动恢复正常工作。原则上馈电开关的脱扣电流应不大于装置额定输出电流的 50%。

（9）交流输出馈电开关应与旁路开关进行选择性配合。

（10）交流不间断电源装置应设置维护旁路回路，并具有防止误操作的闭锁措施。

四、直流变换电源装置的技术要求

1. 直流变换电源装置类型和直流标称电压

（1）直流变换电源装置应为高频开关模块型。

（2）直流变换电源装置直流输入标称电压为 110V、220V。

（3）直流变换电源装置直流输出标称电压为 −48V。

2. 动态电压瞬变范围

动态电压瞬变范围应不超过标称电压值的 $\pm5\%$。

3. 瞬变响应恢复时间

瞬变响应恢复时间应不大于 $200\mu s$。

4. 杂音电压

直流变换电源装置的输出杂音电压应满足下列规定：

（1）电话衡重杂音电压不大于 2mV。

（2）峰-峰值杂音电压：额定输出电压为 −48V 的直流变换电源装置的输出杂音电压不大于 200mV。

（3）宽频杂音电压：在 3.4～150kHz 频带内的直流变换电源装置的宽频杂音电压应不大于 50mV；在 0.15～30MHz 频带内的直流变换电源装置的宽频杂音电压应不大于 20mV。

（4）离散频率杂音电压：在 3.4～150kHz 频带内的直流变换电源装置的离散频率杂音电压应不大于 5mV；在 0.15～0.2MHz 频带内的直流变换电源装置的离散频率杂音电压应不大于 3mV；在 0.2～0.5MHz 频带内的直流变换电源装置的离散频率杂音电压应不大于 2mV；在 0.5～30MHz 频带内的直流变换电源装置的离散频率杂音电压应不大于 1mV。

5. 稳压精度

稳压精度应不大于±0.6％。

6. 直流反灌纹波电压

当负载电流（线性负载）为额定值时，直流变换电源装置对直流母线反灌纹波电压的有效值应不超过直流母线电压标称值的 0.5％。

7. 转换效率

直流变换电源的效率（≥50％负载）应不低于表 1－3－5 的规定。

表 1－3－5　　　　　　　　　直流变换电源的效率

装置类型	额定输出功率（单模块）/kW	额定输入电压/V	效率/％
直流变换电源模块	≤1.5	＜220	≥80
		≥220	≥85
	＞1.5	＜220	≥85
		≥220	≥90

8. 并机均流性能

直流变换电源装置的变换模块并机工作时，在负载电流为 50％～100％额定值时，其均流不平衡度应不超过±5％。

9. 模块

直流变换电源装置模块应具有带电插拔更换功能。

10. 保护功能

（1）当直流输入过压时，直流变换电源装置应具有输入过压关机保护功能，同时发出告警信号，输入恢复正常后应能自动恢复原工作状态。

（2）当直流输入欠压时，直流变换电源装置应具有欠压保护功能并发出告警信号。

（3）当直流输出过压时，直流交换电源装置应具有输出过压关机保护功能，同时发出告警信号，故障排除后应能人工恢复工作。

（4）当直流输出欠压时，直流变换电源装置应发出告警信号，但不进行关机保护，故障排除后应能自动恢复正常工作。

（5）当输出过载或短路时，应自动进入输出限流保护状态，故障排除后应能自动恢复正常工作。

（6）馈线故障时应能可靠隔离，不应影响直流变换电源模块的正常工作，馈线断路器应具有较好的电流—时间带特性曲线，并满足可靠性、选择性、灵敏性和瞬动性要求。

五、变电站用交直流一体化电源系统总监控装置的要求

总监控装置作为一体化电源系统的集中监控管理单元，应同时监控站用交流电源、直流电源、交流不间断电源（UPS）、逆变电源（INV）和直流变换电源（DC/DC）等设备。对上通过以太网通信接口采用 IEC 61850 规约与变电站后台设备连接，实现对一体化电源系统的远程监控维护管理。其监控范围示意图见图 1－3－1 和图 1－3－2。

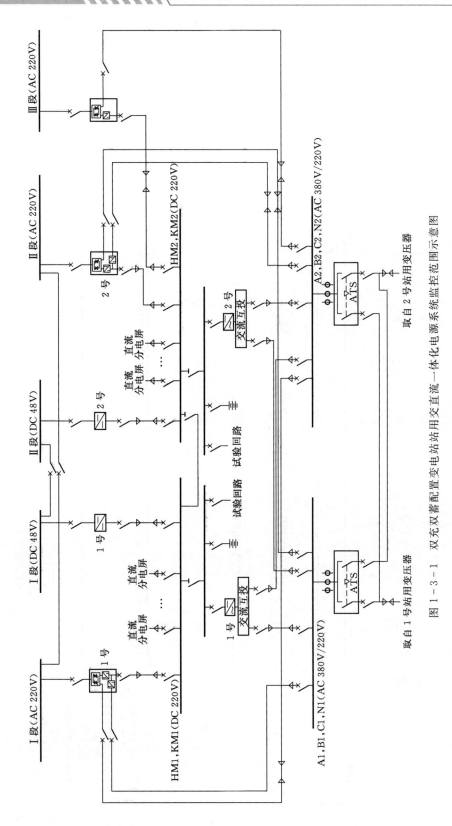

图 1 - 3 - 1　双充双蓄配置变电站用交直流一体化电源系统监控范围示意图

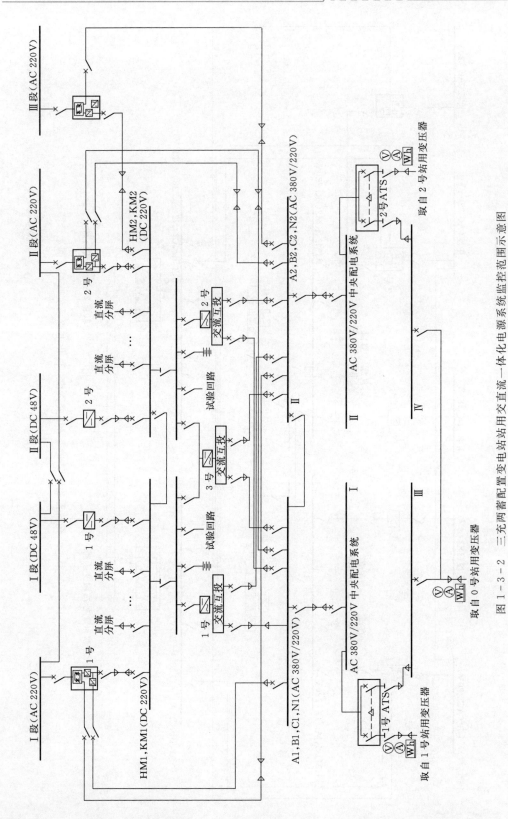

图 1 - 3 - 2 三充两蓄配置变电站站用交直流一体化电源系统监控范围示意图

1. 总监控装置的一般要求

（1）总监控装置宜采用嵌入式工控机。

（2）总监控装置宜采用大屏幕的触摸屏。

（3）总监控装置应具有以太网接口和串行通信接口。

（4）总监控装置应具有 USB 接口，支持本地数据导出。

（5）总监控装置宜采用自冷散热方式。

2. 显示界面

（1）主界面。主界面应显示所管理的电源系统的主接线图，正确反映各种电源装置之间的接线关系。开关位置、各智能单元的状态及母线电压、电流应为实时信息。

（2）子界面。各种电源装置均有独立的子界面，以模拟图的方式显示较详细的电气主接线图。根据复杂程度的不同，子界面可以分成多级。界面中显示的信息均应是实时的。

（3）列表信息。对于信息量较大的电源系统，可采用模拟图与列表相结合的方式显示各种模拟量和状态量，所有文字显示均应为中文。

（4）画面响应时间：

1）画面调用响应时间不大于 2s。

2）开关量信号输入至画面显示的响应时间不大于 2s。

3）由串行通信输入的信号至画面显示的响应时间不大于 3s。

3. 运行监视功能

监控装置应能对下列运行信息实时检测显示：

（1）交流电源输入参数（电压、电流、频率、有功、无功、电量）。

（2）蓄电池组充放电状态（浮充、均充、放电）及充放电电流。

（3）蓄电池组环境温度。

（4）蓄电池组输出电压、电流。

（5）单只电池端电压、内阻。

（6）充电装置输入电压。

（7）充电装置输出电压、电流。

（8）直流母线电压、电流。

（9）直流系统对地电阻、对地电压。

（10）交流不间断电源装置输入电压。

（11）交流不间断电源装置输出电压、电流、频率。

（12）逆变电源装置输入电压。

（13）逆变电源装置输出电压、电流、频率。

（14）直流变换电源装置输入电压。

（15）直流变换电源装置输出电压、电流。

（16）交流电源供电状态。

（17）交流不间断电源装置供电方式（逆变供电、旁路供电）。

（18）逆变电源装置供电方式（旁路供电、逆变供电）。

（19）馈电屏断路器位置等工作状态。

4. 报警功能

（1）监控装置应能对下列报警信息实时检测显示，并应发出就地和远方报警信号。

1）交流电源报警信号。

a. 交流进线电源异常。

b. 交流母线电压异常。

c. 交流馈线断路器脱扣总告警。

2）直流电源报警信号。

a. 交流输入电源异常（过压、欠压、缺相、零线故障）。

b. 高频整流模块异常（输入输出保护告警或故障）。

c. 直流母线电压异常（过压、欠压）。

d. 直流母线绝缘异常（绝缘电阻降低或接地）。

e. 蓄电池组电压异常（充电过压、欠压或放电欠压）。

f. 交流电源断路器脱扣。

g. 充电装置输出断路器脱扣。

h. 蓄电池组输出断路器脱扣。

i. 直流馈线断路器脱扣总告警。

j. 支路绝缘异常。

k. 单只蓄电池电压异常。

l. 绝缘装置异常。

3）交流不间断电源报警信号。

a. 交流不间断电源装置异常（输入输出保护告警或故障）。

b. 交流馈线断路器脱扣总告警。

4）逆变电源报警信号。

a. 逆变电源装置异常（输入输出保护告警或故障）。

b. 交流馈线断路器脱扣总告警。

5）直流变换电源报警信号。

a. 直流变换电源模块异常（输入输出保护告警或故障）。

b. 馈线断路器脱扣总告警。

6）其他报警信号。

a. 设备通信异常（现场智能设备与总监控装置通信故障）。

b. 监控装置故障。

c. 避雷器故障。

（2）报警输出。报警输出信息应直观、醒目，并伴以声、光效果，根据需要可配置空接点输出。

（3）报警记录。报警信息记录的显示格式应可选择，如：按发生时间的顺序、按解除时间的顺序，每种报警信息均应成对显示，即发生时间和解除时间。

5. 电压监察要求

设备内的过压继电器电压返回系数应不小于 0.95，欠压继电器电压返回系数应不大于 1.05。当直流母线电压高于或低于规定值时应满足以下要求：

（1）设备的电压监察应可靠动作。

（2）设备应发出灯光信号，并具有远方信号触点以便引接屏（柜）的端子。

（3）设备的电压监察装置应配有仪表并具有直读功能。

6. 绝缘检测要求

（1）设备的绝缘检测装置绝缘检测水平应满足表 1-3-6 的规定。

表 1-3-6　　　　　　　　　　　　　绝缘检测水平整定值

标称电压/V	普通绝缘检测装置/kΩ	标称电压/V	普通绝缘检测装置/kΩ
220	25	110	15

（2）当直流母线发生接地故障（正接地、负接地或正负同时接地），其绝缘水平下降到低于表 1-3-6 规定值时，应满足以下要求：

1）设备的绝缘检测应可靠动作。

2）能直读接地的极性和对地绝缘电阻值。

（3）不宜采用对直流母线注入低频信号工作方式查找接地的绝缘检测装置，以减少对直流母线的影响。

（4）绝缘检测装置的测量精度应不受母线运行方式的影响。

（5）绝缘检测装置应避免因本身原因造成直流母线对地电压频繁波动。

（6）通信接口。绝缘检测装置应配有通信接口，通信接口应符合工程网络拓扑结构要求。

7. 蓄电池巡检要求

（1）电压检测功能。蓄电池巡检装置应具有单只蓄电池电压和整组蓄电池电压检测功能。

（2）应具有整组蓄电池电流检测功能。

（3）应具有单只蓄电池内阻检测功能。

（4）应具有单只蓄电池温度检测功能。

（5）检测精度。整组蓄电池电压检测精度应不低于标称值的 ±0.5%；单只蓄电池电压检测精度应不低于标称值的 ±0.2%；整组蓄电池电流检测精度应不低于标称值的 ±2%；单只蓄电池温度检测精度应不低于 ±0.5℃。

（6）通信接口。应配有通信接口，通信接口应符合工程网络拓扑结构要求。

8. 检测精度及检测周期

监控装置对模拟信号的检测精度（直流）不超过 0.5%，（交流）不超过 1.0%。对状态信号的检测周期应不超过 1s，异常报警信号的检测周期应不超过 0.5s。

9. 维护管理功能

（1）智能电池管理：具有充电、长期运行、交流中断的控制程序，能按预设的条件自动完成对电池的限流充电调节、均充浮充转换控制和温度补偿调节。

（2）参数设置控制：监控装置应能对蓄电池、充电装置和交流电源等的运行方式进行设定。根据设定完成对相应设备的调节、控制和运行方式变更管理，并可实现自动与手动控制选择。

（3）对充电装置的输出电压控制精度应不超过整定值的 ±0.5%、输出电流控制精度应不超过±0.3A（总电流小于30A）或整定值的±0.5％（总电流大于或等于30A）。

（4）异常处理控制：根据电源设备的工作状态和参数变化趋势，及时准确判别异常或故障类型，并自动实施异常工况限制。

10．系统与变电站自动化系统的信息交换

（1）应能远方控制站用交流电源运行方式、直流充电装置运行方式（浮充、均充）等。

（2）应能远方调整电池运行维护参数（浮充电压、均充电压等）。

（3）应能远方监测下列参数：

1）交流电源输入参数（电压、电流、频率、有功、无功、电度）。

2）蓄电池组充放电状态（浮充、均充、放电）及充放电电流。

3）蓄电池组环境温度。

4）蓄电池组输出电压、电流。

5）单只电池端电压、内阻。

6）充电装置输入电压。

7）充电装置输出电压、电流。

8）直流母线电压、电流。

9）直流系统对地电阻、对地电压。

10）交流不间断电源装置输入电压。

11）交流不间断电源装置输出电压、电流、频率。

12）逆变电源装置输入电压。

13）逆变电源装置输出电压、电流、频率。

14）直流变换电源装置输入电压。

15）直流变换电源装置输出电压、电流。

16）交流电源供电状态。

17）交流不间断电源装置供电方式（逆变供电、旁路供电）。

18）逆变电源装置供电方式（旁路供电、逆变供电）。

19）馈电屏断路器位置等工作状态。

（4）应能远方传送下列报警信息：

1）交流电源报警信号。

a．交流进线电源异常。

b．交流母线电压异常。

c．交流馈线断路器脱扣总告警。

2）直流电源报警信号。

a．交流输入电源异常（过压、欠压、缺相、零线故障）。

b．高频整流模块异常（输入输出保护告警或故障）。

c．直流母线电压异常（过压、欠压）。

d．直流母线绝缘异常（绝缘电阻降低或接地）。

e．蓄电池组电压异常（充电过压、欠压或放电欠压）。

f．交流电源断路器脱扣。

g. 充电装置输出断路器脱扣。

h. 蓄电池组输出断路器脱扣。

i. 直流馈线断路器脱扣总告警。

j. 支路绝缘异常。

k. 单只蓄电池电压异常。

l. 绝缘装置异常。

3）交流不间断电源报警信号。

a. 交流不间断电源装置异常（输入输出保护告警或故障）。

b. 交流馈线断路器脱扣总告警。

4）逆变电源报警信号。

a. 逆变电源装置异常（输入输出保护告警或故障）。

b. 交流馈线断路器脱扣总告警。

5）直流变换电源报警信号。

a. 直流变换电源模块异常（输入输出保护告警或故障）。

b. 馈线断路器脱扣总告警。

6）其他报警信号。

a. 设备通信异常（现场智能设备与总监控装置通信故障）。

b. 监控装置故障。

c. 避雷器故障。

11. 时钟同步

监控装置应具备接收 IRIG－B 码或 IEC 61588 时钟同步信号功能，同时应具备软件对时功能。监控装置还应具有向所管理的各电源装置转发时钟同步信号的功能。对时精度误差不大于 10ms。

12. 自诊断与自恢复功能

（1）自诊断。应具有在线诊断能力，对自身的软、硬件（包括各个通信接口）运行状况进行诊断。发现异常时，予以报警和记录。

（2）自恢复。对于一般性的软件异常，应能自动恢复正常运行，并保持运行设定值不变。当运行设定值异常且不能自动恢复时，则以默认值运行，同时予以报警和记录。

注：由于站用交直流一体化电源系统根据不同工程需求构成有所不同。因此，站用交直流一体化电源系统的实时检测信息、报警记录项目可以根据系统的实际构成来确定。

13. 防雷要求

站用交直流一体化电源系统设备应统一进行防雷配置，防雷配置宜符合 YD 5098—2005 中 9.3 的规定。

第四节　结构及元器件要求

一、结构要求

（1）柜体外形尺寸（柜体外形尺寸是指柜体框架尺寸）应采用以下规格：

$$2260mm \times 800mm \times 600(800)mm(高 \times 宽 \times 深)$$

根据需要，柜的深度可取括号中的调整值。

高度公差为±2.5mm，宽度公差为$^0_{-2}$mm，深度公差为±1.5mm。

（2）柜体应设有保护接地，接地处应有防锈措施和明显标志。门应开闭灵活，开启角不小于90°，门锁可靠。门与柜体之间应采用截面不小于6mm² 的多股软裸铜线可靠连接。柜体设计应满足通风散热要求。

（3）柜体应有足够的强度和刚度，应能承受所安装元件及短路时所产生的动、热稳定，同时不因设备的吊装、运输等情况而影响设备的性能。

（4）紧固连接应牢固、可靠，所有紧固件均具有防腐镀层或涂层，紧固连接应有防松措施。

（5）元件和端子应排列整齐、层次分明、不重叠，便于维护拆装。长期带电发热元件的安装位置应在柜内上方。

（6）直流屏柜内底部应装有截面不小于25mm×4mm 的接地铜排，并采用截面不小于50mm² 的铜缆连接到保护专用接地铜排网。

（7）电池柜体应有良好的通风、散热。电池柜内应摆放整齐并保证足够的空间：蓄电池间距不小于15mm，蓄电池与上层隔板间距不小于150mm。

二、元器件的要求

（1）柜内安装的元器件均应有产品合格证或证明质量合格的文件。不得选用淘汰的、落后的元器件。

（2）导线、导线的颜色、指示灯、按钮、行线槽、涂漆，均应符合国家或行业现行有关标准的规定。

（3）设备面板配置的测量表计，其量程应在测量范围内，测量最大值应在满量程85％以上。指针式仪表精度应不低于1.5级，数字表应采用四位半表。测量仪表宜装设在柜体上方可旋转的面板上，方便仪表校验。

（4）直流回路中严禁使用交流空气断路器，不宜使用熔断器。各级直流断路器应根据短路电流计算结果配置，并满足可靠性、选择性、灵敏性和瞬动性要求。直流断路器应具有较好的电流-时间带特性曲线。一个站的直流断路器，原则上应选用同一制造厂的系列产品。

（5）重要位置的断路器应装有辅助报警触点，如蓄电池组、交流进线处等。

（6）馈线开关应并接在直流汇流母线上，以便于维护、更换。

（7）同类元器件的插接件应具有通用性和互换性，应接触可靠、插拔方便。插接件的接触电阻、插拔力，允许电流及寿命，均应符合有关国家及行业现行标准的要求。

（8）柜内母线、引线应采取防止短路的绝缘防护措施。

第五节　站用交直流一体化系统试验

一、站用交直流一体化电源系统设备参数

1. 110(66) kV 变电站站用交直流一体化电源系统

站用交直流一体化电源系统设备参数见表1－5－1。

表 1-5-1　　　　　110（66）kV 变电站站用交直流一体化电源系统设备参数

序号	设备参数	110V 直流系统	220V 直流系统
1	交流额定输入电压	单相：AC220V 三相：AC380V	单相：AC220V 三相：AC380V
2	交流额定输入频率	50Hz	50Hz
3	直流额定输出电压	50V、115V	50V、230V
4	直流标称输出电压	48V、110V	48V、220V
5	充电装置额定输出电流	50A、60A、80A、100A、20A	40A、50A、60A、80A、100A、120A
6	蓄电池的额定容量	300Ah、400Ah、500Ah、600Ah	200Ah、300Ah、400Ah、500Ah
7	交流额定输出电压	单相：AC220V 三相：AC380V（三相四线制）	单相：AC220V 三相：AC380V（三相四线制）
8	交流额定输出频率	50Hz	50Hz
9	交流不间断电源额定输出容量	3kVA、5kVA、7.5kVA	3kVA、5kVA、7.5kVA
10	逆变电源额定输出容量	3kVA、5kVA	3kVA、5kVA
11	直流变换电源额定输出电流	40A、50A、75A、100A、150A、200A	40A、50A、75A、100A、150A、200A
12	站用交流电源额定电流	160A、200A、250A、400A	160A、200A、250A、400A

2. 220kV 变电站站用交直流一体化电源系统

站用交直流一体化电源系统设备参数见表 1-5-2。

表 1-5-2　　　　　220kV 变电站站用交直流一体化电源系统设备参数

序号	设备参数	110V 直流系统	220V 直流系统
1	交流额定输入电压	单相：AC220V 三相：AC380V	单相：AC220V 三相：AC380V
2	交流额定输入频率	50Hz	50Hz
3	直流额定输出电压	50V、115V	50V、230V
4	直流标称输出电压	48V、110V	48V、220V
5	充电装置额定输出电流	80A、100A、120A、160A、200A	60A、80A、100A、120A、160A
6	蓄电池的额定容量	400Ah、500Ah、600Ah、800Ah、1000Ah	300Ah、400Ah、500Ah、600Ah、800Ah
7	交流额定输出电压	单相：AC220V 三相：AC380V（三相四线制）	单相：AC220V 三相：AC380V（三相四线制）
8	交流额定输出频率	50Hz	50Hz
9	交流不间断电源额定输出容量	5kVA、7.5kVA、10kVA	5kVA、7.5kVA、10kVA
10	逆变电源额定输出容量	3kVA、5kVA、7.5kVA	3kVA、5kVA、7.5kVA
11	直流变换电源额定输出电流	100A、150A、200A、250A、300A	100A、150A、200A、250A、300A
12	站用交流电源额定电流	250A、400A、630A、800A	250A、400A、630A、800A

3. 500（330）kV 变电站站用交直流一体化电源系统

站用交直流一体化电源系统设备参数见表 1-5-3。

表 1-5-3　　　　500（330）kV 变电站站用交直流一体化电源系统设备参数

序号	设备参数	110V 直流系统	220V 直流系统
1	交流额定输入电压	单相：AC220V 三相：AC380V	单相：AC220V 三相：AC380V
2	交流额定输入频率	50Hz	50Hz
3	直流额定输出电压	50V、115V	50V、230V
4	直流标称输出电压	48V、110V	48V、220V
5	充电装置额定输出电流	160A、200A、240A、280A、320A、360A	120A、160A、200A、240A、280A
6	蓄电池的额定容量	500Ah、600Ah、800Ah、1000Ah、1200Ah、1400Ah、1500Ah、1600Ah、1800Ah、2000Ah	400Ah、500Ah、600Ah、800Ah、1000Ah、1200Ah、1400Ah、1500Ah、1600Ah、1800Ah
7	交流额定输出电压	单相：AC220V 三相：AC380V（三相四线制）	单相：AC220V 三相：AC380V（三相四线制）
8	交流额定输出频率	50Hz	50Hz
9	交流不间断电源额定输出容量	6kVA、7.5kVA、10kVA、15kVA	6kVA、7.5kVA、10kVA、15kVA
10	逆变电源额定输出容量	3kVA、5kVA、7.5kVA	3kVA、5kVA、7.5kVA
11	直流变换电源额定输出电流	200A、250A、300A、350A、400A	200A、250A、300A、350A、400A
12	站用交流电源额定电流	250A、400A、630A、800A、1000A、1250A、1600A	250A、400A、630A、800A、1000A、1250A、1600A

4. 750kV 变电站站用交直流一体化电源系统

站用交直流一体化电源系统设备参数见表 1-5-4。

表 1-5-4　　　　750kV 变电站站用交直流一体化电源系统设备参数

序号	设备参数	110V 直流系统	220V 直流系统
1	交流额定输入电压	单相：AC220V 三相：AC380V	单相：AC220V 三相：AC380V
2	交流额定输入频率	50Hz	50Hz
3	直流额定输出电压	50V、115V	50V、230V
4	直流标称输出电压	48V、110V	48V、220V
5	充电装置额定输出电流	160A、200A、240A、280A、320A、400A	120A、160A、200A、240A、280A、320A
6	蓄电池的额定容量	800Ah、1000Ah、1200Ah、1400Ah、1500Ah、1600Ah、1800Ah、2000Ah、2500Ah	600Ah、800Ah、1000Ah、1200Ah、1400Ah、1500Ah、1600Ah、1800Ah、2000Ah
7	交流额定输出电压	单相：AC220V 三相：AC380V（三相四线制）	单相：AC220V 三相：AC380V（三相四线制）
8	交流额定输出频率	50Hz	50Hz
9	交流不间断电源额定输出容量	6kVA、7.5kVA、10kVA、15kVA	6kVA、7.5kVA、10kVA、15kVA
10	逆变电源额定输出容量	5kVA、7.5kVA、10kVA	5kVA、7.5kVA、10kVA
11	直流变换电源额定输出电流	200A、250A、300A、350A、400A	200A、250A、300A、350A、400A
12	站用交流电源额定电流	250A、400A、630A、800A、1000A、1250A、1600A、2000A、2500A	250A、400A、630A、800A、1000A、1250A、1600A、2000A、2500A

二、试验

1. 试验种类

（1）出厂试验。出厂设备应逐台进行出厂试验、试验合格后方可给予出厂试验合格证。

（2）型式试验。设备属于下列情况者应进行型式试验：

1）新研制的产品（包括转厂生产）。

2）当设计、工艺、材料、主要元器件改变而影响到设备的性能时。

3）停产两年以上再次生产时。

4）在正常生产情况下，每三年进行一次型式试验。

2. 试验项目

型式试验与出厂试验项目见表1-5-5。

表1-5-5　　　　　　　　　　型式试验与出厂试验项目表

序号	试 验 项 目		直流电源		交流不间断电源		逆变电源		直流交换电源		交流电源	
			型式试验	出厂试验	型式试验	出厂试验	型式试验	出厂试验	型式试验	出厂试验	型式试验	出厂试验
1	一般检查		√	√	√	√	√	√	√	√	√	√
2	电气绝缘性能试验	绝缘电阻测量	√	√	√	√	√	√	√	√	√	√
		工频耐压试验	√	√	√	√	√	√	√	√	√	√
		冲击耐压试验	√	—	√	—	√	—	√	—	√	—
3	防护等级试验		√	—	√	—	√	—	√	—	√	—
4	噪声试验		√	—	√	—	√	—	√	—		
5	温升试验		√	—	√	—	√	—	√	—		
6	蓄电池组容量试验		√	—								
7	事故放电能力试验		√	—								
8	负荷能力试验		√	—								
9	直流母线连续供电试验		√	—								
10	稳流精度试验		√	√								
11	稳压精度试验		√	√	√	√	√	√	√	√		
12	纹波系数（杂音电压）试验		√	√					√	√		
13	并机均流试验		√	√	√	√	—	—	√	√		
14	限流及限压特性试验		√	—								
15	效率及功率因数试验	效率试验	√	—	√	—			√	—		
		输入功率因数试验	√	—	√	—						

续表

序号	试验项目			直流电源		交流不间断电源		逆变电源		直流交换电源		交流电源	
				型式试验	出厂试验	型式试验	出厂试验	型式试验	出厂试验	型式试验	出厂试验	型式试验	出厂试验
16	监控装置试验	保护、报警功能试验	绝缘检测试验	√	√	—	—	—	—	—	—	—	—
			蓄电池巡检试验	√	√	—	—	—	—	—	—	—	—
			电压监察试验	√	√	—	—	—	—	—	—	—	—
			报警试验	√	√	√	√	√	√	√	√	—	√
			过压和欠压保护试验	√	√	√	—	√	—	√	—	√	—
			过载和短路保护试验	√	—	√	—	—	—	√	—	√	—
		控制程序试验		√	√	—	—	—	—	—	—	—	√
		显示及检测功能试验		√	√	√	√	√	√	√	√	√	√
		维护管理功能试验		√	√	√	√	√	√	√	√	√	√
		四遥功能试验		√	√	√	√	√	√	√	√	—	√
17	电磁兼容抗扰度试验	振荡波抗扰度试验		√	—	√	—	√	—	√	—	√	—
		静电放电抗扰度试验		√	—	√	—	√	—	√	—	√	—
		电快速瞬变脉冲群抗扰度试验		√	—	√	—	√	—	√	—	√	—
		浪涌（冲击）抗扰度试验		√	—	√	—	√	—	√	—	√	—
		射频电磁场辐射抗扰度试验		√	—	√	—	√	—	√	—	√	—
		射频场感应的传导骚扰抗扰度试验		√	—	√	—	√	—	√	—	√	—
		工频磁场抗扰度试验		√	—	√	—	√	—	√	—	√	—
		阻尼振荡磁场抗扰度试验		√	—	√	—	√	—	√	—	√	—
		电压短时中断抗扰度试验		√	—	√	—	√	—	√	—	√	—
18	电磁发射试验	传导发射限值试验		√	—	√	—	√	—	√	—	√	—
		辐射发射限值试验		√	—	√	—	√	—	√	—	√	—
19	谐波电流试验			√	—	√	—	—	—	—	—	—	—
20	动态电压瞬变范围试验			—	—	√	—	√	—	√	—	—	—
21	瞬变响应恢复时间试验			—	—	√	—	√	—	√	—	—	—
22	同步精度试验			—	—	√	—	—	—	—	—	—	—
23	频率试验			—	—	√	√	√	√	—	—	—	—
24	电压不平衡度试验			—	—	√	—	√	—	—	—	—	—
25	电压相位偏差试验			—	—	√	—	√	—	—	—	—	—
26	电压波形失真度试验			—	—	√	√	√	—	—	—	—	—
27	输出电流峰值系数试验			—	—	√	—	√	—	—	—	—	—
28	直流反灌纹波电压试验			—	—	√	—	√	—	—	—	—	—

续表

序号	试 验 项 目	直流电源		交流不间断电源		逆变电源		直流交换电源		交流电源	
		型式试验	出厂试验	型式试验	出厂试验	型式试验	出厂试验	型式试验	出厂试验	型式试验	出厂试验
29	总切换时间试验	—	—	√	—	√	—				
30	旁路输入隔离变压器和稳压器试验	—	—	√	√	√	√				
31	ATSE 外部闭锁功能试验	—	—							√	√

注 1. 由于站用交直流一体化电源系统根据不同工程需求构成有所不同，因此站用交直流一体化电源系统的试验项目需根据实际构成和表中的要求来确定。

2. 保护、报警功能试验包含了站用交直流一体化电源系统设备的全部项目，所以对单独某一种电源实验时，可根据实际情况对项目中的条款进行删减。

3. 若交流不间断电源无并机功能，则不需要做并机均流试验。

4. 若交流不间断电源为单相输出，则不需要做与三相输出相关的试验。

5. 若交流不间断电源系统不需要旁路输入隔离变压器和稳压器，则可不做相关试验。

6. 若交流电源不使用 ATSE，则可不做与 ATSE 相关的试验。

7. "√"表示应做的项目，"—"表示不做的项目。

第六节　技　术　服　务

一、运输与安装要求

（1）设备在运输过程中，不应有剧烈振动冲击和倾倒放置等。

（2）设备在储存期间，应放在空气流通、温度在－25～55℃之间，月平均相对湿度不大于90％的仓库内。

（3）设备的使用和储存地点应无爆炸危险、无腐蚀性气体、无严重霉菌，有防御雨、雪、风、沙、尘埃等措施。与设备成套的蓄电池储存应符合其产品技术条件规定。

（4）设备的安装使用地点应无强烈振动和冲击，无强电磁干扰。

二、技术服务

1. 应提供的技术文件

（1）产品的鉴定证书和满足有关规范技术要求的电力设备质检中心出具的产品型式试验质检报告。

（2）产品的 ISO 9000（GB/T 1900）质量保证体系文件，能够证明该质量保证体系经过国家认证并且正常运转。

2. 应提供的技术资料

（1）系统布置和安装接线图。

（2）电气原理图和端子排接线图。

（3）出厂试验报告。

（4）其他资料和说明手册：

1）产品的装配、运行、检验、维护、随机附件及备件清单、推荐的部件以及型号等方面的说明。

2）试验设备及专用工具的说明和有关注意事项。

3）产品的正常试验、运行维护、故障诊断的说明。

3. 技术配合

（1）配合现场安装和调试。

（2）配合设备的现场验收、提供测试方案和技术指标。

（3）其他约定配合工作。

第二章　智能变电站站用交直流一体化电源交接验收

第一节　通　用　要　求

站用交直流一体化电源依据本部分进行验收。合同技术要求如有特殊规定时，按照合同技术要求执行，相关技术文件应齐全、有效。

应在满足安全要求的情况下开展验收工作，验收前应准备相关仪器设备。

一、外观检查

1. 柜体

（1）电源设备柜体（馈电柜）外壳满足防护性能要求，具有足够的机械强度，表面应防腐处理，柜内应预留足够的扩展空间和维护空间，应配备照明装置、小型断路器等辅助设备。

（2）电池支架应有良好的通风、散热能力，设备摆放整齐并保证足够的空间，其中蓄电池间距不小于 15mm，蓄电池与上层隔板间距不小于 150mm。

2. 接地

（1）柜体应设有保护接地，接地处应有防锈措施和明显标志。门与柜体之间应采用截面不小于 6mm² 的多股软裸铜线或编织接地线可靠连接。

（2）屏柜内底部应装有截面不小于 25mm×4mm 的接地铜排，并采用截面不小于 50mm² 的铜缆连接到保护专用接地铜排网。

二、绝缘电阻试验

绝缘电阻试验应符合表 2-1-1 要求。

表 2-1-1　　　　　　　　　　绝缘电阻试验要求

额定电压 U_N /V	绝缘电阻测试仪器的电压等级/kV	绝缘电阻 /MΩ	工频电压 /kV	冲击电压 /kV
$U_N \leqslant 60$	0.5	≥2	1.0	1.0
$60 < U_N \leqslant 300$	1	≥10	2.0	5.0
$300 < U_N \leqslant 600$	1	≥10	2.5	12.0

注　试验加压部分为：非电连接的各带电电路之间；各独立带电电路与地（金属框架）之间；柜内所有母排与地之间（断开母排与其他支路的连接）。

第二节　交　流　电　源

一、站用交流电源

1. 技术要求

交流电源应符合 GB/T 7251.1 和 GB/T 7251.8 的规定。

2. 功能验收

(1) 自动投切功能。交流电源的自动投切功能满足 DL/T 5155《220～500kV 变电所设计技术规程》和 Q/GDW 576《站用交直流一体化电源系统技术规范》的相应要求。

(2) 自恢复功能。交流电源在主备用供电方式下应具有自恢复功能，主供电源失电恢复正常后，应能自动恢复到由主供电源供电方式。

(3) 开关状态采集功能。应具有进线开关、馈线开关、母线分段及 ATSE 等状态采集功能。

(4) 电源模拟量采集功能。应具有电流、电压、功率等模拟量采集功能。

(5) 保护功能。当交流电源过载或短路时，应自动切除故障，故障排除后，应能手动恢复工作，现场无条件时，可通过查阅相应报告。

二、交流不间断电源（UPS）

1. 技术要求

交流不间断电源应符合 DL/T 857《发电厂、变电所蓄电池用整流逆变设备技术条件》和 DL/T 1074《电力用直流和交流一体化不间断电源设备》的规定。

2. 功能验收

(1) 具有旁路输出和逆变输出切换功能，切换时间满足 DL/T 1074 的要求。

(2) 采集功能。具有输入电压、输入电流，输出电压、输出电流、输出频率，旁路交流电压、逆变电源状态、旁路开关状态等关键状态量的采集功能。

(3) 保护功能。具有防止过负荷及外部短路的保护功能，现场无条件时，可查阅相关资料。

第三节　直　流　电　流

一、蓄电池

(1) 蓄电池组按表 2-3-1 规定的放电电流进行容量验收，蓄电池组允许进行三次充放电循环，10h 率容量在第一次循环不应低于 $0.95C_{10}$，第三次循环应达到额定容量，放电终止电压应符合表 2-3-1 的规定。

(2) 蓄电池组按规定的事故放电电流放电 1h 后，叠加 $8I_{10}$ 的冲击电流，进行 10 次冲击放电。冲击放电时间为 500ms，两次之间间隔时间为 2s，在 10 次冲击放电的时间内，直流（动力）母线上的电压不得低于标称电压的 90%。

表 2 - 3 - 1　　　　　　　　　　　　蓄电池组充放电要求

电池类别	标称电压/V	放电终止电压/V	额定容量/(A·h)	充放电电流/A
蓄电池	2	1.8	C_{10}	I_{10}
	12	10.5(1.75×6)	C_{10}	I_{10}

（3）每只蓄电池内阻值与标称值之差的绝对值不大于标称值的 10%。

（4）蓄电池组中各蓄电池的开路电压最大最小电压差值不得超过表 2 - 3 - 2 的规定值。

表 2 - 3 - 2　　　　　　　　　　　开路电压最大最小电压差值

标称电压/V	开路电压最大最小电压差值/V	标称电压/V	开路电压最大最小电压差值/V
2	0.03	12	0.06

（5）铅酸蓄电池运行环境应满足设计要求。

二、充电单元

（1）应有恒流充电、限流恒压充电、浮充电等充电方式，充电方式应能自动转换。**恒流充电电流调整范围满足 Q/GDW 576 的相应要求**。当充电电压达到限压整定值时，设备应能自动限制电压，自动转换为恒压充电方式。恒压充电电流超过限流整定值时，设备应能自动降低输出电压，自动限制输出电流在整定值以下。

（2）充电机稳压精度$\leqslant 0.5\%$，稳流精度$\leqslant 1\%$，纹波系数$\leqslant 0.5\%$。

（3）应具有软启动特性，软启动时间 3～8s，防止开机电压冲击。

（4）具有两路交流输入，互为备用。

（5）高频开关电源型充电模块采用并联运行方式，模块总数宜不小于 3 块。

（6）高频开关电源型充电模块并机工作时，在额定负载电流的 50%～100% 范围内，其均流不平衡度应不超过 $\pm 5\%$。

（7）高频充电模块带电插拔试验时，应运行可靠。

（8）保护功能：

1）充电装置应具有输入过压、输入欠压、输出过压关机保护功能，输入恢复正常后应能自动恢复原工作状态。

2）直流输出欠压时不应关机保护，故障排除后应能自动恢复正常工作。

3）具有短路限流保护、模块过热保护功能。

4）现场无条件时，可通过查阅相应报告。

三、通信用直流变换电源

（1）动态电压瞬变范围应不超过标称电压值的 $\pm 5\%$，瞬变响应恢复时间应不超过 $200\mu s$。

（2）稳压精度应不超过 $\pm 0.6\%$。

（3）具有带电插拔更换功能。

（4）保护功能：

1）当直流输入过压时，具有输入过压关机保护功能和自恢复功能。

2）当直流输入欠压时，具有欠压保护功能并发出告警信号。

3）当直流输出过压时，具有输出过压关机保护功能，故障排除后应能人工恢复工作。

4）当直流输出欠压时，发出告警信号，故障排除后应能自动恢复正常工作。

5）当输出过载或短路时，自动进入输出限流保护状态和自恢复功能。

6）现场无条件时，可查阅相关资料。

四、直流电源供电能力试验

资料审查其不间断供电能力和供电负荷能力，满足 Q/GDW 576 站用交直流一体化电源系统技术规范。

第四节　监　控　模　块

一、一般要求

（1）应采用触摸屏嵌入式设备。

（2）应具有与一体化监控系统通信接口，信息模型符合 DL/T 860 和 DL/T 1146 标准。

（3）应显示电源系统的主接线圈、电压、电流、频率、功率、蓄电池组状态、充电装置状态、逆变电源状态、电源切换情况等实时信息。

（4）画面调用响应时间不大于 2s，信号刷新时间不大于 3s。

（5）自诊断与自恢复功能：

1）具有在线诊断能力，异常情况具有报警和记录功能。

2）对于自身故障，具有自动恢复功能。对于运行设定值故障，具有自动恢复默认值功能。

二、监测功能

1. 绝缘监测

（1）当直流母线发生接地故障（正接地、负接地或正负同时接地），其绝缘水平下降到低于表 2-4-1 规定值时，绝缘监测应报警，并显示接地的极性和对地绝缘电阻值。

表 2-4-1　　　　　　　　　　　装置绝缘报警值要求

标称电压/V	绝缘电阻/kΩ	标称电压/V	绝缘电阻/kΩ
220	25	110	15

（2）绝缘监测测量精度应不受母线运行方式及直流系统对地电容的影响。

2．接地选线

当绝缘监测装置发生报警时，接地选线装置应选出故障支路，且在选择接地选线时，引起的对地电压波动不应大于10％的系统电压。

3．蓄电池巡检

（1）应具有电压、电流、内阻、温度监测及历史数据显示功能。

（2）整组蓄电池电压检测精度应不低于标称值的±0.5％，电流检测精度应不低于标称值的±2％；单只蓄电池电压检测精度应不低于标称值的±0.2％，温度检测精度应不低于±0.5℃。

三、报警功能

（1）监控装置应能对电压、电流、频率、功率、蓄电池组状态、充电装置状态、逆变电源状态等进行实时监测，应能发出就地和远方报警信号。

（2）报警输出信息应直观、醒目，并伴以声、光效果。

（3）交流装置保护动作、系统异常、直流绝缘故障、充电装置交流失电、UPS电源故障等应配置硬接点输出。

（4）具有历史报警查阅功能，可查看所有报警信息。

（5）报警信号见表2-4-2。

表2-4-2　　　　　　　　　　报　警　信　号

信号分类	具　体　内　容
交流电源报警信号	交流进线电源异常； 交流母线电压异常； 交流馈线断路器脱扣总告警； 装置动作； 交流进线（过压、欠压、缺相故障）
直流电源报警信号	交流输入电源异常（过压、欠压、缺相、零线故障）； 高频整流模块异常（输入输出保护告警或故障）； 直流母线电压异常（过压、欠压）； 直流母线绝缘异常（绝缘电阻降低或接地）； 蓄电池组电压异常（充电过压、欠压或放电欠压）； 交流电源断路器脱扣； 充电装置输出断路器脱扣； 蓄电池组输出断路器脱扣； 直流馈线断路器脱扣总告警； 支路绝缘异常； 单只蓄电池电压异常； 绝缘装置异常； 电池熔丝断； 充电模块告警
交流不间断电源报警信号	交流不间断电源装置异常（输入输出保护告警或故障）； 交流馈线断路器脱扣总告警

续表

信 号 分 类	具 体 内 容
逆变电源报警信号	逆变电源装置异常（输入输出保护告警或故障）； 交流馈线断路器脱扣总告警
直流变换电源报警信号	直流变换电源模块异常（输入输出保护告警或故障）； 馈线断路器脱扣总告警
其他报警信号	设备通信异常（现场智能设备与总监控装置通信故障）； 监控装置故障； 避雷器故障； 系统动作故障

第五节　资料审查和提交

一、资料审查

智能设备交接验收前应审查如下资料：

（1）智能设备采购合同。

（2）型式试验报告、出厂试验报告、设备监造报告、设备合格证、设备运输记录、设备开箱记录。

（3）设计联络会纪要、竣工图。

（4）变更设计的技术文件。

（5）智能设备安装、使用说明书。

（6）安装调试报告。

（7）备品备件移交清单、专用工器具移交清单。

资料应完整无缺，符合验收规范、技术协议等要求。

二、资料提交

智能设备交接验收后应提供以下资料：

（1）交接验收记录卡（通用要求）。

（2）交接验收记录卡（专用要求）。

（3）资料审查记录卡。

交接验收记录卡应完整无缺。

第六节　交接验收及记录

表 2-6-1～表 2-6-5 所示为智能设备交接验收及记录内容和格式。

表 2 - 6 - 1　　　　　　　　　　**交接验收通用部分记录卡**

变电站名称：　　设备名称：　　制造单位：　　出厂日期：　　设备型号：　　出厂编号：

序号	验收项目	质量要求	验收结果	整改意见	复验结论	备注
1	外观检查	1. 柜体 2. 接地				
2	现场试验	绝缘电阻试验				

交接验收通用部分总结论：

验收负责人（签名）：　　　　　　验收人员（签名）：

验收日期：　　年　月　日

填写说明：验收过程中如发现问题或存在疑问，请在验收结果栏里填写具体问题并在备注栏里做补充说明，若无问题则无须填写。

验收结果填写合格与不合格，如若不合格或存在偏差在备注栏说明。

表 2 - 6 - 2　　　　　　　　　　**交流电源交接验收记录卡**

变电站名称：　　设备名称：　　制造单位：　　出厂日期：　　设备型号：　　出厂编号：

序号	验收项目	质量要求	验收结果	整改意见	复验结论	备注
1	站用交流电源	1. 技术要求 2. 自动投切功能 3 自恢复功能 4. 开关状态采集功能 5. 电源模拟量采集功能 6. 保护功能				
2	交流不间断电源（UPS）	1. 技术要求 2. 旁路切换功能 3. 采集功能 4. 保护功能				

交接电流交接验收总结论：

验收负责人（签名）：　　　　　　验收人员（签名）：　　　　　　验收日期：　　年　月　日

填写说明：验收过程中如发现问题或存在疑问，请在验收结果栏里填写具体问题并在备注栏里做补充说明，若无问题则无须填写。

验收结果填写合格与不合格，如若不合格或存在偏差在备注栏说明。

表 2 - 6 - 3　　　　　　　　　　　　直流电源交接验收记录卡

变电站名称：　　设备名称：　　制造单位：　　出厂日期：　　设备型号：　　出厂编号：

序号	验收项目	质量要求	验收结果	整改意见	复验结论	备注
1	蓄电池	1. 容量验收 2. 事故放电能力 3. 内阻、电压验收 4. 运行环境				
2	充电单元	1. 充电方式及转换 2. 充电机参数 3. 软启动特性 4. 两路交流电源输入 5. 模块数量 6. 均流不平衡度 7. 带电插拔 8. 保护功能				
3	通信用直流变换电源	1. 动态电压瞬变范围和恢复时间 2. 稳压精度 3. 带电插拔 4. 保护功能				
4	直流电源供电能力	1. 不间断供电能力 2. 供电负荷能力				

直流电流交接验收总结论：

验收负责人（签名）：　　　　　验收人员（签名）：　　　　　验收日期：　　年　月　日

填写说明：验收过程中如发现问题或存在疑问，请在验收结果栏里填写具体问题并在备注栏里做补充说明，若无问题则无须填写。

验收结果填写合格与不合格，如若不合格或存在偏差在备注栏说明。

表 2 - 6 - 4　　　　　　　　　　　　监控模块交接验收记录卡

变电站名称：　　设备名称：　　制造单位：　　出厂日期：　　设备型号：　　出厂编号：

序号	验收项目	质量要求	验收结果	整改意见	复验结论	备注
1	一般要求	1. 触摸屏嵌入式设备 2. 数据通信和信息模型 3. 显示功能 4. 画面调用、刷新时间 5. 自诊断与自恢复功能				
2	监测功能	1. 绝缘监测 2. 接地选线 3. 蓄电池巡检				

续表

序号	验收项目	质量要求	验收结果	整改意见	复验结论	备注
3	报警功能	1. 监测报警量 2. 报警输出信息 3. 硬接点传输 4. 报警信息历史查阅 5. 报警信号				

监控模块交接验收总结论：

验收负责人（签名）：　　　　　　　　验收人员（签名）：　　　　　　　　验收日期：　　年　月　日

填写说明：验收过程中如发现问题或存在疑问，请在验收结果栏里填写具体问题并在备注栏里做补充说明，若无问题则无须填写。

验收结果填写合格与不合格，如若不合格或存在偏差在备注栏说明。

表 2－6－5　　　　　　　　　　**资 料 审 查 记 录 卡**

变电站名称：

序号	验收项目	质量要求	验收结果	整改意见	复验结论	备注
1	智能设备采购合同	完整无缺				
2	型式试验报告、出厂试验报告、设备监造报告、设备合格证、设备运输记录、设备开箱记录	完整无缺				
3	设计联络会纪要、竣工图	完整无缺				
4	变更设计的技术文件	完整无缺				
5	智能设备安装、使用说明书	完整无缺				
6	安装调试报告	完整无缺				
7	备品备件移交清单、专用工器具移交清单	完整无缺				

资料部分验收总结论：

验收负责人（签名）：　　　　　　　　验收人员（签名）：　　　　　　　　验收日期：　　年　月　日

填写说明：验收过程中如发现问题或存在疑问，请在验收结果栏里填写具体问题并在备注栏里做补充说明，若无问题则无须填写。

验收结果填写合格与不合格，如若不合格或存在偏差在备注栏说明。

第三章 智能变电站一次设备性能及试验要求

第一节 总 体 要 求

目前，国家电网公司新建 110(66)～750kV 变电站全部按照智能变电站技术实施，为提高智能变电站设备质量、工程调试效率，提高电网运行可靠性，国家电网公司组织研究制定了《智能变电站一次设备技术性能及试验要求》，明确了智能变电站一次设备的技术性能及试验要求（包括型式试验、出厂试验、现场交接试验等），指导和规范工程设计、招标采购、设备制造、设备验收、安装调试。适用于交流 110(66)～750kV 智能变电站，重点规范了电力变压器、高压开关设备、避雷器、互感器等一次设备智能化相关技术性能和试验要求。

总体要求如下：

（1）现阶段智能变电站一次设备由"常规一次设备本体＋传感器＋智能组件"组成，包括彼此间的连接电（光）缆。

（2）传感器、智能组件应与一次设备本体采用一体化设计、制造。

（3）一次设备应作为一个整体进行招标、采购，一次设备供方应对一次设备本体、传感器、智能组件的制造及集成质量负责。

（4）本体加装传感器的机械和电气接口应不影响一次设备正常运行，应考虑通用互换性，逐渐实现标准化。

（5）必要时，一次设备智能化设计方案、关键部件及集成工艺由需方确认。

（6）一次设备供方应按国家电网公司相关技术标准要求提交型式试验报告和出厂试验报告。

（7）一次设备本体寿命不低于 40 年，传感器、智能组件等应与本体寿命匹配，同时应便于维护。

（8）一次设备试验包括型式试验、出厂试验、交接试验三类。

1）型式试验应由制造商委托具有质量检测资质的单位完成。

2）出厂试验应由一次设备制造商在制造厂完成。

3）交接试验在现场由变电站建设单位完成，一次设备供方承担交接试验及全站调试的配合责任。

第二节 智能变电站变压器技术性能和试验

一、变压器本体

变压器本体除应符合常规变压器的技术要求外，还应满足以下要求：

（1）如进行变压器油中溶解气体监测，宜设置专门的油样取样管路。

（2）如进行变压器绕组温度监测，集成于变压器绕组的光纤传感器、绝缘介质中光缆及引出法兰应满足变压器绝缘、密封及介质相容性要求。

（3）如进行变压器 UHF 局部放电监测，宜在变压器油箱设置专门的安装法兰，并满足变压器的密封、电场屏蔽及介质相容性要求。

（4）如进行变压器套管在线监测，不宜为监测电容量而专门配置电子式互感器。

二、传感器

（1）监测同一内容的传感器宜单套配置。传感器宜具有 4～20mA 标准输出接口，采用 DC220V 供电。监测油面温度，应选用标准的 Pt100 传感器；监测铁芯接地电流、有载分接开关驱动电机电流、冷却装置风扇和油泵电流、中性点电流等，宜采用穿芯式电流传感器；监测绕组温度，应采用运行经验成熟的光纤传感器。

（2）一台变压器装设的局部放电传感器不宜超过 3 个。

（3）所有传感器的传感准确等级、环境适应性、电磁兼容性等应符合变电站现场环境要求。

（4）传感器应有明显标识，并应有防护措施，兼顾整体美观性。

三、智能组件

变压器智能组件应实现常规变压器就地控制柜的报警、指示、控制等功能。

变压器 IED（智能电子装置）功能应进行优化集成。除局放监测 IED 外，其余在线监测 IED 宜整合为一个 IED。测控 IED（智能终端）宜整合温度测量、冷却控制、调压等功能。条件具备时，应进一步整合监测 IED 与测控 IED。

三相变压器每台配一个智能控制柜。对于单相变压器，可根据三台变压器的距离远近等因素，每组配一个或三个智能控制柜。

变压器智能控制柜内各 IED、有源传感器、网络通信设备应由站用直流电源供电，配置电源总、分开关，总、分开关之间应有合理的级差配合。

变压器智能控制柜应可运行于温度－40～45℃、日照强度 1120W/m² 、相对湿度 5％～95％的大气环境。变压器智能控制柜宜采用双层隔热和通风设计，柜内温度应控制在－25～55℃，并有防凝露措施。

安装于室内或遮蔽场所的变压器智能控制柜或独立安装的 IED 机箱，防护等级应不低于 IP20；安装于室外的变压器智能控制柜或独立安装的 IED 机箱，防护等级不低于 IP55。

变压器智能组件的环境耐受性能、电磁兼容性能应适应变电站运行环境，平均无故障时间应不小于 80000h。

四、配置

变压器 IED 及功能配置建议见表 3－2－1。

五、变压器试验

变压器应进行的型式试验、出厂试验和交接试验项目见表 3－2－2。其中，智能组件

表 3-2-1　　　　　　　　　　变压器 IED 及功能配置建议

序号	IED 及功能		110(66)kV	220kV	500(330)kV	750kV
1	测控 IED	测量（监测温度等连续信号）	√①	√	√	√
2		有载分接开关控制②	√	√	√	√
3		冷却装置控制③	√	√	√	√
4	监测 IED	油中溶解气体监测	×	√	√	√
5		铁芯接地电流	×	△	△	△
6		油中含水量	×	△	△	△
7		绕组温度监测	×	△	△	×
8		套管监测	×	△	△	△
9	局部放电监测 IED④		×	×	√	√

① √：可采用；×：不采用；△：符合相关规定时可配。

② 有载分接开关控制功能只有在采用有载调压变压器时配置。

③ 冷却装置控制功能只有在采用风冷系统时配置。

④ 220kV 及以上电压等级变压器预留供日常检测使用的超高频传感器及测试接口。

通信网络试验互操作需求见表 3-2-3，变压器本体试验中与常规变压器要求不同部分见表 3-2-4。

变压器整体联调试验应在如下状态下进行：变压器本体、传感器、智能组件按实际运行状态组合在一起，智能组件与模拟站控层设备连接在一起，变压器本体受控组（部）件、传感器、智能组件、网络通信设备以及模拟站控层设备处于正常工作状态。

表 3-2-2　　　　　　　　　　变压器试验项目及分类

序号	试验对象	检验项目	型式试验	出厂试验	交接试验
1	变压器整体	外观与结构检查	√	√	√
2		变压器常规试验	√	√	√
3		智能变压器整体试验	√	整体联调试验	整体联调试验
4	传感器	商用传感器传感准确等级试验	√	√	√
5	柜内 IED	IED 机箱防护等级试验	√		
6		测量不确定度试验	√	正常大气条件	正常大气条件
7		控制功能检测	√	正常大气条件	正常大气条件
8		绝缘电阻试验	√		√
9		工频电压耐受试验	√		
10		雷电冲击电压耐受试验	√		
11		电磁兼容性试验	√		

续表

序号	试验对象	检 验 项 目	型式试验	出厂试验	交接试验
12	柜内 IED	环境耐受试验	√		
13		机械性能试验	√		
14	智能控制柜	柜体电磁屏蔽性能试验	√		
15		柜内温度控制性能试验	√		
16		柜内电源开关级差配合试验	√		
17		柜体防护等级试验	√		
18		智能组件通信网络试验	√		
19		智能组件连续通电试验	√	√	

表 3 - 2 - 3　　　　　　　　变压器智能组件互操作试验需求表

互操作性试验	冷却装置控制 IED	有载分接开关控制 IED	局部放电监测 IED	油中溶解气体监测 IED	绕组温度监测 IED	测控装置	站控层设备
测量 IED	√	√		√	√	√	
冷却装置控制 IED				√		√	
有载分接开关控制 IED						√	
局部放电监测 IED			√				
油中溶解气体监测 IED					√		

表 3 - 2 - 4　　　　　智能变压器本体试验（与常规变压器要求不同部分）

序号	试 验 项 目	附 加 技 术 要 求
1	油箱密封试验	与本体连通的传感器机械接口密封良好
2	局部放电试验	局部放电监测 IED 数据采集、信息流正常，性能符合要求
3	雷电冲击试验	所有 IED 工作正常
4	有载分接开关试验	有载分接开关控制功能、控制反馈、监测功能正常，性能符合要求
5	风扇和油泵电机功耗测量	冷却装置控制数据采集、信息流正常，性能符合要求
6	温升试验	测量、绕组温度监测数据采集正常，信息流正常、性能符合要求

第三节　智能变电站高压开关设备技术性能和试验

一、高压开关设备本体

高压开关设备本体除应符合常规高压开关设备的技术要求外，还应满足以下要求：

（1）如进行气压、温度、水分的连续监测，宜在气室设置专门的取样接口，接口的密封、电场屏蔽等符合常规高压开关设备的技术要求。

（2）如进行断路器位移监测，位移传感器的安装方案应进行专门设计和试验验证，应不影响开关设备的操动特性。

（3）如进行 UHF 局部放电检测，宜在气室设置专门的接口，并满足开关设备的密封及电场屏蔽要求。

二、传感器

（1）传感器宜具有 4～20mA 标准输出接口，采用 DC220V 供电。监测分、合闸线圈电流、储能电机电流，宜采用穿心式电流传感器。

（2）局部放电传感器的配置，应以监测是否存在局部放电缺陷及缺陷是否持续发展为原则，数量尽可能少。

（3）所有传感器的传感准确等级、环境适应性、电磁兼容性等应符合变电站现场环境要求。

（4）传感器应有明显标识，并应有防护措施，兼顾整体美观性。

三、智能组件

高压开关设备智能组件应实现开关设备就地控制柜的报警、指示、控制等功能。

高压开关设备 IED 功能应进行优化集成。除局放监测 IED 外，其余功能宜整合于一个 IED。

一个开关设备间隔一般设置一个智能控制柜。

高压开关设备智能控制柜内各 IED、有源传感器、网络通信设备应由站用直流电源供电，配置电源总、分开关，总、分开关之间应有合理的级差配合。

高压开关设备智能控制柜应可运行于温度 −40～45℃、日照强度 1120W/m² 、相对湿度 5%～95% 的大气环境。高压开关设备智能控制柜宜采用双层隔热和通风设计，柜内温度应控制在 −25～55℃，并有防凝露措施。

安装于室内或遮蔽场所的高压开关设备智能控制柜或独立安装的 IED 机箱，防护等级应不低于 IP20；安装于室外的高压开关设备智能控制柜或独立安装的 IED 机箱，防护等级不低于 IP55。

高压开关设备智能组件的环境耐受性能、电磁兼容性能应能适应变电站运行环境，平均无故障时间应不小于 80000h。

四、配置

高压开关设备 IED 及功能配置建议见表 3-3-1。

五、高压开关设备试验

高压开关设备应进行的型式试验、出厂试验和交接试验项目见表 3-3-2。其中，智

能组件通信网络试验互操作需求见表 3－3－3，高压开关设备本体试验中与常规高压开关
设备要求不同部分见表 3－3－4。

表 3－3－1　　　　　　　　　高压开关设备 IED 及功能配置建议

序号	IED 及功能		110(66)kV	220kV	500(330)kV	750kV
1	测控 IED	开关设备控制器	√①	√	√	√
2		SF₆ 气体压力和湿度监测②	×	△	△	△
3		分合闸线圈电流监测	×	△	△	△
4	局部放电监测 IED③		×	√	√	√

① 　√：可采用；×：不采用；△：符合相关规定时可配。
② 　仅适用于 500kV 及以上电压等级的 SF₆ 断路器和 220kV 及以上电压等级 GIS/HGIS。
③ 　仅适用于 GIS/HGIS 设备，220kV 及以上电压等级 GIS 预留供日常检测使用的超高频传感器及测试接口。

表 3－3－2　　　　　　　　　高压开关设备试验项目及分类

序号	检验对象	检 验 项 目	型式试验	出厂试验	交接试验
1	开关设备整体	外观与结构检查	√	√	√
2		高压开关设备常规试验	√	√	√
3		智能高压开关设备整体试验	√	整体联调试验	整体联调试验
4	传感器	商用传感器传感准确等级试验	√	√	√
5		位移传感器机械寿命试验	√		
6	柜内 IED	IED 机箱防护等级试验	√	正常大气条件	正常大气条件
7		测量不确定度试验	√	正常大气条件	正常大气条件
8		控制功能检测	√	√	√
9		绝缘电阻试验	√		
10		工频电压耐受试验	√		
11		雷电冲击电压耐受试验	√		
12		电磁兼容性试验	√		
13		环境耐受试验	√		
14	智能控制柜	柜体电磁屏蔽性能试验	√		
15		柜内温度控制性能试验	√		
16		柜内电源开关级差配合试验	√		
17		柜体防护等级试验	√		
18		智能组件通信网络试验	√		
19		智能组件连续通电试验	√		
20		柜体电磁屏蔽性能试验	√	√	

表 3 - 3 - 3　　　　　　　　　　高压开关设备互操作性试验需求表

互操作性试验	测量 IED	局部放电监测 IED	机械状态 IED	合并单元	测控装置	站控层设备	继电保护装置
开关设备控制器	✓			✓	✓		✓
测量 IED			✓	✓	✓		
机械状态 IED				✓			
测控装置						✓	

表 3 - 3 - 4　　　　　高压开关设备本体试验（与常规开关要求不同部分）

序　号	试验项目	技　术　要　求
1	密封试验	与本体连通的传感器机械接口密封良好，整体密封性符合要求
2	局部放电试验	局部放电监测 IED 数据采集、信息流正常，性能符合要求
3	雷电冲击试验	所有 IED 工作正常
4	机械特性试验	机械状态监测数据采集、信息流正常，性能符合要求
5	机械寿命	位移传感器寿命不少于 1000 次

高压开关设备整体联调试验应在如下状态下进行：高压开关设备本体、传感器、智能组件按实际运行状态组合在一起，智能组件与模拟站控层设备连接在一起，高压开关设备储能系统、操动机构、传感器、智能组件、网络通信设备以及模拟站控层设备处于正常工作状态。

第四节　智能变电站互感器技术性能和试验

一、技术性能

互感器技术应符合相关技术标准。

互感器应集成安装于变压器出线套管、罐式断路器出线套管、GIS/HGIS 设备。对于电子式互感器，还应与瓷柱式断路器或敞开式隔离开关集成安装，以节约占地，降低绝缘事故风险。

电子互感器的合并单元宜集成于宿主设备的智能控制柜内（如有）。

二、电子式互感器试验

IEC 60044 - 8 定义了 3 种输出：①数字信号输出；②低能量的模拟信号输出 LEA，即 4V 表示额定电流；③高能量的模拟信号输出 HEA，即 1A 表示额定电流。每种不同的输出需要采取不同的方式进行测试，对于不同的电流输出信号所采用的试验方式是有所差异的。

1. 一般试验项目

使用电子式互感器后由于新增加了合并器单元，因此需要进行一些合并器装置的试验。电子式互感器的一般试验项目如下：

（1）激光电源模块测试。将采集器激光电源输入端与合并器激光电源模块相连接，通过采集器是否正常工作来判断激光电源模块是否完好。

（2）合并器输入光纤接口调试。通过将合并器输入光纤接口与采集器输出光纤接口相互连接以判断合并器输入光纤接口是否正常工作。

（3）合并器输出光纤接口调试。通过将合并单元输出光纤接口与保护装置输入光纤接口连接，观察合并单元和保护装置能否正常通信来判断合并单元输出光纤接口是否完好无损。

（4）合并单元 RJ45 以太网接口调试。通过将合并单元输出 RJ45 以太网接口与保护装置输入 RJ45 以太网接口连接，观察合并单元和保护装置能否正常通信来判断合并单元输出 RJ45 以太网接口是否完好无损。

（5）采集器调试及交流模拟量采样精度检查。通过外加标准信号源的方式，检查保护装置的采样值，两者相互比较，以判断采集器的采样精度是否满足要求。

（6）对保护装置内部性能及逻辑的检查。该部分工作量与过去基本相同，主要的区别在于，过去直接将模拟量输入保护装置来进行测试，现在需要将模拟量信号经专用的设备转换成数字信号后再输入保护装置进行测试。

2. 典型试验接线

图 3-4-1 所示为电子式互感器的典型试验接线图，表示的是低能量的模拟信号输出 LEA 的互感器试验方式，数字信号输出的互感器试验方式类同。

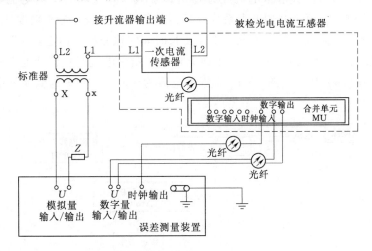

图 3-4-1　光电互感器试验接线回路

图 3-4-2 所示为电流小于 100A 的低能量电子式互感器试验接线框图。

（1）"锁定方式"的检测。电子式互感器必须考虑如何消除输出端"白噪声"的影响，这种白噪声主要来源于光电检测器件，具有高斯分布特性，在一次输入电流较小的情况下引起传感器的输出信号"模糊"。白噪声的大小与传感器的设计有关，由于白噪声与信号无关，因此可以通过滤波器的设计来消除任意水平的白噪声。得到高量测精度的信号记录时间取决于信噪比。如对于输出为 30mA/Hz 的白噪声，为了获得 1mA 的分辨率，需要 1/900Hz 的

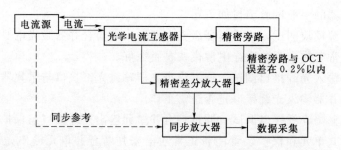

图 3-4-2　电流小于 100A 的低能量电子式互感器试验接线框图

检测带宽，或 450s 输入量的记录时间。

（2）传感器的低能量输出 LEA 作为实际转换器，一次电流转换为电压，调整传感器的输入量可以获取转换器的电压。因此，可以将传感器的输出与标准的参考量进行比较，电流可以同时通过传感器和校准后的精密转换器，输出的电压量同时送到精密的差分放大器，"锁定方式"检测放大器检测到电压差，并进行数据记录。该方式的误差取决于以下方面：

1）精密转换器的精度。

2）差分放大器的输出小于 0.2% 的输入信号。

3）差分放大器的共模干扰。由于高质量的差分放大器很容易获得，所以精度主要取决于精密转换器。校正误差一般为 152×10^{-6}。

简单地将转换器方案应用到低能量输出 LEA 传感器的大电流校正是不合适的。采用 1000：1 的高精度 TA，从精密电流互感器可以获得 100～5000A 的电流，误差 200×10^{-6}，降低二次侧的电流，并用电力系统分析器进行分析比较，分析精度 500×10^{-6}。由于大电流时白噪声的影响有限，因此，不需要长时间的积分和"锁定方式"的检测。采用 1000：1 的高精度 TA 后可以一定程度上改善性能，精密电流互感器和电力系统分析器的综合误差一般为 538×10^{-6}。图 3-4-3 所示电流为 100～3600A 的低能量电子式互感器的试验接线框图。

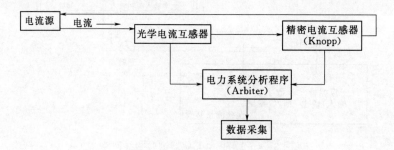

图 3-4-3　电流为 100～3600A 的低能量
电子式互感器的试验接线框图

第五节　智能变电站避雷器技术性能

220kV 及以上电压等级避雷器宜配置泄漏电流和动作次数监测。传感器应采用穿心式，传感器的安装应不延长避雷器的接地线长度，不降低避雷器接地线的通流能力，并应设置独立的 IED。

传感器的信号取样采用穿心结构的有源零磁通设计技术，选用起始磁导率较高、损耗较小的坡莫合金作为铁芯，采用独特的深度负反馈补偿技术，能够对铁芯的激磁磁势进行全自动补偿，保持铁芯工作在接近理想的零磁通状态，使其基本不受环境温度及电磁干扰的影响，从根本上解决末屏电流信号的精确取样问题。

高精度的有源零磁通传感器将泄漏电流经 A/D 转换器转换成数字量，再经过微处理器进行 DFT 运算及处理，通过 485 接口将采集到的数据发送到避雷器监测主 IED。高频传感器将捕获雷击信息并将捕获到的信息及时刻通过数据总线上传到避雷器监测主 IED 进行保存。

避雷器监测 IED 指标见表 3-5-1。

表 3-5-1   避雷器监测 IED 指标

序号	参数名称	标准参数值
1	取样方式	穿心电流互感器取样方式
2	泄漏电流范围	$100\mu A \sim 650 mA$
3	泄漏电流精度	$\pm 1\%$ 或 $\pm 10\mu A$
4	阻性电流范围	$10\mu A \sim 650 mA$
5	阻性电流精度	$\pm 1\%$ 或 $\pm 10\mu A$
6	数据更新频率	$\leqslant 5 min$

（1）避雷器的绝缘性能采用泄漏电流及阻性电流的增长率阈值作为判断依据。避雷器绝缘监测 IED 每隔 1h（正常情况）以报文格式"故障部位、故障模式、风险程度（用百分数表示）、设备状态"通过过程层网络向站控层服务区报告 1 次自评估结果。评估风险每增大 2% 增加报文 1 次。

（2）避雷器监测 IED 采用 IEC 61850 协议与主 IED 通信，其评价结果通过过程层网络采用 REPORT 服务传输至主 IED，监测数据文件通过文件服务传输至主 IED，主 IED 汇总并综合分析，采用 REPORT 服务传送至站控层网络，监测数据文件仅在召唤时以文件服务方式传送至站控层网络。

第四章 智能变电站数字化继电保护试验

第一节 测试仪器和测试前准备

一、测试仪器

如图 4-1-1 所示，输入的电压、电流为数字量，跳、合闸等状态量采用 GOOSE 传递。测试使用的保护装置为 PCS-931 型线路保护装置，测试仪使用 PWF-2F 型数字式继电保护测试仪。

二、测试前准备

将待测保护装置的 ICD 及 GOOSE 文本导入待测装置，并将产生的 GOOSE.TXT 文档打开。将笔记本电脑与测试仪用网线

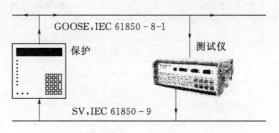

图 4-1-1　继电保护装置测试示意图

连接。根据 GOOSE.TXT 文档中的内容确定输出光口，并与装置对应相接。测试仪此时模拟合并器，因此 MAC 地址、SVID 及 APPID 特指合并器。

（1）正常情况下，光纤收发无误，对应光口的指示灯 SPD 和 Link ACT 全亮；如果光纤收发插反，测试仪指示灯 Link ACT 灭。

（2）若发现联机失败，检查网线是否插入正确，笔记本 IP 是否设置无误，是否和测试仪在一个网段。

（3）测试仪 IP 查找方法。进入测试软件界面，点击 IP 设置可以看到测试仪当前 IP 地址，笔记本照此网段设置。设置成功，右下角会出现连接成功提示。

第二节　软　件　设　置

一、手动设置

双击桌面 PowerTest 图标进入 PWF-2F 测试界面。在控制中心一栏单击基本模块，选择通用试验（4V3I）确定。进入通用试验后，单击界面上图标设置一栏，选系统参数设置，在 G1 栏中，将保护装置的电压及电流变比对应输入。勾选输出一次值（适用于 IEC 61850-9-2，不选代表输出二次值），以及 IEC 62850-9-2 选项（规约选取），单击确定。选取什么规约由待测装置决定。

继续单击设置一栏，选择 IEC 61850 - 9 - 2 通道设置，对弹出界面的通道数及通道用途，对照 GOOSE.TXT 进行定义。单击确定。界面中两路电流输出、两路电压输出（并非进出关系），对应待测装置及 GOOSE.TXT 文本进行设置，没有必要输出的在 GOOSE.TXT 是看不到的。

继续单击设置一栏，选择 IEC 61850 - 9 - 2 报文，对应 GOOSE.TXT 中的内容，将 MAC 地址、SVID 及 APPID 输入。采样率一般设置成 80（1s 采样 50 个周波，50 个局波对应 4000 个点，即 1s 采样 4000 个点）。

第一组数据 A 口输出。同步方式选择采样未同步，模拟故障时如距离保护，装置告警灯不复归。同步方式选择采样已同步，模拟故障时如距离保护，装置告警灯复归。

二、自动设置

试验仪自带 GOOSE（SMV）导入功能，将现场 GOOSE（SMV）导入试验仪，直接生成。若测试仪程序需要升级，必须在笔记本电脑中卸载原安装程序再进行升级版安装。

第三节　测　　试

（1）上电前检查。外观良好，插板齐全无松动，端子排及连接片无松动。光纤自环，设置装置相关自环定值。

（2）上电后检查液晶屏一切正常。

（3）零漂、采样值、开关量检查。测试仪输入三相额定电压及三相额定电流，按 F2 键进行测试。UA：57.732V，1A：1A，正相序；UB：57.732V，IB：1A，UC：57.732V，IC：1A。则观察液晶板采样显示正确。输入三值不等的电压及电流，UA：10V，IA：0.5A；UB：20V，IB：1.0A；UC：30V，IC：1.5A。观察液晶板采样显示是否正确（注意保护、测量及相序均看）。

（4）开入量检查。进入装置状态→开入状态菜单，进行投退连接片，观察装置对应变化及液晶屏显示当前状态。检修连接片投退无误，保护开入待做保护时一并进行。远跳、远传按常规方法实现，功能连接片靠装置内部完成。

（5）开出量检查。该型号装置无开出功能，无法验证。

第四节　保护定值校验

一、差动保护

（1）差动保护启动值。定值为 0.2A，输入 0.1 不启动，输入 0.3 启动（与常规装置一样）。

（2）差动高值、低值暂时无法验证。待联调时搭环境。

（3）差动动作。定值为 1A，三相电流均为 1.2A 时动作，报纵差保护动作。试验时，试验台同时加入电流：0.6A、0.6A、0.6A。动作后，报文显示最大故障电流为 1.04A。

用 PCS‐PC 导出刚才装置的报文，用波形分析软件进行分析发现三相同时加量时，对称故障显示的是线电流，因此最大故障电流为 1.04A，即 1.04/1.732＝0.6(A)。三相电流任意相电流为 1.1 时，报纵差保护动作。

二、距离保护

投入保护控制字中的距离保护相关连接片，重合闸连接片。

（1）切换测试仪测试菜单，选中常用模块的距离保护，双击确定，进入测试页面。

（2）整定值一栏输入定值，方法与常规相同。零序补偿系数计算方式任选一个，对做装置应无影响。下面的数值即具体值，建议装置中的零序补偿系数要和测试仪零序补偿系数对应。通用参数里的设置根据现场需求设定，方法与常规相同。在添加系列中，选择故障类型、参数、时间，建议故障角与装置正序灵敏角相同。为便于触发，短路电流自设为 5A。应注意，距离保护菜单中，时间是随机生成的，即时间定值若固定为 0s，则试验时自动变为 0.1s。接地距离Ⅰ段定值为 1Ω，时间为 0s，待 TV 断线复归，充电灯亮。充电条件为 DL 合位（若不接智能终端，不带实际开关，则判定为合），无闭锁。0.95 倍接地距离保护Ⅰ段动作，单跳，时间为 47ms。1.05 倍保护启动，不动作。可推出结论为 A\B\C 三相动作情况正确无误，反向故障逻辑正确。接地距离Ⅱ段定值为 2Ω，时间为 0.5s，待 TV 断线复归，充电灯亮。0.95 倍接地距离保护Ⅱ段动作，单跳，时间 523ms。1.05 倍保护启动，不动作。可推出结论为 A\B\C 三相动作情况正确无误、正确。接地距离Ⅲ段定值为 3Ω，时间 1s，待 TV 断线复归，充电灯亮。0.95 倍 ABC 接地距离保护Ⅲ段动作，三跳，时间为 1024ms。1.05 倍保护启动，不动作。可推出结论为 ABC 三相动作情况正确无误、正确。相间距离Ⅰ段定值为 1Ω，时间 0s，待 TV 断线复归，充电灯亮。0.95 倍 ABC 相间距离保护Ⅰ段动作，三跳，时间为 48ms。1.05 倍保护启动，不动作。可推出结论为 AB/BC/CA 动作情况正确无误，反向故障逻辑正确。相间距离Ⅱ段定值为 2Ω，时间 0.5s，待 TV 断线复归，充电灯亮。0.95 倍 ABC 相间距离保护Ⅱ段动作，三跳，时间为 523ms。1.05 倍保护启动，不动作。可推出结论为 AB/BC/CA 动作情况正确无误、正确。相间距离Ⅲ段定值为 3Ω，时间 1s，待 TV 断线复归，充电灯亮。0.95 倍 ABC 相间距离保护Ⅲ段动作，永跳，时间为 1025ms。1.05 倍保护启动，不动作。可推出结论为 AB/BC/CA 动作情况正确无误、正确。

三、零序保护

投入保护控制字中的零序保护相关连接片，重合闸连接片。

（1）切换测试仪测试菜单，选中常用模块的零序保护，双击确定，进入测试页面。

（2）整定值一栏，输入定值，方法与常规相同。通用参数一栏，输入按键触发（因习惯而定），方法与常规相同。在添加系列中，选择故障类型、参数、时间，与常规相同。建议阻抗角与装置中零序灵敏角相同。零序Ⅱ段（方向自带）定值为 3A，时间 0.5s（零序模拟故障时间需自设），待 TV 断线复归，充电灯亮。1.05 倍零序Ⅱ段保护动作，单跳，时间为 532ms。0.95 倍保护启动，不动作。可推出结论为 A\B\C 三相动作情况正确无误，反向故障逻辑正确。零序Ⅲ段（方向可选，装置带控制字）定值为 2A，时间为

1s（零序模拟故障时间需自设），待 TV 断线复归，充电灯亮。1.05 倍零序Ⅲ段保护动作，永跳，时间为 1023ms。0.95 倍保护启动，不动作。可推出结论为 ABC 动作情况正确无误，反向故障逻辑正确。

四、TA 断线

试验仪加正常电压，任意相电流，TA 断线告警。TA 断线闭锁差动，当 TA 断线闭锁差动连接片投入时，直接闭锁差动。当 TA 断线闭锁差动连接片不投入时，根据 TA 断线差流定值，大于 TA 断线差流定值动作，小于 TA 断线差流定值，但大于差动定值时不动作。

五、工频变化量距离

投距离保护连接片、工频变化量连接片。

（1）切换测试仪测试菜单，选中常用模块的工频变化量距离，双击确定，进入测试页面。

（2）整定值一栏，输入工频变化量定值，对应装置定值 5A，正序灵敏角对应装置定值 78°。短路电流 7A，计算系数 1.1，短路电流与计算系数是变化的；若短路电流 10A，计算系数 1.1，则电压过大无法输出。通用参数一栏，输入按键触发，其他方法与常规相同。

六、TV 断线过流

TV 断线告警灯亮，即不加电压，直接加大于 TV 断线相过流定值的单相电流，TV 断线相过流动作。TV 断线告警灯亮，即不加电压，直接加大于 TV 断线零序过流定值的单相电流，TV 断线零序过流动作。

七、距离加速保护（以距离Ⅲ段加速为例，时间 0.8s）

开关合位，充电灯亮。距离保护装置输入定值为Ⅰ段 1Ω、0s，Ⅱ段 2Ω、0.5s，Ⅲ段 3Ω、1s。状态序列参数设定对应菜单第一组，常态为正常电压无电流。故障态时降低一相电压，短路计算 1 中输入 0.95 倍的距离Ⅰ段阻抗值，即阻抗为 1 的 0.95 倍或以下，为可靠动作，可以偏大如 0.8 倍。这样根据阻抗在电压栏对应生成一个电压值。短路电流 5A，输出时间为距离Ⅰ段触发输出时间 0.1s。重合态时正常电压无电流，重合闸触发输出时间 0.9s。加速态时降低一相电压，短路计算 1 中输入 0.95 倍的距离Ⅲ段阻抗值，即阻抗为 3 的 0.95 倍或以下，为可靠动作，可以偏大如 0.8 倍。这样根据阻抗在电压栏对应生成一个电压值。短路电流 5A，输出时间为加速段触发输出时间 0.1s。根据重合闸方式得出试验数据如下：

（1）距离Ⅲ段加速。投入距离Ⅲ段加速，单相重合闸方式，单重时间 0.8s，单重方式动作报告 30ms，A 相接地距离Ⅰ段动作，914ms 重合闸动作，1030ms 距离加速动作跳三相。

（2）距离Ⅲ段加速。投入距离Ⅲ段加速，三相重合闸方式，三重时间 0.5s，状态序列设置应相应改变。三重方式动作报告 47ms，ABC 接地距离Ⅰ段动作，故障相 A 相，613ms 重合闸动作，734ms 距离加速动作跳三相。距离Ⅱ段加速原理同Ⅲ段加速，故不再列出。

第五节　继电保护装置 GOOSE 压力测试

一、测试目的

测试保护装置在组网口施加压力情况下对保护动作性能的影响。保护装置点对点口通过光纤与智能终端相连，发送"直跳"的 GOOSE 报文，同时保护装置通过组网口与 GOOSE 网相连，发送 GOOSE 动作报文给测控装置，接收跨间隔的闭锁信息。应测试在保护装置组网口施加有效背景流量和无效背景流量情况下保护动作性能。

二、测试方法

如图 4-5-1 所示，SNT3000 网络测试仪第一端口接至保护装置直跳口，接收保护跳闸 GOOSE 报文，第二端口接至保护装置组网口，向保护装置发送压力报文，无效压力报文为以太网报文 30％，GOOSE 报文 40％，有效压力报文为 APPID 有效、MAC 有效（ST 不变、SQ 不变）报文，流量为 70％。SNT3000 网络测试仪第三端口向保护装置直采口发送采样值报文，并采用"故障模拟"模块模拟短路，测试保护的动作性能。

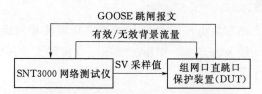

图 4-5-1　保护装置 GOOSE 压力测试

第五章 智能变电站网络测试

第一节 网络测试目的和网络流量估算

一、网络测试目的

网络测试的目的是检查网络速度，通信是否稳定，有没有异常报文。网络测试的重点是对接入设备的通信质量做检测。

二、网络流量估算

根据数据包的大小和频率进行估算。即单位时间内（以秒为单位），报文流量的比特位数。

（1）基于 IEC 61850-9-2LE 的流量分析。按照每帧 1 点（12 个模拟量通道）计算，一个合并器每秒钟的数据流量

$$S = 159B \times 8bit/B \times 50 周期/s \times 80 帧/周期 = 5.088Mbit/s$$

按照每帧 1 点（22 个模拟量通道）计算，一个合并器每秒钟的数据流量

$$S = 239B \times 8bit/B \times 50 周期/s \times 80 帧/周期 = 7.294Mbit/s$$

（2）基于 IEC 61850-GOOSE 的流量分析。按照 $T_0 = 5s$ 计算，一个智能设备每秒钟的数据流量

$$S = 6016B \times 8bit/B \times (1/5s)帧 = 0.0096Mbit/s$$

三、网络流量压力对 PTP 授时系统影响的测试

对于采用 PTP 授时的智能变电站网络系统，在网络系统已构建完成后，从交换机端口施加 TCP/IP、SV、GOOSE 流量报文，报文总流量控制在 30%、6%、90%，从交换机的另一端口接收 PTP 报文，测量在不同压力下 PTP 授时的精度，观察不同流量下各 IED 设备授时是否正常，测试接线如图 5-1-1 所示。

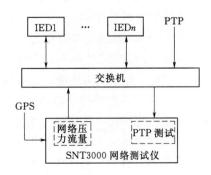

图 5-1-1 网络压力流量下
PTP 授时测试

第二节　工业以太网交换机测试检查

一、交换机基本测试检查项目

网络设备在整个智能变电站二次系统中占的比重较大，工业以太网交换机是数据传输核心，数据线将二次系统的各个网络设备连接起来，组成智能变电站的网络拓扑。

根据智能变电站工业以太网交换机的特点和使用环境，交换机的测试分为功能测试、性能测试和安全可靠性测试。

1. 性能测试

以 Q/GDW 429—2010《智能变电站网络交换机技术规范》的各项性能指标作为评判，主要包括吞吐量测试、存储转发速率、MAC 地址缓存能力测试、MAC 地址学习能力测试、时延测试、帧丢失率测试、背靠背测试、地址缓存能力、地址学习速率 7 项内容。从测试角度看，由于相关标准没有对特定设备性能测试做专门规定，传统上都遵守 RFC 2544 和 RFC 2889 标准来进行测试。RFC 2544 标准是网络基准性能测试标准，定义了 6 项基本性能测试规范，相关术语由 RFC 1242 定义。RFC 2889 标准是局域网交换设备测试规范，定义了交换机测试的 11 个项目。

2. 功能测试

包括组网功能测试、虚拟局域网功能、优先级测试、环网恢复、网络风暴抑制功能、端口镜像功能测试、VLAN 功能测试、端口聚合功能、网络管理功能等项测试内容。

3. 安全可靠性测试

包括风暴抑制测试等。

二、交换机功能手段测试

与组网后的模拟情况相比，组网前的实际模拟情况相对简单，工业以太网交换机测试标准和测试方法都比较成熟。虽然变电站中电力装置大多传输 OSI 七层模型中第二层（即数据链路层）数据，如 GOOSE、MMS 报文等，然而随着 IP 网络设备功能复杂性的增加，2～3 层设备和 4～7 层设备功能也在融合，网络信道中不同帧格式和各种包长的数据穿插其中，使得整个智能变电站的实际网络情况很难模拟，需要考虑更多的方面，如包长的选择是否过于简单、是否可以随机变换数据包发送间隔从而变换数据包发送速率等。这些复杂的测试技术，需要针对测试的变电站进行调研，经过采样数据流、分析数据流、构造数据流，搭建更加真实的智能变电站网络环境，进而测试出更加实际的网络数据交换性能。

为了解决网络数据交换测试中遇到的问题和难点，更加真实地模拟智能变电站中网络数据交换的实际情况，测试其在加压环境下的性能和功能，一般需要考虑下面几点因素。

（1）测试仪表要有足够高的时间精度、很小的抖动和精确稳定的测试结果。由于测试仪表固有的硬件结构，微小时变化或者抖动是不可避免的。测试开始时，仪表端口内部的缓存会因资源占用状态而产生不同的时延。随着测试的进行，这些缓存所产生的时延会变得稳定。所以，相对于最大时延和最小时延，关注平均时延相对更重要，而且要进行多次测试并确保测试结果的连续性。

（2）组网测试最好采用全网状的方式进行，并且以逐渐增大的方式达到最大可能的流量（可能不是线速）。由测试原理可知，采用全网状的测试拓扑能够全面验证被测设备转发处理芯片的效率。变电站中过程层、间隔层、站控层传输和处理的报文格式多样，既包含二层数据帧，也存在三层数据包和广播、多播、已知单播、未知单播等数据流。

图 5-2-1 列举了三种网络流量模拟测试图。可以看出，数据流的数目和组合方式随着测试拓扑的变化而越来越复杂。很多交换机在做单对端口或多对端口的吞吐量测试时，被测端口能达到线速转发，但这不能说明被测交换机就是无阻塞线速转发的交换机，只有在全网状配置下测得的整机吞吐量才能真实反映设备总交换容量。

（a） （b） （c）

图 5-2-1 三种网络流量模拟测试图
(a) Pair；(b) 骨干网；(c) 全网状

（3）智能变电站网络数据流量的模拟，需要实地采样，并逐条构造包长和包类型以符合站内传输实际情况的测试数据流，采用站内的网络拓扑，并选择变化的包间隔，模拟雪崩等网络实际情况，选择尽可能多的 MAC 地址，构造更趋于实际的测试模型。通常测试使用的基准性能测试标准存在测试拓扑单一、包长固定、包类型单一、包间隔固定等局限性，很难测试出变电站现场实际运行的网络性能。

在 RFC 规定的性能测试中，测试所用的数据包采用固定的包长，固定为 64B、128B、256B、512B、1024B、1280B、1518B 中的一种或几种，而实际网络中通常存在大量不同包长的报文，在智能变电站中，网络数据包的大小分布比较集中在偏小区域，此时采用基准测试中建议的固定包长，甚至采用 64～1518B 随机包长来进行测试也无法模拟智能变电站中的实际情况。

在 RFC 规定的性能测试中，通常采用一种类型测试所有的数据包，如二层性能测试使用二层以太网帧，三层转发性能测试使用三层 IP 包。这种设定未考虑混合数据包收发的情况，与网络中实际流量比较相差很大。

按照 RFC 规定，测试数据流的帧间间隙（在突发帧群 burst 中两帧之间的帧间隙）必须为被测试介质标准中指定的最小值（10Mbit/s 以太网为 9.6ns，100Mbit/s 以太网为 960ns，1Gbit/s 以太网为 96ns）。帧与帧之间的间隔固定，没有对交换机的存储转发能力形成压力。包间隔的变化导致速率的不均匀，直接考验速率计量、限速等器件的准确性。可以模拟电力雪崩等突发效果，反映真实数据流特性。

与基准测试相比，对交换机转发寻址能力的压力测试应选择尽可能多的二层 MAC 地址。检测在大量目的地址需要匹配或流量增大的情况下，交换机的性能指标是否能达到要求。这样可以避免基准性能测试中交换机 MAC 表的表项太少、数据转发时所消耗的查表时间很短的弊端，从两对交换机查找 MAC 地址表的能力形成压力。

三、单机调试中交换机应检查项目

1. 检查交换机光口

在相关光纤通道正确连接的前提下，检查所有过程层交换机的光口指示灯是否正常。

用光功率计检查所有交换机光口输出的光功率，并与交换机技术说明书中的正常输出光功率范围进行对比，确保交换机光口输出的光功率在正常范围内。

2. 检查交换机的配置

通过配置 VLAN，可以减少过程层交换机的流量，使装置只解析所需的报文，减少装置的负荷。如果不配置 VLAN，过程层交换机每个光口的流量都将是整个网络的流量。为了使整个过程层网络稳定有序的运行，需根据光缆熔接图和各装置间 GOOSE、SV 的收发关系绘制 VLAN 配置图。配置图包含的内容有：每个交换机端口所包含的 VLAN，每个控制块的 VLAN-ID；交换机每个端口所连接的装置端口。

登录交换机检查交换机的 VLAN 配置，把交换机的 VLAN 划分和 VLAN 规划进行核对。检查并开启交换机的广播风暴抑制功能，调试完成后关闭所有交换机的镜像。检查所有交换机的时钟设置是否正确。

3. 流量检查

通过交换机 VLAN 划分，确认交换机每个光口通过的报文，根据报文的字节数和每秒发送次数，计算出交换机每个光口的理论流量，并用网络分析装置验证。如果某光口实际流量与计算流量不符，可检查 VLAN 配置或相关装置配置是否错误。交换机每光口的实际流量应小于该光口的额定流量的 80%。根据每个光口的流量计算交换机背板流量，交换机背板流量应小于其背板额定流量的 80%。

分别模拟正常和故障情况，监视交换机各端口的流量，记录每分钟流量百分比数值，检查主机 CPU 占用率。

4. 对时功能检查

将交换机对时输入口与上层交换机或主时钟正确连接后，将交换机的某一光口（非对时报文输入口）镜像到交换机电口，并将该电口用屏蔽双绞线连接到安装有报文分析软件的笔记本电脑，捕捉报文，过滤出 PTP 报文，检查交换机输出的 PTP 报文，检查交换机与上层交换机（或主时钟）以及下层装置的对时过程是否正确，同步报文发送时间间隔是否正确。

同时将 PTP 报文的输入口和某一输出口同时镜像到交换机电口，用笔记本电脑通过该电口捕捉交换机输入和输出的 PTP 报文，关闭并重启时钟，计算交换机收到正常 PTP 报文与交换机输出正常 PTP 报文的时间差，即交换机的抖动时间。交换机的抖动时间越小越好，对交换机抖动时间的最低要求是小于合并单元的守时时间与合并单元抖动时间之差（实现对时系统的无缝切换）。

5. 交换机稳定性检查

用网络分析仪检查交换机在正常运行状态下的丢帧、误码、错帧等情况。所用的网络分析仪应有各类分析统计功能，将网络分析仪连接到交换机，对 48h 内的丢帧、误码、错帧等情况进行统计，根据统计结果评价交换机的稳定性。

6. 交换机延时检查

用测试仪器连接交换机光口，向交换机光口发送报文，分别在该光口流量达到额定流量的 30%、50%、80% 时记录该交换机的延时。当流量在额定流量的 80% 以下时，交换机延时不得超过 $10\mu s$。

7. 过程层网络报文检查

根据 VLAN 规划图检查每一个过程层交换机上的 SV、GOOSE 报文的 VLAN-ID 是否正确。网络中的广播报文会加重整个网络的负荷甚至会造成网络风暴，在过程层网络连接的所有装置正确配置后，应检查过程层网络中有没有广播报文（VLAN-ID 为默认 ID），要解析出报文的 VLAN-ID 需要用配置有独立网卡的设备，如果现场不具备条件可通过下述方法检查：选择任一交换机的任一备用光口或电口，清除该口的 VLAN 配置和镜像配置，通过该口捕捉的报文就是广播报文，可根据 MAC 地址确认发出该报文的装置，如果捕捉不到报文则说明网络中没有广播报文。

8. 网络功能检查

（1）环网自愈功能试验。以固定速率连续模拟同一事件，断开通信链路的逻辑链接，检验报文传输是否有丢弃、重发、延时等现象。

（2）优先传输功能试验。使用网络负载发生装置向网络发送 100% 负载的普通优先级报文，测试继电保护动作时间和断路器反应时间是否正常。

（3）组播报文隔离功能检验。截取网络各节点报文，检查是否含有被隔离的组播报文。

9. 网络加载试验

（1）站控层网络加载试验。利用网络测试仪对站控层网络注入各种负载报文，监视后台、远动、保信子站等客户端通信情况，同时监视交换机 CPU 负荷率。

（2）过程层网络加载试验。利用网络测试仪对过程层网络注入各种负载及各种组播报文，多次测试相关保护整组动作时间是否延时，同时监视交换机 CPU 负荷率。

四、智能变电站工业以太网交换机吞吐量测试

1. 参数设置

（1）测试帧长度分别为 64B、128B、256B、512B、1024B、1280B、1518B。

（2）测试时间为 30s。

2. 测试方法

（1）按照 RFC 2544-1999 中规定，将交换机所有端口与 SNT3000 智能变电站网络测试仪相连接，图 5-2-2 所示为交换机端口与网络测试仪连接端子图。

图 5-2-2 交换机端口与网络测试仪连接端子图

（2）配置流量发生器。

（3）选择测试吞吐量。

3. 测试配置

吞吐量测试配置如图 5-2-3 所示。

五、智能变电站工业以太网交换机优先级队列测试

1. 参数设置

（1）测试帧长度为 256B。

（2）测试时间为 30s。

（3）端口负荷设置为 100%。

图 5-2-3 吞吐量测试配置

2. 测试方法

(1) 从交换机任意选取 3 个端口与 SNT3000 智能变电站网络测试仪相连接, 分别定为端口 1、端口 2 和端口 3, 如图 5-2-4 所示。

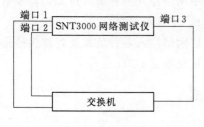

图 5-2-4 交换机端口与网络测试仪连接端子图

(2) 端口 1 和端口 2 同时以最大负荷向端口 3 发送数据。

(3) 在端口 1 和端口 2 分别构造 4 个不同优先级的数据流。

(4) 记录不同数据流的帧丢失率, 判断优先级是否设置成功。

3. 测试配置

交换机优先级队列测试配置如图 5-2-5 所示。

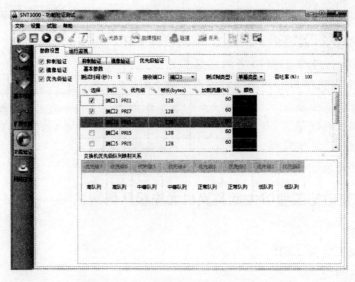

图 5-2-5 交换机优先级队列测试配置

六、智能变电站工业以太网交换机转发率测试

1. 参数设置

（1）测试帧长度分别为 64B、128B、256B、512B、1024B、1280B、1518B。

（2）测试时间为 30s。

2. 测试方法

（1）按照 RFC 2544-1999 中规定，将交换机任意两个端口与 SNT3000 智能变电站网络测试仪相连接，如图 5-2-6 所示。

（2）两个端口同时以最大负荷互相发送数据。

（3）记录不同帧长在不丢帧的情况下的最大转发速率。

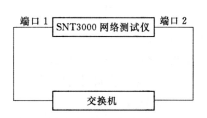

图 5-2-6　交换机端口与网络测试仪连接端子图

3. 测试配置

转发速率测试配置如图 5-2-7 所示。

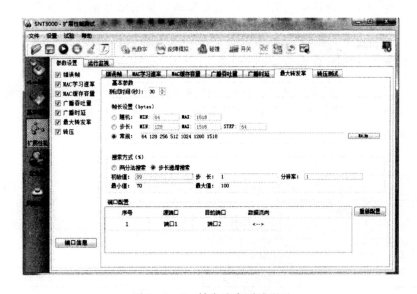

图 5-2-7　转发速率测试配置

七、智能变电站合并单元网络环境影响试验

DL/T 281—2012《合并单元测试规范》中规定：对于具有 DL/T 860.92—2006《变电站通信网络和系统　第 9-2 部分：特定通信服务映射（SCSM）映射到 ISO/IEC 8802-3的采样值》采样值接口、GOOSE 接口的 MU，需要进行网络环境影响测试。

（一）合并单元点对点端口测试

1. 测试目的

测试合并单元点对点端口的独立性。

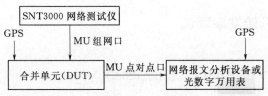

图 5-2-8 合并单元点对点端口独立性测试

2.测试方法

如图 5-2-8 所示，SNT3000 网络测试仪及合并单元均采用 IRIG-B 码同步，SNT3000 从合并单元的网络接口施加网络压力报文，包括以太网报文、SV 报文及 GOOSE 报文，三种报文总流量 80%以上，采用网络报文分析设备或光万用表设备从 MU 的点对点端口接收报文，测试报文的正确性及报文时间离散性。

（二）合并单元组网口测试

1.测试目的

测试合并单元组网端口在网络环境影响下的性能。

2.测试方法

如图 5-2-9 所示，SNT3000 网络测试仪及合并单元均采用 IRIG-B 码同步，SNT3000 施加网络压力报文至交换机，包括以太网报文、SV 报文及 GOOSE 报文，三种报文总流量 80%以上，合并单元组网口接至交换机，采用网络报文分析设备或光万用表接收报文，测试报文的正确性及报文时间离散性。

八、交换机网络风暴抑制功能测试

按图 5-2-10 连接好交换机，根据交换机风暴抑制设置，采用智能变电站网络测试仪向交换机端口发送广播风暴、组播风暴或未知单播风暴，从设置好的端口接收报文，检查设置报文是否被抑制。

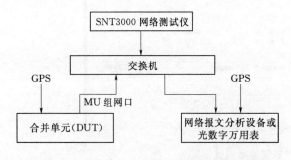

图 5-2-9 合并单元组网口网络环境影响测试

图 5-2-10 交换机网络风暴抑制测试

第三节 智能变电站过程层、站控层网络压力测试

一、智能变电站过程层网络压力测试

过程层 GOOSE 网络压力测试系统网络结构如图 5-3-1 所示，采用智能变电站网络测试仪接于过程层 GOOSE 交换机，施加 70%、90%无效背景 GOOSE 报文流量及 70%、90%有效背景 GOOSE 报文流量（APPID 有效、MAC 有效，StNum 不变、SqNum 不

变），采用光数字继保护测试仪 MU 前端加故障量模拟短路，检查保护是否有死机、重启、拒动、误动。

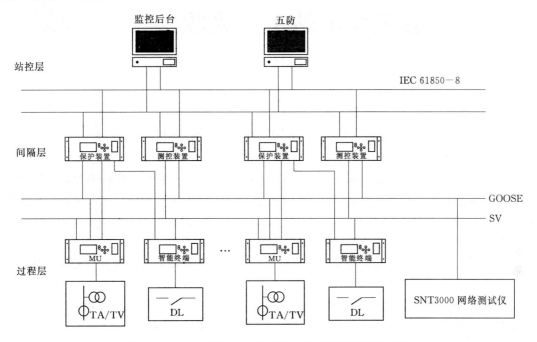

图 5-3-1　过程层 GOOSE 网络压力测试系统网络结构

二、智能变电站站控层网络压力测试

采用智能变电站网络测试仪接于站控层交换机，施加 70％、90％以太网报文流量，"直采直跳"模式智能变电站采用继电保护测试仪从 MU 前端加故障量模拟短路，"网采网跳模式"智能变电站采用光数字继电保护测试仪从交换机上施加故障量模拟电网故障，检查保护是否有死机、重启、拒动、误动，检查站控层其他 IED 设备是否运行异常。

第六章　智能变电站工厂验收

第一节　工厂验收应具备条件

（1）进入电网的智能变电站保护及自动化系统设备必须经过有资质的电力设备质量检验中心的检测，并取得合格有效的型式试验报告，对于继电保护及安全自动装置还需取得合格有效的动模试验报告。

（2）工程项目所需的施工设计图纸已完成。

（3）系统集成商已完成合同文件、设计文件及其他与项目有关协议所确定内容的出厂检验并全部合格。

（4）系统集成商已按照智能变电站的实际配置和设计单位提供的 GOOSE 及 SV 虚端子连接图（配置表）要求完成了系统集成、文件配置及系统联调工作。

（5）系统集成商按照工程建设管理单位的要求搭建完成模拟测试环境，并完成自测试工作，提供完整的测试报告。

（6）工厂验收所需的仪器、仪表、工具等已由系统集成商或设备供应商准备就绪，其技术性能指标应符合相关规程的规定。

（7）工厂验收应在智能变电站保护及自动化系统的集成、出厂测试等工作完成后，在系统出厂前进行。

第二节　工厂验收的组织和原则

一、智能变电站工厂验收的组织

（1）具备验收条件后，由系统集成商向工程建设管理单位提出工厂验收申请。

（2）工程项目建设管理单位组织成立工厂验收工作组，工作组通常由工程项目建设管理单位、设计单位、专业管理或技术监督单位、设备运行维护单位、调度机构、厂商等单位或部门相关人员组成。

（3）验收工作组组织设备供应商技术人员参加，全面配合工厂验收。

（4）验收工作组根据工程项目的合同文件、设计文件等要求，组织工厂验收工作组人员编制本工程的工厂验收大纲，各方确认验收的组织、验收范围、验收标准、测试仪器型号和测试方法等，并在验收项目的基础上，编制本工程工厂验收项目表，并据此开展验收，并出具验收报告（附验收人员签名单）。

（5）对于工厂验收中发现的问题，由相关设备供应商负责整改，并提供整改报告给工程建设管理单位。必要时，验收工作组派人到厂复检、复试。

二、智能变电站工厂验收的原则

（1）工厂验收的范围主要包括：网络设备，过程层的合并单元、智能操作箱，间隔层的测控设备、保护装置、保护测控一体化装置，站控层的主机、操作员站、自动化软件系统和远动工作站，时钟同步系统、故障录波系统和网络分析与诊断系统等。

（2）工厂验收时，系统的规模及组态配置应符合验收工作组的要求，应能反映出系统实际运行时的性能情况。

（3）相同电压等级不同间隔的同一型号装置只抽查验收测试一台。

（4）工厂验收时，通常不进行单装置的定值校验工作，但要求各设备供应商提供完整的出厂检验报告。

（5）在采样值检验中，应模拟合并单元输出，同时记录测控、保护、监控后台、故障录波等设备的采样值。

第三节　智能变电站工厂验收的主要项目

一、设备验收及资料审查

主要对本次工程软、硬件设备的数量、配置情况进行核实并检查设备的技术资料、出厂检验报告、型式试验报告，动模试验报告等。主要验收项目如下：

（1）站控层设备配置检查。

（2）间隔层设备配置及相关资料检查。

（3）过程层设备配置及相关资料检查。

（4）系统结构检查。

二、监控后台验收测试

（1）主窗口功能测试。

（2）数据库测试。

（3）告警功能测试。

（4）系统自诊断和自恢复功能测试。

（5）其他功能测试。

三、过程层设备验收测试

（1）出线合并单元验收测试。

1）铭牌参数检查。

2）软件版本和程序校验码核查。

3）光功率裕度检查。

4）电压切换逻辑检查（仅双母线接线需要）。

5）异常告警功能测试。

6）互联测试。

（2）母线合并单元验收测试。

1）铭牌参数检查。

2）软件版本和程序校验码核查。

3）光功率裕度检查。

4）电压并列逻辑检查（仅双母线接线需要）。

5）异常告警功能测试。

6）互联测试。

（3）智能终端验收测试。

1）铭牌参数检查。

2）软件版本和程序校验码核查。

3）上电检查。

4）光功率裕度检查。

5）GOOSE 网络通信检查。

6）异常告警功能测试。

7）开入检查。

8）就地控制检查。

9）间隔防误闭锁逻辑检查（有设计该功能时）。

10）操作板继电器动作特性检查。

（4）主变压器本体智能终端（含非电量保护）验收测试。

1）铭牌参数检查。

2）软件版本和程序校验码核查。

3）通电检查。

4）通信检查。

5）整组试验。

四、网络设备验收测试

（1）交换机验收测试。

（2）站控层网性能测试。

（3）GOOSE 及 SV 网性能测试。

五、间隔层设备验收测试

（1）测控装置验收测试。

1）铭牌参数检查。

2）软件版本和程序校验码核查。

3）上电检查。

4）光功率裕度检查。

5）通信检查。

6）遥测测试。

7）遥信测试。

8）控制测试。

9）间隔防误闭锁逻辑检查（有设计该功能时）。

（2）主变压器保护装置验收测试。

1）铭牌参数检查。

2）装置不依赖于外部对时系统实现其保护功能。

3）软件版本和程序校验码核查。

4）上电检查。

5）光功率裕度检查。

6）通信检查。

7）开入检查。

8）采样零漂、精度及线性度检查。

9）合并单元异常告警闭锁测试。

10）整组试验。

（3）母线保护装置验收测试。

1）铭牌参数检查。

2）软件版本和程序校验码核查。

3）上电检查。

4）光功率裕度检查。

5）通信检查。

6）开入检查。

7）采样零漂、精度及线性度检查。

8）逻辑检查。

9）整组试验。

（4）线路保护装置验收测试。

1）铭牌参数检查。

2）软件版本和程序校验码核查。

3）上电检查。

4）光功率裕度检查。

5）通信检查。

6）开入检查。

7）采样零漂、精度及线性度检查。

8）合并单元异常告警闭锁测试。

9）整组试验。

（5）备用电源自投装置验收测试。

1）铭牌参数检查。

2）软件版本和程序校验码检查。

3）上电检查。

4）光功率裕度检查。

5）通信检查。

6）开入检查。

7）采样零漂、精度及线性度检查。

8）合并单元异常告警闭锁测试。

9）各投闭锁逻辑试验。

10）整组试验。

六、系统性能测试

验收测试完成后，验收工作组对验收结果进行汇总，形成验收报告。

第 三 篇

智能变电站调试

第一章 智能变电站二次系统现场调试作业过程及要求

第一节 总体要求和调试过程控制

一、总体要求

（1）承担现场二次系统调试工作的单位，应具备该电压等级智能变电站相应现场调试资格等级。

（2）现场二次系统调试单位应按有关标准制定调试安全措施，调试项目所含功能及设备应整体满足标准的要求，调试项目与内容应按照有关标准并应遵循 Q/GDW 431、Q/GDW 441、Q/GDW 534、Q/GDW 678、Q/GDW 689 的要求且应满足相关管理文件要求。

（3）IED 与一次设备之间的缆线配接及二次回路调试应满足 GB 50171、DL/T 995 的要求，二次系统应整体满足 GB/T 13730、GB/T 14285 和 Q/GDW 678 的要求。

二、调试过程控制

（1）现场调试开展前，业主单位应组织工程设计、二次系统调试、系统配置调试等单位，共同审核工程 SCD 文件的虚回路、虚端子配置方案。

（2）宜在工厂调试阶段，完成各类 IED 模型及系统功能的组态配置、设备匹配能力与网络性能检验并验收合格、资料完整。

（3）二次系统调试单位应建立变电站系统配置及相关文件控制档案并负责管理，系统配置与修改工作应由系统配置调试单位负责实施。

（4）二次系统调试应按照图 1-1-1 所示的流程，开展包括调试作业准备、单体设备调试、分系统功能调试、全站功能联调以及送电试验等环节的现场作业。

若调试过程中发生设计修改/变更、系统/设备配置变动，则配置变动的设备单体及变动部分的关联功能应按图 1-1-1 调试流程重新进行验证。

（5）应按照各环节规范的具体要求保障调试安全，若调试过程中已有一次设备带电运行，则应采取有效措施隔离相应运行间隔，且应将系统设备配置与修改工作纳入现场操作安全管理。

（6）现场所有检查检测、调整试验、设计/配置变更、补充调试等，均应有翔实的作业过程和管理记录；调试工作开始后，全站虚回路的任何系统配置变动均应保存记录，且应在修改前有效标记相关配置文件版本做好历史备份。

（7）调试作业准备应在现场条件具备的基础上检查设备配置与系统配置；SCD 文件应

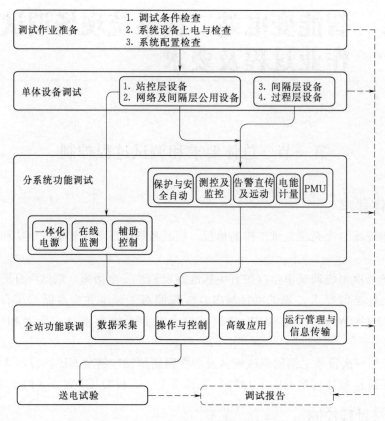

图 1-1-1 现场二次系统调试流程

依据设计与符合要求的 ICD 版本文件配置，宜能依据 SCD 文件自动生成 IED 配置下装文件。

（8）分系统功能调试应在相关单体设备调试完成并合格的基础上进行，且间隔整组应具备独立保障一次设备安全运行的能力。

（9）若 SCD 文件更新、单体设备配置变动，则变动部分的单体设备应重新调试，并应重新验证与变动部分设备相关的所有调试项目。

（10）分系统调试以及一体化监控功能系统联调，宜站内、远方协同作业且应通过模拟现场环境、功能整体传动的方式试验。

（11）调试报告应完整反映设备与功能的调试作业过程与结果。调试移交的 SCD 文件、设备组态/配置文件和设备参数配置等资料应与二次系统一致。

第二节 调试作业准备

一、范围与要求

（1）设备配置检查应包括室内/户外设备、屏柜等与设计的一致性，设备安装应满足安装质量与上电安全要求且版本配置应正确，应检测通信链路以及检查站控层设备基本功能。

（2）检查系统配置调试完成的通信网络划分、系统配置文件、数据库配置等工作，实施包括 ICD 模型文件、SCD 文件、设备及网络配置等现场管理，原始记录模板应有变更/升级原因、配置/模型/组态文件备份版本与执行版本、修改内容涉及设备与功能说明、执行人与执行时间等基本要素。

（3）测试设备技术性能指标应符合相关规程的规定，计量仪器应经电力行业认可的检定部门检定合格并在有效期之内，保护试验设备应符合 Q/GDW 652、DL/T 624 的技术要求。

二、调试条件

1. 现场设备安装应满足的基本要求

（1）屏柜及设备的安装、布置应符合工程设计与现场安全要求，应便于调试运维。

（2）屏柜内部设备缆线敷设以及网络连接，应符合 GB 50171、GB 50312 的要求且配接正确、标识清晰。

（3）设备齐全、位置正确、安装牢固，接地应符合工程设计、DL/T 621 要求。

（4）场地环境条件满足调试要求，屏柜、设备、交直流系统接地等满足调试要求。

2. 调试作业应准备的资料

（1）经项目管理部门确认的工厂调试验收文件完整，现场调试大纲、调试方案齐全。

（2）调度下达的远动信息表、设备命名等文件，工程设计资料、设备技术资料齐全。

（3）其他资料。

3. 测试设备

测试设备应根据调试需要进行准备与检查，主要包括：继电保护测试仪、模拟断路器、标准三相交流信号源、标准三相交流表、变电站时间同步测试仪、合并单元测试仪、SOE 测试仪、光信号万用表、红光笔等，以及 Q/GDW 689 规定的其他仪器仪表配置。

三、设备检查

1. 设备上电检查

检查项目包含但不限于以下内容与要求：

（1）清点设备数量、型号及检查外观，检查设备铭牌及标识。

（2）厂家提供的组屏图与实物、设计相符，屏柜及设备的光纤、电缆连接与标识符合要求。

（3）接地可靠、工作电源回路正确，绝缘性能满足 DL/T 995 的要求。

（4）设备上电工作状态正常。

（5）核查 IED 软件版本与校验码并包括通信软件，按间隔核查保护、测控、合并单元、智能终端。

2. 通信链路检查

按 Q/GDW 689 技术要求检查光纤/网线通信链路，光纤衰耗合格且缆线工艺符合要求。

四、系统配置检查

1. 通信配置文件

包含但不限于以下检查内容：

（1）检查通信地址分配，全站 IED 设备的 IP/MAC 地址正确。

（2）检查 ICD 模型文件的检验记录，SCL 语法合法、模型实例及数据集正确、模型描述完整。

（3）检查 SCD 文件建模，应符合 Q/GDW 1396 的规定，并完成 SCL 语法合法性、模型实例及数据集正确性、IP 地址/组播 MAC 地址/GOOSEID/SVID/APPID 唯一性、VLAN/优先级通信参数正确性等验证。

（4）检查虚:端子连接与信息描述，SCD 文件虚端子连接正确完整且与设计相符，虚端子信息描述符合设计与设备命名文件。

（5）通信地址、ICD 模型、设计等发生变更则应按要求更新 SCD 文件相关配置，地址分配、交换机端口分配、SCD 文件及据此形成的各设备配置文件，应交二次系统调试单位管理。

2. 站控层设备功能

包含但不限于以下基本功能检查：

（1）数据库/画面生成和管理、主接线图/二次设备网络图配置、主接线图人工置数/置位、定值/参数修改等应用模块正常。

（2）报警管理、事故追忆、在线计算和记录、历史数据记录管理、打印管理等应用模块正常。

（3）根据 SCD 文件解析生成的系统数据库。

（4）各类人机界面图形应符合设计并满足运行操作界面规范要求。

第三节　单体设备调试

一、范围与要求

（1）单体设备调试工作应依据设计与调度文件开展，并根据一次设备的各项分系统功能完整性，组织站控层设备、网络及间隔层公用设备、间隔层设备以及过程层设备的调试。

（2）采集网络数据的网络分析、故障录波、PMU 等设备，宜直接导入工程 SCD 文件选配数据、选配点不宜人工配置描述信息，且应随 SCD 的相关变动及时更新配置。

（3）IED 应按工程 SCD 文件正确下装配置后进行单体调试，若设备 ICD 模型变更则应依据更新的 SCD 文件下装配置后重新调试，若设备软件版本变更或虚端子属性变动则应视同该设备配置变动。

（4）具备保护、安自、测控、计量等功能的间隔层、过程层合一的 IED 设备调试，宜视同相应分系统的间隔整组功能。

二、站控层设备

1. 监控及保护信息主机

主要调试工作与要求：

（1）配置人机界面以及遥信、遥测、遥控、遥调功能参数。

（2）配置告警、图表分析功能，配置与其他站控层设备数据交互以及高级应用等功能。

（3）配置保护状态、定值、软压板的召唤与修改功能。

（4）配置保护告警信息及开关量信息、保护动作信息的报警功能。

（5）配置录波列表/定值召唤、故障分析功能，建立保护信息调控通信。

2. 数据通信网关机

主要调试工作与要求：

（1）远动：按照 SCD 文件和远动信息表配置运动功能与参数。

（2）远程浏览：配置远程浏览站内一次接线图、电网实时运行数据、设备状态等功能与参数，以及配置远程调阅站内历史记录、操作记录、故障综合分析结果等功能与参数。

（3）告警直传：按照站名和设备名等告警信息标准格式的要求配置告警直传参数。

（4）调控通信：建立远动、远程浏览、告警直传的调控通信。

3. 电能量计量数据采集器

主要调试工作与要求：按 DL/T 698 配置电能量采集、智能电表运行状态监视、分类存储数据等功能，建立主站通信。

4. PMU 数据集中器

主要调试工作与要求：

（1）配置监视软件和界面显示功能，配置采集 PMU 设备的动态数据监测、状态信息等文件和参数。

（2）按 Q/GDW 131 配置动态数据实时传送方式，配置网络接口参数与数据转发功能，建立调控通信。

5. 综合应用服务器

主要调试工作与要求：配置在线监测、一体化电源、辅助控制等接入功能。

三、网络及间隔层公用设备

主要包括网络交换机以及用于运行状态监测或服务的公用测控、同步对时、网络分析以及故障录波等设备。

1. 网络交换机

主要调试工作与要求：

（1）按照全站网络结构、IP/MAC 地址分配表，完成交换机的管理 IP 配置以及各端口组播、镜像与 VLAN 划分工作，并形成交换机及端口配置记录表。

（2）交换机各端口通信状态应正确。

2. 公用测控设备

主要调试工作与要求：

（1）检验 SV、GOOSE 虚端子以及开关量 I/O 端口，关联有效、功能正确、符合设计。

（2）IED 设备状态监视、事件记录、时间同步信号接收等功能正常，选择-返校-执行等监控操作功能正确。

3. 同步对时设备

同步对时设备包括主/备用主时钟以及扩展钟等设备，主要调试工作与要求：

（1）主/备用主时钟、扩展钟设备端口配置与连接符合设计，插件及端口分配方式应满足 IED 设备运行方式需要并应便于运维。

（2）同步对时设备应能整体同时跟随 BD、GPS 等时间源，主时钟、扩展钟装置应进行 BD、GPS 信号跟踪试验、BD/GPS 切换试验以及自守时/自恢复试验，并应满足表 1-3-1 与 DL/T 1100.1 的要求。

表 1-3-1　　　　　　　　　　同步对时设备主要技术指标

序号	项　目		技术指标	项　目　说　明
1	遥信变位传送时间		≤1s	根据 Q/GDW 213，指从现场输入端到站控层数据通信网关设备输出的时间
2	遥测超越定值传送时间		≤2s	
3	遥控命令执行传输时间		≤3s	根据 Q/GDW 213，指从站控层数据通信网关设备命令输入到终端设备输出接点动作的时间
4	遥调命令传输时间		≤3s	
5	主/备用机切换时间		≤20s	根据 Q/GDW 213 要求，指主/备用主机、服务器、数据网关机、网络等站控层设备切换时间
6	主/备通道切换时间		≤10s	
7	网络负荷率	正常情况下	≤30%	根据 Q/GDW 213，任意 30min 平均值
		故障情况下	≤50%	根据 Q/GDW 213，任意 10s 平均值
8	站内精密时间信号准确度	卫星跟踪误差	<1μs	根据 DL/T 1100.1，指跟踪 GPS、BD 时间同步信号输出与 UTC 的绝对误差，以及自守时输出时间同步信号稳定性
		自守时稳定性	≤0.92μs/min	
9	交流测量准确度	电流、电压	0.2 级	根据 GB/T 13729，主要指交流测量信号转换与实时运算能力，传感元件/传统互感器等除外，包含 A/D 转换、数据传输、数据处理等全过程综合测量与运算误差
		有功、无功	0.5 级	
		频率	0.01Hz	
10	交流同步采样相对误差	PMU	≤0.1°	根据 Q/GDW 131、GB/T 13729，主要指 P/Q、差流等相关交流信号的测量能力，含 A/D 转换至间隔层运算处理的全过程
		测量、录波	<0.3°	
11	全站交流同步采样时间标定误差		1ms	根据 Q/GDW 441 的要求，指全站故障录波设备的交流断面时间值标度误差
12	站内 SOE	时标标定误差	<1ms	根据 GB/T 13729、Q/GDW 428，主要指智能终端 SOE 事件时标的绝对时间误差，以及不同间隔 SOE 事件之间的分辨率
		分辨率	≤2ms	
13	间隔整组设备保护	直采直跳响应时间	≤20ms	根据 GB/T 14285，该时间分别指对近端故障与对远端故障响应，是指从交流 A/D 转换经保护设备至智能终端开关量出口的全过程综合响应时间
			≤30ms	
14	间隔层设备对时误差	保护及安自	<±1ms	根据 Q/GDW 431，指外接时间同步信号应用偏差，可由间隔整组调试和传动试验进行检验
		测控		
15	间隔层保护及安自设备	出口响应迟延	≤5ms	根据 Q/GDW 441，指保护设备的保护及安自逻辑出口与设备出口虚端子响应之间的迟延时间

序号	项　目		技术指标	项　目　说　明
16	过程层合并单元设备	采样同步误差	$<1\mu s$	根据 Q/GDW 691，指 0 序号 SV 帧采样时刻标定时间
		采样转换时间	$<2ms$	根据 Q/GDW 441，指一次交流采样至 SV 输出之间的转换时差
		采样迟延偏差	$<5\mu s$	根据 Q/GDW 131、GB/T 13729、Q/GDW 691，指 SV 帧携带迟延时间常数与实际采样转换时间之间的误差
		报文抖动误差	$<10\mu s$	根据 Q/GDW 441，指连续序号 SV 帧之间的时间间隔离散度
17	过程层智能终端设备	出口转换时间	$<7ms$	根据 Q/GDW 441，指 GOOSE 输入虚端子变位至开关量输出之间的转换时间

（3）同步对时设备的告警功能正确，告警正确且信号能按设计输出至公用测控或其他 IED 设备。

4. 故障录波与网络分析设备

主要调试工作与要求如下：

（1）SV、GOOSE、MMS 网络的相互独立数据接口控制器完好、状态正确，所有 SV、GOOSE、MMS 网络信息的记录功能正常。

（2）导入本工程 SCD 文件按照设计完成配置，并应随本工程 SCD 文件的变动及时更新和调整。

（3）检验时间同步信号接收正常、应用有效。

（4）故障录波设备：配置 SV、GOOSE、计算量通道，采样值双 A/D 信息配置完整，录波分组、告警参数设置满足设计要求，启动录波功能完整、正确，波形实时监视、捕捉、存储、分析、导出等功能完整。

（5）网络分析设备：网络报文实时监视、捕捉、存储、分析和统计功能正确，IED 设备实时状态在线检测和状态评估功能有效，报文异常告警功能完整、正确。

（6）故障录波与网络分析设备的告警正确且信号能按设计输出至公用测控或其他 IED 设备。

四、间隔层设备

1. 保护及安自设备

主要调试工作与要求：

（1）MMS 信息交互功能正确，SV 输入、GOOSE 输入/输出虚端子配置符合设计、功能正确。

（2）过程层通信端口及参数配置满足设计、Q/GDW 441 的直采直跳要求。

（3）SV 双 A/D 偏差大、通道断链以及采样数据异常等判断与响应功能正确，采样测量正确、测量断面一致；GOOSE 通道断链、数据异常等判断与响应功能正确。

（4）保护、安自逻辑功能正确，保护及安自设备与其他设备之间的相互启动、相互闭锁、位置状态等 GOOSE 信息交换符合设计，压板投退功能正确，保护信息上送功能正确。

（5）时间同步信号接收正确，故障告警功能正确，故障信息上送符合设计且监测设备响应正确。

2. 测控设备

主要调试工作与要求：

（1）MMS 信息交互功能正确，SV 输入、GOOSE 输入/输出虚端子配置符合设计、功能正确。

（2）时间同步信号接收正确，采样测量正确、断面一致，就地/远方压板功能正确，监控操作选择-返校-执行功能正确。

（3）面板操作与虚端子信号仿真检测：参数设置功能正确，防误闭锁逻辑符合设计策略，操作控制、合闸同期、间隔顺控等逻辑正确，事件顺序记录功能正确，过程层设备监测告警功能正确。

（4）时间同步信号接收正确，故障告警功能正确，故障信息上送符合设计且监测设备响应正确。

3. 智能电表设备

主要调试工作与要求：

（1）按设计检查通信端口、SV 输入虚端子，参数配置、交流采样测量功能配置正确。

（2）设备与电能量计量数据采集器通信功能正确。

（3）故障告警与信息上送符合设计且监测设备响应正确。

4. PMU 设备

主要调试工作与要求：

（1）导入 SCD 文件配置通道，各 SV 输入、GOOSE 输入/输出通道功能配置正确、符合设计。

（2）按设计配置设备测量频率、越限阈值、相量数据实时记录等功能。

（3）设备与 PMU 数据集中器通信正确，配置实时监测响应、频率越限事件标识、事件数据记录/召唤等功能。

（4）时间同步信号接收正确，故障告警功能正确，故障信息上送符合设计且监测设备响应正确。

五、过程层设备

1. 合并单元

主要调试工作与要求：

（1）SV 输出、GOOSE 输入/输出虚端子配置正确，交流采样输入方式符合设计。

（2）电子式互感器采样值测量转换宜按 Q/GDW 690 进行整体校验，电磁互感器采样值测量转换应按 Q/GDW 441、Q/GDW 691 进行模拟量输入合并单元校验，额定迟延、基本误差应满足相应指标要求。

（3）同步信号接收及同步采样应用正确，通信端口及参数配置符合 Q/GDW 441 直接采样要求。

（4）交流采样 SV 输出信号的顺序、相序、极性、比差、迟延时间等配置正确，采样频率配置应满足采样值应用设备的要求。

（5）投退检修压板功能正确，且 GOOSE、SV 信息响应符合设计。

（6）网络获取断路器、刀闸位置 GOOSE 信息功能正确，电压切换/并列功能正确。

（7）故障告警与信息上送符合设计且监测设备响应正确。

2．智能终端（智能操作箱）

主要调试工作与要求：

（1）GOOSE 输入/输出虚端子配置正确，且与现场开关量、模拟量端口关联正确。

（2）同步信号接收正确，通信端口及参数配置符合 Q/GDW 441 直接采样、直接跳闸要求。

（3）压板功能、控制回路及回路监视功能完整、正确，且 GOOSE 信息响应正确。

（4）主变本体信息交互功能、现场端口输入/输出功能、就地控制与非电量保护功能完整、正确，环境监测信息采集功能正确。

（5）开关量 SOE 功能正确且时标正确、出口转换正确，并满足有关标准的技术要求。

（6）故障告警与信息上送符合设计且监测设备响应正确。

第四节　分系统功能调试

一、范围与要求

（1）应按照线路、母线、母联、分段、变压器（含非电量）、电容、电抗等一次设备，以及全站保护及安自、测控及监控、告警直传及远动、电能计量、PMU 等分系统功能设计，实现分系统各项功能。

（2）分系统相关一次设备的各项测量、位置状态、操作控制等输入/输出功能，应按表 1-4-1 要求完成系统接口试验；一次设备的分系统各项功能应整体满足技术要求，应通过间隔整组设备、间隔相关设备、站控层设备等之间的联调实现，并应按表 1-4-2 要求完成现场传动试验。

表 1-4-1　　　　　　　　　　　系统接口试验要求

项目	要　　　求
检查工作	（1）站控层设备配置应正确，单体调试均已合格且定值及软件版本（含通信版本）正确有效。 （2）间隔层（保护及安自、测控、智能电表、PMU 等）、过程层（合并单元、智能终端等）、站控层设备之间，通信状态正确且各设备时间同步信号正确。 （3）现场输入/输出功能相关的间隔层设备、过程层设备、故障录波、网络分析等设备之间，SV、GOOSE 通信状态正确
试验工作	（1）交流采样输入试验：站控层设备、间隔层装置与合并单元联调，测量准确度、线性度满足技术要求，且输入信号关联的故障录波、网络分析等设备显示结果应正确。 （2）交流输入同步采样试验：站控层设备、间隔层装置与相关差流、功率测量的合并单元共同联调，测量信号之间同步采样一致性满足要求，故障录波、网络分析等设备显示结果一致，且保护、安自等功能不应因合并单元外接时间同步信号异常或恢复正常而发生故障。 （3）开关量输入/输出试验：站控层设备、间隔层装置与智能终端联调，开入/开出信号正确，SOE 正确性应满足要求，且输入/输出信号关联的故障录波、网络分析等设备响应正确。 （4）非电量测量输入试验：站控层设备、间隔层装置、智能终端联调，测量正确、满足要求

表 1－4－2　　　　　　　　　　　一次通流升压与现场传动试验要求

项目	要　　　求
一次通流升压试验	宜通过现场一次通流升压检验互感器各交流采样通道变比、极性正确，相关设备采样测量应正确。电子式互感器应按照 Q/GDW 689 执行
现场传动试验	（1）核查传动试验相关一次设备、二次回路调试完毕并合格，且现场具备传动条件。 （2）间隔层测控设备操作闭锁功能正确，站控层监控功能正确，一次设备传动与返回信号正确。 （3）检验间隔故障录波信息分组完整、定值正确。 （4）模拟现场故障，保护及安自间隔整组功能传动试验正确，故障录波开入开出、采样值、定值和触发录波等故障记录信息完整，站控层监控信息、保护信息管理功能正确。 （5）保护设备故障动作及过程的记录，应与测控装置、故障录波、网络分析等设备的相关信息以及时序记录相符，且保护出口迟延时间满足要求

（3）一体化电源分系统，应实现总监控装置对电源设备的统一监视控制能力，具备各电源设备运行信息数据上送、就地/远方控制、站用电源设备联动等功能。

（4）在线监测分系统，现场数据采集、取样控制回路安装调试工作应在相应本体电气试验前完成，监测数据源应通过本体试验且宜结合本体调试标定阈值。

（5）辅助控制应按设计实现 Q/GDW 688 有关各项功能，应调试实现图像监视及安全警卫、环境监视控制、火灾自动报警等功能及其相互之间的正确联动。

二、保护与安自

（1）保护、安自装置间隔整组及关联设备联调，主要调试工作与要求如下：

1）保护、安自间隔整组设备压板配合试验，保护/安自闭锁功能完整、检修机制正确。

2）保护、安自设备与关联的其他间隔设备、故障录波、网络分析等设备之间，启动、闭锁、位置状态等网络信息交换正确。

3）检验保护、安自设备与过程层 IED 之间的 SV 上行通道、GOOSE 上/下行通道功能，核查直接采样、直接跳闸的正确性，相关电压切换功能及回路应正确。

4）保护、安自设备整定值、软/硬压板配合，现场模拟故障检验定值准确、保护动作行为正确，纵联通道、就地控制回路功能正确，非电量保护回路完整且功能正确。

5）间隔整组设备为整体，现场模拟保护、安自功能传动试验正确，并满足 GB/T 14285、DL/T 995 以及 Q/GDW 161、Q/GDW 175、Q/GDW 441、Q/GDW 766、Q/GDW 767 的要求，且故障录波、网络分析等设备响应正确。

（2）监控及保护信息主机与保护装置间隔整组设备以及相关设备联调，主要调试工作与要求如下：

1）主机设备与保护设备的信息交互功能正确，录波召唤、分析功能正确。

2）保护状态、定值、软压板的召唤功能正确。

3）保护告警信息、开关量信息、动作信息的报警功能正确。

4）定值调阅、修改和定值组切换等定值管理功能正确。

5）保护信息与远方主站通信交互功能正确，接收保护定值整定单、保护定值校核及显示、保护远方复归等功能正确。

三、测控及监控

（1）测控装置间隔整组及关联设备联调，主要调试工作与要求如下：

1）测控装置与关联设备之间的相互联闭锁、位置状态等网络信息交换正确，检修机制正确。

2）测控软/硬压板、操作把手配合，验证操作闭锁功能正确。

3）模拟现场信号，验证联闭锁功能正确。

4）间隔整组设备为整体，模拟现场信号查验测控功能实际动作逻辑应与预设策略一致，模拟传动试验正确且整体性能应满足本标准、Q/GDW 214、GB/T 13729 技术要求。

（2）监控及保护信息主机与测控装置间隔整组设备以及相关设备联调，主要调试工作与要求如下：

1）遥测量采集显示功能完整、正确，测量准确度和线性度满足技术要求。

2）五防操作逻辑正确，各间隔保护/测控的遥控压板功能正确，相关间隔防误闭锁功能正确，单设备控制、同期操作、定值修改、软压板投退、变压器分接头调节等功能正确。

3）一次设备实时模拟接线状态图与现场实际分、合状态一致，同期检测、断路器紧急操作正确。

4）遥调控制逻辑实现方式与设计策略一致。

5）监控"四遥"传动试验功能正确，应满足 Q/GDW 214 等标准的技术要求。

6）智能控制柜温/湿度以及热交换设备监测功能正确，热交换设备运行状态与设定值相符。

四、告警直传及远动

数据通信网关机与各测控装置、保护与安自装置间隔整组设备的联调工作，宜协同保护、安自、测控及监控进行调试，且应满足本标准、Q/GDW 214、GB/T 13730 的技术要求。

主要调试工作与要求：

（1）保护、安自装置告警直传符合设计、功能正确，保护告警直传与保护信息主机响应一致。

（2）远动遥信、遥测以及测控装置告警直传符合设计、信息正确，且与监控主机、现场状况一致。

（3）远动遥测准确度/线性度满足要求并应与监控显示相符，且远程实时运行数据浏览正确。

（4）远动遥控、遥调与预设控制策略一致，传动试验及关联遥信与相应监控显示一致并正确。

五、电能计量

主要调试工作与要求：

（1）电能计量功能，宜由现场调试人员配合计量人员完成并应满足 DL/T 698 的要求。

（2）通过电能量数据采集器、智能电表、合并单元等关联设备联调，正确实现数据采集、电能量信息远方交互等功能，联调监控主机正确实现电能量信息站内交互功能。

六、PMU 相量测量

主要调试工作与要求：

（1）PMU 设备与关联合并单元、智能终端联调，设备功能正确并满足 Q/GDW 131 相关要求。

（2）PMU 数据集中器、PMU 设备与关联合并单元、智能终端联调，主站同步相量实时监测、多主站召唤等功能正确，联调监控主机正确实现相量测量站内交互功能。

七、一体化电源

总监控装置应与综合应用服务器、各电源装置联调，主要调试工作与要求：

（1）电源装置与电源设备之间的调试项目与内容，应满足 Q/GDW 576 的相关要求。

（2）总监控装置的各电源装置主界面/子界面图形、列表显示功能正确，运行监视功能的实时信息检测参数正确。

（3）总监控装置、被调试电源装置的报警信息显示、输出与记录功能正确，就地和远方报警功能正确，模拟试验就地和远方报警功能正确。

（4）总监控装置、被调试电源装置的检察、巡检、检测准确度及检测周期、维护管理等功能正确。

（5）站内、调度主站的一体化电源监控功能正确，数据交换应符合《电力一次系统安全防护规定》的要求。

八、在线监测

本体在线监测功能，应通过在线监测组件、站端监测单元、综合应用服务器等关联设备联调实现，主要调试工作与要求：

（1）传感器采样与取样控制回路安装正确、调试合格且满足本体安全要求，数据监测、取样控制功能正确并满足 Q/GDW 534 的技术要求。

（2）宜依据本体电气试验标定的监测数据或曲线，并根据本体资料提供的技术参数，设定监测阈值、自检、预警等参数且功能正确。

（3）综合分析、故障诊断、预警以及相关图形、曲线、报表等监测功能正确，至调度监测功能正确，在线监测数据交换应符合《电力二次系统安全防护规定》的要求。

九、辅助控制

1. 传动试验主要调试工作与要求

（1）图像监视及安全警卫：各摄像头监视及画面质量、预设位置、传动控制等功能正确，布防/撤防、图像跟踪监视功能正确，门禁功能正确。

（2）环境监视控制：温度、湿度、SF_6、水浸传感器位置正确、显示值正确、预设报警功能正确，空调/风机/水泵/照明设备启停正确。

（3）火灾自动报警：火灾探测器位置正确、信号正确，手动报警按钮信号正确。

2. 联动试验主要调试工作与要求

（1）火灾自动报警联动视频/图像设备功能正确，环境监控联动视频/图像、照明等设备功能正确。

（2）一体化监控状态联动视频/图像设备功能正确，至主站视频/图像功能正确，辅助控制数据交换应符合《电力二次系统安全防护规定》的要求。

第五节　系　统　联　调

一、范围与要求

（1）系统联调项目宜站内、远方协同进行，应通过模拟现场环境、功能整体传动的方式，联调各关联分系统实现设计的数据采集、操作与控制、高级应用、运行管理与信息传输等一体化监控功能。

（2）系统联调应包含系统主备功能，项目与结果应满足 Q/GDW 678、GB/T 13730 的相关技术要求。

二、数据采集

联调测控及监控、计量、PMU 等分系统，以及关联的故障录波设备，完整实现电网稳态、动态和暂态数据的正确采集，且相关显示/告警正确。

联调保护与安自、测控及监控、告警直传及远动、一体化电源、在线监测、辅助控制等分系统，以及关联的网络、公用测控、时间同步、网络分析等设备，实现一次/二次设备、辅助控制设备运行状态以及环境监测等数据的正确采集，且相关显示/告警正确。

三、操作与控制

联调保护与安自、测控及监控、告警直传及远动、一体化电源、辅助控制等分系统，正确实现站内/调度操作与控制功能的站域防误闭锁、分级控制以及安全防护、视频联动等功能，且相关显示/告警正确。

四、高级应用

1. 顺序控制

联调测控及监控、直传信息及远动、辅助控制等分系统，按照站内、远方顺序控制操作界面传动实现顺序控制功能，全过程应正确、视频联动正确，顺序控制的开始、终止、暂停、继续、急停等功能可靠，相关站域防误闭锁功能正确。

2. 无功控制

无功自动调节投退、目标值设定等功能正确，自动调节试验正确。

3. 信息综合分析与智能告警

根据数据采集功能的实时/非实时运行数据、辅助应用信息、各种告警及事故信号等，按设计实现数据合理性分析、不良数据辨识等功能。根据设计和统一命名格式要求，实现分层、分类的信息告警功能，并按照故障类型提供故障诊断及故障分析报告。

五、运行管理与信息传输

根据设计标准、Q/GDW 678 的运行管理与信息传输功能要求，通过系统联调实现源端维护、操作权限管理以及设备、保护定值、检修计划等集中管理功能。遵循《电力二次系统安全防护规定》(电监会令第 5 号) 的要求，实现站内、站外信息的分区、管理与传输。

第六节   送 电 试 验

一次设备投运前应进行送电试验，核查相应的二次回路、各分系统及其关联设备以及一体化监控功能。包含但不限于以下核查项目与内容：

（1）检查相关一次设备、二次回路正确并满足送电试验条件，按定值单检查保护及安自功能参数设置、软/硬压板位置正确并符合送电试验要求。

（2）一次设备送电试验运行正常，交流采样值幅值、相位、极性及相关潮流/差流/计算量正确，保护及安自、测控及监控、直传信息及远动、计量、PMU、辅助控制等功能响应正确，数据采集、操作控制、高级应用等一体化监控功能响应正确。

（3）故障录波设备与网络分析设备的 GOOSE/SV 数据记录及其时标一致，监测分析功能正确、运行稳定且数据时序与送电试验过程相符。

第七节   调 试 资 料

一、调试报告

调试单位应按照规范的内容与要求，以及调试大纲/方案、技术资料、设计资料/变更、调试记录、配置管理记录等组织编写调试报告，包含但不限于以下内容与要求：

（1）调试报告应包含调试范围与技术要求、设备构成与配置检查，以及调试过程、问题处理、送电试验、最终参数配置与调试结论等技术内容。

（2）调试报告应包括：系统联调、各分系统功能（含单体设备、二次回路）调试报告，网络设备、公用测控、时间同步、故障录波、网络分析等设备及功能的调试报告，以及一次设备校验、试验报告等。

二、资料移交

调试单位向业主单位移交的技术资料，包含但不限于以下要求：

（1）工程设计资料/变更文件、设备技术资料、已设置定值单、远动信息表、设备命名等文件。

（2）SCD 配置文件，单体设备应用、配置、组态下装等文件，IP/MAC 地址分配表、网络交换设备管理/工作端口配置表、IED 工作参数设置清单。

（3）完整的调试报告，以及缺陷处理与调试遗留问题清单。

第八节　调　试　模　型

智能变电站各项功能应是统一实现的整体，本节介绍若干设备联调试验模型。

一、精密时间信息检测

1. 范围与要求

BD、GPS 主时钟设备之间应是主/备或冗余方式，时钟设备 BD/GPS 跟踪、切换、恢复功能应正确，时钟设备自守时、自恢复功能应正确，IRIG - B 和 PTP（即 IEC 61588）等精密时间信息输出与传输应准确。

可采用时间同步测试设备，检验时钟设备各项功能的正确性，以及检测各时钟设备信息输出与传输的准确度。

2. 时钟设备输出功能检测

参见图 1 - 8 - 1（a）时钟设备系统结构下的扩展时钟设备，主要检测内容与要求如下：

（1）BD 跟踪：BD、GPS 信号跟踪均有效，设备精密时间信息输出准确度应满足要求。

（2）GPS 跟踪：断开 BD 天线，输出信号正确稳定，与（1）之间的偏差应满足要求。

（3）自守时：顺序断开 GPS 天线、备跟踪、主跟踪信号，设备输出均应满足自守时要求。

（4）自恢复：按上述（2）、（3）的断开步骤反向恢复，自恢复过程正确、准确度满足要求。

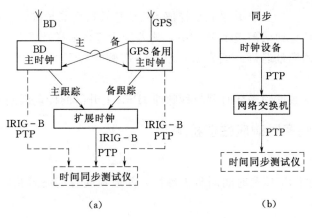

图 1 - 8 - 1　精密时间信息检测模型

（a）时钟设备输出；（b）网络输出

3. 精密时间信息网络传输检测

参见图 1-8-1（b），按 PTP 信息网络传输应用策略，检验交换机传输时间信息正确。

二、合并单元采样值转换性能校验

1. 范围与要求

应检验 SV 采样值的准确性/稳定性、转换迟延时间正确性、时间同步正确性，可参考图 1-8-2 所示模型校验。电子式互感器宜与合并单元整体校验，常规互感器的合并单元应校验。

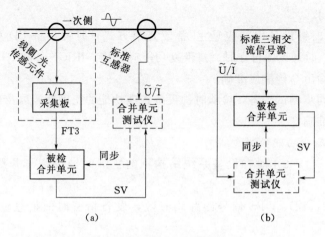

图 1-8-2　采样值同步检测模型
(a) 电子式；(b) 电磁式

图 1-8-2（a），电子式互感器由传感器至 SV 输出之间，若器件、元件调整变动则应经整体校验确认。

2. 采样值同步校验

参照图 1-8-2（b），合并单元采样值 SV 信息转换性能校验，主要内容与要求：

（1）SV 数据帧抖动误差应小于 $10\mu s$，比差校验符合采样转换等级要求。

（2）SV 数据帧携带迟延时间常数，应与一次侧采样至 SV 输出的转换时间差一致，且应小于 2ms。

（3）SV 序号 0 数据帧采样时刻与秒脉冲 1PPS 上升沿的标定误差应小于 $1\mu s$。

三、智能终端实时响应性能检测

1. 范围与要求

应检验智能终端 SOE 及时间同步正确性，并应检验智能终端接收 GOOSE 信息至出口的实时响应能力。

2. 智能终端检测

可参考图 1-8-3，智能终端时间同步检测，主要内容与要求如下：

（1）图 1-8-3（a）中测试仪与卫星信号同步，控制输出变位信号序列至智能终端，智能终端 SOE 时标应与测试仪控制输出时刻、时序一致并满足技术要求。

（2）图 1-8-3（b）中智能终端操作输出端接入变位输入端，测控操作 GOOSE 指令输出时间与 SOE 时标时间之差应满足技术要求。

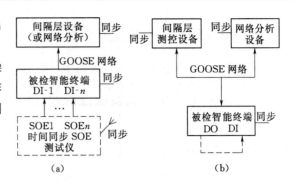

图 1-8-3　智能终端时间同步检测模型
（a）测试仪与卫星信号同步；（b）智能终端
操作输出端接入变位输入端

四、同步采样与时间失步试验

本项试验应在相关交流电流或电压测量、频率测量准确度满足要求的基础上进行。

1. 范围与要求

采用模拟量输入合并单元的智能变电站交流测量，可参照图 1-8-4，检验间隔及其关联设备的功率、差流等测量功能同步采样正确性，且保护功能不应因合并单元时间同步信号异常而退出。

2. 试验要求

参考图 1-8-4，试验的主要内容与要求如下：

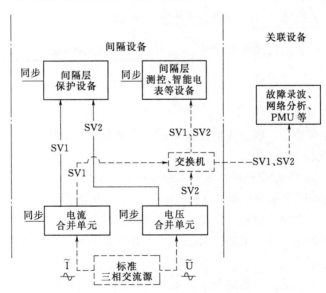

图 1-8-4　同步采样与时间失步试验模型

（1）交流同步采样试验。交流测量通道之间应同时采用同一标准测试设备模拟功率或差流信号，间隔层设备的功率、差流等同步采样计算功能应正确稳定，并应满足技术要求。

（2）合并单元时间失步试验。测试设备保持输出稳定，断开合并单元时间同步信号并重新启动至正常采样的前后，间隔层保护设备测量值、相角差应一致，且保护功能不应因合并单元再次恢复时间同步信号而发生异常。

五、交流同步采样全站一致性试验

宜选择某一高压侧母线电压交流采样通道为全站交流采样的同步基准断面，通过断面传递的方式进行全站交流同步采样一致性检验。

1. 范围与要求

采用模拟量输入合并单元的智能变电站交流测量通道，可参考图 1-8-5，检验全站交流测量通道的同步采样一致性。

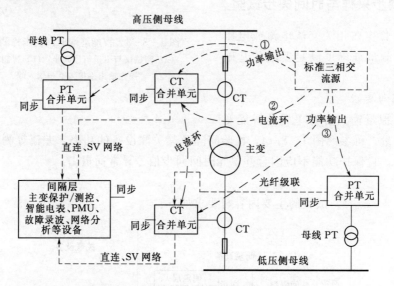

图 1-8-5　全站同步采样一致性试验模型

试验应在各交流通道测量准确度、频率测量等功能正确的基础上进行。若被检交流信号与传递断面存在偏差，则宜调整被检交流测量通道的合并单元。

2. 断面采样试验

参考图 1-8-5，全站交流同步采样一致性试验主要内容：

（1）电压、电流同步采样试验：如图所示①、③，主要适用于线路、母线、变压器等电压与电流合并单元之间功率测量的同步采样试验。

（2）电流同步采样试验：如图所示②，主要适用于母差、变压器各侧电流合并单元之间的差流同步采样试验。

（3）全站同步采样试验：如图所示，采用①、②、③试验顺序的方式，可检验高、低压侧母线之间的交流同步采样一致性。同理，可根据各侧母线电压合并单元，检验各侧线路合并单元与站内同步采样基准断面一致性。

六、一体化监控与视频联动试验

参考图 1-8-6，在进行传动试验、送电试验时，可同时检验站控层设备的相关数据采集、运行监视、操作控制、告警分级、事件顺序、保护信息、故障分析、智能告警等一体化监控功能，以及检查传动试验、送电试验项目与辅助控制分系统之间的视频联动功能。

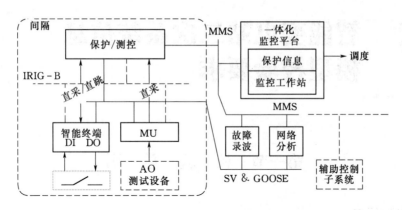

图 1-8-6　一体化监控与视频联动试验

可通过不同分系统的联调，检验一体化监控系统的其他功能。

第二章 智能变电站二次系统信息模型校验要求

第一节 校 验 总 则

一、校验目的

通过规范二次系统信息模型的校验流程、校验项目和内容、校验指标要求等，保证信息模型一致性、有效性，促进信息模型的标准化、规范化，实现不同厂家、不同应用设备（或系统）之间的互操作性。

二、校验原则

二次系统信息模型校验严格遵循 DL/T 860 一致性测试的要求，确保模型的有效性、完整性和一致性。校验要求应与 DL/T 860 和国网企业标准的最新版本保持一致，并遵循以下原则：

（1）若新版标准对老版标准的原有校验规则进行修正，应以新版标准的规则为准。

（2）若新版标准新增了老版标准没有的校验规则，应允许进行版本选择性校验。

（3）若老版标准或规范存在疏漏或描述模糊，不宜做强制性检查。

（4）所有工程应用中的二次系统模型，应经过国网企标工程应用模型规范化校验。

（5）针对标准中未涉及一些应用类装置的标准化模型，应参照有关技术文件进行检查。

三、校验结果划分原则

信息模型校验结果应按问题严重性进行级别划分，宜划分为错误（E）、警告（W）、提醒（R）三种，划分原则如下：

（1）模型问题属于与标准、规范明显不符或配置不一致等，应视为错误。

（2）模型问题属于某种程度内可接受但存在未知风险，比如不同标准版本数据类型定义不一致引起的兼容性问题、数据模板重复定义引起潜在冲突等，应视为警告。

（3）模型问题属于模型信息存在冗余、扩展或自定义等，不影响通信互操作，应视为提醒。

四、校验指标要求

二次系统信息模型校验的指标要求是校验结果不能包含错误项，而且模型标准化校验的标准化率不低于 99.5%，工程应用模型规范化校验标准化率不低于 99%，模型动态检查的一致性合格率应不低于 98％、不同 ICD 模型文件之间的一致性校验合格率不低于 99.5％，同一工程不同类型模型文件之间的一致性校验合格率应达到 100％。

第二节　校　验　流　程

智能变电站二次系统信息模型校验应采用图 2-2-1 所示的规范化流程，分为 3 个校验时间节点进行（图中红色小圆圈代表信息模型校验节点）。

（1）校验节点①，应开展 ICD 文件标准化校验、ICD 文件工程应用模型规范化校验、不同 ICD 模型文件之间的一致性校验。

（2）校验节点②，应开展 SCD 文件标准化校验、SCD 文件工程应用模型规范化校验、同一工程不同类型模型文件的一致性校验。

（3）校验节点③，应开展模型动态校验、同一工程不同类型模型文件的一致性校验。

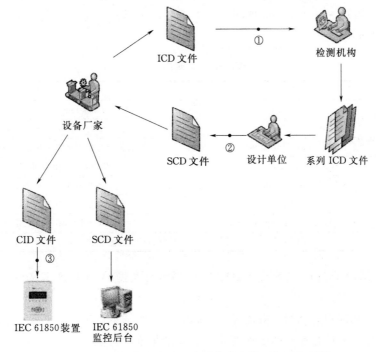

图 2-2-1　智能变电站二次系统信息模型校验流程图

第三节　校　验　项　目　和　要　求

二次系统信息模型校验项目共包括模型标准化校验、工程应用模型规范化校验、模型动态校验、不同 TCD 模型文件之间的一致性校验、同一工程不同类型模型文件一致性校验等 5 个大项的内容。针对每个大项，规定总的校验指标要求，规定若干具体的校验内容，并在每个校验内容条目末尾均注明了模型校验结果的问题级别，（E）代表错误、（W）代表警告、（R）代表提醒。

一、模型标准化校验

模型标准化校验是依据 DL/T 860 标准的要求，检查 SCL 模型是否完全符合标准、配置是否正确。

本项校验内容总共包括 8 个小项，每个小项包括若干条目。本项校验结果的指标要求：标准化率应不低于 99.5％（且校验结果不含错误项）。其中，标准化率指标计算如下：

标准化率＝[(总的标准检测项个数－警告项个数)/总的标准检测项个数]×100％

1. 语法格式检查

检查 SCL 语法格式是否满足 DL/T 860.6 附录中 SCL. Schema 文件的校验规则（共 8 个 SCL Schema 文件，如表 2－3－1 所示）。针对模型文件中需要显示引用才进行检查的少数 SCL Schema 规则（如 SCL _ Communication. xsd 文件中关于 LP _ MAC Address 等类型 P 元素的内容约束规则），应不管待校验模型是否显示引用均要强制检查。考虑到 IEC 61850 第二版对 SCL Schema 规则进行了更新，实际校验时，应允许选择相应的 SCL Schema 版本进行校验。

表 2 - 3 - 1 SCL Schema 规则文件

序号	文 件 名	描 述
1	SCL _ Enums. xsd	所用可扩展标记语言模式枚举
2	SCL _ BaseSimpleTypes. xsd	被其他部分所用的基本简单类型
3	SCL _ BascTypes. xsd	被其他部分所用的基本复杂类型定义
4	SCL _ Substation. xsd	变电站有关语法定义
5	SCL _ Communication. xsd	通信有关语法定义
6	SCL _ IED. xsd	智能电子设备有关语法定义
7	SCL _ DataTypeTemplates. xsd	数据类型样本有关语法定义
8	SCL. xsd	主 SCL 模式语法定义，定义每个 SCL 文件的根元素

本项检查适用于 ICD、SSD、SCD、CID 等所有类型的 SCL 模型文件，校验内容包括以下规则：

（1）模型文档应符合 XML 格式规范，起始标签和结束标签应当匹配。（E）

（2）模型文档中具有唯一性要求的元素必须满足唯一性要求。（E）

（3）模型文档中命名大小写应规范一致，属性名以小写字母开头，元素名以大写字母开头。（E）

（4）元素应当正确嵌套，SCL 模型中每一层嵌套关系应符合标准的严格规定。（E）

（5）每个元素包含的属性名具有唯一性，不允许重复。（E）

（6）元素有可选属性和必选属性区分，必选属性在模型文档中不可缺失。（E）

（7）在 SCL 标准命名空间下，每一个元素的属性是固定的，不能任意添加其他属性；若需其他私有属性，应定义新的命名空间。（E）

（8）元素内容和属性值不应超过标准的范围约束（包括长度、枚举、正则表达式等约束）。（E）

2. 数据类型模板一致性检查

本项校验内容依据 DL/T 860.7-3、DL/T 860.7-4，对 SCL 模型文件的数据类型模板进行标准一致性检查，适用于 ICD、CID、SCD 模型文件。具体的校验内容包括：

（1）检查标准 LNodeType 的强制（或条件强制）DO 是否存在。（E）

（2）检查标准 LNodeType 是否存在扩展的 DO 类型。（R）

（3）标准 LNodeType 的继承性扩展 DO 的数据类型是否与已有标准 DO 数据类型一致。（W）

（4）检查标准 LNodeType 的扩展 DO 命名空间是否存在或冲突。（E）

（5）检查标准 LNodeType 的标准 DO 顺序是否正确。（E）

（6）检查标准 LNodeType 的标准 DO 的数据类型是否正确。（E）

（7）检查标准 LNodeType 的扩展 DO 与其他 DO 是否冲突。（E）

（8）检查扩展 LNodeType 的命名空间是否存在。（E）

（9）检查是否存在扩展的 LNodeType。（R）

（10）检查扩展 LNodeType 中强制的基本 DO 是否存在。（E）

（11）检查是否存在扩展的 CDC 类型。（R）

（12）检查扩展 CDC 类型的 cdcNs 和 cdcName 属性是否存在。（E）

（13）检查 DOType 的强制 DA 元素是否存在。（E）

（14）检查 DOType 的标准 DA 元素顺序是否正确。（E）

（15）检查 DOType 的数据类型是否正确。（E）

（16）检查是否存在扩展 DA。（R）

（17）检查 DAType 的强制 BDA 元素是否存在。（E）

（18）检查 DAType 的 BDA 元素顺序是否正确。（E）

（19）检查 DAType 的数据类型是否正确。（E）

（20）检查是否存在扩展的 BDA。（R）

（21）检查标准 EnumType 的类型和值是否正确。（E）

（22）检查是否存在扩展的 EnumType。（R）

3. 数据类型模板重复定义检查

本项校验内容检查 SCL 模型中数据类型模板＜DataTypeTemplates＞定义的各种数据类型是否存在内容相同、命名不同的情况，若存在，说明该数据类型模板重复定义，应进行合并。本校验内容适用于 ICD、CID、SCD 模型文件的检查。具体的校验内容包括：

（1）LNodeType 是否存在重复定义。（W）

（2）DOType 是否存在重复定义。（W）

（3）DAType 是否存在重复定义。（W）

（4）EnumType 是否存在重复定义。（W）

4. 数据类型模板引用检查

本项校验内容检查 SCL 模型中＜DataTypeTemplates＞元素内定义的各种数据类型模板是否被模型中其他部分的内容引用，若未被引用，说明该数据类型模板是冗余的。本项校验内容适用于 ICD、CID、SCD 模型文件的检查。具体的校验内容包括：

（1）LNodeType 是否被逻辑节点实例引用。（W）

（2）DOType 是否被 DO 或 SDO 对象引用。（R）

（3）DAType 是否被 DA 属性引用。（R）

（4）EnumType 是否被 DA 属性引用。（R）

5. 数据集、控制块配置的一致性检查

本项校验内容检查模型文件中的数据集、控制块配置是否符合内部一致性原则，适用于 ICD、CID、SCD 模型文件的检查。具体的校验内容包括：

（1）数据集配置的＜FCDA＞非空的属性值是否指向模型中已存在的数据对象和数据属性。（E）

（2）数据集配置的＜FCDA＞实际个数是否小于或等于＜ConfDataset＞的 maxAttributes 属性值。（E）

（3）数据集＜DataSet＞实际个数是否小于或等于＜ConfDataset＞的 max 属性值。（E）

（4）控制块引用的数据集是否有效。（E）

（5）报告控制块＜ReportControl＞实际个数是否小于或等于＜ConfReportControl＞的 max 属性值。（E）

（6）日志控制块＜LogControl＞实际个数是否小于或等于＜ConfLogControl＞的 max 属性值。（E）

6. 模型数据对象实例化配置检查

本项校验内容检查模型中的实例化对象和实例值与数据类型模板定义的一致性，适用于 ICD、CID、SCD 模型文件的检查，具体校验内容包括：

（1）实例化配置 DOI/SDI/DAI 的对象索引是否与数据类型模板定义的数据对象结构一致。（E）

（2）实例化配置 DOI/SDI/DAI 的实例值是否与数据类型模板定义的该数据对象的数据格式、数据范围一致。（E）

7. 通信参数和命名的一致性检查

本项校验内容检查模型文件中的 IED 通信参数和有关命名是否符合内部一致性原则，若无特别说明，适用于 ICD、SCD、CID 模型文件的检查，具体的校验内容包括：

（1）＜Communication＞下＜ConnectedAP＞的 apName 属性值是否指向已存在的 IED 访问点。（E）

（2）＜Communication＞下＜ConnectedAP＞的 iedName 属性值是否指向已存在的 IED。（E）

（3）＜Communication＞下＜GSE＞的 cbName、ldInst 属性值是否指向已存在的 IED 控制块。（E）

（4）＜Communication＞下＜SMV＞的 cbName、ldInst 属性值是否指向已存在的 IED 控制块。（E）

（5）SCD 文件中＜Communication＞下＜GSE＞的 MAC – Address 的值是否全局唯一。（E）

（6）＜Communication＞下＜SMV＞的 APPID 的值是否为 4 位 16 进制值，是否在

4000～7FFF 取值范围内且不可为 0。（E）

（7）＜Communication＞下＜GSE＞的 APPID 的值是否为 4 位 16 进制值，是否在 0000～3FFF 取值范围内。（E）

（8）＜Communication＞下＜SMV＞和＜GSE＞的 VLAN－ID 是否为 3 位 16 进制值。（E）

（9）模型中配置的＜AccessPoint＞元素和＜Server＞元素是否一一对应。（E）

（10）SCD 文件中 IED 的 IP 地址是否全局唯一。（E）

（11）SCD 文件中 IED 的命名是否全局唯一。（E）

（12）SCD 文件中＜GSEControl＞的 appID 的值、＜SampledValueControl＞的 smvID 的值是否全局唯一。（E）

（13）ICD 文件中 IED 命名是否为"TEMPLATE"。（E）

8. 虚端子连线配置检查

本项校验内容检查 SCD 模型文件中 GOOSE、SV 虚端子连线配置的对象索引是否有效、数据类型是否一致或兼容，适用于 SCD 模型文件的检查。具体的校验内容包括：

（1）SCD 文件中 GOOSE 虚端子连线的对象索引是否有效。（E）

（2）SCD 文件中 GOOSE 虚端子连线的对象数据类型收发双方是否一致或兼容。（E）

（3）SCD 文件中存在 GOOSE 订阅关系的虚端子，对应 GOOSE 发送控制块的通信参数配置是否存在。（E）

（4）SCD 文件中 SV 虚端子连线的对象索引是否有效。（E）

（5）SCD 文件中 SV 虚端子连线的对象数据类型收发双方是否一致或兼容。（E）

（6）SCD 文件中存在 SV 订阅关系的虚端子，对应 SV 发送控制块的通信参数配置是否存在。（E）

二、工程应用模型规范化校验

工程应用模型规范化校验是依据 Q/GDW 1396、Q/GDW 616 和 Q/GDW 695 等规范的要求，校验 SCL 模型是否完全符合规范，配置是否正确。

本项校验内容总共包括三个小项，每个小项包括若干条目。本项校验结果的指标要求：标准化率应不低于 99％（且校验结果不含错误项）。标准化率的计算方法如下：

标准化率＝[（总的标准检查项个数－警告项个数）/总的标准检查项个数]×100％

1. 应用类装置建模实例标准化检查

对不同应用类装置的建模规范化要求对模型文件中的逻辑设备、逻辑节点实例进行标准化校验，适用于 ICD、CID、SCD 模型文件。

不同应用类装置建模实例校验依据的规范见表 2－3－2。

具体的校验内容包括：

（1）模型中 IED 的逻辑设备是否符合规范应用类装置的逻辑设备建模的原则和要求。（E）

（2）模型中 IED 的逻辑节点实例是否符合规范应用类装置逻辑节点类实例化建模的原则和要求。（E）

表 2－3－2　　　　　　　　　不同应用类装置建模实例校验依据的规范

序号	应用类装置范围	依据标准和规范
1	线路保护、断路器保护、变压器保护、母线保护、电抗器保护、测控装置、智能终端、合并单元、录波装置	Q/GDW 1396
2	开关在线状态监测、变压器在线状态监测、套管监测、避雷器监测、电容型设备监测、变电站环境监测、绝缘子监测	Q/GDW 616
3	三态测控装置、电容器保护、稳控装置、小电流接地选线装置、直流屏、交直流一体化电源、光伏系统、电能质量监测设备	Q/GDW 695

2. 数据类型模板一致性检查

本校验内容依据国网企标模型规范定义的数据模板（参见 Q/GDW 1396 附录 A、附录 B、附录 C、附录 D，Q/GDW 616 附录 A、附录 B，Q/GDW 695 附录 A、附录 B、附录 C、附录 D），检查模型中的数据类型模板是否符合规范定义的统一逻辑节点类和扩充公共数据类要求，具体的校验内容包括：

（1）LNodeType 的内容是否符合规范的范围。（W）

（2）DOType 的命名和内容是否与规范完全一致。（E）

（3）DAType 的命名和内容是否与规范是否完全一致。（E）

（4）EnumType 的命名和内容是否与规范是否完全一致。（E）

3. 工程配置规范化检查

本校验内容依据有关模型规范对工程化配置的要求，检查模型文件的配置内容是否正确，适用于 ICD、CID、SCD 模型文件的检查。具体的校验内容包括：

（1）逻辑节点实例的前缀命名是否符合规范中的命名要求。（E）

（2）逻辑设备、访问点、数据集和报告的命名是否符合规范中的命名要求。（E）

（3）LD 和 LN 实例的"desc"属性值是否非空。（E）

（4）实例化 DOI 元素的"desc"属性值与"dU"属性值是否非空且两者一致。（E）

（5）GOOSE 和 SV 配置的＜ExtRef＞内部 intAddr 的值是否符合规范中的命名格式要求，规范格式应为"n－A：LD/LN.DO.DA"。（E）

（6）GOOSE 和 SV 配置的＜ExtRef＞内部 intAddr 的值在 IED 范围内是否唯一。（E）

（7）＜Communication＞下＜SubNetwork＞的子网命名是否符合规范中的命名要求。（W）

（8）＜Communication＞下＜PhysConn＞配置的物理端口插头类型、端口号、接口类型等是否符合规范中的命名要求。（E）

（9）数据集配置的＜FCDA＞实际个数是否小于或等于＜ConfDataset＞的 maxAttributes 属性值，且不超过 256。（E）

（10）模型中定值实例化内容是否包含相关数据属性如"units""stepSize""minVal"和"maxVal"等配置实例。（R）

（11）SCD 文件中是否存在 IED 过程层虚端子 CRC32 校验码和全站过程层虚端子 CRC32 校验码。（R）

（12）SCD 文件中的 IED 过程层虚端子 CRC32 校验码和全站过程层虚端子 CRC32 校验码是否正确。（R）

三、模型动态校验

本校验内容主要通过 DL/T 860 通信服务接口联机获取运行装置的动态模型和数据，将获取的动态模型和数据与离线的 CID 或 SCD 模型和数据进行比对，确保两者一致性。本项校验结果的指标要求：一致性比率应不低于 98％（且校验结果不含错误项）。一致性比率的计算方法同本节一。具体的校验内容包括：

（1）比对两者模型中各个数据对象是否完全一致。（E）

（2）比对两者模型中各个数据属性的数据类型是否完全一致。（E）

（3）比对两者模型中数据集是否完全一致。（E）

（4）比对两者模型中实例化数据属性初始值是否完全一致。（W）

（5）比对运行装置和 SCD 文件中过程层虚端子 CRC 校验码是否完全一致。（E）

四、不同 ICD 模型文件之间的一致性校验

本校验内容检查不同 ICD 模型文件的扩展数据、数据类型模板是否一致，保证工程应用中 SCD 集成配置时顺利导入 ICD 文件。本项校验结果的指标要求：一致性比率应达到 99.5％（且校验结果不含错误项）。一致性比率的计算方法同本节一。具体的校验内容包括：

1. 扩展建模一致性检查

本项校验内容检查不同 ICD 模型文件中非标准的扩展 LD 类、扩展 LN 类、扩展 DO 类的定义方式是否保持一致。本校验内容适用于不同 ICD 模型文件之间的检查。具体的校验内容包括：

（1）同类应用设备的扩展 LD 类（若存在时），建模是否一致。（E）

（2）同类应用逻辑功能的扩展 LN 类（若存在时），建模是否一致。（E）

（3）同类应用数据的扩展 DO 类（若存在时），建模是否一致。（E）

2. 数据类型模板重复定义检查

本项校验内容检查不同 ICD 模型文件中数据类型模板＜DataTypeTemplates＞定义的各种数据类型是否存在内容相同、命名不同的情况，若存在，说明该数据类型模板重复定义，应进行统一命名。本校验内容适用于不同 ICD 模型文件之间的检查。具体的校验内容包括：

（1）LNodeType 是否存在重复定义。（W）

（2）DOType 是否存在重复定义。（W）

（3）DAType 是否存在重复定义。（W）

（4）EnumType 是否存在重复定义。（W）

3. 数据类型模板冲突性检查

本项校验内容检查不同 ICD 模型文件中数据类型模板＜DataTypeTemplates＞定义的各种数据类型是否存在内容不同、命名相同的情况，若存在，说明该数据类型模板定义冲突，应进行区分命名。本校验内容适用于不同 ICD 模型文件之间的检查。具体的校验内

容包括：

（1）LNodeType 是否存在冲突。（E）

（2）DOType 是否存在冲突。（E）

（3）DAType 是否存在冲突。（E）

（4）EnumType 是否存在冲突。（E）

五、同一工程不同类型模型文件的一致性校验

本校验内容用于检查同一工程应用中的 ICD、SSD、SCD、CID 这几种模型文件的模型配置信息是否满足相互之间的内容一致性要求，保证工程模型配置流程中各个环节模型文件的同源性。根据工程模型配置流程的先后关系 ICD/SSD→SCD→CID，不同类型模型文件存在以下一致性校验关系，见表 2-3-3。

表 2-3-3　　　　　　　　　　不同类型模型文件的一致性校验关系表

类　型	ICD 文件	SSD 文件	SCD 文件	CID 文件
ICD 文件				
SSD 文件				
SCD 文件	√	√		
CID 文件			√	

本项校验结果的指标要求：一致性比率应达到 100%（且校验结果不含错误项）。一致性比率的计算方法同本节一。具体的校验内容如下：

1. SCD 文件与 ICD 文件的相关内容是否一致（E）

SCD 文件中数据类型模板<DataTypeTemplates>应包含 ICD 文件中定义的全部数据类型；SCD 文件中指定 IED 的逻辑设备<LDevice>、逻辑节点<LN>等模型节点的定义内容（desc 属性值、DOI/SDI/DAI 的配置内容除外）应与 ICD 文件中对应的内容应保持一致。

2. SCD 文件与 CID 文件的相关内容是否一致（E）

SCD 文件中数据类型模板<DataTypeTemplates>应包含 CID 文件中定义的全部数据类型；SCD 文件中通信<Communication>下指定 IED 的访问点<ConnectedAP>的内容、<IED>的内容（包括实例化配置 DOI/DAI/SDI 和虚端子配置信息等）应与 CID 文件中对应内容保持一致。

3. SCD 文件与 SSD 文件的相关内容是否一致（E）

SSD 文件中变电站接线图拓扑部分定义的内容如<VoltageLevel>、<PowerTransformer>、<Voltage>、<Function>等应与 SCD 文件中的变电站配置<Substation>下的对应内容保持一致；SSD 文件中有关一、二次 LN 节点关联部分实例化信息与 SCD 文件中<IED>实例化模型信息应保持一致。

第四节　校　验　方　法

二次系统信息模型校验工作宜采用自动化方法实现。

第三章　智能变电站自动化系统现场调试

第一节　自动化系统现场调试内容

自动化系统组态由系统集成单位负责完成，系统构架应合理完整，整个系统处于稳定的可调试状态。

一、站内网络系统调试

1. 范围与功能

站内网络系统主要由交换机和各类通信介质组成，实现 DL/T 860 中所提及的通信信息交换功能。

2. 调试内容

（1）外部检查：检查交换机数量、型号、额定参数与设计相符合，检查交换机接地可靠。

（2）工程配置：依据网络配置文件设置交换机功能和参数。

（3）通信光缆检查：检查光缆规格正确，标识正确，连接正确，光缆衰耗符合要求。

（4）通信铜缆检查：检查铜缆规格正确，标识正确，连接正确，接地可靠。

二、计算机监控系统调试

1. 范围与功能

计算机监控系统主要由站控层主机设备、间隔层测控设备和过程层设备构成，实现 DL/T 860 中所提及的自动化系统监控功能，主要包括测量、控制、状态检测、五防等相关功能。

2. 调试内容

（1）设备外部检查：检查计算机监控系统设备数量、型号、额定参数与设计相符合，检查设备接地可靠。

（2）绝缘试验和上电检查均参照 DL/T 995《继电保护和电网安全自动装置检验规程》的规定执行。

（3）工程配置：依据变电站配置描述文件和相关策略文件，分别配置计算机监控系统相关设备运行功能与参数。

（4）通信检查：检查与计算机监控系统功能相关的 MMS、GOOSE、SV 通信状态正常。

（5）遥信功能调试：检查计算机监控系统遥信变化情况与实际现场设备状态一致，SOE 时间精度满足技术要求。

（6）遥测功能调试：检查计算机监控系统遥测精度和线性度满足技术要求。

（7）遥控功能调试：检查计算机监控系统设备控制及软压板投退功能正确。

（8）遥调控制功能调试：检查计算机监控系统遥调控制实现方式与遥调控制策略一致。

（9）同期控制功能调试：检查计算机监控系统同期控制实现方式与同期控制策略一致，同期定值与定值单要求一致。

（10）全站防误闭锁功能调试：检查计算机监控系统防误操作实现方式与全站防误闭锁策略一致。

（11）顺序控制功能测试：检查计算机监控系统现场顺序控制策略与预设顺序控制策略一致。

（12）自动电压无功控制功能调试：检查计算机监控系统自动电压无功控制实现方式与全站自动电压无功控制策略一致。

（13）定值管理功能调试：检查计算机监控系统定值调阅、修改和定值组切换功能正确。

（14）主备切换功能调试：检查计算机监控系统主备切换功能满足技术要求。

三、继电保护系统调试

1. 范围与功能

继电保护系统主要由站控层保护信息管理系统、间隔层继电保护设备和过程层设备构成，实现 DL/T 860 中所提及的自动化系统继电保护功能。

2. 调试内容

（1）设备外部检查：检查继电保护系统设备数量、型号、额定参数与设计相符合，检查设备接地可靠。

（2）绝缘试验和上电检查均参照 DL/T 995 的规定执行。

（3）工程配置：依据变电站配置描述文件和定值单，分别配置继电保护系统相关设备运行功能与参数。

（4）通信检查：检查与继电保护系统功能相关的 MMS、GOOSE、SV 通信状态正常。

（5）继电保护单体调试：检查继电保护设备开入开出、采样值、元件功能与定值正确。

（6）继电保护整组调试：检查实际继电保护动作逻辑与预设继电保护逻辑策略一致。

（7）故障录波功能调试：检查故障录波设备开入开出、采样值、定值和触发录波正确。

（8）继电保护信息管理系统调试：检查站控层继电保护信息管理系统站内通信交互和功能实现正确，检查站控层继电保护信息管理系统与远方主站通信交互和功能实现正确。

四、远动通信系统调试

1. 范围与功能

远动通信系统主要由站控层远动通信设备、间隔层二次设备构成，实现 DL/T 860 中所提及的自动化系统远动通信功能。

2. 调试内容

（1）设备外部检查：检查远动系统设备数量、型号、额定参数与设计相符合，检查设备接地可靠。

（2）绝缘试验和上电检查均参照 DL/T 995 的规定执行。

（3）工程配置：依据变电站配置描述文件和远动信息表，分别配置远动通信系统相关设备运行功能与参数。

（4）通信检查：检查与远动通信系统功能相关的 MMS 通信状态正常。

（5）远动遥信功能调试：检查远动通信系统遥信变化情况与实际现场设备状态一致。

（6）远动遥测功能调试：检查远动通信系统遥测精度和线性度满足技术要求。

（7）远动遥控功能调试：检查远动通信系统遥控与预设控制策略一致。

（8）遥调控制功能调试：检查远动通信系统遥调控制与遥调控制策略一致。

（9）主备切换功能测试：检查远动系统主备切换功能满足技术要求。

五、电能量信息管理系统调试

1. 范围与功能

电能量信息管理系统主要由站控层电能量信息管理设备、间隔层计量表计构成，实现 DL/T 860 中所提及的自动化系统电能计量功能。

2. 调试内容

（1）设备外部检查：检查电能量信息管理系统设备数量、型号、额定参数与设计相符合，检查设备接地可靠。

（2）绝缘试验和上电检查均参照 DL/T 995 的规定执行。

（3）工程配置：依据变电站配置描述文件，分别配置电能量信息管理系统相关设备运行功能与参数。

（4）通信检查：检查与电能量信息管理系统功能相关的 MMS、SV 通信状态正常。

（5）功能调试：检查站控层电能量信息管理系统站内通信交互和功能实现正确，检查电能量信息管理系统与远方主站通信交互和功能实现正确。

六、全站同步对时系统调试

1. 范围与功能

全站同步对时系统主要由全站统一时钟源、对时网络和需对时设备构成，实现 DL/T 860 中所提及的自动化系统同步对时功能。

2. 调试内容

（1）设备外部检查：检查全站同步对时系统设备数量、型号、额定参数与设计相符合，检查设备接地可靠。

（2）绝缘试验和上电检查均参照 DL/T 995 的规定执行。

（3）对时系统精度调试：检查全站对时系统的接收时钟源精度和对时输出接口的时间精度满足技术要求。

（4）时钟源自守时、自恢复功能调试：检查外部时钟信号异常再恢复时，全站统一时钟源自守时、自恢复功能正常。

（5）时钟源主备切换功能调试：检查全站统一时钟源主备切换功能满足技术要求。

（6）需对时设备对时功能调试：检查自动化系统需对时设备对时功能和精度满足技术要求。

（7）需对时设备自恢复功能调试：检查全站统一时钟源对时信号异常再恢复时，需对时设备自恢复功能正常。

七、网络状态监测系统调试

1. 范围与功能

网络状态监测系统主要由网络报文记录分析系统、网络通信实时状态检测设备构成，实现自动化系统网络信息在线检测功能。

2. 调试内容

（1）设备外部检查：检查网络状态监测系统设备数量、型号、额定参数与设计相符合，检查设备接地可靠。

（2）绝缘试验和上电检查均参照 DL/T 995 的规定执行。

（3）工程配置：依据变电站配置描述文件，分别配置网络状态监测系统相关设备运行功能与参数。

（4）通信检查：检查与网络状态监测系统功能相关的 MMS、GOOSE、SV 通信状态正常。

（5）网络报文记录分析功能调试：检查自动化系统网络报文的实时监视、捕捉、存储、分析和统计功能正确。

（6）网络通信实时状态检测功能调试：检查自动化系统网络通信实时状态的在线检测和状态评估功能正确。

八、不间断电源系统调试

1. 范围与功能

不间断电源系统属于站控层设备范畴，实现自动化系统不间断可靠供电功能。

2. 调试内容

（1）设备外部检查：检查不间断电源系统设备数量、型号、额定参数与设计相符合，检查设备接地可靠。

（2）绝缘试验和上电检查均参照 DL/T 995 的规定执行。

（3）通信检查：检查与计算机监控系统的通信正确。

（4）功能调试：检查交直流电源切换功能、旁路功能、保护功能、异常告警功能正确，纹波系数满足技术要求。

九、二次系统安全防护调试

1. 范围与功能

二次系统安全防护主要由站控层物理隔离装置和防火墙构成，实现自动化系统网络安全防护功能。

2. 调试内容

（1）设备外部检查：检查二次系统安全防护设备数量、型号、额定参数与设计相符合，检查设备接地可靠。

（2）绝缘试验和上电检查均参照 DL/T 995 的规定执行。

（3）工程配置：依据二次系统安全防护策略文件，分别配置二次系统安全防护相关设备运行功能与参数。

（4）网络安全防护检查：检查二次系统安全防护运行情况与预设安防策略一致。

十、采样值系统调试

1. 范围与功能

采样值系统主要由过程层合并单元及电子式互感器电子采集模块构成，实现 DL/T 860 中所提及的自动化系统采样值采样和传输功能。

2. 调试内容

（1）设备外部检查：检查采样值系统设备数量、型号、额定参数与设计相符合，检查设备接地可靠。

（2）绝缘试验和上电检查均参照 DL/T 995 的规定执行。

（3）工程配置：依据变电站配置描述文件，分别配置采样值系统相关设备运行功能与参数。

（4）通信检查：检查与采样值系统功能相关的 SV 通信状态正常。

（5）变比检查：检查采样值系统变比设置与自动化系统定值单要求一致。

（6）角比差检查：检查采样值系统角差、比差数据满足技术要求。

（7）极性检查：检查采样值系统极性配置与自动化系统整体极性配置要求相一致。

第二节　自动化系统现场调试管理

一、调试流程和调试组织

1. 调试流程

（1）由调试负责单位组织成立现场调试工作组。

（2）根据自动化系统工程要求编写现场调试方案和调试报告。

（3）现场调试工作组接调试方案开展现场调试工作，并记录调试数据。

（4）现场调试工作组负责整理现场调试报告。

（5）现场调试工作组向建设、运行单位移交资料。

（6）带负荷试验。

2. 调试组织

（1）应成立现场调试管理部，全面组织、协调自动化系统现场调试工作和现场安全管理工作。

（2）应成立现场调试工作组，由调试、系统集成和设备供应等单位人员组成，负责自动化系统现场调试工作。

（3）调试单位负责现场调试工作组的组织和管理，负责调试方案的编写、自动化系统现场调试工作，并配合自动化系统的整体竣工验收工作。

（4）系统集成单位应全面配合现场调试工作，负责自动化系统组态工作和全站配置描述文件管理，按要求提供必要的技术资料和配置工具。

（5）设备供应单位应全面配合现场调试工作，配合系统集成单位完成全站系统（设备）配置工作，按要求提供必要的技术资料和调试工具。

二、现场调试应具备的要求

1. 电气安装

（1）系统及设备安装完毕。

（2）与自动化系统相关的二次电缆已施工结束。

（3）网络设备安装及通信线缆（铜缆和光缆）已施工结束，通信线缆测试合格并标示正确。

（4）现场交直流系统已施工结束，满足现场调试要求。

2. 技术文档

（1）工厂调试和验收报告。

（2）系统及设备技术说明书。

（3）变电站配置描述文件。

（4）设备调度命名文件。

（5）自动化系统相关策略文件。

（6）自动化系统定值单。

（7）远动信息表文件。

（8）网络设备配置文件。

（9）自动化系统设计图纸（应包括 GOOSE 配置表）。

（10）现场调试方案。

（11）其他需要的技术文档。

3. 测试仪器仪表

（1）自动化系统调试中使用的仪器、仪表应满足智能变电站测试技术要求，并经有检验资质的检测单位校验合格。

（2）测试设备等级要求应满足 GB/T 13729 的规定。

三、资料移交和带负荷试验

（1）在自动化系统投入运行前，调试工作组应向建设、运行单位移交资料，移交资料包括：

1）现场调试报告。

2）变电站配置描述文件。

3）自动化系统相关策略文件。

4）自动化系统已执行定值单。

5）远动信息表文件。

6）网络设备配置文件。

（2）带负荷试验。用一次电流及工作电压检验采样值系统幅值和相位关系正确。

第三节　智能变电站网络报文记录及分析装置检测

一、检测条件

（1）环境温度：15～35℃。

（2）相对湿度：45％～75％。

（3）大气压力：86～106kPa。

（4）交直流电源：

1）交流电源电压为单相 220V。

2）交流电源频率为 50Hz/60Hz，允许偏差±0.5Hz。

3）交流电源波形为正弦波，波形畸变不大于 5％。

4）直流电源电压为 110V/220V。

5）直流电源电压纹波系数不大于 5％。

（5）仪表精度和功能应符合相应检测项目要求，并符合国家量值溯源规定。

二、一般功能检测

1. 网络报文记录透明性检测

采用图 3-3-1 拓扑结构进行网络报文记录及分析装置的网络报文记录透明性的检测，检测结果应符合 Q/GDW 715—2012《智能变电站网络报文记录及分析装置技术条件》中 5.2 的相关规定。

被测网络报文记录及分析装置的所有记录端口全部连接至网络性能测试仪，网络性能测试仪不发送任何数据，仅用于监测装置的记录端口，在对被测装置进行下述操作的过程中，监测网络性能测试仪端口的数据帧接收统计值，被测装置记录端口应无报文发出。

（1）对被测装置进行开机、关机操作。

（2）对装置进行配置文件导入、导出操作。

（3）对装置进行功能配置操作。

（4）整个操作过程的时间应不低于 5min。

2. 网络报文记录可靠性检测

采用图 3-3-1 拓扑结构进行检测，被测网络报文记录及分析装置的所有记录端口全部连接至网络性能测试仪，网络性能测试仪在每个连接端口设置一条报文格式固定

```
┌─────────────────────────┐
│      网络性能测试仪       │
└─────────────────────────┘
     │            │
     1    ...     n
     │            │
┌─────────────────────────┐
│   网络报文记录及分析装置   │
│        （DUT）           │
└─────────────────────────┘
```

图 3-3-1　网络报文记录透明性
检测框图

371

的数据流，按如下步骤进行操作，检测结果应符合 Q/GDW 715—2012 中 5.3 的相关规定。

（1）网络性能测试仪连续发送数据报文，在数据报文发送过程中，任意操作被测装置面板上的按键或开关、启动或退出后台软件、后台软件调取数据等。

（2）网络性能测试仪停止发送数据，任意操作装置面板上的开关、按键或装置提供的软件界面。

（3）查看被测装置的记录文件和报文统计信息，被测装置记录的报文数量及报文内容与网络性能测试仪已发送的数据应保持一致。

（4）断开被测装置的电源后再恢复，装置已记录文件应无丢失。

3. SCD 文件导入功能检测

装置 SCD 文件导入功能的检测结果应符合 Q/GDW 715—2012 中 5.4 的相关规定。

对被测装置进行 SCD 文件导入操作，装置导入 SCD 文件后检查每个数据集成员的数据名称或对象参引，应符合标准要求。

4. 记录端口的独立性检测

记录端口的独立性检测结果应符合 Q/GDW 715—2012 中 5.5 及 5.6 的相关规定。

被测网络报文记录及分析装置的通信接口应独立于记录端口，通过通信接口查询被测装置的相关信息时，对记录端口应不产生影响。

被测网络报文记录及分析装置的任意两个记录端口接至网络性能测试仪，网络性能测试仪向其中一个端口发送数据，检查被测装置的记录文件，应只有相应端口的记录文件，其他记录端口无记录文件，网络性能测试仪在另外一个端口发送 100Mbit/s 的广播报文，应不影响在记录端口的性能。

若被测网络报文记录及分析装置支持按报文协议类型分类记录存储，按协议类型查询已记录的报文。

5. 装置告警功能检测

装置告警功能的检测结果应符合 Q/GDW 715—2012 中 5.11 的相关规定，应具有装置异常、电源消失、事件信号等告警信号的硬接点输出。

检查被测网络报文记录及分析装置告警功能的硬件配置，应具有用于告警输出的硬接点，此接点应可接入公用测控装置使用。

在装置断电情况下拔掉关键工作模块，如报文接收模块、主控模块、对时模块等，重新上电后检查装置硬接点应有告警信号输出。

在装置正常工作过程中断开装置工作电源，检查装置硬接点应有告警信号输出。

6. 电源冗余检测

检查被测网络报文记录及分析装置的电源配置，应符合 Q/GDW 715—2012 中 5.12 的相关规定，支持双电源供电。

被测装置的双电源同时供电，保证装置处于正常工作状态，网络性能测试仪向被测装置的记录端口连续发送固定格式的数据，在数据发送过程中断开被测装置的任意一路供电电源后再恢复，应不影响装置的正常工作和记录性能。

7. 安全性检测

被测装置的安全性应符合国家电力监管委员会令第5号《电力二次系统安全防护规定》中的相关要求和GB 17859《计算机信息系统安全保护划分准则》规定的计算机信息系统安全保护能力第二级"系统审计保护级"的要求。

按照GB/T 20008《信息安全技术操作系统安全评价准则》的相关规定对被测装置进行操作系统安全评估检测。

三、性能检测

1. 单个端口的报文接入能力检测

被测装置的记录端口分别单独连接至网络性能测试仪进行测试。网络性能测试仪分别发送7种典型帧长（64B、128B、256B、512B、1024B、1280B、1518B）的报文，报文格式设置为单播（5％）、组播（80％）和广播（15％）的混合，负载为单个端口报文接入能力，测试时间60s，数据发送结束后查看被测装置记录的报文数量和报文内容，应与网络性能测试仪已发送的数据一致。

网络报文记录及分析装置单个端口报文接入能力的检测结果应符合Q/GDW 715—2012中6.4 b）的相关规定，不小于100Mbit/s。

2. 最大报文接入能力检测

网络报文记录及分析装置的记录端口应不少于8个。将被测装置的所有记录端口全部连接至网络性能测试仪，网络性能测试仪分别发送7种典型帧长（64B、128B、256B、512B、1024B、1280B、1518B）的报文，报文格式设置为单播（5％）、组播（80％）和广播（15％）的混合，总负载为装置稳定工作时的最大报文接入能力，测试时间10min。数据发送结束后查看被测装置记录的报文数量和报文内容，应与网络性能测试仪已发送的数据一致。

网络报文记录及分析装置最大报文接入能力的检测结果应符合Q/GDW 715—2012中6.4 c）的相关规定，不小于400Mbit/s。

3. 光记录端口接收灵敏度检测

将网络性能测试仪1个光端口的发送端通过光衰减器连接至被测装置光记录端口的接收端，如图3-3-2所示，按下列步骤进行接收灵敏度的检测。

（1）光衰减器设置在最小衰减值位置，网络性能测试仪发送64B帧长且格式固定的数据报文，负载为单端口报文接入能力的10％，数据发送时间30s，数据发送结束后查看装置记录的报文数量和报文内容应与网络性能测试仪已发送的数据一致。

（2）网络性能测试仪连续发送数据，在数据发送的同时缓慢增大光衰减器的衰减值并查看装置记录端口记录的报文数量，在开始出现报文丢失时停止调节光衰减器。

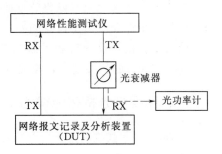

图3-3-2 光记录端口接收灵敏度检测框图

（3）将连接至被测装置接收端的光纤取下，接入光功率计，选择合适的波长测出此时装置光记录端口接收到的光功率即为光记录端口的接收灵敏度。

4. 记录数据的分辨率检测

将被测网络报文记录及分析装置的记录端口分别单独连接至网络性能测试仪，网络性能测试仪分别发送 7 种典型帧长（64B、128B、256B、512B、1024B、1280B、1518B）的报文，报文格式设置为单播（5%）、组播（80%）和广播（15%），负载为单端口报文接入能力，测试时间 60s。数据发送结束后查看被测装置记录的各相邻报文记录时间的间隔，即为记录数据的分辨率。被测装置记录报文的文件格式应设置为便于分析的pcap 模式。

网络报文记录及分析装置每个记录端口在各种帧长下记录数据分辨率的检测结果应符合 Q/GDW 715—2012 中 6.5 c）的相关规定，记录数据的分辨率不大于 $1\mu s$。

5. SV 报文连续记录存储检测

将被测网络报文记录及分析装置的所有记录端口全部连接至网络性能测试仪，网络性能测试仪向被测装置的每个端口发送 256B 帧长的报文，报文格式设置为 SV，负载为装置的最大报文接入能力，每 8h 进行一次记录数据的检查，装置连续记录的总时间不低于72h。根据发送报文的流量以及装置存储介质的容量，回溯装置记录的全过程，被测装置应无报文丢失，实现循环记录。

网络报文记录及分析装置 SV 报文连续记录存储的检测结果应符合 Q/GDW 715—2012 中 6.5 a）的相关规定，应不低于 3d。

6. 报文异常事件记录存储检测

将被测网络报文记录及分析装置的一个记录端口连接至网络性能测试仪，网络性能测试仪分别设置如下格式的报文进行发送，每项发送时间 60s。

（1）帧长为 63B 的组播报文，流量 1Mbit/s。

（2）帧长为 64B、CRC 校验错误的组播报文，流量 1Mbit/s。

（3）帧长为 64B、CRC 校验正确的组播报文，流量 1Mbit/s。

（4）帧长为 256B、格式错误的 SV、GOOSE 混合报文，流量 1Mbit/s。

（5）帧长为 256B、格式正确的 SV、GOOSE 混合报文，流量 1Mbit/s。

被测网络报文记录及分析装置应能启动异常事件记录功能，查看被测装置异常事件记录，应与网络性能测试仪设置的异常情况一致。

网络报文记录及分析装置报文异常事件记录存储的检测结果应符合 Q/GDW 715—2012 中 6.5 b）的相关规定，报文异常事件记录存储条数应不低于 1000 条。

四、监视与分析功能检测

1. 报文实时监视及分析功能检测

按图 3-3-3 构建测试拓扑，网络性能测试仪的端口 1 直接连接至交换机，端口 2 通过网络损伤模拟器连接至交换机，被测装置的两个记录端口分别连接至交换机。网络报文记录及分析装置报文实时分析统计功能的检测结果应符合 Q/GDW 715—2012 中 6.6.1 的相关规定。

网络性能测试仪分别构建符合以下限定格式的报文通过端口 1 进行发送,被测装置应启动记录,并给出相应的告警信息。

（1）错误格式的 SV、GOOSE、MMS、PTP 协议报文。

（2）SV 报文不同步。

（3）SV 品质因数变化。

（4）SV 中断。

（5）SV 丢帧。

（6）SV 报文格式与配置文件不一致（如条目数、SvID、ConfRev、组播地址不一致等）。

网络性能测试仪

网络损伤模拟器

交换机

网络报文记录及分析装置（DUT）

图 3-3-3　报文实时分析统计功能检测框图

（7）SV 报文发送间隔离散度记录及越限告警。

（8）GOOSE 报文通信中断（停止发送 GOOSE 报文 2 倍 GOOSE 报文存活时间）。

（9）GOOSE 报文发送超时（GOOSE 报文发送时间间隔大于 2 倍最大发送时间间隔）。

（10）GOOSE 重启（sqNum、stNum 均为 1）。

（11）GOOSE 变位。

（12）GOOSE 状态虚变（StNum 变化但 Data 不变）。

（13）GOOSE 报文与配置文件不一致（如 dataSet、条目数、GoID、ConfRev、组播地址不一致等）。

（14）GOOSE 报文处于测试模式。

（15）PTP 同步报文超时。

（16）PTP 请求响应报文超时。

（17）PTP 报文中 CF 域值超差。

（18）除以上所列之外的装置支持的其他类型的报文实时分析和统计功能。

网络性能测试仪端口 2 构建格式正确的 SV、GOOSE、MMS 报文并发送,网络损伤模拟器分别设置丢帧、重复、延时等网络损伤模式,被测装置在上述网络损伤情况下应启动记录,给出相应的告警信息。

2. 网络状态实时监视及分析功能检测

按图 3-3-4 构建测试环境,将被测网络报文记录及分析装置的两个端口连接至网络性能测试仪。网络报文记录及分析装置网络状态实时监视及分析功能的检测结果应符合 Q/GDW 715—2012 中 6.6.2 的相关规定。

网络性能测试仪 1 端口构建随机帧长的报文,报文格式设置为 GOOSE、SV 以及其他类型报文（如 PTP 时间同步报文等）的混合,总负载 100Mbit/s。

网络性能测试仪 2 端口构建两组不同地址的 SV 报文、GOOSE 心跳报文、广播报文（超过 50%）的混合,

图 3-3-4　网络状态实时监视及分析功能检测框图

总负载 100Mbit/s。

被测装置设置流量异常阈值，网络测试仪 1 端口开始发送数据，装置应无任何告警，启动网络测试仪 2 端口的数据发送，10s 后停止所有数据发送，观察被测网络报文记录及分析装置的实时分析界面，应至少具备以下信息：

（1）网络节点的增加和删除。

（2）报文流量、帧速率统计以及通信状态。

（3）给出流量异常、网络风暴、节点突增、通信超时，通信中断等预警信息并启动报文记录。

查询测试过程中的历史报文时，装置应无损存储 1、2 记录端口接收到的报文。

3. 电力系统数据实时监视及分析功能检测

网络报文记录及分析装置进行电力系统数据实时监视及分析功能检测时，按图 3-3-5 构建测试拓扑，检测结果应符合 Q/GDW 715—2012 中 6.6.3 的相关规定。

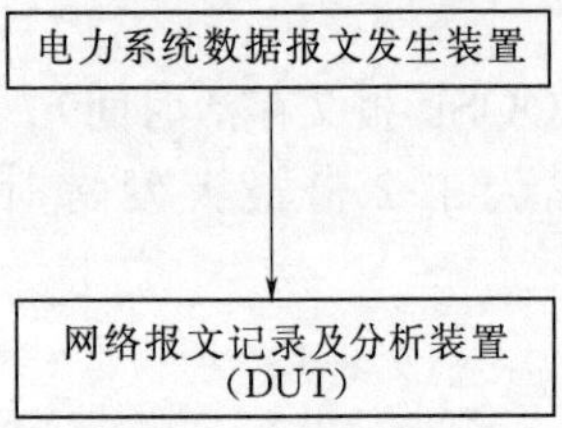

```
┌─────────────────────────┐
│   电力系统数据报文发生装置    │
└─────────────────────────┘
            │
            ▼
┌─────────────────────────┐
│  网络报文记录及分析装置       │
│        (DUT)            │
└─────────────────────────┘
```

图 3-3-5　电力系统数据实时监视及分析功能检测框图

将被测装置的一个记录端口连接至电力系统数据报文发生装置，电力系统数据报文发生装置设置输出源参数后开始发送相对应的 SV 及 GOOSE 报文，在被测装置的监视及分析界面应至少具有以下反映一次设备的信息：有效值、相角、频率、有功功率、无功功率、功率因数、差流、阻抗等当前量值及开关量当前状态。

五、数据分析功能检测

网络报文记录及分析装置数据分析功能的检测结果应符合 Q/GDW 715—2012 中 6.6.4 的相关规定。

将被测装置的一个记录端口接至网络性能测试仪，网络性能测试仪分别设置如下格式的数据报文进行发送，每项发送时间 60s。

（1）帧长为 63B 的组播报文，发送流量 5Mbit/s。

（2）帧长为 64B、CRC 校验错误的组播报文，流量 5Mbit/s。

（3）帧长为 64B 的广播报文，流量 60Mbit/s。

（4）帧长为 64B 的 TCP/IP 单播报文，流量 20Mbit/s。

（5）帧长为 256B 的 SV、GOOSE 报文（含 6.3.1 中设定的所有异常情况），流量 5Mbit/s。

（6）符合 IETF RFC 791、RFC 792、RFC 793、RFC 826 及 IEEE802.ID 等标准规定的其他类型报文，如 ARP、ICMP、GMRP 报文等，流量 5Mbit/s。

被测装置记录完毕后导出记录的数据文件进行离线分析，被测装置至少应具备下列离线分析功能：

1）非法报文分析。

2）背景流量分析。

3）报文分类统计，根据报文类型进行流量统计。

4）报文内容分析，至少应具有实时分析功能中实现的所有报文的分析功能。

六、数据管理功能检测

　　网络报文记录及分析装置数据管理功能的检测结果应符合 Q/GDW 715—2012 中 6.7 的相关规定。

　　检查网络报文记录及分析装置的人机交互接口，通过人机接口检查装置的管理功能、数据查询和调用功能等。被测装置对数据的管理应至少具备以下功能：

　　（1）用户管理、操作记录。

　　（2）数据文件管理列表，历史数据的查询、分析、打印、导出等。

　　（3）根据时间、类型和服务等关键字对存储的数据进行查询。

　　（4）根据设定的条件（如时间段、故障类型等）生成故障分析报告。

　　（5）根据设定的条件上传有关数据和分析报告，采用 DL/T 860 标准规定的文件服务进行传送。

七、时间同步检测

（一）同步对时精度检测

　　同步对时精度可采用图 3-3-6 或图 3-3-7 所示的两种方法进行检测，采用 IRIG-B 或 PTP 对时方式的检测结果应不大于 $1\mu s$，采用 SNTP 对时方式的检测结果应不大于 100ms。

　　1. 方法一

　　按图 3-3-6 构建测试拓扑，通过比较被测装置输出的 1PPS 脉冲信号与参考时钟源 1PPS 信号获得同步对时精度。

　　标准时钟源（IRIG-B、PTP、SNTP）给被测装置授时，待被测装置对时稳定后，利用时间精度测量仪以 1Hz 频率测量被测装置和标准时钟源各自输出的 1PPS 信号有效沿之间时间差的绝对值 Δt，连续测量一段时间，这段时间内测得的 Δt 的平均值即为同步对时精度。

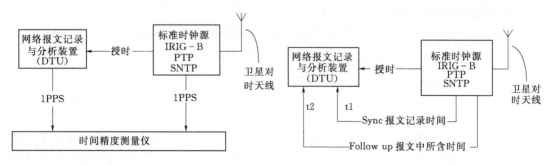

图 3-3-6　对时精度测试框图（方法一）　　　图 3-3-7　对时精度测试框图（方法二）

　　2. 方法二

　　按图 3-3-7 构建测试拓扑，通过比较被测装置记录的 PTP 报文的时戳和报文中所含的时戳来获得同步对时精度。

　　标准时钟源（IRIG-B、PTP、SNTP）给被测装置授时，待被测装置对时稳定后，标准时钟源输出的 PTP 报文接入被测装置的记录端口，查看被测装置给记录的 PTP 同步 sync 报文标记的时戳，记为 $t1$，与此 sync 报文对应的 follow up 报文中 preciseoriginTimestamp 字段给出的 sync 报文发出的准确时间记为 $t2$，计算 $t1-t2$ 的值，记为 Δt，连续测量一段时间后取 Δt 的平均值即为装置的同步对时精度。

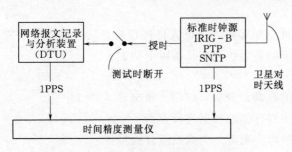

图 3-3-8　守时精度测试框图（方法一）

（二）守时精度检测

网络报文记录及分析装置内部独立时钟 24h 守时精度可采用图 3-3-8 或图 3-3-9 所示的两种方法进行检测，检测结果应不大于 500ms。

1. 方法一

按图 3-3-8 构建测试拓扑。测试开始时，被测装置先接受标准时钟源（IRIG-B、PTP、SNTP）的授时，待被测装置输出的 1PPS 信号与标准时钟源的 1PPS 的有效沿时间差稳定在同步对时精度内后，撤销标准时钟源的授时，并记录此时的同步对时精度。从撤销授时时刻开始计时，24h 后查看被测网络报文记录及分析装置输出的 1PPS 信号与标准时钟源的 1PPS 的有效沿时间差 Δt，与撤销标准时钟源时刻的同步对时精度进行对比，相差的绝对值应不大于 500ms。

2. 方法二

按图 3-3-9 构建测试拓扑。测试开始时，网络报文记录及分析装置先接受标准时钟源（IRIG-B、PTP、SNTP）的授时，待被测装置对时同步精度稳定在有效范围内后，撤销标准时钟源的授时，并记录此时的同步对时精度。从撤销授时时刻开始计时，24h 后查看被测装置给 sync 报文

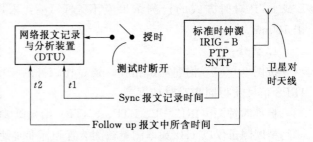

图 3-3-9　对时精度测试框图（方法二）

标记的时戳与对应的 follow up 报文中携带的 sync 报文时戳的时间差 Δt，与撤销标准时钟源时刻的同步对时精度进行对比，相差的绝对值应不大于 500ms。

八、电源影响检测

1. 交流电源影响

在测试环境条件下，用交流电压源给被测装置供电，装置处于正常工作状态，按 Q/GDW 715—2012 中 6.2.1 的相关规定调节电压源的电压，使得电源电压在 187～242V 间缓慢变动，在电源调节过程中，被测装置应正常工作，记录性能不受影响。

2. 直流电源影响

在测试环境条件下，用直流电压源给被测装置供电，装置处于正常工作状态，按 Q/GDW 715—2012 中 6.2.2 的相关规定调节电压源的电压，使得电源电压在 176（88）～253（126.5）V 间缓慢变动，在电源调节过程中，被测装置应正常工作，记录性能不受影响。

九、功率消耗检测

在被测装置供电回路中串入一个高精度电流表，利用伏安法测量装置全端口记录状态下的整机功耗，稳定工作时的功耗应符合 Q/GDW 715—2012 中 6.3 的相关规定，不大于 100W。

十、温度影响检测

1. 低温影响

按照 GB/T 2423.1 中规定，在低温室温度偏差不超过±2℃条件下，低温室以不超过 1℃/min 变化率降温，待温度达到−10℃的低温温度并稳定后开始计时，再使装置连续通电 2h，2h 后按 6.2.2 的检测方法检测装置记录端口的性能，应符合技术指标要求。

若装置的应用场合有区别于上述温度的特殊低温要求，应进行特殊低温要求的试验。

2. 高温影响

按照 GB/T 2423.2 中规定，在高温室温度偏差不超过±2℃条件下，高温室以不超过 1℃/min 变化率升温，待温度达到 55℃的高温温度并稳定后开始计时，再使装置连续通电 2h，2h 后按 6.2.2 的检测方法检测装置记录端口的性能，应符合技术指标要求。

若装置的应用场合有区别于上述温度的特殊高温要求，应进行特殊高温要求的试验。

十一、绝缘性能检测

1. 绝缘电阻

在试验的标准大气条件下，用 500V 兆欧表测量装置各回路（电源、告警接点、记录端口及通信端口等）对地（机壳）之间、电气上无联系的各回路之间的绝缘电阻，应不小于 20MΩ。

2. 介质强度

在试验的标准大气条件下，装置各回路（电源、告警接点、记录端口及通信端口等）对地（机壳），对于额定绝缘电压大于 60V 的回路，用耐压测试仪施加 2.0kV 的工频电压或 2.8kV 的直流电压；对于额定绝缘电压不大于 60V 的回路，施加 500V 的工频电压或 710V 的直流电压，历时 1min，应无击穿、闪络及元器件损坏现象。

3. 冲击电压

在试验的标准大气条件下，装置各回路（电源、告警接点、记录端口及通信端口等）对地（机壳），对于额定绝缘电压大于 60V 的回路，用标准雷电波发生器施加 1.2/50μs、开路试验电压为 5kV 的短时冲击电压；对于额定绝缘电压不大于 60V 的回路，施加 1.2/50μs、开路试验电压为 1kV 的短时冲击电压，正负极性各 3 次，检测结束后不应出现绝缘击穿或损坏现象。

十二、湿热性能检测

1. 恒定湿热试验

按照 GB/T 2423.3 的规定和方法，装置在不通电情况下置于湿热试验箱内，试验箱设置温度 40℃，相对湿度 93％；持续运行时间 2d（48h）。在试验结束前 2h 测量装置在恒定湿热环境下的绝缘电阻，各回路对地（机壳）之间的绝缘电阻值应不小于 1.5MΩ。

2. 交变湿热试验

按照 GB/T 2423.4 的规定和方法，装置在不通电情况下置于湿热试验箱内，试验箱设置高温试验温度 40℃，低温试验温度 25℃，试验持续时间 2d（48h），相对湿度 93％，每周期持续运行时间 24(12＋12)h。在试验结束前 2h（即低温恒定阶段）测量装置的绝缘电阻介质强度，各回路对地（机壳）之间的绝缘电阻值应不小于 1.5MΩ，介质强度应不低于规定试验电压值的 75％。

十三、机械性能检测

1. 正弦稳态振动

按照 GB/T 2423.10 的规定和方法，对网络报文记录及分析装置进行正弦稳态振动试验，试验等级参照 Q/GDW 715—2012 中 6.11.1 的相关规定。

2. 冲击

按照 GB/T 2423.5 的规定和方法，对网络报文记录及分析装置进行冲击试验，试验等级参照 Q/GDW 715—2012 中 6.11.2 的相关规定。

3. 碰撞

按照 GB/T 2423.6 的规定和方法，对网络报文记录及分析装置进行碰撞试验，试验等级参照 Q/GDW 715—2012 中 6.11.3 的相关规定。

十四、电磁兼容性能检测

1. 静电放电抗扰度

按照 GB/T 17626.2 的规定和方法，在下述条件下进行试验。

（1）试验部位：记录端口、机壳、指示灯、按键等部位。

（2）试验等级：4 级。

（3）试验电压：接触放电 8kV；空气放电 15kV。

在静电放电作用下，装置不应出现损坏，数据记录性能应不受影响。

2. 振铃波抗扰度

按照 GB/T 17626.12 的规定和方法，在下述条件下进行试验。

（1）试验等级：3 级。

（2）试验电压应施加于下列线路间：

1）电源电压线路。

2）告警接点线路。

3）数据通信线路。

（3）频率：1MHz。

（4）试验电压：电源、告警线路，共模 2.5kV，差模 1.0kV；数据通信线路，共模 1.0kV。

试验中装置应无损坏。试验后，装置应能正常工作，数据记录性能不受影响。

3. 电快速瞬变脉冲群抗扰度

按照 GB/T 17626.4 的规定和方法，在下述条件下进行试验。

（1）试验等级：4 级。

（2）试验电压应以共模方式施加于地与设备的下列线路间：

1）电源电压线路。

2）告警接点线路。

3）数据通信线路。

（3）试验电压：电源、告警线路，4kV；数据通信线路，2kV。

（4）试验时间：60s。

在脉冲群的作用下，装置不应出现损坏，数据记录性能应不受影响。

4. 浪涌（冲击）抗扰度

按照 GB/T 17626.5 的规定和方法，在下述条件下进行试验。

（1）试验等级：3 级或 4 级。

（2）试验电压应以共模和差模方式施加于下列线路间：

1）电源电压线路对地。

2）告警接点线路对地。

3）数据通信线路对地。

（3）波形：1.2/50μs。

（4）极性：正、负。

（5）试验次数：正负极性各 5 次。

（6）重复率：每分钟 1 次。

（7）试验电压：2kV（3 级）、4kV（4 级）。

试验中装置应无损坏。试验后，装置应能正常工作，数据记录性能不受影响。

5. 射频场感应的传导骚扰抗扰度

按照 GB/T 17626.6 的规定和方法，在下述条件下进行试验。

（1）试验等级：3 级。

（2）频率范围：150～80MHz。

（3）试验场强：10V/m。

在感应骚扰下，装置不应出现损坏，数据记录性能应不受影响。

6. 射频电磁场辐射抗扰度

按照 GB/T 17626.3—2006 的规定和方法，在下述条件下进行试验。

（1）试验等级：3 级。

（2）装置处于正常工作状态。

（3）频率范围：80～1000MHz。

（4）试验场强：10V/m。

在辐射干扰下，装置应处于正常工作状态，数据记录性能应不受影响。

7. 工频磁场抗扰度

按照 GB/T 17626.8 中规定,在下述条件下进行试验。

(1) 试验等级:5 级。

(2) 磁场强度:稳定 100A/m。

试验中装置应无损坏。试验后,装置应能正常工作,数据记录性能不受影响。

8. 电压暂降、短时中断和电压变化抗扰度

按照 GB/T 17626.11 中规定,在下述条件下进行试验。

(1) 试验等级:0%。

(2) 持续时间:100ms。

试验过程中装置应能正常工作,数据记录性能不受影响。

十五、稳定性检测

装置在通电状态下置于温度试验箱内,试验箱温度设置为 40℃,装置连续工作 72h,每隔 8h 按本节三、2 的检测方法对装置进行记录性能的检测,应满足技术条件的要求。

十六、检验分类

1. 检验分类

智能变电站网络报文记录及分析装置应通过下列检验:

(1) 型式检验。

(2) 出厂检验。

2. 型式检验及出厂检验的项目

智能变电站网络报文记录及分析装置型式检验及出厂检验项目见表 3-3-1。

表 3-3-1　　智能变电站网络报文记录及分析装置型式检验及出厂检验项目

序号	检 验 项 目		出厂检验	型式检验
1	一般功能检验	(1) 网络报文记录透明性检测	△	△
2		(2) 网络报文记录可靠性检测		△
3		(3) SCD 文件导入功能检测	△	△
4		(4) 记录端口的独立性检测		△
5		(5) 装置告警功能检测		△
6		(6) 电源冗余检测	△	△
7		(7) 安全性检测		△
8	性能检测	(1) 单个端口的报文接入能力检测	△	△
9		(2) 最大报文接入能力检测		△
10		(3) 光记录端口接收灵敏度检测		△
11		(4) 记录数据的分辨率检测		△
12		(5) SV 报文连续记录存储检测		△
13		(6) 报文异常事件记录存储检测		△

续表

序号	检 验 项 目		出厂检验	型式检验
14	监视与分析功能检测	（1）报文实时监视及分析功能检测		△
15		（2）网络状态实时监视及分析功能检测		△
16		（3）电力系统数据实时监视及分析功能检测		△
17	数据分析功能检测			△
18	数据管理功能检测			△
19	时间同步检测	（1）同步对时精度检测	△	△
20		（2）守时精度检测		△
21	电源影响检测			△
22	功率消耗检测			△
23	温度影响检测			△
24	绝缘性能检测			△
25	湿热性能检测			△
26	机械性能检测			△
27	电磁兼容性能检测			△
28	稳定性检测		△	△

注　表中符号"△"表示该项为必检项目。

3. 进行型式检验的情况

（1）新产品定型时。

（2）技术、工艺或使用材料有重大改变时。

（3）出厂检验结果与上次型式检验有较大差异时。

（4）上次型式检验有效期满时。

（5）停产后再生产时。

型式检验的样品数量为 1 台，从产品中随机抽取。

型式检验中出现故障或某一项或多项不合格时，应在查明故障原因并排除故障后，另抽取样品检验。再次检验中如又出现故障或某一项或多项不合格，本次型式检验判断产品为不合格。

4. 出厂检验

对每台产品进行出厂检验。出厂检验全部项目检验合格为该产品检验合格。任一项不合格，该产品为不合格，不能出厂。

第四章 智能变电站保护测控一体化装置

第一节 基 本 技 术 条 件

一、使用环境条件

1. 正常工作大气条件

(1) 环境温度：−10～55℃。

(2) 相对湿度：5％～95％。

(3) 大气压力：80～106kPa。

2. 储存、运输环境条件

(1) 储存环境温度为−20～55℃，相对湿度不大于85％。

(2) 运输环境温度为−40～70℃，相对湿度不大于85％。

3. 周围环境

(1) 应遮阳、挡雨雪、防御雷击、沙尘，通风。

(2) 不允许有超出4.2.4规定的电磁干扰存在。

(3) 场地应符合GB/T 9361中B类安全要求的规定。

(4) 使用地点不出现超过GB/T 11287规定的严酷等级为Ⅰ级的振动。

(5) 无爆炸危险的介质，周围介质中不应含有能腐蚀金属、破坏绝缘和表面镀覆及涂覆层的介质及导电介质，不允许有明显的水气，不允许有严重的霉菌存在。

(6) 安装地应铺设有首尾相连、横截面不小于$100mm^2$的专用接地铜排，且该铜排一点与安装地接地网接地点可靠搭接。

4. 特殊使用条件

当超出上述规定的正常工作条件时，由用户与制造厂商定。

安装地点环境温度明显超出正常工作大气条件时，优先使用的环境温度范围规定为：

(1) 特别寒冷地区：−25～55℃。

(2) 特别炎热地区：−10～70℃。

二、主要技术指标

1. 直流工作电源

(1) 基本参数：

1) 额定直流电压：220V、110V。

2) 允许波动范围：−20％～15％。

3）输入纹波系数：不大于 5%。

（2）拉合直流电源以及插拔熔丝发生重复击穿火花时，装置不应误输出；直流电源回路出现各种异常情况（如短路、断线、接地等）时，装置不应误输出。

（3）装置加上电源、断电、电源电压缓慢上升或缓慢下降，装置均不应误输出或误发信号；当电源恢复正常后，装置应自动恢复正常运行。

（4）当正常工作时，装置功率消耗不大于 50W；当装置动作时，功率消耗不大于 60W。

2. 绝缘性能

（1）绝缘电阻。在试验的标准大气条件下，装置的外引带电回路部分和外露非带电金属部分及外壳之间，以及电气上无联系的各回路之间，用 1000V 的直流兆欧表测量其绝缘电阻值，应不小于 20MΩ。

（2）介质强度：

1）在试验的标准大气条件下，装置应能承受频率为 50Hz，历时 1min 的工频耐压试验而无击穿闪络及元器件损坏现象。

2）工频试验电压值按表 4-1-1 选择。也可以采用直流试验电压，其值应为规定的工频试验电压值的 1.4 倍。

表 4-1-1　　　　　　　　　　　　试 验 环 境 条 件　　　　　　　　　　　单位：V

被试回路	额定绝缘电压	试验电压
整机引出端子和背板线-地	>60（不含）～250	2000
直流输入回路-地	>60（不含）～250	2000
信号输出触点-地	>60（不含）～250	2000
无电气联系的各回路之间	>60（不含）～250	2000
整机带电部分-地	≤60	500

3）试验过程中，任一被试回路施加电压时其余回路等电位互联接地。

（3）冲击电压。在试验的标准大气条件下，装置的电源输入回路、交流输入回路对地，以及回路之间，应能承受 1.2/50μs 的标准雷电波的短时冲击电压试验。当额定绝缘电压大于 60V 时，开路试验电压为 5kV；当额定绝缘电压不大于 60V 时，开路试验电压为 1kV。

3. 耐湿热性能

装置应能承受 GB/T 2423.9 规定的恒定湿热试验。试验温度为（40±2）℃，相对湿度为（93±3）%，试验持续时间 48h。在试验结束前 2h 内，用 1000V 直流兆欧表，测量各外引带电回路部分对外露非带电金属部分及外壳之间，以及电气上无联系的各回路之间的绝缘电阻值应不小于 1.5MΩ；介质强度不低于规定值的 75%。

4. 抗干扰能力

抗电磁干扰能力要求满足 IEC 61850-3 和 GB/T 17626 等标准，并提供型式试验检测报告。抗干扰性能试验和要求见表 4-1-2。

表 4 - 1 - 2　　　　　　　　　　抗干扰性能试验和要求

序号	试　　验	引用标准	等级要求
1	静电放电抗扰度	GB/T 17626.2	Ⅳ级
2	射频电磁场辐射抗扰度	GB/T 17626.3	Ⅲ级
3	电快速瞬变脉冲群抗扰度	GB/T 17626.4	Ⅳ级
4	浪涌（冲击）抗扰度	GB/T 17626.5	Ⅲ级
5	射频场感应的传导骚扰抗扰度	GB/T 17626.6	Ⅲ级
6	工频磁场抗扰度	GB/T 17626.8	Ⅴ级
7	脉冲磁场抗扰度	GB/T 17626.9	Ⅴ级
8	阻尼振荡磁场抗扰度	GB/T 17626.10	Ⅲ级
9	振铃波抗扰度	GB/T 17626.12	Ⅱ级

注　以上各项试验评估等级均采用 A 级。

5. 接口指标

（1）SV（采样值）接口：

1）接口形式：ST/LC。

2）通信规约：DL/T 860.92 或 GB/T 20840.8。

3）数量：不小于 3。

（2）过程层 GOOSE 接口：

1）接口形式：ST/LC。

2）数量：不小于 3。

（3）站控层 MMS 接口：

1）接口形式：电接口或光接口。

2）数量：不小于 2。

（4）纵联光纤接口（可选）：

1）接口形式：FC。

2）数量：不小于 1。

（5）光纤接口接收灵敏度：不大于 −20dBm（串行光接口）；不大于 −30dBm（以太网光接口）。

（6）光纤接口发送功率：不小于 −10dBm（串行光接口）；不小于 −20dBm（以太网光接口）。

（7）装置具体接口数量、接口形式，需满足现场实际工程需求。

6. 测控性能指标

（1）电流量、电压量测量误差：不大于 0.2%。

（2）有功功率、无功功率测量误差：不大于 0.5%。

（3）电网频率测量误差：不大于 0.01Hz。

（4）模拟量越死区传送整定最小值：不大于 0.1%（额定值）。

（5）事件顺序记录分辨率（SOE）：不大于 1ms。

（6）控制操作正确率：100％。

7. 保护性能指标

采用 GB/T 15145《输电线路保护装置通用技术条件》中规定的指标。

三、装置硬件要求

1. 一般要求

（1）装置应具备高可靠性，所有芯片选用微功率、宽温芯片，使用寿命宜大于 12 年。

（2）装置应是模块化的、标准化的、插件式结构：大部分板卡应容易维护和更换。

（3）装置内 CPU 芯片和电源功率芯片应采用自然散热。

（4）网络通信介质宜采用多模 1310nm 型光纤或屏蔽双绞线，接口宜统一采用 ST/LC 光纤接口以及 RJ45 电接口。

（5）在任何网络运行工况流量冲击下，装置均不应死机或重启，不发出错误报文，响应正确报文的延时不应大于 1ms。

2. 电源模块

装置电源模块应为满足现场运行环境的工业级产品，电源端口必须设置过电压保护或浪涌保护器件。保护功能和测控功能应共用一个电源模块。

3. 输入回路

（1）开关量输入回路。装置的开入量可以通过光耦开入插件或通过 GOOSE 插件输入。

1）测控遥信开入如通过光耦输入，应采用强电开入 110V（DC）/220V（DC），遥信开入数量应不少于 10 个。

2）对于来自同一 IED 设备的保护用 GOOSE 开入信息和测控用 GOOSE 开入信息，应共用以太网口输入。

（2）采样值输入回路。装置采样值从 MU 通过点对点方式接入。装置应支持单个 MU 数据和多个 MU 数据接入，来自同一 MU 的保护、测量采样值经同一接口输入装置。

4. 输出回路

装置应同时支持 GOOSE 点对点和网络方式传输。对于输出到同一 IED 设备的保护 GOOSE 开出信息和测控 GOOSE 开出信息，应共用以太网口输出。

5. 硬件体系架构

装置的硬件构架，保护功能逻辑计算和保护启动计算宜独立处理，保护功能逻辑计算和测控功能逻辑计算宜独立处理。在保证装置可靠性的前提下，应优化 CPU 配置。

装置保护和测控功能的电源、SV 接口、GOOSE 接口和 MMS 通信接口应共用。

6. 结构、外观及其他

（1）机箱尺寸应符合 GB/T 19520.12《电子设备机械结构 482.6mm（19in）系列机械结构尺寸 第 3-101 部分：插箱及其插件》的规定，高度宜采用 4U 机箱。

（2）装置的不带电金属部分应在电气上连成一体，并具备可靠接地点。

（3）装置应有安全标志，安全标志应符合 GB 14598.27《量度继电器和保护装置 第

27 部分：产品安全要求》中的规定。

（4）金属结构件应有防锈蚀措施。

四、装置软件要求

装置应具有程序版本、程序校验码，两者应一一对应。配置的软件应与系统的硬件资源相适应，宜配置必要的辅助功能软件，如定值整定辅助软件、在线故障诊断软件、故障记录分析软件、调试辅助软件等。软件设计应遵循模块化和向上兼容的原则。软件技术规范、汉字编码、点阵、字形等都应符合相应的国家标准。

第二节　性　能　要　求

一、技术要求

（1）智能变电站保护测控一体化装置与站控层信息交互采用 DL/T 860 标准，与过程层设备之间的信息交互应满足 DL/T 860、GB/T 20840.8 及 GOOSE 协议中规定的数据格式。跳合闸命令、联闭锁信息和遥信量可通过直接电缆连接或 GOOSE 机制传输。

（2）装置应满足继电保护"可靠性、选择性、灵敏性、速动性"的要求。应具备完整的测控功能。

（3）具备纵联保护功能的保护测控一体化装置应支持与对侧同厂家的保护设备（含常规站保护与智能站保护）配合使用。

（4）装置宜直接采样，满足直接跳闸和网络跳闸的要求。装置之间的联闭锁、失灵启动等信息宜采用 GOOSE 网络传输方式。装置的保护功能应不依赖于外部对时系统。

（5）装置应具备 MMS 接口与站控层设备通信。装置的交流电流、交流电压、遥测量及保护设备参数的显示、打印、整定应能支持一次值，上送信息应采用一次值。

（6）装置宜支持 SV 和 GOOSE 共端口传输。

（7）装置接入不同网络时，应采用相互独立的数据接口控制器。

（8）装置对时系统宜采用 IRIG - B 码对时，条件具备时也可采用 IEC 61588 对时。

（9）装置应处理 MU 上送的数据品质位（无效、检修等），及时准确提供告警信息。在异常状态下，利用 MU 的信息合理地进行保护功能的退出和保留，瞬时闭锁可能误动的保护，延时告警，并在数据恢复正常之后尽快恢复被闭锁的保护功能，不闭锁与该异常采样数据无关的保护功能。

（10）装置应按 MU 分别设置"MU 投入"软压板。

（11）装置应设置"投远方操作"硬开入，供保护测控共用。

（12）装置应配置检修硬压板，检修压板投入时，上送带品质位信息，装置应有明显显示（面板指示灯或界面显示）。

（13）装置应支持三路 A/D 数据输入，其中两路为保护用 A/D，一路为测量（计量）用 A/D，在准确度和特性满足要求的情况下，测量用 A/D 数据可与保护用 A/D 数据共用。三路 A/D 数据应支持同一路通道接入装置。装置应能对电流互感器的极性进行调整，以适应 3/2 接线。

（14）装置保护和测控功能定值、定值区、压板、参数等信息应相互独立整定，装置对外提供统一的 ICD 模型和虚端子文件。

（15）装置保护、测控功能应相互独立。保护启动、动作、信号投退或保护功能压板投退不应影响测控功能。测控功能的正常操作、退出测控功能也不应影响保护功能。

（16）110kV 线路保护、母联（分段）保护应采用保护测控一体化设备；变压器采用主、后备保护分开时，各侧后备保护应采用保护测控一体化设备。装置配置原则如下：

1）线路保护测控一体化装置及与之相关的设备、网络等应按照单套原则进行配置，包含完整的主、后备保护及重合闸功能，测控功能。

2）母联（分段）保护测控一体化装置及与之相关的设备、网络等应按照单套原则进行配置，包含保护功能，测控功能。

3）变压器后备保护测控一体化装置及与之相关的设备、网络等应按分侧、单套配置，每套设备包含变压器本侧后备保护功能，本侧测控功能。

（17）220～750kV 电压等级采用双母线接线时，线路保护、母联（分段）保护可采用保护测控一体化设备；采用 3/2 断路器接线时，断路器保护可采用保护测控一体化设备。装置配置原则如下：

1）双母线接线的线路保护测控一体化装置按双重化配置，每套设备包含完整的主、后备保护及重合闸功能，测控功能。

2）双母线接线的母联（分段）保护测控一体化装置按双重化配置，每套设备包含保护功能，测控功能。

3）3/2 断路器接线的断路器保护测控一体化装置按双重化配置，每套设备包含保护及重合闸功能，测控功能。

（18）装置以及与之相关的设备、网络等双重化应遵循以下原则：

1）每套完整、独立的保护测控一体化装置应能处理可能发生的所有类型的故障。两套保护测控一体化装置之间不应有任何电气联系，当一套保护异常或退出时不应影响另一套装置的运行。

2）两套装置的电压（电流）采样值应分别取自相互独立的 MU；两套保护的跳闸回路应与两个智能终端分别一一对应；两个智能终端应与断路器的两个跳闸线圈分别一一对应。

3）双重化配置保护使用的 GOOSE（SV）网络应遵循相互独立的原则，当一个网络异常或退出时不应影响另一个网络的运行。

4）双重化的线路纵联保护应配置两套独立的通信设备（含复用光纤通道、独立纤芯、微波、载波等通道及加工设备等），两套通信设备应分别使用独立的电源。

5）双重化的两套保护及其相关设备（电子式互感器、MU、智能终端、网络设备、跳闸线圈等）的直流电源应一一对应。

6）测控用 GOOSE 通信状态、连锁状态，测控本身的自检信息、本身的操作报告、参数定值，智能终端、MU 的自检信息和通信状态等信息量，需要双套采集，站控层接收两台测控数据，双套显示。遥信量、遥测量等公共信息量，双测控数据源冗余处理原则上采用方案（一），条件具备时也可采用方案（二）。

a. 方案一。双机双工，依靠人工设定以一台数据为主，比对发现一台数据不一致时告警，但不进行更高级别的差错识别和切换，比对数据不一致应采用稳态时的数值（若干秒之内无变化）。遥控只下发一次，如果控制不成功也不会自动在另外一套上重试，而是把遥控权切换到另一套测控上，等待操作人员下次重新操作。

远动采集双套测控的数据，如果远动与监控后台通信正常且与双测控通信都正常情况，根据监控后台发送的数据源切换信息，选择一套数据上送到调度；如果与监控后台通信中断或与双测控任一套通信中断，则按远动装置上设置的逻辑（参考监控系统多源信号的选择）选择一套数据上送到调度。

b. 方案二。进行状态估计，依靠高级应用功能智能识别坏数据，并能够有针对性地进行告警，后台、主站支持双数源自动切换功能。

7）双套装置五防逻辑闭锁功能应独立运行，装置异常时闭锁输出，闭锁状态可以通过 MMS 接口上送。

二、220～750kV 智能变电站保护测控一体化装置测控功能要求

（一）基本功能

具有交流采样、测量、防误闭锁、同期检测、就地断路器紧急操作和单接线状态及测量数字显示等功能，对全站运行设备的信息进行采集、转换、处理和传送。其基本功能包括：

（1）模拟量或数字量采集。

（2）应具有控制操作逻辑闭锁功能。

（3）应具有功能参数的当地或远方设置。

（4）应具有选择-返校-执行功能，接收、返校并执行遥控命令；接收执行复归命令、遥调命令。

（5）应具有事件顺序记录功能。

（6）宜具有合闸同期检测功能。

（7）遥控回路宜采用两级开放出口方式。

（二）实时数据采集与处理

1. 采集信号种类

遥测量：U_a、U_b、U_c、I_a、I_b、I_c、P、Q、f、$\cos\Phi$。

遥信量：保护动作，装置故障，装置异常告警，断路器分、合闸位置，断路器机构信号，远方/就地开关位置，装置压板投退信号等。

所有采集量均需带时标上送。

2. 采集信号的处理

对所采集的输入量进行数据滤波、有效性检查、故障判断、信号接点消抖等处理、变换后，再通过网络传送。

3. 信号输入方式

遥测量输入：模拟量输入、扩展帧 FT3 报文和 SMV 9 - 2 报文。

开关量输入：无源接点或 GOOSE 输入。

（三）控制操作

1. 操作说明

控制方式为三级控制：就地控制、站控层控制、远方遥控。操作命令的优先级为：就地控制→站控层控制→远方遥控。同一时间只允许一种控制方式有效。对任何操作方式，应保证只有在本次操作步骤完成后，才能进行下一步操作。

装置具备"就地/远方""连锁/解锁"切换功能。

所有的遥控采用选择、校核、执行方式，并有相应的记录信息。

2. 控制输出的接点要求

当采用常规控制输出时，每控制对象提供至少1组合闸接点和1组分闸接点。

（四）事件记录

1. 事件顺序记录

断路器状态变位、保护动作等事件顺序记录。

2. 遥控操作记录

记录遥控操作命令来源、操作时间、操作内容。

（五）其他功能

（1）支持通过 GOOSE 协议实现间隔层防误闭锁功能。

（2）为方便装置的正常运行维护，应具备当地信息显示功能，应能实时反映本间隔一次设备的分、合状态，应有该电气单元的实时模拟接线状态图，并可从图元上选择设备进行操作。

三、220～750kV 智能变电站保护测控一体化装置保护功能要求

1. 线路纵联差动保护测控一体化装置

（1）装置应满足 Q/GDW 161 中规定的线路纵联差动保护装置所要求的保护功能。

（2）装置主要保护功能包括：

1）纵联电流差动主保护。

2）三段相间距离保护、三段接地距离保护。

3）两段定时限零序电流保护、一段反时限零序电流保护。

4）单相重合闸、三相重合闸、禁止重合闸和停用重合闸功能。

5）三相不一致保护（可选）。

6）远方跳闸保护（可选）。

7）过电压保护（可选）等。

2. 线路纵联距离（方向）保护测控一体化装置

（1）装置应满足 Q/GDW 161 中规定的线路纵联距离（方向）保护装置所要求的保护功能。

（2）装置主要保护功能包括：

1）纵联距离（方向）主保护。

2）三段相间距离保护、三段接地距离保护。

3）两段定时限零序电流保护、一段反时限零序电流保护。

4）单相重合闸、三相重合闸、禁止重合闸和停用重合闸功能。

5）三相不一致保护（可选）。

6）远方跳闸保护（可选）。

7）过电压保护（可选）等。

3. 母联（分段）保护测控一体化装置

（1）装置应满足 Q/GDW 175 中规定的母联（分段）保护装置所要求的保护功能。

（2）装置主要保护功能包括：充电过流保护（2 段相过流＋1 段零序电流）。

4. 3/2 断路器接线断路器保护测控一体化装置

（1）装置应满足 Q/GDW 161 中规定的 3/2 断路器接线断路器保护装置所要求的保护功能。

（2）装置主要保护功能包括：

1）失灵保护。

2）三相不一致保护（可选）。

3）充电过流保护（2 段相过流＋1 段零序电流）。

4）死区保护。

5）单相重合闸、三相重合闸、禁止重合闸和停用重合闸功能。

6）检无压、检同期功能等。

四、110kV 智能变电站保护测控一体化装置功能要求

（一）测控功能要求

（1）具有交流采样、测量、防误闭锁、同期检测、就地断路器紧急操作和单接线状态及测量数字显示等功能，对全站运行设备的信息进行采集、转换、处理和传送。其基本功能包括：

1）模拟量或数字量采集。

2）应具有控制操作逻辑闭锁功能。

3）应具有功能参数的当地或远方设置。

4）应具有选择-返校-执行功能，接收、返校并执行遥控命令；接收执行复归命令、遥调命令。

5）应具有事件顺序记录功能。

6）宜具有合闸同期检测功能。

7）遥控回路宜采用两级开放出口方式。

（2）实时数据采集与处理。

1）采集信号种类。

a. 遥测量：U_a、U_b、U_c、I_a、I_b、I_c、P、Q、f、$\cos\Phi$。

b. 遥信量：保护动作，装置故障，装置异常告警，断路器分、合闸位置，断路器机构信号，远方/就地开关位置，装置压板投退信号等。

所有采集量均需带时标上送。

2）采集信号的处理。对所采集的输入量进行数据滤波、有效性检查、故障判断、信

号接点消抖等处理、变换后，再通过网络传送。

3）信号输入方式。

a. 遥测量输入：模拟量输入、扩展帧 FT3 报文和 SMV 9 - 2 报文。

b. 开关量输入：无源接点或 GOOSE 输入。

（3）控制操作。

1）操作说明。控制方式为三级控制：就地控制、站控层控制、远方遥控。操作命令的优先级为：就地控制→站控层控制→远方遥控。同一时间只允许一种控制方式有效。对任何操作方式，应保证只有在本次操作步骤完成后，才能进行下一步操作。

装置具备"就地/远方""连锁/解锁"切换功能。

所有的遥控采用选择、校核、执行方式，并有相应的记录信息。

2）控制输出的接点要求。当采用常规控制输出时，每控制对象提供至少 1 组合闸接点和 1 组分闸接点。

（4）事件记录。

1）事件顺序记录。断路器状态变位、保护动作等事件顺序记录。

2）遥控操作记录。记录遥控操作命令来源、操作时间、操作内容。

（5）支持通过 GOOSE 协议实现间隔层防误闭锁功能。

（6）为方便装置的正常运行维护，应具备当地信息显示功能，应能实时反映本间隔一次设备的分、合状态，应有该电气单元的实时模拟接线状态图，并可从图元上选择设备进行操作。

（二）保护功能要求

装置应满足 GB 50062《电力装置的继电保护和自动装置设计规范》、GB/T 14285《继电保护及安全自动装置技术规程》中规定的 110kV 线路保护、母联（分段）保护和变压器后备保护所要求的保护功能。

1. 线路纵联差动保护测控一体化装置主要功能

（1）纵联电流差动主保护。

（2）三段相间距离保护、三段接地距离保护。

（3）多段式零序电流保护。

（4）三相一次重合闸。

（5）低周保护（可选）。

（6）低压保护（可选）。

（7）双回线相继速动保护（可选）。

（8）不对称相继速动保护（可选）。

（9）TV 断线、TA 断线、过负荷告警功能。

2. 线路纵联距离保护测控一体化装置主要功能

（1）纵联距离主保护。

（2）三段相间距离保护、三段接地距离保护。

（3）多段式零序电流保护。

（4）三相一次重合闸。

（5）低周保护（可选）。

（6）低压保护（可选）。

（7）双回线相继速动保护（可选）。

（8）不对称相继速动保护（可选）。

（9）TV 断线、TA 断线、过负荷告警功能。

3．线路距离保护测控一体化装置主要功能

（1）三段相间距离保护、三段接地距离保护。

（2）多段式零序电流保护。

（3）三相一次重合闸。

（4）低周保护（可选）。

（5）低压保护（可选）。

（6）双回线相继速动保护（可选）。

（7）不对称相继速动保护（可选）。

（8）TV 断线、TA 断线、过负荷告警功能。

4．线路电流保护测控一体化装置主要功能

（1）三段相过流保护。

（2）多段式零序电流保护。

（3）三相一次重合闸。

（4）低周保护（可选）。

（5）低压保护（可选）。

（6）TV 断线、TA 断线、过负荷告警功能。

5．母联（分段）保护测控一体化装置主要功能

（1）两段充电相过流保护。

（2）一段充电零序电流保护。

6．变压器高压侧后备保护测控一体化装置主要功能

（1）复合电压闭锁过电流保护。

（2）间隙零流、零压保护。

（3）中性点零序电流保护。

（4）过负荷发信，过负荷闭锁有载调压，过负荷启动风冷。

7．变压器中压侧后备保护测控一体化装置主要功能（适用于三绕组变压器）

（1）复合电压闭锁过电流保护。

（2）本侧为小电阻接地系统时，配置零序过电流保护。

（3）本侧没有配置专用母线保护时，配置一段电流保护，跳闸同时并闭锁备自投。

（4）过负荷发信。

8．变压器低压侧后备保护测控一体化装置主要功能

（1）复合电压闭锁过电流保护。

（2）本侧为小电阻接地系统时，配置零序过电流保护。

（3）本侧没有配置专用母线保护时，配置一段电流保护，跳闸同时并闭锁备自投。

（4）过负荷发信。

五、35kV 智能变电站保护测控一体化装置功能要求

（一）测控功能

1. 遥测

一般装置应具备 U_a、U_b、U_c、U_{ab}、U_{bc}、U_{ca}、l_a、l_b、l_c、P、Q、F、$\cos\Phi$ 等遥测量。对于分段保护测控装置应具备 I_a、I_b、I_c。

2. 遥信

装置应具备 10 路以上实遥信输入，40 路以上 GOOSE 虚端子遥信输入，应满足实际工程应用需求。

3. 遥控

装置应具备 4 组以上硬接点输出遥控，1 组固定为断路器分/合闸，其他组可用于对刀闸的控制。

装置应具备"就地/远方"切换功能。

所有的遥控采用选择、校核、执行方式，且在本装置内实现，并有相应的记录信息。

（二）计量功能要求（可选）

（1）应具备正向有功电度，正向无功电度，反向有功电度，反向无功电度，峰谷电度等计量。

（2）峰谷时间可设定。

（三）故障录波功能要求

为便于分析故障，装置应具备故障录波功能，可通过装置打印和通信输出，并满足以下条件：

（1）故障录波应记录故障时的模拟量、输入开关量、输出开关量等。

（2）故障录波应记录保护启动、保护跳闸、重合闸出口等全过程，存储 20 次以上最新动作报告的故障波形。

（3）故障录波的输出格式为 IEEE Std C37.111—1999（COMTRADE99）。

（4）发生故障时不应丢失故障记录信息。

（5）装置直流电源消失后，不应丢失已记录录波信息。

（四）站控层通信功能要求

装置站控层应具备双以太网口，通信传输协议应符合 DL/T 860（IEC 61850）系列标准的有关规定。保护装置应按 DL/T 860（IEC 61850）标准建模，并具有完善的自我描述功能。

通信应具备以下基本功能：

（1）遥测量上送。

（2）遥信量上送。

（3）事件顺序记录上送。

（4）接收遥控命令。

（5）定值被浏览和修改。

（6）定值区被切换。

（7）报告上送。

（8）故障录波上送。

（9）可被通信对时。

（10）可被复归。

（五）人机界面功能要求

为便于操作，装置应具有显示屏和打印输出，除数值信息外都应采用中文显示。

装置在正常运行时可显示和打印必要的参数、运行及异常信息，包括保护采样幅值和相角、测量幅值和相角、测量谐波值（可选）、计量电度值（可选）、遥信值、保护运行状态、定值区等。

装置在保护动作时应产生保护动作报告，其内容应包括保护动作元件、元件动作时间、故障相别、故障时保护测量等相关信息，并可通过显示和打印输出。

装置应具备运行指示灯、保护跳闸信号灯、告警信号灯。对有重合闸功能的装置，还应具备重合闸信号灯。

装置应具备断路器跳合闸位置指示灯或通过液晶显示开关状态、对有重合闸功能的装置，还应具备重合闸充电信号灯或通过液晶显示充电状态。

（六）操作要求

宜采用三相操作箱（插件），应具备以下功能：

（1）手合（遥控合）和手跳（遥控跳）回路。

（2）保护跳闸和保护合闸回路。

（3）断路器防跳回路（方便取消）。

（4）断路器跳合闸位置输出接点。

（5）跳闸及合闸位置监视回路（监视回路电流应小于 20mA）。

（6）控制回路断线信号（含直流操作电源监视功能）。

（7）事故总信号输出接点。

（七）非电量保护要求

（1）非电量保护动作应有动作报文和硬接点信号输出。

（2）对于不经 CPU 直接跳闸的非电量保护，启动功率应大于 5W，动作电压在额定直流电源电压的（55%～70%）范围内，额定直流电源电压下动作时间为 20～35ms，应具有抗 220V 工频电压干扰的能力。

（八）保护功能

1. 线路保护

（1）三段方向过电流保护（对单电源馈线，可不设方向闭锁功能）。

（2）两段零序过流保护。

（3）纵联差动保护（可选）。

（4）低周减载（可选）。

（5）低压减载（可选）。

（6）小电流接地选线（可选）。

（7）三相一次重合闸。

（8）过负荷告警功能。

（9）TV 断线告警功能。

2. 分段/母联保护

（1）过流充电保护。

（2）零序过流充电保护。

3. 电容器保护

（1）三段过流。

（2）两段零序过流。

（3）低压保护。

（4）过压保护。

（5）不平衡电流/电压保护（当电容器组为不平衡电流电压接线方式时）。

（6）三相差流保护（当电容器组为三相差流接线方式时）。

（7）三相差压保护（当电容器组为三相差压接线方式时）。

（8）TV 断线告警功能。

4. 所用变保护

（1）三段过流。

（2）两段高压侧零序过流。

（3）两段低压侧零序过流。

（4）零序过压保护。

（5）过负荷告警。

（6）非电量延时保护。

（7）TV 断线告警功能。

六、安装要求

1. 安装方式

适用于户内柜或户外柜等封闭空间内安装。

2. 防护等级

装置应采用密闭壳体，当安装在户内柜时，防护等级应符合 GB 4208 中规定的外壳防护等级 IP40 的要求。当安装在户外控制柜内时，防护等级应符合 GB 4208 中规定的外壳防护等级 IP42 的要求。

第三节　试　验　检　验

一、一般要求

（1）装置的检验分为型式试验、动模试验、出厂检验、现场检验和抽样检验五种。

（2）型式试验、动模试验由独立的检验机构进行，出厂检验由制造厂的质量检验部门进行，现场检验由安装单位、调试单位或检修单位进行，抽样检验由监督、检查机构组织进行。

（3）装置型式试验、出厂检验、现场检验和抽样检验的检验程序、规定要求、合格判定按照 DL/T 478—2010 和 DL/T 995 执行，装置动模试验的检验程序和规定要求按照 DL/T 871—2004《电力系统继电保护产品动模试验》进行。装置检验基于 SV 采样值输入和 GOOSE 开关量输入输出。

二、型式试验

1. 应进行型式试验的情况

遇到下列情况之一时，应进行型式试验：

（1）新产品研发或定型。

（2）产品正式投产后，如遇设计、工艺材料、元器件能有较大变化，经评估影响装置性能或安全性时。

（3）装置软件有较大改动时，应进行相关的功能试验或模拟试验。

2. 试验报告

装置应用前必须具备权威机构的型式试验报告，型式试验报告对整个系列产品有效。

3. 试验项目

型式试验项目和检验内容除按 DL/T 478《继电保护和安全自动装置通用技术条件》执行外，还应进行表 4-3-1 所列的特殊项目。

表 4-3-1　　　　　　　　　　　　型式试验特殊项目

序号	检验项目	检验内容
1	IEC 61850 一致性	模型标准化、SV 采样一致性、GOOSE 输入输出一致性
2	光功率检验	GOOSE 接口输出光功率、GOOSE 和 SV 接口接收灵敏度纵联光纤接口输出光功率、接收灵敏度
3	站控层通信功能	MMS 保护事件信号、定值修改和切换、软压板控制
4	测控功能	测量准确度、控制输出性能
5	计量功能	计量准确度

三、出厂检验

（1）每台装置应经过出厂检验合格后方能出厂，检验合格出厂的装置应具有证明装置合格的产品合格证书。

（2）出厂检验项目和检验内容除按 DL/T 478 执行外，还应进行表 4-3-1 中光功率检验、测控功能、计量功能的试验。

四、动模试验

（1）遇到下列情况之一时，应进行动模试验：

1）新产品研发或定型。

2）装置保护平台有较大变化时。

3）装置保护功能有改动，影响继电保护性能时。

（2）装置应用前必须具备权威机构的动模试验报告，动模试验报告对同类型产品有效。

（3）装置动模试验按照 DL/T 871 进行，动模试验的采样值采用 SV 输入、开关量采用 GOOSE 方式。

五、现场检验

（1）现场检验用于新安装装置投运前或装置现场维修后的检验。

（2）每台新安装的装置或装置现场维修后应经过现场检验满足相关要求后方能投入运行，装置现场检验后应具有检验报告。

（3）新安装的装置现场检验在智能变电站调试过程中系统测试阶段进行。

（4）现场检验项目和检验内容按 DL/T 995 执行，还应根据现场应用要求进行表 4-3-2 所列的特殊项目。

表 4-3-2　　　　　　　　　现 场 检 验 特 殊 项 目

序号	检 验 项 目	检 验 内 容
1	配置检查	装置 CID 文件检查、SV 和 GOOSE 参数配置
2	光功率检验	见表 4-3-1
3	站控层通信功能	见表 4-3-1
4	测控功能	测量准确度、控制输出功能、同期功能、联/闭锁功能
5	信息品质处理	SV 检测不一致、SV 数据无效、SV 同步异常、GOOSE 检修不一致
6	时标性能	保护事件时标准确度、SOE 事件时标准确度和分辨率
7	电压切换功能检测①	保护用和测控用双母线电压切换

① 由母线一次形式和设计需求决定是否进行检测。

六、抽样检验

（1）抽样检验用于装置正常生产中质量监督、检查。

（2）抽样检验应从出厂检验合格的装置中随机抽取样品进行，应至少抽取两台样品作为检验的样品。样品抽样检验合格后方能继续投入运行。

（3）抽样检验项目和试验内容按照 DL/T 995 规定要求，根据装置生产、使用运行工程中质量反馈情况或有检验者确定。

第四节　技　术　服　务

一、应提供的技术文件

（1）满足规范技术要求的电力设备质检中心出具的产品型式试验质检报告。

（2）产品的 ISO 9000（GB/T 1900）质量保证体系文件，能够证明该质量保证体系经过国家认证并且正常运转。

（3）模型一致性说明文档，包括装置数据模型中采用的逻辑节点类型定义、CDC 数据类型定义以及数据属性类型定义，文档格式采用 DL/T 860.73 和 DL/T 860.74 中数据类型定义的格式。

（4）协议一致性说明文档，按照 DL/T 860.72 附录 A 提供协议一致性说明，包括 ACSI 基本一致性说明、ACSI 模型一致性说明和 ACSI 服务一致性说明 3 个部分。

（5）协议补充信息说明文档，包含协议一致性说明文档中没有规定的装置通信能力的描述信息，如支持的最大客户连接数，TCP＿KEEPLIVE 参数，文件名的最大长度以及 ACSI 实现的相关补充信息等。

（6）总装图，应表示设备总的装配情况，包括外形尺寸、安装尺寸、设备的重心位置与总重量、受风面积、运输尺寸和重量、端子尺寸及其他。

（7）底座图，应表明设备底座的尺寸、固定螺栓的位置和尺寸等。

（8）铭牌图，包括主要额定参数、合同编号、重量等。

（9）设备的安装、运行、维护、修理调试和全部附件的完整说明、数据、图纸资料。

（10）结构图及对基础的技术要求。

二、应提供的资料

（1）装置投产前试验用的详细的试验说明和技术要求，特殊试验仪器的使用说明，装置进行正常试验及运行维护、故障诊断的内容和要求。

（2）装置的出厂试验报告。

（3）专用工具和仪器的说明。

（4）与供货装置一致的说明书、保护装置的定值表、整定计算导则及计算算例。

（5）产品质量合格证书。

第五章 智能变电站 RCS - 915 系列 母线保护装置现场调试

第一节 RCS - 915 系列母线保护装置现场调试工作流程

继电保护装置是智能变电站继电保护系统的核心设备之一,其工作的可靠性直接影响继电保护系统的工作,影响变电站及电力系统的安全稳定。继电保护装置的现场调试项目很多,应根据实际情况合理安排调试顺序。本章以国网南京南端继保有限公司生产的 RCS-915 系列母线保护装置为例,介绍其调试方法。该系列母线保护装置的现场调试工作流程如图 5-1-1 所示。

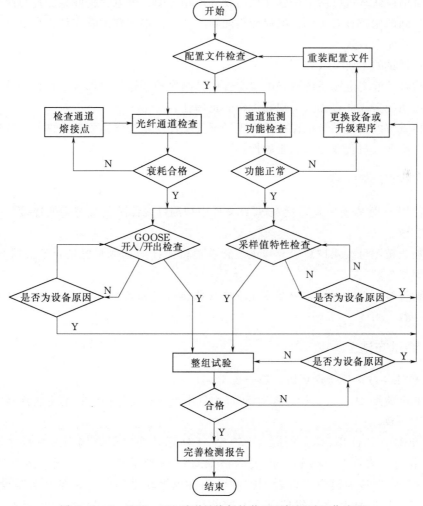

图 5-1-1 RCS-915 系列母线保护装置现场调试工作流程

第二节　RCS-915系列母线保护装置配置文件检查

一、调试目的和要求

智能变电站继电保护系统设备在安装配置中，要经过系统集成商的系统组态配置、设备制造商的装备配置等工作流程，其中任何一个环节的错误都会导致继电保护系统工作异常。由于这些环节都是由相应厂家现场服务人员手动进行，因此出现工作失误的概率很高，若不核对配置文件而直接现场调试，一旦发现问题则需要系统集成商和智能设备生产商服务人员进行现场纠错，这样不仅浪费了调试时间，而且纠错后还要进行网络配置文件和设备配置文件的修改。设备配置文件修改后，已经做过的调试项目还要再次调试，这样就会陷入现场调试——发现错误——配置文件修改——现场调试的恶性循环，严重影响现场调试进度。为了保障智能变电站继电保护系统的可靠工作，提高继电保护系统的调试效率，在调试前应认真进行网络配置文件与设计虚端子图、继电保护配置文件与网络配置文件等相互之间的比较核对工作，确保网络配置文件、保护装置配置文件符合设计要求，与设计虚端子图完全一致。

该项目调试的主要要求如下：

（1）检查智能变电站系统网络配置文件中被测保护装置相关部分与设计虚端子图的一致性，确保系统集成商服务人员现场工作的正确性。

（2）检查智能变电站继电保护装置现场配置文件与系统网络配置文件的一致性，确保设备制造商服务人员现场工作的正确性。

二、调试工作内容

（1）使用SCD查看工具，检查SCD文件中被测母线保护装置逻辑的连接与虚端子设计图是否一致。

（2）检查被测母线保护装置及与该装置有逻辑连接的其他装置是否已根据SCD文件正确配置网络参数。

（3）检查被测母线保护装置配置文件中接收（发送）逻辑配置与SCD文件中的逻辑关系是否一致。

三、调试方法

1. 逻辑连接与虚端子设计图是否一致

使用武汉凯默SCD工具检查核对SCD文件中被测母线保护装置的逻辑连接与虚端子设计图是否一致。

利用SCD工具打开SCD文件如图5-2-1所示，在界面右侧列表查找并选中被测设备，点击选中"打开"按钮，可展示被测母线保护的虚端子连接"示意"图界面（图5-2-2），在该界面中可以看到被测设备有逻辑联系的所有设备（关联设备）、对应设备的控制块信息及数据集信息（有向线段）等。可以按照控制块信息类别（只查看 GOOSE 或 SV 接收）对比核查信号源数量和类别等信息与虚端子设计图纸是否一致。

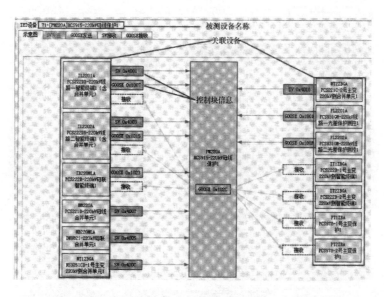

图 5-2-1　武汉凯默 SCD 工具操作界面

图 5-2-2　SCD 工具解析 SCD 文件的虚端子连接示意图

　　按信息类别，点击方向指向被测设备某一数据集（有向线段），可展示该数据集的详细数据（详细虚端子），如图 5-2-3 所示，在该界面按控制块信息逐一核对应控制块数据集的数据描述，该描述应与虚端子设计图中相应设备的"发送方数据描述"的顺序、数量及内容与图 5-2-4 均一致。

　　在图 5-2-3 界面，选择点击"GOOSE 接收"（或"SV 接收"）页面标签，查询被测设备的详细配置信息如图 5-2-5 所示。在该界面可查询所有 GOOSE 控制块（或 SV

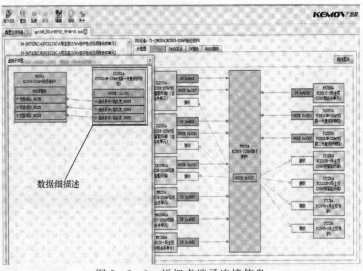

图 5-2-3 详细虚端子连接信息

图 5-2-4 被测继电保护装置虚端子设计表

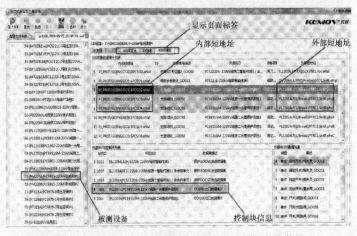

图 5-2-5 SCD 文件中被测设备详细逻辑连接信息

控制块）及相应数据集中全部变量的"内部短地址"和"外部短地垃"信息。按 GOOSE 控制块（或 SV 控制块）的不同，逐一核对其全部变量的"内部短地址"描述是否与虚端子设计图中的"接收方数据描述"一致，"外部短地址"描述是否与虚端子设计图中的"发送方数据描述"一致。

2. 是否正确配置网络参数

检查待调试母线保护装置及与该装置有逻辑连接的其他装置是否已根据 SCD 文件正确配置网络参数。使用继电保护测试仪配置软件检查待调试装置及与该装置有逻辑连接的其他装置是否已根据 SCD 文件正确配置网络参数。

3. 逻辑关系是否一致

检查被测母线保护装置配置文件中接收（发送）逻辑配置与 SCD 文件中的逻辑关系是否一致，可按以下三个步骤进行。

（1）读取被测母线保护装置的配置文件。

（2）查询并统计被测母线保护装置的内部配置信息。

打开被测母线保护装置的配置文件，查询其配置信息，并按照表 5 - 2 - 1～表 5 - 2 - 3 的关键配置信息。

表 5 - 2 - 1　　　　被测母线保护装置 GOOSE 发送关键配置信息统计表

槽号	控制块数量	控制块描述	控制块 ID	控制块 MAC	变量 DO 描述（按顺序）	变量内部路径（按顺序）

表 5 - 2 - 2　　　　被测母线保护装置 GOOSE 接收关键配置信息统计表

槽号	控制块数量 （GOOSE 接收 变量总数）	控制块 描述	控制块 ID	控制块 MAC	各变量 DO 描述 （按顺序）	控制块各变量 外部路径

表 5 - 2 - 3　　　　被测母线保护装置 SV 接收关键配置信息统计表

槽号	控制块数量 （SV 接收变量总数）	控制块 描述	控制块 ID	控制块 MAC	控制块各变量 DO 描述 （按顺序）	控制块各变量 外部路径

续表

槽号	控制块数量 （SV 接收变量总数）	控制块 描述	控制块 ID	控制块 MAC	控制块各变量 DO 描述 （按顺序）	控制块各变量 外部路径

（3）核对被测母线保护装置的配置信息。

利用 SCD 查询工具打开 SCD 文件如图 5－2－6～图 5－2－8 所示，按照（2）统计信息的项目逐项核对被测装置的配置信息。

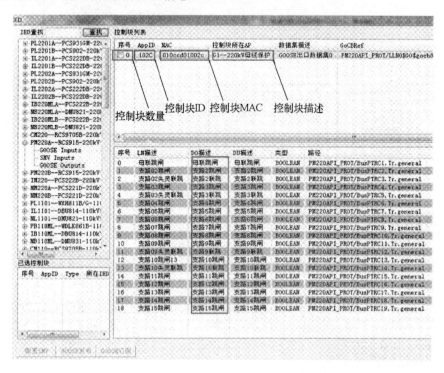

图 5－2－6　被测母线保护装置 GOOSE 发送配置信息

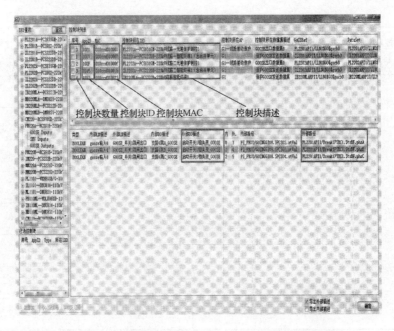

图 5-2-7　被测母线保护装置 GOOSE 接收配置信息

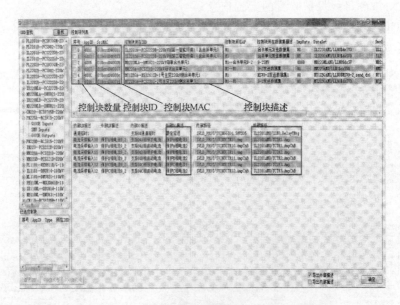

图 5-2-8　被测母线保护装置 SV 接收配置信息

第三节　RCS-915 系列母线保护装置光纤通道检查

一、调试目的和要求

光纤、光缆以及光通信设备是智能变电站继电保护系统的重要组成部分，其性能影响智能变电站继电保护系统各智能组件的数据交互和继电保护系统的正常工作。母线保护装置是一种跨间隔保护装置，若采用直采直跳方式，则需要配置众多的光纤通道。除了光缆熔接质量和装置通信性能外，光缆标示（包括在运芯和备用芯）、跳纤和光接口标示等也是影响母线保护装置运行维护的重要因素。

该项试验的主要要求如下：

（1）检查智能变电站现场电气施工人员光纤网络通道施工安装质量。

（2）核对光缆纤芯（包括在运芯和备用芯）、跳纤、光接口的标示。

（3）考察母线保护装置的光通信性能（发信设备的发光功率以及收信设备的收信灵敏度）是否满足工程需求。

二、调试工作内容

（1）用光源、光功率计检查被测母线保护装置各收信光口光路连接是否正确，衰耗是否正常，在光纤配线架中的熔接位置和所连接的背板端口是否与设计图纸一致。

（2）用光功率计测试被测母线保护装置发送光口的发光功率是否符合相关技术标准。

（3）用光衰耗仪、光功率计检查被测母线保护装置光功率告警值是否满足规范要求。

三、调试方法

（1）用光源、光功率计检查被测母线保护装置各收信光口光路连接是否正确，衰耗是否正常，在光纤配线架中的熔接位置和所连接的背板端口是否与设计图纸一致。

（2）用光功率计检查被测母线保护装置各光口发射功率是否符合相关技术标准。

（3）用光衰耗仪、光功率计检查被测母线保护装置光功率告警值是否满足规范要求。

第四节 RCS - 915 系列母线保护装置通道状态监测功能检查

一、调试目的和要求

智能变电站继电保护系统各智能组件均应具有通道监测功能，这样在收信通道或信号源设备故障时，能够及时发出相应告警信息，通知运维人员采取必要措施防止继电保护系统误动。作为智能变电站保护系统核心组件，母线保护装置的通道监测能力以及相应告警信息的完善性、准确性，对于智能变电站通道异常处理工作十分重要。

此项试验的主要要求如下：

（1）检查母线保护装置 GOOSE、SV 通道监测功能是否正常。

（2）检查监控系统母线保护装置通道告警信息是否完善正确。

二 、调试工作内容

（1）投入该装置中的相关间隔合并单元 SV 链路压板并退出相关设备的"检修压板"，

检查装置中的当前告警中 SV 链路告警是否能全部复归。

（2）分别投入待调试装置中的各间隔 GOOSE 链路压板（包括接收和发送压板）；退出相关间隔智能终端及母线保护装置的检修压板。观察装置当前告警界面或链路告警菜单，应无 GOOSE 链路告警。

（3）分别在该装置相关间隔合并单元端拔出该保护装置的 SV 光纤通道跳纤，观察保护装置当前告警，应出现对应 SV 链路告警信息，监控后台告警信息应正确。

（4）分别在该装置相关间隔智能终端上拔出该保护装置的 GOOSE 光纤通道（发信）跳纤，观察保护装置当前告警，应出现对应 GOOSE 链路告警信息，监控后台告警信息应正确。

三、调试方法

1. 模拟正常运行状态

模拟被测母线保护装置的正常运行状态，将母线保护有逻辑联系的所有装置（可根据 SCD 文件查询）的检修压板退出，SV 和 GOOSE 通道光纤恢复，并投入母线保护装置相关间隔的所有 GOOSE 及 SV 压板，观察装置当前告警界面或链路告警菜单，应无 GOOSE 链路和 SV 通道（采样）告警。

2. 模拟网络中断状态

模拟被测母线保护网络中断的情况，分别依次在相关间隔线路保护、断路器保护、合并单元等装置上断开其至母线保护装置的发信通道，此时母线保护装置应点亮告警灯，保护装置窗口及监控后台应发出相关 GOOSE 链路异常或 SV 通道（采样）异常的告警。

第五节　RCS‑915 系列母线保护装置 GOOSE 开入/开出检查

一、调试目的和要求

1. 调试目的

（1）智能变电站的母线保护装置含有母线差动保护、断路器失灵保护等功能，不论是母线差动保护还是断路器失灵保护，都需要正确识别母线的实际运行方式才能动作。母线差动保护需要通过采集母联间隔断路器和刀闸位置、各间隔母线侧刀闸位置来识别母线运行方式，进而确定母线差动保护小差电流的计算方式。断路器失灵保护不仅需要通过采集母联间隔断路器和刀闸位置、各间隔母线侧刀闸位置来识别母线运行方式，而且还需要采集母线上运行间隔的保护装置出口动作信号才能正常启动。母线保护装置的各种 GOOSE 开入的正确配置直接影响母线保护装置的逻辑判断和出口正确性，因对母线保护装置各种 GOOSE 开入的检查非常重要。

（2）变电站母线的主保护在母线保护动作后不仅能够正确跳闸断路器，而且还能向各间隔的保护装置发出必要的其他信号（如闭锁重合闸、失灵联跳变压器三侧断路器、远方跳闸等），这些信号的正确性同样会影响相关间隔保护装置的动作行为，因此很有必要对母线保护装置此类 GOOSE 开出信号进行传动检查。

（3）智能变电站继电保护、智能终端、合并单元等智能设备的检修压板，不同于常规综合自动化变电站的检修压板。智能变电站智能设备的检修压板投入时，相应智能设备的 GOOSE 和 SV 输出报文中的"Test"标志位应及时置"1"，这样才能保障智能变电站继电保护系统的检修机制功能正常，因此对母线保护装置进行检修压板投退时的输出报文"Test"位检查也十分必要。

2．调试要求

此项目的试验要求如下：

（1）检查母线保护装置"刀闸位置""断路器位置""启动失灵""主变保护失灵解除复压闭锁"等 GOOSE 开入变化时，母线保护装置开入变量交位的正确性。

（2）检查母线保护装置输出的 GOOSE 状态报文及变位报文的时间间隔"sequence number""AppID""control block referencc""Dataset reference""GOOSEID""state number"等关键参量是否正确。

（3）检查母线保护装置动作出口时相应的出口 GOOSE 变量变位是否正确。

（4）检查智能站母线保护装置检修压板投入时，其输出报文中的"Test"变位是否正常。

二、调试工作内容

1．GOOSE 开入检查

（1）在被测母线保护装置各通道 GOOSE 接收压板投入的状态下，检查"母联断路器位置"、各间隔"刀闸位置""启动失灵""主变保护失灵解除复压闭锁"等外部 GOOSE 开入变位时，被测母线保护对应开入应正确变位（开入变位且品质位不为零）。

（2）逐一退出被测母线保护装置各通道 GOOSE 压板，检查"母联断路器位置"、各间隔"刀闸位置""启动失灵""主变保护失灵解除复压闭锁"等外部 GOOSE 开入变位时，被测母线保护对应开入不应变位（或开入变位但品质位有效）。

2．GOOSE 开出检查

（1）GOOSE 状态报文检查。检查装置的各直跳口和网口是否有状态报文输出，状态报文的输出时间间隔是否准确（应为 5s/10s），观察报文中报文序号（sequence number）的值是否连续，报文中的"AppID""Control block reference""Dataset reference""GOOSEID"的内容是否与 SCD 文件控制块信息中的相应内容一致。

（2）GOOSE 变位报文检查。通过开出传动或保护传动使报文中某一变量变位，检查装置的各直跳口和网口是否有变位报文输出，从报文分析中观察变位后 5 帧变位报文的时间间隔是否正确，观察报文中的报文状态号（state number）的增量是否与变量变位次数一致，报文中的"AppID""Control block reference""Dataset reference""GOOSEID"的内容是否与 SCD 文件控制块信息中的相应内容一致。

（3）GOOSE 变量检查。通过开出传动或保护传动使输出 GOOSE 报文中的变量依次变位，检查 GOOSE 变量与装置开出的对应关系是否与 SCD 文件中该 GOOSE 变量的描述一致。

（4）检修报文检查。投入检修压板，观察装置中检修压板开入变位是否正常，检查装置输出 GOOSE 报文的检修位（Test）值是否为 1，退出检修压板，用报文分析仪检查装置输出 COOSE 报文的检修位（Test）值是否为 0。

三、调试方法

本节中继电保护测试仪以北京博电 PW802 继电保护测试仪为例，便携式网络报文分析仪以武汉凯默 DM5000E 手持光数字测试仪为例，报文抓取分析工具以北京博电 MsgAnalysisSys 报文工具为例进行说明。

（一）GOOSE 开入检查

1. 压板投入的状态

在被测母线保护装置各通道 GOOSE 压板投入的状态下，检查"母联断路器位置"、各间隔"刀闸位置""启动失灵""主变保护失灵解除复压闭锁"等外部 GOOSE 开入变位时，被测母线保护对应开入应正确变位（开入变位且品质位有效）。

方法 1：在被测母线保护装置各通道 GOOSE 压板投入的状态下，根据 SCD 文件，通过一次设备传动和相关间隔保护传动的方法依次使被测保护装置"失灵启动""解除复压闭锁""母联断路器位置"及所有间隔"刀闸位置"开入等变位，观察保护装置"开入菜单"中对应开入变位是否正确（开入变位且品质位不为零）（一次设备传动和相关间隔保护传动的方法略）。

方法 2：在被测母线保护装置各通道 GOOSE 压板投入的状态下，使用数字继电保护测试仪，按控制模块逐一模拟外部 GOOSE 开入变位，观察保护装置"开入菜单"中对应开入变位是否正确（开入变位且品质位不为零）。

第一步：将继电保护测试仪的光口与被测装置的光口用跳纤连接，注意在连接前应检查保护装置的内部配置文件，确认继电保护测试仪所连被测装置光口的 GOOSE 收信中有所要测试的开入。

第二步：启动并配置继电保护测试仪。

（1）打开继电保护测试仪测试程序，选择"设置"选项卡，单击"设置"菜单中的"系统/IEC 配置选项"，弹出"系统/IEC 配置选项"界面。

（2）在"系统/IEC 配置"界面图中单击左侧窗口中的 GOOSE 发布选项，单击左下角的"导入 SCL"按钮，弹出配置文件选择对话框如图 5-5-1 所示。

（3）在弹出的对话框中找到 SCD 存放路径如图 5-5-2 所示，选择 SCD 文件并单击右下角的"打开"按钮，打开 SCD 文件。

（4）在 SCD 文件界面（图 5-5-3）中找到并选中待测保护装置，双击该装置下的"GOOSE Inputs"选项，根据界面右侧两个窗口所显示的内容，选择要测试的开入。

（5）由于母线保护 GOOSE 收信控制块较多，为了便于介绍再次假设要测试线路 1 间隔的刀闸位置开入，就可以在被测装置 GOOSE 信号源之一的线路 1 智能终端控制块左侧复选框中打钩，并点击左下角"GOOSE 发布"按钮，然后点击右下角"确定"按钮，接着在弹出的对话框（图 5-5-4）中，选择"从 1 组导入"，点击"确定"按钮进入"GOOSE 发布"的配置界面如图 5-5-5 所示。

图 5-5-1　PW802 继电保护测试仪 GOOSE 发布配置操作界面

图 5-5-2　PW802 继电保护测试仪 GOOSE 发布 SCD 带入配置操作界面

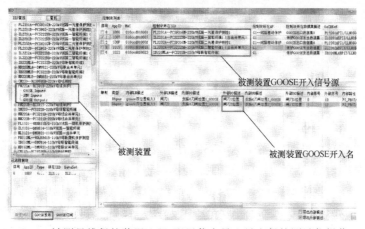

图 5-5-3　被测母线保护装置 SCD 配置信息导入继电保护测试仪操作（一）

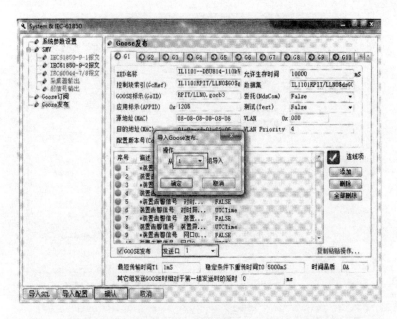

图 5-5-4　被测母线保护装置 SCD 配置信息导入继电保护测试仪操作（二）

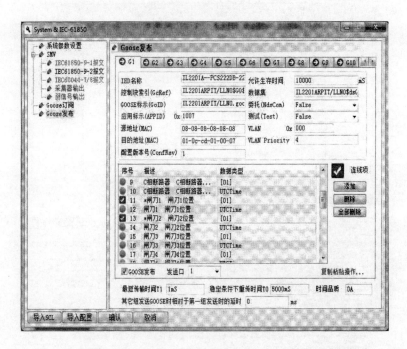

图 5-5-5　被测母线保护装置 SCD 配置信息导入继电保护测试仪操作（三）

（6）在图 5-5-5 界面，选择 GOOSE 信号发送口（注意应根据跳纤的实际位置选择仪器信号的发送口），点击"确认"按钮回到仪器程序的主界面。

（7）在仪器程序主界面中选择并点击"基本测试"选项卡，选中"通用试验（扩展）"选项并点击"确定"按钮，进入通用试验（扩展）操作界面如图 5-5-6 所示。

（8）在图 5-5-6"通用试验（扩展）"测试功能界面，点击"开始试验"按钮或按

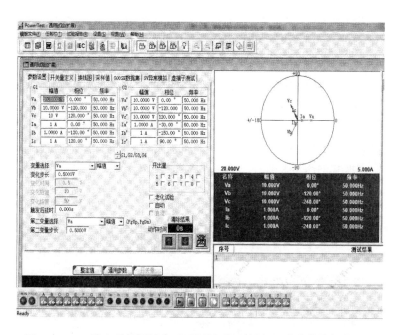

图 5 - 5 - 6　继电保护测试仪"通用试验（扩展）"功能模块操作界面

快捷键 F2 启动试验仪。选择并点击该界面中"GOOSE 数据集"选项，显示仪器的"GOOSE 数据集"界面如图 5 - 5 - 7 所示，依次在"刀闸 1 位置"或"刀闸 2 位置"的"取反"选择框中打钩，观察被测装置的开入显示菜单中该刀闸开入的变位情况是否正确。

注意：实际试验时应根据 SCD 文件，按照上述方法依次检测被测保护装置"失灵启动""解除复压闭锁""母联断路器位置"及所有间隔"刀闸位置"开入的正确性（开入变位且品质位不为零）。

方法 3：用便携式网络分析仪，按控制模块逐一模拟所有外部输入 GOOSE 变量变位，控制模块与该控制模块所连光口要匹配，可结合设备内部配置查询控制模块所连光口要匹配的信息，观察保护装置"开入菜单"中对应开入变位是否正确。

图 5 - 5 - 7　继电保护测试仪"通用试验（扩展）"功能模块"GOOSE 数据集"配置操作界面

第一步：使用凯默 SCD 工具在电脑上将 SCD 文件转换为后缀为"KSCD"的文件，拷贝入仪器的 SD 卡，导入全站的 SCD 配置信息。

第二步：将被测设备配置参数导入仪器，并使用凯默 SCD 工具通过查询被测设备的"详细虚端子"，记录装置每个控制块（按 AppID 记录）配置的 GOOSE 通道描述。

第三步：将便携式网络分析仪的输出信号光口依次接入被测保护装置的光口（控制模块与该控制模块所连光口要匹配。可结合设备内部配置，查询控制模块所连光口的信息）。

第四步：根据"详细虚端子"查询结果，配置仪器的 GOOSE 开出映射。

第五步：在便携式网络分析仪主界面中选择"智能终端"功能模块进入相应测试界面（图 5-5-8），按 F5 键设置试验生效方式，可设为"即时生效"或"手动生效"（注：在即时生效模式下，页面中点击任一开出量，立即生效，在手动生效模式下，可点击多路开出量，然后再按 F2 键"下传修改"，可使多路开出同时生效）。设置完成后，按 F1 键开始试验。

图 5-5-8　便携式网络分析仪"智能终端"
功能模块界面

按照图 5-5-8 的 GOOSE 开出列表，用光标选中"配置仪器 GOOSE 开出映射"操作时所选开出（注意：D01～D06 依次与界面中的开出 1～开出 6 对应）点击 Enter 键使该变量变位，观察被测保护装置开入量菜单中对应开入变位是否正常。

2. 逐一退出压板状态

逐一退出被测母线保护装置各通道 GOOSE 压板，检查"母联断路器位置"、各间隔"刀闸位置""启动失灵/解除复压闭锁"等外部 GOOSE 开入变位时，观察被测母线保护对应开入不应变位（或开入变位但品质位为零）。

第一步：退出被测母线保护装置将要测试 GOOSE 开入的 GOOSE 接收软压板（注意其他非测试 GOOSE 开入的 GOOSE 接收软压板应投入）。

第二步：试验方法与本节（1）的方法相同，逐一模拟相应 GOOSE 开入变位，观察被测母线保护对应开入不应变位（或开入变位但品质位为零）。

（二）GOOSE 开出检查

1. GOOSE 状态报文检查

检查装置的各直跳口和网口是否有状态报文输出，状态报文的输出时间间隔是否准确（应为 5s/10s），观察报文中报文序号（sequence number）的值是否连续，报文中的"AppID""Control block reference""Dataset reference""GOOSEID"的内容是否与 SCD 文件控制块信息中的相应内容一致。

2. GOOSE 变位报文检查

通过开出传动或保护传动使报文中某一变量变位，检查装置的各直跳口和网口是否有变位报文输出，从报文分析中观察变位后 5 帧变位报文的时间间隔是否正确，观察报文中的报文状态号（state number）的增量是否与变量变位次数一致，报文中的"AppID""Control block reference""Dataset reference""GOOSEID"的内容是否与 SCD 文件控制块信息中的相应内容一致。

方法 1：采用开出传动的方法使被测装置 GOOSE 开出变量变位，检查装置的各直跳口和网口是否有变位报文输出，从报文分析中观察变位后 5 帧变位报文的时间间隔是否正确，观察报文中的报文状态号（state number）的增量是否与变量变位次数一致，报文中的"AppID""Control block reference""Dataset reference""GOOSEID"的内容是否与 SCD 文件控制块信息中的相应内容一致。

第一步：依次拔出被测保护装置各光口发信跳纤，将报文分析仪接入其各发信光口或通过光电转换器使被测装置与电脑连接。

第二步：用开出传动的方法使被测装置 GOOSE 开出变量变位，同时采用与状态报文分析相同的方法分析观察报文，变位报文解析如图 5-5-9 所示。

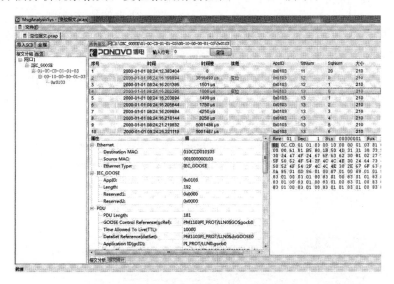

图 5-5-9　报文分析软件解析报文界面

方法 2：采用保护传动的方法使被测装置 GOOSE 开出变量变位，检查装置的各直跳口和网口是否有变位报文输出，从报文分析中观察变位后 5 帧变位报文的时间间隔是否正确，观察报文中的报文状态号（state number）的增量是否与变量变位次数一致，报文中的"AppID""Control block reference""Dataset reference""GOOSEID"的内容是否与 SCD 文件控制块信息中的相应内容一致。

第一步：依次拔出被测保护装置各光口发信跳纤，将报文分析仪接入其各发信光口或通过光电转换器使被测装置与电脑连接。

第二步：将数字继电保护测试仪的光口用跳纤连至母线保护装置母联间隔和将要测试间隔的 SV 收信光口上。

第三步：完成数字继电保护测试仪前 SV 参数配置。

第四步：进行保护传动使保护动作出口。

第五步：在被测装置 GOOSE 开出变量变位，同时采用与状态报文分析相同的方法分析观察报文，报文时间间隔如图 5-5-10 所示，变位报文解析如图 5-5-9 所示。

5/6-GOOSE间隔监测-0x0103-110KV母线保护装置			
stNum=6		sqNum=7	
	最大值(ms)	最小值(ms)	平均值(ms)
T0	5001.48784	5001.48752	5001.48772
T1	1.75009	1.50011	1.65624
T2	4.25000	4.24963	4.24980
T3	8.25015	8.24994	8.25001
间隔监测 ▲　　图示　　暂停　　重新统计			

图 5-5-10　便携式网络分析仪测量报文时间间隔界面

变位报文时间正常间隔应为 2ms、2ms、4ms、8ms，故测得的时间间隔应有 3 个分别为 T_1、T_2、T_3。变量变位时，正常的变位报文中 stNum 加 1，sqNnum 置 0。

3. GOOSE 变量检查

通过开出传动或保护传动使输出 GOOSE 报文中的变量依次变位，检查 GOOSE 变量与装置开出的对应关系是否与 SCD 文件中该 GOOSE 变量的描述一致。

方法 1：用继电保护测试仪，进行保护传动，使被测装置 GOOSE 变量变位，同时用继电保护测试仪检测相应 GOOSE 变量是否变化。

第一步：用 SCD 查阅工具打开 SCD 文件，查询被测装置的配置信息，找出被测装置 GOOSE 输出配置信息。按 GOOSE 输出控制模块，根据配置信息的"DO 描述"逐一统计需要进行测试开入的数量及名称如图 5-5-11 所示。

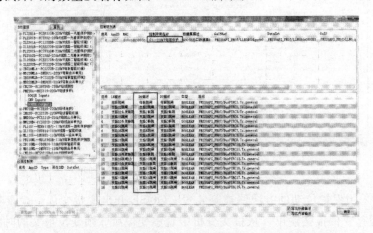

图 5-5-11　被测母线保护装置 SCD 文件中 GOOSE 输出信息

第二步：根据被测装置配置信息确定 GOOSE 输出的光口。

第三步：将继电保护测试仪接入被测装置的 GOOSE 发信光口（注意继电保护测试仪所接光口要与 GOOSE 变量所在控制块输出光口匹配）。

第四步：配置继电保护测试仪。

（1）打开程序主界面选择"设置"选项，点击"系统/IEC 配置"选项，点击右下角"导入 SCL"按钮，选择 SCD 文件存放路径，选择 SCD 文件并点击"打开"按钮，进入 SCD 界面。在该界面中找到并选中待测母线保护装置，双击母线保护下的"GOOSE Out-puts"选项，右上侧窗口中显示的内容是母线保护的发送控制块如图 5-5-12 所示。

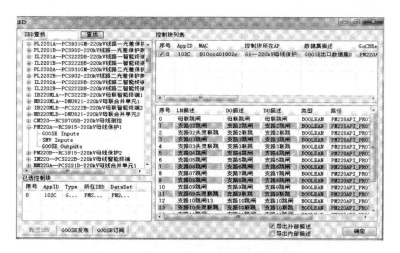

图 5-5-12 被测母线保护装置 SCD 配置信息导入继电
保护测试仪操作（一）

（2）在该控制块左侧复选框中打钩，并点击左下侧"GOOSE 订阅"按钮，弹出 GOOSE 导入选择界面（图 5-5-13），选择"从 1 组导入"后点击"确定"按钮，进入图 5-5-14 界面。在图 5-5-14 界面选择接收光口（接收光口应与跳纤实际连接位置一致）后点击"确认"按钮，返回仪器程序主界面。

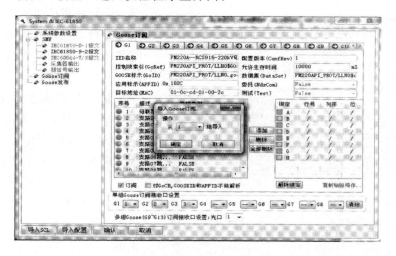

图 5-5-13 被测母线保护装置 SCD 配置信息导入继电
保护测试仪操作（二）

（3）在主界面中再次点击"系统/IEC 配置"选项，进行测试仪的 SV 配置操作（注意在 SV 配置时输出光口不能与 GOOSE 配置的光口相同）。

（4）完成测试仪的 SV 配置操作后程序返回至主界面，在主界面中选择"基本测试"——"通用试验（扩展）"后进入通用试验（扩展）试验界面。

（5）模拟母线正常运行设置各支路电气参数（电压正常，各支路电流为零），然后点击"开始试验"按钮或快捷键"F2"开始试验，复归保护装置后，按"停止试验"按钮

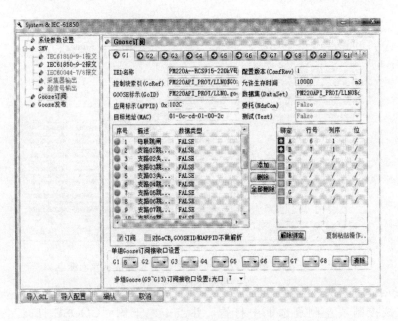

图 5-5-14 被测母线保护装置 SCD 配置信息导入继电
保护测试仪操作（三）

（或快捷键"ESC"停止试验）。

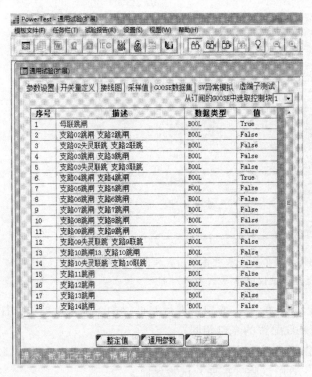

图 5-5-15 继电保护测试仪"通用试验（扩展）"功能
模块"虚端子测试"配置操作界面

（6）模拟母线故障设置各支路电气参数，在该界面选择点击"虚端子测试"选项卡如图 5-5-15 所示，并再次开始试验，在左侧窗口显示被测母线保护装置发送所有 GOOSE 变量，可实时监测所有 GOOSE 变量的变化。

第五步：使用保护传动的方法，使所有 GOOSE 输出控制模块的全部"DO 描述"逐一发生变位，检查相应 GOOSE 变量变位是否正确。

方法 2：用继电保护测试仪进行保护传动，使被测装置 GOOSE 变量变位，使用便携式报文分析仪，观察分析 GOOSE 报文中相应位的值是否变化。

第一步：用 SCD 查阅工具打开 SCD 文件，查询被测母线保护装置的配置信息，找出被测母线保护装置 GOOSE 输出配置信息。按 GOOSE 输出控制模块,根据配置信息的"DO 描述"逐一统计需要进行测试开出的数量及名称(图 5 - 5 - 11)。

第二步:根据被测母线保护装置配置信息确定 GOOSE 输出的光口。

第三步:将便携式报文分析仪接入被测母线保护装置的 GOOSE 发信光口(注意报文分析仪所接光口要与 GOOSE 变量所在控制块输出光口匹配)。

第四步:配置便携式网络分析仪。

(1)使用凯默 SCD 工具在电脑上将 SCD 文件转换为后缀为"KSCD"的文件拷贝入仪器的 SD 卡,导入全站的 SCD 配置信息。

(2)在 DM5000E 主界面,选择"GOOSE 接收",按 Enter 进入"GOOSE 扫描列表",如图 5 - 5 - 16 所示(按功能菜单"重新扫描"对应的 F1 键可重新扫描刷新 GOOSE 报文列表)。

序号	APPID	光口	描述
1	0x0103	1	[PM1103]110KV 母线保护装置

重新扫描　　　　查找

图 5 - 5 - 16 便携式报文分析仪 GOOSE 扫描列表

(3)选择要测试的 GOOSE 控制块,按 Enter 键进入"GOOSE 实时值"界面,在此界面可实时监测被测母线保护装置 GOOSE 输出变量的变化(图 5 - 5 - 17)。

1/6 GOOSE 实时值 0x1202 DBUS14 110KV 线路 智能终
stNum=157	sqNum=0	TTL=4
1-[双点]断路器总位置		OFF
2-[时间戳]断路器总位置		19:28:14.194
3-[双点]1G 刀闸位置		ON
4-[时间戳]1G 刀闸位置		18:36:45.252
5-[双点]2G 刀闸位置		OFF
6-[时间戳]2G 刀闸位置		19:23:36.793
7-[双点]3G 刀闸位置		
8-[时间戳]3G 刀闸位置		18:36:45.252
9-[双点]4G 刀闸位置		OFF
实时值 ▲		隐藏时间

图 5 - 5 - 17 GOOSE 输出变量

第五步:完成数字继电保护测试仪的 SV 参数配置。

第六步:使用保护传动的方法,使所有 GOOSE 输出控制模块的全部"DO 描述"逐一发生变位，检查相应 GOOSE 变量变位是否正确。

方法 3：用开出传动使被测装置 GOOSE 变量变位，使用便携式报文分析仪，观察分析 GOOSE 报文中相应位的值是否变化。

第一步：用 SCD 查阅工具打开 SCD 文件，查询被测装置的配置信息，找出被测装置 GOOSE 输出配置信息。按 GOOSE 输出控制模块，根据配置信息的"DO 描述"逐一统计需要进行测试开出的数量及名称（图 5-5-11）。

第二步：根据被测母线保护装置配置信息确定 GOOSE 输出的光口。

第三步：将便携式报文分析仪接入被测装置的 GOOSE 发信光口（注意报文分析仪所接光口要与 GOOSE 变量所在控制块输出光口匹配）。

第四步：配置便携式网络分析仪。

（1）使用凯默 SCD 工具在电脑上将 SCD 文件转换为后缀为"KSCD"的文件，拷贝入仪器的 SD 卡，导入全站的 SCD 配置信息。

（2）在便携式网络分析仪主界面，选择"GOOSE 接收"，按 Enter 进入"GOOSE 扫描列表"（按功能菜单"重新扫描"对应的 F1 键可重新扫描刷新 GOOSE 报文列表）。选择要测试的 GOOSE 控制块，按 Enter 键进入"GOOSE 实时值"界面，在此界面可时时监测被测母线保护装置 GOOSE 输出变量的变化。

第五步：使用开出传动的方法（开出传动方法见装置说明书），使所有 GOOSE 输出控制模块的全部"DO 描述"逐一发生变位，检查相应 GOOSE 变量变位是否正确。

4. 检修报文检查

投入检修压板，观察装置中检修压板开入变位是否正常，检查装置输出 GOOSE 报文的检修位（Test）值是否为 1，退出检修压板，用报文分析仪检查装置输出 GOOSE 报文的检修位（Test）值是否为 0。

方法 1：投入检修压板的同时，用报文抓取分析软件，观察分析 GOOSE 报文中"Test"位的值是否变化。

第一步：通过光猫（单端口光端机）将电脑依次接入被测装置的所有 GOOSE 发信光口。

第二步：操作投入/退出被测装置检修压板的同时，用报文抓取软件抓取装置输出 GOOSE 报文，解析观察 GOOSE 报文中 Test Mode 位的值是否变化。

方法 2：投入检修压板的同时，使用便携式报文分析仪，观察分析 GOOSE 报文中的 Test 位的值是否变化。

第一步：使用凯默 SCD 工具在电脑上将 SCD 文件转换为后缀为"KSCD"的文件，拷贝到仪器的 SD 卡，导入全站的 SCD 配置信息。

第二步：将便携式报文分析仪依次接入被测装置的所有 GOOSE 发信光口。

第三步：在便携式报文分析仪主界面，选择"GOOSE 接收"，按 Enter 进入"GOOSE 扫描列表"（图 5-5-16），选择要测试的 GOOSE 控制块，按 Enter 键进入"GOOSE 实时值"界面，再按功能键 F1，在弹出菜单中选择"报文监测"，按 Enter 键进入，操作被测母线保护装置的检修压板，此时按功能键 F3 刷新报文信息界面（图 5-5-18），观察 GOOSE 报文"Test"位的变化。

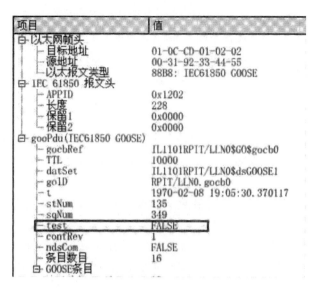

图 5‐5‐18 便携式报文分析仪报文监测界面

第六节 RCS‐915 系列母线保护装置采样值特性检查

一、调试目的和要求

1. 调试目的

（1）母线保护作为跨间隔保护，其正常工作时需要从多个间隔采样多路 SV 报文，SV 通道众多。在现场施工及系统配置过程中，SV 配置工作量较大，出现 SV 变量配置错误的可能性很大，在母线保护调试过程必须对所有 SV 通道中相关 SV 变量的采样情况进行核查，确保其电流及电压采样配置的正确性。

（2）"双 A/D"采样是智能变电站继电保护系统防止由于合并单元内部硬件故障造成保护系统误动的关键措施，在两路 A/D 采样值不同时变化时，保护装置必须可靠闭锁。为了确保合并单元内部硬件故障时不会造成继电保护系统误动作，在继电保护系统调试时必须模拟"双 A/D"不一致状态，考察保护装置能否可靠闭锁。

（3）SV 压板是智能变电站继电保护装置的电流/电压采样控制压板，在 SV 压板投入时保护装置应能够正确采样相应通道的电流/电压信息，在 SV 压板退出时保护装置应不再采样相应通道的电流/电压信息，利用这种功能可以在智能变电站运行过程中出现合并单元硬件故障时，通过退出相应 SV 压板的方法隔离故障合并单元。为了确保智能变电站正常运维，在继电保护系统调试过程中很有必要对此功能进行考察。

（4）智能变电站继电保护装置还必须具备鉴别 SV 采样数据完好性的能力，当继电保护装置接收到异常数据时必须闭锁继电保护的出口功能，防止继电保护装置受到异常数据的影响而误动作，为了确保在智能变电站继电保护正常运行，在继电保护系统调试过程中有必要对此功能进行考察。

（5）当收到 SV 采样信息时，继电保护装置要比较 SV 采样报文中"Test"标志位的值与装置检修压板的实际状态是否一致，若一致则正常进行故障判断和出口，若不一致则闭锁保护的出口功能，这是智能变电站检修机制的关键内容。为了确保在智能变电站检修机制功能正常，在继电保护系统调试过程中必须对此功能进行考察。

2．调试要求

此项调试的主要要求如下：

（1）检查母线保护装置各支路（间隔）SV 采样值的 SV 配置是否正确。

（2）依次模拟各支路（间隔）"双 A/D"不一致，检查母线保护装置采样逻辑是否正常。

（3）依次模拟各支路（间隔）合并单元检修压板投入，检查母线保护装置接收"检修"采样信息时的动作行为是否正常。

（4）检查母线保护装置各支路（间隔）SV 接收压板功能是否正常。

（5）依次模拟各支路（间隔）合并单元向母线保护发送异常数据，检查母线保护装置采样异常数据时的动作行为是否正常。

二、调试工作内容

1．采样正确性检查

通过数字式继电保护测试仪对母线保护装置的电压输入通道三相依次通入 40V、50V 和 60V，相位为正序的电压量，观察装置中电压采样是否正确。

通过数字式继电保护测试仪对母线保护装置的电压输入通道三相分别通入 40V、50V 和 60V，幅值不等相位为正序的电压量，观察装置中各变量的对应关系是否正确。

通过数字式继电保护测试仪对母线保护各间隔电流通道三相依次通入 $60\%I_N$、$80\%I_N$ 和 $100\%I_N$，相位为正序的电流量，观察装置中电流采样是否正确。上述试验中检查采样值时要同时检查装置中的启动电流和逻辑判断电流。

通过数字式继电保护测试仪对母线保护各间隔电流通道三相分别通入 $60\%I_N$、$80\%I_N$ 和 $100\%I_N$，幅值不等相位为正序的电流量，观察装置中各变量的对应关系是否正确。上述试验中检查采样值时要同时检查装置中的启动电流和逻辑判断电流。

2．双 AD 采样特性检查

用数字式继电保护测试仪从被测保护装置 SV 光口输入该间隔采样值，满足母线差动保护动作条件，使母线差动保护正常动作。

停发故障量复归保护装置，调整试验仪的 SV 输出，使启动电流和逻辑判断电流数值不一致（建议启动电流为逻辑判断电流值的两倍，但均达到差动保护动作值），重新发送故障量，装置中应有双 AD 不一致告警，此时保护应不动作。

3．SV 压板功能检查

用数字式继电保护测试仪从某间隔直采口输入该间隔采样值，满足母线保护动作条件，使母线差动保护正常动作。

停发故障量并复归保护装置，退出该间隔 SV 接收压板，该间隔采样值归 0。重新发送故障量，保护应不动作。依次试验其他间隔及母线电压的 SV 压板功能应正常。

4. SV 品质异常闭锁功能检查

用数字式继电保护测试仪从某间隔直采口输入该间隔采样值，满足母线保护动作条件，使母线差动保护正常动作。

停发故障量并复归保护，在测试仪中将发送报文的品质位置无效，重新发送故障量，装置中应有相应的 SV 品质异常报文，保护应不动作。

5. 报文异常情况下装置响应检查

从某间隔 SV 光口输入该间隔采样值，模拟报文连续丢帧、错帧等输入 SV 异常数据，保护装置应有相应的 SV 异常报文，并闭锁保护。

6. 检修闭锁特性检查

用数字式继电保护测试仪从某间隔 SV 光口输入该间隔采样值，满足母线保护动作条件，使母线差动保护正常动作。

停发故障量复归保护装置，模拟报文中检修位置 1 重新发送故障量，装置中应有检修压板不一致告警，保护应不动作。

三、采样正确性检查调试方法

下面以北京博电 PW802 继电保护测试仪为例进行说明。

1. 采样正确性检查基本要求

（1）通过数字式继电保护测试仪对母线保护装置的电压输入通道三相依次通入 40V、50V 和 60V，相位为正序的电压量，观察装置中电压采样是否正确。

（2）通过数字式继电保护测试仪对母线保护装置的电压输入通道三相分别通入 40V、50V 和 60V，幅值不等相位为正序的电压量，观察装置中各变量的对应关系是否正确。

（3）通过数字式继电保护测试仪对母线保护各间隔电流通道三相依次通入 $60\% I_N$、$80\% I_N$ 和 $100\% I_N$，相位为正序的电流量，观察装置中电流采样是否正确。上述试验中检查采样值时要同时检查装置中的启动电流和逻辑判断电流。

（4）通过数字式继电保护测试仪对母线保护各间隔电流通道三相分别通入 $60\% I_N$、$80\% I_N$ 和 $100\% I_N$，幅值不等相位为正序的电流量，观察装置中各变量的对应关系是否正确。上述试验中检查采样值时要同时检查装置中的启动电流和逻辑判断电流。

2. 采样正确性检查调试步骤

（1）将数字继电保护测试仪的光口用跳纤连至母线保护装置要测试间隔的 SV 收信光口上（注意：SV 光口可根据被测母线保护装置的配置文件确定）。

（2）完成数字继电保护测试仪的 SV 参数配置。

（3）检查被测母线保护装置的所有 GOOSE 接收压板、SV 接收压板、跳闸出口 GOOSE 压板在投入状态，检修压板在退出状态。

（4）模拟母线正常运行，用操作一次设备或强制置位的方法使被测间隔运行于任一母线上。

（5）试验操作。在测试仪程序主界面中，选择"基本测试"选项卡，选中"通用试验（扩展）"选项点击确定进入通用试验（扩展）界面（图 5－5－6）。此界面中共用四组电流变量和四组电压变量可设置（G1、G2/G3、G4按钮切换变量界面），结合SV配置操作中各间隔SV映射情况，并根据本项试验参量设置要求设置各组变量的值。

点击"运行"按钮或按快捷键"F2"启动测试仪开始试验，观察保护装置的"模拟量实时值"，核对装置模拟量通道、模拟量幅值、模拟量相位及相序应与试验仪所加电量一致，并注意应逐一测试所有SV通道。

四、双AD采样特性检查调试方法

1. 要求

（1）用数字式继电保护测试仪从被测保护装置SV光口输入该间隔采样值，满足母线差动保护动作条件，使母线差动保护正常动作。

（2）停发故障量复归保护装置，调整试验仪的SV输出，使启动电流和逻辑判断电流数值不一致（建议启动电流为逻辑判断电流值的两倍但均达到差动保护动作值），重新发送故障量，装置中应有双AD不一致告警，保护应不动作。

2. 步骤

（1）将数字继电保护测试仪的光口再跳纤连至母线保护装置要测试间隔的SV收信光口上，SV光口可根据被测母线保护装置的配置文件确定。

（2）完成数字继电保护测试仪的SV参数配置。

（3）进行母线保护保护传动，使保护动作出口。

（4）重新配置测试仪的SV配置，只是在进行"第六步映射选择"时将双AD采样中的两路输入，映射到测试仪不同的输出上如图5-6-1所示。

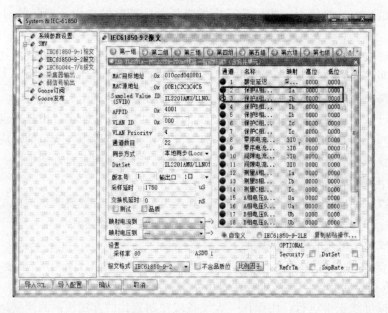

图5-6-1　双AD采样特性检查试验时继电保护测试仪电气量映射配置

配置完成后回到程序主界面，选择"基本测试"选项卡中的"通用试验（扩展）"菜单，点击"确定"按钮进入通用试验（扩展）界面（图5-5-6）。

根据上述映射操作的情况调整试验仪 SV 输出如图 5-6-2 所示，模拟故障使双 AD 采样中的其中一路输出电量满足保护动作条件，另一路输出值为 0，保护应可靠不动作，并报双 A/D 不一致告警，应依次测试所有 SV 通道。

图 5-6-2　双 AD 采样特性检查试验时继电保护
测试仪电气量输出设置操作

五、SV 压板功能检查调试方法

　　1. 要求

　　（1）用数字式继电保护测试仪从某间隔 SV 光口输入该间隔采样值，满足母线保护动作条件，使母线差动保护正常动作。

　　（2）停发故障量并复归保护装置，退出该间隔 SV 接收压板，该间隔采样值归 0。重新发送故障量，保护应不动作。依次试验其他间隔及母线电压的 SV 压板功能。

　　2. 步骤

　　（1）将数字继电保护测试仪的光口用跳纤连至母线保护装置要测试间隔的 SV 收信光口上，SV 光口可根据被测母线保护装置的配置文件确定。

　　（2）完成数字继电保护测试仪的 SV 参数配置。

　　（3）进行母线保护传动使保护动作出口。

　　（4）退出母线保护装置被测间隔的 SV 通道压板，再次进行保护传动此时保护不应动作出口，应逐一测试所有 SV 通道。

六、SV 品质异常闭锁功能检查调试方法

1. 要求

（1）用数字式继电保护测试仪从某间隔 SV 光口输入该间隔采样值，满足母线保护动作条件，使母线差动保护正常动作。

（2）停发故障量并复归保护，在测试仪中将发送报文的品质位置无效，重新发送故障量，装置中应有相应的 SV 品质异常报文，差动保护应不动作。

2. 步骤

（1）将数字继电保护测试仪的光口用跳纤连至母线保护装置要测试间隔的 SV 收信光口上，SV 收信光口可根据被测母线保护装置的配置文件确定。

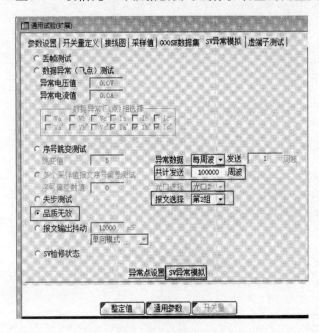

图 5 - 6 - 3　继电保护测试仪 SV 品质异常闭锁
功能检查试验配置界面

（2）完成数字继电保护测试仪的 SV 参数配置。

（3）进行母线保护传动使保护动作出口。

（4）在保护传动"通用试验（扩展）"界面（图 5 - 5 - 6，注意将电流输出置 0），点击"SV 异常模拟"选项卡，勾选"品质无效"如图 5 - 6 - 3，所示。在"报文选择"中选择模拟 SV 异常间隔的 SV 通道，在"共计发送"选项填写 10000，启动试验仪后点击"SV 异常模拟"按钮。

回到参数设置界面，调整 SV 输出值使输出的 SV 值满足保护动作条件，此时保护应可靠不动作，并报"SV 异常"告警。

七、报文异常情况下装置响应检查调试方法

1. 要求

从某间隔 SV 光口输入该间隔采样值，模拟报文连续丢帧、错帧等输入 SV 数据异常情况，保护装置应有相应的 SV 异常报文，并闭锁母差保护。

2. 步骤

（1）将数字继电保护测试仪的光口用跳纤连至母线保护装置要测试间隔的 SV 收信光口上，SV 收信光口可根据被测母线保护装置的配置文件确定。

（2）完成数字继电保护测试仪的 SV 参数配置。

（3）进行保护传动使保护动作出口。

（4）在保护传动的试验"通用试验（扩展）"界面中（注意将电压、电流输出置零），点击"SV 异常模拟"选项卡，依次勾选"丢帧测试""数据异常（飞点）测试""序号跳变测试"等 SV 异常选项，测试相应数据异常时保护的动作行为。

1）"丢帧测试"试验。如图 5 - 6 - 4 勾选"数据丢帧"选项，"光口选择"中选择要模拟 SV 异常支路的输出光口，"共计发送"选项填写 10000。点击"异常点设置"按钮，在弹出的对话框如图 5 - 6 - 5 中的"丢点"选项设置丢点的点号（注意至少勾选两个连续的点号）。

图 5 - 6 - 4 继电保护测试仪报文异常情况下装置
响应检查试验配置界面（一）

启动试验仪后点击"SV 异常模拟"按钮，返回参数设置界面（图 5 - 6 - 2），调整 SV 输出值使输出的 SV 值满足保护动作条件，此时保护应可靠不动作，并报 SV 异常类告警。

2）"数据异常（飞点）测试"试验。如图 5 - 6 - 6 所示勾选"数据异常（飞点）测试"选项，"数据异常（飞点）异常相选择"中选择要模拟 SV 异常的支路，"共计发送"选项填写 10000。点击"异常点设置"按钮，在弹出的对话框（图 5 - 6 - 5）中的"飞点"选项设置飞点的点号。

启动试验仪后点击"SV 异常模拟"按钮，在"SV 异常模拟"界面的"异常电流值"填入满足保护动作条件的故障量，此时保护应可靠不动作，并报 SV 异常类告警。

3）"序号跳变测试"试验。如图 5 - 6 - 7 勾选"序号跳变测试"选项，"光口选择"

图 5-6-5 继电保护测试仪报文异常情况下装置
响应检查试验配置界面（二）

图 5-6-6 继电保护测试仪报文异常情况下装置响应
检查试验配置界面（三）

中选择要模拟 SV 异常支路的输出光口，"共计发送"选项填写 10000。点击"异常点设置"按钮，在弹出的对话框（图 5-6-5）中的"跳变"选项设置跳变的点号（选择 1 个）。

3. 注意事项

启动试验仪后点击"SV 异常模拟"按钮，返回参数设置界面（图 5-5-2），调整 SV 输出值使输出的 SV 值满足保护动作条件，此时保护应可靠不动作，并报 SV 异常类告警。

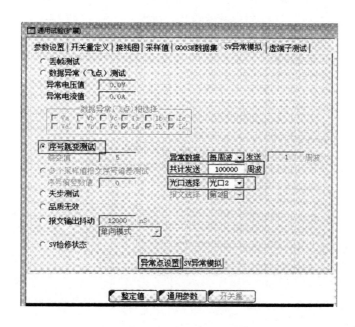

图 5 - 6 - 7 继电保护测试仪报文异常情况下
装置响应检查试验配置界面（四）

八、检修闭锁特性检查调试方法

1. 要求

（1）用数字式继电保护测试仪从某间隔 SV 光口输入该间隔采样值，满足母线保护动作条件，使母线差动保护正常动作。

（2）停发故障量复归保护装置，模拟报文中检修位置 1，重新发送故障量，装置中应有检修压板不一致类告警，此时保护装置应闭锁，增加电流值达到保护动作值保护应不动作。

2. 步骤

（1）将数字继电保护测试仪的光口用跳纤连至母线保护装置要测试间隔的 SV 收信光口上，SV 收信光口可根据被测母线保护装置的配置文件确定。

（2）完成数字继电保护测试仪的 SV 参数配置。

（3）进行保护传动使保护动作出口。

（4）在保护传动的试验的"通用试验（扩展）"界面中（注意测试时继续输出故障量），点击"SV 异常模拟"选项卡，勾选"SV 检修状态"选项如图 5 - 6 - 8 所示，"报文选择"中选择要模拟 SV 异常的支路，"共计发送"选项填写 10000。点击"异常点设置"按钮，在弹出的对话框（图 5 - 6 - 5）中的"无效/检修"选项设置检修状态的点号。

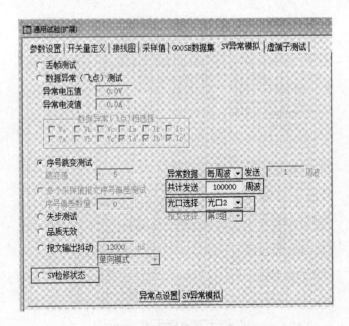

图 5-6-8 继电保护测试仪检修闭锁特性检查试验配置界面

3. 注意事项

启动试验仪使后点击"SV 异常模拟"，回到参数设置界面（图 5-6-2），调整 SV 输出值使输出的 SV 值满足保护动作条件，此时保护应不动作，并报 SV 异常类告警。

第七节 母线保护整组试验

一、调试目的和要求

（1）要保证母线保护装置在电力系统故障时正确动作，各个支路（间隔）的 GOOSE 开入量、SV"模拟量"以及相应的 GOOSE 开出量通道配置应相互匹配，因此母线保护装置各支路（间隔）的 GOOSE 开入、SV 输入及其相应 GOOSE 开出匹配检查必不可少。

（2）检修机制是智能变电站继电保护系统一次设备不停电调试检修以及继电保护运行中单一设备故障处理的关键功能，因此为了保证相关功能的可靠性，必须模拟运行中可能出现的异常状况，对继电保护系统的检修机制进行全面检查。

（3）作为智能变电站的跨间隔保护，母线保护装置需要采集多个支路（间隔）的 SV"模拟量"信息，这些"模拟量"的同步性直接影响母线差动保护功能的差流计算，为确保母线差动保护的正常工作和正确动作，必须考察各支路（间隔）同名相电流及电压的采样同步性。

（4）为确保母线保护装置在母线发生故障时快速动作隔离故障，应通过现场测试母线保护装置出口动作延时，确保该延时在允许范围内。

此项调试的要求如下：

（1）检查智能站母线保护装置各支路（间隔）COOSE 开入、SV 输入以及母线保护

GOOSE 开出之间的配置是否正确匹配。

（2）检查智能站母线保护系统（母线保护、智能终端、合并单元、其他相关保护装置）检修机制是否正常。

（3）检查母线保护装置相关 SV 采样同步是否正常。

（4）检查母线保护装置由故障发生至断路器跳闸的延时是否满足要求。

二、调试工作内容

1. 与间隔保护装置及开关的联动调试

将某一支路合于Ⅰ母，其他间隔合于Ⅱ母，向母线保护装置通入电流/电压使Ⅰ母线差动保护动作，此时母差应跳母联和Ⅰ母支路，查看断路器的跳闸情况是否正确，同时观察该支路线路保护重合闸是否放电（主变压器保护中失灵联跳是否动作），退出该支路出口软压板，再次试验该支路开关不动作。依次试验其他支路，查看断路器的跳闸情况是否正确，观察该支路线路保护重合闸是否放电（主变压器保护中失灵联跳是否动作）。

2. 检修闭锁机制的联动试验

（1）母线保护装置与各支路合并单元的检修压板配合与对母线保护的影响应满足表 5‐7‐1。

表 5‐7‐1　　　　智能变电站母线保护装置与各支路合并单元的
检修压板配合与母线保护的影响

母线保护检修	合并单元检修	智能终端检修	母线保护动作情况
投入	投入	投入	动作
投入	退出	投入	不动作，并报采样告警
退出	投入	退出	不动作，并报采样告警
退出	退出	退出	动作

（2）母线保护装置与各支路智能终端的检修压板配合与对保护的影响应满足表 5‐7‐2。

表 5‐7‐2　　　　智能变电站母线保护装置与各支路智能终端的
检修压板配合与对母线保护的影响

母线保护检修	智能终端检修	母线保护、智能终端动作及出口情况
投入	投入	母线保护、智能终端动作，断路器跳闸
投入	退出	母线保护动作、智能终端不动作，断路器不跳闸
退出	投入	母线保护动作、智能终端不动作，断路器不跳闸
退出	退出	母线保护、智能终端动作，断路器跳闸

（3）母线保护装置与各间隔（母联间隔、线路间隔、主变压器间隔）保护装置检修压板的配合及对间隔保护的影响应满足表 5‐7‐3。

表 5 - 7 - 3　　　　智能变电站母线保护装置与各间隔（母联、线路、主变）
保护装置检修压板的配合及对间隔保护的影响

母线保护检修	间隔保护检修	智能终端检修	间隔保护相关 GOOSE 开入是否生效
投入	投入	投入	是
投入	退出	投入	否
退出	投入	退出	否
退出	退出	退出	是

3. 多间隔合并单元同步试验

（1）多间隔合并单元稳态下同步试验。将不同间隔合并单元用于母线保护的 A 相电流输入串联，用继电保护测试仪加量在母线保护上观察两间隔采样侧角度差是否正确。

（2）多间隔合并单元暂态同步试验。将不同间隔合并单元用于母线保护的 A 相电流输入串联，用继电保护测试仪加量使母线保护动作，调阅母线保护装置中的录波波形，观察各支路故障电流的起始时间和结束时间是否一致。

4. 母线保护动作延时测试

用继电保护测试仪从某间隔合并单元加母差组电流输入，同时将智能终端的跳闸输出接点接入测试仪开入端子。设置测试电流输出满足母线保护动作条件，启动测试仪使母线保护动作。用测试仪检测启动到开入变位的时间。该时间即为合并单元—母线保护—智能终端的整组动作时间（母线保护动作时间不大于 20ms）。

三、调试方法

以北京博电 PW802 继电保护测试仪为例进行说明。

1. 与间隔保护装置及开关的联动调试

将某一支路合于Ⅰ母，其他间隔合于Ⅱ母，向母线保护装置通入电流/电压使Ⅰ母差动保护动作，此时母差应跳母联和Ⅰ母支路，查看断路器的跳闸情况是否正确，同时观察该支路线路保护重合闸是否放电（主变压器保护中失灵联跳是否动作），退出该支路出口软压板，再次试验该支路开关不动作。依次试验其他支路，查看断路器的跳闸情况是否正确，观察该支路线路保护重合闸是否放电（主变压器保护中失灵联跳是否动作）。

（1）将被测母线保护装置相关间隔断路器合闸，强制置位或实际操作刀闸的方法将某一支路合于Ⅰ母，其他间隔合于Ⅱ母。

（2）将数字继电保护测试仪的光口用跳纤连至母线保护装置要测试间隔的 SV 收信光口上，SV 收信光口可根据被测母线保护装置的配置文件确定。

（3）模拟母线保护正常运行，退出母线保护和各支路线路保护、智能终端、合并单元的检修压板，投入母线保护中各支路（包括线路间隔、主变压器间隔、母联间隔）GOOSE 接收压板，投入母线保护中各间隔 SV 接收压板，根据测试支路依次投入母线保护中各支路 GOOSE 出口压板。

（4）配置数字继电保护测试仪 SV 参数。

（5）进行保护传动使母线保护动作出口，此时只有被测支路跳闸（母联投入时，母联断路器也应跳闸），且该支路重合闸放电。

（6）退出该支路跳闸出口压板，进行保护传动使母线保护动作出口，此时应只有母联断路器跳闸，且该支路重合闸不放电。

（7）依次试验其他支路，观察母线保护中出口情况与实际跳闸支路是否一致，该支路线路保护重合闸是否放电（主变压器保护中失灵联跳是否动作）。

2. 检修闭锁机制的联动试验

母线保护装置与各支路合并单元的检修压板配合与对保护的影响应满足表 5-7-1。

（1）按表中的检修压板状态，操作被测间隔合并单元、智能终端和母线保护的检修压板。

（2）模拟母线正常运行，将被测母线保护装置相关所有间隔断路器合闸，强制置位或实际操作刀闸的方法将要所有支路合于Ⅰ母，其他支路合于Ⅱ母。

（3）在母线保护装置上退出非测试支路的 SV 压板，用模拟量输出的继电保护测试仪或合并单元测试仪，从该间隔合并单元通入故障电流，模拟母线故障，观察母线保护及断路器跳闸动作情况应符合表 5-7-1。

3. 检修闭锁机制的联动试验

母线保护装置与各支路智能终端的检修压板配合与对保护的影响应满足表 5-7-2。

（1）按表中的检修压板状态，操作被测间隔智能终端、母联智能终端及母线保护装置的检修压板。

（2）模拟母线正常运行，将被测母线保护装置相关间隔断路器合闸，强制置位或实际操作刀闸的方法将要所有支路合于Ⅰ母，其他支路合于Ⅱ母。

（3）在母线保护装置上退出非测试支路的 SV 压板，用数字继电保护测试仪，并从测试支路 SV 光口通入故障电流（母线保护检修投入时，要通入带检修标志的故障电流；母线保护检修退出时，要通入不带检修标志的故障电流），模拟母线故障，观察母线保护、被测间隔智能终端、母联智能终端及相应间隔断路器跳闸情况应符合表 5-7-2。

4. 检修闭锁机制的联动试验

母线保护装置与各间隔（母联间隔、线路间隔、主变压器间隔）保护装置检修压板的配合及对各间隔保护装置影响应满足表 5-7-3。

（1）按表中的检修压板状态，操作被测间隔保护装置、智能终端、母线保护装置的检修压板。

（2）将被测间隔断路器合闸，强制置位或实际操作刀闸的方法将要测试的支路合于Ⅰ母，其他间隔合于Ⅱ母。

（3）在母线保护装置上退出非测试支路的 SV 压板，用数字继电保护测试仪，并从测试支路 SV 光口通入故障电流（母线保护检修投入时，要通入带检修标志的故障电流；母线保护检修退出时，要通入不带检修标志的故障电流），模拟母线故障，观察母线保护、被测间隔智能终端、母联智能终端及相应间隔断路器跳闸情况应符合表 5-7-3。

5．多间隔合并单元同步试验

（1）多间隔合并单元稳态下同步试验。将不同间隔合并单元用于母线保护的 A 相电流输入串联，用继电保护测试仪加量在母线保护上观察两间隔采样侧角度差是否正确。

（2）多间隔合并单元暂态同步试验。将不同间隔合并单元用于母线保护的 A 相电流输入串联，用继电保护测试仪加量使母线保护动作，调阅母线保护装置中的录波波形，观察各支路故障电流的起始时间和结束时间是否一致。

6．母线保护整组动作时间测试

用继电保护测试仪从某间隔合并单元加母差组电流输入，同时将智能终端的跳闸输出接点接入测试仪开入端子。设置测试电流输出满足母线保护动作条件，启动测试仪使母线保护动作。用测试仪检测启动到开入变位的时间。该时间即为合并单元—母线保护—智能终端的整组动作时间。

合并单元延时最大不得超过 2ms，母线保护动作时间不大于 20ms，智能终端动作时间不得大于 7ms，所测整组动作时间不得大于 30ms。

（1）将被测母线保护装置相关间隔断路器合闸，强制置位或实际操作刀闸的方法将某一支路合于Ⅰ母，其他间隔合于Ⅱ母。

（2）将继电保护测试仪的光口用跳纤连至母线保护装置该支路的 SV 输入及母联 SV 输入光口上，依次将母线保护装置中该支路的 GOOSE 发送光口用跳纤连至继电保护测试仪的其他光口。

（3）退出母线保护和各支路线路保护、智能终端、合并单元的检修压板，投入各支路线路/主变压器/母联保护的母线保护 GOOSE 接收压板，投入母线保护中各间隔 SV 接收压板、GOOSE 接收压板，投入母线保护中各支路 GOOSE 出口软压板。

（4）配置数字继电保护测试仪 SV 参数。

（5）配置数字继电保护测试仪 GOOSE 接收参数。

1）打开继电保护测试仪主程序，选择"设置"选项卡，选择"系统/IEC 配置"选项在弹出的对话框中找到 SCD 文件存放路径，选择 SCD 文件并点击"打开"按钮。

2）在 SCD 文件界面中找到被测母线保护装置如图 5-7-1 所示，双击待测装置下的"GOOSE Outputs"选项，右上侧窗口中待测母线保护的 GOOSE 发送控制块，在控制块左侧的复选框中打钩，点击左下侧"GOOSE 订阅按钮"，然后点击确定回到"IEC 61850 配置"界面。

3）选择"从××组导入"后，将母线保护该支路的跳闸出口（图示中选择支路 4 跳闸）与测试仪的开入绑定如图 5-7-2 所示（注意绑定时应注意选择导入的 GOOSE 界面即 $G_1 \sim G_{13}$），选择 GOOSE 接收光口后（注意不要选择测试仪 SV 输出配置时选择的光口），点击"确认"按钮返回程序主界面。

（6）试验操作。

1）返回继电保护测试仪的主界面，选中"测试组件"→"基本测试"→"状态序列"测试模式，在测试项目栏中，添加测试项。

2）点击"常态"，将常态的电压设置为正序额定电压，常态电流值设置为 0，将常态设置为"时间触发"如图 5-7-3 所示。

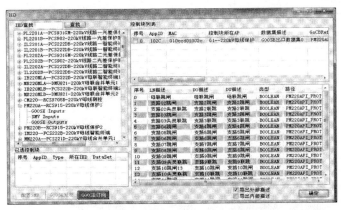

图 5－7－1　被测母线保护装置 SCD 文件 GOOSE 收信配置信息

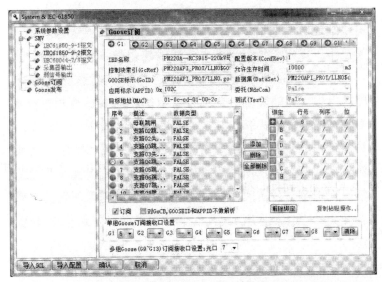

图 5－7－2　继电保护测试仪收信 GOOSE 变量与测时开入绑定操作

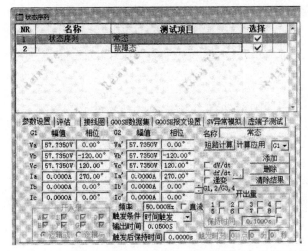

图 5－7－3　母线保护动作时间测试参数配置操作"时间触发"

3）选中"故障状态"，设置故障状态电压满足母线保护复压开放条件，设置故障状态电流满足母线保护动作条件。将故障台设置为接点出发，"触发条件"设置为"时间＋开入触发"如图 5-7-4 所示。

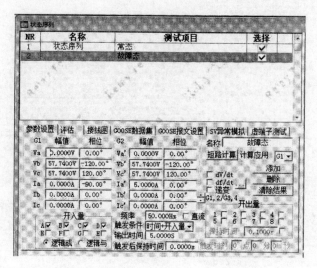

图 5-7-4　母线保护动作时间测试参数
配置操作"时间＋开入触发"

4）点击"试验开始"按钮或按 F2 快捷键，试验结束后在右下侧窗口中的时间数值为故障态开始到开入返回的时间，即该母线保护的动作时间。

第六章 电力系统同步相量测量装置（PMU）测试技术

第一节 电力系统同步相量

一、相量表示和同步相量

1. 相量表示

（1）时标的位置对应采样数据窗的第一点。

（2）输出时标为整刻度，即从每秒开始，以等时间间隔取时标。

（3）输出时标采用北京时刻。

（4）同步相量角的取值范围应该为（$-180°$，$180°$）。

2. 同步相量

模拟信号 $v(t)=\sqrt{2}V\cos(w_0t+\varphi)$ 对应相量形式为 $V\angle\varphi$。当 $v(t)$ 的最大值出现在秒脉冲时，相量的角度为 $0°$，当 $v(t)$ 正向过零点与秒脉冲同步时相量的角度为 $-90°$，如图 6-1-1 所示。

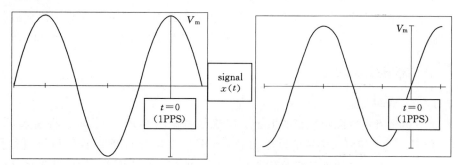

图 6-1-1 波形信号与同步相量之间的转换关系

当相量幅值不变时相量的相位与模拟信号的频率符合如下关系：

$$\frac{d\varphi}{dt}=2\pi(f-f_0) \qquad f_0=50(\text{Hz})$$

即相量的频率等于 50Hz 时，相量的角度不变；当相量的频率大于 50Hz 时，相量的角度逐渐增大，当相量的频率小于 50Hz 时，相量的角度逐渐减小。为保证相量数据时标的一致性，规定相量的时标对应于采样数据窗第一点时刻，角度对应于此采样数据窗第一点的角度。

二、同步相量矢量误差

同步相量矢量误差是指用于表征同步相量测量装置对于相量幅值测试的误差。其计算方法表示为：

$$TVE = \sqrt{\frac{[X_r(t_0) - X_r]^2 + [X_i(t_0) - X_i]^2}{X_r^2 + X_i^2}}$$

式中　X_r、X_i——测试信号相量的实部和虚部；

　　$X_r(t_0)$、$X_i(t_0)$——PMU 装置测试结果相量的实部和虚部。

第二节　PMU 装置应用性能测试平台

一、测试平台分类

根据试验仪器的不同和试验环境的不同（实验室和现场），完成 PMU 装置的应用性能测试，一般可以通过以下四种类型的测试平台实现。四种平台分别适应下列形式，可以根据测试试验关注的重点和实际情况选用。

（1）静态性能测试平台。适合实验室检测，主要通过能连续高速录波的数字录波器录取波形后用有关软件进行波形分析。

（2）比对试验测试平台。适合现场检测，主要通过 PMU 测试仪等经过标定的便携式 PMU 装置与现场安装的 PMU 进行比对试验，可以使用实际的电压和电流信号进行在线比对，也可以进行离线比对。

（3）动态波形回放测试平台。适合实验室检测，要求实验室具备一定的仿真软件和波形回放设备。

（4）高性能标准源测试平台。适合实验室和现场测试，使用高精度三相交流信号源（具有 GPS 对时功能），即简化了试验设备又能同时满足 PMU 静态和动态测试的要求。

二、静态性能测试平台

1. 测试平台描述

用普通三相交流信号源将规定的电压、电流信号输出给 PMU 装置，将输入 PMU 装置的 GPS 信号、输入 PMU 装置的电压和电流信号、高精度 GPS 时钟的信号引至数字录波器，通过人工计算或者软件计算分析所得到的录波文件，计算出 PMU 装置的各性能指标和精度指标。其搭建示意图如图 6-2-1 所示。

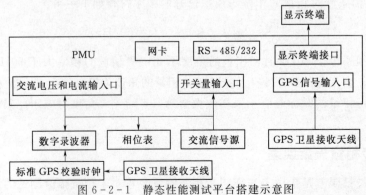

图 6-2-1　静态性能测试平台搭建示意图

2. 测试设备性能及指标要求

静态性能测试平台由交流信号源、高精度 GPS 时钟、数字录波器和波形分析软件构成。其性能和指标要求见表 6-2-1。

表 6-2-1　　　　　　　　静态性能测试平台构成及性能指标要求

构成	性能指标要求			
交流信号源	性能	（1）可以输出恒定频率的稳定电压电流信号。 （2）可以输出频率渐变、突变的电压电流信号。 （3）可以输出幅值渐变、突变的电压电流信号。 （4）可以输出相角突变的电压电流信号。 （5）可以输出叠加谐波、间谐波的电压电流信号		
	静态信号输出	项目	范围	精度
		电压	0～120V	幅值：0.2%；谐波＜0.1%
		电流	0～15A 以上	幅值：0.2%；谐波＜0.1%
		频率	45～55Hz	分辨率＜1mHz；精度＜0.005Hz
		相角	0°～360°	分辨率＜0.1°；精度＜1°
	动态信号输出	电压	±10%、±20%、±50%额定电压突变后返回	幅值1%；时间精度10ms
		电流	±10%、±20%、±50%额定电流突变后返回	幅值1%；时间精度10ms
		频率	±0.01Hz/s、±0.05Hz/s、±0.1Hz/s、±0.5Hz/s、±1Hz/s、±1Hz、±2Hz、±3Hz突变后返回	均匀变化，每周波渐变次数不小于1次
		相角	±15°、±45°突变后返回	相角1°；时间精度10ms
高精度GPS时钟	性能	（1）可以输出秒脉冲（PPS）。 （2）可以输出分脉冲（PPM）		
	信号输出	项目	范围	精度
		PPS	＞5V	＜1μs
		PPM	＞5V	＜1μs
数字录波器	性能	（1）输入通道无相位偏移。 （2）采样频率高于100k/s		
	信号通道	项目	范围	精度
		电压	0～300V	＜0.1%
		电流	0～50A	＜0.1%
波形分析软件	性能	能够通过波形分析，计算标准的电压幅值和相角、电流幅值和相角、频率		
	精度	电压	＜0.2%	
		电流	＜0.2%	
		频率	＜0.001Hz	
		相角	＜0.2°	

三、比对试验测试平台

1. 测试平台描述

可以选择标准实验室标的过的性能及精度满足要求的标准 PMU，或者经过校准、测试等流程验证其性能及精度满足要求的标准 PMU，作为校验待测 PMU 的标准表。用交流信号源将规定的电压、电流信号同时输出给标准 PMU 装置和待测 PMU 装置，通过比较分析待测 PMU 装置的各性能指标和精度指标。其搭建示意图如图 6－2－2 所示。

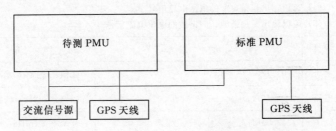

图 6－2－2　标准 PMU 比对测试平台搭建示意图

2. 测试设备性能及指标要求

比对试验测试平台由交流信号源和标准 PMU 装置构成。其性能和指标要求如下：

（1）交流信号源。同表 6－2－1，必须通过标准源测试。

（2）标准 PMU 装置见表 6－2－2。

表 6－2－2　　　　　　　　　　标准 PMU 装置性能及指标要求

性能	能够得到标准的电压幅值和相角、电流幅值和相角、频率	
精度	电压	＜0.2%
	电流	＜0.2%
	频率	＜0.001Hz
	相角	＜0.2°
	时钟	＜1μs

四、动态波形回放测试平台

1. 测试平台描述

动态波形回放测试平台搭建示意图如图 6－2－3 所示。

用计算机仿真计算程序产生仿真三相波形离散采样数据，将仿真数据存储成 Comtrade（或者其他数据交换格式）录波文件；将录波文件输入给测试装置（系统），产生测试信号输出给待测 PMU 装置。得到待测 PMU 装置的各性能指标和精度指标。为保证测试信号的同步性，在录波文件中包含一个数字标志，作为测试的开始。利用该数字标志控制测试装置（系统）的开关量，输出给 PMU 装置，作为测试开始的同步时间。

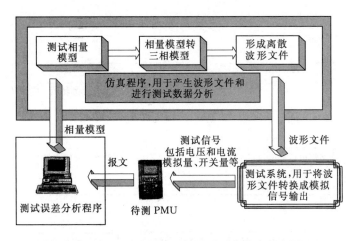

图 6-2-3 动态波形回放测试平台搭建示意图

2. 测试设备性能及指标要求

动态波形回放测试平台由仿真程序和波形回放设备（测试装置或者系统）构成，其性能和指标要求见表 6-2-3。

表 6-2-3　　　　　　　　动态波形回放测试平台性能及指标要求

构　成		性　能　及　指　标　要　求		
仿真程序	性能	(1) 能够根据计算内容的要求得到标准的相量序列。 (2) 能够将标准的相量序列转化成离散波形文件。 (3) 将波形文件转化成模型再现设备可以识别的格式		
波形回放设备测试装置和系统	性能	(1) 可以将可识别格式的离散波形文件转化成模拟信号输出。 (2) 信号输出的范围、精度满足测试要求		
	信号输出	项目	范围	精度
		电压	0~12V	幅值：0.1%
		电流	0~15A 以上	幅值：0.1%
		时钟	—	<5μs

五、高性能标准源测试

1. 测试平台描述

可以选择标准实验室标的过的性能及精度满足要求的标准信号源，或者经过校准、测试等流程验证其性能及精度满足要求的标准信号源。用标准信号源输出设计模型的电压、电流信号输出给待测 PMU 装置，得到待测 PMU 装置的各性能指标和精度指标。其搭建示意图如图 6-2-4 所示。

2. 测试设备性能及指标要求

高性能标准源测试平台主要就是由标准信号发生源或者系统构成。其性能和指标要求见表 6-2-4。

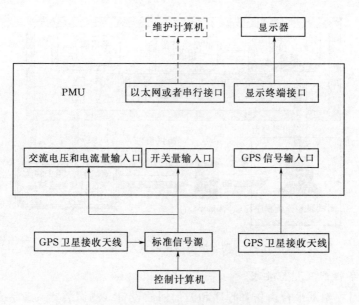

图 6-2-4 高性能标准源测试平台搭建示意图

表 6-2-4　高性能标准源测试平台性能及指标要求

项目	要 求		
性能	(1) 可以输出满足时钟精度的恒定频率的稳定电压电流信号。 (2) 可以输出满足时钟精度的频率渐变、突变的电压电流信号。 (3) 可以输出满足时钟精度的幅值渐变、突变的电压电流信号。 (4) 可以输出满足时钟精度的相角突变的电压电流信号。 (5) 可以输出满足时钟精度的叠加谐波、间谐波的电压电流信号。 (6) 输出的信号精度满足测试标准要求		
静态信号输出	项目	范 围	精 度
	电压	0~120V	幅值：0.05%；谐波<0.1%
	电流	0~15A 以上	幅值：0.05%；谐波<0.1%
	频率	45~55Hz	分辨率<1mHz；精度<0.001Hz
	相角	0°~360°	分辨率<0.1°；精度<0.2°
	时钟	—	<5μs
动态信号输出	电压	±10%、±20%、±50%额定电压突变后返回	幅值 0.1%；时间精度 10ms
	电流	±10%、±20%、±50%额定电流突变后返回	幅值 0.1%；时间精度 10ms
	频率	±0.01Hz/s、±0.05Hz/s、±0.1Hz/s、±0.5Hz/s、±1Hz/s，±1Hz、±2Hz、±3Hz突变后返回	均匀变化，每周波渐变次数不小于 1 次；频率渐变精度<1%；频率突变精度小于 0.05Hz
	相角	±15°、±45°突变后返回	相角 0.2°；时间精度 10ms
	时钟	—	<5μs

第三节　型　式　试　验

为确保某一型号的 PMU 装置的应用性能可以满足系统动态监测分析的要求，在产品研发完成之后，经过厂家的校准，按照规定的测试平台和手段对其性能和精度进行完整精确的测试。

一、试验条件和测试方法

1. 测试条件

（1）PMU 装置满足厂家出厂验收标准和 Q/GDW 131《电力系统实时动态监测系统技术规范》的要求，通电后可以正常运行。

（2）同型号的 PMU 装置的通信规约通过跟模拟主站的调试。

（3）被测 PMU 装置能够提供详尽的产品说明书，内容包括电源类型、输入信号和输出信号类型、端子说明、设置说明、规约文本、回路阻抗和功耗等。说明书标称的功能、精度符合测试的要求。

（4）被测 PMU 装置能够提供产品的使用说明书。

2. 测试方法

静态性能测试＋动态波形回放测试。

二、测试内容

型式试验测试内容见表 6-3-1。

表 6-3-1　　　　　　　　　　型式试验测试内容和要求

序号	测　试　内　容		要求
1	环境测试		√
2	外观检查		√
3	时钟同步性检查		√
4	回路检测	电压回路检测	√
5		电流回路检测	√
6		电源回路检测	√
7		直流输入量回路检测	√
8	规约测试	数据收发测试	√
9		报文格式测试	√
10		一发多收测试	√
11	功能检查	运行监测功能检查	√
12		通道配置功能检查	√
13		实时记录功能检查	√
14		触发录波功能检查	√

续表

序号	测 试 内 容		要求
15	精度测试	静态精度测试	√
16		动态精度测试	√
17		非线性影响测试	√
18		"带通"抗干扰测试	√
19	数据传输延时测试		√
20	触发启动测试		√
21	装置接线检查		√
22	信息配置和定值整定检查		√
23	EMC测试		√

第四节 出 厂 试 验

生产厂家为确保生产的 PMU 装置应用性能可以满足设计的要求，在产品生产完成之后，对其性能和精度进行校验测试。

一、试验条件和测试方法

试验条件：在产品生产完成之后，经过基本的外观检查后进行。
测试方法：比对试验测试。

二、测试内容

出厂试验测试内容见表 6-4-1。

表 6-4-1　　　　　　　　出厂试验测试内容和要求

序号	测 试 内 容		要求
1	环境测试		√
2	外观检查		√
3	时钟同步性检查		√
4	回路检测	电压回路检测	√
5		电流回路检测	√
6		电源回路检测	√
7		直流输入量回路检测	√
8	规约测试	数据收发测试	√
9		报文格式测试	
10		一发多收测试	

续表

序号	测 试 内 容		要求
11	功能检查	运行监测功能检查	√
12		通道配置功能检查	√
13		实时记录功能检查	√
14		触发录波功能检查	√
15	精度测试	静态精度测试	√
16		动态精度测试	√
17		非线性影响测试	√
18		"带通"抗干扰测试	
19	数据传输延时测试		
20	触发启动测试		√
21	装置接线检查		√
22	信息配置和定值整定检查		√
23	BMC测试		

第五节　现 场 验 收 试 验

PMU 装置现场安装调试完成以后，为确保安装调试准确，装置运行正常和测试数据准确，需要在正式投运之前，对其性能精度和安装通信等进行测试。

一、现场验收试验条件和测试方法

1. 现场验收试验条件

（1）PMU 装置通过生产厂家出厂验收试验，功能、精度指标满足厂家出厂验收标准和 Q/GDW 131《电力系统实时动态监测系统技术规范》的要求。

（2）同型号的 PMU 装置通过型式试验，功能、精度指标满足 Q/GDW 131《电力系统实时动态监测系统技术规范》等。

（3）被测 PMU 装置完成现场安装调试，工作电源已具备，如 CT、PT 信号已接入，应该确认在外部 CT、PT 信号已经可靠隔离或者保护的情况下才能开始试验。被测 PMU 装置具备至主站的通信链路。

（4）现场验收试验获得所属电力调度单位的批准，由基建单位、运行单位、检测单位、设备生产单位选派具有相应技能的人员参加，验收试验应不影响动态监测系统的正常运行。

（5）接线图、原理图、端子表图纸等资料齐全。

2. 测试方法

比对试验测试。

二、测试内容

现场验收试验测试内容见表 6-5-1。

表 6 - 5 - 1　　　　　　　　　　现场验收试验测试内容和要求

序号	测 试 内 容		要求
1	环境测试		√
2	外观检查		√
3	时钟同步性检查		√
4	回路检测	电压回路检测	√
5		电流回路检测	√
6		电源回路检测	√
7		直流输入量回路检测	√
8	规约测试	数据收发测试	
9		报文格式测试	
10		一发多收测试	
11	功能检查	运行监测功能检查	√
12		通道配置功能检查	√
13		实时记录功能检查	√
14		触发录波功能检查	√
15	精度测试	静态精度测试	√
16		动态精度测试	
17		非线性影响测试	
18		"带通"抗干扰测试	
19	数据传输延时测试		√
20	触发启动测试		
21	装置接线检查		√
22	信息配置和定值整定检查		√
23	EMC测试		

三、试验步骤

（1）在现场接线开始前，确认被测装置电源关闭，确认被测装置对外接口如电压回路是否开路，外部输入电流回路是否已短接。以防止测试过程影响一次设备或其他二次设备的正常运行。

（2）对照相关设备说明，图纸和 PMU 装置的接线原理图，借助万用表等工具，检查输入 PMU 装置的模拟信号类型、额定值、对应端子是否正确。

（3）去除或者隔离被测装置的电源接线、外部电压接线、电流接线、励磁回路接线、脉冲接线等，检查电源回路、电压回路、电流回路、直流输入量回路的阻抗。

（4）对于 PT、CT 信号没有接入的设备，用信号源模拟现场额定二次信号接入，监测模拟信号。对于 PT、CT 信号已经接入的设备，直接监测现场信号。对被测装置进行功能检查试验和精度测试试验。

（5）现场试验人员与调度 WAMS 主站的测试人员配合，进行通信功能试验和协议测试试验。

（6）被测 PMU 装置正确工作后，将第一通道电压信号的 PT 小开关断开，将该通道装置侧电压输入端子短接。进行综合响应检测。

（7）恢复被测 PMU 装置及屏柜的接线，检查确认内外回路的接线正确无误。恢复 PMU 装置的通道、通信设置，检查确认监测数值正确，和主站通信正常。进行信息配置检查。

四、试验验收安全注意事项

（1）进入现场，应该服从现场运行人员的安排，遵守现场各项安全规定和有关安全规程。

（2）工作开始前由厂站专业技术人员办理 PMU 调试和部分线路、机组电气二次回路工作票，落实现场安全措施，对参加调试的人员告知现场安全注意事项。

（3）试验信号原则上采用信号发生器提供，对于信号已经接入，改接信号源不方便的需要采用现场信号进行试验时，需要现场运行负责人批准并落实安全措施。

（4）在现场 PT 信号没有接入设备的情况下，信号源电压信号接入被测设备电压端子，或者现场 PT 信号已经接入设备，屏柜端子上的电压信号接入标准多功能表或者标准 PMU 装置时，必须经过熔丝板进行保护，熔丝熔断电流不大于 0.5A。对于现场 CT 信号已经接入的设备，不准将标准多功能表或者标准 PMU 装置串入 CT 回路。

（5）调试工作开始前和结束后，试验人员应主动向厂站值长、网省调度自动化值班员进行开工汇报和结束汇报，确认未对其他运行设备和信息采集造成影响。

（6）如果现场信号已经接入，推荐在备用端子进行试验。信号源接入时，必须认真检查通道间是否可靠隔离。如果没有备用端子，必须将 PT 二次电缆引出固定在绝缘板上，CT 二次电缆引出至短路板短路。

（7）接线调试过程中如果发生事故或异常，应立即停止工作，保持现状和查明原因，确定与本工作无关，并经值长许可后，方可继续工作。

（8）CT、PT 回路带电接线必须由厂站有资质的专业人员操作，并严格执行电气操作期程和现场安全操作规定，至少有一人监护和一人操作。

（9）现场其他安全措施，根据各电厂和变电站的有关规定和要求，由运行单位和调试单位分工实施。

第六节　试　验　方　法

一、外观检查

机箱应保护仪器内各部件不受重物侵害和不受机械损伤。

开关、按钮等操作应灵活可靠，无卡死或接触不良现象，内部部件应紧固无松动。

装置应满足防尘散热要求。

二、时钟同步性检测

1. 测试原理

时钟精度测试原理如图 6-6-1 所示。

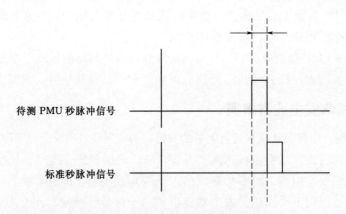

待测 PMU 秒脉冲信号

标准秒脉冲信号

图 6-6-1　时钟精度测试原理示意图

检测 PMU 与 GPS 的同步性能保证 PMU 装置测试绝对相角的准确度，保证不同测量点之间的测试数据同步性。

GPS 设备输出时钟信号的准确性检测，参照《电力系统时间同步规范》的要求进行。

2. PMU 时钟同步输入信号精度

试验内容和要求指标见表 6-6-1。

表 6-6-1　　　　　　　PMU 时钟同步输入信号精度试验内容和要求指标

序号	试　验　内　容		要求指标
1	秒脉冲（PPS）测试	上升时间	≤50ns
2		时间准确度	≤1μs
3	分脉冲（PPM）测试	上升时间	≤50ns
4		时间准确度	≤1μs

3. 守时精度

将待测 PMU 装置的 GPS 大线或授时拔掉，使其失去时钟同步，规定时间后进行时钟守时能力的测试。试验内容和要求指标见表 6-6-2。

表 6-6-2　　　　　　　守时精度试验内容和要求指标

序号	试　验　内　容		要求指标
1	授时失效 1h	绝对相角	≤1°
2		时间准确度	≤50μs

4. GPS 授时信号延时调整测试

检查 PMU 装置是否可以针对 GPS 信号线延长或者从其他装置转接而产生的固定时延进行补偿设置。并用校验时间同步的方法，验证 PMU 装置的时钟是否准确。

在各种静态测试方式下，要求如下：

（1）$E_n < 0.5\%$。

（2）$E_i < 0.5\%$。

（3）$E_f < 0.002\text{Hz}$。

（4）$E_v < 0.5°$。

（5）TVE$<1\%$。

三、回路检测

1. 电源回路检测

在没有接通电源的情况下，用 500V 兆欧表检测电源回路的绝缘电阻，保证电源接入后不发生短路，交流电压源和直流电压源回路电阻值不小于 1MΩ。

2. 电压回路检测

在电压模拟量没有接入（或者电压量接入开关断开）的情况下、用数字万用表测量设备电压通道的直流电阻，保证信号接入后 PT 二次侧不会发生短路，电压信号回路电阻不小于 500kΩ。

3. 电流回路检测

在电流模拟量没有接入（或者电流量接入开关断开）的情况下，用数字万用表测量设备电流通道的直流电阻，保证信号接入后 CT 二次侧不会发生开路，电流信号回路电阻不大于 1Ω。

4. 直流输入量回路检测

在未连接外部直流输入量信号的情况下，用 500V 兆欧表测量直流输入回路的绝缘电阻，保证信号接入后不影响发电机的控制功能。直流输入量回路电阻不小于 1MΩ。

四、规约测试

1. 试验方法

试验方法如图 6-6-2 所示。

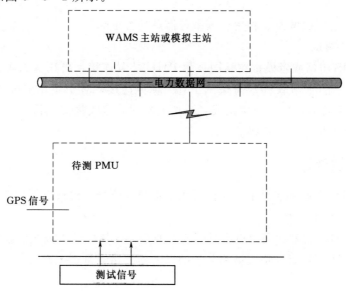

图 6-6-2 规约测试试验方法接线示意图

（1）检测 PMU 报文是否符合标准的规范要求。保证 PMU 装置和主站的通信通畅、准确，实现各项应用功能。

（2）用 PMU 主站软件或者模拟主站软件与被测 PMU 装置连接，进行命令管道、实时数据管道、离线数据管道进行测试，检查待测 PMU 装置的响应是否正确，检查时标、幅值、相角、频率等是否正确。

2. 数据收发测试

在被测 PMU 装置和 WAMS 主站或者模拟主站软件之间进行如表 6－6－3 所示项目的检测，检查被测 PMU 装置的响应是否正确。

表 6－6－3　　　　　　　　数 据 收 发 测 试 项 目

序号	项　　目	序号	项　　目
1	命令管道	11	打开实时数据管道
2	心跳信号	12	关闭实时数据管道
3	下发 CFG－2 配置文件	13	离线数据管道
4	联网触发	14	传送实时记录数据
5	系统复位	15	下发文件
6	系统复位	16	传送事件标识数据
7	以数据帧格式接收参考相量	17	召唤文件描述信息
8	请求发送 CFG2 帧	18	按起止时刻传送暂态数据
9	请求发送 CFG1 帧	19	按发生时刻传送暂态数据
10	请求发送头帧	20	召唤子站指定文件

3. 报文格式测试

利用 WAMS 主站或者模拟主站接收被测 PMU 装置发送的报文以后，打开报文，检查报文的时标、电压、电流、相角、频率等信息是否正确。

4. 一发多收测试

利用 WAMS 主站或者模拟主站同被测 PMU 装置连接，再用 3 台模拟主站（或者用 3 个具有独立 TP 的主站软件）与被测 PMU 装置连接，对个主站和模拟主站以及被测 PMU 装置进行配置后，用 4 个主站或者模拟上站同时接收报文，检查报文的发送和接收是否正确，报文的格式是否正确。

五、功能检查

在装置正常供电运行情况下，用信号源模拟输入信号，检查以下功能。

1. 运行监测功能检查

通过被测 PMU 装置的当地显示界面或者通过专用软件读取被测装置的报文，将测试值与信号输出值进行比对，检查被测装置的以下监测功能是否正确。

（1）频率。

（2）电压相量。

（3）电流相量。

2. 通道配置功能检查

（1）检查被测试装置是否可以根据现场实际情况，灵活方便地设定变电站、母线、线路等的名称、变比、额定参数、数据上传周期等内容。

（2）新建一个变电站，配置一组电压通道和一组电流通道，设置通道的名称、变比、额定参数等，设置数据上传周期，进行确认保存。

（3）通过被测 PMU 装置的当地显示界面或者通过专用软件读取被测装置的报文，检查设置结果是否生效。

3. 实时记录功能检查

（1）检查装置运行以后，监测数据是否可以准确可靠地进行本地储存。

（2）设置好装置的数据保存周期之后，等待装置运行 1min，检查装置的监测数据是否存在，打开记录的数据，检查是否正确。

4. 触发录波功能检查

装置正常运行之后，设置触发定值，设置录波信息。调整输入信号满足触发条件，检查录波文件是否生成，启动元件选择是否正确，打开波形文件，检查录波是否正确。

六、精度测试

1. 静态精度测试

在保证 PMU 装置时钟同步正确、运行正常的情况下，测试以下方式下指标的静态精度。

（1）额定频率下三相平衡的电压、电流信号的幅值见表 6-6-4。

表 6-6-4　　　　　额定频率下三相平衡的电压、电流信号的幅值

序号	U_a		U_b		U_c	
	标准值	测试值	标准值	测试值	标准值	测试值
1	$80\%U_n$		$80\%U_n$		$80\%U_n$	
2	$85\%U_n$		$85\%U_n$		$85\%U_n$	
3	$90\%U_n$		$90\%U_n$		$90\%U_n$	
4	$95\%U_n$		$95\%U_n$		$95\%U_n$	
5	$100\%U_n$		$100\%U_n$		$100\%U_n$	
6	$120\%U_n$		$120\%U_n$		$120\%U_n$	
输入信号	频率 50Hz，无谐波分量平衡的三相交流电压和电流					
序号	I_a		I_b		I_c	
	标准值	测试值	标准值	测试值	标准值	测试值
1	$20\%I_n$		$20\%I_n$		$20\%I_n$	
2	$40\%I_n$		$40\%I_n$		$40\%I_n$	
3	$60\%I_n$		$60\%I_n$		$60\%I_n$	
4	$80\%I_n$		$80\%I_n$		$80\%I_n$	
5	$100\%I_n$		$100\%I_n$		$100\%I_n$	
6	$120\%I_n$		$120\%I_n$		$120\%I_n$	
输入信号	频率 50Hz，无谐波分量平衡的三相交流电压和电流					

（2）三相平衡的电压、电流信号的绝对相角见表 6-6-5。

表 6-6-5　　　　　　　三相平衡的电压、电流信号的绝对相角

频率	U_a		U_b		U_c	
	标准值	测试值	标准值	测试值	标准值	测试值
45.0Hz						
48.0Hz						
49.5Hz						
50.0Hz						
50.5Hz						
52.0Hz						
55.0Hz						
输入信号	无谐波分量平衡的三相交流电压，有效值为额定值					
频率	I_a		I_b		I_c	
	标准值	测试值	标准值	测试值	标准值	测试值
45.0Hz						
48.0Hz						
49.5Hz						
50.0Hz						
50.5Hz						
52.0Hz						
55.0Hz						
输入信号	无谐波分量平衡的三相交流电压，有效值为额定值					

（3）非额定频率下三相平衡的电压、电流信号的幅值见表 6-6-6。

表 6-6-6　　　　　非额定频率下三相平衡的电压、电流信号的幅值

频率	U_a		U_b		U_c	
	标准值	测试值	标准值	测试值	标准值	测试值
45.0Hz	$80\%U_n$		$80\%U_n$		$80\%U_n$	
48.0Hz	$85\%U_n$		$85\%U_n$		$85\%U_n$	
49.2Hz	$90\%U_n$		$90\%U_n$		$90\%U_n$	
50.2Hz	$95\%U_n$		$95\%U_n$		$95\%U_n$	
52.0Hz	$100\%U_n$		$100\%U_n$		$100\%U_n$	
55.0Hz	$120\%U_n$		$120\%U_n$		$120\%U_n$	
输入信号	无谐波分量平衡的三相交流电压和电流，有效值为额定值					

续表

频率	I_a		I_b		I_c	
	标准值	测试值	标准值	测试值	标准值	测试值
45.0Hz	$20\%I_n$		$20\%I_n$		$20\%I_n$	
48.0Hz	$40\%I_n$		$40\%I_n$		$40\%I_n$	
49.2Hz	$60\%I_n$		$60\%I_n$		$60\%I_n$	
50.2Hz	$80\%I_n$		$80\%I_n$		$80\%I_n$	
52.0Hz	$100\%I_n$		$100\%I_n$		$100\%I_n$	
55.0Hz	$120\%I_n$		$120\%I_n$		$120\%I_n$	
输入信号	无谐波分量平衡的三相交流电压和电流，有效值为额定值					

（4）额定频率下不平衡三相电压、电流信号的幅值和绝对相角见表 6 - 6 - 7。

表 6 - 6 - 7　　　　额定频率下不平衡三相电压、电流信号的幅值和绝对相角

输入电压调整	U_a 测试值		U_b 测试值		U_c 测试值	
	幅值	相角	幅值	相角	幅值	相角
A 相幅值 $80\%U_n$						
A 相幅值 $90\%U_n$						
A 相幅值 $105\%U_n$						
A 相相角 $-30°$						
A 相相角 $-10°$						
A 相相角 $60°$						
输入信号	频率 50Hz，无谐波分量的三相交流电压，有效值为额定值					
输入电压调整	I_a 测试值		I_b 测试值		I_c 测试值	
	幅值	相角	幅值	相角	幅值	相角
A 相幅值 $80\%I_n$						
A 相幅值 $90\%I_n$						
A 相幅值 $105\%I_n$						
A 相相角 $-30°$						
A 相相角 $-10°$						
A 相相角 $60°$						
输入信号	频率 50Hz，无谐波分量的三相交流电压，有效值为额定值					

（5）频率见表 6 - 6 - 8。

表 6 - 6 - 8　　　　　　　　　　频　率

序号	输入频率/Hz	性能试验	比对试验	测试值/Hz
1	48.00	√	√	
2	48.30	√		

续表

序号	输入频率/Hz	性能试验	比对试验	测试值/Hz
3	48.80	√		
4	49.60	√		
5	49.98	√	√	
6	50.05	√	√	
7	50.11	√		
8	50.60	√		
9	51.00	√		
10	51.40	√		
11	52.00	√	√	
输入信号	无谐波分量平衡的三相交流电压和电流，有效值为额定值			

（6）发电机功角。目前，现场实用的发电机内电势及功角测量方法主要有：①纯电气计算法，通过发电机的转子及定子参数计算发电机实时功角，由于不易获取发电机在不同运行状态下的准确电抗参数，其功角的计算有一定的误差；②转速积分法，通过 PMU 测量发电机机端电压、电流相量和采集机组转速脉冲，通过对机组转速求积分计算任意时刻的转子位置，该方法需要消除转速脉冲的累计误差；③转子位置测量法，该方法具有较高的精度，利用发电机组的键相脉冲信号，来获取发电机转子的机械位置，自动校准机械位置的初始角，进而测量发电机内电势相角及其功角。转子位置测量法不受发电机等效计算模型和同步电抗参数误差的影响，适用于电网扰动和暂态过程的功角测量。因此，如果现场条件允许，PMU 宜直接采集转子位置来测量发电机内电势相角及其功角。

由于发电机内电势的方向与发电机转轴位置固定（与 q 轴方向一致）所以测量内电势需要一个转轴信号，标定好转轴信号与发电机内电势之间的夹角（初始角）。初始角的确定通过机组空载情况下进行测试。然后，测取转轴信号与机端电压之间的夹角就能确定发电机内电势的位置。此试验仅在发电机大修后进行，PMU 应能自动跟踪和修正。

（7）励磁电压、励磁电流、AGC 信号等其他参数见表 6-6-9。

表 6-6-9　　　励磁电压、励磁电流、AGC 信号等其他参数

信号名称	输入值	测试值
励磁电压		
励磁电流		
AGC		
输入	输入为标称直流信号	

2. 动态精度测试

动态试验的目的是检验 PMU 装置在动态过程和复杂信号下的响应特性，保证 PMU 装置在非恒定信号情况下和非标准正弦信号下的性能精度能够满足应用的需求。

在保证 PMU 装置时钟同步正确、运行正常的情况下，依照以下方式调整输入信号。

每项测试内容，要求根据条件输出动态信号连续测试三相电压、电流的幅值和绝对相角，连续测试频率。要保证选取足够的测量点（整个过程 10％～90％部分），以充分描述 PMU 装置测试的动态过程。

（1）信号突变测试方法见表 6-6-10。

表 6-6-10　　　　　　　　　　PMU 装置信号突变测试方法

信号	信号动态过程描述	动态过程示意图
电压突变	±10％U_n、±20％U_n、±50％U_n 额定电压突变后返回	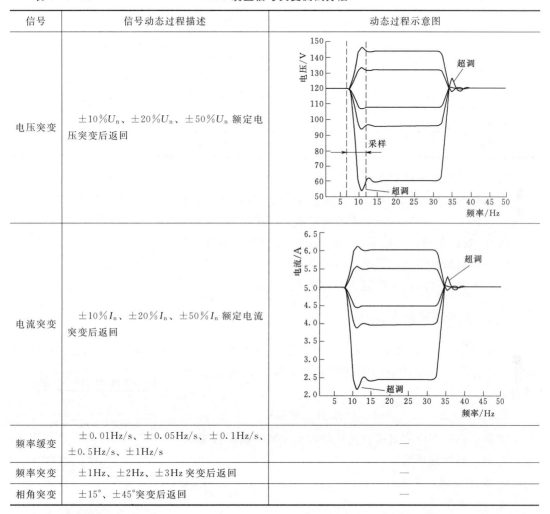
电流突变	±10％I_n、±20％I_n、±50％I_n 额定电流突变后返回	
频率缓变	±0.01Hz/s、±0.05Hz/s、±0.1Hz/s、±0.5Hz/s、±1Hz/s	—
频率突变	±1Hz、±2Hz、±3Hz 突变后返回	—
相角突变	±15°、±45°突变后返回	—

（2）低频振荡（调幅、调频）测试方法。为了测量低频振荡（调幅、调频）时的同步相量矢量误差 TVE，至少要测量 1s 的信号长度。在不同频段下的测量步长见表 6-6-11。

表 6-6-11　　　　　　　　　　不同频段下的测量步长

响应	频　　段			
调幅响应	0.2～2Hz	2～10Hz	10～48Hz	52～130Hz
	每 0.2Hz	每 0.5Hz	每 2Hz	每 2Hz
调频响应	0.2～2Hz	2～10Hz	10～48Hz	52～100Hz
	每 0.2Hz	每 0.5Hz	每 2Hz	每 2Hz

3. 非线性影响测试

在保证 PMU 装置时钟同步正确、运行正常的情况下，依照表 6－6－12 所示方式调整输入信号。每项测试内容，要求测试三相电压、电流的幅值和绝对相角。

表 6－6－12　　　　　　　　　　　非 线 性 影 响 测 试

信号	信号动态过程描述
电压	2 次、3 次、5 次、7 次、11 次、13 次、35 次的谐波分量 5%
电流	2 次、3 次、5 次、7 次、11 次、13 次、35 次的谐波分量 5%
电压	0.2 次谐波 5%
电流	0.2 次谐波 5%
电压	1% 的白噪声信号
电流	1% 的白噪声信号

4. "带通" 抗干扰测试

应用标准信号源，给 PMU 输入从 0～100Hz 以上的正弦信号，幅值不变，频率变化间隔可以是 0.1～1Hz，每个频率持续输出几秒，观察 PMU 输出的相量。应该在 45～55Hz 以内测量正确，在远离这个区域的地方输出逐渐减少为 0。

（1）低频振荡测试，带宽 5Hz 以下。

（2）工频信号测试，带宽 45Hz 到 55Hz。

七、数据传输延时测试

检验 PMU 装置在数据传输、分析计算过程中的延时，保证不同厂家的装置整合时不影响应用性能。数据传输延时测试在现场验收试验过程中进行。

1. 报文输出等间隔测试（仅限型式测试）

方法：利用网络测试仪，用硬件记录 PMU 数据报文的发出时刻，然后分析延迟。

2. 物理测试信号延时

采用阶跃信号。

3. 测试程序流程

传输延时测试试验方法测试程序流程图如图 6－6－3 所示。

八、触发启动测试

检查 PMU 装置的触发启动功能是否满足应用的要求。保证能够正确、可靠的录波，启动元件选择正确，波形记录规范完整，事件结束后录波能够可靠终止。触发启动测试的各种方式见表 6－6－13。

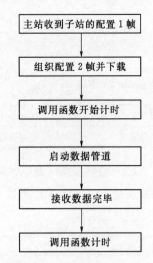

图 6－6－3　传输延时测试试验方法测试程序流程图

表 6-6-13 触 发 启 动 测 试 方 式

触 发 类 型	触发整定值	启动值
电压幅值下限	90V	
电压幅值上限	110V	
正序电压幅值下限	90V	
正序电压幅值上限	110V	
电流幅值上限	1.1A	
正序电流幅值上限	1.1A	
电压幅值变化率阈值	1V/s	
电流幅值变化率阈值	0.1V/s	
频率幅值变化率阈值	0.1Hz/s	
频率下限	49.5Hz	
频率上限	50.5Hz	

在以上各种方式下，检查启动元件的选择是否正确，启动值的误差，录波文件是否正确，检查启动元件是否可以正确返回。

九、装置接线的正确性检查

1. 模拟信号输入正确性检查

对照相关设备说明，图纸和 PMU 装置的接线原理图，检查输入 PMU 装置的模拟信号类型、额定值、对应端子是否正确，包括：

（1）电压信号是否是相电压，电压中性点的选择是否正确，三相电压是否平衡，检查电压值（二次）与装置是否匹配，电压相序是否正确，电压"A 相"的确认是否正确。

（2）电流信号是否是线电流，三相电流是否平衡，检查电流值（二次）与装置是否匹配，电流相序是否正确，电流"A 相（AB）"的确认是否正确。

（3）励磁电压、电流信号类型、额定值与通道的设置是否匹配，如果有变送器，变送器的选型是否正确，根据励磁机特性，可能产生的最大励磁电压、电流（包括停机状态、启动过程等）是否会影响装置正常运行或者击穿装置模块。应了解变送器的时间常数。

（4）发电机键相（转速）脉冲信号幅值与装置的设置是否匹配，脉冲信号的正负极接线是否正确。

（5）AGC 信号、一次调频信号类型与装置的设置是否匹配，正负极接线是否正确。

（6）GPS 天线安装是否周围无遮挡物，并被正确引入。

（7）装置的电源类型、幅值是否正确。

2. 端子连接正确性检查

检查同步相量监测屏内端子的接线是否符合安全、方便的规范，保证没有连接错误。主要包括：

（1）检查 PT 小开关和电源开关的连接正确性。保证 PT 小开关断开的情况下，装置侧端子与 PT 二次侧可靠隔离，在电源开关断开的情况下，装置与电源可靠隔离。

（2）检查所有短接片的连接是否正确。

（3）检查端子接线的固定是否牢固，一次电缆标识是否清晰、准确。

（4）屏柜是否正确接地。

十、系统联试

检查设备与主站或者监控系统的通信是否正常。对于 PT、CT 信号没有接入的设备，用信号源模拟现场额定二次信号接入，监测模拟信号。对于 PT、CT 信号已经接入的设备，直接监测现场信号。在现场 PMU 装置处和主站处分别安排测试人员进行通信功能检查。测试接线如图 6-6-4 所示。

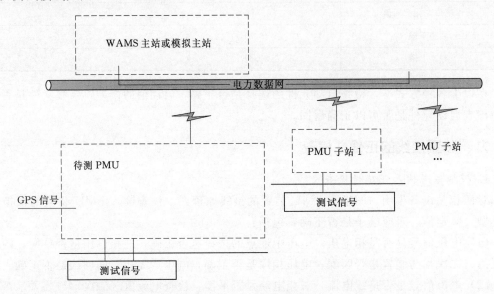

图 6-6-4　协议测试接线图

（1）通信规约正确性检查。

（2）数据格式检查。

十一、信息配置和定值整定检查

恢复被测 PMU 装置及屏柜的接线，检查确认内外回路的接线正确无误。恢复 PMU 装置的通道、通信设置，检查确认监测数值正确和主站通信正常。对照信息配置表和整定表检查 PMU 装置的信息配置和启动整定值。

十二、电磁兼容测试

1. 静电放电抗扰度试验

对被试 PMU 终端的外壳施加接触放电，电压等级根据表 6-6-14 确定，静电放电次数 10 次。要求达到Ⅲ级。

表 6 - 6 - 14　　　　　　　　　　　　静电放电抗扰度试验电压等级

试验等级	安 装 现 场
Ⅰ级（2.0kV）	安装在具有湿度控制系统及防静电设施的专用房间内的控制中心的设备和系统
Ⅱ级（4.0kV）	安装在具有防静电设施的专用房间内的控制中心或被控站的设备和系统
Ⅲ级（6.0kV）	安装在具有湿度控制系统的专用房间内的控制中心或被控站的设备和系统
Ⅳ级（8.0kV）	安装在不加控制环境中的控制站和远动终端的设备和系统

2. 电快速瞬变脉冲群抗扰度试验

对被试 PMU 终端的电源端口、I/O 信号端口、通信端口施加瞬变脉冲群，电压等级根据表 6 - 6 - 15 确定，采取直接耦合或耦合夹方式。历时 1min。要求达到Ⅲ级。

表 6 - 6 - 15　　　　　　　　　电快速瞬变脉冲群抗扰度试验电压等级

试验等级	安 装 现 场
Ⅰ级（0.5kV）	安装于有良好保护环境中的设备，工厂或电厂外的总、区域或地区控制中心的计算机和控制室设备
Ⅱ级（1.0kV）	安装于有正常保护环境中的设备，工厂或电厂内的控制中心的设备
Ⅲ级（2.0kV）	安装于没有特别保护环境中的设备，居民区或工业区的被控站或远动终端的设备
Ⅳ级（4.0kV）	严重骚扰环境中的设备，被控站或远动终端的设备极为靠近中、高压敞开式和 GIS 或真空开关装置，直接连至高压设备的电缆，长的分支通信线路

3. 衰减振荡波抗扰度试验

对被试 PMU 终端的电源端口、I/O 信号端口施加衰减振荡波，电压等级根据表 6 - 6 -16 确定，施加方式为共模和差模方式。要求达到Ⅲ级。

表 6 - 6 - 16　　　　　　　　　　衰减振荡波抗扰度试验电压等级

试验等级	安 装 现 场
Ⅰ级（0.5kV）	安装于有良好保护环境中的设备，工厂或电厂外的总、区域或地区控制中心的计算机和控制室设备
Ⅱ级（1.0kV）	安装于有正常保护环境中的设备，工厂或电厂内的控制中心的设备
Ⅲ级（2.0kV）	安装于没有特别保护环境中的设备，居民区或工业区的被控站或远动终端的设备

4. 工频磁场抗扰度试验

对被试 PMU 终端所处空间施加工频磁场，磁场强度根据表 6 - 6 - 17 确定，观测磁场对被试 PMU 终端的影响。要求达到Ⅲ级。

表 6 - 6 - 17　　　　　　　　　工频磁场抗扰度试验磁场强度等级

试验等级	安 装 现 场
Ⅰ级（3A）	安装于有良好保护环境中的设备，工厂或电厂外的总、区域或地区控制中心的计算机和控制室设备
Ⅱ级（10A）	安装于受到保护环境中的设备，工厂或电厂内的总、区域或地区控制中心的计算机和控制室设备
Ⅲ级（30A）	安装于典型工业环境中的设备，工厂或电厂中被控站或远动终端的设备
Ⅳ级（100A）	处于恶劣的工业环境或严重骚扰环境中的设备，极为靠近中、高压敞开式和 GIS 或真空开关装置或其他电气设备的被控站或远动终端的设备

5. 浪涌（冲击）抗扰度试验

对被试 PMU 终端的电源端口施加浪涌（冲击），电压等级根据表 6-6-18 确定，浪涌（冲击）次数为 5 次。要求达到Ⅲ级。

表 6-6-18　　　　　　　　　　浪涌（冲击）抗扰度试验电压等级

试验等级	安 装 现 场
Ⅰ级（1.0kV）	安装于有良好保护环境中的设备，工厂或电厂外的总、区域或地区控制中心的计算机和控制室设备
Ⅱ级（1.0kV）	安装于有正常保护环境中的设备，工厂或电厂内的控制中心的设备
Ⅲ级（2.0kV）	安装于没有特别保护环境中的设备，居民区或工业区的被控站或远动终端的设备
Ⅳ级（2.0kV）	严重骚扰环境中的设备，被控站或远动终端的设备极为靠近中、高压敞开式和 GIS 或真空开关装置，直接连至高压设备的电缆，长的分支通信线路

第七节　误　差　分　析　方　法

一、相对误差

电压、电流的测量误差分析采用相对误差

$$E_u = \frac{V_x - V_i}{V_i} \times 100\%$$

$$E_i = \frac{I_x - I_i}{I_i} \times 100\%$$

二、绝对误差

相对相角、绝对相角和频率的误差采用绝对误差

$$E_f = I_x - I_i$$
$$E_\phi = \phi_x - \psi_i$$

三、测量误差的标准偏差 σ

研究和实测表明，每一个测量时间点上的测量误差的分布是遵循正态分布规律的。通过统计的方法，在一列 N 次等精度测量中，可以得到 N 个测量误差 e_1、e_2、e_3、$\cdots$、e_n、$\cdots$、e_N，对真实的测量误差 μ_e 作出的最佳估算值，就是诸 e_n 的算术平均值：

$$\overline{e} = \frac{1}{N} \sum_{n-1}^{N} e_n = \frac{1}{N}(e_1 + e_2 + \cdots + e_n + \cdots + e_N)$$

应当注意，当测量次数 N 为无穷大时，$\overline{e}$ 才会依概率收敛于真实的测量误差 μ_e。

平均误差 $\overline{e}$ 表示了 PMU 装置的真实的测量误差，但由于 PMU 装置的动态测量特性，$\overline{e}$ 还不能体现 PMU 在动态测量过程中的误差分布情况。将每次的测量误差与真实的测量误差 μ_e 进行比较，会产生一定的偏差。根据正态分布的特性，通过对其标准偏差 σ 的计算，可以计算出测量误差的离散性。也就是所谓的贝塞尔（Bessel）公式：

$$\sigma = \sqrt{\frac{1}{N-1}\sum_{n-1}^{N}(e_n - \bar{e})^2}$$

标准偏差 σ 的数值，并不是一个具体的误差，其大小表征着诸测量误差的弥散程度。σ 值越小，则正态分布曲线越尖锐。这意味着偏差较小的测量误差出现的概率越大，而偏差较大的测量误差出现的概率越小。

由于对 PMU 装置高速准确的测试有较为严格的技术要求，对其测量的准确度评价也不只是平均误差 $\bar{e}$ 这么简单，测量误差的标准偏差 σ 则代表了对测量误差离散性的要求。

通过正态分布曲线的原理可以知道，被检测误差 e 出现在区间 $[\bar{e}-a,\ \bar{e}+a]$ 的概率是与标准偏差 σ 的大小密切相关的，故常把区间极限取为 σ 的若干倍，即是 $a = k\sigma$，国内统计常规的取值为 3σ。查阅正态分布密度表可知，有 99.73% 的测量误差出现在区间 $[\bar{e}-3\sigma,\ \bar{e}+3\sigma]$ 的范围内。

四、矢量误差

同步相量测试的矢量误差（TVE）的计算方法表示为：

$$TVE = \sqrt{\frac{[X_r(t_0)-X_r]^2 + [X_i(t_0)-X_i]^2}{X_r^2 + X_i^2}}$$

式中　　X_r、X_i——测试信号相量的实部和虚部；

$X_r(t_0)$、$X_i(t_0)$——PMU 装置测试结果相量的实部和虚部。

第七章　智能变电站合并单元测试

第一节　测试环境和试验分类

一、测试环境

对于在户内进行的测试，测试环境应满足以下要求：

(1) 环境温度：15~35℃。

(2) 相对湿度：45%~75%。

(3) 大气压力：86~106kPa。

(4) 交直流电源：

1) 交流电源电压为单相 220V，电压允许偏差−20%~15%。

2) 交流电源频率为 50Hz，允许偏差±5%。

3) 交流电源波形为正弦波，谐波含量小于 5%。

4) 直流电源电压为 110V/220V，允许偏差为−20%~15%。

5) 直流电源电压纹波系数小于 5%。

注意：对于在户外进行的测试，户外试验的环境温度、相对湿度、大气压力应满足被试设备的运行环境要求。

二、试验分类

试验分为型式试验、例行试验和特殊试验。

(1) 型式试验。对每种型式合并单元所进行的试验，用以验证按同一技术规范制造的合并单元均应满足的要求。在具有较少差别的合并单元所做的型式试验，或在未改动的分组部件上所做的型式试验，其有效性应经制造方和用户协商同意。

(2) 例行试验。每台合并单元都应承受的试验。

(3) 特殊试验。型式试验或例行试验之外经制造方和用户协商同意的试验。

(一) 型式试验

1. 型式试验规则

(1) 新产品定型或老产品转厂生产时。

(2) 大批量生产的设备（每年 100 台以上）每 4 年 1 次；小批量生产的设备每 5 年 1 次。

(3) 正式生产后，在设计、工艺材料、元件有较大改变，可能影响产品性能时。

(4) 合同规定有型式检验要求时。

（5）国家质量监督机构提出进行型式检验的要求时。

2．型式试验抽样与复验

合格产品中任意抽取 1～2 台进行型式检验。

型式检验各项目全部符合技术要求为合格。发现有不符合技术要求项目应分析原因，处理缺陷。对产品进行整顿后，再按全部型式检验项目检验。

3．型式试验的试验项目

智能变电站合并单元型式试验项目见表 7-1-1。

表 7-1-1　　　　　　　　智能变电站合并单元型式试验项目

序号	试验项目	序号	试验项目
1	外观	8	机械性能
2	绝缘电阻	9	DL/T 860 一致性
3	介质强度	10	精度
4	冲击电压	11	实时性与完整性
5	电源影响	12	时钟误差
6	环境	13	网络流量干扰①
7	电磁兼容性能			

① 网络流量干扰试验只针对具备网络对时功能等需要外部网络信息输入的合并单元的输入网口。

（二）例行试验

每台设备均应在正常试验条件下，按表 7-1-2 中项目进行例行试验。

表 7-1-2　　　　　　　　智能变电站合并单元例行试验项目

序号	检验项目	序号	检验项目
1	外观	5	精度
2	绝缘电阻	6	实时性与完整性
3	电源影响	7	时钟误差
4	DL/T 860 一致性		

（三）特殊试验

依据所采用技术需要的特殊试验由制造方与用户协商确定。

第二节　测　试　内　容

一、DL/T 860 一致性测试

对合并单元的配置文件的语法语义正确性及采样值报文格式的正确性进行测试，测试内容应包含：

（1）品质字测试：合并单元输出采样值报文的品质字应符合 GB/T 860.73—2004 中对品质的定义。断开合并单元与电子式互感器之间的光纤，采样值的品质字 validity 应为 invalid。

（2）同步位测试：对需要时钟同步的合并单元，应进行同步位的测试。当合并单元与外部时钟不同步时（同步误差＞4μs），应将同步位置0，并重新调整同步。重新调整同步过程应符合继电保护和自动化系统的要求。

二、准确度测试

本部分仅适用于合并单元输入的采样值信号为模拟量或符合 IEC 60044-8 FT3 格式的数字报文的情况。合并单元的精度测试内容应包括：稳态幅值误差和稳态相位误差。

合并单元的精度测试应按照不同的输入类型和同步方式分别进行。对于网络输出的合并单元，测试时应该进行可靠地同步。对于点对点输出的合并单元，应测试同步与不同步两种情况。对于支持多种同步方式的合并单元，应针对每一种同步方式都进行测试。

1. 数字报文输入的合并单元

合并单元与电子式互感器之间的通信协议应开放、标准，宜采用 IEC 60044-8 的FT3 格式，具体数据传输帧格式可参考本章第三节合并单元与 ECT/EVT 的接口。

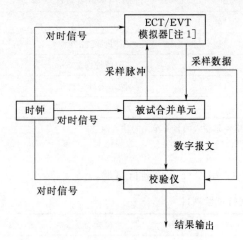

图7-2-1 数字报文输入的合并单元精度测试方案

注：ECT/EVT 模拟器模拟交流量数据，并以实际 ECT/EVT 的通信方式发送数据，交流量的幅值、相角、频率可以根据试验需要设置。

对于数字报文输入的合并单元宜采用图7-2-1所示方案进行测试。图7-2-1中的ECT/EVT 模拟器应能够完全模拟 ECT/EVT除采样环节以外的其他功能；应支持同步和异步两种采样方式；应支持利用采样脉冲的采样同步方式；应具备外部同步对时接口；应能够根据试验需要设置交流量的幅值、相位（此处指以对时信号的整秒为基准的相位）、频率等参数。

图7-2-1中的校验仪包括模拟量输出模块、模拟量测量模块、时钟同步模块、数字报文记录、控制、分析、计算模块，如图7-2-2所示。

图7-2-2中模拟量输出模块受到控制、分析、计算模块的控制，输出相应的模拟量；

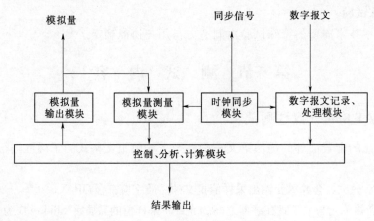

图7-2-2 校验仪工作原理框图

模拟量测量模块接入模拟量并进行采样；数字报文记录、处理模块将外部数字报文转化为采样值；时钟同步模块为校验仪和待测设备提供时钟同步信号。

合并单元校验仪应具备以下功能：

（1）应支持合并单元点对点和组网传输两种模式。

（2）应能够计算出合并单元在稳态输入时的比差、角差以及延时，并分别统计其平均值、最大值和均方差。

（3）应能够对合并单元输出的采样值报文和输出到合并单元的报文的内容和输入时间进行记录，对采样值报文的一致性、有效性、完整性以及发送间隔离散度进行分析和统计。

2. 模拟信号输入的合并单元

对于输入为模拟信号，具有模数转换功能的合并单元，宜按照图7-2-3所示的系统进行测试。测试的技术要求如下：

（1）测试点选取。ECT、EVT输出为模拟小信号或二次信号时，其额定输出主要有以下几种形式：

1）EVT：U_n＝1.625V、2V、3.25V、4V、6.5V。

2）ECT：I_n＝22.5mV、150mV、200mV、225mV。

采用常规互感器时，额定输出如下：

1）常规VT：U_n＝$100/\sqrt{3}$V。

2）常规CT：I_n＝1A、5A。

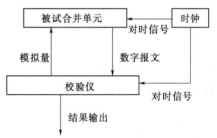

图7-2-3　模拟信号输入的合并单元校验原理框图

（2）检定条件。本检定系统中标准器包括模拟信号标准源和校验仪，标准器的准确度等级应比被试合并单元至少高一个等级。

（3）误差合成。假设校验仪的准确度等级为A_1，模拟信号标准源的准确等级为A_2，被试系统的准确度等级为A_3，则测试系统的合成误差为$A=\sqrt{A_1^2+A_2^2}$。根据检定规程，需满足$A<\dfrac{A_3}{4}$或$\dfrac{A_3}{5}$。例如，当$A_3=0.2$时，取$A_1=A_2=0.02$，则$A=\sqrt{A_1^2+A_2^2}=\sqrt{0.02^2+0.02^2}\approx$ 0.0283＜0.05，满足要求。

（4）测试点选取。校验基本误差时，按以下原则选取校验点：

1）当MU用于计量、测量和保护电流互感器时：电流校验点：1%I_n（只对S级）、5%I_n、20%I_n、100%I_n、120I_n。

2）当MU用于测量和保护电流互感器时：电流校验点：5%I_n、20%I_n、100%I_n、120%I_n。

3）当MU用于额定扩大一次电流互感器时：电流校验点：120%I_n、150%I_n、200%I_n。

4）当MU用于电压互感器时：电压校验点：80%U_n、100%U_n、110%U_n、115%U_n。

（5）误差分析。

1）校验仪比被试系统高两个级别时，按下式计算：

$$f_x=f_p（\%）\text{ 或 }（10^{-n}） \tag{7-2-1}$$

$$\delta_x=\delta_p（'）\text{ 或 }（10^n \text{rad}） \tag{7-2-2}$$

式中 f_x、δ_x——被试系统的比值差和相位差；

　　　f_p——电流、电压上升和下降时所测得两次比值差读数的算术平均值，对 0.2 级及以下的电流、电压互感器为上升时所测得比值差的读数；

　　　δ_p——电流、电压上升和下降时所测得两次相位差读数的算术平均值，对 0.2 级及以下的电流、电压互感器为上升时所测得相位差的读数。

2）校验仪比被试系统高一个级别时，按下式计算：

$$f_x = f_p + f_N \ (\%) \ 或 \ (10^{-n}) \tag{7-2-3}$$

$$\delta_x = \delta_p + \delta_N \ (') \ 或 \ (10^{-n}\mathrm{rad}) \tag{7-2-4}$$

式中 f_N、δ_N——标准器检定证书中给出的比值差和相位差。

3）误差分析。

基本误差公式：

$$\gamma = \frac{A_x - A_i}{A_F} \times 100\% \tag{7-2-5}$$

式中 A_x——测量值；

　　　A_i——标准值；

　　　A_F——基准值，即合并单元输出额定值。

合并单元的基本误差限值不应超过表 7-2-1 的规定。

表 7-2-1　　　　　　　　　　　合并单元的基本误差限值

等级指数	0.05	0.1	0.2	0.5	1.0
误差限值/%	±0.05	±0.1	±0.2	±0.5	±1.0

若具备已标定好精度的基准合并单元，可采用如图 7-2-4 所示的比对法进行测试。

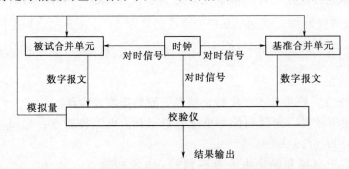

图 7-2-4　模拟信号输入的合并单元比对校验原理框图

三、实时性与完整性测试

1. 实时性测试

实时性测试应测量合并单元输入结束到输出结束的总传输时间，即合并单元的延时 T_d。应记录试验过程中的 T_d 的平均值 $\overline{T_d}$ 和最大值 T_{dmax}。T_{dmax} 的最大值应小于 1ms；$|\overline{T_d} - T_{dmax}|$ 应小于 4μs。对于支持采样值点对点传输的合并单元，制造厂应提供标称延时 T_D，且 $|T_{dmax} - T_D|$ 应小于 4μs。

应记录试验过程中合并单元的采样值报文帧发送间隔时间与标准间隔时间差的绝对值，其最大值应小于 $10\mu s$。

进行装置型式试验时，实时性测试应至少持续 24h。进行装置例行试验时，实时性测试时间应至少持续 10min。在上述试验过程中，合并单元的实用性应能够满足应用需求，并保持稳定。

2. 完整性测试

根据合并单元采样值报文的帧序号连续性判断其发送的采样值报文的丢包情况，记录合并单元的丢包数，试验过程中不应丢包。

合并单元稳定工作情况下，采样计数器 SmpCnt 应在有效范围内连续变化。

对与 ECT/FVT 配合使用的合并单元，对与 ECT/EVT 相连的光纤进行插拔试验，试验过程中采样值报文应保持完整性和一致性。

进行装置型式试验时，完整性测试时间应至少持续 24h；装置例行试验时，应至少持续 10min。

此项测试应该针对不同的采样值报文配置分别进行，例如 1 个 APDU 包含 1 个 AS-DU 或多个 ASDU。

四、合并单元的时钟误差测试

例行试验应在工作环境下进行。

型式试验应在合并单元整个工作温度范围内多个温度点进行，并且取其中的最大误差作为该项测试的最后结果。测试温度范围可根据使用场所从表 7-2-2 中选择，测试温度点应至少包含：最高工作温度、常温（15～35℃）、最低工作温度。应该在环境温度到达温度测试点并稳定 2h 后，再进行时钟误差的测试。

表 7-2-2　　　　　　　　　　　工作场所环境温度分级

级别	环境温度		使用场所
	范围/℃	最大变化率/℃/h	
C0	−5～45	20	室内
C1	−25～55	20	遮蔽场所
C2	−40～70	20	一般户外
C3	−40～85	20	户外严酷
CX	待定		与用户协商

1. 对时误差测试

对具备多种同步方式的合并单元，应针对每一种支持的对时方式进行测试。

对时和守时误差通过合并单元输出的 1PPS 信号与参考时钟源 1PPS 信号比较获得。对时误差的测试采用图 7-2-5 所示方案进行测试。标准时钟源给合并单元授时，待合并单元输出的采样值报文同步位为"1"，利用时钟测试仪以每秒测量 1 次的频率测量合并单

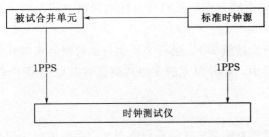

图 7-2-5　对时误差的测试原理框图

元和标准时钟源各自输出的 1PPS 信号有效沿之间的时间差的绝对值 Δt，测试过程中测得的 Δt 的最大值即为对时误差的最终测试结果。进行装置型式试验时，对时误差测试时间应至少持续 24h，装置例行试验时应至少持续 10min，对时误差应不大于 $1\mu s$。

2. 守时误差测试

具有守时功能的合并单元需要测试守时误差。

守时误差的测试采用图 7-2-6 所示方案进行测试。测试开始时，合并单元先接受标准时钟源的授时，待合并单元输出的采样值报文同步位为 "1"，撤销标准时钟源的授时。测试过程中合并单元输出的 1PPS 信号与标准时钟源的 1PPS 的有效沿时间差的绝对值的最大值即为测试时间内的守时误差，被试合并单元 10min 的守时误差应不大于 $4\mu s$。

3. 电压并列功能测试

对于具备电压并列功能的合并单元，应进行电压并列的功能测试，如图 7-2-7 所示。被试合并单元接入来自两条母线 PT 的电压信号，通过外部输入的母联开关、刀闸以及互感器刀闸的 GOOSE 位置信息，进行电压并列逻辑的测试，合并单元输出的两路电压采样值应与母联开关、刀闸以及互感器刀闸位置相对应。

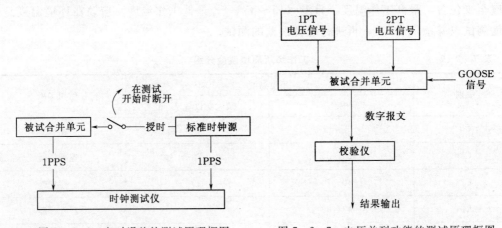

图 7-2-6　守时误差的测试原理框图　　　　图 7-2-7　电压并列功能的测试原理框图

五、网络流量干扰测试

对于具备网络对时功能等需要外部网络信息输入的合并单元，应针对其输入网口进行网络流量干扰试验，如图 7-2-8 所示。试验中应设置工业交换机的 VLAN，使报文发生仪产生的网络报文只进入合并单元，以免影响其他设备的工作。本测试进行时应同时进行一致性、实时性、完整性测试以及对时误差测试，试验时间应不短于 10min，报文发生仪发生的报文流量应包括考察 20％、50％、80％的线速，干扰报文帧长应包括 64B、128B、256B、512B，报文类型为以太网（802.3）多播（Multicast）报文及其他可能在工作环境中出现的报文。对于干扰报文流量不大于 50％线速的情况，合并单元的各种性能指标应不受到网络流量干扰而降低；对于干扰报文流量大于 50％线速的情况，若合并单元不能正常工作，在干扰消失后，应能恢复正常。

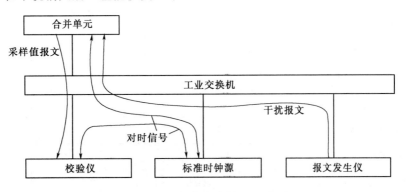

图 7-2-8 网络流量干扰试验原理框图

六、其他功能测试

应根据合并单元生产厂家提供的技术使用手册对相应功能进行测试。

1. 外观检查

检查内容及方法按 GB/T 7261《继电保护和安全自动装置基本试验方法》进行。

设备外壳防护等级定型试验按 GB 4208《外壳防护等级》进行。

2. 绝缘电阻测量

绝缘电阻的测量按 GB/T 14598.3《电气继电器 第 5 部分：量度继电器和保护装置的绝缘配合要求和试验》规定的方法进行。

3. 介质强度试验

介质强度的试验按 GB/T 14598.3《电气继电器 第 5 部分：量度继电器和保护装置的绝缘配合要求和试验》规定的方法进行。

4. 冲击电压试验

冲击电压的试验按 GB/T 14598.3《电气继电器 第 5 部分：量度继电器和保护装置的绝缘配合要求和试验》规定的力法进行。

5. 电源影响试验

参照 GB/T 7621 进行拉合装置直流电源、电源电压在 80％～115％范围内缓升缓降等电源影响试验，其严酷等级、验收准则参照 GB/T 7621 中规定执行。试验过程中合并单元输出的采样值报文应具备一致性与完整性。

6. 环境试验

环境试验按照 GB/T 7261 规定的方法进行。

7. 电磁兼容性能试验

对合并单元进行的电磁兼容性能试验主要是抗扰度试验，其内容、严酷等级和评价准则宜参照表 7 - 2 - 3 的要求进行。

表 7 - 2 - 3　　　　　　　　　　　抗 扰 度 要 求 和 试 验

试 验 内 容	引用标准	严酷等级	评价准则
电压暂降和短时中断抗扰度试验	GB/T 17626.29	50%暂降 0.1s 中断 0.05s	A
浪涌（冲击）抗扰度试验	GB/T 17626.5	4	A
电快速瞬变脉冲群抗扰度试验	GB/T 17626.4	4	A
振荡波抗扰度试验	GB/T 17626.12	3	A
静电放电抗扰度试验	GB/T 17626.2	2	A
工频磁场抗扰度试验	GB/T 17626.8	5	A
脉冲磁场抗扰度试验	GB/T 17626.9	5	A
阻尼振荡磁场抗扰度试验	GB/T 17626.10	5	A
射频电磁场辐射抗扰度试验	GB/T 17626.3	3	A

评价准则 A：合并单元正常工作，通信正常，准确度、实时性与完整性等性能指标不下降

8. 机械性能

（1）振动试验。振动响应试验和振动耐久试验按 GB/T 11287 规定的方法进行。

（2）冲击与碰撞试验。冲击响应试验和冲击耐受试验按 GB/T 14537 规定的方法进行，碰撞试验按 GB/T 14537 规定的方法进行。

第三节　合并单元与 ECT/EVT 的接口

合并单元与 ECT/EVT 的接口应符合 GB/T 20840.8、Q/GDW 426—2010 相关规定。

ECT/EVT 与合并单元之间的数据采用串行传输，可采用异步方式传输，也可采用同步方式传输。传输介质采用光纤传输。

一、异步方式传输

合并单元和电子式互感器的数据通信参照 GB/T 18657.1《运动设备及系统　第 5 部分：传输规约　第 1 篇：传输帧格式》的 FT3 的固定长度帧格式，数据传输帧格式见表 7 - 3 - 1～表 7 - 3 - 4。

表 7 - 3 - 1　　　　　　　　数据传输帧格式 - Ⅰ（单相互感器）

比特位	2^7	2^6	2^5	2^4	2^3	2^2	2^1	2^0
起始符	0	0	0	0	0	1	0	1
	0	1	1	0	0	1	0	0

比特位	2^7	2^6	2^5	2^4	2^3	2^2	2^1	2^0
用户数据（16B）	高位			报文类型（0×01）				低位
	高位		温度					低位
	高位		额定延时时间（t_{dr}）					
								低位
	高位		DataChannel♯1 保护用电流数据 1					
								低位
	高位		DataChannel♯2 保护用电流数据 2					
								低位
	高位		DataChannel♯3 测量用电流数据					
								低位
	高位		DataChannel♯4 本相电压 1					
								低位
	高位		DataChannel♯5 本相电压 2					
								低位
	高位		状态字 1					
								低位
CRC	高位		报文类型、数据的 CRC 校验					
								低位
用户数据（4B）	高位		状态字 2					
								低位
	高位		SmpCnt					
								低位
CRC	高位		报文类型、数据的 CRC 校验					
								低位

表 7-3-2　　数据传输帧格式-Ⅱ（三相电流互感器）

比特位	2^7	2^6	2^5	2^4	2^3	2^2	2^1	2^0
起始符	0	0	0	0	0	1	0	1
	0	1	1	0	0	1	0	0
用户数据（16B）	高位		报文类型（0×02）					低位
	高位		温度					低位
	高位		额定延时时间（t_{dr}）					
								低位
	高位		DataChannel♯1 A 相保护用电流数据 1					
								低位

续表

比特位	2^7	2^6	2^5	2^4	2^3	2^2	2^1	2^0
用户数据（16B）	高位			DataChannel♯2 A 相保护用电流数据 2				低位
	高位			DataChannel♯3 B 相保护用电流数据 1				低位
	高位			DataChannel♯4 B 相保护用电流数据 2				低位
	高位			DataChannel♯5 C 相保护用电流数据 1				低位
	高位			DataChannel♯6 C 相保护用电流数据 2				低位
CRC	高位			报文类型、数据的 CRC 校验				低位
用户数据（12B）	高位			DataChannel♯7 A 相测量用电流数据				低位
	高位			DataChannel♯8 B 相测量用电流数据				低位
	高位			DataChannel♯9 C 相测量用电流数据				低位
	高位			状态字 1				低位
	高位			状态字 2				低位
	高位			SmpCnt				低位
	高位			报文类型、数据的 CRC 校验				低位

表 7 - 3 - 3　　　　　数据传输帧格式-Ⅲ（三相电流互感器）

比特位	2^7	2^6	2^5	2^4	2^3	2^2	2^1	2^0
起始符	0	0	0	0	0	1	0	1
	0	1	1	0	0	1	0	0
用户数据（16B）	高位			报文类型（0×03）				低位
	高位			温度				低位
	高位			额定延时时间（t_{dr}）				
								低位

续表

比特位	2^7	2^6	2^5	2^4	2^3	2^2	2^1	2^0
用户数据（16B）	高位			DataChannel♯1 A 相电压 1				
								低位
	高位			DataChannel♯2 A 相电压 2				
								低位
	高位			DataChannel♯3 B 相电压 1				
								低位
	高位			DataChannel♯4 B 相电压 2				
								低位
	高位			DataChannel♯5 C 相电压 1				
								低位
CRC	高位			报文类型、数据的 CRC 校验				
								低位
用户数据（8B）	高位			DataChannel♯6 C 相电压 2				
								低位
	高位			状态字 1				
								低位
	高位			状态字 2				
								低位
	高位			SmpCnt				
								低位
CRC	高位			报文类型、数据的 CRC 校验				
								低位

表 7 - 3 - 4　　　数据传输帧格式-Ⅳ（三相电流电压互感器）

比特位	2^7	2^6	2^5	2^4	2^3	2^2	2^1	2^0
起始符	0	0	0	0	0	1	0	1
	0	1	1	0	0	1	0	0
用户数据（16B）	高位			报文类型（0×04）				低位
	高位			温度				低位
	高位			额定延时时间（t_{dr}）				
								低位
	高位			DataChannel♯1 A 相保护用电流数据 1				
								低位
	高位			DataChannel♯2 A 相保护用电流数据 2				
								低位

续表

比特位	2^7	2^6	2^5	2^4	2^3	2^2	2^1	2^0
用户数据 （16B）	高位			DataChannel♯3 B相保护用电流数据1				
								低位
	高位			DataChannel♯4 B相保护用电流数据2				
								低位
	高位			DataChannel♯5 C相保护用电流数据1				
								低位
	高位			DataChannel♯6 C相保护用电流数据2				
								低位
CRC	高位			报文类型、数据的CRC校验				
								低位
用户数据 （16B）	高位			DataChannel♯7 A相测量用电流数据				
								低位
	高位			DataChannel♯8 B相测量用电流数据				
								低位
	高位			DataChannel♯9 C相测量用电流数据				
								低位
	高位			DataChannel♯10 A相电压1				
								低位
	高位			DataChannel♯11 A相电压2				
								低位
	高位			DataChannel♯12 B相电压1				
								低位
	高位			DataChannel♯13 B相电压2				
								低位
	高位			DataChannel♯14 C相电压1				
								低位
CRC	高位			报文类型、数据的CRC校验				
								低位
用户数据 （8B）	高位			DataChannel♯15 C相电压2				
								低位
	高位			状态字1				
								低位
	高位			状态字2				
								低位
	高位			SmpCnt				
								低位
CRC	高位			报文类型、数据的CRC校验				
								低位

电子式互感器与合并单元之间宜采用多模光纤，高位（对应 UART 空闲位）定义为"光纤灭"，低位定义为"光纤亮"。传输速率为 2.0Mbit/s 或其整数倍。采样率为 4000Hz，帧格式Ⅰ、Ⅱ、Ⅲ的传输速率宜为 2.0Mbit/s，帧格式Ⅳ的传输速率宜为 4.0Mbit/s。采样率为 12800Hz，帧格式Ⅰ、Ⅱ、Ⅲ的传输速率宜为 6.0Mbit/s，帧格式Ⅳ的传输速率宜为 8.0Mbit/s。光纤接头宜采用 ST 或 FC 接头。

采用工业标准 UART 电路进行异步数据流通信。每个字符由 11 位组成，1 个启动位为"0"，8 个数据位，1 个偶校验位，1 个停止位为"1"。

二、帧结构的说明

每帧固定长度，每个字节 8 位。

每帧由起始符开始，起始符由两个字节组成，固定为 0564H。

报文类型：表示不同的帧类型和数据长度、信息排序，分为 4 种类型，分别为单相互感器、三相电流互感器、三相电压互感器和三相电流电压互感器。

保护用数据、测量用数据由两个字节表示一个数据。

保护用电流数据 1 和 2、电压数据 1 和 2 为通道的冗余采样数据。

温度（1 字节）：带符号整数（二进制补码），对应摄氏度。如采集器无测温功能置为 0×80（-128，正常情况下不可能的温度）。

状态字 1、2 分别由 2 个字节表示多种状态，具体规定见表 7-3-5 和表 7-3-6。

用户数据之后跟随一个 16 位的 CRC 校验序列，由下列多项式生成校验，序列码：$X16 + X13 + X12 + X11 + X10 + X8 + X6 + X5 + X2 + 1$，生成的 16 比特校验序列再取反成为所要求的校验序列。

表 7-3-5　　　　　　　　　状　态　字　1

比特	说　明		注　释
比特 0	要求维修	0：良好 1：警告或报警（要求维修）	
比特 1	互感器工作状态	0：接通（正常运行） 1：试验	
比特 2	激发时间指示 激发时间数据的有效性	0：接通（正常运行），数据有效 1：激发时间，数据无效	在激发时间期间应设置
比特 3	互感器的同步方法	0：数据集不采用插值法 1：数据集适用于插值法	
比特 4	对同步的各互感器	0：样本同步 1：时间同步消逝/无效	
比特 5	对 DataChannel#1	0：有效 1：无效	
比特 6	对 DataChannel#2	0：有效 1：无效	

比特	说　明		注　释
比特 7	对 DataChannel#3	0：有效 1：无效	
比特 8	对 DataChannel#4	0：有效 1：无效	
比特 9	对 DataChannel#5	0：有效 1：无效	
比特 10	对 DataChannel#6	0：有效 1：无效	
比特 11	对 DataChannel#7	0：有效 1：无效	
比特 12	CT 输出类型 $i(t)$或 $\mathrm{d}i(t)/\mathrm{d}t$	0：$i(t)$ 1：$\mathrm{d}i(t)/\mathrm{d}t$	对空心线圈应设置
比特 13	RangcFlag	0：标度因子 SCP＝01CF H 1：标度因子 SCP＝00E7 H	标度因子 SCM 和 SV 皆无作用
比特 14	供将来使用		
比特 15	供将来使用		

表 7-3-6　　　　　状　态　字　2

比特	说　明		注　释
比特 0	对 DataChannel #8	0：有效 1：无效	
比特 1	对 DataChannel #9	0：有效 1：无效	
比特 2	对 DataChannel #10	0：有效 1：无效	
比特 3	对 DataChannel #11	0：有效 1：无效	
比特 4	对 DataChannel #12	0：有效 1：无效	
比特 5	对 DataChannel #13	0：有效 1：无效	
比特 6	对 DataChannel #14	0：有效 1：无效	
比特 7	对 DataChannel #15	0：有效 1：无效	
比特 9	1#电源异常	0：正确 1：异常	
比特 10	2#电源异常	0：正确 1：异常	

比特	说　明		注　释
比特 11	高压电源无效	0：有效 1：无效	
比特 12～14	激光电源	0：激光器应"保持当前输出功率" 1：激光器应"下调至维持功率" 2：激光器应"下调"输出功率 3：激光器应"下调"输出功率 5：激光器应"速上调"输出功率 7：激光器故障	
比特 15	供专用		

第八章 电力系统二次设备SPD 防雷技术

第一节 电力系统二次设备SPD基本要求和设置

一、基本要求

电力系统二次设备雷电的防护（以下简称为防雷）应做到整体规划、多级防护，从接地、屏蔽、等电位连接、限幅及隔离等方面来采取综合防护措施；其中SPD主要运用在限幅措施中。

电力系统二次设备雷电防护区的划分和抗电磁干扰能力应满足国家及电力行业现行有关规程和规范的要求。

为减少二次设备因反击出现的雷害事故，各电压等级变电站内，不得将未采取防雷保护的低压电源线或信号线及视频电缆安装在避雷针和门形架上。35kV及以下电压等级的变电站，应采用独立避雷针。66kV和110kV变电站，是否安装独立避雷针，按DL/T 620《交流电气装置的过电压保护和绝缘配合》执行。

二、SPD的设置

电力系统二次设备的雷电防护设计，应对各防护区SPD进行合理的设置和选型，其残压应小于该防护区内被保护设备的雷电冲击耐压水平，并留有适当裕度，以达到保护设备的目的。

（1）SPD分类。主要为交流、直流和信号类。

（2）SPD残压的规定。一般电力系统二次设备工频耐压水平为1.5kV/min，其雷电冲击耐受能力可达5kV以上。根据现有SPD器件技术水平及实际侵入至低压交流电源的雷电流幅值的概率，并考虑SPD的使用寿命，把220V/380V交流电源第1级SPD在20kA冲击下残压定为2.5kV。

由于集成电路耐电冲击能力为2.5倍额定工作电平，本标准中明确提出网络交换机等信号类设备SPD残压应为额定工作电平的2.5倍及以下。

第二节 接地与屏蔽

一、接地

二次设备的按地应符合DL/T 621《交流电气装置的接地》的规定，并应满足以下要求：

（1）电力调度大楼与变电站控制室等建筑物各楼层及机房的接地，宜用一根或对称布置（沿墙角对角线上 2 根或 4 根）的多根，且截面积不小于 100mm² 的铜排或镀锌扁钢从地网可靠接至各楼层接地设施上或机房环形接地母线上；楼层环形接地母线与预留的楼层主钢筋接地端子可靠金属连接。环形接地母线一般采用截面不小于 90mm² 的铜排。

（2）二次设备应与变电站、发电厂或大楼共用一个地网，地网的工频接地电阻值一般不大于 1Ω；对高土壤电阻率地区，地网的工频接地电阻值不得大于 5Ω。二次设备独立设置的地网与主地网间应采用放电间隙连接；对独立地网的 220V/380V 电源宜用隔离变压器供电，电源和信号线应安装 SPD；进入室内的信号线宜进行电气隔离。

（3）二次设备的所有屏柜内应设置专用接地铜排，其截面不得小于 75mm²。屏柜内各装置信号地引接至屏柜内专用接地铜排上后，铜排上用一根截面不小于 16mm² 的铜线引出至室内环形接地母线上。

（4）各种 SPD 的接地线就近引接至屏柜内的接地铜排。屏柜内设备的金属外壳应可靠接地，屏（柜）的门等活动部分应与屏（柜）体有良好的电气连接。

（5）微波通信站的接地，按《微波站防雷与接地设计规范》进行。

（6）为减少干扰，接地线与信号线布局走向不宜平行布置。

（7）变电站内二次设备的配电系统宜采用三相五线制（TN－S 系统），中性线除了在站用变处单点接地外，在配电系统的其他地方严禁接地。

二、屏蔽

（1）除电源线缆和接地线外，与二次设备相连的线缆应采用屏蔽电缆；低频信号电缆的屏蔽层在设备端单端接地，高频信号电缆屏蔽层至少两端接地。按地方式参照标准出版社《电磁兼容标准实施指南》和电力系统反事故措施规定。

（2）对设备的屏蔽有较高要求时，通信机房应采用六面电磁屏蔽，必要时可采用金属屏蔽机柜。机房内地面抗静电地板的金属龙骨架，至少在整个龙骨架的一个对角线两端用不小于 4mm² 的铜线与环形接地母线良好连接。其他各面的屏蔽材料各块间电气连接后每面至少一处与地网良好连接。

第三节　SPD 配置原则与基本参数要求

一、SPD 配置原则

建筑物内外电气装置的交流电源、直流电源和进出建筑物与建筑物外电气装置相连的金属信号线以及与视频电缆相连设备前端应配置 SPD，交流电源和主直流电源与 SPD 间应串联空气断路器。

二、电源系统的 SPD 配置与基本参数要求

1. 交流电源 SPD 配置基本要求

（1）交流电源的 SPD 配置，一般采用三级，各级电气参数要求见表 8－3－1。每个

SPD 保护范围一般不超过 30m；如被保护装置离 SPD 线路距离超过 30m，则需再设置 SPD。一般第 1 级标称放电电流最大，宜选用带雷击计数功能的 SPD；各级 SPD 宜具有劣化指示功能。选用的 SPD 除应满足 GB 18802.1 所规定的要求外，还应满足第（5）条要求。

表 8 - 3 - 1　　　　　　　　　　　三级 SPD 电气参数要求

参　　数	第 1 级	第 2 级	第 3 级
标称放电电流 I_n/kA（8/20μs）	$\geqslant$40	$\geqslant$20	$\geqslant$10
相线对中性线或地直流 1mA 电压 U_{1mA}/V	$\geqslant$570	$\geqslant$540	$\geqslant$510
残压 U_{res}/kV	20kA 下$\leqslant$2.5	10kA 下$\leqslant$2.0	10kA 下$\leqslant$1.8

（2）对调度大楼，第 1 级位于三相交流配电总屏（柜）内，第 2 级位于各楼层配电箱内，第 3 级位于各机房配电箱或配电屏或设备处。

（3）对变电站，第 1 级位于二相交流配电总屏（柜）内，第 2 级位于二次交流分屏（包括整流屏）内，第 3 级位于线路距离第 2 级 SPD 超过 30m 的设备交流电源入口处。

（4）微波通信站等独立通信机房，宜用隔离变压器供电并安装 SPD（可按第 2 级 SPD 要求配置）；如未用隔离变压器，则至少安装二级 SPD（按第 1 级和第 2 级 SPD 配置）。

（5）三级 SPD 应具有相线对中性线或地、中性线对地保护模式的交流电源 SPD。

2. 直流电源 SPD 配置基本要求

主直流电源 SPD 一般选用二级，第 1 级配置在直流电源母线上。当被保护直流设备离第 1 级 SPD 线路距离超过 30m 时，宜在设备的直流电源入口处配置第 2 级 SPD。选用的 SPD 除应满足 GB 18802.1《低压电涌保护器（SPD）　第 1 部分：低压配电系统的电涌保护器性能要求和试验方法》所规定的要求外，还应满足本小节第（2）条要求。

（1）主直流电源 SPD 模块应同时具有正负极对地和正负极极间过电压保护模式，正负极对地保护宜采用压敏电阻串联气体放电管模式，标称放电电流均不小于 5kA（8/20μs）。

（2）对 24V 及以上额定工作电压的直流系统。SPD 模块正、负极间以及正负极对地间直流 1mA 电压不得小于正负极间额定工作电压的 2 倍，5kA（8/20μs）下的残压应不大于正负极间额定工作电压的 6 倍。

（3）有外接端子的重要装置的 12V 及以下额定工作电压的直流电源端子处安装标称放电电流不小于 3kA（8/20μs）的 SPD，动作电压不小于额定工作电压的 1.5 倍，3kA 下残压应不大于其额定工作电压的 2.5 倍。

3. SPD 外串联空气断路器的基本要求

所有用于电源与 SPD 之间串联的空气断路器（空气开关）的选配原则是 SPD 在标称放电电流下不跳闸或损坏，且当 SPD 短路时能迅速跳闸。标称放电电流（8/20μs）为 40kA、20kA 和 10kA 的交流电源用 SPD，串联的交流空气开关额定电流分别为 125A（最低 63A）、63A（最低 40A）和 30A；标称放电电流（8/20μs）为 5kA 的直流电源用 SPD，串联的直流空气开关最小额定电流为 1A。

空气断路器耐冲击电流能力见表 8-3-2 和表 8-3-3。这是在国家电力公司重点实验室——武汉大学高电压实验室用冲击电流发生器对几种空气断路器（空开）进行冲击（电流波形 8/20μs）试验的结果。

表 8-3-2　　　　　　交流空气断路器（空开）耐冲击电流能力

额定电流与型号	充电电压/kV	冲击电流/kA	冲击试验结果
10A 30621 C1023	7.0	11.83	未跳闸
	8.5	13.79	未跳闸
	9.0	14.78	未跳闸
	9.5	15.57	未跳闸
	10.0	16.16	空开跳闸
16A 30214 C2052	10.0	17.15	未跳闸
	11.0	18.53	未跳闸
	12.0	19.91	未跳闸
	13.0	21.68	未跳闸
	13.5	23.46	空开损坏
20A 302174 C2052	15.0	25.62	未跳闸
	16.0	27.20	未跳闸
	17.0	29.37	未跳闸
	17.5	30.35	空开损坏
C25A 3024 C2518	15.0	26.02	未跳闸
	16.0	27.20	未跳闸
	16.5	27.99	空开损坏
C32A 3024 C2518	17.0	29.37	未跳闸
	18.0	31.34	未跳闸
	18.5	32.32	空开损坏
C40 21028 C4034	17.5	30.35	未跳闸
	18.0	31.34	未跳闸
	18.5	32.32	空开损坏
C50 20704 1450	23.0	40.21	未跳闸
	24.0	41.78	未跳闸
	24.5	42.57	空开损坏
C63 200423 2063	27.0	45.33	未跳闸
	28.0	46.91	未跳闸
	28.5	47.30	空开损坏
60A DZ47-60 CHNT	16.0	43.38	空开跳闸
	16.0	41.27	空开跳闸
	22.0	58.96	空开损坏

表 8-3-3 直流空气断路器（空开）耐冲击电流能力

额定电流与型号	充电电压/kV	冲击电流/kA	冲击试验结果
1A YJB1Z-63 C1	3.0	4.09	未跳闸
	3.5	4.99	未跳闸
	4.0	5.85	未跳闸
	4.5	6.83	未跳闸
	5.5	8.92	空开跳闸
2A YJB1Z-63 C2	4.0	5.85	未跳闸
	4.5	6.83	未跳闸
	5.0	8.02	未跳闸
	5.5	8.92	未跳闸
	6.0	9.87	空开跳闸
6A YJB1Z-63 C6	5.5	8.92	未跳闸
	6.0	9.87	未跳闸
	6.5	10.97	未跳闸
	7.0	11.83	空开跳闸
10A YJB1Z-63 C10	5.5	8.92	未跳闸
	6.0	9.87	未跳闸
	6.5	10.97	未跳闸
	7.0	11.83	未跳闸
	7.5	12.42	空开跳闸

三、信号系统的 SPD 配置与基本参数要求

选用的 SPD 除应满足 GB/T 18802.21《低压电涌保护器 第 21 部分：电信和信号网络的电涌保护器（SPD） 性能要求和试验方法》所规定的要求外，对于不同用途的通信及网络设备用 SPD，应分别满足以下要求：

（1）信号电平在 5V 以下的现场工业总线、网络线等通信线缆，应在设备处安装具有信号线间和信号线对地保护模式的 SPD。其线间标称放电电流不小于 20A（8/20μs）、动作电压不小于信号电平的 1.5 倍，残压不高于信号电平的 2.5 倍；其线对地标称放电电流不小于 1kA（8/20μs）的 SPD，残压不高于信号电平的 5 倍。

（2）程控交换机配线架处，应安装标称放电电流不小于 3kA（8/20μs）的 SPD，SPD 动作电压应大于程控交换机铃流信号的峰值，3kA 下残压应不大于其直流工作电压的 5 倍。

（3）微波通信、电视接收天线及 GPS 等天馈线应在设备处安装标称放电电流不小于 5kA（8/20μs）的 SPD，动作电压不小于信号电平的 1.5 倍，5kA 下残压应不大于其信号电平的 6 倍。

（4）远动屏至通信屏的音频线或与 RS232 接口等相连的信号线，应在远动屏侧安装标称放电电流不小于 3kA（8/20μs）的 SPD，动作电压不小于信号电平的 1.5 倍，3kA 下

残压应不大于其信号电平的 5 倍。

（5）从场地引入室内的监控线（图像监控等）应在监控屏内安装标称放电电流不小于 3kA（8/20μs）的 SPD，动作电压不小于信号电平的 1.5 倍，3kA 下残压应不大于其信号电平的 5 倍。

（6）对具有远动功能的故障录波器和关口表，应在通道两端 MODEM 入口处加装信号 SPD。对具有录音设备的变电站，应在录音设备入口处加装 SPD，动作电压不小于信号电平的 1.5 倍，3kA 下残压应不大于其信号电平的 5 倍。

（7）室内闭路电视信号线应安装称放电电流不小于 3kA（8/20μs）的 SPD，动作电压不小于信号电平的 1.5 倍，3kA 下残压应不大于其信号电平的 5 倍。

第四节　SPD　安　装

一、电源用 SPD 安装

（1）SPD 各线端应分别与电源线路的相线相连接，SPD 的接地端与被保护设备接地端连接，且接地端应与就近的环形接地母线或地网连接。SPD 与被保护设备及接地端子（排）间连接的导线应平直且尽可能短，长度不宜超过 1m。

（2）与电源并联的 SPD 的连接导线最小截面应按表 8-4-1 选择。

表 8-4-1　　　　　　　　　电源 SPD 连接导线最小截面积　　　　　　　　　单位：mm²

保护分级	SPD 类型	SPD 连接线铜导线截面积
第 1 级	限压型或开关型	10
第 2 级	限压型	6
第 3 级	限压型	4

二、信号用 SPD 安装

（1）信号 SPD 应连接在被保护设备的信号端口上。信号 SPD 宜安装在屏柜内，固定在设备机架上或附近支撑物上。

（2）信号 SPD 接地端宜采用截面积不小于 1.5mm² 的铜芯导线与屏柜内接地端子排连接。

（3）GPS 天线信号用 SPD 的接地端应采用截面积不小于 2.5mm² 的铜芯导线与屏柜内接地排连接。

第五节　竣工验收、运行维护检测

一、竣工验收

工程现场交接验收前应核查竣工技术文件，确认符合设计要求后进行竣工验收。竣工验收应包括但不仅限于以下内容：

（1）SPD 与被保护设备连接及配置检查。

（2）SPD 外观检查。

（3）SPD 及机柜接地检查。

（4）地网接地电阻、机房等电位连接检测。

二、运行维护检测

1. 维护检测项目

按下列条款对 SPD 进行维护检测。一般每年一次，也可结合相应二次系统设备的维护检测同步进行，检测应包括但不仅限于以下内容：

（1）SPD 外观检查。

（2）SPD 及机柜接地检查。

（3）U_{1mA} 和 $0.75U_{1mA}$ 下泄漏电流及残压测试。

（4）地网接地电阻测试。

（5）接地线和接地引下线连接测试或检查。

2. SPD 的 U_{1mA} 和 $0.75U_{1mA}$ 下泄漏电流及残压测试方法

电源 SPD 测试时应断开与 SPD 串联的空气开关，信号 SPD 测试时应将 SPD 与信号线分离。注意测试合格后立即恢复 SPD 与电源或信号线的连接。

标称放电电流在 3kA 及以下的 SPD 用其标称放电电流测试，标称放电电流在 5kA 及以上的 SPD 可用短路冲击电流为 3kA 的冲击电流测试仪测试代替；冲击电流下的残压应不大于出厂时的标称放电电流的残压。U_{1mA} 和 $0.75U_{1mA}$ 下泄漏电流变化值应在出厂值的 10% 以内。

一般测试抽样不少于 10%，但不少于 3 支；对同批次产品，如测出有一只不合格，应抽样加倍测试，如再有一只不合格，则宜对该批次同型号产品全部进行测试。

第九章　智能变电站现场工作安全措施

第一节　智能变电站自动化系统现场工作安全措施

一、智能变电站自动化系统现场工作总体要求

变电站自动化系统主要包括：测控装置、保护信息管理机、PMU 系统、后台监控系统、远动装置、调度数据网设备、图形网关机、同步时钟系统等。主要涉及的工作为：通信状态维护、新增或者更换设备进行数据库修改、远动转发表修改、自动化设备异常检查处理等。

随着"大运行"体系的不断建设和完善，站端自动化工作日益增多，对自动化专业人员技能要求愈发严格，因此，规范变电站自动化系统工作流程，强化自动化工作现场管控，杜绝因工作失误造成自动化系统运行异常的事件发生，很有必要。

自动化系统在开展消缺、升级、改扩建工作时，工作前应准备好相应工作的作业风险管控卡、升级方案、操作流程步骤等作业指导书，并在工作过程中认真执行。工作结束后运维、检修按专业划分，分别执行后台监控系统检查卡。

1. 基本工作要求

（1）在工作前，检修人员需编制好本次工作的作业指导书、作业风险管控卡并经领导审核批准。

（2）提前通知相关厂家人员，厂家技术人员根据本次工作内容，提前编写工作方案（含工作步骤、修改设备、修改内容及危险点等），并经检修公司本次检修工作负责人审核。

（3）厂家技术人员在工作开始前，需通过检修公司外协人员安全规程考试合格，认真阅读《外单位人员接入公司生产控制区网络安全保密协议》并签字。

（4）自动化系统在开展远动、PMU、测控等涉及主站端数据的工作时，站端工作负责人必须提前与主站端相关负责人沟通、确认，同意后方可开始现场工作。

2. 现场工作要求

（1）现场工作中，厂家技术人员应在检修人员监护下工作，不得单人单独工作。

（2）厂家技术人员在工作中对设备配置参数、数据库、画面、报表等进行新增或者修改时，应逐条做好记录，履行签字确认手续，并经现场检修工作负责人检查确认后方可发布。

（3）当日工作完结但全部工作未结束时，在检修人员及厂家技术人员离开工作现场前，应对当日工作内容及完成情况向运维人员作简要交代。运维人员应对本次工作涉及的设备或系统进行检查，确保其他运行设备或系统处于正常运行状态。

（4）检修工作结束后，检修工作负责人应对全部工作内容进行全面检查，确认对原有

系统无影响并完成了本次工作内容。如有涉及调度主站端数据工作，应与相应调度负责人联系并进行数据核对确认。

（5）检修工作负责人在工作结束后需向运维人员交代全部工作内容及完成情况。运维人员应安排验收人员进行验收，合格后方可终结本次工作。

（6）检修及运行工作负责人对本次工作所执行的作业指导书、作业风险管控卡、厂家执行作业内容卡、验收卡等材料进行复核并留存。

二、自动化系统现场工作管控措施

变电站开展后台监控系统、远动装置、测控装置等设备升级、消缺、数据库修改应执行固定工作流程，对危险点进行分析，在工作中严格执行危险点管控措施。

变电站自动化系统典型工作危险点及控制措施如下。

1. 后台监控系统修改

变电站有改扩建工程、保护换型、线路破口等工作时，需对后台监控系统数据库、画面、报表等进行新增或者修改，应防范以下危险点并制定控制措施。

（1）厂家技术服务人员现场因技术水平及对安措的理解不同造成的数据库错误等。

控制措施如下：

1）对现场技术服务人员的水平进行摸底，通过相关考试后方可进行工作。

2）工作开始前由厂家提供相应的工作方案，并得到现场工作负责人认可。

3）在工作期间需严格按照相关的步骤进行操作。

（2）未核实间隔名称，误修改其他间隔数据、使用错误备份数据库或变比设定错误造成运行设备数据误修改。

控制措施如下：

1）改前做好数据库、工程文件、画面、报表备份。

2）在现场最新备份的基础上进行数据、画面、报表修改。

3）数据改动需设专人监护，得到负责人同意方可工作，修改后经负责人检查方可生效发布。

4）工作结束后及时进行数据库备份并留存，并对修改部分进行版本说明。

5）自动化人员确认完毕后需运维人员进行复核，确认无误。

（3）后台数据库遥控点配置有误遥控操作，造成误遥运行设备。

控制措施如下：

1）遥控操作前确认所有在运测控装置、智能终端的远方就地把手打至就地，测控装置断路器、刀闸遥控压板退出，智能终端刀闸遥控压板退出，智能保护（测控）装置允许远方控制（遥控）压板退出。

2）间隔首次遥控测试时，遥控出口压板逐个测试，并进行五防有效性测试。

3）遥控操作要有监护及调度编号验证。

4）后台监控系统升级工作，需对全站设备进行遥控预置时，自动化专业人员要逐一复核运维人员所做的安全措施无误后，逐个间隔开展。

5）自动化人员确认完毕后需运维人员进行复核，确认无误。

2. 保护管理机数据修改

非智能变电站未采用 61850 通信规约，外厂家保护装置与后台监控系统通信采用保护管理机进行规约转换、数据上送。新增保护装置接入保护管理机或保护管理机异常处理时，应防范以下危险点并制定控制措施。

（1）厂家技术服务人员现场因技术水平及对安措的理解不同造成的数据库错误等。

控制措施如下：

1）对现场技术服务人员的水平进行摸底，通过相关考试后方可进行工作。

2）工作开始前需由厂家提供相应的工作步骤说明，并得到现场工作负责人认可。

3）在工作期间需严格按照相关的步骤进行操作。

（2）未备份最新配置文件，数据修改错误后无法恢复。

控制措施如下：

1）工作开始前做好配置文件备份，并妥善保存。

2）在修改完毕，确认数据无误后，再次备份，两份备份应通过文件名加以区分。

（3）调试保护管理机造成运行间隔保护装置通信中断，或保护装置信息上送异常。

控制措施如下：

1）调试工作中需重启管理机时，应告知运维人员产生的影响。

2）启动正常后应检查所有接入间隔保护装置通信恢复，上送信息正确。

3. 远动装置配置修改

（1）厂家技术服务人员现场因技术水平及对安措的理解不同造成的数据库错误等。

控制措施如下：

1）对现场技术服务人员的水平进行摸底，通过相关考试后方可进行工作。

2）工作开始前需由厂家提供相应的工作步骤说明，并得到现场工作负责人认可。

3）在工作期间需严格按照相关的步骤进行操作。

（2）远动装置配置修改后，数据异常未及时发现。

控制措施如下：

1）远动装置与后台监控系统避免同时进行配置修改。

2）远动数据修改完毕后，应测试两套远动装置与调度侧通信正常，数据上送无误。

3）工作结束后由运维人员与调度端值班人员确认监控无异常信息。

（3）在一套远动装置上工作前，未确认另一套远动装置运行状态，造成调度侧通信中断、数据异常。

控制措施如下：

远动装置工作前，应确认另一套远动装置运行正常，与调度侧通信、数据业务正常。

（4）远动转发表修改后未认真检查、核对，造成"四遥"信息错误，导致调度侧遥信、遥测指示异常，影响监控指标。

控制措施如下：

1）转发表修改前进行备份，并比对修改前后转发表点号内容，确认修改点号内容正确。

2）认真执行"四遥"信息三方核对表，确认远动信息修改后核对、验证无误。

3）将远动转发表导出后，上下机进行对比。

4）工作结束后由运维人员进行上下机切换并与调度端值班人员进行确认无异常信息。

4. 同步相量测量采集装置（PMU）配置修改

（1）厂家技术服务人员现场因技术水平及对安措的理解不同造成的数据库错误等。

控制措施如下：

1）对现场技术服务人员的水平进行摸底，通过相关考试后方可进行工作。

2）工作开始前需由厂家提供相应的工作步骤说明，并得到现场工作负责人认可。

3）在工作期间需严格按照相关的步骤进行操作。

（2）未备份最新配置文件，数据修改错误后无法恢复。

控制措施如下：

1）工作开始前做好配置文件备份，并妥善保存。

2）在修改完毕，数据无误后，再次备份，两份备份应通过文件名加以区分。

（3）调试过程三相电流、电压相序定义错误，造成上送的功率异常。

控制措施如下：

在进行调试时，要求三相电压、电流加不同值进行核对，并与后台监控系统送行数据比较，保证 PMU 系统与后台监控系统数据一致。

5. 测控装置升级、异常消缺处理

测控装置作为自动化系统采集数据的最前端设备，直接采集一、二次设备开关量信息、告警信息及遥测数据，在进行升级、异常处理过程中应防范以下危险点并制定控制措施。

（1）厂家技术服务人员现场因技术水平及对安措的理解不同造成的数据库错误等。

控制措施如下：

1）对现场技术服务人员的水平进行摸底，通过相关考试后方可进行工作。

2）工作开始前需由厂家提供相应的工作步骤说明，并得到现场工作负责人认可。

3）在工作期间需严格按照相关的步骤进行操作。

（2）测控装置升级工作，未备份定值、厂家内部参数，造成升级工作结束后，装置异常或同期功能异常。

控制措施如下：

1）工作开始前做好配置文件备份，无法直接备份的内容通过拍照等方式记录，并妥善保存。

2）工作结束后，再次备份，两份备份应通过文件名加以区分。

3）升级工作涉及装置功能时，应该制定详细升级方案，对相关功能进行验证。

（3）测控装置异常处理时，误碰电压、电流、遥控等回路，造成设备跳闸或回路异常。

控制措施如下：

1）认真执行二次工作安全措施票，对电压、电流回路、遥控回路进行硬质隔离防止误碰。

2）执行二次安全措施时应正确使用绝缘工具。

3）测试工作应先检查仪表档位使用正确。

（4）五防闭锁逻辑未逐一验证，导致间隔五防功能错误。

控制措施如下：

根据公司审核下发的五防闭锁逻辑，由运维人员对测控装置间隔五防功能进行逐项验证。

（5）装置同期定值整定错误，造成测控装置同期合闸失败。

控制措施如下：

根据公司审核下发的同期定值进行整定，并进行同期实验，送电前再次逐项对同期定值进行核对。

6. 保护装置遥信对点工作

保护软信号核对往往需要使用保护装置内遥信对点功能，采用该功能时存在以下风险。

（1）参数设置修改后未恢复，造成保护装置与后台通信异常。

防范措施如下：

1）开展此类工作时，详细记录保护装置内参数设置情况，逐项实施逐项恢复。

2）工作结束前，对装置进行送电前检查，并确认装置参数设置正常。

（2）遥信对点后，后台相关信号未复归。

防范措施如下：

遥信对点结束后，全面检查后台光字及数据库保护遥信信息状态，确定与实际一致后方可恢复装置运行。

7. 调度数据网设备问题处理

（1）厂家技术服务人员现场因技术水平及对安措的理解不同造成的数据库错误等。

控制措施如下：

1）对现场技术服务人员的水平进行摸底，通过相关考试后方可进行工作。

2）工作开始前需由厂家提供相应的工作步骤说明，并得到现场工作负责人认可。

3）在工作期间需严格按照相关的步骤进行操作。

（2）路由器、交换机、纵向加密装置配置修改后，未及时发现设备异常。

控制措施如下：

1）避免同时进行网调数据网设备与省调数据网设备配置同时修改。

2）工作开始前做好配置文件备份，并妥善保存。在修改完毕，数据无误后，再次备份，两份备份应通过文件名加以区分。

3）设备问题处理完毕后，应测试相应设备所接业务与调度主站侧通信是否正常，数据上送无误。

（3）纵向加密装置问题处理后旁路运行，导致相应业务数据传输失去加密。

控制措施如下：

1）纵向加密装置问题处理后认真检查加密/旁路状态处于加密状态。

2）与相应调度主站侧纵向加密负责人确认该装置所接业务均处于加密状态、业务数据运行正常。

8. 同步时钟系统异常消缺处理

（1）双套时钟同时失去授时，造成全站设备失去对时。

控制措施如下：

1）避免两套同步时钟主时钟同时进行消缺工作。

2）禁止同时断开两套同步时钟主时钟电源。

3）工作结束后检查各时钟是否要告警，并查看现场的二次设备是否存在对时异常信息。

（2）扩展时钟失去授时。

控制措施如下：

1）认真检查扩展时钟对时光纤，确保两路对时光纤来自两套不同主时钟。

2）对 1 路对时异常问题进行处理前，确保另 1 路对时链路完好，对时正常。

三、自动化系统现场工作安全措施示例

1. 外单位人员接入本公司生产控制区网络安全保密协议

外单位人员接入本公司生产控制区网络安全保密协议如图 9-1-1 所示。

外单位人员接入本公司生产控制区网络安全保密协议

甲方：_____ 乙方：_____

为贯彻"安全第一、预防为主、综合治理"的安全生产方针，明确双方的安全责任，提高信息安全管理水平，确保遵守国家及省公司关于网络安全相关规定，结合甲乙双方工作特点，双方经协商一致，签订本协议。

一、项目

（一）工作内容：_____

（二）工作地点：_____

（三）起始时间：_____

二、协议内容

（一）安全目标

1. 不发生严重影响甲方信息安全类事件。

2. 不发生因接入甲方网络造成甲方网络故障事件。

3. 达到甲方提出的信息安全要求。

（二）双方安全责任和义务

乙方：_____

1. 严格遵守甲方提出的各项信息安全管理要求及保密规定，严禁进行任何与工作无关的操作。

2. 在工作过程中如需使用机房内电源，须事先征得甲方工作负责人同意，严禁随意使用线缆连接插座。

3. 乙方人员所用调试计算机安装甲方要求的防病毒软件，接入前进行全盘扫描，确认计算机未携带病毒或木马等影响甲方信息安全要求数据。

4. 乙方人员接入信息内网进行调试前，经甲方负责人确认安全后，使用甲方统一分配的 IP 地址，严禁私自更改、盗用甲方 IP 地址。

5. 乙方人员所用调试计算机注册桌面终端系统客户端后，严禁开启无线网络，严禁接入无线网卡或具有上网功能设备（手机、平板电脑等），禁止使用无线键盘、无线鼠标等无线设备。

6. 严禁将注册有桌面终端客户端的调试计算机在信息内、外网上交叉使用。

7. 严禁通过远程拨号方式接入甲方信息网络。

8. 严禁通过甲方信息网络处理、发送涉密文件。严禁安装非法软件。

9. 由乙方人员原因造成设备、系统故障或中断运行，给甲方造成的损失由乙方承担。

甲方：_____

1. 告知乙方工作人员公司信息安全管理要求及安全违规要求。

2. 做好现场安全管控，检查确认甲方调试计算机未携带病毒、木马等影响甲方信息安全要求数据。

3. 检查乙方计算机未使用无线设备、开启无线网络等。

4. 根据乙方调试需求，提供公司内网 IP 地址，并进行安全管控。

三、责任条款

该协议由责任工区审核后，由安全生产管理部负责签订，报备至上级部门。对于现场发生的信息安全违规事件，依照本协议划分责任。

四、附则

本协议一式两份，甲乙双方各执一份。

甲方签字：   乙方签字：

　　年　月　日   年　月　日

图 9-1-1 外单位人员接入本公司生产控制区网络安全保密协议

2. 750kV 智能变电站监控系统升级安全管控卡

750kV 智能变电站监控系统升级安全管控卡如图 9-1-2 所示。

作业项目		750kV 智能变电站监控系统升级安全管控卡		
单位		适用班组		
工作流程	监控系统升级工作准备→工作许可→工器具、设备、备品备件就位→后台监控系统升级→工作组自检→运维人员验收→工作终结			
序号	危险点分析	危险点控制措施		执行（√）
1	质量管控	详见_____750kV 智能变电站后台监控系统及远动装置升级方案		
2	计算机病毒入侵	禁止在监控系统的计算机上运行未经检测和许可的软件		
		禁止将未经检测的计算机设备接入监控系统网络		
3	防触电	当工作内容涉及计算机硬件部分时，应至少有两个工作人员，一人操作一人监护		
		工作中应使用绝缘工具并戴好手套，插拔故障板卡时应戴好防静电手环		
4	数据配置错误	检查软件版本号		
		配置数据前认真核对数据配置资料，确认数据配置的正确性，并做好变更记录		
		每次在升级工作开始前做好备份，工作结束后也要做好备份，并注明时间及作业人员，保证备份的正确性，且工作站备份要异地存储，保持更新		
		系统升级后要运行观察，发现异常立即恢复原系统备份		
5	防误操作	防止误出口或测试时误碰，造成运行设备跳闸，进行遥控功能测试前，做好全站遥控安全措施后方可进行遥控预置		
		工作中需全程进行监护，防止误操作		
		操作前先确认操作顺序，按照升级方案逐项进行		
6	设备损坏	升级前准备好备用服务器，防止现运行服务器在升级过程中发生硬件故障无法运行		
7	数据中断	在进行远动升级前，提前通知省、网调相关负责人，得到许可后方可进行		
		监控系统升级采用全程离线安装模式，杜绝因升级过程对监控系统的信号监视影响		
8	信号上送有误	做遥信正确性核对前，提前通知省调监控人员，并加强后台监视		
9	误遥控出口	在备用服务器上不进行遥控预置测试时，闭锁备用服务器遥控功能，可修改通信配置文件 NTengine.ini，设置参数"disableykexe-1"后，重启通信程序使设置生效，然后将备用服务器接入站控层网络		
		在备用服务器上进行遥控预置时，开放备用服务器遥控功能，但在遥控预置前需申请退出全站遥控压板，远方就把手切至就地，所有保护装置允许远方操作软压板退出，做好防止遥控出口安全隔离措施		
		在备用服务器上遥控预置结束后，及时闭锁备用服务器遥控功能		
		后台监控机升级结束后进行遥控预置时，同样需申请退出全站遥控压板，远方就把手切至就地，所有保护装置允许远方操作软压板退出，做好防止遥控出口安全隔离措施		
		所有遥控预置过程中均需要加强监护，不得单人进行操作		

图 9-1-2　750kV 智能变电站监控系统升级安全管控卡（一）

序号	危险点分析	危险点控制措施	执行（✓）
10	运维人员失去监盘	若后台监控服务器（远动装置、图形网关机）升级时出现故障，立即暂停正在运行的升级工作，现场监盘应使用图形网关机（后台监控服务器），要求运维人员加强现场巡视。并尽快查明问题，如短时间无法解决的，应立即恢复原运行环境	
		升级中应至少保证一台服务器处于正常运行状态，用于运维人员监盘	
11	站内事故时影响应急处理	在调试过程中出现事故，停止现场工作，启动事故预案，如为某保护动作跳闸，立即恢复该间隔遥控把手及压板，按调度令操作	
12	擅自变更现场安全措施	不得随意变更现场安全措施。特殊情况下需要变更安全措施时，必须征得工作许可人的同意，完成后及时恢复原安全措施	
负责人		现场监督人		日期	
负责人		现场监督人		日期	
备注			

图 9-1-2　750kV 智能变电站监控系统升级安全管控卡（二）

3. 厂家人员执行内容卡

厂家人员执行内容卡如图 9-1-3 所示。

厂家人员执行内容卡				
变电站名称				
计划工作时间			工作票编号：	
工作内容				
厂家单位			厂家技术人员签名	
序号	执行时间	执 行 内 容		执行

图 9-1-3　厂家人员执行内容卡

第二节　智能变电站保护及安自装置检修安全措施及压板投退原则

一、保护装置检修安全措施实施及压板投退总体原则

1. 保护装置检修措施安全边界条件

考虑智能化保护设备发展和实际运维现状，保护装置检修安全措施的安全边界条件应尽量扩大，随着智能化保护设备运维经验和水平的不断完善和提高，可根据实际情况，逐

渐缩小安全边界，逐步优化保护装置检修安全措施的实施原则。

2. 与其他规程、规定的关系

本原则主要针对智能化保护装置检修安全措施有关特殊要求而制定，遵循智能变电站有关技术导则、规范，严格执行上级部门已颁布的各类标准和规范。

3. 运行、检修人员保护压板投退职责划分

（1）除二次智能设备"检修状态"硬压板原则上由检修人员操作外，其他软、硬压板全部由运行人员进行投退。"检修状态"硬压板在保护装置故障和保护定值切区时，应由运行人员投退。

（2）对于保证正常检修需要投退的保护压板，在检修工作开始前应由运行人员按操作票完成操作，检修人员在《二次安全措施票》中作为检查项进行逐项核对。

（3）检修人员在执行安全措施时必须保证检修保护装置与运行设备之间的隔离至少采用双重安全措施，检修设备必须投入装置检修硬压板。

（4）在检修工作范围内，由于保护试验传动过程中需投退的压板，在确保安全的前提下，由检修人员操作，应做好变动记录，在检修工作结束后恢复。

4. 投退整套保护装置时压板的投退顺序

运行人员投退整套保护装置时，不对装置电源空开、电压空开进行操作。整装置退出，压板退出操作顺序为：先退出各类出口软压板（如××GOOSE 发送软压板、GOOSE 跳××断路器软压板），再退出保护功能软压板。整装置投入，压板投入操作的顺序与退出顺序相反，在执行投入各类出口软压板前，应确认装置无异常。

整装置投退，运行人员无需操作 SV 接收软压板、GOOSE 接收软压板。

5. 保护装置检修时安全措施执行顺序

检修人员在执行检修保护装置安全隔离措施时，遵循以下顺序：先检查运行设备内与检修保护装置相关的压板均已退出（SV 接受、间隔投入、GOOSE 接收等压板）；再检查检修保护装置相关压板均已退出；第三投入相关检修保护装置"装置检修硬压板"；第四断开检修保护装置与运行设备之间的光纤链路；第五断开检修保护设备网线、告警公共端，确保检修信息不上送至省调监控；最后核对检修保护装置、相关运行设备、后台监控系统上送信息正确，所做安全措施正确无误。

6. 保护装置检修与一次设备运行状态的关系

（1）单套配置合并单元、智能终端及保护装置的一次设备、二次设备异常处理时，申请停运一次设备。

（2）双套配置合并单元、智能终端及保护装置的一次设备、二次设备异常处理时直接退出相关异常设备，不需停运一次设备。在需要停运一次设备配合验证时申请停运相关一次设备。

二、一次设备在运行状态下不同工作情况保护装置检修安措实施及压板投退原则

（一）一次设备有工作时

除变压器类设备补油、放油、排气等工作时，按照变压器类设备运行管理规定投退相

应保护压板之外，其他一次设备上的工作，无需对保护软硬压板进行投退及做任何安全措施。

（二）二次设备有工作时

1. 合并单元设备缺陷处理

（1）合并单元装置故障不能正常工作时，安全措施实施原则如下：

1）运维人员将与该合并单元相关联所有运行的保护及安自装置整套退出，即将与该合并单元相关联所有运行的保护及安自装置所有出口及功能软压板退出；相关运行装置的"SV接收压板"无需退出。

2）检修人员处理合并单元异常前，首先检查确认与该合并单元相关联所有运行的保护及安自装置已退出，然后投入检修合并单元"装置检修"硬压板并用红色绝缘胶布封住。在处理完毕后，确认与之相关联保护及安自装置采样正常后，恢复安全措施，申请投入相关保护及安自装置。注意：如果合并单元交流采样插件异常，需要更换时，拔出插件前应将接入该合并单元的所有电流绕组在外部封住，防止电流回路开路。

（2）合并单元SV链路中断时，安全措施实施原则如下：

1）合并单元SV链路中断只影响无法采样的保护及安自装置运行，此时运维人员只需将发出采样链路中断告警的保护及安自装置整套退出，其"SV接收压板"无需退出。注意：其他与该合并单元有关的运行正常的保护或安自装置无需退出。

2）检修人员处理合并单元断链时，首先确认采样中断保护及安自装置确已退出，待采样链路处理完毕，检查受影响保护及安自装置采样正常后申请将其投入。注意：此时合并单元正常运行，严禁投入"装置检修"硬压板！

3）若断链是由于合并单元输出光口异常造成，需要退出合并单元进行处理，按照合并单元装置故障处理施行安全措施。

（3）合并单元模拟量输入侧PT或CT二次回路故障时，安全措施实施原则如下：

1）运维人员应将受影响的保护或安自装置整套退出。

2）检修人员应检查受影响的保护装置或保护装置有关功能已退出，处理PT或CT二次回路故障过程中，防止误碰其他正常运行回路或造成电压短路、电流回路开路。

2. 智能终端设备缺陷处理

（1）智能终端装置故障不能正常工作时，安全措施实施原则如下：

1）运维人员应立即退出该套智能终端对应的所有跳、合闸出口硬压板、遥控出口硬压板。

2）检修人员进行消缺处理时，投入智能终端检修压板前，应确认智能终端出口压板已退出，并根据需要退出线路重合闸功能，投入母线保护刀闸强制软压板（双母线接线形式情况下）。注意：在处理过程中，若造成断路器位置输出不正确，可能会影响到该线路重合闸及远跳保护逻辑判断，需退出相关联的整套线路保护及重合闸装置。若造成220kV母线隔离开关位置输出不正确，应在220kV母差保护装置处进行强制对位。

（2）智能终端GOOSE链路中断，安全措施实施原则。运维及检修人员不对智能终端进行任何操作。如果是智能终端装置内部故障，应执行智能终端装置故障检修安全措施实施原则。

（3）智能终端外部二次开入回路异常，安全措施实施原则。运维人员不对智能终端压板进行操作。检修人员在开入回路检查处理过程中，做好防止误碰跳闸及遥控回路的措施，同时防止直流接地或者短路。

3. 继电保护及安自装置缺陷处理

（1）继电保护或安自装置故障时，安全措施实施原则：

1）运维人员退出整套保护或安自装置。退出与故障保护装置关联的保护及安自装置中对应支路的 GOOSE 接收软压板。

2）检修人员首先确认与异常保护相关联的运行保护中有关接收压板已退出，异常保护装置已整套退出，然后投入异常继电保护或安自装置"装置检修"硬压板；第二断开其与运行设备之间的 GOOSE 链路尾纤；第三断开检修保护设备网线、告警公共端，确保检修信息不上送至省调监控。异常处理完毕后，根据处理情况对装置进行相关试验，试验合格后恢复安全措施，申请将装置投入运行。

（2）继电保护及安自装置 SV 链路中断，安全措施实施原则：

1）运维人员将发出采样链路中断的保护或安自装置整套退出。其"SV 接收压板"无需退出。

2）检修人员处理保护及安自装置 SV 断链时，首先确认采样中断保护及安自装置确已退出，然后投入异常装置的"装置检修硬压板"，待采样链路处理完毕，检查装置采样正常后申请将其投入。

3）若断链是由于保护及安自装置采样接收板件异常造成，按照保护或安自装置故障处理施行安全措施。

（3）继电保护及安自装置 GOOSE 链路中断，安全措施实施原则。不对保护或安自装置软压板进行操作，不做任何安全措施。如果是保护或安自装置内部故障，应执行保护或安自装置故障的安全措施实施原则。

4. 继电保护及安自装置更改定值工作保护投退原则

退出整套继电保护或安自装置，并将该保护装置"检修压板"投入，完成定值更改并核对所有定值项、定值区正确无误后，退出"检修压板"，并投入整套保护装置。

5. 定值区切换工作

当调度下令切换保护定值区时，可先投入该保护装置就地检修压板（硬压板），在继电保护装置面板确认检修压板投入提示信息，确认定值区切换无误后，再退出检修压板。

三、一次设备停电时不同工作情况保护装置检修安措实施及压板投退原则

（1）一次设备在检修状态，仅有一次设备上的工作时，保护投退及安措实施原则。

1）当一次设备检修工作涉及电压互感器加压，测试回路电阻可能会给电流互感器一次绕组通流时，运维人员应先退出相关运行保护及安自装置中至试验间隔合并单元的"SV 接收压板"，然后投入该合并单元的"装置检修"硬压板。

注意：退出顺序必须为先退有关运行设备的 SV 接收压板（或间隔投入压板），后投

合并单元"装置检修"硬压板；投入顺序相反。

2）其他一次设备上的工作，不对相关保护装置进行压板投退、实施安全措施。

（2）一次设备转为冷备用或检修状态，保护或安自装置进行正常定检消缺时，保护投退及安措实施原则。

1）运维人员先退出停电一次设备相应整套保护装置及智能终端，再退出运行保护及安自装置中与检修间隔相关联的 SV 接收及 GOOSE 接收软压板。所有一、二次设备操作完毕，根据调度要求，将一次设备转为相应状态，许可现场工作。

2）检修人员在工作许可之后，首先执行二次安全措施，先检查运行设备内与检修保护装置相关的压板均已退出（SV 接受、间隔投入、GOOSE 接收等压板）；再检查检修保护装置相关压板均已退出；第三投入相关检修保护装置"装置检修"硬压板；第四断开检修保护装置与运行设备之间的光线链路；第五断开检修保护设备网线、告警公共端；最后核对检修保护装置、相关运行设备、后台监控系统上送信息正确，所做安全措施正确无误。

四、其他

1. 无需对站内保护装置软硬压板进行投退情况

除遥控、失步解列以及非电量保护压板执行遥控运行管理规定和变压器运行管理规定外，一次设备不论在任何状态，当变电站一、二次设备无任何工作时，无需对站内保护装置软硬压板送行投退。

2. 变电站遥控工作安全措施实施原则

为了确保新设备接入后遥控或调度端遥控工作安全进行，现将退出变电站全站遥控安全措施实施原则确定如下：

（1）防止误遥控断路器的措施采取双重安全措施的原则，并且遥控回路应该有明显断开点。

（2）常规变电站。常规变电站遥控功能集合与测控装置内，测控装置上有"远方/就地"把手，刀闸及断路器遥控出口压板。因此常规变电站退出全站遥控功能措施为：将测控装置上"远方/就地"把手由"远方"切至"就地"；退出测控装置上所有断路器及刀闸遥控功能。

（3）智能变电站：

1）二次设备压板退出遥控。智能变电站较常规变电站不同，其保护装置软压板在后台也可以遥控，为了防止误遥控保护装置内软压板，在遥控工作开始前，应在就地将运行保护装置内"允许远方操作"或"远方控制"软压板退出，若"六统一"保护装置只需采取退出"允许远方操作"硬压板的措施即可。

2）一次设备退出遥控。智能变电站测控装置一部分功能被户外智能终端取代，因此智能变电站一次设备退出遥控措施原则如下：将测控装置上"远方/就地"由"远方"切至"就地"或者退出"允许远方操作"硬压板；将户外智能终端柜内"远方/就地"由"远方"切至"就地"，退出所有刀闸遥控硬压板。

第三节　继电保护、电网安全自动装置和相关二次回路现场工作安全技术措施

一、基本要求

（1）为规范现场人员作业行为，防止发生人身伤亡、设备损坏和继电保护"三误"（误碰、误接线、误整定）事故，保证电力系统一、二次设备的安全运行，特制定本安全技术措施。

（2）凡是在现场接触到运行的继电保护、电网安全自动装置及其二次回路的运行维护、科研试验、安装调试或其他（如仪表等）人员，均应遵守本标准，还应遵守《国家电网公司电力安全工作规程（变电站和发电厂电气部分）》。

（3）相关部门领导和管理人员应熟悉本标准，并监督本标准的贯彻执行。

（4）现场工作应遵守工作负责人制度，工作负责人应经本单位领导书面批准，对现场工作安全、检验质量、进度工期以及工作结束交接负责。

（5）继电保护现场工作至少应有二人参加。现场工作人员应熟悉继电保护、电网安全自动装置和相关二次回路，并经培训、考试合格。

（6）外单位参与工作的人员应具备专业工作资质，但不应担当工作负责人。工作前，应了解现场电气设备接线情况、危险点和安全注意事项。

（7）工作人员在现场工作过程中，遇到异常情况（如直流系统接地等）或断路器跳闸，应立即停止工作，保持现状，待查明原因，确定与本工作无关并得到运行人员许可后，方可继续工作。若异常情况或断路器跳闸是本身工作引起，应保留现场，立即通知运行人员，以便及时处理。

（8）任何人发现违反本标准的情况，应立即制止，经纠正后才能恢复作业。继电保护人员有权拒绝违章指挥和强令冒险作业；在发现直接危及人身、电网和设备安全的紧急情况时，有权停止作业或在采取可能的紧急措施后撤离作业场所，并立即报告。

（9）设备运行维护单位负责继电保护和电网安全自动装置定期检验工作，若特殊情况需委托有资质的单位进行定期检验工作时，双方应签订安全协议，并明确双方职责。

（10）改建、扩建工程的继电保护施工或检验工作，设备运行维护单位应与施工调试单位签订相关安全协议，明确双方安全职责，并由设备运行维护单位按规定向本单位安全监管部门备案。

（11）现场工作应遵循现场标准化作业和风险辨识相关要求。

（12）现场工作应遵守工作票和继电保护安全措施票的规定。

二、现场工作前准备

1. 基本准备工作

（1）了解工作地点、工作范围、一次设备和二次设备运行情况，与本工作有联系的运行设备，如失灵保护、远方跳闸、电网安全自动装置、联跳回路、重合闸、故障录波器、

变电站自动化系统、继电保护及故障信息管理系统等，需要与其他班组配合的工作。

（2）拟订工作重点项目、准备处理的缺陷和薄弱环节。

（3）应具备与实际状况一致的图纸、上次检验报告、最新整定通知单、检验规程、标准化作业指导书、保护装置说明书、现场运行规程，合格的仪器、仪表、工具、连接导线和备品备件。确认微机继电保护和电网安全自动装置的软件版本符合要求，试验仪器使用的电源正确。

（4）工作人员应分工明确，熟悉图纸和检验规程等有关资料。

2.继电保护安全措施票

（1）对重要和复杂保护装置，如母线保护、失灵保护、主变保护、远方跳闸、有联跳回路的保护装置、电网安全自动装置和备自投装置等的现场检验工作，应编制经技术负责人审批的检验方案和继电保护安全措施票，继电保护安全措施票格式见表 9-3-1。

表 9-3-1　　　　　　　　　　　　继电保护安全措施票

单位＿＿＿＿＿＿＿＿＿　　　　　　　　　　　　　　　　　　　编号＿＿＿＿＿＿＿＿＿

被检验设备名称						
工作负责人		工作时间		月　日	签发人	

工作内容：

安全措施：包括应打开和恢复的压板、直流线、交流线、信号线、连锁线和连锁开关等，按工作顺序填写安全措施

序号	执行	安全措施内容	恢复

执行人：　　　　　　　监护人：　　　　　　　恢复人：　　　　　　　监护人：

（2）现场工作中遇有下列情况应填写继电保护安全措施票。

1）在运行设备的二次回路上进行拆、接线工作。

2）在对检修设备执行隔离措施时，需断开、短路和恢复同运行设备有联系的二次回路工作。

（3）继电保护安全措施票由工作负责人填写，由技术员、班长或技术负责人审核并签发。

（4）监护人应由较高技术水平和有经验的人担任，执行人、恢复人由工作班成员担任，按继电保护安全措施票逐项进行继电保护作业。

（5）调试单位负责编写的检验方案，应经本单位技术负责人审批签字，并经设备运行维护单位继电保护技术负责人审核和签发。

（6）继电保护安全措施票的"工作时间"为工作票起始时间。在得到工作许可并做好安全措施后，方可开始检验工作。

（7）应按要求认真填写继电保护安全措施票，被试设备名称和工作内容应与工作票一致。

（8）继电保护安全措施票中"安全措施内容"应按实施的先后顺序逐项填写，按照被断开端子的"保护柜（屏）（或现场端子箱）名称、电缆号、端子号、回路号、功能和安全措施"格式填写。

（9）开工前工作负责人应组织工作班人员核对安全措施票内容和现场接线，确保图纸与实物相符。

3. 其他工作

（1）在继电保护柜（屏）的前面和后面，以及现场端子箱的前面应有明显的设备名称。若一面柜（屏）上有两个及以上保护设备时，在柜（屏）上应有明显的区分标志。

（2）若高压试验、通信、仪表、自动化等专业人员作业影响继电保护和电网安全自动装置的正常运行，应经相关调度批准，停用相关保护。作业前应填写工作票，工作票中应注明需要停用的保护。在做好安全措施后，方可进行工作。

三、现场工作进行中安全技术措施

1. 工作前

（1）工作负责人应逐条核对运行人员做的安全措施（如压板、二次熔丝和二次空气开关的位置等），确保符合要求。运行人员应在工作柜（屏）的正面和后面设置"在此工作"标志。

（2）若工作的柜（屏）上有运行设备，应有明显标志，并采取隔离措施，以便与检验设备分开。相邻的运行柜（屏）前后应有"运行中"的明显标志（如红布帘、遮栏等）。工作人员在工作前应确认设备名称与位置，防止走错间隔。

（3）若不同保护对象组合在一面柜（屏）时，应对运行设备及其端子排采取防护措施，如对运行设备的压板、端子排用绝缘胶布贴住或用塑料扣板扣住端子。

2. 工作期间

（1）工作期间，工作负责人若因故暂时离开工作现场时，应指定能胜任的人员临时代替，离开前应将工作现场交代清楚，并告知工作班成员。原工作负责人返回工作现场时，也应履行同样的交接手续。若工作负责人需要长期离开工作的现场时，应由原工作票签发人变更工作负责人，履行变更手续，并告知全体工作人员及工作许可人。原工作负责人和现工作负责人应做好交接工作。

（2）运行中的一、二次设备均应由运行人员操作。如操作断路器和隔离开关，投退继电保护和电网安全自动装置，投退继电保护装置熔丝和二次空气开关，以及复归信号等。运行中的继电保护和电网安全自动装置需要检验时，应先断开相关跳闸和合闸压板，再断开装置的工作电源。在保护工作结束，恢复运行时，应先检查相关跳闸和合闸压板在断开位置。投入工作电源后，检查装置正常，用高内阻的电压表检验压板的每一端对地电位都正确后，才能投入相应跳闸和合闸压板。

（3）在检验继电保护和电网安全自动装置时，凡与其他运行设备二次回路相连的压板和接线应有明显标记，应按安全措施票断开或短路有关回路，并做好记录。

1）试验前，已经执行继电保护安全措施票中的安全措施内容。

2）执行和恢复安全措施时，需要两人工作。一人负责操作，工作负责人担任监护人，并逐项记录执行和恢复内容。

3）断开二次回路的外部电缆后，应立即用红色绝缘胶布包扎好电缆芯线头。

4）红色绝缘胶布只作为执行继电保护安全措施票安全措施的标识，未征得工作负责人同意前不应拆除。对于非安全措施票内容的其他电缆头应用其他颜色绝缘胶布包扎。

（4）在一次设备运行而停部分保护进行工作时，应特别注意断开不经压板的跳闸回路（包括远跳回路）、合闸回路和与运行设备安全有关的连线。

1）除特殊情况外，一般不安排这种运行方式检验。

2）现场工作时，对于这些不经压板的跳闸回路（包括远跳回路）、合闸回路和与运行设备安全有关的连线，应列入继电保护安全措施票。

（5）更换继电保护和电网安全自动装置柜（屏）或拆除旧柜（屏）前，应在有关回路对侧柜（屏）做好安全措施。

（6）对于和电流构成的保护，如变压器差动保护、母线差动保护和 3/2 接线的线路保护等，若某一断路器或电流互感器作业影响保护的和电流回路，作业前应将电流互感器的二次回路与保护装置断开，防止保护装置侧电流回路短路或电流回路两点接地，同时断开该保护跳此断路器的跳闸压板。

（7）不应在运行的继电保护、电网安全自动装置柜（屏）上进行与正常运行操作、停运消缺无关的其他工作。若在运行的继电保护、电网安全自动装置柜（屏）附近工作，有可能影响运行设备安全时，应采取防止运行设备误动作的措施，必要时经相关调度同意将保护暂时停用。

（8）在现场进行带电工作（包括做安全措施）时，作业人员应使用带绝缘把手的工具（其外露导电部分不应过长，否则应包扎绝缘带）。若在带电的电流互感器二次回路上工作时，还应站在绝缘垫上，以保证人身安全。同时将邻近的带电部分和导体用绝缘器材隔离，防止造成短路或接地。

（9）在进行试验接线前，应了解试验电源的容量和接线方式。被检验装置和试验仪器不应从运行设备上取试验电源，取试验电源要使用隔离刀闸或空气开关，隔离刀闸应有熔丝并带罩，防止总电源熔丝越级熔断。核实试验电源的电压值符合要求，试验接线应经第二人复查并告知相关作业人员后方可通电。被检验保护装置的直流电源宜取试验直流电源。

（10）现场工作应以图纸为依据，工作中若发现图纸与实际接线不符，应查线核对。如涉及修改图纸，应在图纸上标明修改原因和修改日期，修改人和审核人应在图纸上签字。

（11）改变二次回路接线时，事先应经过审核，拆动接线前要与原图核对，改变接线后要与新图核对，及时修改底图，修改运行人员和有关各级继电保护人员用的图纸。

（12）改变保护装置接线时，应防止产生寄生回路。

（13）改变直流二次回路后，应进行相应的传动试验。必要时还应模拟各种故障，并进行整组试验。

（14）对交流二次电压回路通电时，应可靠断开至电压互感器二次侧的回路，防止反充电。

（15）电流互感器和电压互感器的二次绕组应有一点接地且仅有一点永久性的接地。

（16）在运行的电压互感器二次回路上工作时，应采取下列安全措施：

1）不应将电压互感器二次回路短路、接地和断线。必要时，工作前申请停用有关继电保护或电网安全自动装置。

2）接临时负载，应装有专用的隔离开关（刀闸）和熔断器。

3）不应将回路的永久接地点断开。

（17）在运行的电流互感器二次回路上工作时，应采取下列安全措施。

1）不应将电流互感器二次侧开路。必要时，工作前申请停用有关继电保护或电网安全自动装置。

2）短路电流互感器二次绕组，应用短路片或导线压接短路。

3）工作中不应将回路的永久接地点断开。

（18）对于被检验保护装置与其他保护装置共用电流互感器绕组的特殊情况，应采取以下措施防止其他保护装置误启动。

1）核实电流互感器二次回路的使用情况和连接顺序。

2）若在被检验保护装置电流回路后串接有其他运行的保护装置，原则上应停运其他运行的保护装置。如确无法停运，在短接被检验保护装置电流回路前、后，应监测运行的保护装置电流与实际相符。若在被检验保护电流回路前串接其他运行的保护装置，短接被检验保护装置电流回路后，监测到被检验保护装置电流接近于零时，方可断开被检验保护装置电流回路。

（19）按照先检查外观，后检查电气量的原则，检验继电保护和电网安全自动装置，进行电气量检查之后不应再拔、插插件。

（20）应根据最新定值通知单整定保护装置定值，确认定值通知单与实际设备相符（包括互感器的接线、变比等），已执行的定值通知单应有执行人签字。

（21）所有交流继电器的最后定值试验应在保护柜（屏）的端子排上通电进行，定值试验结果应与定值单要求相符。

（22）进行现场工作时，应防止交流和直流回路混线。继电保护或电网安全自动装置定检后，以及二次回路改造后，应测量交、直流回路之间的绝缘电阻，并做好记录；在合上交流（直流）电源前，应测量负荷侧是否有直流（交流）电位。

（23）进行保护装置整组检验时，不宜用将继电器触点短接的办法进行。传动或整组试验后不应再在二次回路上进行任何工作，否则应做相应的检验。

（24）用继电保护和电网安全自动装置传动断路器前，应告知运行值班人员和相关人员本次试验的内容，以及可能涉及的一、二次设备。派专人到相应地点确认一、二次设备正常后，方可开始试验。试验时，继电保护人员和运行值班人员应共同监视断路器动作行为。

（25）带方向性的保护和差动保护新投入运行时，一次设备或交流二次回路改变后，应用负荷电流和工作电压检验其电流、电压回路接线的正确性。

（26）对于母线保护装置的备用间隔电流互感器二次回路应在母线保护柜（屏）端子排外侧断开，端子排内侧不应短路。

（27）在导引电缆及与其直接相连的设备上工作时，按带电设备工作的要求做好安全措施后，方可进行工作。

（28）在运行中的高频通道上进行工作时，应核实耦合电容器低压侧可靠接地后，才能进行工作。

（29）应特别注意电子仪表的接地方式，避免损坏仪表和保护装置中的插件。

（30）在微机保护装置上进行工作时，应有防止静电感应的措施，避免损坏设备。

四、现场工作结束

（1）现场工作结束前，工作负责人应会同工作人员检查检验记录。确认检验无漏试项目，试验数据完整，检验结论正确后，才能拆除试验接线。

1）整组带断路器传动试验前，应紧固端子排螺丝（包括接地端子），确保接线接触可靠。

2）按照继电保护安全措施票"恢复"栏内容，一人操作，工作负责人担任监护人，并逐项记录。原则上安全措施票执行人和恢复人应为同一个人。工作负责人应按照继电保护安全措施票，按端子排号再进行一次全面核对，确保接线正确。

（2）复查临时接线全部拆除，断开的接线全部恢复，图纸与实际接线相符，标志正确。

（3）工作结束，全都设备和回路应恢复到工作开始前状态。清理完现场后，工作负责人应向运行人员详细进行现场交代，填写继电保护工作记录簿。主要内容有检验工作内容、整定值变更情况、二次接线变化情况、已经解决问题、设备存在的缺陷、运行注意事项和设备能否投入运行等。经运行人员检查无误后，双方应在继电保护工作记录簿上签字。

（4）工作结束前，应将微机保护装置打印或显示的整定值与最新定值通知单进行逐项核对。

（5）工作票结束后不应再进行任何工作。

第十章 智能变电站自动化系统现场验收

第一节 验收原则和验收依据

一、验收原则

1. 完整性原则

变电站自动化系统验收遵循完整性原则，按照设计要求在变电站部署的所有自动化系统相关设备、回路等均应纳入验收范围，所有相关验收测试项目通过后方可认定验收合格。变电站自动化系统和设备一般包含以下分系统：

（1）厂站监控系统、远动终端设备（RTU）及与远动信息采集有关的变送器、交流采样测控装置、相应的二次回路。

（2）电能量远方终端。

（3）电力调度数据网络设备。

（4）厂站二次系统安全防护设备。

（5）相量测量装置（PMU）。

（6）计划管理终端。

（7）时间同步装置。

（8）自动电压控制（AVC）子站。

（9）向子站自动化系统设备供电的专用电源设备。

（10）连接线缆、接口设备及其他自动化相关设备。

2. 过程控制原则

现场验收应遵循过程控制原则，即验收测试过程中发现缺陷应立即由工程建设管理单位协调组织消缺，缺陷的发现和消缺均应有详细记录，完成消缺后应立即组织复验，确保零缺陷移交。

3. 验评分离原则

验收和评价环节应分离，组织成立的验收工作组应将现场验收工作人员和验收报告评价和审定人员分开，确保验收结论的公正性。

二、验收依据

变电站自动化系统验收应严格遵循《智能变电站自动件设备检测规范》系列、《电力系统远程浏览技术规范》《电力系统告警直传技术规范》《新疆电网 220kV 变电站监控信息采集规范（试行）》《新疆电网 750kV 智能变电站监控信息采集规范（初稿）》等标准，以及项目合同技术协议书所作的规定，不足部分应执行当前最新国际标准、国家标准或行业标准。

第二节　验收组织管理

一、验收组织

工程项目建设管理单位组织系统（设备）供应商、工程项目安装调试单位、工程项目设计单位、工程项目监理单位完成变电站自动化系统自验收后，向变电站运行维护单位提出现场验收书面申请，运行单位负责组织成立验收工作组，对变电站自动化系统进行现场验收。

二、验收职责分工

1. 验收工作组

（1）贯彻执行国家、电力行业、国家电网公司及国网新疆电力公司有关规程、规定、标准及规范等。

（2）审定现场验收大纲及工作计划。

（3）协调现场验收工作。

（4）组织编制现场验收报告。

2. 工程项目建设管理单位

（1）组织自验收并提出现场验收书面申请。

（2）协调项目建设、设计、监理单位以及现场安装调试人员配合现场验收工作。

（3）协调现场验收过程中消缺工作。

（4）组织工程项目现场验收相关资料的编制。

3. 工程项目安装调试单位

（1）编制现场验收大纲和工作计划。

（2）配合现场验收工作。

（3）负责消缺工作。

（4）配合编制变电站自动化系统现场验收报告。

三、验收流程

（1）工程建设管理单位在厂站自动化系统现场安装调试完毕并自验收合格后，向变电站运行维护单位提出现场验收书面申请。

（2）变电站自动化运行维护单位组织相关技术人员按照本规范要求提前完成现场验收测试大纲的编制，并提交变电站所属调度机构审定。

（3）变电站所属调度机构组织工程项目建设管理单位和变电站自动化运行维护单位审定现场验收调试大纲。

（4）变电站自动化运行维护单位审查现场验收书面申请合格后，立即组织人员按照现场验收测试大纲开展现场验收工作。

（5）现场验收合格后，变电站自动化运行维护单位组织编制现场验收报告。

第三节 通用验收项目

通用验收要求适用于变电站所有自动化系统和设备。

一、系统和设备完整性检查

（1）自动化系统配置。

（2）自动化系统硬件设备配置。

（3）自动化系统和设备软件配置。

二、资料检查

（1）系统和设备出厂试验报告。

（2）系统和设备合格证及入网许可证。

（3）系统和设备图纸资料（系统结构图、组屏图、布局图）。

（4）系统和设备技术说明书、操作手册。

（5）系统和设备清单、装箱及开箱记录。

（6）系统和设备现场安装调试记录。

三、外观和接线检查

（1）设备外观。

（2）设备安装质量。

（3）设备内部和外部接线。

（4）设备接地。

四、工作电源检查

（1）设备供电电源。

（2）设备供电回路。

五、抗干扰措施检查

（1）装置外壳接地电阻。

（2）通道防雷。

（3）通道防雷装置接地电阻。

第四节 分系统专用验收项目

一、计算机监控系统

1. 设备参数配置检查

（1）测控装置参数配置。

（2）通信网关机参数配置。

（3）监控后台参数配置。

2. 系统测控装置功能检查

（1）数据采集和处理功能。

（2）I/O监控单元面板功能。

（3）自诊断功能。

（4）防误闭锁功能。

（5）其他功能。

3. 系统监控后台功能检查

（1）数据处理功能。

（2）人机界面功能。

（3）画面管理功能。

（4）告警管理功能。

（5）事故追忆功能。

（6）其他功能。

4. 系统通信网关机功能检查

（1）数据采集和传输功能。

（2）其他功能。

5. 系统整体性能检查

略。

二、同步相量测量装置（PMU）

1. PMU参数配置检查

（1）PMU采集装置参数配置。

（2）PMU集中器参数配置。

2. PMU采集装置功能检查

（1）数据采集和处理功能。

（2）I/O面板功能。

3. PMU集中器功能检查

（1）数据采集和传输功能。

（2）人机界面功能。

4. PMU整体性能检查

略。

三、调度数据网络及二次安全防护

1. 接入路由器检查

（1）路由器参数配置。

（2）公网及私网路由。

（3）网络连通性。

2. 接入交换机检查

（1）交换机参数配置。

（2）网络连通性。

3. 纵向加密认证装置检查

（1）纵向加密认证装置参数配置。

（2）网络连通性。

4. 数据网性能检查

（1）丢包率及传输延时测试。

（2）双通道切换。

（3）雪崩测试。

四、时钟同步系统

1. 时钟同步系统装置检查

（1）卫星天线安装。

（2）主时钟时间同步信号。

（3）扩展装置信号切换。

2. 时钟同步系统性能检查

（1）卫星跟踪测试。

（2）守时稳定度测试。

五、电量采集系统

1. 电量采集终端装置配置检查

略。

2. 电量采集终端功能检查

（1）面板设置功能。

（2）主站端网络访问功能。

（3）主站端拨号访问功能。

第五节　现场验收实施细则

一、计算机监控系统现场验收实施细则

1. 通用验收项目

通用验收项目见表 10 - 5 - 1。

2. 专用验收项目

专用验收项目见表 10 - 5 - 2。

二、相量测量装置（PMU）现场验收实施细则

相量测量装置（PMU）现场验收实施细则见表 10 - 5 - 3。

表 10 - 5 - 1　　　　　　　　　　通 用 验 收 项 目

验收项目	验收内容	验收标准	验收方法	验收结论
系统和设备完整性检查	监控系统配置	系统配置满足项目合同和技术协议要求	现场查看，对照合同和技术协议核对	
	监控系统硬件配置	系统硬件配置满足项目合同和技术协议要求	现场查看，对照合同和技术协议核对	
	监控系统硬件配置	系统硬件配置满足项目合同和技术协议要求	现场查看，对照合同和技术协议核对	
系统和设备资料检查	监控系统出厂试验报告	合同和技术协议要求进行出厂试验的系统和设备提供相应出厂试验报告	查看资料	
	合格证及入网许可证	合同和技术协议要求系统和设备提供合格证及入网许可证的提供合格证及入网许可证	查看资料	
	图纸资料	具备与现场完全一致的系统和设备图纸资料，包括系统结构图、组屏图、平面布置图等	查看资料	
	技术说明书和操作手册	系统和设备具备与现场相符的技术说明书和操作手册	查看资料	
	系统和设备清单、装箱及开箱记录	系统和设备具备与现场相符的设备清单、装箱及开箱记录	查看资料	
	系统和设备现场安装调试记录	系统和设备具备现场安装调试记录	查看资料	
系统和设备外观及接线检查	设备外观	设备外观完好无损，尺寸和颜色符合技术协议要求	现场查看	
	设备安装质量	屏柜、设备、空开、端子排等安装牢固、可靠，符合规范要求；连接线缆排列整齐、无交叉连接，连接端子牢固、可靠	现场查看	
	设备内部和外部接线	设备内部及外部接线正确，与图纸完全一致；所有连接线缆的两端、转弯处、穿墙处及中间连接端子均有明晰的线缆标识，能够清楚标明线缆编号、规格、起点、终点等信息，且标识符合规范要求	对照图纸资料现场查看	
	设备接地	设备常规地（外壳、屏蔽层、电源地等）应接在独立的非绝缘铜排，逻辑地（信号地、通信地等）应接在绝缘铜排；所有接地线缆型号符合设计要求，接线牢固可靠	对照图纸资料现场查看	
工作电源检查	设备供电电源检查	直流供电时主、备机分别来自直流屏的不同段母线；交流供电时主、备机分别来UPS屏的不同段母线；各 MODEM 电源应分分开；各路电源配置独立空开	对照图纸资料现场查看	
	设备供电回路检查	电源电缆带屏蔽层，电缆芯线截面积不小于 2.5mm^2，无寄生回路、标示清晰，各回路对地及回路之间的绝缘阻值均应不小于 $10\text{M}\Omega$	对照图纸资料现场查看	

续表

验收项目	验收内容	验收标准	验收方法	验收结论
抗干扰措施检查	装置外壳接地电阻	装置外壳与接地母线铜排间的电阻值应为零	对照图纸资料现场查看	
	通道防雷	通道防雷装置安装牢固，接线正确，无损坏	对照图纸资料现场查看	
	通道防雷装置接地电阻	通道防雷接地线与接地铜排间的电阻值应为零	对照图纸资料现场查看	

表 10-5-2　　　　　　　　专 用 验 收 项 目

验收项目	验收内容	验收标准	验收方法	验收结论
设备参数配置检查	测控装置参数配置	参数配置与相应调度机构下发的测控装置定值单完全一致	现场对照定值单核对	
	监控后台参数配置	参数配置与相应调度机构下发的监控后台定值单完全一致	现场对照定值单核对	
	通信网关机参数配置	参数配置与相应调度机构下发的通信网关定值单完全一致	现场对照定值单核对	
测控装置功能检查	数据采集和处理功能	(1) 遥信测试变位及 SOE 记录正确。 (2) 遥测精度测试综合误差不大于 0.2%。 (3) 遥调和遥控测试动作和记录正确。 (4) SOE 分辨率测试，站内不大于 1ms	现场测试	
	I/O 监控单元面板功能	(1) 具备就地控制功能。 (2) 具备对遥信、遥测的监视功能。 (3) 能够记录接收操作命令的源地址及装置遥控出口信息。 (4) 能够正确显示装置当前通信状态	现场测试	
	自诊断功能	I/O 单元、处理单元、通信单元及电源均具备自诊断功能	现场测试	
	防误闭锁功能	单台装置、关联装置及整体均具备防误闭锁功能，且功能符合相关技术规范要求	现场测试	
	其他功能	(1) 装置双网切换功能正常，单网运行时信息上传无误。 (2) 装置接点防抖动功能正常，能够正确按设置参数反应。 (3) 装置越死区数据上传正常，能够正确按设置参数上传。 (4) 装置对时功能正常，能够正确与站内时钟对时。 (5) 装置检修状态下数据屏蔽功能正常，具备投切检修压板功能，投入检修压板时能够屏蔽上送数据或上送数据置检修标志	现场测试	

验收项目	验收内容	验 收 标 准	验 收 方 法	验收结论
监控后台功能检查	数据处理功能	（1）监控后台具备模拟量计算、状态量逻辑运算、统计计算及数据特殊处理功能。 （2）监控后台具备置数据质量标志功能	现场查看并测试	
	人机界面功能	（1）人机界面具备画面监视、告警监视功能。 （2）人机界面能够进行通信报文的查看和保存。 （3）人机界面能够进行主备机切换、主备通道切换等	现场查看并测试	
	画面管理功能	（1）监控后台具备画面修改、画面调用、画面硬拷贝功能。 （2）监控后台具备数据修改功能。 （3）监控后台具备数据库、参数、画面等的主备机同步等功能，且功能符合规范要求	现场查看并测试	
	告警管理功能	（1）监控后台具备事故画面及声（光）告警、告警确认功能。 （2）能够进行告警的分级、分层、分类处理。 （3）能够实现开关事故判定逻辑，正确区分事故分闸与人工操作告警	现场查看并测试	
	事故追忆功能	（1）监控后台具备事故追忆触发功能，支持自动触发和人工触发。 （2）监控后台具备事故追忆查看、展示及设定功能	现场查看并测试	
	其他功能	（1）监控后台支持双机热备，单机能够实现所有功能。 （2）监控后台支持对远动通信网关机进行后台维护。 （3）监控后台支持单人、监控两种方式控制操作功能。 （4）监控后台支持对操作控制权限的保护，如管理员、监护人、操作人等各种权限的设置。 （5）监控后台支持操作控制权远方/站控/就地之间的任意切换，且满足合同和技术协议要求	现场查看并测试	
通信网关机功能检查	数据采集和传输功能	（1）能够正确采集并及时、准确向相应监控后台及调度机构上传站内状态量信息（含SOE）、模拟量信息。 （2）能够正确接收并执行后台及相应调度机构下发遥控和遥调命令。 （3）能够正确接收和执行站内及相应调度机构主站下发的对时命令	现场查看并测试	
	其他功能	双机切换测试	现场测试	

续表

验收项目	验收内容	验收标准	验收方法	验收结论
监控系统和设备运行指标检查	双机切换时间	≤30s		
	系统 CPL 平均负荷率	正常（任意 30min 内）≤30％，事故时（1s 内）≤50％		
	网络平均负荷率	正常（任意 30min 内）≤10％，事故时（10s 内）≤30％		
	系统对时精度	≤1rns		
	历史曲线采样精度	1～30min 可调，存储时间≥1 年		
	画面实时数据更新	模拟量≤3s，状态量≤2s		
	画面调用响应时间	≤2s		
	数据库访问响应时间	≤2s		
	测控装置扫描周期	≤2s		
	测控装置量程裕度	100％		
	模数转换分辨率	≥14 位		
	状态量响应时间	从 I/O 输入端至远动通信网关机出口≤2s		
	站内 SOE 分辨率	站内≤2ms，站间≤10ms		
	模拟量响应时间	从 I/O 输入端至远动通信网关机出口≤3s		
	遥控遥调命令响应时间	从命令生成到命令输出≤1s		
	模拟量综合误差	≤0.5％		

表 10－5－3　　　　相量测量装置（PMU）现场验收实施细则

验收项目	验收内容	验收标准	验收方法	验收结论
硬件检查	外观检查	屏内元器件、装置插件安装牢固、完好无损，端子排、装置背板接线整齐，装置接地良好	现场检查	
	电源检查	UPS（或直流逆变电源）双路电源供电	现场检查	
	授时单元天线检查	授时单元天线牢固、可靠安装，信号强度符合要求	现场检查	
装置功能检查	装置运行情况	上电后装置及各插件运行正常	现场检查	
	装置配置	装置各项配置正确无误	查看配置	
	通道故障模拟	模拟通道故障（断开光纤、天线、网线等），装置应能正确显示告警信息	现场检查	
	装置手动触发时间	装置应能手动触发时间，并按规范要求记录暂态扰动文件	现场检查	
	量测精度检查	对装置加电压、电流，查看显示，误差要在规定范围内	现场检查	
	双主机切换检查	满足现场技术协议的要求	现场检查	
	装置对时功能	满足现场技术协议的要求	现场检查	
	装置自重启	装置掉电，恢复供电后应能自动重启并正常运行	现场检查	

三、调度数据网络及二次安全防护现场验收实施细则

调度数据网络及二次安全防护现场验收实施细则见表 10 - 5 - 4。

表 10 - 5 - 4　　　　　调度数据网络及二次安全防护现场验收实施细则

验收项目	验收内容	验收标准	验收方法	验收结论
电源屏柜	电源屏柜检查	符合合同和技术协议要求	现场检查	
	电源供电	应采用 UPS 供电，UPS 应通过双路不同源电源供电	现场检查	
	旁路电源	电源设备故障时，应能自动切换到旁路状态	现场检查	
直流逆变电源	运行指示灯	指示正确	现场检查	
	交、直流输入	在额定标称电压的±20％变化	现场检查	
	输出电压	在额定标称电压的±3％变化	现场检查	
	过负荷能力	带 150％额定负荷运行 60s，带 125％额定负荷运行 10min	现场检查	
	双机检查	逆变电源双机应采用并联方式，符合技术协议要求	现场检查	
设备屏柜	设备供电	设备应采用 2 路相互独立空开供电	现场检查	
	电源空开	设备供电电源均应采用空开接入，不得使用插线板	现场检查	
	双机供电	采用双机的系统，双机供电电源应分开，避免因单路电源故障导致双机失电	现场检查	

四、时钟同步装置现场验收实施细则

时钟同步装置现场验收实施细则见表 10 - 5 - 5。

表 10 - 5 - 5　　　　　时钟同步装置现场验收实施细则

验收项目	验收内容	验收标准	验收方法	验收结论
硬件检查	外观检查	完好无损坏，尺寸及颜色符合技术协议的要求	现场检查	
	运行指示灯	指示正确	现场检查	
	接点数	满足现场实际及技术协议的要求	现场检查	
性能检查	时间误差	满足现场技术协议的要求	现场检查	
	GPS 装置捕获时间	满足现场技术协议的要求	现场检查	
	GPS 装置输出时间精度检查	满足现场技术协议的要求	现场检查	
	北斗装置捕获时间	满足现场技术协议的要求	现场检查	
	北斗装置输出时间精度检查	满足现场技术协议的要求	现场检查	

续表

验收项目	验收内容	验收标准	验收方法	验收结论
功能检查	双主机切换检查	满足现场技术协议的要求	现场检查	
	输出时间与协调世界时（UTC）时间同步准确度	满足现场技术协议的要求	现场检查	
	接收卫星数	正常状态下可同时跟踪 8～12 颗 GPS 卫星；装置冷起动时不小于 4 颗卫星；装置热启动时不小于 1 颗卫星	现场检查	

五、电量采集系统现场验收实施细则

电量采集系统现场验收实施细则见表 10-5-6。

表 10-5-6 电量采集系统现场验收实施细则

验收项目	验收内容	验收标准	验收方法	验收结论
硬件检查	外观检查	完好无损坏，尺寸及颜色符合技术协议的要求	现场检查	
	运行指示灯	指示正确	现场检查	
	接点数	满足现场实际及技术协议的要求	现场检查	
性能检查	时间误差	满足现场技术协议的要求	现场检查	
	GPS 装置捕获时间	满足现场技术协议的要求	现场检查	
	GPS 装置输出时间精度检查	满足现场技术协议的要求	现场检查	
	北斗装置捕获时间	满足现场技术协议的要求	现场检查	

第十一章　变电站智能化改造

第一节　变电站智能化改造基本原则和选择条件

一、变电站智能化改造的基本原则

1. 安全可靠原则

变电站智能化改造应严格遵循公司安全生产运行相关规程规定的基本原则，有助于提高变电站安全可靠水平。满足变电站二次系统安全防护规定要求。

2. 经济实用原则

变电站智能化改造应以提高生产管理效率和电网运营效益为目标，充分发挥资产使用效率和效益，务求经济、实用。

3. 统一标准原则

变电站智能化改造应依据本规范，根据不同电压等级变电站智能化改造工程标准化设计规定，统一标准实施。

4. 因地制宜原则

变电站智能化改造应综合考虑变电站重要程度、设备寿命、运行环境等实际情况，因地制宜，制定切实可行的实施方案。

二、变电站智能化改造的选择条件

综合自动化系统或远方终端单元（RTU）经评估需要进行改造的，方可实施变电站智能化改造。在确立综合自动化系统实施智能化改造的前提下，针对各电压等级，按下列条件先后顺序优先选择实施智能化改造。

1. 110（66）kV 变电站

（1）继电保护整体更换。

（2）110（66）kV 配电装置整体更换。

（3）主变更换。

2. 220kV 变电站

（1）继电保护整体或大部分更换。

（2）高压侧（H）GIS 整体更换。

（3）高压侧 AIS 断路器整体更换。

（4）主变更换。

3. 330kV 及以上变电站

（1）继电保护整体或大部分更换。

（2）全部或局部（H）GIS 整体更换。

（3）高压侧或中压侧 AIS 断路器整体更换。

（4）主变更换。

第二节 智能化改造变电站的技术要求

一、总体要求

1. 改造后的智能变电站应具备的特征

变电站智能化改造应遵循 Q/GDW 383，实现全站信息数字化、通信平台网络化、信息共享标准化，满足无人值班和集中监控技术要求。改造后的智能化变电站应具备以下基本特征：

（1）通信规约及信息模型符合 DL/T 860 标准。

（2）信息一体化平台。

（3）支持顺序控制。

（4）智能组件。

（5）状态监测。

（6）智能告警及故障综合分析。

（7）图模一体化源端维护。

（8）支持电网经济运行与优化控制。

2. 一次设备要求

（1）一次设备本体更换时，宜采用智能设备。20kV 及以上主变压器、（Ⅱ）GIS 等一次设备应随设备更换预置传感器及标准测试接口。

（2）一次设备本体不更换时，不同电压等级变电站的智能化改造技术要求见表 11-2-1。安装状态监测传感器不宜拆卸本体结构，传感器应用不应影响一次设备安全可靠运行。

表 11-2-1　　　　　　　　主要在运高压设备智能化改造技术要求

高压设备	技术要求	330kV 及以上	220kV	110（66）kV
变压器 （含油浸式 电抗器）	冷却器智能化控制	应用	应用	应用
	顶层油温监测	应用	应用	应用
	油中溶解气体监测	应用	应用	可用
	铁芯电流监测	应用	应用	可用
	本体油中含水量监测	应用	可用	不宜
	OLTC 数字化测控	可用	可用	可用

续表

高压设备	技 术 要 求	330kV 及以上	220kV	110（66）kV
变压器 （含油浸式 电抗器）	本体局部放电监测	可用	可用	不宜
	气体继电器压力测量	可用	可用	不宜
	套管状态监测	可用	可用	不宜
开关设备 （AIS）	断路器、隔离开关数字化测控	可用	可用	可用
	SF₆气体状态监测（密度、压力）	可用	可用	可用
	分合闸线圈电流测量	可用	可用	不宜
	储能电机电流监测	可用	可用	不宜
（H）GIS	断路器、隔离开关数字化测控	可用	可用	可用
	SF₆气体状态监测（密度、压力）	可用	可用	可用
	局部放电监测	可用	可用	不宜
	SF₆气体微水监测	可用	可用	不宜
	分合闸线圈电流测量	可用	可用	不宜
	储能电机电流监测	可用	可用	不宜
互感器	数字化采样	可用	可用	可用

（3）状态监测功能应在智能组件中实现设备状态信息数据的存储和预诊断，诊断结果按 DL/T 860 标准上传信息一体化平台，存储数据支持远方调取。

3. 智能组件要求

（1）智能组件应结构紧凑、功能集成，宜就地布置。现场就地安装时应满足电磁环境、温度、湿度、灰尘、振动等现场运行环境要求。

（2）室内主设备和室外 110kV 及以下电压等级主设备就地智能组件宜包含保护、测控、计量、智能终端和状态监测等功能。室外 220kV 及以上电压等级主设备就地智能组件宜包含本间隔内的测控、智能终端、非电量保护和状态监测等功能。不同电压等级变电站智能组件技术要求见表 11－2－2。

表 11－2－2　　　　　　　　　　智能组件主要功能技术要求

功能	技 术 要 求	应用策略	备　　注
测量	测量结果标准化建模	应用	采用 DL/T 860 标准定义的 MMXU、MMXN、MMDC 逻辑节点建模
	测量结果标准化上传	应用	应采用非缓存报告（URCB）上传模拟量测量结果，其数据集宜支持功能约束数据（FCD）方式上传测量结果、品质（q）及时标（t），应支持数据死区（db）变化（dchg）、周期上传（IntgPd）、总召唤（GI）等触发条件上传测量结果；应采用缓存报告（BRCB）上传开关量测量结果，其数据集应支持 FCD 方式上传测量结果、q 及 t，应支持 dchg、IntgPd、GI 等触发条件上传测量结果。触发条件等报告控制块参数应支持在线设置
	数字化采样	可用	互感器进行数字化采样改造时应用
	GMRP 协议动态组播分配	可用	

续表

功能	技术要求	应用策略	备 注
控制	控制及反馈信息标准化建模	应用	采用 DL/T 860 标准定义的 CSWI、CSYN、CILO 逻辑节点建模
	支持间隔层全站防误闭锁	应用	
	支持网络化控制	可用	开关设备进行网络化控制和数字化测量改造时应用
	支持同期电压选择的同期和无压合闸功能	可用	
保护	保护信息标准化建模	应用	采用 DL/T 860 标准定义的 PDIF、PTRC、RREC 等逻辑节点建模
	网络化控制	可用	按 Q/GDW 441 执行
	数字化采样	可用	按 Q/GDW 441 执行
	GMRP 协议动态组播分配	可用	
状态监测	监测信息标准化建模	应用	采用 DL/T 860 标准定义的 SCBR、SIMG、SIML、SLTC、SOPM、SPDC、SPTR、SSWI、STMP 逻辑节点建模
	监测结果标准化上传	应用	宜采用 BRCB 上传状态监测量，其数据集应支持 FCD 方式上传测量结果、q 及 t，应支持 dchg、数据更新（dupd）、IntgPd、GI 等触发条件上传测量结果。对于变化较慢的检测量，如温度、DGA 监测，可以采用 dupd 触发上送监测结果，触发条件等报告控制块参数应支持在线设置。宜支持日志服务（LCB）记录状态监测量，供站控层设备读取
计量	计量结果标准化建模	应用	采用 DL/T 860 标准定义的 MMTR、MMTN 逻辑节点建模
	数字化采样	可用	互感器进行数字化采样改造时应用
	GMRP 协议动态组播分配	可用	

（3）智能组件应支持基于 DL/T 860 标准服务，输出基于 DL/T 860 标准模型的数据信息，并支持模型自描述；可支持组播注册协议（GMRP），实现 GOOSE 和采样值（SV）传输组播报文的网络自动分配；应具备 GOOSF 和 SV 传输通信中断告警功能。

（4）110（66）kV 电压等级宜采用保护测控一体化装置。当变电站过程层实施数字化改造时，故障录波、网络记录分析仪宜采用一体化设计。

4. 网络结构要求

（1）过程层网络应按电压等级分别组网。双重化配置的保护及安全自动装置应分别接入不同的过程层网络。

（2）过程层网络（含 GOOSE 网络）传输 GOOSE 报文：220kV 及以上变电站宜按电压等级配置 GOOSE 网络，双重化网络宜采用单星形网络；110（66）kV 变电站过程层 GOOSE 报文采用网络方式传输时，GOOSE 网络宜采用单星形网结构。

（3）站控层网络（含 MMS、GOOSE）传输 MMS 报文和 GOOSE 报文：220kV 及以上变电站宜采用双以太网，110（66）kV 变电站宜采用单星形或单环形网络。

5. 站控层设备要求

（1）站控层信息一体化平台应为变电站内统一的信息平台，应采用开放分层分布式结构，集成操作员站、工程师站、保护及故障信息子站等功能，实现信息共享与功能整合，满足无人值班、调控一体化技术等要求。

（2）站控层应实现全站的防误操作闭锁功能。

（3）支持顺序控制、设备状态可视化、智能告警、故障综合分析、图模一体化源端维护、电网经济运行与优化控制等高级功能。

（4）不同电压等级变电站的站控层智能化改造技术要求见表 11 - 2 - 3。

表 11 - 2 - 3　　　　　　　　　站控层智能化改造技术要求

功　能	技　术　要　求	330kV 及以上	220kV	110（66）kV
信息一体化	SCADA、状态监测、继电保护、电能量、故障录波、辅助系统等数据一体化集成	应用	应用	应用
顺序控制	自动生成典型操作流程与自动安全校核	应用	应用	应用
	二次软压板远方遥控	应用	应用	应用
	AIS 隔离开关位置识别	应用	可用	不宜
对时系统	统一同步对时	应用	应用	应用
	支持 SNTP、IRIG - B、秒脉冲等多种方式	应用	应用	应用
	卫星与地面时钟互备用	可用	可用	可用
系统配置工具	全站系统统一配置	应用	应用	应用
网络记录分析	监视、捕捉、存储、分析、统计网络报文	应用	应用	应用
设备状态可视化	主要一次设备状态信息可视化	应用	应用	应用
智能告警及分析	分层分类故障告警	应用	应用	应用
	自动报告异常并提出故障处理建议	应用	应用	应用
故障信息综合分析	自动生成故障初步分析报告	应用	应用	可用
源端维护	主接线图、网络拓扑和数据模型变电站端配置	应用	应用	应用
站域控制	实现站控层安全自动装置协调工作	可用	可用	可用
与外部系统交互	与生产管理系统进行信息通信	应用	应用	应用
	与大用户、各类电源进行信息通信	可用	可用	可用

6. 间隔层设备要求

（1）间隔层由保护、测控、计量、录波、相量测量等功能组成，在站控层及其网络失效的情况下，间隔层设备仍能独立工作。

（2）保护装置应遵循 Q/GDW 441 相关要求，就地安装，直采直跳。

（3）除检修压板外，间隔层装置应采用软压板，并实现远方遥控。

（4）当保护、测控装置下放布置于户内组合电器汇控柜时，宜取消汇控柜模拟控制面板，利用测控装置液晶面板实现其功能。

7. 过程层设备要求

（1）基于智能化需求应用的各型传感器不应影响主设备的安全运行。

（2）智能组件柜宜与同一主设备的汇控柜合并，与主设备相关的测量、控制、监测通过网络实现信息共享。

二、一次设备智能化改造

1. 油浸式变压器（含并联电抗器）

（1）油浸式变压器本体不更换的智能化改造后，应具备冷却器智能化控制和顶层油温监测等基本功能。330kV 及以上变压器还应具备油中溶解气体、铁芯电流和本体油中含水量等在线监测功能；220kV 变压器还应具备油中溶解气体、铁芯接地电流等在线监测功能。

（2）变压器智能组件通信应采用光纤以太网接口，宜采用基于 DL/T 860 服务实现在线监测信息传输及设置。

2. AIS 开关设备、（H）GIS

（1）AIS 开关设备、（H）GIS 应按间隔实施改造，本体不更换的改造可根据实际情况加装在线监测功能。

（2）开关设备智能组件通信应采用光纤以太网接口，采用基于 DL/T 860 服务实现在线监测信息传输及设置，可应用 GOOSE 服务接收保护和控制单元的分合闸信号，传输断路器、隔离开关位置及压力低压闭锁重合闸等信号。

3. 互感器

（1）当继电保护整体或大部分更换时，互感器可进行数字化采样改造。

（2）当采用电子式互感器进行数字化采样时，其性能和可靠性应满足相关技术要求，宜按间隔配置电压互感器。

（3）当一个间隔同时配置电流互感器和电压互感器时，电流、电压宜采用组合型合并单元装置进行采样值合并。

三、智能组件

1. 测量功能

（1）测量结果应按 DL/T 860 标准建模，应支持 DL/T 860 标准取代服务。

（2）如互感器进行了数字化采样改造。测量功能应支持采样值传输标准；合并单元应支持稳态、动态、暂态数据的分别输出。

2. 控制功能

(1) 应按 DL/T 860 标准控制模型（控制对象与位置信息组合）建模，具备紧急操作、全站间隔层防误闭锁功能。可具备断路器同期和无压合闸功能，支持双母线同期电压自动选择。

(2) 如开关设备进行了网络化控制和数字化测量改造，控制单元应支持 DL/T 860 GOOSE 服务网络开关控制。

3. 保护功能

(1) 应按 DL/T 860 标准保护模型及相关功能模型建模，支持 DL/T 860 标准取代服务。

(2) 如互感器进行了数字化采样改造，保护应按 Q/GDW 441 执行。

(3) 如开关设备进行了数字化测控改造，保护应按 Q/GDW 441 执行。

(4) 保护应具备远方投退保护软压板、定值切换等功能。

4. 状态监测功能

(1) 宜具备状态监测功能，实现设备状态信息数字化采集、网络化传输、状态综合分析及可视化展示。

(2) 状态监测量应按 DL/T 860 标准监测模型建模。

5. 计量功能

应按 DL/T 860 标准计量模型建模。

四、监控一体化系统功能

1. 监控一体化系统

(1) 站内应实现信息数据一体化集成，可通过站控层网络直接获取 SCADA、继电保护、状态监测、电能量、故障录波、辅助系统等数据。

(2) 监控一体化系统宜整合变电站自动化系统、一次设备状态监测系统及智能辅助系统，实现全景数据监测与高级应用功能。

(3) 监控一体化系统应具备根据站内冗余数据对变电站模型和实时数据进行辨识与修正的功能，为调度主站提供准确可靠的数据。

2. 顺序控制

(1) 顺序控制应具备自动生成典型操作流程和自动安全校核功能，在站控层和监控中心均可实现。

(2) 顺序控制应包含二次软压板远方遥控操作功能。

(3) 330kV 及以上 AIS 变电站顺序控制宜具备隔离开关位置自动识别功能。

3. 对时系统

(1) 应具备全站统一的同步对时系统，可采用北斗系统或 GPS 单向标准授时信号进行时钟校正，优先采用北斗系统，支持卫星时钟与地面时钟互为备用方式。

(2) 对时系统宜支持 SNTP 协议，IRIG-B 码、秒脉冲输出，并支持各种接口。

4. 系统配置工具

系统配置工具应独立于智能电子装置（IED），支持导入系统规范描述文件（SSD）

和智能电子设备能力描述文件（ICD），对一次系统和 IED 关联关系、全站 IED 实例，以及 IED 之间的交换信息进行配置，完成系统实例化配置，导出全站配置描述文件（SCD）。

5. 网络记录分析

（1）过程层进行数字化、网络化改造时，220kV 及以上变电站应在故障录波单元中集成网络报文记录分析功能，具备对各种网络报文的实时监视、捕捉、存储、分析和统计功能。

（2）网络报文记录分析系统应具备变电站网络通信状态的在线监视和状态评估功能。

6. 设备状态可视化

基于状态监测功能，实现主要一次设备状态的综合分析，分析结果在站控层实现可视化展示，并可发送到上级系统。

7. 智能告警及分析

（1）应实现对告警信息进行分类分层、过滤与筛选，为主站提供分层分类的故障告警信息。

（2）建立变电站故障信息的逻辑和推理模型，对变电站的运行状态进行在线实时分析和推理，自动报告设备异常并提出故障处理建议。

8. 故障信息综合分析

在故障情况下可对包括事件顺序记录信号及保护装置、相量测量、故障录波等数据进行数据挖掘和综合分析，自动生成故障初步分析报告。

9. 源端维护

（1）在变电站利用统一系统配置工具进行配置，生成标准配置文件，包括变电站网络拓扑、IED 数据模型及两者之间的联系。

（2）变电站主接线、分画面图形，以及图元与模型关联，宜以可升级矢量图形（CIM/G 或 SVG）格式提供给调度/集控系统。

10. 站域控制

（1）可利用对站内信息的集中处理、判断，实现站内安全自动控制（如备自投）的协调工作。

（2）220kV 及以下变电站可采用变电站监控系统实现小电流接地选线功能。

11. 与外部系统交互

（1）可与生产管理系统进行信息通信，将变电站内各种数据提供相关系统使用。

（2）可与相邻的变电站、发电厂、用户建立信息交互，为变电站接入绿色能源和可控用户提供技术基础。

（3）在与外部系统进行信息交互时应满足变电站二次安全防护要求。

五、辅助系统智能化

1. 视频监视

应配置图像监视设备，可与安全警卫、火灾报警、消防、环境监测、设备操控、事故处理等协同联动，且满足远传功能。

2. 智能巡检

可通过固定式或移动式智能巡检系统，定时自动对变电站主设备进行图像与红外测温巡检。

3. 安防系统

(1) 可配置灾害防范、安全防范子系统，应具备变电站重要部位入侵监测、门禁管理、现场视频监控、全站火警监测以及自动告警等功能。

(2) 告警信号、量测数据宜通过站内监控设备转换为标准模型数据后，接入信息一体化平台，留有与应急指挥信息系统的通信接口。

4. 照明系统

应采用高效光源和高效率节能灯具。

5. 交直流一体化电源系统

变电站直流电源需要改造时，站用电源宜一体化设计、一体化配置、一体化监控，采用 DI/T 860 通信标准实现就地和远方监控功能。

6. 辅助系统优化控制

宜定时检测变电站一、二次设备运行温湿度，可具备远程控制空调、风机、加热器等功能。

7. 环境监测

环境监测应包括保护室、控制室、智能组件柜等设备设施的温度、湿度监测、告警及空调自动控制功能，具备站内降雨、积水自动监测、告警与自动排水控制等功能。

8. 辅助系统智能化改造技术要求

辅助系统智能化改造技术要求见表 11 - 2 - 4。

表 11 - 2 - 4　　　　　　　　　　辅助系统智能化改造技术要求

功　能	技　术　要　求	应用策略	备　注
视频监视	配置视频监控系统	应用	
	与站内监控系统在设备操作时协同联动	可用	
智能巡检	包含图像、红外检测	可用	330kV 及以上变电站 AIS 站可配 1~2 台智能机器人
安防系统	变电站重要部位入侵监测、门禁管理、现场视频监控、全站火警监测与自动告警等	应用	
	监测数据和告警信号通过监控设备转换后接入站控层网络	应用	
照明系统	采用高效光源和节能灯具	应用	
站用电源系统	站用电源一体化设计、配置、监控，监控信息无缝接入信息一体化平台	可用	如直流电源改造，应改为一体化电源

功　能	技　术　要　求	应用策略	备　　注
辅助系统优化控制	定时监测设备运行温湿度	可用	
	远程控制空调、风机、加热器	可用	
环境智能化监测	保护室、控制室、智能组件等设备设施温度、湿度监测、告警及空调自动控制	应用	
	站内降雨、积水自动监测、告警与自动排水控制	可用	

第三节　变电站智能化改造标准化设计

一、基本要求

（1）变电站智能化改造应遵循 Q/GDW 414《变电站智能化改造技术规范》，在安全可靠、经济实用、统一标准、因地制宜四项原则的基础上；以变电站自动化系统智能化改造为前提，实施变电站智能化改造。

（2）变电站改造不同于新建，必须保证改造期间在运设备的安全运行，减少施工停电，同时兼顾经济实用，综合考虑技术先进性、成熟性以及设备全寿命周期成本等。在改造过程中要强调标准先行原则，按统一部署的要求实施，还要因地制宜，结合各地具体情况、不同改造内容和不同改造阶段，制定相应的工程设计方案。

（3）对分阶段进行的变电站智能化改造，可按变电站后期改造需求预留相关接口和位置。对后期需扩建的，应对以后的改造留有余地。

（4）智能化改造涉及的站区布置、土建等参照新建工程设计进行。

二、变电站自动化系统改造

（一）设计原则

（1）变电站自动化系统实施智能化改造，其设备配置和功能应满足无人值班技术要求。实现对全站设备的监控、防误操作闭锁和顺序控制等高级应用功能。

（2）建立变电站一体化监控系统，通信规约及信息模型应符合 DI/T 860 标准，信息采集应完整且不重复采集。

（3）变电站自动化系统应满足未进行智能化改造的设备以其他规约形式接入的要求。

（4）站控层设备按变电站远景规模配置，间隔层和过程层设备按工程实际规模配置。交换机数量按本期设置并根据情况适当考虑满足以后的扩建；网络 VLAN 划分应考虑变电站最终规模，为变电站扩建留有余地。

（5）测控装置改造应随变电站综合自动化系统改造同步进行。220kV 电压及以上等级测控装置宜单套独立配置；110kV 及以下电压等级宜采用保护测控一体化装置；主变测控装置宜各侧独立配置，本体测控宜独立配置。

（6）变电站应按照《电力二次系统安全防护总体方案》的有关要求，配置相关二次安全防护设备。状态监测信息接入生产非控制区（Ⅱ区），结果信息可根据运行需要接入生产控制区（Ⅰ区）。

（二）保护装置要求

（1）当变电站自动化系统实施智能化改造时，应对在役保护装置进行升级改造，使其通信接口符合 DL/T 860 标准，保护采样、跳闸等接线可不改变。

（2）当在役保护装置无法通过升级改造实现具备 DL/T 860 标准通信接口时，或保护装置达到更换周期时，应更换为支持 DL/T 860 标准的保护装置。

（三）网络结构要求

1. 总体要求

变电站自动化系统由站控层、间隔层、过程层组成。过程层网络与站控层网络应完全独立。各层设备应按工程实际需求配置符合网络结构要求的接口。

2. 站控层网络

站控层网络宜采用双重化星形以太网络传输 MMS 报文和 GOOSE 报文。在站控层网络失效的情况下，间隔层设备应能独立完成就地数据采集和控制功能。

3. 过程层网络

（1）过程层网络宜按电压等级分别组网，可传输 GOOSE 报文和 SV 报文。

（2）双重化配置的保护及安全自动装置应分别接入不同的两套过程层网络；单套配置的测控装置接入其中一套过程层网络。

（3）220kV 及以上宜按电压等级分别设置 GOOSE 和 SV 网络，均采用双重化星形以太网；双重化配置的两个过程层网络应遵循完全独立的原则。双重化配置的保护及安全自动装置应分别接入不同的过程层网络；单套配置的测控装置接入其中一套过程层网络。

（4）110（66）kV 过程层 GOOSE 报文采用网络方式传输，GOOSE 网络可采用星形单网结构。110（66）kV 每个间隔除应直采的保护及安全自动装置外有 3 个及以上装置需接收 SV 报文时，配置 SV 网络，SV 网络宜采用星形单网结构。

（5）当 110kV 采用双母线、单母线（分段）接线或间隔层设备室内组屏时，宜采用过程层组网方式，过程层网络交换机按星形单网配置。GOOSE 报文采用网络传输，SV 报文可采用网络方式传输或采用点对点传输。当 GOOSE 报文和 SV 均采用网络方式传输时，为节约交换机数，GOOSE 和 SV 也可共网传输。

（6）当 110kV 采用桥接线或间隔层设备采用就地分散布置时，可不配置过程层网络。此时，间隔层、过程层设备直集成于就地的一体化智能控制柜中，GOOSE 报文通过站控层网络传输，继电保护设备采用直采直跳。

（7）35（10）kV 电压等级不宜配置独立的过程层网络，GOOSE 报文可通过站控层网络传输，间隔层、过程层设备宜采用保护、测控、计量、合并器、智能终端多功能一体化装置。

(四) 网络通信设备

1. 站控层交换机

(1) 变电站站控层中心交换机宜冗余配置，每台交换机端口数量应满足站控层设备和级联接入要求。

(2) 当交换机处于同一建筑物内且距离较短（<100m）时宜采用电口连接，否则应采用光口互联。

2. 过程层交换机

(1) 330kV 电压等级及以上 3/2 接线，过程层 GOOSE、SV 交换机宜按双重化星形网络配置，每个网络宜按串配置 1~2 台交换机。

(2) 220kV 电压等级及以上单母或双母线接线，过程层 GOOSE、SV 交换机宜按双重化星形网络配置，接入同一网络的 4 个间隔可合用 1 台交换机。

(3) 110kV 电压等级单母或双母线接线，过程层 GOOSE、SV 交换机宜按星形单网配置，4~6 个间隔可合用 1 台交换机。

(4) 66（35）kV 电压等级组网时宜按母线段配置交换机。

(5) 每台交换机的光纤接入数量不宜超过 16 对，并配备适量的备用端口，备用端口的预留应考虑虚拟网的划分。

(6) 任意两台 IED 之间的网络传输路径不应超过 4 台交换机；任意两台主变 IED 不宜接入同一台交换机。

(7) 过程层交换机与 IED 之间的连接及交换机级联端口均宜采用 100M 光口。

3. 网络通信介质

(1) 主控制室和继电器室内网络通信介质宜采用超五类屏蔽双绞线；通向户外的通信介质应采用光缆。

(2) 采样值和保护 GOOSE 报文的传输介质采用光缆，光纤连接宜采用多模 ST 光纤接口。

4. 网络记录分析装置

(1) 过程层进行数字化、网络化改造时，应在故障录波单元中集成网络报文记录分析功能，实现对变电站网络通信状态的在线监视和状态评估，以及对各种网络报文的实时监视、捕捉、存储、分析和统计。

(2) 故障录波、网络记录分析仪宜采用一体化设计。

(五) 站控层设备

(1) 变电站主机宜双套配置，有人值班变电站可按主机配置操作员站，无人值班变电站主机可兼操作员站和工程师站。

(2) 远动通信装置应双套配置。

(3) 保护及故障信息子站改造时宜并入一体化监控系统。

(4) 110（66）kV 变电站主机宜单套配置，无人值班变电站主机可兼操作员工作站和工程师站；一体化监控系统宜与监控主机整合；高级应用功能宜在监控主机中实现。远动装置宜单套配置。

(六) 一体化监控系统和高级功能

1. 一体化监控系统

(1) 站内应实现一体化监控系统，可通过站控层网络直接获取 SCADA、继电保护、状态监测、电能量、故障录波、辅助系统等数据。

(2) 一体化监控系统宜整合变电站自动化系统、一次设备状态监测系统及智能辅助系统，实现全景数据监测与高级应用功能。

2. 信息传输和通道

(1) 远动信息传输应满足 DL/T 5003《电力系统调度自动化设计技术规程》、DL/T 5002《地区电网调度自动化设计技术规程》的要求，远动通道宜优先采用调度数据网络通道。

(2) 电能量采集信息可通过电力调度数据网、电话拨号方式或利用专线通道将电能量数据传送上传。

(3) 相量测量、行波测距信息、继电保护故障信息宜通过调度数据网络上传。

(4) 一次设备状态监测、辅助系统等信息经横向隔离装置后上传。

3. 高级功能

(1) 顺序控制、智能告警及故障信息综合分析、设备状态可视化等功能应作为变电站自动化系统高级功能的基本配置。

(2) 支撑电网经济运行与优化控制、源端维护、站域控制等其他高级功能可结合变电站工程实际情况尽可能采用。

(七) 对时系统

(1) 应具备全站统一的同步对时系统，可采用北斗系统或 GPS 单向标准授时信号进行时钟校准，优先采用北斗系统，支持卫星时钟与地面时钟互为备用方式。

(2) 站控层设备宜采用 SNTP 对时方式。

(3) 间隔层和过程层设备宜采用 IRTG - B、1PPS 对时方式。

三、变电站继电保护改造

(一) 设计原则

(1) 保护装置采样和跳闸应满足 Q/GDW 441《智能变电站继电保护技术规范》的要求，保护测控一体化装置还应满足 Q/GDW 427《智能变电站测控单元技术规范》的要求。

(2) 保护装置应按照 DL/T 860 标准建模，具备完善的自描述功能，与自动化系统站控层设备直接通信。

(3) 保护装置不更换时，根据情况应对装置进行升级改造，使其满足以 DL/T 860 标准通信接入自动化系统的要求，否则应更换保护装置。

(4) 110 (66) kV 线路、母联 (分段) 间隔宜配置单套保护测控一体化装置；110kV 母线根据需要可配置单套母线保护装置。

(5) 主变压器可配置单套主后分开的保护装置，后备保护集成测控功能；也可配置双套冗余的主后一体化保护测控装置。当采用双套冗余的主后一体化保护测控装置时，过程层网络、合并器、智能终端口可不采用双套配置。

（6）110（66）kV 及以下保护装置更换时，除检修压板外宜采用软压板，并实现远方投退、定值切换等功能。

（7）采用纵联保护原理的保护装置的硬件配置及软件算法应支持一端为电子式互感器、另一端为常规互感器或两端均为电子式互感器的配置形式。

（二）不同改造模式下的设计要求

1. 模拟采样、电缆跳闸模式

（1）采用常规互感器，相关电流电压信号采用电缆方式直接接入继电保护装置；继电保护装置采用接点输出，通过电缆直接出口跳闸。

（2）相关设计要求参见有关标准。

2. 模拟采样、光纤跳闸模式

（1）采用常规互感器，相关电流电压信号采用电线方式直接接入继电保护装置；一次设备通过增加智能终端或更换为智能一次设备具备接受 GOOSE 报文实现跳闸功能，继电保护装置采用 GOOSE 报文通过光纤出口跳闸。

（2）保护采样电缆接线不改变，跳闸等开关量信号改造为光缆接线，保护装置可采用更换装置或插件的方式进行改造，使其按照 DL/T 860 标准建模、具备完善的自描述功能，与站控层、过程层设备通信。

（3）保护装置应支持通过 GOOSE 报文实现装置之间状态和跳合闸信息传递。

（4）间隔内的跳闸报文应通过光纤点对点方式传输，如有跨间隔应用，跨间隔跳闸报文宜通过网络传输。

（5）保护装置、智能终端等 IED 间的交互信息可通过 GOOSE 网络传输。

（6）双母线电压切换功能出保护装置实现。两套保护的跳闸回路应与两个智能终端分别一一对应；两个智能终端应与断路器的两个跳闸线圈分别一一对应。

（7）保护装置的光口规格、数量应满足过程层智能终端的接入要求。

3. 数字采样，光纤跳闸模式

（1）采用常规互感器或电子式互感器，增加合并单元，实现就地数字化。一次设备通过增加智能终端或更换为智能一次设备具备接受 GOOSE 报文实现跳闸功能。相关电流电压信号采用光纤以 SV 报文方式接入继电保护装置，继电保护装置采用 GOOSE 报文通过光纤出口跳闸。

（2）保护采样、跳闸等模拟量和开关量信号改造为光缆接线，宜更换继电保护装置，使其按照 DL/T 860 标准建模、具备完善的自描述功能，与站控层、过程层设备通信。

（3）保护装置应支持通过 GOOSE 报文实现装置之间状态和跳合闸信息传递，通过 SV 报文实现电流电压采样。

（4）保护装置、智能终端等 IED 间的相互启动、相互闭锁、位置状态等交换信息可通过 GOOSE 网络传输，双重化配置的保护之间不直接交换信息。跳闸报文宜通过光纤直接传输。

（5）双重化保护的电压（电流）采样值应分别取自相互独立的合并单元。

（6）继电保护装置接入不同网络时，应采用相互独立的数据接口控制器。

（7）经合并单元采样的保护装置应不依赖于外部对时系统实现其保护功能。

（8）双母线电压切换功能可由保护装置分别实现，也可由合并单元实现。

（9）保护装置的光口规格、数量应满足过程层合并单元、智能终端的接入要求。

四、变电站一次设备改造

（一）设计原则

（1）一次设备智能化改造宜采用"一次设备本体＋传感器＋智能组件"方式。

（2）一次设备更换时，应采用智能设备，具有标准的数据接口，支持智能化控制要求。传感器、互感器和智能组件宜与设备本体采用一体化设计，优化安装结构。220kV主变压器、220kV高压组合电器（GIS/HGIS）应预置局部放电传感器及测试接口。

（3）一次设备不更换时，可仅改造其外部接线部分以满足智能化改造需要，不应对现有一次设备本体进行解体、开孔、拆装。

（4）智能组件包括智能终端、合并单元、状态监测 IED 等，其具体配置应通过工程方案技术经济比较后确定。当合并单元、智能终端布置于同一控制柜内时可进行整合。

（二）主变压器

1. 变压器不更换改造方案

（1）变压器智能化改造内容包括冷却器、有载调压智能化控制、主变本体/有载开关非电量保护、顶层油温和油中溶解气体状态监测等功能。

（2）变压器智能化改造通过设置外置式传感器和智能组件实现。智能组件主要包括智能终端、状态监测 IED、通信接口。

（3）主变压器本体智能终端应单套配置；智能终端宜分散布置于就地智能组件柜内。主变压器本体智能终端宜具有主变本体非电量保护、对有载开关智能调控功能、并可上传本体各种非电量信号等。主变本体智能终端含非电量保护且采用直跳方式时，应独立配置。

（4）变压器状态监测应满足 Q/GDW 534《变电设备在线监测系统技术导则》的要求。

（5）传感器宜按照设备参量对象进行配置，变压器各状态参量共用状态监测 IED。状态监测 IED 满足全部监测结果的数据采集和综合分析功能，并可与上级相关系统进行互动。

（6）通信接口应基于 MMS 的 DL/T 860 服务，采用光纤以太网接口，实现信息传输及设置。

（7）油中溶解气体导油管宜利用主变原有放油口进行安装，保证油样无死区。

（8）传感器安装不应拆卸本体结构，不应影响变压器安全可靠运行。外置式传感器应安装于地电位处，若需安装于高压部位，其绝缘水平应符合或高于高压设备的相应要求。

（9）与高压设备内部绝缘介质相通的外部传感器，其密封性能、杂质含量控制等应符合或高于高压设备的相应要求。

2. 变压器更换方案

更换变压器时应优先采用智能变压器，出厂前应预置传感器，传感器与设备本体一体化设计。

各智能组件配置要求参见上述相关条款。

变压器智能组件配置如图 11-3-1 所示。

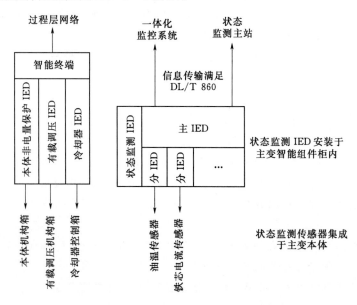

图 11-3-1 变压器智能组件典型配置示意图

(三) 高压开关设备智能化改造

1. 隔离开关、接地开关改造

参与顺序控制的各电压等级隔离开关和接地开关操作机构应采用电动机构,并能实现远方控制。

2. 断路器不更换、增加智能终端

增加智能终端,通过 GOOSE 服务接收保护和控制单元的分合闸信号,传输断路器、隔离开关位置及压力低压闭锁重合闸等信号,实现智能化改造。

(1) 智能终端配置要求:

1) 220~750kV 除母线外,智能终端宜冗余配置。

2) 110kV 除主变外,智能终端宜单套配置。

3) 66 (35) kV 配电装置采用户内开关柜布置时不宜配置智能终端;采用户外敞开式布置时宜配置单套智能终端。

4) 主变压器各侧智能终端宜冗余配置。

5) 每段母线智能终端宜单套配置,若 66 (35) kV 配电装置采用户内开关柜布置时母线不宜配置智能终端。

6) 智能终端宜分散布置于配电装置场地智能组件柜内。

(2) 智能终端技术要求:

1) 智能终端应具备断路器操作箱功能,包含分合闸回路、合后监视、重合闸、操作电源监视和控制回路断线监视等功能。

2) 智能终端支持以 GOOSE 方式上传一次设备的状态信息,同时接收来自二次设备的 GOOSE 下行控制命令,实现对一次设备的控制。

3）宜接入站内对时系统，通过光纤接收站内对时信号。

4）应具备 GOOSE 命令记录功能，记录 GOOSE 命令收到时刻、GOOSE 命令来源及出口动作时刻等内容，并能提供查看方法。

5）宜具备闭锁告警功能，包括电源中断、通信中断、通信异常、GOOSE 断链、装置内部异常等。

6）智能终端安装处宜保留检修压板、断路器操作回路出口压板。

7）宜具备传感器的输出信号、温（湿）度等模拟量接入和上传功能。

8）防跳和压力闭锁功能宜由断路器本体实现。

3. 断路器不更换、增加智能终端和状态监测单元

增加智能终端和相应状态监测功能单元，采用 GOOSE 服务接收保护和控制单元的分合闸信号，传输断路器、隔离开关位置及压力低压闭锁重合闸等信号，实现一次设备状态就地预诊断。

（1）智能终端配置原则和技术要求参见 Q/GDW 642—2011《330～750kV 变电站智能化改造工程标准化设计规范》的 7.3.2 条。

（2）状态监测范围见 Q/GDW 414《变电站智能化改造技术规范》。

（3）状态监测传感器配置要求：

1）安装状态监测传感器不宜拆卸本体结构，传感器的安装不应影响一次设备安全可靠运行。

2）传感器宜采用外置方式安装，按设备参量对象进行配置。

3）SF₆ 气体密度宜以气室为单位进行配置，SF₆ 气体密度传感器宜利用 GIS/HGIS 或高压断路器原有自封阀进行安装。

4）GIS/HGIS 局部放电宜以断路器为单位进行配置，在确保传感器监测灵敏度与覆盖面的前提下，应减少传感器配置数量。

5）传感器还应满足 Q/GDW Z 410—2010《高压设备智能化技术导则》的相关技术要求。

（4）状态监测 IED 配置要求：

1）状态监测 IED 满足全部监测结果的数据采集和综合分析功能，并可与相关系统进行互动。

2）宜按电压等级和设备种类进行配置。在装置硬件处理能力允许情况下，同一电压等级的同一类设备宜共用状态监测 IED。

3）通信接口应采用基于 MMS 的 DL/T 860 服务实现在线监测信息传输及设置，采用光纤以太网接口。

4. 断路器更换

（1）断路器更换时应采用智能开关设备，减少断路器辅助接点、辅助继电器数量。当设备具备条件时，断路器操作箱控制回路可与本体分合闸控制回路一体化融合设计，取消冗余二次回路，提高断路器控制机构工作可靠性。

（2）智能终端的配置原则和技术要求按 Q/GDW 642—2011 中 7.3.2 条实施。

（3）当采用 GIS/HGIS 设备时，可通过预置传感器、增设智能组件实现状态监测功能。内置传感器设计寿命应与 GIS 本体寿命相匹配，与外部的联络通道（接口）应符合高压设备的密封要求。开关设备智能组件典型配置如图 11-3-2 所示。

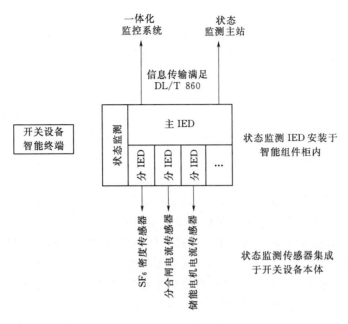

图 11-3-2　开关设备智能组件典型配置图

（四）互感器

1. 电磁式互感器不进行数字化采样

继电保护装置仍采用常规电缆方式输入电流电压。

2. 电磁式互感器增设就地采集合并单元

增加合并单元进行就地数字化采样改造，合并单元宜下放布置在智能控制柜内。

（1）合并单元配置要求：

1）220kV 及以上电压等级各间隔合并单元宜冗余配置。

2）110kV 及以下电压等级各间隔合并单元宜单套配置。

3）对于保护双重化配置的主变压器，主变压器各侧、中性点（或公共绕组）合并单元冗余配置。

4）高压并联电抗器首末端电流合并单元、中性点电流合并单元宜冗余配置。

5）220kV 及以上电压等级双母线接线，两段母线 PT 按双重化配置两台合并单元，同一合并单元同时接入两段母线 PT。

6）同一间隔内的电流互感器和电压互感器宜合用一个合并单元。

7）关口计量点和故障测距采用模拟采样，不经合并单元转换。

（2）合并单元技术要求：

1）合并单元应具备接入常规互感器的模拟信号的功能，宜具备电压切换功能，宜支持以 GOOSE 方式开入断路器或刀闸位置状态。

2）宜具有闭锁告警功能，能保证在电源中断、电压异常、采集单元异常、通信中断、通信异常、装置内部异常等情况下不误输出。

3）合并单元宜设置检修压板。

3. 电磁式互感器更换为电子式互感器

采用电子式互感器加合并单元方式实现数字化采集，合并单元宜下放布置在智能控制柜内。按间隔设置时，可采用电流电压组合型互感器。

（1）互感器配置要求：

1）主变压器各侧互感器类型及相关特性宜一致。

2）当 GIS/HGIS 配电装置更换时，电子式互感器宜与一次设备一体化设计。

3）在具备条件时，电子式互感器可与隔离开关、断路器进行组合安装。

4）对于有关口计量点、有故障测距要求的间隔，应配置满足其特性要求的互感器。

（2）互感器技术要求：

1）电子式互感器应符合 GB/T 20840.7、GB/T 20840.8 的有关规定。

2）电子式互感器及合并单元工作电源应采用直流。

3）用于双重化保护用的带两路独立采样系统的电子式互感器，其传感部分、采集单元、合并单元宜冗余配置；对于带一路独立采样系统的电子式互感器，其传感部分、采集单元、合并单元宜单套配置；每路采样系统应采用双 A/D 接入合并单元，每个合并单元输出两路数字采样值，且由同一路通道接入一套保护装置。

4）双重化（或双套）配置保护所采用的电子式电流互感器应带两路独立采样系统，单套配置保护所采用的电子式电流互感器带一路独立采样系统。

（3）合并单元配置参见 Q/GDW 642—2011 中 7.4.2 条（电磁式互感器增设就地采集合并单元）。

（4）合并单元技术要求：

1）宜具备合理的时间同步机制，包括前端采样和采样传输时延补偿机制；各类电子互感器信号或常规互感器信号在经合并单元输出后的相差应保持一致。

2）其他要求参见 Q/GDW 642—2011 中 7.4.2 条（电磁互感器增设就地采集合并单元）。

五、变电站二次设备组屏

（一）设计原则

（1）当采用组合电器时，智能控制柜宜与汇控柜一体化设计。

（2）智能控制柜户外就地安装时，柜内应配置温度、湿度等环境监控装置，具备自动调控和远方监测功能，并满足智能设备的防护等级及运行环境要求。

（二）站控层设备

（1）主机、操作员站和工程师站，宜组 2 面屏，显示器根据运行需要进行组屏安装或布置在控制台上。

（2）2 套远动通信装置宜组 1 面屏。

（3）保护及故障信息子站主机宜组 1 面保护故障信息子站屏，显示器可组屏布置。

（4）网络记录分析仪宜组 1 面屏。

（5）调度数据网接入设备和一次安全防护设备组 2 面屏。

（6）公用接口设备和 2 台站控层网络交换机组 1 面屏（柜）。

（三）间隔层设备

1. 集中布置组屏原则

间隔层设备采用集中布置时，保护、测控、计量等宜按电气单元间隔组屏。也可按下列原则组屏。

（1）750kV 电压等级：

1）测控装置每串可组 1～2 面测控屏，每面屏上宜布置 3～4 个测控装置。

2）750kV 每回线路保护宜配置 2 面保护屏。

3）每台断路器保护、合并单元组 1 面断路器保护屏。

4）750kV 每组母线保护宜配置 1 面保护屏。

（2）500kV 电压等级：

1）测控装置每串可组 1～2 面测控屏，每面屏上宜布置 3～4 个测控装置。

2）500kV 每回线路保护宜配置 2 面保护屏。

3）每台断路器保护、合并单元组 1 面断路器保护屏。

4）500kV 每组母线保护宜配置 1 面保护屏。

（3）330kV 电压等级：

1）测控装置每串可组 1～2 面测控屏，每面屏上宜布置 3～4 个测控装置。

2）330kV 每回线路保护宜配置 2 面保护屏。

3）每台断路器保护、合并单元组 1 面断路器保护屏。

4）可按 1 个间隔内的保护、测控、合并单元组 2 面屏。

5）330kV 每组母线保护宜配置 1 面保护屏。

（4）220kV 电压等级：

1）采用保护测控合一装置时，1 个间隔内的保护测控装置、合并单元可组 1 面屏。

2）采用保护、测控独立装置时，1 个间隔内的保护、测控、合并单元可组 2 面屏，双重化配置的保护分开组屏。

3）220kV 每组母线保护宜配置 1 面保护屏。

（5）110kV 电压等级：

1）采用保护测控合一装置时，2 个间隔内的保护测控、合并单元可组 1 面屏。

2）采用保护、测控独立装置时，1 个间隔内的保护、测控、合并单元可组 1 面屏。

3）110kV 每组母线保护宜配置 1 面保护屏。

（6）66kV 电压等级：采用保护测控合一装置，2 个间隔内的保护测控、合并单元可组 1 面屏。

（7）35kV 电压等级：

1）采用保护测控合一装置，2 个间隔内的保护测控、合并单元可组 1 面屏。

2）户内开关柜布置时，保护测控合一装置宜就地布置于开关柜内。

（8）主变压器：保护、测控、合并单元组 2～3 面屏。

（9）宜按电压等级配置故障录波装置，主变压器故障录波装置宜独立配置。2 台主变压器故障录波装置可组 1 面屏。

（10）全站配置 1 面公用测控屏，屏上布置 2～4 个测控装置，用于站内其他公用设备接入。

（11）110kV 及以上电度表宜集中组屏；66（35）kV 采用户内开关柜布置时电度表宜就地安装在开关柜上，采用敞开式设备时宜集中组屏。

2. 间隔层设备就地布置组屏原则

间隔层设备采用就地下放布置时，可按下列原则组屏：

（1）110kV 及以上线路、母联（分段）保护测控装置、电度表按间隔布置，与合并单元和智能终端共同布置在就地智能控制柜。

（2）母线保护、主变保护、故障录波系统可分别集中组屏，布置在继电器室。

（3）当一次设备采用 CIS、HGIS 组合电器时，按间隔设置的智能控制柜应与汇控柜一体化设计。

（4）跨间隔保护根据现场实际情况可采用就地布置或室内组屏。

（5）110（66）kV 二次设备分散就地布置时，电度表安装于各间隔的一体化智能控制柜上。

（四）过程层设备

（1）智能终端宜安装在所在间隔的智能控制柜或 GIS/HGTS 汇控柜内。

（2）合并单元宜就地下放。

（五）网络设备

（1）站控层交换机可与其他站控层设备共同组屏，也可单独组屏。

（2）过程层交换机可采用分散式安装，按照光缆和电缆连接数量最少原则安装在保护、测控屏上。单独组屏安装时，也可按电压等级分别组屏，每面屏布置 4～8 台交换机，应配置相应的光纤接续盒、ODU（光纤分配单元）及光纤盘线架。

六、变电站辅助系统改造

（一）设计要求

宜通过增加智能辅助系统平台和环境监测设备实现辅助系统的智能化改造，接入并改造原有的安全监视、火灾报警、消防、照明、采暖通风等子系统。改造后应具备图像监视、安全警卫、火灾自动报警、环境监控，智能巡检等功能。

（二）技术要求

（1）改造后辅助系统采用 DL/T 860 标准通信，实现分类存储各类信息并进行分析、判断，并上传重要信息。

（2）辅助系统与其他系统的通信应严格按照《变电站二次系统安全防护方案》（电监安全〔2006〕34 号）的要求，通过 MPLS-VPN 实现网络和业务以及不同安全分区的安全防护隔离。

（3）智能辅助系统主要监控范围：

1）监视变电站区域内场景情况。

2）监视变电站内主要室内（主控室、二次设备室、高压室、电缆层、电容器室、独立通信室等）场景情况。

3）监视变电站内主要室内（主控室、二次设备室、蓄电池室、独立通信室等）温度、湿度、SF_6 浓度以及水池水位情况。

4）实现变电站防盗自动监控，可进行周界、室内、门禁的报警及安全布（撤）防。

5）实现站内消防子系统报警联动、并对消防子系统运行状态进行监视。

6）能与摄像机的辅助灯光系统进行联动。在夜间或照明不良的情况下，当需要启动摄像头摄像时，带有辅助灯光的摄像机应能与摄像机的灯光联动，自动开启照明灯。

7）实现对风机、抽水泵等设备的状态监视和控制。

8）应预留与现场设备操作的联动功能。

（三）图像监视及安全警卫

（1）图像监视及安全警卫设备包括视频服务器、多画面分割器、录像设备、摄像机、编码器及沿变电站围墙四周设置的电子栅栏等。其中视频服务器等后台设备按全站最终规模配置，并留有远方监视的接口。就地摄像头按本期建设规模配置。

（2）500kV 及以上变电站及重要的 330kV 变电站应加装电子围栏。通过目标区域的被动高压脉冲电子围栏，对变电站围墙、大门进行全方位布防监视，不留死角和盲区。

（3）宜通过将视频服务器接入辅助系统平台实现改造。

（4）摄像头、电子围栏配置和技术要求参见《国家电网公司输变电工程通用设计》。

（5）技术要求：

1）图像监视系统宜通过视频服务器接入辅助系统平台。当有智能巡检要求时，可适当增加摄像机数量。

2）图像监视设备与安全警卫、火灾报警、消防等相关设备能实现联动控制。

3）对敞开式配电装置，宜将视频监视系统的图像识别作为顺序控制的辅助实现手段。

4）变电站视频安全监视系统配置原则要求可见通用设计。

（四）火灾报警

（1）火灾报警设备包括火灾报警控制器、探测器、控制模块、信号模块、手动报警按钮等。火灾报警系统应满足无人值班站要求。

（2）改造宜通过将火灾报警控制器接入辅助系统平台实现。

（五）环境监测

（1）环境监测应包括保护室、控制室、智能组件柜等设备设施的温度、湿度监测、告警及空调自动控制功能，具备站内降雨、积水自动监测，告警与自动排水控制等功能。

（2）环境信息采集设备包括环境数据处理单元、温度传感器、湿度传感器、风速传感器（可选）、水浸探头（可选）、SF_6 探测器等根据环境测点的实际需求配置。数据处理单元安装于二次设备室，传感器安装于设备现场。

（3）环境监测的温湿度、水位等信息接入辅助系统，实现和采暖通风、给排水设备的联动。

（六）智能巡检

（1）智能巡检通过在线式可见光摄像机、红外热像仪等，定时自动获取设备的视频、图像、红外热图进行分析，辅助或代替人工进行设备巡检作业；配合顺序控制，通过图像自动识别断路器和隔离开关的分合状态。

（2）智能巡检设备包括由固定式、移动式巡检装置。变电站主设备应根据场地布置配置适量的固定式视频和红外监测装置，330kV 及以上 AIS 变电站或无人值守变电站可配置 1～2 台移动式巡检装置，满足顺序控制操作的需要。

（3）技术要求：

1）与站内监控系统协同联动，在设备操控时能够实时显示被操作对象的图像信息；AIS 设备可通过图像自动识别断路器和隔离开关分合状态，与顺序控制系统进行配合。

2）实现对设备本体及连接部位发热的监测和告警。红外测温方法与内容应满足 DL/T 664 规范的要求。

3）支持全自主和远方遥控巡检模式。在全自主模式下，巡检任务能够根据预设的巡检时间、路线等自动完成。

4）与其他系统接口要求参见 Q/GDW 642—2011 中 9.2.2 条。

（七）其他

（1）照明系统、采暖通风系统、给排水系统通过加装控制模块接入辅助系统，实现智能联动和远方控制。

（2）采暖通风设备可根据环境监测数据自动启停。

（3）变电站内照明应采用高效光源和高效率节能灯具，照明灯光可远程开启及关闭，并与图像监控设备实现联动操作。

（4）空调、给排水等可自动完成启停功能，并可实现联动控制。

七、变电站电源系统改造

（1）变电站直流电源需要改造时方可进行一体化电源改造，交流、直流、UPS 等站用电源宜一体化设计、一体化配置、一体化监控，采用 DL/T 860 通信标准实现就地和远方监控功能。通信电源宜单独配置。

（2）一体化电源监控应实现各电源模块开关状态、运行工况等信息的采集，实现一体化电源各子单元分散测控和集中管理。

（3）运行工况和信息能够上传总监控装置，采用 DL/T 860 通信标准与变电站自动化后台通信，实现对一体化电源系统的远程监控维护管理。

（4）蓄电池容量宜按 2h 事故放电时间计算；对地理位置偏远的变电站，电气负荷宜按 2h 事故放电时间计算，通信负荷宜按 4h 事故放电时间计算。

第四节 变电站智能化改造设计典型方案

无论何种电压等级的变电站智能化改造，均有 4 种典型设计示意图，适用于不同目的的改造工程。

一、220kV 变电站智能化改造工程典型设计方案

220kV 变电站智能化改造典型方案根据变电站自动化系统、继电保护和一次设备改造需求组合成 4 种方案，见表 11－4－1。

表 11-4-1   220kV 变电站智能化改造工程典型方案

方案	变电站自动化系统改造	继电保护改造	一次设备改造	典型设计示意图
方案 1	√			图 11-4-1
方案 2	√	√		图 11-4-1
方案 3	√		√	图 11-4-2～图 11-4-4
方案 4	√	√	√	图 11-4-2～图 11-4-4

（1）方案 1：改造变电站自动化系统，工程设计要求见 Q/GDW 641—2011《220kV 变电站智能化改造工程标准化设计规范》第 5 节，典型设计示意图如图 11-4-1 所示。

（2）方案 2：改造变电站自动化系统和继电保护，工程设计要求见 Q/GDW 641—2011《220kV 变电站智能化改造工程标准化设计规范》第 5、6 节，典型设计示意图如图11-4-1所示。

（3）方案 3：改造变电站自动化系统和一次设备，工程设计要求见 Q/GDW 641—2011《220kV 变电站智能化改造工程标准化设计规范》第 5、7 节，典型设计示意图如图 11-4-2～图 11-4-4 所示。

（4）方案 4：改造变电站自动化系统、继电保护和一次设备，工程设计要求见 Q/GDW 641—2011《220kV 变电站智能化改造工程标准化设计规范》第 5～7 节，典型设计示意图如图 11-4-2～图 11-4-4 所示。

二、330～750kV 变电站智能化改造工程典型设计方案

330～750kV 变电站智能化改造典型方案根据变电站自动化系统、继电保护和一次设备改造需求组合成 4 种方案，见表 11-4-2。

表 11-4-2   330～750kV 变电站智能化改造工程典型方案

方案	变电站自动化系统改造	继电保护改造	一次设备改造	典型设计示意图
方案 1	√			图 11-4-5
方案 2	√	√		图 11-4-5
方案 3	√		√	图 11-4-6～图 11-4-8
方案 4	√	√	√	图 11-4-6～图 11-4-8

（1）方案 1：改造变电站自动化系统，工程设计要求见 Q/GDW 642—2011《330～750kV 变电站智能化改造工程标准化设计规范》第 5 节，典型设计示意图如图 11-4-5 所示。

（2）方案 2：改造变电站自动化系统和继电保护，工程设计要求见 Q/GDW 642—2011《330～750kV 变电站智能化改造工程标准化设计规范》第 5、6 节，典型设计示意图如图 11-4-5 所示。

（3）方案 3：改造变电站自动化系统和一次设备，工程设计要求见 Q/GDW 642—2011《330～750kV 变电站智能化改造工程标准化设计规范》第 5、7 节，典型设计示意图如图 11-4-6～图 11-4-8 所示。

（4）方案 4：改造变电站自动化系统、继电保护和一次设备，工程设计要求见 Q/GDW 642—2011《330～750kV 变电站智能化改造工程标准化设计规范》第 5～7 节，典型设计示意图如图 11-4-6～图 11-4-8 所示。

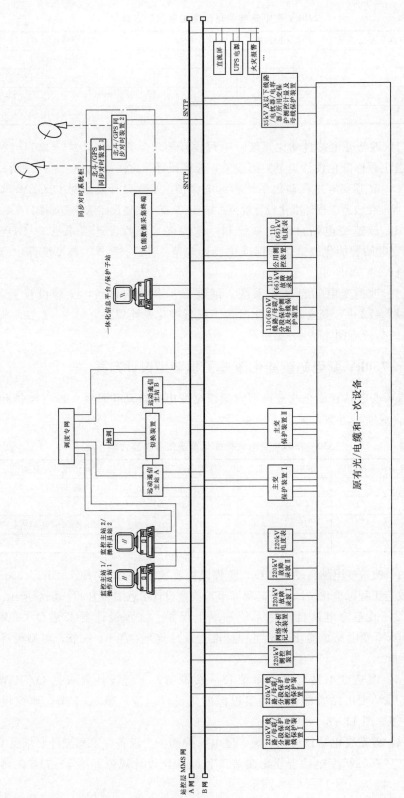

图 11-4-1 220kV 变电站智能化改造典型设计示意图（一）

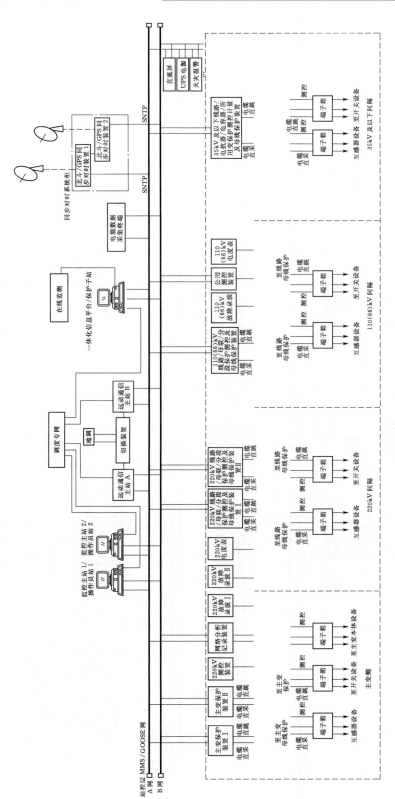

图 11-4-2 220kV 变电站智能化改造典型设计示意图（二）

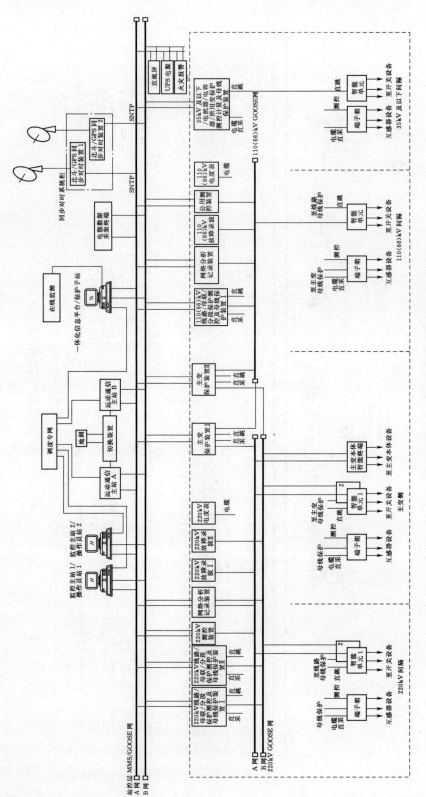

图 11 - 4 - 3 220kV 变电站智能化改造典型设计示意图（三）

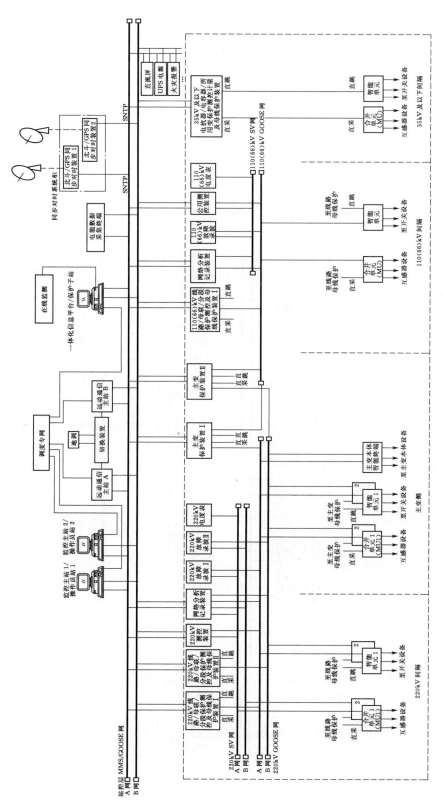

图 11 - 4 - 4　220kV 变电站智能化改造典型设计示意图（四）

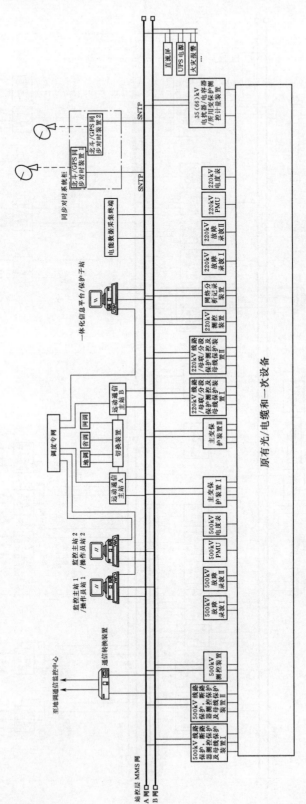

图 11 - 4 - 5　330~750kV 变电站智能化改造典型设计示意图（一）

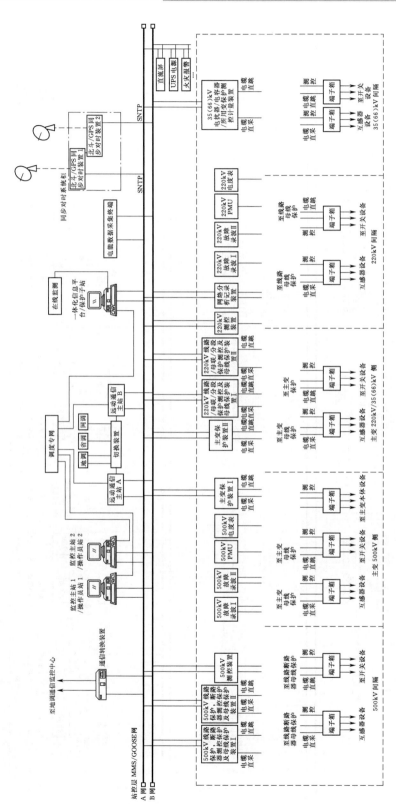

图 11-4-6 330~750kV 变电站智能化改造典型设计示意图（二）

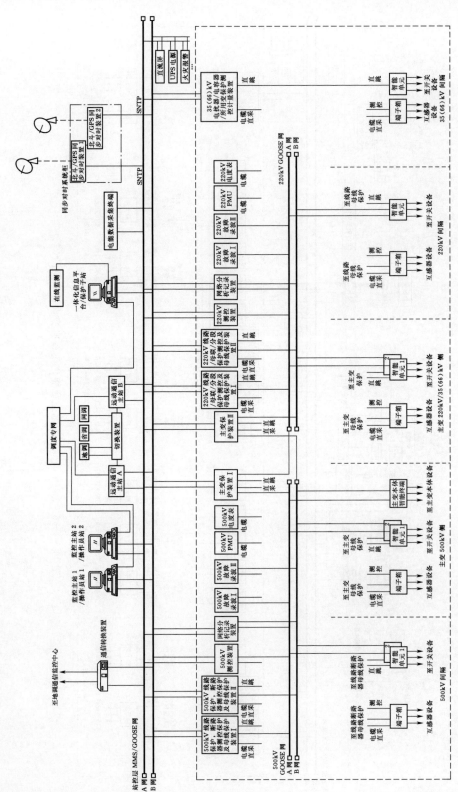

图 11-4-7　330~750kV 变电站智能化改造典型设计示意图（三）

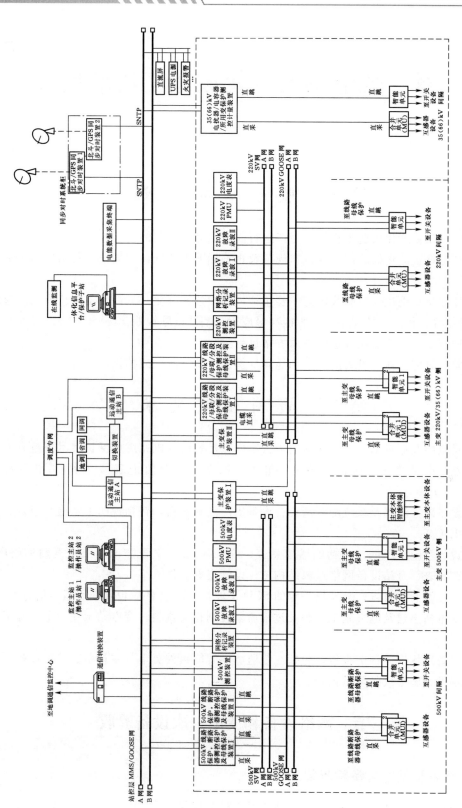

图 11-4-8　330～750kV 变电站智能化改造典型设计示意图（四）

第十二章 变电站智能化改造工程验收

第一节 验收基本要求

（1）变电站智能化改造工程移交生产运行前，须进行工程的竣工验收。

（2）变电站智能化改造部分应以本规范及相关标准为依据，常规设备及功能仍按常规变电站有关验收规程执行。

（3）变电站智能化改造验收内容主要包括一次设备智能化（只涉及本体智能化改造部分）、智能组件、信息一体化平台、智能高级应用、辅助设施智能化等。

（4）依据变电站智能化改造的技术方案进行验收。

（5）验收时应对新增设备的主要功能和性能进行验收测试或抽检。

第二节 资料验收要求

（1）批复的改造技术方案。改造技术方案应满足智能变电站继电保护技术规范有关要求，变电站二次系统安全防护应满足《电力二次系统安全防护总体方案》（电监安全〔2006〕34 号）要求。

（2）设备硬件清单及系统配置清单；设备出厂技术资料，包括说明书、检验报告、出厂合格证书等。

（3）设计及施工图纸，包括四遥信息表、GOOSE 及 SV 配置表，二次逻辑回路图、五防闭锁逻辑表、全站设备网络逻辑结构图、设计变更文件。

（4）一致性测试报告；与现场一致的 SCD 文件，SCD 文件应包含修改版本信息。

（5）变电站土建及电气施工安装及过程质量控制相关资料；变电站土建及电气施工安装监理资料。

（6）设备现场安装调试报告，包括在线监测、智能组件、电气主设备、二次设备、监控系统、辅助设施等设备调试报告。

第三节 网络设备和变电一次设备验收

一、网络及网络设备验收要求

（1）设备外观应清洁完整，二次接线端子无松动现象。

（2）光缆、光纤应可靠连接。光缆、光纤弯曲半径不小于 10 倍光缆、光纤直径，无折痕。

（3）光纤链路测试，包括光纤链路衰耗（两端）测试，光纤端面洁净度（两端）应满足要求。备用光纤数量应满足要求。

（4）交换机应接地可靠。

（5）网络交换机检测包括 EMC 抗干扰测试、吞吐量、传输延时、丢包率及网络风暴抑制功能、优先级 QOS、VLAN 功能及端口镜像功能测试等。

（6）在电网正常及故障情况下各节点网络通信可靠性、各节点数据丢包率、网络传输时延应满足规范要求。双网切换期间，数据应不丢失。

（7）在雪崩情况下各节点网络通信可靠性、各节点数据丢包率、网络传输时延应满足规范要求。

（8）站控层 MMS 网络平均负荷率正常时（30min 内）不大于 30%，电力系统故障（10s 内）不大于 50%。

二、变电一次设备验收要求

（一）变压器

（1）变压器本体、有载调压装置、冷却装置的传感器完整无缺陷，接口处密封应良好无渗漏。

（2）有载调压装置应能正确接收动作指令，动作可靠，位置指示正确。连接线缆牢固可靠，防护措施良好。

（3）冷却装置的控制方式灵活，能可靠接收动作指令，联动正确。

（4）油温、油位、气体压力计测量指示正确，紧固方式应牢固可靠，变送器输出信号正常，线缆连接可靠，防护措施完好。

（5）铁心接地电流监测传感器应为穿心式，且其安装不应延长铁心接地线。

（6）绕组光纤测温传感器紧固方式可靠，绝缘满足要求，信号线缆连接可靠，防护措施完好。

（7）变压器全部电气试验应符合相关规程要求，操动及联动试验正确。

变压器验收标准和查验方法见表 12 - 3 - 1。

表 12 - 3 - 1　　　　　　　　变压器验收标准和查验方法

序号	项目名称	验收标准	查验方法	验收评价
1	本体、有载调压装置、冷却装置的传感器及接口密封检查	完整无缺陷，接口处密封良好无渗漏	外观检查	
2	有载调压装置	能正确接收动作指令，动作可靠，位置指示正确，连接线缆牢固可靠，防护措施良好	现场查验/查阅资料	
3	冷却装置	控制方式灵活，可靠接收动作指令，联动正确	现场查验/查阅资料	
4	油温、油位、气体压力	测量指示正确，紧固方式牢固可靠，变送器输出信号正常，线缆连接可靠，防护措施完好	现场查验	

序号	项 目 名 称	验 收 标 准	查 验 方 法	验收评价
5	铁芯接地电流监测传感器	安装可靠，接地良好	现场查验	
6	绕组光纤测温传感器	紧固方式可靠，绝缘满足要求，信号线缆连接可靠，防护措施完好	现场查验/查阅资料	
7	局放传感器	安装牢固可靠，接口处密封良好，功能正常	外观检查/查阅资料	
8	电气试验	符合相关规程要求，操动及联动试验正确	查阅资料	

（二）开关设备

（1）开关设备本体加装的传感器（含变送器）安装应牢固可靠，不降低设备的绝缘性能。气室开孔处应密封良好。焊接或粘接方式安装的传感器应牢固可靠。传感器输出信号正常，防护措施完好。

（2）分合闸线圈电流监测传感器、储能电机工作状态监测传感器、位移传感器安装应牢固可靠，不影响回路的电气性能，且便于维护。传感器输出信号应正常，防护措施完好。

（3）开关设备全部电气试验应符合相关规程要求，操动及联动试验正确，分、合闸指示位置正确。

开关设备验收标准和查验方法见表12-3-2。

表 12-3-2　　　　　　　　　开关设备验收标准和查验方法

序号	项 目 名 称	验 收 标 准	查 验 方 法	验收评价
1	气体压力、水分传感器	安装牢固可靠，绝缘满足要求，密封良好，输出信号正常，防护措施完好	外观检查/试验报告	
2	局放传感器	安装牢固可靠，绝缘满足要求，密封良好，输出信号正常，防护措施完好	外观检查/现场询问/试验报告	
3	分合闸线圈电流监测传感器	安装牢固可靠，不影响回路的电气性能，输出信号正常，防护措施完好	现场查验/查阅资料	
4	储能电机工作状态监测传感器	安装牢固可靠，不影响回路的电气性能，输出信号正常，防护措施完好	现场查验/查阅资料	
5	位移传感器	安装牢固可靠，不影响回路的电气性能，输出信号正常，防护措施完好	现场查验/查阅资料	
6	红外测温传感器	安装牢固可靠，绝缘满足要求，输出功能正常	现场查验/查阅资料	
7	电气试验	符合相关规程要求，操动及联动试验正确，分、合闸指示位置正确	查阅资料	

（三）电子式互感器及其合并单元

1. 电子式互感器

（1）互感器极性、准确度试验（包括计量准确度试验），零漂及暂态过程测试应满足

GB/T 20840 和 GB/T 22071 相关标准要求，并符合本工程招标技术协议要求。互感器极性有明确标识。

（2）电子式互感器工作电源在加电或掉电瞬间，互感器应正常输出测量数据或关闭输出；工作电源在 80％～115％ 额定电压范围内，应正常输出测量数据；工作电源在非正常电压范围内不应输出非正常测量的错误数据，不会导致保护系统的误判和误动。

（3）有源电子式互感器工作电源切换时应不输出错误数据。激光供能的线圈电子式互感器应能自动判断激光电源工作状态，实现自动调节。

（4）电子式互感器安装牢固可靠，信号线缆引出处密封良好，极性正确，输出功能正常。

2. 合并单元

（1）装置外观应清洁完整，二次接线端子无松动。

（2）合并单元自检正常，输出无丢帧，对时精度小于 $1\mu s$，守时精度满足要求。采样数据同步小于 $1\mu s$，采样报文传输抖动延时小于 $10\mu s$。

电子式互感器及合并单元验收标准和查验方法见表 12-3-3。

表 12-3-3　　　　　　　电子式互感器及合并单元验收标准和查验方法

序号	项目名称	验收标准	查验方法	验收评价
1	互感器试验	极性、准确度试验、零漂及暂态过程测试应满足 GB/T 20840 和 GB/T 22071 相关要求	查阅资料	
2	电子式互感器工作电源	加电或掉电瞬间，互感器正常输出测量数据或关闭输出；在 80％～115％ 额定电压范围内正常输出测量数据；工作电源在非正常电压范围内不输出错误数据，不会导致保护系统的误判和误动	查阅资料	
3	电子式互感器与合并单元通信	无丢帧	查阅资料	
4	电磁干扰	在过电压及电磁干扰情况下应正常输出测量数据	查阅资料	
5	合并单元输出数据	IEC60044 扩充 FT3 报文格式应正确，DL/T 860-9-2 报文应与模型文件一致，输出无丢帧	查阅资料	
6	合并单元同步及延时	同步对时、守时精度满足要求，采样数据同步小于 $1\mu s$，采样报文传输抖动延时小于 $10\mu s$	查阅资料	
7	合并单元模拟量输入采集（小信号、常规 PT、CT）	模拟量输入采集准确度检验（包括幅值、频率、功率、功率因数等交流量及相角差）及过载能力应满足要求；模拟量输入暂态采集准确度应满足要求	查阅资料	
8	电子式互感器	安装牢固可靠，信号线缆引出处密封良好，极性正确，输出功能正常	现场查验/查阅资料	

（四）容性设备及避雷器

传感器安装应牢固可靠，输出信号正常，防护措施完好。监测接地电流的传感器安装不应影响设备接地性能。

容性设备及避雷器验收标准和查验方法见表 12-3-4。

表 12-3-4 容性设备及避雷器验收标准和查验方法

序号	项目名称	验 收 标 准	查验方法	验收评价
1	传感器安装	安装牢固可靠，绝缘满足要求，不影响设备接地性能，防护措施完好	现场查验/查阅资料	
2	传感器功能	输出信号正常	现场查验/查阅资料	

第四节 智能组件、高级应用和辅助设施验收

一、智能组件验收

1. 柜体

（1）用温控、湿控、反凝露等技术措施，保证智能组件内部可达到所有 IED 对运行环境的要求，具备温度、湿度的采集、调节与上传到一体化平台的功能。

（2）布局合理、接线端子整齐规范，标志清晰。

2. 保护装置

（1）装置回路绝缘正常。

（2）通信状态无异常，与合并单元，智能终端、其他保护装置的通信正常。线路纵联保护与线路对侧保护装置的通信正常。

（3）装置 MMS 接口、GOOSE 接口、SV 接口应采用相互独立的数据接口控制器。

（4）装置应不依赖于外部对时系统实现其保护功能，保护装置采样同步应由保护装置实现。

（5）继电保护试验符合相关规程、规定要求。

3. 测控装置

（1）装置回路绝缘正常。

（2）通信状态无正常，与合并单元、智能终端、其他装置的通信正常。

（3）装置 MMS 接口、GOOSE 接口、SV 接口应采用相互独立的数据接口控制器接入网络。

（4）测控功能试验符合相关规程、规定要求。

4. 数字电能表

电能表与合并单元的通信正常无丢帧，精确度满足要求。

5. 状态监测

（1）监测功能正常，监测参量输出值满足精确度要求。

（2）IED 通信正常，数据输出正常，存储、分析和导出功能符合技术要求，与一体化平台通信符合 DL/T 860 标准。

智能组件验收标准和查验方法见表 12-4-1。

表 12 - 4 - 1　　　　　智能组件验收标准和查验方法

类别	序号	项目名称	验收标准	查验方法	验收评价
柜体	1	智能组件配置	智能组件包含的保护功能、测量功能、控制功能、计量功能、在线监测功能、通信单元应与设计内容、智能化改造方案一致	现场查验/查阅资料	
	2	柜体功能	具备温度、湿度的采集、调节功能	现场查验/查阅资料	
	3	柜内布置	布局合理、接线端子整齐规范，标志清晰	现场查验	
保护装置	1	通信状态监视	功能正常	现场查验/查阅资料	
	2	通信	与合并单元、智能终端、其他保护装置的通信正常。线路纵联保护与线路对侧保护装置的通信正常	现场查验/查阅资料	
	3	装置接口	MMS 接口、GOOSE 接口、SV 接口采用相互独立的数据接口控制器接入网络	现场查验/查阅资料	
	4	GOOSE 输入、输出	输入、输出正常	现场查验/查阅资料	
	5	SV 采集	输入正常	现场查验/查阅资料	
	6	采样同步	装置应不依赖于外部对时系统实现其保护功能	现场查验/查阅资料	
	7	继电保护试验	符合相关规程规定要求	查阅资料	
测控装置	1	通信状态监视	功能正常	现场查验/查阅资料	
	2	通信	与合并单元、智能终端，其他装置的通信正常	现场查验/查阅资料	
	3	装置接口	MMS 接口、GOOSE 接口、SV 接口采用相互独立的数据接口控制器接入网络	现场查验/查阅资料	
	4	GOOSE 输入、输出	输入、输出正常	现场查验/查阅资料	
	5	SV 采集	输入正常	现场查验/查阅资料	
	6	测控功能试验	符合相关规程规定要求	查阅资料	
数字电能表	1	通信	无丢帧现象	外观检查/现场询问	
	2	准确度	准确度满足要求	查看资料/功能抽检	
状态监测	1	IED 功能	功能正常，监测量输出值误差满足要求	现场查验/查阅资料	
	2	IED 通信	通信正常，数据导出正常无丢失	现场查验/查阅资料	
	3	通信协议	与一体化平台通信符合 DL/T 860 标准	现场查验/查阅资料	
	4	IED 存储和分析	符合技术要求	现场查验/查阅资料/功能抽查	

二、高级应用验收

1. 信息一体化平台

（1）保护测控、状态监测、故障录波、辅助设施、电能计量、一体化电源等系统均应按 DL/T 860 标准接入信息一体化平台。

（2）数据检索接口和通用数据接口规范统一，信息传输和展示等功能正常。

2. 顺序控制

（1）智能开票应能根据设备状态、操作规则和现场运行管理规程要求自动生成操作票。

（2）视频联动、可视化操作、软压板投退、顺序控制急停等功能正常。

3. 智能告警

告警信息分层分类处理与过滤功能正常，具备多事件关联及快速定位功能。

4. 故障信息综合分析决策

具备故障信息综合分析和逻辑推理功能，能生成故障综合分析报告，给出决策建议。

5. 设备状态可视化

一、二次设备及网络的运行状态信息具备数据上传和可视化展示功能。

6. 源端维护

（1）变电站源端维护软件编辑功能正常，导出模型及图形文件符合标准。

（2）主站端加载功能正常，与变电站端信息一致，具备安全权限管理。

高级应用验收标准和查验方法见表12-4-2。

表12-4-2　　　　　　　　　　高级应用验收标准和查验方法

类别	序号	项目名称	验收标准	查验方法	验收评价
信息一体化平台	1	信息集成	按标准格式统一接入各类设备信息	现场查验/查阅资料	
	2	信息展示、信息校核、信息转发	功能正常	现场查验/查阅资料	
顺序控制	1	操作票	软件的组态判断功能正常，能根据断路器、刀闸等位置，以及一次设备、二次设备的操作规则和变电站运行管理要求，自动生成操作票	现场查验/查阅资料	
	2	控制执行	检验主站调用当地顺控操作票，实现远方顺序控制操作，检验当地监控后台顺序控制操作，急停功能	现场查验/查阅资料	
	3	软压板投退	功能正常	查阅资料	
	4	联动	检查视频联动功能及可视化操作功能正常	现场查验/查阅资料	
智能告警	1	信息处理	告警信息分层分类处理与过滤功能正常	现场查验/查阅资料	
	2	定位	告警信息快速定位功能	现场查验/查阅资料	
故障信息综合分析决策	1	故障逻辑推理	故障信息的逻辑和推理模型正确	查阅资料	
	2	分析决策	对系统的告警信息以及智能告警程序生成的推理结果进行综合分析，能够给出决策建议	查阅资料/现场演示	
设备状态可视化	1	一次设备	应能采集一次设备的运行状态信息，进行可视化展示，具备上传功能	查阅资料/现场演示	
	2	二次设备及网络	应能采集二次设备及网络运行状态信息，进行可视化展示，具备上传功能	查阅资料/现场演示	
源端维护	1	软件功能	源端维护软件编辑和导出功能正常	查阅资料/现场演示	
	2	主站加载	主站端加载功能正常	查阅资料/现场演示	

三、辅助设施验收

1. 交直流一体化电源

全站直流、交流、UPS、通信等电源一体化设计、配置合理，集中监控功能正常。

2. 视频监控

（1）视频监控设备与设计一致，运行平常，外观整洁。

（2）图像切换、云台转动应平稳，镜头的光圈、变焦以及与监控系统、安防等联动功能正常。

3. 环境监测

（1）环境监测设备与设计一致，运行正常，外观整洁。

（2）温度、湿度，SF_6 传感器以及浸水传感器等功能正常。

4. 安防

（1）变电站火警及烟雾监测预警功能正常。

（2）门禁系统、红外对射、远方语音广播等功能正常。门禁出入口控制联网报警功能正常。

（3）与灯光、视频监控等联动功能正常。

5. 照明系统

灯光远程控制以及与视频监控等子系统的联动功能正常。

6. 光伏发电系统

（1）计量功能正常。具备完善的系统监测功能，实时监视系统运行状况，信息接入变电站监控系统，并可实现与站用电源系统并联运行、自动切换。

（2）光伏电池组件及辅助设备安装合理，便于人员巡视。

7. 巡检机器人

（1）巡检机器人的巡视路线，摄像、拍照、自动充电、急停等功能符合设计要求，自动巡检和遥控巡检切换正常。

（2）巡检机器人基站和子站数据传输功能正常。

辅助设施验收标准和查验方法见表 12 - 4 - 3。

表 12 - 4 - 3　　　　　　辅助设施验收标准和查验方法

类别	序号	项目名称	验收标准	查验方法	验收评价
交直流一体化电源		配置	全站直流、交流、逆变、UPS、通信等电源一体化设计、配置合理、集中监控功能正常	现场查验/查阅资料	
视频监控	1	设备配置	设备安装数量和位置合理，外观整洁	现场查验/查阅资料	
	2	监控功能	图像切换、云台转动应平稳、镜头的光圈、变焦等功能正常	现场查验/查阅资料	
	3	通信联动	与监控系统、安防等联动功能正常	现场查验/查阅资料	
环境监测	1	设备配置	设备安装位置合理，外观整洁	现场查验/查阅资料	
	2	监控功能	温度、湿度、SF_6 传感器以及浸水传感器等功能正常	现场查验/查阅资料	
	3	通信联动	与视频监控等联动功能正常	现场查验/查阅资料	

续表

类别	序号	项目名称	验收标准	查验方法	验收评价
安防	1	设备配置	设备安装位置合理，外观整洁	现场查验/查阅资料	
	2	监控功能	防止外来人员非法侵入、门禁系统、红外对射、远方语音广播等功能正常，变电站火警及烟雾监测预警功能正常	现场查验/查阅资料	
	3	通信联动	与灯光、视频监控等联动功能正常，门禁出入口控制的联网报警功能正常	现场查验/查阅资料	
照明系统	1	远程控制	灯光远程控制功能正常	现场查验/查阅资料	
	2	联动	与视频监控等子系统的联动功能正常	现场查验/查阅资料	
光伏发电系统	1	设备安装	光伏电池组件及辅助设备安装合理，便于人员巡视	现场查验/查阅资料	
	2	计量	计量功能正常	现场查验/查阅资料	
	3	运行监控	具备完善的系统监测功能，实时监视系统运行状况，信息接入变电站监控系统	现场查验/查阅资料	
	4	并网运行	光伏系统可实现与站用电源系统并联运行，自动切换	现场查验/查阅资料	
巡检机器人	1	巡视	按规定巡检路线进行连续巡视，摄像、拍照、自动充电、急停等功能正常	现场查验/查阅资料	
	2	数据传输	数据传输正常	现场查验/查阅资料	
	3	控制方式	应有自动巡检和遥控巡检两种方式，功能正常	现场查验/查阅资料	

第十三章 智能变电站顺序控制和智能设备运维检修

第一节 智能变电站顺序控制应用功能

一、智能变电站顺序控制技术

（1）变电站顺序控制由顺序控制服务根据操作票对变电站设备进行系列化操作，依据设备的执行结果信息的变化来判断每步操作是否到位，确认到位后自动或半自动执行下一指令，直至执行完成所有的指令。

（2）变电站侧宜具备完整顺序控制功能，并支持主站顺序控制。

（3）远方顺序控制操作时操作票宜配置在Ⅰ区数据通信网关机，站内顺序控制操作时操作票宜配置在监控主机，操作票宜在监控主机中维护。

（4）顺序控制需经过五防逻辑校核，五防功能应由监控系统实现。

（5）顺序控制需具备操作合理性的自动判断功能，且每步操作步骤需有一定的时间间隔，具备人工干涉的功能。顺序控制需提供控制急停及暂停功能。

（6）顺序控制宜具备与智能辅助控制系统接口，以支持与图像监控系统联动。

（7）顺序控制宜具备变电站监控系统人工操作接口，以支持操作员在变电站端执行顺序控制操作。

（8）顺序控制应具备保护定值区切换及软压板投退，不考虑保护的定值修改。

（9）对于单步遥控操作或操作过程中必须操作员到现场的控制不宜列入顺序控制范围。

（10）顺序控制操作可分为对单间隔操作和多间隔操作，对于多间隔顺序控制，宜将其拆分为不同的单间隔顺序控制执行。

二、智能变电站顺序控制范围

1. 顺序控制操作范围

（1）顺序控制应能完成相关设备"运行、热备用、冷备用、检修"二种状态间的相互转换。

（2）线路保护装置分相跳闸出口、永跳出口软压板，主保护、后备保护、重合闸、闭锁重合闸、启失灵等功能软压板的投退；具备遥控功能的二次保护软压板的投退和装置定值区切换操作。

（3）具备遥控功能的交直流电源空气开关的操作。

（4）断路器"由运行转备用"或"由备用转运行"操作中穿插的"取下或投入 TV 低

压侧熔断器""断开或投入操作电源开关"等操作不宜列入顺序控制范围。

（5）设备检修过程中的分合操作不应列入顺序控制操作范围。

（6）主变压器、消弧线圈分接头调整等直接遥控操作，不宜列入顺序控制操作范围。

2. 顺序控制操作对象

（1）线路断路器、母联（分段、桥）断路器。

（2）隔离开关、接地开关。

（3）母联断路器操作电源。

（4）主变压器各侧断路器、隔离开关、接地开关。

（5）站用变压器各侧断路器、隔离开关、接地开关。

（6）母线隔离开关、接地开关。

（7）35（10）kV 开关柜内隔离开关、接地开关不宜列入顺序控制。

3. 顺序控制操作对象设备要求

（1）实现顺控操作的各断路器、隔离开关、接地开关应具备遥控操作功能，其位置信号的采集采用双辅助接点遥信。

（2）实现顺控操作的变电站设备应具备完善的防误闭锁功能。

（3）实现顺控的变电站保护设备应具备远方投退软压板及远方切换定值区功能。

（4）实现顺控操作的封闭式电气设备（无法进行直接验电），其线路出口应安装运行稳定可靠的带电显示装置，反映线路带电情况并具备相关遥信功能。

（5）实现顺控操作的变电站母联断路器操作电源应具备遥控操作功能。

三、智能变电站顺序控制实现方式

（1）顺序控制主要有集中式、集中式与分布式相结合两种实施方式。

（2）集中式是指以监控主机、通信网关机为主体的实现方式：由监控主机、通信网关机解析操作票，并根据操作顺序依次向测控装置下发控制命令，达到顺序控制操作的目的。

（3）集中式与分布式相结合的方式是指：单间隔的顺序控制操作由相应间隔的测控装置实现，跨间隔的顺序控制操作则通过集中式的方式实现。

（4）顺序控制宜采用集中式方式。

四、智能变电站顺序控制功能要求

顺序控制应至少具备人工操作界面、安全防护、顺序控制指令执行、人工干预、历史记录等基本功能，但不局限于上述功能。

1. 操作身份验证

在变电站端、调控主站端或其他主站端执行顺序控制操作时，应进行身份验证，且应在正确输入操作员姓名、职务及密码后才允许操作。并应以文档的形式记录操作员的职务、姓名、操作时间、操作内容、操作结果。

2. 操作票导出与存储

（1）操作票导出可采用三种形式：从历史数据库中导出、从操作票系统中导出、人工导出。

1）从数据库存中导出：指事先将已经过实际操作验证过的操作票存入历史数据库中，需要时将其调出。

2）从操作票系统中导出：指当接收到顺序控制命令时，由顺序控制系统自动触发操作票系统开票，导出操作票。

3）人工导出：指当操作较复杂，历史数据库及操作票系统均无法导出操作票或导出的操作票有误时，人工编写或修改操作票的形式，人工导出的操作票应经过审批后方可执行。

（2）人工编写的或操作票系统导出的操作票经验证后，可存为历史操作票。

（3）操作票文件格式如下：

变电站名称（字符串）

操作票编号（字母和数字构成的字符串）

操作票任务名称（字符串）

间隔名称（字符串）

版本号（1.0）

传送时间（字符串）（年月日时分秒）

操作步骤数（int）

序号 1（空格）操作步骤 1 名称（序号为 int 步骤名称为字符串）

……

序号 n（空格）操作步骤 n 名称

3. 顺序控制操作预演

（1）应具备预演操作功能，并以图形的形式实时显示主接线及相关设备的状态变化情况。

（2）预演操作须经过五防判断。

（3）预演结束后应返回预演结果，预演失败时应简要说明失败原因。

4. 遥控功能

（1）顺序控制系统对相关设备的遥控方式有两种：通过监控主机遥控或直接通过测控装置遥控。

（2）系统应能记录操作顺序，当完成一步遥控操作后，自动进入下一步。

（3）应能采集相关设备的状态信息。

（4）操作结束后应返回结果，操作失败时应简要说明失败原因。

5. 人工干预

（1）顺序控制操作完成一步后，系统应进入等待状态，等待时间长短可人工设置。等待时间内须经过人工确认后才能进行下一步，等待时间过完后系统默认进入下一步。

（2）应设置暂停按钮，可在任意时刻暂停顺序控制操作。

6. 报警急停

（1）顺序控制操作过程中应能实时监视相关设备或装置的状态。

（2）顺序控制操作过程中出现故障或告警时，可人工设置系统响应。默认状态下顺序控制操作过程中故障不操作，出现告警信号仍可继续操作。

7. 状态返校

（1）可通过人工设置选择顺序控制操作前后是否对相关设备或装置进行状态校核。

（2）对于需要返校的情况，应同步显示或上传校核结果。

（3）对于断路器、隔离开关及接地开关的位置状态校核，应采用双位置遥信互校。

8. 数据上传

对于站端、调控端和其他主站端的顺序控制操作，应在每一步操作完后，及时将相关设备或装置状态变化情况分别上送至站端监控主机、调控中心和其他主站端。

9. 操作记录

（1）当执行顺序控制操作时，系统应以文档形式自动记录命令源、操作人姓名、职务、操作时间、操作内容、操作结果信息。

（2）操作记录可供查询、删除，不能被修改。

（3）操作记录查询、删除应进行权限管理。

（4）顺序控制服务对于控制操作的过程，具备详细的日志文件存储，为分析故障以及处理提供依据。

五、智能变电站顺序控制流程

1. 集中式顺序控制流程

集中式顺序控制流程图如图 13-1-1 所示。

执行端：指顺序控制主要执行载体，监控主机或通信网关机。

客户端：变电站端、调控中心或其他主站系统的顺序控制命令发起端。

2. 集中式与分布式相结合的顺序控制方式流程

集中分布结合式顺序控制流程如图 13-1-2 所示。

执行端：指顺序控制主要执行载体，主要指监控主机、通信网关机及各间隔测控装置。

客户端：变电站端、调控中心或其他主站系统的顺序控制命令发起端。

六、智能变电站顺序控制性能要求

（1）客户端顺序控制操作请求平均响应时间小于 2s。

（2）顺序控制操作过程中响应速度不随操作步数增长显著下降。

（3）CPU 平均使用率小于 30%。

（4）顺序控制系统与五防系统信息交互平均响应速度不大于 1min。

（5）顺序控制系统与测控装置信息交互平均响应速度不大于 1min。

（6）系统运行日志应记录对系统数据的修改、访问日志；可以定期清理；数据库应当有日志文件，以做备份恢复，处理时间不大于 10min。

七、智能变电站顺序控制协议扩展

为实现顺序控制与调控中心的通信，在不改变 IEC104，101 协议的帧结构和通信流程的前提下，扩充 2 个 ASDU，分别用于顺序控制、操作票文件传输。

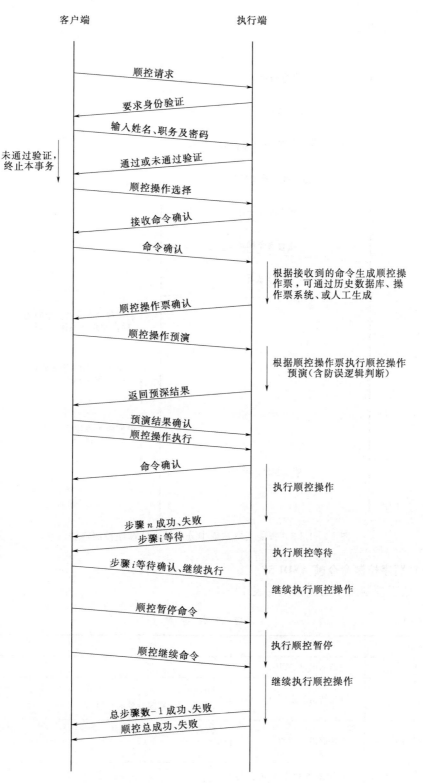

图 13-1-1 智能变电站集中式顺序控制流程图

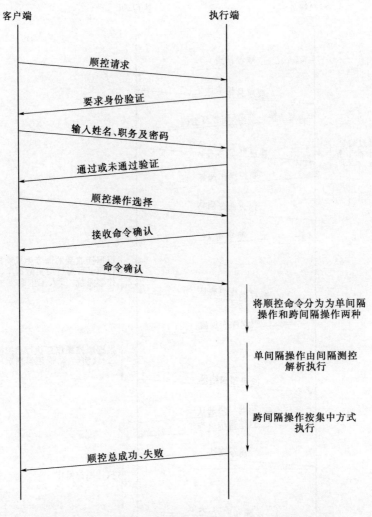

图 13-1-2　智能变电站集中分布结合式顺序控制流程图

(一) 顺序控制命令帧 ASDU57

（1）用于控制命令的帧格式见表 13-1-1。

表 13-1-1　　　　　　　　　　　　控 制 命 令 帧

字节	报文内容	说　　　明
1	类型标识（TYP）	57
2	可变结构限定词（VSQ）	bit7＝0 bit6～bit0 控制对象的数目 N
3	传送原因（COT）	COT＝48，50，52，54，56，58
4		0
5	应用服务数据单元公共地址	RTU 站址
6		

续表

字节	报文内容	说　　明	
7	顺序控制对象 1	顺序控制 1 信息体地址	间隔控制号 1，站端提供
8			
9			
10		顺序控制 1 源态	见设备态信息表
11		顺序控制 1 目的态	见设备态信息表
12		返回信息，见返回信息表	
13			
14			
15			
16	顺序控制对象 2	顺序控制 2 信息体地址	间隔控制号 2
17			
18			
19		顺序控制 2 源态	
20		顺序控制 2 目的态	
21		返回信息，见返回信息表	
22			
23			
24			
$\vdots$	$\vdots$	$\vdots$	
$7+(N-1)\times 9$	顺序控制对象 N	顺序控制 N 信息体地址	间隔控制号 N
$8+(N-1)\times 9$			
$9+(N-1)\times 9$			
$10+(N-1)\times 9$		顺序控制 N 源态	
$11+(N-1)\times 9$		顺序控制 N 目的态	
$12+(N-1)\times 9$		返回信息，见返回信息表	
$13+(N-1)\times 9$			
$14+(N-1)\times 9$			
$15+(N-1)\times 9$			

表 13-1-1 中有关内容含义如下。

可变结构限定词：

bit0～bit6：顺序控制间隔个数（多个对象表示为组合票）。

bit7：＝1，单个信息体寻址。

传送原因：

<48>　　召唤操作票激活。

<50>　　召唤设备状态激活。

<52>　　操作票站端预演激活。

<54> 操作票站端执行激活。

<56> 操作票站端执行中止。

<58> 顺序控制确认继续执行。

信息体地址：

起始地址，0x7001。

一个地址表示一个间隔控制号。

设备状态（源态，目标态）：

具体参考设备状态表。

所有不关心的设备状态的命令，设备状态填"0"不确定态。

返回信息：

见返回信息表。

（2）用于监视命令的帧格式见表 13-1-2。

表 13-1-2 监 视 命 令 帧

字节	报文内容	说 明	
1	类型标识（TYP）	57	
2	可变结构限定词（VSQ）	bit7=0 bit6～bit0 控制对象的数目 N	
3	传送原因（COT）	COT=49，51，53，55，57，59，60，61，62	
4		0	
5	应用服务数据单元公共地址	RTU 站址	
6			
7	顺序控制对象 1	顺序控制 1 信息体地址	间隔控制号 1，站端提供
8			
9			
10		顺序控制 1 源态	见设备态信息表
11		顺序控制 1 目的态	见设备态信息表
12		返回信息，见返回信息表	
13			
14			
15			
16	顺序控制对象 2	顺序控制 2 信息体地址	间隔控制号 2
17			
18			
19		顺序控制 2 源态	
20		顺序控制 2 目的态	
21		返回信息，见返回信息表	
22			
23			
24			
⋮	⋮	⋮	

字节	报文内容	说 明	
7+(N−1)×9	顺序控制对象 N	顺序控制 N 信息体地址	间隔控制号 N
8+(N−1)×9			
9+(N−1)×9			
10+(N−1)×9		顺序控制 N 源态	
11+(N−1)×9		顺序控制 N 目的态	
12+(N−1)×9		返回信息,见返回信息表	
13+(N−1)×9			
14+(N−1)×9			
15+(N−1)×9			

表 13－1－2 中有关内容的含义如下。

可变结构限定词:

bit0～bit6:顺序控制间隔个数(多个对象表示为组合票)。

bit7:＝1,单个信息体寻址。

传送原因:

＜44＞:＝未知的类型标识。

＜45＞:＝未知的传送原因。

＜46＞:＝未知的应用服务数据单元公共地址。

＜47＞:＝未知的信息体地址。

＜49＞召唤操作票激活确认。

＜51＞召唤设备状态激活确认。

＜53＞操作票站端预演激活确认。

＜55＞操作票站端执行激活确认。

＜57＞操作票站端执行结束。

＜59＞顺序控制等待执行。

＜60＞顺序控制成功。

＜61＞顺序控制失败。

＜62＞顺序控制突发上送设备状态。

信息体地址:

起始地址,0x7001。

一个地址表示一个间隔控制号。

设备状态(源态,目标态):

具体参考设备状态表。

所有不确定及不关心的设备状态的信息,设备状态填"0"不确定态。

(3)返回信息:

返回信息见表 13－1－3 所示返回信息表。

组合票的响应执行信息，放在第一个间隔对象后的返回信息。

如步骤号为 0 则表示顺序控制总成功/失败信号。

表 13-1-3 返 回 信 息 对 照 表

传 输 原 因	值	返回值	返回值的意义
读取操作票激活	48	0	无意义
读取操作票激活确认	49	0	读取成功
		−1	源态不正确
		−2	目标态不正确
召唤间隔状态激活	50	0	无意义
召唤间隔状态激活确认	51	≥0	间隔状态
		−1	源态不正确
		−2	目标态不正确
顺序控制预演激活	52	0	无意义
顺序控制预演激活确认	53	0	预演成功
		−1	源态不正确
		−2	目标态不正确
顺序控制执行激活	54	0	无意义
顺序控制执行确诊	55	0	执行命令正确并开始执行
		−1	源态不正确
		−2	目标态不正确
顺序控制中止命令	56	0	无意义
顺序控制结束	57	0	成功
		−1	失败
顺序控制确认并继续执行	58	*	步骤号
顺序控制等待	59	*	步骤号
顺序控制成功	60	*	步骤号
顺序控制失败	61	*	步骤号
顺序控制间隔状态突发上送	62	*	间隔状态

(二) 操作票传输 ASDU127

（1）文件内容以二进制方式传输，格式见表 13-1-4。

表 13-1-4 操作票文件内容格式

字 节	报 文 内 容	说 明
1	类型标识（TYP）	127
2	可变结构限定词（VSQ）	1
3	传送原因（COT）	13
4		0

续表

字　节	报 文 内 容	说　明
5	应用服务数据单元公共地址	RTU 站址
6		
7	信息体地址	文件唯一标识
8		
9		
10	后续位标志和起始传输位置	最高位，0：无后续帧；1：有后续帧本帧传输的文件起始地址在全部文件中的位置
11		
12		
13		
14		
…	文件内容	
14＋文件内容长度	和校验	文件内容部分累加和校验

信息体地址：

为每张操作票的唯一标识 ID。

传送原因：

13。

起始传输位置：

本帧传输的文件起始地址在全部文件中的位置。

起始位置的最高位为后续位标志：

0：全部文件传输结束。

1：后续。

和校验：

检验文件内容部分。

（2）一次、二次设备态定义分别见表 13－1－5 和表 13－1－6。

表 13－1－5　　　　　　　　　　一次设备状态定义表

一次设备态	值	一次设备态	值
不确定态	0	正母运行（合环）	12
运行	1	副母运行（合环）	13
热备用	2	正母运行（热倒）	14
冷备用	3	副母运行（热倒）	15
开关及线路检修	4	正母运行（冷倒）	16
运行（合环）	5	副母运行（冷倒）	17
运行（充电）	6	正母热备用（冷倒）	18
正母运行	7	副母热备用（冷倒）	19
副母运行	8	运行（母线充电）	20
正母热备用	9	正母运行（充电）	21
副母热备用	10	副母运行（充电）	22
开关检修	11		

表 13 - 1 - 6　　　　　　　　　　　　二次设备状态定义表

二次设备态	值	二次设备态	值
不确定态	100	停运	105
投入	101	距离保护	106
退出	102	母差停调整	107
跳闸	103	母差复调整	108
信号	104	无通道跳闸	109

(三) 顺序控制报文交互过程

1. 成功过程

顺序控制成功过程见图 13 - 1 - 3。

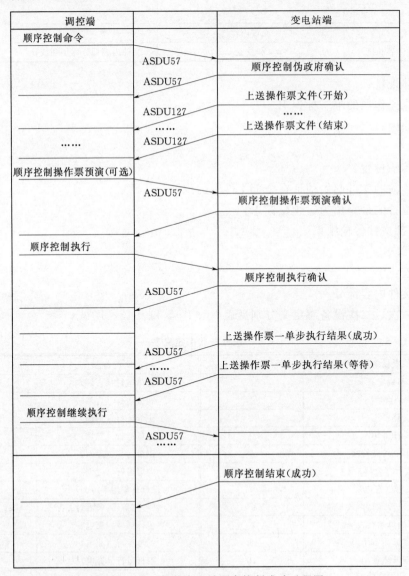

图 13 - 1 - 3　智能变电站顺序控制成功过程图

2. 失败过程

顺序控制失败过程如图 13-1-4 所示。

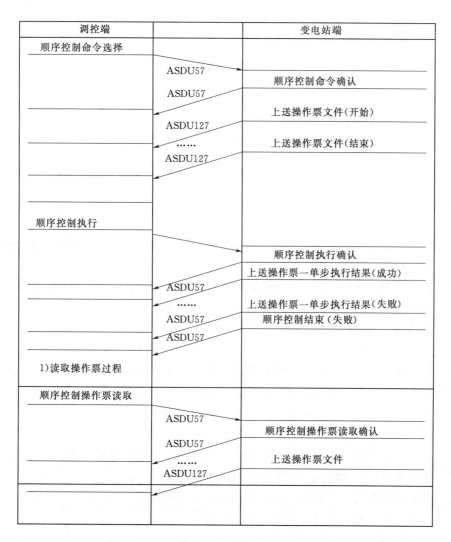

图 13-1-4　智能变电站顺序控制失败过程图

第二节　智能设备巡视

一、原则要求

（1）变电站一次设备、二次设备、通信、计量、站用电源及辅助系统等智能设备的日常巡视工作由运行专业负责，专业巡视由相关设备检修维护部门的相关专业负责。

（2）根据设备智能化技术水平、设备状态可视化程度，可进行远程巡视并适当延长现场巡视周期。状态可视化完善的智能设备，宜采用以远程巡视为主，以现场巡视为辅的巡视方式，设备运行维护部门应结合变电站智能设备智能化水平制定智能设备的远程巡视和现场巡视周期，并严格执行。

（3）对暂不满足远程巡视条件的变电站智能设备应参照常规变电站、无人值守变电站原管理规范等相关规定进行现场巡视。

（4）自检及告警信息远传功能完善的二次设备宜以远程巡视为主，兼顾现场巡视。远程巡视是指运行人员在远方利用计算机监控系统、在线监测系统、图像监控系统等系统对变电站设备运行状态及运行环境等进行的巡视。

（5）利用主站监控后台、设备可视化平台对远端变电站智能设备适时进行远程巡视，电网或设备异常等特殊情况下，应加强设备远程巡视。

二、运行巡视

（一）电子式互感器

电子式互感器现场巡视的主要内容如下：

（1）检查设备外观无损伤、无闪络、本体及附件无异常发热、无锈蚀、无异响、无异味。各引线无脱落、接地良好。

（2）采集器无告警、无积尘，光缆无脱落，箱内无进水、无潮湿、无过热等现象。

（3）有源式电子互感器应重点检查供电电源工作无明显异常。

（二）在线监测系统

1. 远程巡视主要内容

（1）后台远程查看在线监测状态数据显示正常、无告警信息。

（2）定期检查一次设备在线测温装置测温数据正常，无告警。

（3）查看与站端设备通信正常。

2. 现场巡视主要内容

（1）检查设备外观正常、电源指示正常，各种信号、表计显示无异常。

（2）油气管路接口无渗漏，光缆的连接无脱落。

（3）在线监测系统主机后台、变电站监控系统主机监测数据正常。

（4）与上级系统的通信功能正常。

（三）保护设备

1. 远程巡视主要内容

（1）后台远程查看保护设备告警信息、通信状态无异常。

（2）后台远程定期核对软压板控制模式、压板投退状态、定值区位置。

（3）重点查看装置"SV通道""GOOSE通道"正常。

2. 现场巡视主要内容

（1）检查外观正常、各指示灯指示正常，液晶屏幕显示正常无告警。

（2）定期核对硬压板、控制把手位置。

（3）检查保护测控装置的五防连锁把手（钥匙、压板）在正确位置。

（四）交换机

（1）远程巡视主要内容：远程查看站端自动化系统网络通信正常，网络记录仪无告警。

（2）现场巡视主要内容：检查设备外观正常，温度正常，电源及运行指示灯指示正常，无告警。

（五）时间同步系统

1. 远程巡视主要内容

远程查看时钟同步装置无异常告警信号。

2. 现场巡视主要内容

检查主、从时钟运行正常，电源及各种指示灯正常，无告警。

（六）监控系统（一体化监控系统）

1. 远程巡视主要内容

后台远程检查信息刷新正常，无异常报警信息，与站端设备通信正常。

2. 现场巡视主要内容

（1）查看监控系统运行正常，后台信息刷新正常。

（2）检查数据服务器、远动装置等站控层设备运行正常，各连接设备（系统）通信正常，无异响。

（七）合并单元

1. 远程巡视主要内容

后台远程查看无相关告警信息。

2. 现场巡视主要内容

（1）检查外观正常、无异常发热、电源及各种指示灯正常，无告警。

（2）检查各间隔电压切换运行方式指示与实际一致。

（八）智能终端

1. 远程巡视主要内容

后台远程查看无相关告警信息。

2. 现场巡视主要内容

检查外观正常、无异常发热、电源指示正常，压板位置正确、无告警。

（九）智能控制柜

1. 远程巡视主要内容

后台远程查看智能控制柜内温湿度正常，无告警。

2. 现场巡视主要内容

（1）检查智能控制柜密封良好，锁具及防雨设施良好，无进水受潮，通风顺畅。

（2）柜内各设备运行正常无告警，柜内连接线无异常。

（3）检查柜内加热器、工业空调、风扇等温湿度调控装置工作正常，柜内温（湿）度满足设备现场运行要求。

（十）站用电源系统（一体化电源系统）

1. 远程巡视主要内容

（1）后台远程查看站用电源系统工作状态及运行方式、告警信息、通信状态无异常。

（2）条件具备时，定期查看蓄电池电压正常，充电模块，逆变电源工作正常。

（3）重点查看绝缘监察装置信息及直流接地告警信息。

2. 现场巡视主要内容

（1）检查设备运行正常、各指示灯及液晶屏显示正常，无告警。

（2）检查空气断路器、控制把手位置正确。

（3）站用电源系统监测单元数据显示正确，无告警，交直流系统各表计指示正常，各出线开关位置正确。

（4）检查蓄电池组外观无异常、无漏液、蓄电池室环境温度、湿度正常。电源切换正常。逆变电源切换正常。

（十一）辅助系统

1. 远程巡视主要内容

（1）后台远程查看辅助系统中各系统运行状态数据显示正常，无告警。

（2）查看图像监控系统视频图像显示正常，与子站设备通信正常。

（3）检查火灾报警运行正常，无告警。

（4）检查设备红外测温系统在线测温数据正常，无告警。

（5）检查环境监测系统数据正常，无告警。

2. 现场巡视主要内容

（1）检查图像监控系统视频探头、红外对射、火灾报警系统烟感探头等现场设备运行正常，无损伤。

（2）检查环境监控系统空调风机、各类传感器等辅助系统中的现场设备运行正常，无损伤。

（3）定期检查火灾报警装置运行正常，无告警。

（4）检查红外测温系统中的现场设备运行正常。

三、专业巡视

1. 一次设备

（1）定期采集在线监测系统数据信息，并与历史数据进行比较，条件具备时应采用远程采集。

（2）定期检查设备在线监测系统传感器接线可靠。

（3）定期检查电子互感器运行正常。

（4）定期检查防误闭锁系统功能正确、运行正常。

2. 二次设备

（1）自动化专业定期进行交换机、网络等冗余设备的运行/备用方式切换检查。

（2）自动化专业定期检查变电站监控系统 CPU 负载、磁盘空间，网卡、系统运行日志，条件具备时可采用远方巡检。

（3）保护专业（或自动化专业）定期检查智能控制柜温度、湿度调控装置运行及上传数据正确性。

（4）自动化专业（或运行专业）定期检查试验视频监控系统、空调风机等环境监测系统的联动功能正常，定期检查设备环境监测等系统中各传感器接线可靠。

（5）保护专业（或自动化专业）可结合其他设备专业巡视定期对具有光功率的自动装置进行巡视。

（6）运行专业（或自动化专业）定期检查试验火灾报警装置的完好性，发现故障及时处理。

第三节　设备操作和设备维护

一、设备操作

1. 顺序控制

（1）根据变电站接线方式、智能设备现状和技术条件编制顺序控制操作票。顺序控制操作票的编制应符合国家电网公司电力安全工作规程（变电部分）相关要求，并符合电气误操作安全管理规定的相关要求。变电站设备及接线方式变化时应及时修改顺序控制操作票。

（2）实行顺序控制的设备应具备电动操作功能。条件具备时，顺序控制宜和图像监控系统实现联动。

（3）顺序控制操作前应核对设备状态并确认当前运行方式，符合顺序控制操作条件。

（4）在监控后台调用顺序控制操作票时，应严格执行操作监护制度。

（5）顺序控制操作时，继电保护装置须采用软压板控制模式。

（6）顺序控制操作完成后，可通过后台监控及设备在线监测可视化界面对一次、二次设备操作结果正确性进行核对。

（7）顺序控制操作中断时，应做好操作记录并注明中断原因。待处理正常后方能继续进行。

（8）顺序控制操作中若设备状态未发生改变，应查明原因并排除故障后继续顺控操作；若无法排除故障，可根据情况改为常规操作。由于通信原因设备状态未发生改变，履行手续后可转交现场监控后台继续顺控操作。

2. 保护定值修改及压板投退

（1）保护设备采用软压板控制模式时，运行人员应采用远方/后台操作，操作前、后均应在监控画面上核对软压板实际状态。

（2）远程操作软压板模式下，禁止运行人员在保护装置上进入定值修改菜单。

（3）因通信中断无法远程投退软压板时，应履行手续转为就地操作。

（4）在监控后台上远程切换保护定值区，操作前应检查待切换定值区定值正确，操作后应后台打印定值清单并进行核对。

（5）检修人员在保护装置上修改/切换定值区后应与运行人员共同核对，应保证远方核对的正确性。

（6）间隔设备检修时，应退出本间隔所有与运行设备二次回路联络的压板（保护失灵启动软压板，母线保护、主变保护本间隔采样通道软压板等），检修工作完成后应及时恢复并核对。

（7）保护设备投运前应检查对应的智能终端、保护测控等装置的检修压板投退状态。正常运行时严禁投入智能终端、保护测控等装置的检修压板。

（8）除装置异常处理、事故检查等特殊情况外，禁止通过投退智能终端的跳闸、合闸压板投退保护。

二、设备维护

1. 维护原则

（1）变电站智能设备的运行维护应遵循《输变电设备状态检修试验规程》《智能变电站自动化系统现场调试导则》等相关规程。

（2）智能设备维护应综合考虑一次、二次设备，加强专业协同配合，统筹安排，开展综合检修。

（3）智能设备的维护应充分发挥智能设备的技术优势，利用一次设备的智能在线监测功能及二次设备完善的自检功能，结合设备状态评估开展状态检修。

（4）智能设备的维护应体现集约化管理、专业化检修等先进理念，适时开展专业化检修。

2. 智能电子设备维护要求

（1）保护装置、合并单元、智能终端等智能电子设备检修维护时，应做好与其相关联的保护测控设备的安全措施。

（2）保护装置、合并单元、智能终端等智能电子设备检修维护时，应做好光口及尾纤的安全防护，防止损伤。

（3）保护装置检修维护应兼顾合并单元、智能终端、测控装置、后台监控、系统通信等相关二次系统设备的校验。

（4）具备完善保护自检功能及智能监测功能的保护设备宜开展状态检修。

（5）智能在线监测设备、交换机、站控层设备、智能巡检设备宜开展状态检修。

（6）智能在线监测设备、交换机、站控层设备、智能巡检设备升级改造时应由厂家进行专业化检修。

（7）应做好保护装置、合并单元、智能终端等智能电子设备备品备件管理工作，确保专业化检修顺利开展。

3. 智能控制柜维护要求

（1）智能控制柜内单一设备检修维护时，应做好柜内其他运行设备的安全防护措施，防止误碰。

（2）应遵循《智能变电站智能控制柜技术规范》要求进行维护，应定期检测智能控制柜内保护装置、合并单元、智能终端等智能电子设备的接地电阻。

（3）应定期检测智能控制柜温度、湿度调控装置运行及上传数据正确性。

（4）应定期对智能柜通风系统进行检查和清扫，确保通风顺畅。

4. 电子式互感器维护要求

（1）电子互感器投运一年后应进行停电试验。停电试验项目及标准应符合制造厂有关规定和要求。

（2）电子互感器检修维护应同时兼顾合并单元、交换机、测控装置、系统通信等相关二次系统设备的校验。

（3）电子互感器检修维护时，应做好与其相关联保护测控设备的安全措施。

（4）电子式电压互感器在进行工频耐压试验时，应防止内部电子元器件损坏。

（5）纯光学电流互感器根据其设备特点不进行绕组的绝缘电阻测试。

5. 在线监测设备维护要求

（1）在线监测设备检修时，应做好安全措施，且不影响主设备正常运行。

（2）在线监测设备报警值由监测设备对象的维护单位负责管理，报警值一经设定不应随意修改。

6. 监控系统维护要求

（1）监控系统检修维护时，非因检修需要，运行及维护人员不应随意退出或者停运监控软件，不得在监控后台从事与运行维护或操作无关的工作。

（2）监控系统检修维护时，运行维护人员不得随意修改和删除自动化系统中的实时告警事件、历史事件、报表等设备运行的重要信息记录。

（3）监控系统检修维护时应遵照智能变电站自动化系统现场调试导则、电力二次系统安全防护规定要求，监控系统维护应采用专用设备。

（4）监控系统检修维护时，除系统管理员外禁止启用已停用的自动化系统所有服务器、工作站的软驱、光驱及所有未使用的 USB 接口。

（5）智能变电站一体化监控系统功能、自动化系统软件需修改或升级时，应由厂家进行专业化检修，相应程序修改或升级后应提供相应测试报告，并做好程序变更记录及备份。

（6）智能告警、顺序控制等高级应用功能不能满足现场运行时，应由原厂家进行专业化检修，高级应用功能修改、升级、扩容后应在现场进行调试验证。

7. 光缆设备维护要求

（1）光缆设备安装维护时，其弯曲半径应符合相关规程要求。防止光缆损伤。

（2）应做好光缆备用芯的检验维护。

三、维护界面

（1）根据智能设备特点属性，结合变电站智能设备维护现状，确定变电站智能设备的专业检修维护界面。

（2）电子式互感器：以采集单元为维护分界点。采集单元随电子互感器归属一次专业维护，合并单元归属二次专业维护。

（3）在线监测设备：以监控主机/主 IED 为维护分界点。在线监测设备的传感器、监测单元/分 IED、监控主机/主 IED、热交换器等随在线监测设备归属一次专业维护。监控主机/主 IED 接口（不包括接口）以外归属二次专业维护。

（4）变电站监控系统，包括监控后台、远动设备、工作站、前置机、时钟系统、保护测控装置、合并单元、智能终端、安全自动装置等归属二次专业维护。

（5）智能控制柜与变电站监控系统之间以及与其他间隔层设备之间的通信介质及连接

件归属二次专业维护。

（6）继电保护和变电站监控系统之间的网络设备、连接件、通信介质，公用部分等归属保护/自动化专业维护。

（7）通信通道采用专用光纤的差动保护，以保护光纤配线架为维护分界点，分界点至站内保护设备归属保护专业维护，分界点（包括配线架）以外归属通信专业维护。通信通道采用复用光纤的纵联保护，以保护设备的数字接口装置为分界点，分界点（包括数字接口）至站内保护设备归属保护专业维护，分界点以外归属通信专业维护。

（8）远动设备连接站外通信设备，以通信柜端子排或通信接口为界，端子排至远动设备部分由自动化专业维护，端子排（包括端子排）至站外通信部分归通信专业维护。

（9）与站外连接的站内光端机、PCM、通信接口柜、配线架归属通信专业维护；专用通信电源、调度交换机、行政电话等归属通信专业维护。

（10）一体化电源系统以监测单元的输出数字接口为维护分界点。分界点至站控层之间的通信介质归属二次专业维护，数字接口（含数字接口）至一体化电源系统归属直流电源专业维护。一体化电源的交直流分电屏以端子排为维护分界点，分界点（含端子排）归属直流电源专业维护，端子排以外归属二次专业维护。一体化电源内通信电源模块归属直流电源专业维护。

（11）电度表、关口表、集抄设备等归属计量专业维护。计量屏内通过光缆终端盒连接的，以光缆终端盒作为维护分界点，分界点至表计归属计量专业维护，光缆终端盒及以外归属保护/自动化专业维护；计量屏内通过光缆直连的，以光缆接口处为维护分界点，分界点至表计归属计量专业维护，光缆接口及以外归属保护/自动化专业维护；电度表电源部分以空气断路器为维护分界点，分界点至表计部分归属计量专业维护，空气断路器及以外归属保护/自动化专业维护。

（12）光伏发电系统归属直流电源专业维护。

（13）辅助系统中图像监控系统、火灾报警系统、门禁系统、环境监测设备可根据各单位实际情况归属自动化或运行专业维护。空调、照明等变电站辅助设备归属运行专业维护。

四、试验仪器配备要求

运行维护单位应根据智能化变电站智能设备特点和实际需求选择、配置数字化继电保护测试仪、电子互感器校验仪、光纤测试仪、数字化相位仪、数字化万用表、光纤熔接机、网络分析测试仪等专用试验仪器仪表设备。

第四节　设备验收和台账管理

一、设备验收

1. 验收管理

（1）生产运行管理单位应结合现场安装调试及早组织人员技术培训，保证验收顺利进行和设备安全运行。提前介入工程安装调试工作，掌握运行管理要求及故障时信息调取方法。

（2）验收前验收部门应根据相关规程、规范编制详细的验收细则，并根据需要向厂家征求需补充的验收内容。

（3）建设单位在变电站投运前应向生产运行单位提交相关智能设备的功能规范、简明操作手册及运行说明书。

（4）对专业融合性较强智能设备的验收，应加强各专业协同配合。

2．验收要求

（1）新建及改造变电站智能设备的验收，按照《变电站计算机监控系统现场验收管理规程》《智能化变电站改造工程验收规范》等相关文件进行。

（2）智能设备验收重点要求：

1）开关设备本体加装的传感器（含变送器）安装牢固可靠，气室开孔处密封良好。各类监测传感器防护措施良好，不影响主设备的电气性能和接地。

2）交换机、合并单元等智能电子设备应可靠接她。

3）电子式互感器工作电源在加电或掉电瞬间以及工作电源在非正常电压范围内波动时，不应输出错误数据导致保护系统的误判和误动。有源电子式互感器工作电源切换时应不输出错误数据。

4）电子式互感器与合并单元通信应无丢帧，同步对时和采样精度满足要求。

5）智能在线监测各 IED 功能正常，各监测量在监控后台的可视化显示数据、波形、告警正确，误差满足要求，并具备上传功能。

6）顺序控制软压板投退、急停等功能正常。顺控操作与视频系统的联动功能正常。

7）高级应用中智能告警信息分层分类处理与过滤功能正常，辅助决策功能正常。

8）智能控制柜中环境温度、湿度数据上传正确。

9）辅助系统中各系统与监控系统、其他系统联动功能正常。

3．移交资料

工程验收时除移交常规的技术资料外主要应包括：

（1）系统配置文件，交换机配置，GOOSE 配置图，全站设备网络逻辑结构图，信号流向，智能设备技术说明等技术资料。

（2）系统集成调试及测试报告。

（3）设备现场安装调试报告（在线监测、智能组件、电气主设备、二次设备、监控系统、辅助系统等）。

（4）在线监测系统报警值清单及说明。

二、台账管理

1．智能设备台账管理

（1）根据变电站智能设备的功能及技术特点，制定智能设备台账，使运行、检修等人员准确掌握设备信息，便于设备管理。

（2）智能设备的台账管理应纳入变电站设备台账统一管理，并按照变电站常规设备台账管理相关规定执行。

2．电子式电流互感器

（1）设备类型按一次设备类。

（2）按对应间隔（断路器）分相建立设备台账。

（3）命名按照"设备电压等级＋设备间隔名称编号（＋组别号）＋电子式电流互感器＋相别"。例："220kV×××断路器（A组1号）电子式电流互感器A相"。

（4）采集单元为电子式电流互感器附件，随电子式电流互感器台账填写。

3．电子式电压互感器

（1）设备类型按一次设备类。

（2）按对应母线或间隔分相建立设备台账。

（3）命名按照"设备电压等级｜设备间隔名称编号（1组别号）｜电压互感器｜相别"。例："220kV×××断路器（A组1号）电子式电压互感器A相"。

（4）采集单元为电子式电压互感器附件，随电子式电压互感器台账填写。

4．电子式电流电压互感器

（1）设备类型按一次设备类。

（2）按对应间隔（断路器）分相建立设备台账。

（3）命名按照"设备电压等级＋设备间隔名称编号（＋组别号）＋电子式电流电压互感器＋相别"。例："220kV×××断路器（A组1号）电子式电流电压互感器A相"。

（4）采集单元为电子式电流电压互感器附件，随电子式电流电压互感器台账填写。

5．合并单元

（1）设备类型按继电保护类。

（2）合并单元按对应断路器、主变、母线间隔按台建立台账。

（3）命名按照"电压等级＋设备间隔名称编号＋合并单元十组别号（A或B组）"。例："220kV××断路器合并单元A组"。

6．智能终端

（1）设备类型按继电保护类。

（2）智能终端按对应的断路器、主变间隔按台建立台账。

（3）命名按照"电压等级＋设备间隔名称编号＋智能终端＋组别号（A或B组）"，例："220kV××断路器智能终端A组"。

7．保护测控装置

（1）设备类型按继电保护类。

（2）220kV及以下保护测控装置按对应的断路器、主变单元中按台建立台账。

（3）命名按照"设备间隔名称编号＋保护测控装置＋组别号（A或B组）"，例："1号主变保护测控装置A组"。

8．在线监测装置

（1）设备类型按一次设备类。

（2）按间隔配置的在线监测设备按间隔建立台账，跨间隔配置的在线监测系统单独建立台账。

（3）单间隔在线监测设备命名按照"电压等级＋设备间隔名称编号＋在线监测装置类型＋装置"，例："220kV 1号主变压器油色谱在线监测装置"。跨间隔在线监测系统命名按照"电压等级｜设备名称｜在线监测类型＋装置，例："220kV断路器在线监测装置"。

9. 光伏发电系统

（1）设备类型按一次设备类。

（2）按系统建立台账。

（3）命名按××变电站光伏发电系统，单位为套。

10. 屏柜

（1）设备类型按屏柜类。

（2）交换机屏柜、公共屏等按屏柜建立台账。

（3）命名按照"屏柜类别（＋组别号）"。例：交换机屏柜1号屏柜。

11. 智能控制柜

（1）设备类型按屏柜类。

（2）智能控制柜按对应间隔建立台账。

（3）命名按照"电压等级＋间隔名称编号＋智能控制柜（＋组别号）"。例：110kV××断路器智能控制柜1号柜。

第五节　缺陷管理和异常及事故处理

一、智能设备缺陷管理

（1）根据变电站智能设备的功能及技术特点，制定智能设备缺陷定性和分级，使运行人员及专业维护人员了解设备缺陷危急程度，便于缺陷管理。

（2）智能设备的缺陷管理应纳入变电站设备缺陷统一管理，按照变电站常规设备缺陷管理相关规定执行。

二、智能设备缺陷分级

（1）智能设备的缺陷分级参照变电站常规设备，缺陷分为危急、严重和一般缺陷。

（2）智能设备主要危急缺陷如下：

1）电子互感器故障（含采集器及其电源）。

2）保护装置、保护测控装置故障或异常，影响设备安全运行的。

3）纵联保护装置通道故障或异常。

4）合并单元故障。

5）智能终端故障。

6）GOOSE断链、SV通道异常报警，可能造成保护不正确动作的。

7）过程层交换机故障。

8）其他直接威胁安全运行的缺陷。

（3）智能设备严重缺陷主要包括：

1）GOOSE断链、SV通道异常报警，不会造成保护不正确动作的。

2）对时系统异常。

3）智能控制柜内温控装置故障，影响保护装置正常运行的。

4）监控系统主机（工作站）、站控层交换机故障或异常。

5）一体化电源系统监控模块故障或通信故障。

6）远动设备与上级通信中断。

7）装置液晶显示屏异常。

8）其他不直接威胁安全运行的缺陷。

（4）智能设备一般缺陷主要包括：

1）智能控制柜内温控装置故障，不影响保护装置正常运行的。

2）在线监测系统异常、故障或通信异常。

3）网络记录仪故障。

4）辅助系统故障或通信中断。

5）一体化电源系统冗余配置的单块充电模块故障。

6）其他不危及安全运行的缺陷。

三、异常及事故处理原则

1. 基本要求

变电站智能设备异常及事故处理应按照变电站设备异常及事故处理相关规定执行。

2. 主要原则

根据变电站智能设备的功能特点，智能设备异常及事故处理遵循以下主要原则：

（1）电子互感器（采集单元）、合并单元异常或故障时，应退出对应的保护装置的出口软压板。

单套配置的合并单元、采集器、智能终端故障时，应退出对应的保护装置，同时应退出母线保护等其他接入故障设备信息的保护装置（母线保护相应间隔软压板等），母联断路器和分段断路器根据具体情况进行处理。

1）双套配置的合并单元、采集器、智能终端单台故障时，应退出对应的保护装置，并应退出对应的母线保护的该间隔软压板。

2）智能终端异常或故障时应退出相应的智能终端出口压板，同时退出受智能终端影响的相关保护设备。

（2）保护装置异常或故障时应退出相应的保护装置的出口软压板。

（3）当无法通过退软压板停用保护时，应采用其他措施，但不得影响其他保护设备的正常运行。

（4）母线电压互感器合并单元异常或故障时，按母线电压互感器异常或故障处理。

（5）按间隔配置的交换机故障，当不影响保护正常运行时（如保护采用直采直跳方式）可不停用相应保护装置；当影响保护装置正常运行时（如保护采用网络跳闸方式），应视为失去对应间隔保护，应停用相应保护装置，必要时停运对应的一次设备。

（6）公用交换机异常和故障若影响保护正确动作，应申请停用相关保护设备，当不影响保护正确动作时，可不停用保护装置。

（7）在线监测系统告警后，运行人员应通知检修人员进行现场检查。确定在线监测系统误告警的，应根据情况退出相应告警功能或退出在线监测系统，并通知维护人员处理。

（8）运行人员及专业维护人员应掌握智能告警和辅助决策的高级应用功能，正确判断处理故障及异常。

（9）一体化电源系统异常及故障时参照变电站站用电源系统异常及故障处理。

第六节　安　全　管　理

一、顺序控制管理

1. 顺序控制操作票管理

（1）顺序控制操作票应严格按照国家电网公司《电力安全工作规程》（变电站部分）、《防止电气误操作安全管理规定》有关要求，根据智能变电站设备现状、接线方式和技术条件进行编制。

（2）顺序控制操作票应经过现场试验，验证正确后方可使用。

（3）顺序控制操作任务和操作票，应经过运行管理部门和调度部门审核，运行管理单位生产分管领导审批。

（4）顺序控制操作任务和操作票应备份，由专人管理，设置管理密码。

（5）变电站改（扩）建、设备变更、设备名称改变时，应同时修改顺序控制操作票，重新验证并履行审批手续，完成顺序控制操作票的变更、固化、备份。

2. 顺序控制操作管理

（1）各单位应制定有关顺序控制操作的管理制度。

（2）顺序控制操作时，应填写倒闸操作票，各单位应制定倒闸操作票的填写规定。

（3）顺序控制操作时，继电保护装置应采用软压板控制模式。

（4）顺序控制操作时，应调用与操作指令相符合的顺序控制操作票，并严格执行复诵监护制度。

（5）顺序控制操作前，应确认当前运行方式符合顺序控制操作条件。

（6）顺序控制操作过程中，如果出现操作中断，运行人员应立即停止顺序控制操作，检查操作中断的原因并做好记录。

（7）顺序控制操作中断后，若设备状态未发生改变，应查明原因并排除故障后继续顺控操作，若无法排除故障，可根据情况转为常规操作。

（8）顺序控制操作中断后，如果需转为常规操作，应根据调度命令按常规操作要求重新填写操作票。

（9）顺序控制操作完成后，运行人员应核对相关一、二次设备状态无异常后结束此次操作。

二、压板及定值操作管理

（1）运行人员应明确软压板与硬压板之间的逻辑关系，并在变电站现场运行规程中明确。

（2）运行人员宜在站端和主站端监控系统中进行软压板操作，操作前、后应在监控画面上核对软压板实际状态。

（3）运行人员宜在站端和主站端监控系统中进行定值区切换操作，操作前、后应在监控画面上核对定值实际区号，切换后打印核对。

（4）正常运行时，运行人员严禁投入智能终端、保护测控等装置检修压板。设备投运前应确认各智能组件检修压板已经退出。

三、特殊状态管理

（1）发生事故、重大异常、防汛抗台、火灾、水灾、地震、人为破坏、灾害性大气、重要保电任务、远动通道中断、变电站计算机网络瘫痪等情况都视为特殊状态。

（2）发生特殊状态时，运行人员应首先进行远程巡视，了解变电站的运行环境和设备状况，并将检查情况向相关部门汇报。特殊状态期间，应增加远程巡视次数，必要时安排运行人员到变电站现场进行相关工作。

（3）运行部门应对智能变电站的特殊状态制订应急预案、现场处置方案并经上级部门审核批准。

四、防误闭锁管理

（1）各单位应依据国家电网公司的相关规定，制定智能变电站的防误闭锁管理制度。

（2）安装独立微机防误闭锁系统的智能变电站，防误闭锁管理同常规站。

（3）一体化监控系统防误闭锁管理。

1）防误闭锁功能应由运行部门审核，经批准后由一体化监控系统维护人员实现。

2）防误闭锁功能升级、修改，应进行现场验收、验证。

3）应加强一体化监控系统防误闭锁功能检查和维护工作。

五、辅助系统管理

1. 视频监控

（1）定期巡视视频监控系统，发现问题，及时上报处理。

（2）定期检查站内摄像机等图像监控系统设备，定期测试视频联动及智能分析等功能的运行情况，发现故障及时处理，确保其运行完好。

2. 安防系统

（1）定期巡视安防系统，发现异常及故障及时上报处理。

（2）定期巡视火警监测装置，确保其运行完好；定期检查、试验报警装置的完好性，发现故障及时上报处理。

（3）危急情况下能够解除门禁，迅速撤离。门卡的使用权限应经运行管理部门批准，由运行人员监督使用。

（4）定期巡视电子围栏，检查是否有异物、断线，确保其运行完好。

3．照明系统

（1）定期检查与视频监控等子系统的联动功能，发现缺陷及时上报处理。

（2）定期检查各种照明灯具，发现缺陷及时上报处理。

4．环境监测

（1）定期检查变电站内环境监测装置，发现故障及时上报处理。

（2）定期检查空调、除湿、风机联动运行状况，发现缺陷及时上报处理。

5．光伏发电系统

（1）定期巡视光伏电池组件及辅助设备，发现缺陷及时处理。

（2）定期试验光伏系统与站用电源系统自动切换功能。

第七节　智能变电站设备运行管理

一、巡回检查制度

（1）根据智能变电站巡视性质编制相应的巡视标准化作业指导书，并严格执行。

（2）设备巡视分为正常巡视、全面巡视、熄灯（夜间）巡视、特殊巡视、远程巡视。

（3）根据实际情况在《变电站现场运行规程》中补充完善远程巡视内容，确定远程巡视权限的级别。

（4）开展远程巡视的变电站，可适当调整正常巡视的内容和周期。

（5）为避免不同部门进行远程巡视操作时互相干扰导致摄像头发生指令冲突的现象，远程巡视应分级进行。

（6）发挥智能巡视系统的作用，应用成熟后可延长人工巡视周期。

二、现场运行规程编制

智能变电站现场运行规程除具备常规站内容外，应增加以下内容：

（1）全站网络结构：站控层、间隔层、过程层的网络结构和传输报文形式，网络出现异常情况时的处理方案，明确公用交换机故障处理时应停用保护的范围和方法。

（2）一体化监控系统：系统功能介绍及构成、网络连接方案、测控装置作用、顺序控制等高级应用的功能介绍、日常巡视检查维护项目、正常运行操作方法及注意事项、事故异常及处理方案。

（3）在线监测系统：功能介绍及构成、网络连接方案，主要技术参数及运行标准、日常巡视检查维护项目、正常运行操作方法及注意事项、事故异常及处理方案。

（4）辅助系统：视频监控、安防系统、照明系统、环境监测、光伏发电等系统功能介绍及构成、网络连接方案、主要技术参数及运行标准、日常巡视检查维护项目、正常运行操作方法及注意事项、事故异常及处理方案。

（5）电子互感器：功能介绍及构成、主要技术参数及运行标准、日常巡视检查维护项目、投运和检修的验收项目、正常运行操作方法及注意事项、事故异常及处理方案。

（6）合并单元、采集器、保护装置、智能终端、安全自动装置：功能介绍及构成、网络连接方式、主要技术参数及运行标准、日常巡视检查维护项目、软压板与硬压板之间的逻辑关系、正常运行操作方法及注意事项、事故异常及处理方案。

（7）站用交直流一体化电源：功能介绍及构成、网络连接方案、主要技术参数及运行标准、日常巡视检查维护项目、正常运行操作方法及注意事项、事故异常及处理方案。

（8）根据变电站的设备增加和系统功能变化，及时完善变电站现场运行规程。

三、设备管理制度

1. 设备管理基本要求

（1）加强设备和系统配置文件管理，明确校核、修改、审批、执行流程。

（2）建立健全智能变电站各类设备台账和技术资料，应包含 SCD、ICD、CID 等文件的电子文档。

（3）变电站设备应纳入设备缺陷管理流程。智能设备的缺陷分级应按照《智能变电站运行维护导则》的相关规定执行。

（4）加强智能终端、电子互感器、合并单元、保护装置等设备的巡视，在现场运行规程中完善巡视内容。

（5）定期检查分析网络记录装置记录的事项，检查智能装置通信状况、网络运行情况。

（6）定期开展变电站设备状态分析，形成报告，作为状态检修的依据。

2. 在线监测系统管理

（1）在线监测系统报警值的整定和修改应记录在案。

（2）定期检查在线监测系统的运行状况，及时发现运行缺陷，做好相关记录。

（3）加强在线监测系统的监视和数据管理，包括设备状态参量的监视跟踪、监测数据的存储和备份等。检查监测数据是否在正常范围内，如有异常及时向设备检修管理部门汇报。

（4）定期依据离线、带电检测数据对在线监测系统数据的准确性和重复性进行比对分析，发现问题，及时上报处理。

3. 一体化监控系统管理

（1）一体化监控系统操作界面及维护界面应设置权限和密码，由专人管理，严禁擅自改动系统设置。

（2）建立一体化监控系统操作员站、服务器、通信接口、计算机网络、冗余备用系统切换、计算机存储等设备工作状态的日常巡视和定期检查、记录制度。

（3）建立一体化监控系统软件、数据库定期检查、备份制度，软件修改、升级应及时进行下装和备份，做好记录。

四、资料管理

1. 法规、规程

除常规变电站应具备的法规、规程，还应具备：

（1）智能变电站技术导则。

（2）高压设备智能化技术导则。

（3）变电站智能化改造技术规范。

（4）智能变电站继电保护技术规范。

（5）智能变电站改造工程验收规范。

（6）变电设备在线监测系统运行管理规范。

（7）其他智能设备相关规定。

2. 技术资料

除常规变电站应具备的图纸、图表，还应具备：

（1）监控系统方案配置图。

（2）保护配置逻辑框图。

（3）网络通信图。

（4）交换机接线图。

（5）逻辑信号图。

（6）一体化电源负荷分布图。

（7）在线监测传感器位置分布图。

（8）站内 VIAN、IP 及 MAC 地址分配列表。

（9）交换机端口分配表及电（光）缆清册。

（10）网络流量计算结果表。

（11）GOOSE 配置表。

（12）SV 配置表。

（13）VLAN 配置表。

（14）屏柜配置表。

（15）其他智能设备的配置文件和配置软件。

五、培训工作

（1）智能变电站运行维护人员应进行系统培训，了解上级下发的有关智能变电站的相关规定，熟悉智能变电站的新技术、新特点。

（2）智能变电站运行人员应提前学习智能变电站的设计图纸，熟悉变电站的整体结构。

（3）设备在厂家联调期间，运行人员入厂学习，熟悉其工作原理。

（4）设备现场统调期间，运行人员参与调试工作，熟练操作流程。

（5）设备验收结束，设备厂家及现场施工人员应对运行人员进行综合培训，便于运行人员对设备有一整体认识，利于今后的维护与操作。

（6）设备投运后，对于运行中发现的问题，设备厂家要进行深入分析并对运行单位进行培训。

第八节 智能变电站设备检修管理

一、检修原则

（1）智能变电站设备的检修应充分发挥智能设备的技术优势，体现集约化管理、状态检修、工厂化检修/专业化检修等先进理念，遵循应修必修的原则，加强专业协同配合，促进相关设备的综合检修，提高变电站运维效率。

（2）智能变电站一次智能设备应充分利用智能在线监测功能，结合设备状态评估实行状态检修。二次智能设备应利用其完善的自检功能，开展状态检修。

二、综合检修

（1）二次系统设备检修应弱化二次设备专业界限，开展保护、自动化、通信等二次设备综合检修。

（2）电子互感器检修时应同时兼顾合并单元、交换机、测控装置、系统通信等相关二次系统设备的校验。

（3）继电保护设备检修时应兼顾合并器、智能终端、测控装置、后台监控、系统通信等相关二次系统设备的校验。

三、工厂化检修

（1）智能在线监测设备（系统）、交换机、站控层设备，宜实行状态检修、工厂化检修。

（2）顺序控制操作不满足现场运行时应采用工厂化检修，由原厂家进行相应程序的修改及功能的完善。

（3）自动化系统软件需修改或升级时，由原厂家进行相应程序的修改或升级。

（4）高级应用功能不能满足现场运行时，应由原厂家进行高级应用功能的修改、升级、扩容等。

（5）计量装置损坏时应进行工厂化检修或更换。

（6）智能机器人巡检、一次及二次红外巡检设备宜实行状态检修、工厂化检修。

四、设备分界

（1）电子互感器属一次设备。电子式互感器以其远端模块为界，远端模块以内（含远端模块）属一次设备，远端模块接口以外属二次设备。

（2）一次设备的在线监测设备（系统）的传感器、监测单元/分 IED、监控主机/主

IED、热交换器等属一次设备。以监控主机/主 IED 作为专业管理分界点。监控主机/主 IED 接口以外属二次设备。

（3）一体化电源系统以监测单元的输出接口为分界点。输出接口至站控层间的通信介质属二次设备，其他部分属直流设备。

（4）光伏发电系统属直流设备。

（5）继电保护、故障录波、PT 并列等公用设备及安全自动装置等属二次设备。

（6）测控装置（保护测控一体化装置）、监控后台、远动设备、工作站、前置机、时钟系统、合并器、智能终端等智能电子设备属二次设备。

（7）继电保护和自动化系统设备间的网络设备、连接件和通信介质属二次设备。

（8）智能控制柜、一体化平台等有专业交叉的设备之间的连接件及通信介质等公共部分属二次设备。

（9）与站外通信系统相连的通信设备，主要包括光端机、PCM、通信接口柜、配线架以及通信电源、调度交换机、行政电话等属通信设备。

（10）电度表、关口表、集抄设备等属计量设备，以计量屏内光缆终端盒作为专业管理的分界点，分界点至表计属计量设备；分界点以外属保护/自动化设备。电度表电源部分以空开为分界点，空开至表计部分属计量设备；空开及其以上部分属保护/自动化设备。

（11）通信通道采用专用光纤的差动保护，以保护光纤配线架为分界点，分界点至站内保护设备属保护设备，分界点以外属通信设备。

（12）通信通道采用复用光纤的纵联保护，应以保护设备的数字接口装置为分界点，分界点至站内保护属保护设备，分界点以外属通信设备。

（13）远动设备和通信设备以通信配线架为分界点，配线架端子至远动设备属远动设备，配线架至厂外通信属通信设备。

（14）辅助系统中图像监控系统、安防系统属二次设备。

（15）智能机器人巡检系统、一次及二次红外巡检设备、检测环境监测设备、消防系统、照明系统归运行部门维护。

（16）一次设备包含的智能电子设备，一次专业不具备检修维护能力的，可委托二次专业检修维护。

（17）监控系统、综合控制柜等二次系统中设备之间的公用部分、连接件及连接介质由保护/自动化专业负责，保护/自动化专业不具备检修能力的，可委托通信专业检修维护。

五、一般要求

（1）智能综合柜内单一智能设备检修时，应做好柜内其他运行设备的安全防护措施，防止误碰。

（2）在线监测报警值由厂家负责制定和实施，报警值不应随意修改。

（3）在线监测设备检修时，应做好安全措施，不能影响主设备正常运行。

（4）不得随意退出或者停运监控软件，不得随意删除系统文件。不得在监控后台从事与运行维护或操作无关的工作。

（5）不得随意修改和删除自动化系统中的实时告警事件、历史事件、报表为设备运行的重要信息记录。

（6）停用的自动化系统所有服务器、工作站的软驱、光驱及所有未使用的 USB 接口，除系统管理员外禁止启用上述设备或接口。

第九节　智能变电站继电保护装置运行与检修

一、智能变电站继电保护系统主要设备

1. 智能变电站继电保护系统

智能变电站继电保护系统主要包括：合并单元、继电保护装置（含故障录波器）、智能终端、过程层网络、跳合闸二次回路、纵联通道及接口设备等。站内还配有网络报文记录分析装置等辅助设备。智能变电站继电保护系统概略图如图 13-9-1 所示。

2. 合并单元

合并单元用于接收互感器传变后的电压、电流量，并对其进行相关处理，通过光纤将电压、电流的采样值传输至保护、故障录波、测控等二次设备。合并单元与保护装置之间采用光纤点对点直连。

3. 智能终端

智能终端主要用于接收保护、测控等二次设备发出的跳合闸 GOOSE 报文指令，解析指令后实现对断路器、隔离开关的分合控制；同时将一次设备的状态量（如断路器位置等）上送保护和测控等二次设备。智能终端与保护、测控采用光纤连接，与一次设备采用电缆连接，可实现常规变电站内断路器操作箱的功能。

4. 智能变电站继电保护系统设备特点

（1）智能变电站保护装置与传统站保护的作用相同，由于新增了合并单元和智能终端等智能二次设备，故保护相关回路的实现方式与传统站存在差异。保护装置与合并单元、智能终端之间采用光纤点对点连接，与其他保护、测控装置之间采用光纤网络连接。

（2）智能变电站的过程层设备主要有合并单元、智能终端，间隔层设备主要包含保护装置等二次设备。过程层网络（SV 网、GOOSE 网）由过程层设备、间隔层设备、过程层交换机及光纤构成，实现过程层与间隔层设备之间、间隔层与间隔层设备之间的信息交互。

二、装置压板

1. 压板设置

（1）保护装置设有"检修硬压板""GOOSE 接收软压板""GOOSE 发送软压板""SV 软压板"和"保护功能软压板"等五类压板。

（2）智能终端设有"检修硬压板""跳合闸出口硬压板"等两类压板；此外，实现变

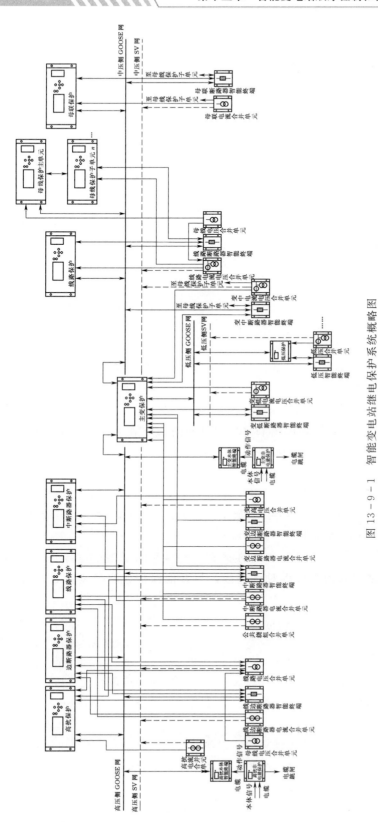

图 13 - 9 - 1　智能变电站继电保护系统概略图

压器（电抗器）非电量保护功能的智能终端还装设了"非电量保护功能硬压板"。

（3）合并单元仅装设有"检修硬压板"。

2. 压板功能

（1）硬压板：

1）检修硬压板：该压板投入后，装置为检修状态，此时装置所发报文中的"Test位"置"1"。装置处于"投入"或"信号"状态时，该压板应退出。

2）跳合闸出口硬压板：该压板安装于智能终端与断路器之间的电气回路中，压板退出时，智能终端失去对断路器的跳合闸控制。装置处于"投入"状态时，该压板应投入。

3）非电量保护功能硬压板：负责控制本体重瓦斯、有载重瓦斯等非电量保护跳闸功能的投退。该压板投入后非电量保护同时发出信号和跳闸指令；压板退出时，保护仅发信。

（2）软压板：

1）GOOSE 接收软压板：负责控制接收来自其他智能装置的 GOOSE 信号，同时监视 GOOSE 链路的状态。退出时，装置不处理其他装置发送来的相应 GOOSE 信号。该类压板应根据现场运行实际进行投退。

2）GOOSE 发送软压板：负责控制本装置向其他智能装置发送 GOOSE 信号。退出时，不向其他装置发送相应的 GOOSE 信号，即该软压板控制的保护指令不出口。该类压板应根据现场运行实际进行投退。

3）SV 软压板：负责控制接收来自合并单元的采样值信息，同时监视采样链路的状态。该类压板应根据现场运行实际进行投退。

SV 软压板投入后，对应的合并单元采样值参与保护逻辑运算；对应的采样链路发生异常时，保护装置将闭锁相应保护功能。例如：电压采样链路异常时，将闭锁与电压采样值相关的过电压、距离等保护功能；电流采样链路异常时，将闭锁与电流采样相关的电流差动、零序电流、距离等功能。

SV 软压板退出后，对应的合并单元采样值不参与保护逻辑运算；对应的采样链路异常不影响保护运行。

4）保护功能软压板：负责装置相应保护功能的投退。

三、装置运行状态划分及要求

1. 继电保护装置有投入、退出和信号三种状态

（1）投入状态是指装置交流采样输入回路及直流回路正常，装置 SV 软压板投入、主保护及后备保护功能软压板投入，跳闸、启动失灵、重合闸等 GOOSE 接收及发送软压板投入，检修硬压板退出。

（2）退出状态是指装置交流采样输入回路及直流回路正常，装置 SV 软压板退出、主保护及后备保护功能软压板退出，跳闸、启动失灵、重合闸等 GOOSE 接收及发送软压板退出，检修硬压板投入。

（3）信号状态是指装置交流采样输入回路及直流回路正常，装置 SV 软压板投入、主

保护及后备保护功能软压板投入，跳闸、启动失灵、重合闸等 GOOSE 发送软压板退出，检修硬压板退出。

2. 智能终端有投入和退出两种状态

（1）投入状态是指装置直流回路正常，跳合闸出口硬压板投入，检修硬压板退出。

（2）退出状态是指装置直流回路正常，跳合闸出口硬压板退出，检修硬压板投入。

3. 合并单元有投入和退出两种状态

（1）投入状态是指装置交流采样、直流回路正常，检修硬压板退出。

（2）退出状态是指装置交流采样、直流回路正常，检修硬压板投入。

4. 要求

（1）运行中一般不单独退出合并单元、过程层网络交换机。必要时，根据其影响程度及范围在现场做好相关安全措施后，方可退出。

（2）一次设备处于运行状态或热备用状态时，相关合并单元、保护装置、智能终端等设备应处于投入状态；一次设备处于冷备用状态或检修状态时，上述设备均应处于退出状态。一次、二次设备运行状态对应情况见表 13-9-1。

表 13-9-1　　　　　　　　　　一次、二次设备运行状态对应情况表

一次设备状态 二次设备	运行	热备用	冷备用	检修
合并单元	投入	投入	退出	退出
智能终端	投入	投入	退出	退出
保护装置	投入	投入	退出	退出

（3）一次设备状态发生变化时，西北电力调控分中心直调设备应由现场运维人员根据一、二次设备状态对应要求自行投退保护及相关设备；其他调度单位调管设备根据相应规定执行。

（4）一次设备状态不变，需单独改变保护装置运行状态时，应经调度许可。

（5）保护装置检修时，在做好现场安全措施的情况下，现场可根据工作需要自行改变其状态。工作结束后，现场应将装置恢复至原状态。

四、运行操作原则及注意事项

1. 禁止投入检修硬压板操作原则

处于"投入"状态的合并单元、保护装置、智能终端禁止投入检修硬压板。

（1）误投合并单元检修硬压板，保护装置将闭锁相关保护功能。

（2）误投智能终端检修硬压板，保护装置跳合闸命令将无法通过智能终端作用于断路器。

（3）误投保护装置检修硬压板，保护装置将被闭锁。

2. 合并单元检修硬压板操作原则

（1）操作合并单元检修硬压板前，应确认所属一次设备处于检修状态或冷备用状态，

且所有相关保护装置的 SV 软压板已退出，特别是仍继续运行的保护装置。

（2）一次设备不停电情况下进行合并单元检修时，应在对应的所有保护装置处于"退出"状态后，方可投入该合并单元检修硬压板。

3. 智能终端检修硬压板操作原则

（1）操作智能终端检修硬压板前，应确认所属断路器处于分位，且所有相关保护装置的 GOOSE 接收软压板已退出，特别是仍继续运行的保护装置。

（2）一次设备不停电情况下进行智能终端检修时，应确认该智能终端跳合闸出口硬压板已退出，且同一设备的两套智能终端之间无电气联系后，方可投入该智能终端检修硬压板。

4. 注意事项

（1）保护装置检修硬压板操作前，应确认与其相关的在运保护装置所对应的 GOOSE 接收、GOOSE 发送软压板已退出。

（2）断路器检修时，应退出在运保护装置中与该断路器相关的 SV 软压板和 GOOSE 接收软压板。

（3）操作保护装置 SV 软压板前，应确认对应的一次设备已停电或保护装置 GOOSE 发送软压板已退出。否则，误退保护装置"SV 软压板"，可能引起保护误、拒动。

（4）部分厂家的保护装置"SV 软压板"具有电流闭锁判据，当电流大于门槛值时，不允许退出"SV 软压板"。因此，对于此类装置，在一次设备不停电情况下进行保护装置或合并单元检修时，"SV 软压板"可不退出。

（5）如图 13-9-2 所示，一次设备停电时，智能变电站继电保护系统退出运行宜按以下顺序进行操作：

1）退出智能终端跳合闸出口硬压板。

2）退出相关保护装置跳闸、启动失灵、重合闸等 GOOSE 发送软压板。

3）退出保护装置功能软压板。

4）退出相关保护装置失灵、远传等 GOOSE 接收软压板。

5）退出与待退出合并单元相关的所有保护装置 SV 软压板。

6）投入智能终端、保护装置、合并单元检修硬压板。

（6）如图 13-9-3 所示，一次设备送电时，智能变电站继电保护系统投入运行宜按以下顺序进行操作：

1）退出合并单元、保护装置、智能终端检修硬压板。

2）投入与待运行合并单元相关的所有保护装置 SV 软压板。

3）投入相关保护装置失灵、远传等 GOOSE 接收软压板。

4）投入保护装置功能软压板。

5）投入相关保护装置跳闸、启动失灵、重合闸等 GOOSE 发送软压板。

6）投入智能终端跳合闸出口硬压板。

5. 当单独退出保护装置的某项保护功能时的操作原则

（1）退出该功能独立设置的出口 GOOSE 发送软压板。

（2）无独立设置的出口 GOOSE 发送软压板时，退出其功能软压板。

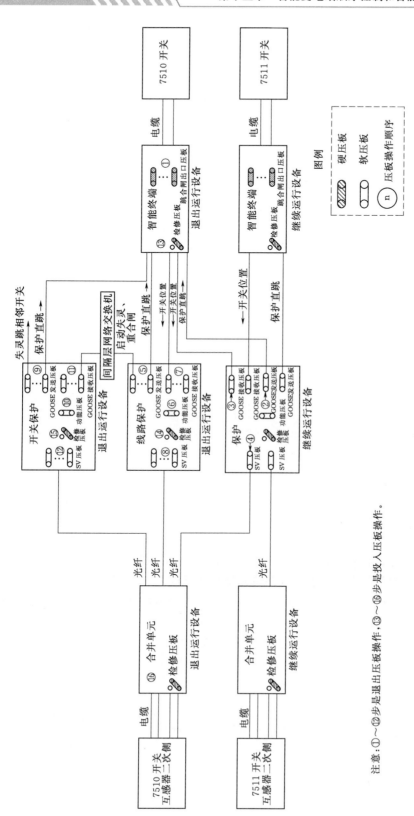

图13-9-2 智能变电站一次设备停电时继电保护设备运行转退出操作顺序框图

注:①~⑫步是退出压板操作,⑬~⑯步是投入压板操作。

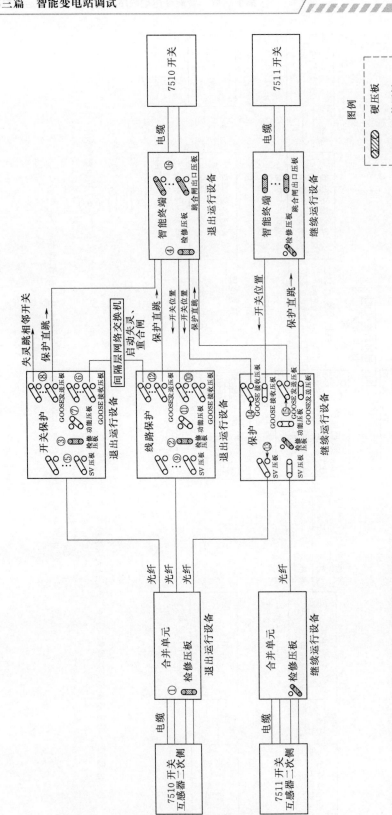

注意：①～④步是退出压板操作 ⑤～⑯步是投入压板操作。

图 13 - 9 - 3 智能变电站一次设备送电时继电保护系统由退出转投入运行操作顺序框图

（3）不具备单独投退该保护功能的条件时，可退出整装置。

6. 其他事项

（1）保护装置退出时，一般不应断开保护装置及相应合并单元，智能终端、交换机等设备的直流电源。

（2）线路纵联保护装置如需停用直流电源，应在两侧纵联保护退出后，再停用直流电源。

（3）双重化配置的智能终端，当单套智能终端退出运行时，应避免断开合闸回路直流操作电源。如因工作需要确需断开合闸回路直流操作电源时，应停用该断路器重合闸。

五、装置告警信息及处理原则

1. 装置告警信息

智能变电站的保护装置、合并单元、智能终端具有较强的自检功能，实时监视自身软硬件及通信的状态。发生异常时，装置指示灯将有相应显示，并报出告警信息。一些异常将造成保护功能闭锁。

2. 处理原则

（1）保护装置、合并单元、智能终端出现异常后，现场应立即检查并记录装置指示灯与告警信息，判断影响范围和故障部位，采取有效的防范措施，及时汇报和处理。

（2）现场应重视分析和处理运行中反复出现并自行复归的异常告警信息，防止设备缺陷带来的安全隐患。

（3）当保护装置出现异常告警信息，应检查和记录装置运行指示灯和告警报文，根据信息内容判断异常情况对保护功能的影响，必要时应退出相应保护功能。

1）保护装置报出 SV 异常等相关采样告警信息后，若失去部分或全部保护功能，现场应退出相应保护。同时，检查合并单元运行状态、合并单元至保护装置的光纤链路、保护装置光纤接口等相关部件。

2）保护装置报出 GOOSE 异常等相关告警信息后，应先检查告警装置运行状态，判断异常产生的影响，采取相应措施，再检查发送端保护装置、智能终端以及 GOOSE 链路光纤等相关部件。

3）保护装置出现软、硬件异常告警时，应检查保护装置指示灯及告警报文，判断装置故障程度，若失去部分或全部保护功能，现场应退出相应保护。

4）合并单元出现异常告警信息后，应检查合并单元指示灯，判断异常对相关保护装置的影响，必要时退出相应保护功能。

六、智能变电站继电保护系统检修机制

1. 检修机制特点

（1）常规变电站保护装置的检修硬压板投入时，仅屏蔽保护上送监控后台的信息。智能变电站与其不同，智能变电站通过判断保护装置、合并单元、智能终端各自检修硬压板的投退状态一致性，实现特有的检修机制。

（2）装置检修硬压板投入时，其发出的 SV、GOOSE 报文均带有检修品质标识，接收端设备将收到的报文检修品质标识与自身检修硬压板状态进行一致性比较判断，仅在两

者检修状态一致时，对报文作有效处理。

2. 检修机制中 SV 报文的处理方法

（1）当合并单元检修硬压板投入时，发送的 SV 报文中采样值数据的品质 q 的"Test位"置"1"。

（2）保护装置将接收的 SV 报文中的"Test 位"与装置自身的检修硬压板状态进行比较，只有两者一致时才将该数据用于保护逻辑，否则不参与逻辑计算。SV 检修机制示意见表 13-9-2。

表 13-9-2　　　　　　　　　　SV 检修机制示意表

保护装置 检修硬压板状态	合并单元 检修硬压板状态	结　果
投入	投入	合并单元发送的采样值参与保护装置逻辑计算，但保护动作报文置检修标识
投入	退出	合并单元发送的采样值不参与保护装置逻辑计算
退出	投入	合并单元发送的采样值不参与保护装置逻辑计算
退出	退出	合并单元发送的采样值参与保护装置逻辑计算

3. 检修机制中 GOOSE 报文的处理方法

（1）当装置检修硬压板投入时，装置发送的 GOOSE 报文中的"Test 位"置"1"。

（2）装置将接收的 GOOSE 报文中的"Test 位"与装置自身的检修硬压板状态进行比较，仅在两者一致时才将信号作为有效报文进行处理。GOOSE 检修机制示意见表 13-9-3。

表 13-9-3　　　　　　　　　　GOOSE 检修机制示意表

保护装置 检修硬压板状态	合并单元 检修硬压板状态	结　果
投入	投入	保护装置动作时，智能终端执行保护装置相关跳合闸指令
投入	退出	保护装置动作时，智能终端不执行保护装置相关跳合闸指令
退出	投入	保护装置动作时，智能终端不执行保护装置相关跳合闸指令
退出	退出	保护装置动作时，智能终端执行保护装置相关跳合闸指令

七、智能变电站继电保护现场检修策略

（一）GOOSE 和 SV 信号隔离机制

下面以 220kV 某变电站线路第一套保测间隔整组回路图为例，说明智能变电站出口电缆及 GOOSE 二次回路，如图 13-9-4 和图 13-9-5 所示。PSL603 GOOSE 出口软压板表见表 13-9-4。

表 13-9-4　　　　第一套 220kV 线路保护 PSL603 GOOSE 出口软压板表

GOOSE 跳闸出口软压板	GOOSE 跳闸出口 1 软压板，置"1"，允许跳闸出口
GOOSE 启动失灵软压板	GOOSE 启动失灵 1 压板，置"1"，允许启动失灵
GOOSE 重合闸出口软压板	GOOSE 重合出口软压板，置"1"，允许重合闸出口

注　测控功能未设置出口 GOOSE 软压板。

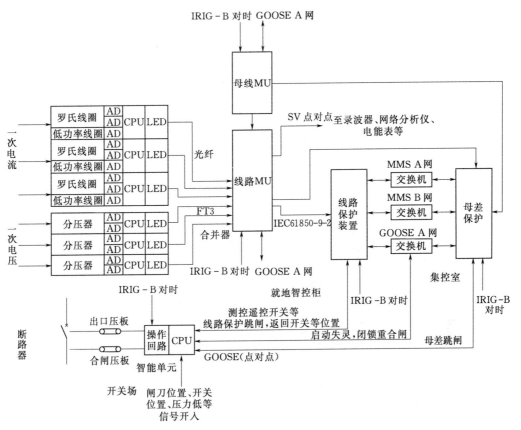

图 13-9-4　220kV××变电站线路第一套保测间隔整组回路图

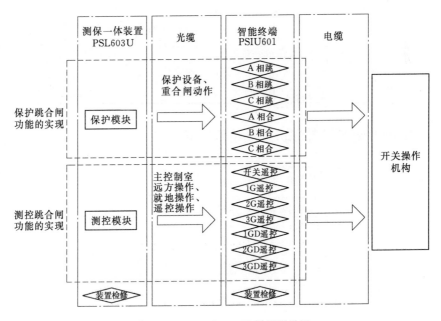

图 13-9-5　PSL603U 硬压板设置

由图 13-9-4 和图 13-9-5 及表 13-9-4 看出，与传统变电站不同的是，智能化变电站 GOOSE 出口回路上串行设置有四种隔离手段。

1. 检修压板

智能化保护装置及智能终端均设置了一块"保护检修状态"硬压板，该压板属于采用开入方式的功能投退压板。当该压板投入时，相应装置发出的所有 GOOSE 报文的 TEST 位值为 TRUE，如图 13-9-6 和图 13-9-7 所示。

```
☐ IEC 61850 GOOSE
    AppID*: 282
    PDU Length*: 150
    Reserved1*: 0x0000
    Reserved2*: 0x0000
☐ PDU
    IEC GOOSE
    {
      Control Block Reference*:    PB5031BGOLD/LLN0$GO$gocb0
      Time Allowed to Live (msec):  10000
      DataSetReference*:    PB5031BGOLD/LLN0$dsGOOSE0
      GOOSEID*:    PB5031BGOLD/LLN0$gocb0
      Event Timestamp: 2008-12-27 13:38.46.222997  Timequality: 0a
      StateNumber*:    2
      Sequence Number:    0
      Test*:    TRUE
      Config Revision*:    1
      Needs Commissioning*:    FALSE
      Number Dataset Entries:  8
      Data
      {
        BOOLEAN:  TRUE
        BOOLEAN:  FALSE
        BOOLEAN:  FALSE
```

图 13-9-6　GOOSE 报文带检修位

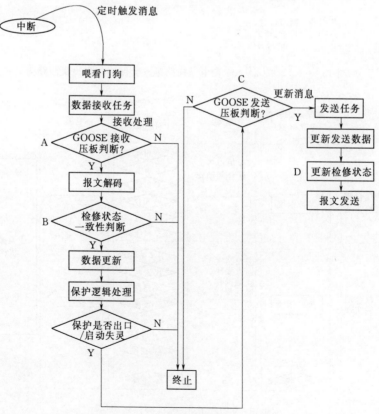

图 13-9-7　GOOSE 检修压板开入逻辑图

保护装置投入"保护检修状态"压板时，除了上送到监控系统的保护事件信息中带有检修状态提示信息，装置检修时测控闭锁本间隔遥控操作，另外保护装置发出的 GOOSE 报文中也带检修位，智能终端不处理装置的开出。按照相关标准要求，IED 设备可以通过 APDU 中的"Test 位"来传输装置的检修状态，当装置检修压板投入时，其所发送的 SV、MMS、GOOSE 报文的"Test 位"均"置位"。

下一级设备接收的报文与本装置检修压板状态进行一致性比较判断，如果两侧装置检修状态一致，则对此报文信息作有效处理；如果两侧装置检修状态不一致，则对此报文信息作无效处理。

2. 保护装置本体上的 GOOSE 软压板

智能保护装置（包括保测一体装置）都设置有 GOOSE 软压板，在退出相应压板以后相应的 GOOSE 链路将中断，不再发送相应的 GOOSE 报文（包括心跳报文）。具体压板设置为：GOOSE 跳闸出口软压板，控制保护通过智能终端跳闸；GOOSE 启动失灵软压板，启动母差失灵功能；GOOSE 重合闸出口软压板，控制保护通过智能终端合闸。GOOSE 发送软压板用于控制 GOOSE 报文中发送的跳闸信号（包括其他信号）的有效性。

当发送软压板设置为 1 时，GOOSE 报文中发送的跳闸信号反映装置的实际状态。

当发送软压板为 0 时，GOOSE 报文中发送的跳闸信号始终为 0。

不论 GOOSE 发送软压板为 1 或者 0，保护装置均会按照 GOOSE 要求的时间间隔发送数据，不会导致接收方判断 GOOSE 断链。

3. 接收侧保护接收软压板

GOOSE 接收软压板用于控制 IED 设备接收 GOOSE 报文中的跳闸信号（包括其他信号）的有效性。如启动失灵、解除复压闭锁等，在 GOOSE 接收侧设置 GOOSE 接收软压板，作为双侧安措以提高可靠性。

当 GOOSE 接收软压板为 1 时，保护装置按照 GOOSE 报文的实际内容进行处理。

当 GOOSE 接收软压板为 0 时，保护装置不再处理 GOOSE 报文的实际内容，而是根据接收信号的逻辑自动设置固定的值，例如装置将接收的启动失灵、失灵联跳信号清零，防止保护误动作。

此外，GOOSE 接收软压板为 0 时，保护装置不再监视对应的 GOOSE 链路，即使此时链路断开，装置也不再发出 GOOSE 断链报警信号。

SV 接收软压板用于控制 IED 设备接收 SV 报文中的跳闸信号（包括其他信号）的有效性。

当 SV 接收软压板为 1 时，保护装置按照 SV 报文的实际内容进行处理。

当 SV 接收软压板为 0 时，保护装置不再处理 SV 报文的实际内容，相关信息不再参与保护逻辑计算。

此外，SV 接收软压板为 0 时，保护装置不再监视对应的 SV 链路，即使此时链路断开，装置也不再发出 SV 断链报警信号。

4. 装置间的光纤

从物理上将保护与保护间或保护与智能终端之间的光纤隔断是最直接的隔离手段。从发送方断开发送数据的光纤链路，可靠隔离信号，将导致接收方判断为 GOOSE 或 SV 断链而告警，并影响接收方逻辑，接收方不再处理光纤传输的信息内容。

（二）检修处理机制

智能变电站检修处理机制，包含三部分的内容：SV 报文检修处理机制，GOOSE 报文检修处理机制，MMS 报文检修处理机制。在《IEC61850 工程继电保护应用模型》中，对检修处理机制作如下要求。

1. MMS 报文检修处理机制的要求

当装置投入"检修压板"时，上送报文中信号的品质 q 的 Test 位应置位，并将检修压板状态上送后台监控系统。检修时的报文内容应能存储，并可通过检修态报文窗口进行查询。

2. GOOSE 报文检修处理机制的要求

当装置投入"检修压板"时，装置发送的 GOOSE 报文中的 Test 应置位；GOOSE 接收端装置应将接收的 GOOSE 报文中的 Test 位与装置自身的检修压板状态进行比较，只有两者一致时才将信号作为有效进行处理或动作。

3. SV 报文检修处理机制的要求

当合并单元装置投入"检修压板"时，发送采样值报文中采样值数据的品质 q 的 Test 位应置位；SV 接收端装置应将接收的 SV 报文中的 Test 位与装置自身的检修压板状态进行比较，只有两者一致时才将该信号用于保护逻辑计算。对于不一致的信号，接收端装置仍应计算和显示其幅值。

目前 IEC61850 第二版已经吸收了中国智能保护的检修处理机制的思想，如图 13 - 9 - 8 所示。不同之处在于其借助 GOOSE 报文数据品质 q 的 Test 位实现检修处理机制，而中国使用的是 GOOSE 报文中的 Test 位。

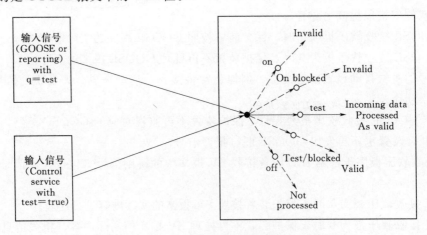

图 13 - 9 - 8　IEC61850 第二版的检修处理机制

（三）信号隔离方式对比

从以上分析可见，投检修态和发送软压板属于发送方的信号隔离措施，接收软压板属于接收方的信号隔离措施，断开光纤链路属于传输环节隔离措施，三者各有优缺点。

1. 投检修态和发送软压板

优点：操作简单，仅需要对被检修设备进行操作。

缺点：①当发送设备出现异常时，可能失效，无法实现信号的可靠隔离；②考虑到保护装置软件异常，仅依靠 GOOSE 发送/接收软压板投退可靠性不够。

2. 接收软压板

优点：可靠的信号隔离。

缺点：需要在没有检修的间隔操作，操作较为复杂。智能终端目前无接收软压板。

3. 断开光纤链路（见图 13-9-9）

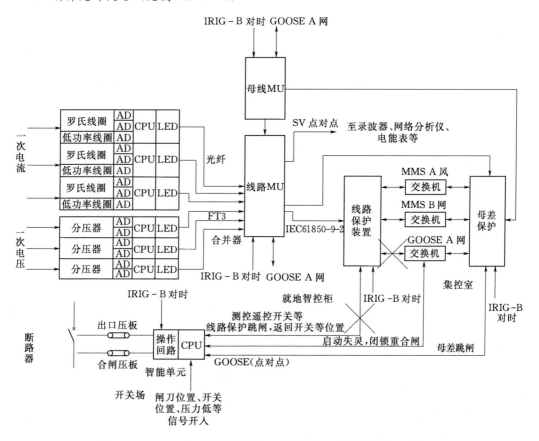

图 13-9-9　220kV 某变线路第一套保护装置光纤链路断开示意图

优点：明显的物理断开点，可靠的隔离信号。

缺点：①多次插拔可能导致设备损坏；②导致接收方报警干扰运行。

（四）GOOSE 检修策略

1. 装置运行正常下的检修策略

在发送装置正常运行情况下，当设备检修时，将被检修设备的投检修态投入，装置可以正确地把自身的检修状态通过 GOOSE 报文发送出去，与其连接的其他运行设备的检修状态不投入，则其他运行设备不再处理被检修设备发送的信号，基于这个前提，可以采取以下安措措施：

考虑到运行人员仅在检修侧设置安措，仅退出检修侧 GOOSE 发送压板，同时投入检修压板。

在 GOOSE 接收侧装置上需按照 GOOSE 链路增加发送方检修状态指示功能：①若接受侧装置具有液晶显示功能，则需在菜单中增加各 GOOSE 链路检修状态指示；②若接受侧装置具无液晶显示功能，则需设置 LED 指示灯（建议 10 个）指示各 GOOSE 链路检修状态。

建议在智能终端侧按照 GOOSE 链路增加 GOOSE 接收硬压板，并设置相应 LED 指示灯，该指示灯用于指示 GOOSE 接收压板投入情况。

2. 装置运行异常下的检修策略

待检修设备软件运行异常或软件不可靠时，装置可能不能正确的发出自身的投检修态，此时需要采取以下安措措施：

（1）若接收侧设备设有 GOOSE 接收压板，则退出接收侧装置 GOOSE 接收压板，同时投入本侧检修压板。

（2）若对侧设备未设 GOOSE 接收压板（如智能终端），则断开待检修设备至接收侧设备光纤。

（3）在装置重启过程中，装置必须待所有必需的模拟量和开关量接收正常后方能进行保护逻辑运算。

（4）此外，可考虑在智能终端接入 MMS 网络。

优点如下：

1）按照 GOOSE 链路设置 GOOSE 接收软压板，通过顺控操作简化检修操作，实现信号的可靠隔离。

2）可以直接将一次设备状态信息上送到站控层，无需依靠 GOOSE 网络通过测控装置转发数据，减少数据传输中间环节，提高数据传输可靠性，降低 GOOSE 网络数据流量。

缺点如下：

目前智能终端需要进行修改，同时提高了智能终端装置复杂度，需要接入站控层网络。

（五）SV 检修策略

与传统变电站不同智能化变电站 SV 回路上串行地设置有两种隔离手段。

1. 检修压板

合并单元设置了一块"保护检修状态"硬压板，该压板属于采用开入方式的功能投退压板。当该压板投入时，相应装置发出的所有 SV 报文的"TEST"置为 TRUE。当互感器需要检修的时候，需要把合并器的检修压板投上，这样合并器的报文就会带有检修位。当保护装置的检修状态和合并器的检修压板不一致时，装置会报"检修压板不一致"。

目前跨间隔保护对检修压板的配合关系处理如下：

（1）当母差保护检修硬压板与 MU 间隔检修硬压板不一致的时候，闭锁母差保护。

（2）若主变保护检修硬压板与 MU 间隔检修硬压板不一致，则差动保护退出，与主变保护检修状态不一致的各侧后备保护退出，如果与各侧 MU 检修压板都不一致，则差动及所有后备保护都退出。

具体配合关系见表 13-9-5。

表 13-9-5　　　　　　　　　保护装置的检修和合并器的检修态的配合

采样数据测试状态	装置本地检修状态	通道数据有效标志	使用情况
测试态	检修态	有效	检修调试的情况下
非测试态	非检修态	有效	正常投入使用时
非测试态	检修态	无效	报"检修压板不一致",装置告警,闭锁相关保护
测试态	非检修态	无效	

2. SV 接收压板

智能化保护装置均设置有 SV 接收软压板,当智能化保护装置退出某间隔的 SV 接收软压板,则对应间隔 MU 的模拟量及其状态(包括检修状态)都不计入保护,保护按无此支路处理。

(1) 跨间隔保护对 SV 接收压板的关系处理如下:

1) 对于母差保护,若某侧 SV 接收压板退出,差动保护不计算该侧。

2) 对于主变保护,若某侧 SV 接收压板退出,则该侧后备保护退出,差动保护不计算该侧。

(2) 实际工程中需根据一次设备停运情况,采取下列安全措施:

1) 对应一次设备停运时,可退出 SV 接收压板。

2) 对应一次设备运行时,单间隔保护可直接退出 SV 接收压板或装置功能压板,跨间隔保护需要退出与该 SV 链路相关的保护功能:母差保护需要退出母差功能,变压器保护需要退出差动保护和本侧后备保护。

(六) 检修策略可视化

现有的智能站信息流查看方式大多是采用专门的网络分析软件抓包用报文显示方式来分析,这种方式不能直观地体现信息流的互相协作关系。本方案提出主动获取保护装置、回路及压板信息,将多信息源进行智能分析后以更为直观的图形方式显示给继电保护运行和检修人员,使得继电保护管理及运行维护人员能够更加迅速、准确地掌控保护系统的运行和动作状况,从而提高智能站的运维水平,降低检修风险。

1. 智能变电站继电保护状态实时监测与可视化系统架构

继电保护状态实时监测与可视化系统基于变电站现有的网络,如图 13-9-10 所示,其功能由故障录波装置和综合应用服务器实现。

动态记录装置实现对保护装置、过程层交换机状态信息的接收、存储、分类、诊断等功能,并将诊断结果报送至综合应用服务器。

综合应用服务器接收、存储、管理全站所有二次设备状态监测信息,并对除保护装置以外设备的状态信息进行分析、诊断;过程层设备监测的状态信息通过公用测控报送至综

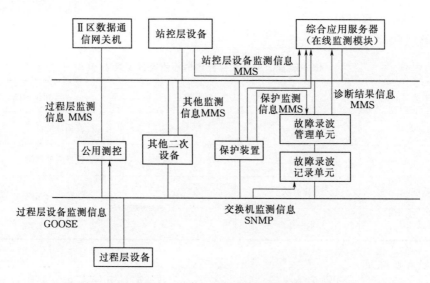

图 13 - 9 - 10　二次设备在线监测系统结构

合应用服务器；过程层网络交换机的网络状态信息通过 SNMP 或 GOOSE 报送至动态记录装置。

2. 保护动作逻辑可视化

通过图形画面展示保护动作信息、录波信息、保护中间节点信息，如图 13 - 9 - 11 所示。实现从保护装置读取保护动作的逻辑图，根据保护上送的中间节点信息动态显示逻辑图中不同时刻的逻辑状态，达到故障回放的要求。

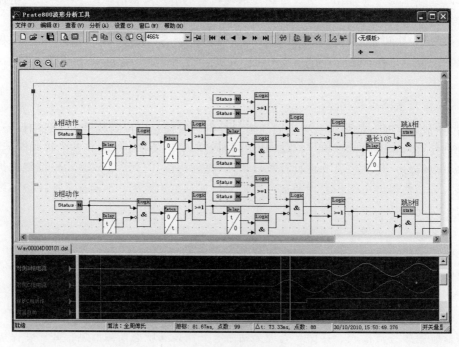

图 13 - 9 - 11　保护动作信息可视化

3. 网络状态可视化

由监控主机实现网络状态可视化功能，综合应该服务器采集保护装置、过程层设备的逻辑通道状态（SV/GOOSE），例如接收到线路保护的 SV 控制块 1 中断，经分析得出结论：线路合并单元数据中断，如图 13-9-12 所示，提示运维人员进行处理。

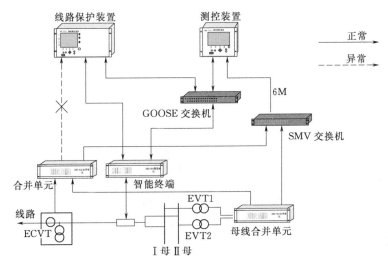

图 13-9-12　网络状态可视化示意图

通过上述可视化界面，可直接查看二次系统的回路状况，如 GOOSE 通道、SV 通道、品质信息等，并将有异常状态的回路醒目展示，使运行人员能简洁快速地发现异常信息。另外，可通过监测画面直观地观察到物理链路的通信状况，如网络节点状态、网络拥塞、网络流量以及网络负载等信息。

4. 虚端子可视化

由监控主机实现全站二次设备之间的虚端子可视化功能，接收保护及过程层设备的通道信息。具体实现步骤如下：

首先，监控系统导入过程层 SCD 虚端子配置，监控系统建立全站设备之间的数据连接关系；异常发生时，应根据装置不同通道的异常告警信息定位到数据的发送端设备名称和数据类型；最后实现告警结果的显示并在画面做展示。数据类型尽可能的详细到达能指导运维人员处理故障，例如：断路器位置信息、跳闸信息、告警信息、保护电流等，如图 13-9-13 所示。

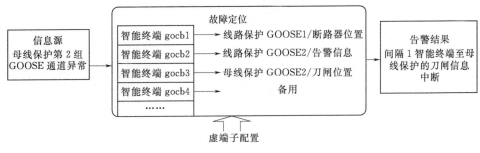

图 13-9-13　虚端子可视化处理过程

虚端子可视化实现了装置控制回路的可视化，使得继电保护管理及运维人员能够迅速、准确地掌控保护系统的运行和动作状况，如图 13-9-14 所示。

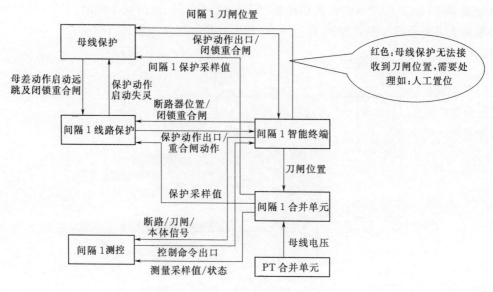

图 13-9-14　虚端子可视化展示图

5. 压板状态可视化

由监控主机实现压板可视化功能，如图 13-9-15 所示。监控主机汇总装置的压板状态并结合虚端子连接信息进行综合展示。压板可视化使继电保护运维人员能够准确掌握整站的设备运行状况，从而有效地提高保护系统校验工作的可靠性与安全性。

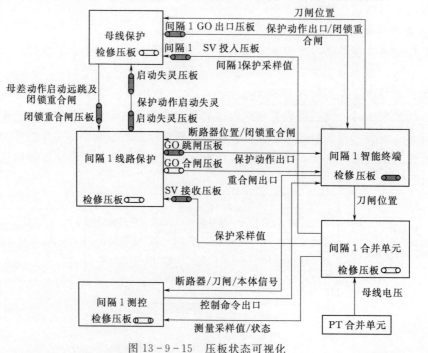

图 13-9-15　压板状态可视化

八、检修作业指导书

下面以国家电网公司运行分公司哈密管理处编制的《天山换流站 750kV 高抗二次设备检修作业指导书》为例进行介绍。

（一）范围

此作业指导书适用于天山换流站 750kV 高抗二次设备年度检修工作，具体内容如下：

（1）750kV ♯5 继电器室。7521 断路器保护柜、7520 断路器保护柜、750kV ♯1 高压电抗器保护柜 1、750kV ♯1 高压电抗器保护柜 2、TFR71 750kV 线路故障录波器柜 1 的保护定检、整组传动。

（2）750kV 交流场。高抗冷却器控制柜及端子箱，7521、7520 开关汇控柜，7521、7520 断路器端子箱，75211、75212、75201、7501DK 隔离开关机构箱，752127、752017、752167、7501DK7 接地刀闸机构箱的检修、消缺。

（二）引用文件

下列标准、规范所包含的条文，通过引用而成为此指导书的条文。在此指导书出版时，所有版本均为有效，使用此指导书的各方应探讨使用下列标准、规范最新版本的可能性。

（1）GB/T 7261—2008《继电保护和安全处动装置基本试验方法》。

（2）GB/T 22384—2008《电力系统安全稳定控制系统检验规范》。

（3）Q/GDW 411—2010《继电保护试验装置校准规范》。

（4）DL/T 1087—2008《±800kV 特高压直流换流站二次设备抗扰度要求》。

（5）Q/GDW 118—2005《直流换流站二次电气设备交接试验规程》。

（6）国家电网公司运行分公司《直流换流站设备检修、例行试验工艺和质量标准》。

（三）检修前的准备

1. 准备工作安排

准备工作安排见表 13-9-6。

表 13-9-6　　　　　　　　准 备 工 作 安 排

序号	内　　容	标　　准	负责人	备注
1	根据安全性评价、安全大检查和运行设备缺陷在检修前 15 天做好设备的摸底工作，根据年度、月度检修计划申请规定提前提交相关设备停役申请	摸底工作包括检查设备状况，反措计划的执行情况及设备的缺陷		
2	检修开工前 2 个月，向有关部门上报本次工作的材料计划			
3	根据本次校验的项目，组织作业人员学习作业指导书、安全，使全体作业人员熟悉作业内容、进度要求、作业标准、安全注意事项	要求所有工作人员都明确本次校验工作的作业内容、进度要求、作业标准、安全注意事项		
4	开工前 3 天，准备好施工所需仪器仪表、工器具、最新整定单、相关材料、相关图纸、上次试验报告、本次需要改进的项目及相关技术资料	仪器仪表、工器具应试验合格，满足本次施工的要求，材料应齐全，图纸及资料应符合现场实际情况		
5	填写第一种工作票，在开工前一天交值班员	工作票应填写正确，并按《电业安全工作规程》相关部分执行		

2. 作业人员要求

作业人员要求见表 13-9-7。

表 13 - 9 - 7　　　　　　　　作 业 人 员 要 求

序号	内　　容	责任人	备注
1	现场工作人员应身体健康、精神状态良好		
2	作业辅助人员（外来）必须经负责施教的人员，对其进行安全措施、作业范围、安全注意事项等方面施教后方可参加工作		
3	特殊工种（吊车司机）必须持有效证件上岗		
4	作业人员必须具备必要的电气知识，掌握本专业作业技能及电业安全工作规程的相关知识，并考试合格		
5	作业负责人必须经管理处批准		

3. 备品备件

备品备件见表 13 - 9 - 8。

表 13 - 9 - 8　　　　　　　　备 品 备 件

序号	名　　称	型　　号	单位	备注
1				
2				
⋮				

4. 工器具

工器具见表 13 - 9 - 9。

表 13 - 9 - 9　　　　　　　　工 器 具

序号	名　　称	规格/编号	单位	数量	备注
1	三相继电保护测试仪	继保之星 1600	台	2	
2	单相继电保护测试仪	SVERKER750	台	1	
3	数字万用表	福禄克 15B	块	5	
4	指针式万用表	MF10	块	2	
5	绝缘电阻表	福禄克 1508	块	3	
6	试验线	—	根	32	
7	专用工具（一字起、尖嘴钳、斜口钳）	—	套	2	
8	扎带枪	—	把	2	
9	毛刷	—	把	1	
10	静电吸尘器	飞利浦	台	1	
11	抹布	—	条	2	

5. 材料

材料见表 13 - 9 - 10。

表 13 - 9 - 10　　　　　　　　材 　料

序号	名　　称	规格	单位	数量
1	绝缘胶带	红	卷	1
2	抹布	—	条	5
3	扎带	—	袋	1
4	连片	—	包	10
5	螺丝	—	包	10

6. 定置图及围图

定置图及围图如图 13 - 9 - 16 所示。

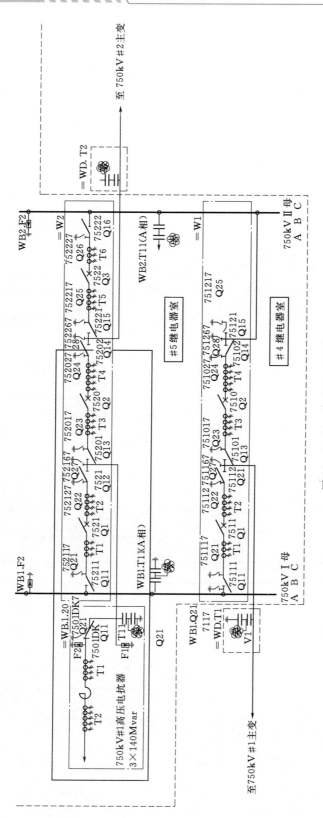

图 13 - 9 - 16　定置图及围图

7. 危险点分析及防范措施

危险点分析及防范措施见表 13 - 9 - 11。

表 13 - 9 - 11　　　　　　危险点分析及防范措施

序号	危 险 点	预 控 措 施
1	CT 二次回路反注流、PT 二次回路反加压，一次设备上有人工作时高压造成人身伤害	根据附件"继电保护安全措施卡"，封严 CT 二次回路并断开与盘内的连接（作为安措的连接片要与回路中的固有连接片区别开，对安措连接片用红色颜料涂抹标记）。加试验电流、电压时，在端子排盘内侧加量。完成试验接线后，工作负责人检查、核对、确认后，下令可以开始工作后，工作班方可开始工作
2	开关设备有人工作，造成人员高空坠落	保护定检时严禁投入 7521 断路器保护柜、7520 断路器保护柜、750kV ♯1 高压电抗器保护柜 1、750kV ♯1 高压电抗器保护柜 2 上所有出口压板，具体内容见作业指导书附录 3（保护定检结束后，整组试验时，通知运行人员后投退压板，严禁投入用红色胶布粘封的压板）
3	防止 7521 开关失灵保护启动 750kV Ⅰ 母线母差保护；防止 7520 开关失灵保护启动 750kV ♯2 主变保护；防止 7520 开关失灵保护启动 7522 断路器保护、启动 750kV ♯2 主变保护	退出保护屏上相应压板，并用红色胶布粘封，同时将压板对应的出口端子上外部线拆除，用红色绝缘胶布粘贴，做出明显标记防止误短、误碰，具体见附录二次工作安全措施票
4	工作中将继电保护试验仪的电压电流引到运行设备，造成运行设备误动	工作负责人检查、核对待测继电保护设备与其他运行设备已完全二次隔离
5	检查 CT 二次回路时导致带电保护装置误动	CT 检查严格按照 4 进行，不得检查未列入表中的端子
6	工作中误短接端子造成运行设备误动	工作时必须仔细核对端子，严防误短误碰端子，尤其注意不得误碰误短有红色标记的端子
7	跳闸出口接点粘连引起保护误出口	试验前，测量所有出口端子两端对地电位，并做好记录；试验结束后，再次测量所有出口端子两端对地电位，并与试验前测量电位相比较，结果必须相同。测量时采用指针式电压表，严禁使用万用表
8	工作中恢复接线错误造成设备不正常工作	施工过程中拆接回路线，要有书面记录，恢复接线正确，严禁改动回路接线
9	工作中误短端子造成运行设备误跳闸或工作异常	短接端子时应仔细核对屏号、端子号，严禁在有红色标记的端子上进行任何工作
10	工作中恢复定值错误造成设备不正常工作	工作前核对保护定值与最新定值单相符，工作完成后再次与定值单核对定值无误

8. 安全措施

详见工作票 TS - D。

9. 人员分工

人员分工见表 13 - 9 - 12。

表 13 - 9 - 12　　　　　　人 员 分 工

序号	作 业 项 目	负责人	作业人员
1	高抗电量保护定检		
2	高抗非电量保护定检		
3	断路器失灵保护定检		
4	高抗非电量整组传动试验		
5	CT、PT 二次回路检查		
6	就地控制柜检查		
7	机构箱、端子箱检查		

（四）作业流程

作业流程如图 13 - 9 - 17 所示。

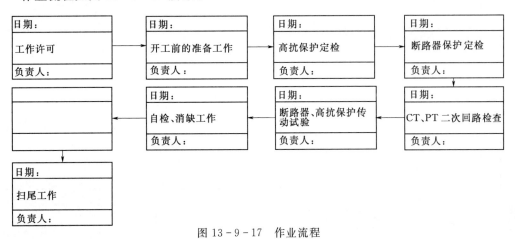

图 13 - 9 - 17 作业流程

（五）作业程序和作业标准

1. 开工程序

开工程序见表 13 - 9 - 13。

表 13 - 9 - 13 　　　　　　　　　　开　工　程　序

序号	内　　容	到位人员签字
1	工作票负责人会同工作票许可人检查工作票上所列安全措施是否正确完备，经现场核查无误后，与工作票许可人办理工作票许可手续	
2	开工前工作负责人检查所有工作人员是否正确使用劳保用品，并由工作负责人带领进入作业现场，并在工作现场向所有工作人员详细交代作业任务、安全措施和安全注意事项、设备状态及人员分工，全体人员应明确作业范围、进度要求等内容，并在到位人员签字栏内分别签名	

2. 检修电源使用

检修电源使用见表 13 - 9 - 14。

表 13 - 9 - 14 　　　　　　　　检　修　电　源　使　用

序号	内　容	标　准	责任人签字
1	检修电源接取位置	从最近的检修电源箱上接取	
2	检修电源的配置	电源必须是三相四线并有漏电保安器	
3	接取电源时注意事项	必须由检修专业人员接取，接取时严禁单人操作 接取电源应先验电，用万用表确认电源电压等级和电源类型无误后，从检修电源箱内出线闸刀下引出	
4	检修电源线要求	2.5mm^2 及以上	

3. 检修内容和工艺标准

（1）高抗电气量保护 PRS747S、SGR751 检修内容、工艺和标准见表 13 - 9 - 15。

（2）高抗非电量保护 PRS761B 检修工艺、检修标准见表 13 - 9 - 16。

（3）断路器失灵保护 PSL632U 检修工艺、检修标准见表 13 - 9 - 17。

表 13 - 9 - 15　　高抗电气量保护 PRS747S、SGR751 检修内容、工艺和标准

序号	检修内容	检 修 工 艺	质 量 标 准	注 意 事 项	责任人签字
1	外观检查	(1) 屏柜内端子及接线检查。 (2) 屏柜内标识检查，核对保护屏配置的端子号、回路标注等。 (3) 转换开关、按钮等。 (4) 装置外观检查：保护装置的各部件固定良好，无松动现象、装置外形完好、无明显损坏及变形现象，检查保护装置的背板接线无断线、短路和焊接不良等现象，并检查背板上抗干扰元件的焊接、连接和元器件外观	(1) 屏柜运行声音正常，无异常杂音。 (2) 屏柜及其内部所有元件无锈蚀或碰擦损伤。 (3) 接线整齐美观、端子压接紧固可靠、线端标号和电缆标牌完整清晰。 (4) 屏柜转换开关、按钮外观完好		
2	屏柜及装置清扫	屏柜内端子排，装置外壳清扫	屏内外清洁，无杂物、防火封堵完好、内部无凝水		
3	接地检查	(1) 屏柜内接地铜排应用截面不小于 50mm² 的铜缆与保护室内的等电位接地网可靠相连。 (2) 屏柜内电缆屏蔽层应使用截面不小于 4mm² 多股铜导线可靠连接到等电位接地铜排上。 (3) 屏柜内设备的金属外壳应可靠接地。屏柜的门等活动部分应使用不小于 4mm² 多股铜质软导线与屏柜体良好连接			
4	压板检查	(1) 跳闸连接片的开口端应装在上方，接至断路器的跳闸回路。 (2) 跳闸连接片在落下的过程中必须和相邻跳闸接片有足够的距离，以保证在操作跳闸片时不会碰到相邻的跳闸接片。 (3) 检查并确认跳闸连接片在拧紧螺栓后能可靠接通回路，且不会接地。 (4) 穿过保护屏孔的跳闸连接片电杆必须有绝缘套，并距屏孔有明显距离	防止直流回路短路、接地		

续表

序号	检修内容	检修工艺	质量标准	注意事项	责任人签字
5	绝缘检查				
5.1	摇测交流电流回路对地的绝缘电阻	(1) 分组回路绝缘检查：采用1000V摇表测各组回路间及各组对地的绝缘电阻，在测量某一组回路绝缘电阻时，应将其他各组回路都接地。(2) 整个二次回路的绝缘耐压试验：在保护屏端子排处将所有电流、电压及直流回路的端子连接在一起，并将电流回路的接地点拆开，用1000V摇表测	用1000V摇表测，要求大于1MΩ。跳闸回路要求大于10MΩ	(1) 测量前应通知有关人员暂时停止回路上的一切工作。(2) 断开保护直流电源，拆开回路接地点，将所测端子对模块对地连接无任何影响，确保对地无反向影响。(3) 应断开交流电压空气开关防止PT二次反充电	
5.2	摇测交流电压回路对地的绝缘电阻				
5.3	摇测直流回路对地的绝缘电阻				
5.4	摇测交、直流回路之间的绝缘电阻				
5.5	摇测跳合闸回路的绝缘电阻				
6	保护装置直流电源测试				
6.1	检验直流电源输入电压值及稳定性测试	直流电源分别调至80%、100%、110%额定电压值，模拟保护动作，保护装置应能正确工作		(1) 断开保护装置跳闸出口连接片。(2) 试验用的直流电源应经专用双极闸刀，并从保护屏端子排上的端子接入，屏上其他装置的直流电源开关处于断开状态	

续表

序号	检修内容	检修工艺	质量标准	注意事项	责任人签字
6.2	装置自启动电压测试	(1) 直流电源缓慢上升时的自启动性能检验，不低于80%额定电压启动。(2) 拉合直流电源时的自启动性能检验，80%额定电压时合三次直流电源，装置均正常启动		保护装置仅插入逆变电源插件	
6.3	直流电源拉合试验	拉合三次直流工作电源，保护装置应不误动和误发保护动作信号			
7	通电初步检查	(1) 定值核对，定值区切换检查。(2) 保护装置键盘操作及软件版本号检查。(3) 保护装置键盘操作及密码检查。(4) 保护装置软件定值与校核。(5) 时钟整定与校核	(1) 能正确输入和修改定值，定值区切换正确，直流电源失电后定值不变。(2) 保护装置键盘操作灵活正确，保护密码的操作，并有记录。(3) 软件版本号应和原记录一致。(4) 应能正确对时，失电后时钟不应丢失和变化		
8	模拟量输入特性检验				
8.1	零漂检查	(1) 进行本项目检验时要求保护装置不输入交流量。(2) 在液晶显示中点击查看CPU和DSP采样值。(3) 检验零漂时，要求在一段时间内（几分钟）零漂值应稳定在规定范围内	要求零漂值均在 $0.01I_n$（或 $0.05V$）以内		
8.2	线性度测试	将电流端子、电压端子与试验仪器接好，加入电流和电压，设置电压大小和相位，检查电流和电压采样是否正确，相位的极性是否正确	在三相电流回路中加入对称正序额定电流值和电压值，要求保护装置的电流采样值与实测的误差应不大于5%，电压采样值与实测值的误差应不大于5%		
9	开关量输入回路检验	(1) 投入功能压板，应有开关量输入的显示。(2) 按下打印按钮，应打印。(3) 短接GPS对时接点，检查对时功能正常。(4) 短接接点，在菜单中查看，应出现B相和C相和A相的跳位开入的显示；短接对应接点应出现B相和C相的跳位开入	(1) 在80%额定直流电源下，各接点应能可靠动作。(2) 会导致装置直接跳闸的光隔输入，其动作电压范围为50%~70%额定电压	防止直流回路短路、接地	

续表

序号	检修内容	检修工艺	质量标准	注意事项	责任人签字
10	保护定值和功能校验				
10.1	纵差保护、纵差差动速断	(1) 投入"保护投入"压板（功能压板）。 (2) 在"整定值修改"子菜单中将"速断保护投退"、"纵差保护投退"，状态字置1。 (3) 接好试验接线，在引线端电流定值的1.05倍，模拟速断保护动作。 (4) 点击试验仪器上的开始按钮后，保护应正确动作，保护装置上"跳闸"指示灯点亮，保护屏上有相应的事件产生，"速断"软件LED灯应点亮，动作时间应不大于25ms。 (5) 复归告警。 (6) 在引线电流定值的0.95倍，模拟速断保护动作。 (7) 点击试验仪器上的开始按钮后，保护不应动作。 (8) 复归告警。		防止直流回路短路、接地	
10.2	分侧差动保护及零序差动保护	变压器分侧差动及零序差动保护一般用于反应自耦变压器高压侧、中压侧、公共绕组之间的各种相间故障、接地故障，其保护原理同纵差保护原理，当差流达到保护动作值时出口跳闸			
10.3	高压侧电流速断保护	变压器电流速断保护原理同过流保护原理，均是电流超过定值后才动作，但速断保护定值大于过流，电流速断分带时限和不带时限两种。电流速断保护用于保护变压器引线和不带时限严重同短路故障以及绕组同短路故障			
10.4	低压侧限时速断保护				

续表

序号	检修内容	检修工艺	质量标准	注意事项	责任人签字
10.5	过激磁保护	(1) 定时限过励磁值。 1) 保护总控制字"过励磁保护投入"置1。 2) 投入过励磁保护压板（功能压板）。 3) 按需要投入装置"过激保护安装侧"，整定"定时限过激磁跳闸投入""定时限过激磁报警投入"为1。 (2) 反时限过励磁值。 1) 保护总控制字"过励磁保护投入"置1。 2) 投入过励磁保护压板（功能压板）。 3) 按需要投入装置软压板"过激保护安装侧"，整定"反时限过激磁跳闸投入""反时限过激磁报警投入"为1			
10.6	复合电压闭锁方向过流保护	(1) 变压器相间阻抗保护取变压器高压侧相间电压、相间电流，电流方向为正方向，阻抗方向指向变压器，灵敏角固定为75°。 (2) TV断线时闭锁阻抗保护			
10.7	开关量输出检查	(1) 关闭装置电源。 (2) 装置正常运行时，装置异常常和装置闭锁接点断开。 (3) 模拟差动保护启动接点闭合，所有跳闸接点应闭合，失灵启动接点闭合。 (4) 将运行电源空开断开时，"运行电源消失"信号消失，将操作电源空开断开时，"操作电源消失"信号端子导通	在80%额定直流电源下，开关量输出各接点应能可靠动作		
11	回路检查				
11.1	直流电源回路检查	接线正确，标号清晰目与竣工图纸相符	(1) 接线正确、无接地点。 (2) 无寄生回路。		

续表

序号	检修内容	检 修 工 艺	质 量 标 准	注 意 事 项	责任人签字
11.2	TA回路查线	接线正确、标号清晰且与竣工图纸相符	(1) 接线正确、端子排引线螺钉压接可靠。 (2) 当测量仪表与保护装置共用一组电流互感器时,宜分别接不同的二次绕组。 (3) CT二次回路中同一电流回路中只允许存在一个接地点		
11.3	信号回路查线	接线正确、标号清晰且与竣工图纸相符	(1) 接线正确、简单、可靠。 (2) 信号回路由专用熔断器供电,不得与其他回路混用。对其电源熔断器应有监视		
11.4	跳闸出口回路查线	接线正确、标号清晰且与竣工图纸相符	(1) 接线正确可靠。 (2) 有两组跳闸线圈的断路器,每一跳闸回路应分别由专用的直流熔断器供电		
11.5	二次电压回路的接地点和回路中所用的熔断器、小开关检查	(1) 接地点应可靠唯一。 (2) 熔断器的熔断电流需合适,并定期更换熔断器。 (3) 熔断器、小开关及其他的装设地点合适			
12	整组联动及传动动作检查	(1) 投入差动保护,断路器出口跳闸压板。控制室和开关场设专人监视,试验时检查断路器和保护的动作情况一致、中央信号装置的动作信号及有关光、音信号指示正确。 (2) 试验结束后,恢复所有接线,检查所有接线连接良好、复归信号、关闭直流电源15s后再打开、运行其他告警报告、运行灯亮	(1) 应测量保护柜出口整组动作时间、整组动作时间应不大于40ms。 (2) 与其他保护功能配合功能应正确无误。 (3) 各信号正确	(1) 要求在80%额定直流工作电压下进行保护断路器传动试验。 (2) 在传动断路器之前,先通知检修班、在得到检修班负责人同意、并在断路器上挂上明显标识后、方可传动断路器。 (3) 控制室、继电器室和现场均应有专人监视,并应具备良好的通信联络设备	

续表

序号	检修内容	检修工艺	质量标准	注意事项	责任人签字
13	带负荷试验	(1) 用钳形相位表从保护屏的端子排上依次测出各侧 A、B、C 相的幅值和相位（相位以母线或线路某相 TV 二次电压为基准），并记录。(2) 可通过控制屏上的电流表、有功表和无功表，或后台监控显示屏以及调度端的遥测数据，记录母线上各路电流、有功功率、无功功率的大小和流向	当二次接线正确时，各条线路的电流都应是正序排列	(1) 防止 CT 二次开路 (2) 防止 PT 二次短路	
14	保护装置定值复核	将 CPU 的运行区的定值打印出来，与定值单相同			

表 13－9－16　　高抗非电量保护 PRS761B 检修工艺、检修标准

序号	检修内容	检修工艺	质量标准	注意事项	责任人签字
1	外观检查	(1) 屏柜内端子及接线检查。(2) 屏柜内标识检查，核对保护屏配置的端子号、回路标注等。(3) 转换开关、按钮检查。(4) 装置外观检查：保护装置的各部件固定良好，无松动现象，装置外形完好，无明显损坏变形现象，检查保护装置的背板接线无断线、短路和焊接不良等现象，并检查背板上抗干扰元件的焊接，连线和元器件外观	(1) 屏柜运行声音正常、无异常杂音。(2) 屏柜及其内部所有元件无锈蚀或碰擦损伤。(3) 接线整齐美观、端子压接紧固可靠，线端标号和电缆标牌完整清晰。(4) 屏柜转换开关、按钮外观完好		
2	屏柜及装置清扫	屏柜内端子排、装置外壳清扫	屏内外清洁、无杂物、防火封堵完好、内部无凝水		

续表

序号	检修内容	检 修 工 艺	质 量 标 准	注 意 事 项	责任人签字
3	接地检查	（1）屏柜内接地铜排应用截面不小于 50mm² 的铜缆与保护室内的等电位接地网可靠相连。 （2）屏柜内电缆屏蔽层应使用截面不小于 4mm² 多股铜质软导线可靠连接到等电位接地铜排上。 （3）屏柜内设备的金属外壳应可靠接地，屏柜的门等活动部分应使用不小于 4mm² 多股铜质软导线与屏柜体良好连接			
4	压板检查	（1）跳闸连接片的开口端应安装在上方，接至断路器的跳闸回路。 （2）跳闸连接片在落下的过程中必须和相邻相邻接片有足够的距离，以保证在操作跳闸连接片时不会碰到相邻的跳闸连接片。 （3）检查并确证跳闸连接片在拧紧螺栓后能可靠接通回路，且不会接地。 （4）穿过保护屏的跳闸引导电杆必须有绝缘套，并且屏孔有明显距离	防止直流回路短路、接地		
5	绝缘检查				
5.1	摇测交流电流回路对地的绝缘电阻	（1）分组回路绝缘检查：采用 1000V 摇表测各组回路及各组对地的绝缘电阻。在测量某一组回路绝缘电阻时，应将其他各组回路都接地。 （2）整个二次回路的绝缘耐压检验：在保护屏端子排处将所有电流、电压及直流回路连接在一起，并将电流回路的接地点拆开，用 1000V 摇表测	用 1000V 摇表测，要求大于 1MΩ，跳闸回路要求大于 10MΩ	（1）测量前应通知有关人员暂时停止在回路上的一切工作。 （2）断开保护直流电源，拆开回路接地点。将所测端子排开，确保对模块无任何影响。 （3）应断开交流电压二次空气开关，防止 PT 二次反充电	
5.2	摇测交流电压回路对地的绝缘电阻				
5.3	摇测直流回路对地的绝缘电阻				

续表

序号	检修内容	检修工艺	质量标准	注意事项	责任人签字
5.4	摇测跳合闸回路的绝缘电阻				
6	保护装置直流电源测试			（1）断开保护装置跳闸出口连接片。（2）试验用的直流电源应经专用双极闸刀，并从端子排上的端子接入。屏上其他装置的直流电源开关处于断开状态	
6.1	检验装置直流电源输入稳定性测试	直流电源分别调至80%、100%、110%额定电压值，模拟保护输入动作，保护装置应能正确工作			
6.2	装置自启动电压测试	（1）直流电源缓慢上升时的自启动性能检验，不低于80%额定电压值装置能正常启动。（2）拉合直流电源时的自启动性能检验，80%额定电压时拉合三次直流电源，装置均能正常启动		保护装置仅插入逆变电源插件	
6.3	直流电源拉合试验	拉合直流工作电源，保护装置应不误动和误发保护动作信号			
7	通电初步检查	（1）定值核对、定值区切换检查。（2）保护装置键盘操作检查。（3）保护装置软件版本号检查。（4）保护装置软件版本号校核。（5）时钟整定与校核	（1）能正确输入和修改定值，定值区切换正常，直流电源失电后定值不变。（2）保护装置键盘操作应灵活正确，保护密码应正确，并有记录。（3）软件版本号应正确和原版本号一致。（4）应能正确对时，失电后时钟应无丢失和变化		
8	开关量输入回路检验	（1）投入功能压板，应有开关量输入的显示。（2）按下打印按钮，应打印。（3）短接GPS对时接点，检查对时功能正常。（4）短接接点，在菜单中查看，应有A相接点接通时的显示；短接对应接点应出现B相和C相的跳位开入	（1）在80%额定直流电源下，各接点应能可靠动作。（2）会导致装置直接跳闸的光隔输入，其动作电压范围为50%～70%额定电压	防止直流回路短路、接地	

续表

序号	检修内容	检 修 工 艺	质 量 标 准	注 意 事 项	责任人签字
9	回路检查				
9.1	直流电源回路检查	接线正确、标号清晰且与竣工图纸相符	(1) 接线正确、无接地点。(2) 无寄生回路。		
9.2	信号回路查线	接线正确、标号清晰且与竣工图纸相符	(1) 接线正确、简单、可靠。(2) 信号回路由专用熔断器供电，不得与其他回路混用。对其电源熔断器应有监视。		
9.3	跳闸出口回路查线	接线正确、标号清晰且与竣工图纸相符	(1) 接线正确可靠。(2) 有两组跳闸线圈的断路器，每一跳闸回路应分别由专用的直流熔断器供电		
9.4	二次电压回路的接地点和回路中所用的熔断器、小开关检查	(1) 接地点应可靠唯一。(2) 熔断器的熔断电流需合适，并定期更换熔断器。(3) 熔断器、小开关设地点合适			
10	整组联动及传动回路检验	(1) 投入非电量保护出口跳闸压板。控制室和开关场设专人监视。试验时检查断路器和保护的动作及中央信号装置动作及有关光、音信号指示良好。(2) 试验结束后，恢复所有接线，检查所有接线连接良好。复归信号，关闭直流电源15s后再打开，应无其他告警报告，运行灯亮	(1) 应测量保护柜出口柜整组动作时间，整组动作时间应≤40ms。(2) 与其他保护装置配合功能应正确无误。(3) 各信号正确。	(1) 要求在80%额定直流工作电压下进行保护传动试验。(2) 在传动断路器之前，必须先通知检修班，在得到值班负责人同意，并在在动断路器上挂上明显标识后，方可传动断路器。(3) 控制室、继电器室和现场均应有专人监视，并应具备良好的通信联络设备	
11	保护装置定值复核	将CPU的运行区的定值打印出来，与定值单相同			

表 13 - 9 - 17　断路器失灵保护 PSL632U 检修工艺、检修标准

序号	检修内容	检 修 工 艺	质 量 标 准	注 意 事 项	责任人签字
1	外观检查	(1) 屏柜内端子及接线检查。 (2) 屏柜内标识检查，核对保护屏配置的端子号、回路标注。 (3) 转换开关、按钮检查。 (4) 装置外观检查：保护装置的各部件固定良好、无松动现象。装置外形良好，无明显损坏及变形现象。检查保护装置的背板接线无断线、短路和焊接不良等现象，并检查背板上抗干扰元件的焊接、连线和元器件外观	(1) 屏柜运行声音正常，无异常杂音。 (2) 屏柜及其内部所有元件无锈蚀或碰擦损伤。 (3) 接线整齐美观，端子压接牢固可靠，线缆标号和电缆标牌完整清晰。 (4) 屏柜转换开关、按钮外观完好。		
2	屏柜及装置清扫	屏柜内端子排、装置外壳清扫	屏内外清洁，无杂物、防火封堵完好，内部无凝水。		
3	接地检查	(1) 屏柜内接地铜排应用截面不小于 50mm² 的铜缆与保护室内的等电位接地网可靠相连。 (2) 屏柜内电缆屏蔽层应接至等电位接地铜排上。 (3) 屏柜内设备的金属外壳可靠接地，屏柜的门等活动部分应使用不小于 4mm² 多股铜质软导线与屏柜体良好连接	防止直流回路短路、接地		
4	压板检查	(1) 跳闸连接片的开口端应装在上方，接至断路器的跳闸回路。 (2) 跳闸连接片的距离连接。跳闸连接片在落下的过程中必须和相邻跳闸连接片有足够的跳闸距离，以保证在操作跳闸片时不会碰到相邻的跳闸连接片。 (3) 检查并确证跳闸连接片在拧紧螺栓后能可靠接地，且不会接地通回路。 (4) 穿过保护屏孔引出的跳闸连接片电杆必须有绝缘套，并距屏孔有明显距离			

续表

序号	检修内容	检修工艺	质量标准	注意事项	责任人签字
5	绝缘检查				
5.1	摇测交流对地回路的绝缘电阻	（1）分组回路绝缘检查：采用1000V摇表测各组回路对地绝缘电阻，在测量某一组回路对地绝缘电阻时，应将其他各组回路都接地。	用1000V摇表测，要求大于1MΩ。跳闸回路要求大于10MΩ	（1）测量前应通知有关人员暂时停止在回路上的一切工作。	
5.2	摇测直流对地回路的绝缘电阻	（2）整个二次回路绝缘耐压检验：在保护屏端子排处将所有的电流、电压及直流回路的接地点拆开，并将电流回路的接地点拆开，用1000V摇表测		（2）断开保护直流电源，拆开回路接地点，将所测模块对电压无任何影响。	
5.3	摇测直流回路对地的绝缘电阻			（3）应断开交流电压二次反充电，关防止PT二次反充电	
5.4	摇测交、直流回路之间的绝缘电阻				
5.5	摇测跳合闸回路的绝缘电阻				
6	保护装置直流电源测试				
6.1	检验装置直流电源输入电压值及稳定性测试	直流电源分别调至80%、100%、110%额定电压值，模拟保护动作，保护装置应能正常工作		（1）断开保护装置跳闸出口连接片。（2）试验用的直流电源应经专用双极闸刀，并从保护屏端子排上的端子接入，屏上其他装置的直流电源应处于断开状态	
6.2	装置自启动电压测试	（1）直流电源缓慢上升时的自启动性能检验，不低于80%额定电压值装置正常启动。（2）拉合三次直流电源，装置均正常启动	80%额定电压时的自启动性能检验，80%额定电压时装置正常启动	保护装置仅插入逆变电源插件	

续表

序号	检修内容	检 修 工 艺	质 量 标 准	注 意 事 项	责任人签字
6.3	直流电源拉合试验	拉合二次直流工作电源，保护装置应不误动和误发保护动作信号			
7	通电初步检查	(1) 定值核对、定值区切换检查。 (2) 保护装置键盘操作和软件版本号检查。 (3) 保护装置键盘操作及密码检查。 (4) 保护装置软件版本号校核。 (5) 时钟调整值与校核	(1) 能正确输入和修改定值，定值区切换正确，直流电源失电后定值不变。 (2) 保护密码应正确，并有记录。 (3) 软件版本号应正确和原记录一致。 (4) 应能正常对时，失电后时钟不应丢失和变化		
8	模拟量输入特性检验				
8.1	零票检查	(1) 进行本项目检验时保护装置不输入交流量。 (2) 在液晶显示中查看 CPU 和 DSP 采样值。 (3) 检验零票时，要求在一段时同内（几分钟）零票值稳定在规定范围内	要求零漂值均在标准规定值以内		
8.2	线性度测试	(1) 从电流端子输入电流、设置大小和相位，在液晶显示中查看 CPU 和 DSP 采样值与所加量是否一致。 (2) 将电流端子、电压端子与试验仪器接好，加入电流和电压，设置幅值和相位，检查电流和电压采样值是否正确，回路的极性是否正确	在三相电流回路中加入对称正序额定电流值和电压值，要求保护装置的电流采样值与实测的误差应大于 5%、电压采样值与实测的误差应大于 5%		
9	开关量输入回路检验	(1) 投入功能压板、在菜单检查、应有开关量变位信号或相关功能投入人事件提示。 (2) 按下打印按钮，应能正常打印。 (3) 短接 GPS 对时接点，对时功能正常。 (4) 短接接地点、在菜单中查看应有开关相关跳闸位开入的显示。 (5) 按下复归按钮、相应报警信号复归	(1) 在 80% 额定直流电源下，各接点应能可靠动作。 (2) 合导致装置直接跳闸的光隔正确输入，其动作电压范围为 50%～70% 额定电压	防止直流回路短路、接地	
10	保护定值和功能校验				
10.1	PSL632U				

续表

序号	检修内容	检修工艺	质量标准	注意事项	责任人签字
10.1.1	失灵保护校验	（1）在菜单里面将定值控制字"投失灵保护"置1，退出其他保护。 （2）接好试验仪器与电流端子的连线，仅加单相的电流，大小为1.05倍失灵高定值，同时接相应相的外部跳闸输入接点或三相接点，此时相应跳闸板上相应跳闸灯亮，面板应跳闸灯亮，装置液晶上应显示"失灵本开关"及"失灵动作"。 （3）同2校验0.95倍失灵电流高定值，保护不应动作。 （4）同（1）～（3），做B、C相故障，注意加故障量的时间应大于保护定值时间。 （5）在"整定定值"—"保护定值"里面将定值控制字"投失灵保护"整定零序失灵置1，将定值"失灵电流高定值"整定成最大值（$I_n×5＝5A$）。 （6）接好试验仪器与电流零序失灵端子的连线，仅加单相的电流零序外部单跳接点或三相接点，同时接外部板上相应跳闸灯亮，液晶上显示"失灵本开关"及"失灵保护"零序电流定值。 （7）同0.95倍的失灵零序电流定值，失灵保护不应动作。 （8）在菜单里面将定值控制字"投失灵保护"置1，序发变三跳。 （9）接好试验仪器与电流端子的连线，加1.05倍负序过电流定值，试验时加入$I_n/3$的负序电流，此时相当于加入了$I_n/3$的负序电流I_a一相电流，同时短接端子接点，此时失灵保护应可靠动作；装置面板上相应跳闸灯亮，液晶上显示"失灵本开关"及"失灵动作"。 （10）同0.95倍负序过电流定值，失灵保护不应动作。 （11）在"整定定值"—"保护定值"里面将定值控制字"投失灵保护"、"低cos发变三跳"置1。 （12）接好试验仪器与电流端子的连线，电流端子接I_n一相电流、加50V低电压，电压超前相电流角度为80°，如设为80°+2°，同时短接面板上相应跳闸灯亮，保护应动作；装置面板上相应跳闸灯亮，液晶上显示"失灵本开关"及"失灵动作"。 （13）同（12），做相位关系为：电压超前电流的角度=低功率因素定值-2°，失灵保护应不动作。 （14）复归告警。	1.05倍失灵电流高定值可靠动作、0.95倍失灵电流高定值可靠不动	防止直流回路短路、接地	

续表

序号	检修内容	检 修 工 艺	质 量 标 准	注 意 事 项	责任人签字
10.1.2	死区保护校验	(1) 在菜单里面将定值控制字"投死区保护I段"置1, 退出其他保护。 (2) 接好试验仪器死区保护电流端子的连线, 大小为死区保护电流定值的1.05倍电流, 同时短接外部跳点, 此时死区保护应动作, 装置面板上相应跳闸灯亮, 液晶上显示"死区保护动作"。 (3) 同(2), 加0.95倍的电流时不应动作	1.05倍整定值可靠动作, 0.95倍整定值时不应动作	防止直流回路短路、接地	
10.1.3	跟跳本开关保护校验	(1) 在"整定值"→"保护"里面将定值控制字"投跟跳本开关"置1, 退出其他保护。 (2) 接好试验仪器跟跳本开关电流端子的连线, 在A相加入1.05倍的失灵电流高定值, 此时液晶仪器显示A相跟跳。 (3) 接好试验仪器跟跳本开关电流端子的连线, 在A相加入0.95倍的失灵电流高定值, 此时保护应不动作。 (4) 按上述方法做B、C相。 (5) 在A相, A、B两相跟跳输入接点, 做B两相的失灵电流高定值, 同时短接外部A、B两相跳闸输入接点, 液晶应显示"两相跟联跳三相"。 (6) 同(5), 做其他相的两相跟联跳三相的试验。 (7) 在任一相加入1.05倍的失灵电流高定值, 同时短接三跳接点, 液晶应显示"三相跟跳"	0.95倍整定值可靠不动, 1.05倍整定值可靠动作	防止直流回路短路、接地	
10.1.4	三相不一致保护校验	(1) 在菜单里面将定值控制字中"投不一致保护"置1, 退出其他保护。 (2) 接好试验仪器三相不一致零序电流过流端子的连线, 大小为不一致相间位置开入端子, 1.05倍零序电流定值同时给合上任一相跳闸位置开入, 液晶上显示"不一致动作"。 (3) 若断路器在合位, 则解开A相跳闸位置开入端子, 液晶上显示"不一致动作"。 (4) 在菜单里面将定值控制字"投不一致保护"不一致经零置1, 退出其他保护。 (5) 接好试验仪器零序过流1.05倍零序电流定值同时给合上任一相跳闸位置开入, 经过整定的延时, 装置不一致相间位置开入, 液晶上显示"不一致动作"。 (6) 同(5), 加0.95倍负序电流, 仅加单相的电流, 面板上相应跳闸灯亮, 液晶上显示"不一致动作"。 (7) 接好试验仪器负序过流端子的连线, 加入单相的电流, 任一相跳闸位置开入, 装置断开开闸, 此时不一致保护应动作。 (8) 同(7), 加0.95倍的电流时保护不应动作	1.05倍负序电流整定值可靠动作, 0.95倍的负序电流时保护不应动作	防止直流回路短路、接地	

续表

序号	检修内容	检 修 工 艺	质 量 标 准	注 意 事 项	责任人签字
10.1.5	充电保护校验	(1) 仅投充电保护压板（功能压板）。 (2) 在"整定值"→"保护定值"里面将定值控制字"投充电保护"置1，退出其他保护。 (3) 接好充电试验仪器与单相的电流，在A相加充电保护电流定值的1.05倍电流，经过整定的延时，装置面板上相应跳闸灯亮，液晶上显示"充电保护I段动作"。 (4) 同（3），加充电保护电流定值的0.95倍电流，不应动作。 (5) 同上述方法校验II段。II段定值为0.25A	1.05倍电流整定值可靠动作，0.95倍电流整定值不应动作	防止直流回路短路、接地	
10.1.6	勾通三跳校验	(1) 在保护屏上，将重合闸把手切至"三重方式"，退出其他保护。 (2) 接好试验仪器与电流端子的连接，加上三相电流，其中一相的故障变量序开入接点，短接外部跳闸开入接点，装置面板上相应跳闸灯亮，液晶上显示"沟通三跳"。 (3) 在保护屏上，将重合闸把手切至"单重方式"，整定值控制字中"投末充电沟三跳"置1，退出其他保护。 (4) 接好试验仪器与电流端子的连接，加上三相电流，其中一相的故障变量序开入接点，短接外部跳闸开入接点，装置面板上相应跳闸灯亮，液晶上显示"沟通三跳"	功能正常	防止直流回路短路、接地	
10.1.7	重合闸				
10.1.7.1	三重校验	(1) 在保护屏上，将重合闸把手切至"三重方式"，退出先合开入压板。 (2) 整定定值控制字中"投重合闸"置1，"投重合闸不检"置1。 (3) 将对应的线路开关合上，等保护充电完成后，"充电"灯亮。 (4) 短接线路三跳接点，并迅速返回。 (5) 经过三重的整定时间，三相应重合，重合闸放电，充电灯熄灭	功能正常	防止直流回路短路、接地	

续表

序号	检修内容	检 修 工 艺	质 量 标 准	注 意 事 项	责任人签字
10.1.7.2	单重校验	(1) 在保护屏上,将重合闸把手切至"单重方式",退出先合闸控制字人压板。 (2) 整定定值控制字中"投重合闸"置1,"投重合闸不检"置1。 (3) 将对应的线路开关充电合上,等保护充电完成后,"充电"灯亮。 (4) 短接任一跳入接点,并迅速返回。 (5) 经过单重整定时间,单相应重合,重合闸放电,充电灯熄灭。	功能正常	防止直流回路短路、接地	
10.1.7.3	后合跳闸	(1) 在保护屏上,将重合闸把手切至"三重方式",退出先合闸控制字人压板。 (2) 整定定值控制字中"投重合闸"置1,"投重合闸不检"置1。 (3) 将对应的线路开关充电合上,等保护充电完成后,"充电"灯亮。 (4) 短接线路三跳接点,并迅速返回。 (5) 等待三相重合闸时间后,在保护整组复归前,利用试验仪器加上电流(不加电压),接线时应注意跳闸回路。 (6) 装置面板上相应跳闸灯亮,液晶上应显示"后合跳闸"。 (7) 复归告警。	功能正常	防止直流回路短路、接地	
10.1.8	TA断线校验	(1) TA断线保护 1) 退出所有保护。 2) 接好试验接线,在A相加入电流1.05倍。 3) 点击试验仪器上的开始按钮,经过整定的延时发CT断线告警。 (2) TA断线闭锁差动保护功能校验 试验方法结合差动保护动能校验时进行	0.95倍整定值可靠不动、1.05倍整定值可靠动作		
10.1.9	开关量输出检查	(1) 关闭装置电源,将装置异常和装置闭锁接点闭合。 (2) 装置正常运行时,此接点断开。模拟TA断线,当装置TA断线告警时,装置异常报警接点应闭合。 (3) 勾三接点,将重合闸把手切至三重方式,重合闸接点应闭合。 (4) 跳闸接点:模拟保护动作后,跳闸接点应闭合。 (5) 模拟失灵保护跳闸:失灵接点应闭合。 (6) 模拟重合闸动作:合闸接点应闭合。 (7) 闭锁重合闸:模拟重合闸动作,动作时量接点应闭合。	在80%额定直流电源下,开关量输出各接点应能可靠动作		

（4）CT、PT 二次回路检修内容、工艺和标准见表 13 - 9 - 18。

表 13 - 9 - 18　　　　　　　CT、PT 二次回路检修内容、工艺和标准

序号	检修项目	检修工艺	质量标准	注意事项	责任人签字
1	外观检查	无	无异常颜色，无水迹		
2	绝缘检查	使用 1000V 电压测量	大于 10MΩ		
3	回路直阻测量	万用表测量	三相内、外直阻一致，且符合 CT 出厂要求		
4	端子紧固	使用螺丝刀对 CT、PT 端子紧固	无松动端子、连片		
5	设备清灰	使用	干净无灰尘		

（5）机构箱检查内容、工艺和标准见表 13 - 9 - 19。

表 13 - 9 - 19　　　　　　　机构箱检查内容、工艺和标准

序号	检修项目	检修工艺	质量标准	注意事项	责任人签字
1	外观检查	无	箱内干净，无水迹		
2	绝缘检查	摇表测量	符合厂家技术要求		
3	防跳继电器校验	使用继电器测试仪检查	动作电压大于 $50\%U_n$ 小于 $70\%U_n$ 返回电压大于 $15\%U_n$，返回系数大于 0.8		
4	三相不一致保护继电器校验		符合定值要求		
5	电源回路检查	万用表测量	80% 额定电压下可正确工作		
6	操作回路检查	分合操作	分合闸操作可靠动作		
7	加热器检查	测量电阻	加热器电阻值与铭牌一致		
		功能试验、测量电流	达到温度时加热器自动投入		
8	功能试验	就地操作	打就地控制，就地分合闸操作正常		
		远方操作	打远方控制，远方分合闸操作正常		
9	操作闭锁试验	断路器本身异常情况下如 SF₆ 压力低可靠闭锁电气操作回路			
10	端子紧固	使用螺丝刀对端子紧固	断路器本身异常情况下如 SF₆ 压力低可靠闭锁电气操作回路		
11	设备清灰	无	干净无灰尘		

4. 缺陷消除

缺陷消除见表 13 - 9 - 20。

表 13 - 9 - 20　　　　　　　　　缺　陷　消　除

序号	内　　容	完成情况	责任人签字
1	7521 A 相低温加热回路的 RHJ9 需检查，机构内另外 7 个加热器正常。C 相常规加热回路 KMX3 的 B 相需检查，机构内另外 6 个加热器正常		
2			
⋮			

5. 专项检查及特殊检修

专项检查及特殊检修见表 13 - 9 - 21。

表 13 - 9 - 21　　　　　　　　专项检查和特殊检修

序号	内　　容	标　　准	责任人签字
1	CT、PT 回路检查	见验收作业指导书	
2	非电量回路检查	见验收作业指导书	
3	断路器伴热带检查	见验收作业指导书	
4	刀闸、地刀电机绝缘检查（包括 750kV 高抗风扇、潜油泵）	见验收作业指导书	
5	保护定值核对	打印后检修负责人与监管人员核对签字	
6	整组传动	见附录原始记录	

6. 遗留问题

遗留问题见表 13 - 9 - 22。

表 13 - 9 - 22　　　　　　　　　遗　留　问　题

序号	内　　容	待处理说明	责任人签字
1			
2			
3			
4			

7. 竣工

竣工见表 13 - 9 - 23。

表 13 - 9 - 23　　　　　　　　　竣　　工

序号	内　　容	责任人
1	验收传动	
2	全部工作完毕，拆除所有试验接线（先拆电源侧）	
3	恢复安全措施，严格按现场安全技术措施中所做的安全技术措施恢复，恢复后经双方（工作人员及验收人员）核对无误	
4	全体工作人周密检查施工现场、整理现场，清点工具及回收材料	
5	状态检查，严防遗漏项目	
6	工作负责人在检修记录上详细记录本次工作所修项目、发现的问题、试验结果和存在的问题等	
7	经值班员验收合格，并在验收记录卡上各方签字后，办理工作票终结手续	

（六）作业指导书执行情况评估

作业指导书执行情况评估见表 13-9-24。

表 13-9-24　　　　　　　　作业指导书执行情况评估

评估内容	符合性	优		可操作项	
		良		不可操作项	
	可操作性	优		修改项	
		良		遗漏项	
存在问题					
改进意见					

（七）附录原始记录

1. 保护检修记录（750kV 高压电抗器保护）

保护检修记录（750kV 高压电抗器保护）见表 13-9-25。

表 13-9-25　　　　　　　保护检修记录（750kV 高压电抗器保护）

序号	检查项目	检 修 内 容	♯1 高压电抗器保护 1 PRS747S	♯1 高压电抗器保护 2 SGR751	备注
1	外观检查	无			
2	绝缘检查	交流电流回路对地			
		开入接点对地			
		信号回路对地			
		跳闸回路对地			
		直流电源对地			
		出口接点对地			
3	通电检查	逆变稳压电源检查			
		通电自检查初步检查			
		定值整定校验，失电保护功能检验			
4	电气特性检查	开关量输入检查			
		输出触点和信号检查			
5	电流回路检查	零漂校验			
		精度校验			
6	保护功能检查	差动保护定值校验			
		TA 断线电流校验			
		后备保护校验			
		失灵联跳校验			
7	整组传动试验	保护动作，开关跳闸			

工作负责人（签字）：　　　　　　　　工作监管人（签字）：　　　　　　　　日期：

2. 整组传动

整组传动见表 13-9-26。

表 13 - 9 - 26　　　　　　　　　　　　　整 组 传 动

序号	设备名称	保护设备名称	试验项目	试验方法	试验结果	正确
1	高压电抗器	750kV ♯1 高压电抗器 SGR751 电抗器保护	电量故障	试验仪模拟单相故障。投入高抗电气量保护 1 启动 7521 开关跳闸 1 压板 1CLP1、高抗电气量保护 1 启动 7522 开关跳闸 1 压板 1CLP2	7521、7522 断路器保护屏三相跳闸 1 信号灯亮，7521、7522 断路器三相跳闸	
		750kV ♯1 高压电抗器 PRS761B 电抗器保护	电量故障	试验仪模拟单相故障。投入高抗电气量保护 1 启动 7521 开关跳闸 2 压板 1CLP1、高抗电气量保护 1 启动 7522 开关跳闸 2 压板 1CLP2	7521、7522 断路器保护屏三相跳闸 2 信号灯亮，7521、7522 断路器三相跳闸	
2	高抗非电量	PRS-761B	非电量故障	投入 5CLP1、5CLP2、5CLP3 压板	按下 A 相重瓦斯跳闸按钮，延时跳开 7521、7522 开关	

工作负责人（签字）：　　　　　　　　工作监管人（签字）：　　　　　　　　日期：

3. CT/PT 二次回路检修记录

（1）高抗汇控柜检修记录见表 13 - 9 - 27。

表 13 - 9 - 27　　　　　　　　　　　高抗汇控柜检修记录

序号	CT			编号	位置 1	电缆号	接地点检查	直阻 /Ω	绝缘 /GΩ	是否合格
	安装位置	相别	绕组		各相端子箱					
1	750kV 高抗汇控柜（高压侧电流互感器）	A 相	T1：1S1	A411	X11：1	72713	高抗汇控柜 X11：6			
		B 相		B411	X11：2					
		C 相		C411	X11：3					
		A 相	T1：1S2	N411	X11：4					—
		B 相			X11：5					—
		C 相			X11：6					—
2	750kV 高抗汇控柜（高压侧电流互感器）	A 相	T1：3S1	A431	X11：13	72711	高抗汇控柜 X11：18			
		B 相		B431	X11：14					
		C 相		C431	X11：15					
		A 相	T1：3S2	N431	X11：16					—
		B 相			X11：17					—
		C 相			X11：18					—
3	750kV 高抗汇控柜（高压侧电流互感器）	A 相	T1：4S1	A441	X11：19	72712	高抗汇控柜 X11：24			
		B 相		B441	X11：20					
		C 相		C441	X11：21					
		A 相	T1：4S2	N441	X11：22					—
		B 相			X11：23					—
		C 相			X11：24					—

续表

序号	CT			编号	位置1	电缆号	接地点检查	直阻/Ω	绝缘/GΩ	是否合格
	安装位置	相别	绕组		各相端子箱					
4	750kV 高抗汇控柜（中性点侧电流互感器）	A 相	T2：1S1	N491	X11：25	72735	高抗汇控柜 X11：25			—
		B 相			X11：26					—
		C 相			X11：27					—
		A 相	T2：1S2	A491	X11：28					
		B 相		B491	X11：29					
		C 相		C491	X11：30					
5	750kV 高抗汇控柜（中性点侧电流互感器）	A 相	T2：2S1	N481	X11：31	72726	高抗汇控柜 X11：31			—
		B 相			X11：32					—
		C 相			X11：33					—
		A 相	T2：2S2	A481	X11：34					
		B 相		B481	X11：35					
		C 相		C481	X11：36					
6	750kV 高抗汇控柜（中性点侧电流互感器）	A 相	T2：3S1	N471	X11：37	72727	高抗汇控柜 X11：31			—
		B 相			X11：38					—
		C 相			X11：40					—
		A 相	T2：3S2	A471	X11：41					
		B 相		B471	X11：42					
		C 相		C471	X11：43					

工作负责人（签字）：　　　　　　　工作监管人（签字）：　　　　　　　日期：

（2）断路器汇控柜检修记录见表 13-9-28。

表 13-9-28　　　　　　　　断路器汇控柜检修记录

CT 名称										
中文	编号	电缆号	端子号	盘柜名称	电缆号	端子号	绝缘/GΩ	接地点	直阻/Ω
W2Q1 断路器汇控柜	I2LHa	A4721	X5-10	高抗保护柜 A	72102	1ID-1			
	I2LHb	B4721	X5-11			1ID-2			
	I2LHc	C4721	X5-12			1ID-3			
	N4721	N4721	X5-16			1ID-4			
	I3LHa	A4731	X5-19	高抗保护柜 B	72103	1ID-1			
	I3LHb	B4731	X5-20			1ID-2			
	I3LHc	C4731	X5-21			1ID-3			
	N4731	N4731	X5-25			1ID-4			

续表

CT 名称									
中文	编号	电缆号	端子号	盘柜名称	电缆号	端子号	绝缘/GΩ	接地点	直阻/Ω
	3LHa'	A'4731	X5-25	#2 联络变保护柜 A					
	3LHb'	B'4731	X5-26						
	3LHc'	C'4731	X5-27						
	N'4731	N'4731	X5-31						
	4LHa'	A'4741	X5-34	#2 联络变保护柜 B					
	4LHb'	B'4741	X5-35						
	4LHc'	C'4741	X5-36						
	N'4741	N'4741	X5-40						
	5LHa'	A'4751	X5-49						
	5LHb'	B'4751	X5-50						
	5LHc'	C'4751	X5-51						
	N'4751	N'4751	X5-43						
W2Q2 断路器汇控柜	6LHa'	A'4761	X5-58						
	6LHb'	B'4761	X5-59						
	6LHc'	C'4761	X5-60						
	N'4761	N'4761	X5-52						
	7LHa'	A'4771	X5-61	W2Q2 断路器保护柜	72207	3ID-1			
	7LHa'	B'4771	X5-62			3ID-2			
	7LHa'	C'4771	X5-63			3ID-3			
	N'4771	N'4771	X5-67			3ID-4			
	8LHa'	A'4781	X5-70	第二串测控柜 A	72208	X405-9			
	8LHb'	B'4781	X5-71			X405-10			
	8LHc'	C'4781	X5-72			X405-11			
	N'4781	N'4781	X5-79			X405-15			
	9LHa'	A'4791	X5-82		72209				
	9LHa'	B'4791	X5-83						
	9LHa'	C'4791	X5-84						
	NA4791	NA'4791	X5-91						
	NB4791	NB'4791	X5-92						
	NC4791	NC'4791	X5-93						

工作负责人（签字）：　　　　　　　　　工作监管人（签字）：　　　　　　　　　日期：

4. 750kV 高压电抗器非电量保护检修记录

750kV 高压电抗器非电量保护检修记录见表 13-9-29。

表 13 - 9 - 29　　　　　750kV 高压电抗器非电量保护检修记录

序号	非电量保护名称	端子号	外观	紧固	绝缘/GΩ	信号
1	主电抗器重瓦斯	5FD：18－20				
2	主电抗器压力释放	5FD：21－23				
3	主电抗器绕组温度 1	5FD：24－26				
4	主电抗器油面温度 1	5FD：27－29				
5	主电抗器轻瓦斯	5FD：42－44				
6	主电抗器油位异常	5FD：45－47				
7	主电抗器油面温度 2	5FD：48－50				
8	主电抗器绕组温度 2	5FD：51－53				

工作负责人（签字）：　　　　　　　　工作监管人（签字）：　　　　　　　　日期：

5. 电机绝缘、端子箱端子紧固与清灰检查表

电机绝缘、端子箱端子紧固与清灰检查表见表 13 - 9 - 30。

表 13 - 9 - 30　　　　　　　电机绝缘、端子箱端子紧固与清灰检查表

开关编号		试验方法	绝缘是否正常	端子紧固	端子箱清灰	备注
7501DK	A 相	使用 1000V 电压测量，大于 10MΩ				
	B 相					
	C 相					
7501DK7	A 相	使用 1000V 电压测量，大于 10MΩ				
	B 相					
	C 相					
高抗三相汇控柜	—	—	—			
本体接线盒	A 相	—	—			
	B 相	—	—			
	C 相	—	—			

工作负责人（签字）：　　　　　　　　工作监管人（签字）：　　　　　　　　日期：

附录一　智能变电站相关术语

智能变电站　smart substation

采用先进、可靠、集成、低碳、环保的智能设备，以全站信息数字化、通信平台网络化、信息共享标准化为基本要求，自动完成信息采集、测量、控制、保护、计量和监测等基本功能，并可根据需要支持电网实时自动控制、智能调节、在线分析决策、协同互动等高级功能的变电站。

智能组件　intelligent component

由若干智能电子装置集合组成，承担宿主设备的测量、控制和监测等基本功能；在满足相关标准要求时，智能组件还可承担相关计量、保护等功能。可包括测量、控制、状态监测、计量、保护等全部或部分装置。

智能设备　intelligent equipment

一次设备和智能组件的有机结合体，其有测量数字化、控制网络化、状态可视化、功能一体化和信息互动化特征的高压设备，是高压设备智能化的简称。

智能终端　smart terminal

一种智能组件。与二次设备采用电缆连接，与保护、测控等二次设备采用光纤连接，实现对一次设备（如：断路器、刀闸、主变等）的测量、控制等功能。

智能电子装置　intelligent electronic device；IED

一种带有处理器、只有以下全部或部分功能的一种电子装置：

（1）采集或处理数据。

（2）接收或发送数据。

（3）接收或发送控制指令。

（4）执行控制指令。

如具有智能特征的变压器有载分接开关的控制器、具有自诊断功能的现场局部放电监测仪等。

电子式互感器　electronic instrument transformer

一种装置，由连接到传输系统和二次转换器的一个或多个电流或电压传感器组成，用于传输正比于被测量的量，供测量仪器、仪表和继电保护或控制装置。

电子式电流互感器　electronic current transformer；ECT

一种电子式互感器，在正常适用条件下，其二次转换器的输出实质上正比于一次电流，且相位差在联结方向正确时接近于已知相位角。

电子式电压互感器　electronic voltage transformer；EVT

一种电子式互感器，在正常适用条件下，其二次电压实质上正比于一次电压，且相位差在联结方向正确时接近于已知相位角。

合并单元　merging unit

用以对来自二次转换器的电流和/或电压数据进行时间相关组合的物理单元。合并单元可以是互感器的一个组成件，也可以是一个分立单元。

设备状态监测　on‐line monitoring of equipment

通过传感器、计算机、通信网络等技术，获取设备的各种特征参量并结合专家系统分析，及早发现设备潜在故障。

状态检修　condition‐based maintenance

状态检修是企业以安全、可靠性、环境、成本为基础，通过设备状态评价、风险评估，检修决策，达到运行安全可靠，检修成本合理的一种检修策略。

制造报文规范　manufacturing message specification；MMS

制造报文规范是 ISO/JEC9506 标准所定义的一套用于工业控制系统的通信协议。MMS 规范了工业领域具有通信能力的智能传感器、智能电子设备（IED）、智能控制设备的通信行为，使出自不同制造商的设备之间具有互操作性（Interoperation）。

面向变电站事件通用对象服务　generic object oriented substation event；GOOSE

它支持由数据集组织的公共数据的交换。主要用于实现在多个具有保护功能的 IED之间实现保护功能的闭锁和跳闸。

互操作性　interoperability

来自同一或不同制造商的两个以上智能电子设备交换信息、使用信息以正确执行规定功能的能力。

一致性测试　conformance test

检验通信信道上数据流与标准条件的一致性，涉及访问组织、格式、位序列、时间同步、定时、信号格式和电平、对错误的反应等。执行一致性测试，证明与标准或标准特定描述部分相一致。一致性测试应由通过 ISO9001 验证的组织或系统集成者进行。

顺序控制　sequence control

发出整批指令，由系统根据设备状态信息变化情况判断每步操作是否到位，确认到位后自动执行下指令，直至执行完所有指令。

变电站自动化系统　substation automation system；SAS

变电站自动化系统是指运行、保护和监视控制变电站一次系统的系统，实现变电站内自动化，包括智能电子设备和通信网络设施。

交换机　switch

一种有源的网络元件。交换机连接两个或多个子网，子网本身可由数个网段通过转发器连接而成。

站域控制　substation area control

通过对变电站内信息的分布协同利用或集中处理判断，实现站内自动控制功能的装置或系统。

全景数据　panoramic data

反映变电站电力系统运行能稳态、暂态、动态数据以及变电站设备运行状态、图像等的数据的集合。

在线监测　on‑line monitoring

在不停电的情况下，对电力设备状况进行连续或周期性地自动监视检测。

在线监测装置　on‑line monitoring device

通常安装在被监测设备上或附近，用以自动采集、处理和发送被监测设备状态信息的监测装置（含传感器）。监测装置能通过现场总线、以太网、无线等通信方式与综合监测单元或直接与站端监测单元通信。

综合监测单元　comprehensive monitoring unit

以被监测设备为对象，接收与被监测设备相关的在线监测装置发送的数据，并对数据进行加工处理，实现与站端监测单元进行标准化数据通信的装置。

站端监测单元　substation side monitoring unit

以变电站为对象，承担站内全部监测数据的分析和对监测装置、综合监测单元的管理。实现对监测数据的综合分析、预警功能，以及对监测装置和综合监测单元设置参数、数据召唤、对时、强制重启等控制功能，并能与主站进行标准化通信。

在线监测系统　on‑line monitoring system

在线监测系统主要由监测装置、综合监测单元和站端监测单元组成，实现在线监测状态数据的采集、传输、后台处理及存储转发功能。

电容型设备　capacitive equipment

采用电容屏绝缘结构的设备，如电容型电流互感器、电容式电压互感器、耦合电容器、电容型套管等。

全电流　total current

在正常运行电压下，流过变电设备主绝缘的电流。全电流由阻性电流和容性电流组成。

面向服务的体系结构　service‑oriented architecture；SOA

面向服务的体系结构是一个组件模型，它将应用程序的不同功能单元（称为服务）通过这些服务之间定义良好的接口和契约联系起来。接口是采用中立的方式进行定义的，它应该独立于实现服务的硬件平台、操作系统和编程语言。

服务器　server

在通信网中，服务器是一个功能节点，向其他功能节点提供数据，或允许其他功能节点访问其资源。在软件算法（和/或硬件）结构中，服务器也可以是逻辑上的一个子部分，独立控制其运行。

客户端　client

请求服务器提供服务，或接受服务器主动传输数据的实体，如变电站监控系统等。

智能变电站自动化体系　smart substation automation system

依据变电站在智能电网中的定位与功能，涵盖智能变电站的设计、调试验收、运行维护、检测评估各个环节，将网络通信自动化、数据采集与控制自动化、分析应用功能自动化、调试检修自动化、运行管理自动化互相关联而构成的整体。

一体化信息平台　integrated information platform

集 SCADA、操作闭锁、同步相量采集、电能量采集、故障录波、保护信息管理、状态在线检测等相关功能于一体，实现统一通信接口，统一数据来源，满足系统级网络共享，面向全站设备数据于一体的信息平台。在一体化信息平台的基础上，能构建实现面向全站设备的监控系统，实现顺序控制、设备状态可视化、智能告警及分析决策等高级应用。

智能变电站一体化监控系统　integrated supervision and control system of smart substation

按照全站信息数字化、通信平台网络化、信息共享标准化的基本要求，通过系统集成优化，实现全站信息的统一接入、统一存储和统一展示，实现运行监视、操作与控制、信息综合分析与智能告警、运行管理和辅助应用等功能。

数据通信网关机　data communication gateway

一种通信装置。实现智能变电站与调度、生产等主站系统之间的通信，为主站系统实现智能变电站监视控制、信息查询和远程浏览等功能提供数据、模型和图形的传输服务。

综合应用服务器　comprehensive application server

实现与状态监测、计量、电源、消防、安防和环境监测等设备（子系统）的信息通信，通过综合分析和统一展示，实现一次设备在线监测和辅助设备的运行监视与控制。

数据服务器　data server

实现智能变电站全景数据的集中存储，为各类应用提供统一的数据查询和访问服务。

可视化展示　visualization display

一种信息图形化显示技术。通过可视化建模和渲染技术，将数据和图形相结合，实现变电站设备运行状态、设备故障等信息图形化显示功能，为运行监视人员提供直观、形象和逼真的展示。

计划管理终端　scheduled manage terminal

配备安全文件网关的人机终端，实现调度计划、检修工作票、保护定值单等管理功能。

计划检修终端　scheduled maintenance terminal

配备安全文件网关的人机终端，实现调度计划、检修工作票、保护定值单等管理功能。

远程巡视　remote inspection

利用主站端监控系统、状态监测系统和视频监控等系统在远方对变电站设备运行状态和运行环境进行的巡视。

监测功能组　monitoring group

实现对一次设备的状态监测，是智能组件的组成部分。监测功能组设一个主 IED，承担全部监测结果的综合分析，并与相关系统进行信息互动。

在线监测装置　on‐line monitoring device

通常安装在被监测设备上或附近，用以自动采集、处理和发送被监测设备状态信息的监测装置（含传感器）。监测装置能通过现场总线、以太网、无线等通信方式与综合监测单元或直接与站端监测单元通信。

传感器　sensor

变电设备的状态感知元件，用于将设备某一状态参量转变为可采集的信号。如变压器油中溶解气体传感器、电容型设备监测装置的电流传感器等。

平均无故障工作时间　mean time between failures；MTBF

装置相邻两次故障间的工作时间的平均值。

预制舱体　prefabricated cabin

预制舱式二次组合设备舱体（也可简称"舱体"）采用钢结构箱房，舱内根据需要配置消防、安防、暖通、照明、通信、智能辅助控制系统、集中配线架（舱）等辅助设施，其环境应满足变电站二次设备运行条件及变电站运行调试人员现场作业要求。

预制舱式二次组合设备　Secondary combination device in prefabricated cabin

预制舱式二次组台设备由预制舱体、二次设备屏柜（或机架）、舱体辅助设施等组成，在工厂内完成制作、组装、配线、调试等工作，以箱房形式整体运输至工程现场，就位安装于基础上。

预制光缆　prefabricated optic cable

满足防护等级的两端头带光纤插头（光纤连接器）的光缆。在光缆的一端或两端根据需要连接各种类型的光纤连接器，可实现预制端在施上现场的无熔接接续点的连接或直连。

预制电缆　prefabricated cable

电缆端头进行处理后，与电连接器进行组合从而达到满足要求的防护等级。通常为插座端尾部接导线或电缆，插头尾部接电缆。

单端预制电缆　single side prefabricated cable

单端预制是指电缆的一端预制插头，另一端甩线用于现场连接插头或端子排。

双端预制电缆　double sides prefabricated cable

双端预制是指电缆的两端均预制捅头。

电连接器　electrical connector

电连接器是用于电气设备间电气连接和信号传递的基础元件，由固定端电连接器（也可称"插座"）和自由端电连接器（也可称"插头"）组成。

接触件　contact

接触件是插针和插孔的总称，是电连接器的主要组成元件，用来进行电气连接和信号传递。

单端预制光缆　single end prefabricated optic cable

单端预制光缆是指光缆的一端预制光纤连接器，另一端保持开放状态，开放端现场以熔接方式连接。

双端预制光缆　double end prefabricated optic cable

双端预制光缆是指光缆的两端均预制光纤连接器。

光纤连接器　optic connector

用以稳定地，但不是永久连接两根或多根光纤的无源组件。将光纤的两个端面精密对接起水，使发射光纤（设备）的光能量最大限度的耦合到接收光纤（设备）中，最小化对系统造成的影响。

光缆分支器　divider

光缆中的多根纤芯，经分支器无断点地分成多根尾纤，并在分支器中对分支点加以固定和保护。

网络异常事件　network abnormal events

网络异常事件包含网络风暴、通信中断及不符合设计或相关标准的通信报文和时序过程等网络事件。

报文记录透明性　messages recorder transparency

报文记录透明性指网络报文记录及分析装置本身的记录端口不向外发出任何形式的报文，并对所监视的网络通信不产生任何的影响。

网络性能测试仪　network performance tester

采用专门硬件能够模拟及分析 TCP/IP 协议族并能对网络性能进行评估的测试仪器。

网络损伤模拟器　network impairments emulator

能够模拟与网络性能相关的时延、时延抖动、丢包、数据包错序等可能会对网络质量造成不利影响的网络损伤参数的仪器。

虚端子连线配置　virtual terminator connection configuration

描述 IED 设备之间虚端子连接的配置关系，配置 SCL 模型中的数据集＜DataSet＞下的＜FCDA＞的属性值可指定发送的虚端子、配置 SCL 模型中＜inputs＞下的＜ExtRef＞的属性值可指定虚端子的接收来源。

互操作性　interoperability

来自同一或不同制造商的两个及以上智能电子设备交换信息、使用信息以正确执行规定功能的能力。

一致性测试　conformance test

检验通信信道上数据流与标准条件的一致性，涉及访问组织、格式、位序列、时间同步、定时、信号格式和电平、对错误的反应等。执行一致性测试，证明与标准或标准特定描述部分相一致。一致性测试应由通过 ISO 9001 验证的组织或系统集成者进行。

交换机　switch

一种有源的网络元件。交换机连接两个或多个子网，子网本身可由数个网段通过转发器连接而成。

分布式保护　distributed protection

分布式保护面向间隔，由若干单元装置组成，功能分布实现。

就地安装保护　locally installed protection

在一次配电装置场地内紧邻被保护设备安装的继电保护设备。

IED 能力描述文件　IED capability description

由装置厂商提供给系统集成厂商，该文件描述 IED 提供的基本数据模型及服务，但不包含 IED 实例名称和通信参数。

系统规格文件　system specification description

应全站唯一，该文件描述变电站一次系统结构以及相关联的逻辑节点，最终包含在

SCD 文件中。

全站系统配置文件　substation configuration description

应全站唯一，该文件描述所有 IED 的实例配置和通信参数、IED 之间的通信配置以及变电站一次系统结构，由系统集成厂商完成。SCD 文件应包含版本修改信息，明确描述修改时间、修改版本号等内容。

IED 实例配置文件　configured IED description

每个装置有一个，由装置厂商根据 SCD 文件中本 IED 相关配置生成。

系统配置调试　system configuration debugging

根据系统的物理组网结构设计与变电站功能设计，检查设备的组态、配置以及设备之间的信息关联。

虚回路　virtual circuit

表述了某功能输入至输出之间，由设备组态以及设备之间信息关联链接所构成的逻辑回路。

间隔整组调试　bay function commissioning

分系统调试的一种基础类别，主要针对一次设备的保护、安自、测控、计量、PMU等功能，整体调试由间隔层、过程层设备构成的间隔功能设备组。

系统接口试验　system I/O channel function testing

主要指系统连接现场的输入/输出信号虚回路，检测由站控层、间隔层、过程层设备链接而成的交流信号测量、开关状态采集、控制指令执行等功能。

同步采样试验　synchronous sampling test

交流测量通道之间实时采样断面一致性检测，多应用于检验功率、潮流、差流等测量计算功能。

系统联调　system integration commissioning

按照一体化监控功能的设备组成以及工程实现逻辑，通过数据共享、综合应用的方式整合各分系统能力而进行的站域关联设备联合调试。

电力系统二次设备　secondary devices of power system

对一次设备的运行状态进行监视、测量、控制和保护的设备，称为电力系统的二次设备。包括电力系统继电保护及安全自动装置、调度自动化系统、变电站自动化系统、通信系统，以及为二次设备提供电源的交直流电源系统。

电涌　surge

因雷电或开火操作在线路和电气设备上产生的过电压，其特性是快速上升后缓慢下降的冲击过程。

电涌保护器　surge protective device；SPD

用于限制瞬态过电压和泄放电涌电流来保护设备的一种装置，它至少包含有一个非线性元件。也称浪涌保护器或过电压保护器或防雷保安器。

电压限制型 SPD　voltage limiting type SPD

无电涌时呈现高阻抗，但是随着冲击电压的上升并达到或超过箱位动作电压值时，其阻抗迅速下降的 SPD。常用的非线性元件是：压敏电阻和瞬态电压抑制二极管。这类

SPD 有时也称作"箝位型 SPD"。

电压开关型 SPD　voltage switching type SPD

无电涌时呈现高阻抗，电涌电压超过其动作电压时能立即转变成低限抗的 SPD。电压开关型 SPD 常用的元件有：放电间隙、气体放电管、闸流管和三端双向可控硅开关元件。这类 SPD 有时也称作"短路型 SPD"。

保护模式　modes of protection

交流 SPD 保护元件可以连接在相对相、相对地、相对中性线、中性线对地及其组合；直流和信号 SPD 保护元件可以连接在正负极、正极对地、负极对地及其组合；相同或正负极间的保护元件抑制差模过电压，相对地或正负极对地的保护元件抑制共模过电压。这些连接方式称作保护模式。

退耦元件　decoupling elements

在被保护线路中并联接入多级 SPD 时，如果开关型 SPD 与限压型 SPD 之间的线路长度小于 10m、限压型 SPD 之间的线路长度小于 5m 时，为实现多级 SPD 之间的能量配合，应在 SPD 之间的线路上串接适当的电阻或电感，这些电阻或电感元件称为退耦元件。

标称放电电流　nominal discharge current

SPD 通过 $8/20\mu s$ 波形的规定试验次数而不发生实质性破坏的放电电流峰值，又称冲击通流容量。

残压　residual voltage

放电电流流过 SPD 时，在其规定端子间的电压峰值。

防雷接地　lightning protective grounding

为泄放雷电荷而设的接地。

等电位连接　equipotential bounding；EB

将分开的电气装置外壳、接地极用导体或不同地网间用放电间隙进行电气连接，以减少雷电流在它们之间产生的电位差。

最大放电电流　maximum discharge current

SPD 不发生实质性破坏，每线或单模块对地或对中性线，通过规定次数、规定波形的最大限度的电流峰值。最大放电电流一般不小于标称放电电流的 2 倍。

响应时间　responding time

SPD 遇超过其动作电压的电冲击时，由高阻抗转变为低阻抗的时间（考虑实际测试的困难，此条未在标准中给出）。

插入损耗　insertion loss

在信号传输系统中插入一个 SPD 所引起的信号能量损耗。它是在 SPD 插入后传递到后面的系统部分的功率与 SPD 插入前传递到同一部分的功率之比。插入损耗通常用分贝（dB）表示。

接地线　grounding conductor

电气装置、设施的接地端子与接地极连接用的金属导电部分。

接地极　grounding electrode

埋入地中并直接与大地接触的金属导体，称为接地极。兼作接地极用的直接与大地接触的各种金属构件、金属井管、钢筋混凝土建（构）筑物的基础、金属管道和设备等称为自然接地极。

接地装置　grounding connection

接地线和接地极的总和。

共用接地系统　common earthing system

将各部分防雷装置、建筑物金属构件、低压配电保护线（PE）、等电位连接带、设备保护地、屏蔽体接地、防静电接地及接地装置等连接红一起的接地系统。

等电位连接网络　bonding network

由一个系统的诸外露导电部分（正常不带电）作等电位连接的导体所组成的网络。

等电位隔离　equivalent potential isolation

用非线性器件将不宜直接接地的设备或另一地网与主地网进行等电位连接，需要泄流时设备和地网间处于最小电位差，无电涌时设备或另一地网与主地网隔离。

数据传输速率　bps data transmission rate

信号 SPD 接入传输数字信号的被保护的系统传输线后，插入损耗不大于规定值的上限数据传输速率。

传输频率　transmission frequency

信号 SPD 接入传输模拟信号的被保护系统传输线后，插入损耗不大于规定的上限模拟信号频率。

告警功能　caution function

具有指示 SPD 正常或故障的标志或指示灯或远传指示接点。

最大持续工作电压　maximum continuous operating voltage

允许持久地施加在 SPD 上最大交流电压有效值或直流电压。其值等于额定电压。

续流　following current

冲击放电电流后，由电源系统流入 SPD 的电流。SPD 恢复正常阻抗后，流过 SPD 的为泄漏电流。

额定负载电流　rated load current

能对 SPD 保护的输出端连接负载提供的最大持续额定交流电流有效值或直流电流值。

电压保护水平　voltage protection level

表征 SPD 限制接线端子间过电压的性能参数，该值不小于残压电压的最大值。

附录二 智能变电站相关缩略语

IED Intelligent Electronic Device（智能电子设备）

ICD IED Capability Description（IED 能力描述文件）

SCD Substation Configuration Description（全站系统配置文件、变电站配置描述）

SSD System Specification Description（系统规范文件）

CID Configured IED Description（IED 实例配置文件）

SCL Substation Configuration Language（变电站配置语言）

CIM Common Information Model（公共信息模型）

SVG Scalable Vector Graphics（可缩放矢量图形）

XML Extensible Markup Language（可扩展标示语言）

PMU Phasor Measurement Unit（同步相量测量装置）

SNMP Simple Network Management Protocol（简单网络管理协议）

GOOSE Generic Object Oriented Substation Event（面向通用对象的变电站事件、面向变电站事件的通用对象）

PMS Production Management System（生产管理系统）

SOE Sequence Of Event（事件顺序记录）

MICS Model Implementation Conformance Statement（模型实现一致性陈述）

PICS Protocol Implementation Conformance Statement（协议实现一致性陈述）

PIXIT Protocol Implementation extra Information for Testing（用于测试的协议实现额外信息）

BRCB Buffered Report Control Block（有缓存报告控制块）

URCB Unbuffered Report Control Block（无缓存报告控制块）

SCSM Specific Communication Service Mapping（特殊服务映射）

FCD Functional Constrained Data（功能约束数据）

FCDA Functional Constrained Data Attribute（功能约束数据属性）

SGCB Setting Group Control Block（定值组控制块）

IntgPd integrity period（完整性周期）

GI general-interrogation（总召）

ACSI Abstract Communication Service Interface（抽象通信服务接口）

A/D Analog/Digital（模拟量/数字量转换）

IP Internet Protocol（网际协议）

MMS Manufacturing Message Specification（制造报文规范）

SV Sampled Value（采样值）

GARP　Generic Attribute Registration Protocol（通用属性注册协议）

GMRP　GARP Multicast Registration Protocol（GARP 组播注册管理协议）

ICMP　Iransmission Control Message Protocol（互联网控制消息协议）

TCP　Transmission Control Protocol（传输控制协议）

CRC　Circle Redundancy Check（循环冗余校验）

DUT　Device Under Test（被测设备）

PTP　Peer to Peer（对等互联网络）

ASDU　Application Service Data Unit（应用服务数据单元）

APDU　Application Protocol Data Unit（应用协议数据单元）

ECT　Electronic Current Transformer（电子式电流互感器）

EVT　Electronic Voltage Transformer（电子式电压互感器）

MU　Merging Unit（合并单元）

1PPS　1Pulse Per Second（秒脉冲）

BDA　Basic Data Attribute（基本数据属性）

CDC　Common Data Class（公用数据类）

DA　Data Attribute（数据属性）

DAI　Instantiated Data Attribute（实例化数据属性）

DAType　Data Attribute Type（数据属性类型）

DO　Data Object（数据对象）

DOI　Instantiated Data Object（实例化数据对象）

DOType　Data Object Type（数据对象类型）

EnumType　Enumerated Type（枚举类型）

ExtRef　External Reference（外部索引）

FCDA　Functional Constrained Data Attribute（功能约束数据属性）

GSE　General Substation Event（通用变电站事件）

ICD　IED Configuration Description（智能电子设备配置描述）

LD　Logical Device（逻辑设备）

LN　Logical Node（逻辑节点）

LNodeType　Logical Node Type（逻辑节点类型）

MMS　Manufacture Message Specification（制造报文规范）

SCD　Substation Configuration Description（变电站配置描述）

SCL　Substation Configuration Description Language（变电站配置描述语言）

SDO　Sub Data Object（子数据对象）

SMV　Sampled Measurement Value（采样测量值）

SSD　System Specification Description（系统规范描述）

SV　Sampled Value（采样值）

XML　Extensible Markup Language（可扩展标记语言）

附录三　智能变电站相关技术标准

序号	技　术　标　准　名　称	对应文件
智能变电站建设相关技术规范及要求		
1	变电设备在线监测系统技术导则	国网科〔2011〕601 号
2	变电设备在线监测装置通用技术规范	
3	变压器油中溶解气体在线监测装置技术规范	
4	电容型设备及金属氧化物避雷器绝缘在线监测装置技术规范	
5	《变电站智能化改造技术规范》及编制说明	国网科〔2011〕1119 号
6	油浸式电力变压器智能化技术条件（试行）	智能二〔2010〕1 号
7	高压开关设备智能化技术条件（试行）	
8	《高压设备智能化技术导则》及编制说明	国网科〔2010〕180 号
9	《地区智能电网调度技术支持系统应用功能规范》及编制说明	国网科〔2010〕652 号
10	输电线路状态监测系统建设原则	生输电〔2010〕13 号
11	输电线路状态监测系统技术规范	
12	输电线路在线监测装置技术规范	
13	《输电线路状态监测装置通用技术规范》及编制说明	国网科〔2010〕1738 号
14	《输电线路气象监测装置技术规范》及编制说明	
15	《输电线路线温度监测装置技术规范》及编制说明	
16	《输电线路微风振动监测装置技术规范》及编制说明	
17	《输电线路等值覆冰厚度监测装置技术规范》及编制说明	
18	《输电线路导线舞动监测装置技术规范》及编制说明	
19	《输电线路导线弧垂监测装置技术规范》及编制说明	
20	《输电线路风偏监测装置技术规范》及编制说明	
21	《输电线路现场污秽度监测装置技术规范》及编制说明	
22	《输电线路杆塔倾斜监测装置技术规范》及编制说明	
23	《输电线路图像视频监控装置技术规范》及编制说明	
24	《输变电设备状态监测系统技术导则》及编制说明	
25	《输变电状态监测主站系统数据通信协议（输电部分）》及编制说明	
26	《输电线路状态监测代理技术规范》及编制说明	
27	智就变电站继电保护技术原则	调继〔2010〕21 号
28	输变电设备状态监测主站系统（变电部分）I1 接口网络通信规范	生变电〔2011〕238 号
29	输变电设备状态监测主站系统《变电部分》I2 接口网络通信规范	

序号	技　术　标　准　名　称	对应文件
30	《智能变电站继电保护技术规范》及编制说明	国网科〔2010〕530 号
31	《配电自动化技术导则》及编制说明	国网科〔2009〕1535 号
32	《智能变电站技术导则》及编制说明	
33	智能变电站 220kV～750kV 保护测控一体化装置技术规范（征求意见稿）	基建设计〔2011〕312 号
34	智能变电站 110kV 保护测控一体化装置技术规范（征求意见稿）	
35	智能变电站 35kV 及以下保护测控计量多功能装置技术规范（征求意见稿）	
36	智能电力变压器技术条件第一部分：智能组件通用技术条件（征求意见稿）	科智函〔2012〕1 号
37	智能电力变压器技术条件第三部分：有载分接开关控制 IED 技术条件（征求意见稿）	
38	智能电力变压器技术条件第四部分：冷却装置控制 IED 技术条件（征求意见稿）	
39	智能电力变压器技术条件第九部分：非电量保护 IED 技术条件（征求意见稿）	
40	智能高压开关设备技术条件第一部分：智能组件通用技术条件（征求意见稿）	
41	智能高压设备组件柜技术条件（征求意见稿）	
42	智能变电站自动化体系规范（征求意见稿）	
43	《智能变电站一体化监控系统功能规范》及编制说明	国网科〔2012〕143 号
44	《智能变电站一体化监控系统建设技术规范》及编制说明	
45	《电子式电流互感器技术规范》及编制说明	国网科〔2010〕369 号
46	《电子式电压互感器技术规范》及编制说明	
47	《智能变电站合并单元技术规范》及编制说明	
48	《智能交电站测控单元技术规范》及编制说明	
49	《智能变电站智能终端技术规范》及编制说明	
50	《智能变电站网络交换机技术规范》及编制说明	
51	《智能变电站智能控制柜技术规范》及编制说明	
52	基于 DL/T 860 标准的变电设备在线监测装置应用规范	国网科〔2011〕560 号
智能变电站设计相关技术标准		
53	10（66）kV 变电站智能化改造工程标准化设计规范	国网科〔2011〕1298 号
54	220kV 变电站智能化改造工程标准化设计规范	
55	330kV～750kV 变电站智能化改造工程标准化设计规范	
56	110（66）kV～220 kV 智能变电站设计规范	国网科〔2010〕229 号
57	330kV～750kV 智能变电站设计规范	
58	城市区域智能电网典型配置方案（试行）	智能〔2010〕67 号

续表

序号	技 术 标 准 名 称	对应文件
59	国家电网公司 2011 年新建变电站设计补充规定	国家电网基建〔2011〕58 号
60	智能变电站优化集成设计建设指导意见	国家电网基建〔2011〕539 号
61	750kV 变电站通用设计智能化补充模块技术导则（征求意见稿）	基建设计函〔2011〕14 号
62	500kV 变电站通用设计智能化补充模块技术导则（征求意见稿）	
63	330kV 变电站通用设计智能化补充模块技术导则（征求意见稿）	
64	220kV 变电站通用设计智能化补充模块技术导则（征求意见稿）	
65	110kV 变电站通用设计智能化补充模块技术导则（征求意见稿）	
66	66kV 变电站通用设计智能化补充模块技术导则（征求意见稿）	
智能变电站验收、试验相关技术标准		
67	《变电站智能化改造工程验收规范》及编制说明	国网科〔2011〕487 号
68	智能变电站二次设备技术性能及试验要求	国家电网基建〔2012〕418 号
69	电网视频监控系统及接口第 3 部分工程验收	信息函〔2011〕139 号
70	智能设备交接验收规范　第一部分：一次设备状态监测（征求意见稿）	生变电函〔2011〕173 号
71	智能设备交接验收规范　第二部分：电子式互感器（征求意见稿）	
72	智能设备交接验收规范　第三部分：智能巡视（征求意见稿）	
73	智能设备交接验收规范　第四部分：一体化电源（征求意见稿）	
74	《智能变电站自动化系统现场调试导则》及编制说明	国网科〔2010〕369 号
智能变电站运行维护相关技术标准		
75	变电站运行管理规范（征求意见稿）	生变电函〔2011〕173 号
76	智能变电站设备运行维护导则（征求意见稿）	
77	变电站智能巡视技术规范（征求意见稿）	
智能变电站其他相关标准		
78	DL/T 1092　电力系统安全稳定控制系统通用技术条件	
79	DL 755　电力系统安全稳定导则	
80	GB/T 14285　继电保护和安全自动装置技术规程	
81	DL/T 769　电力系统微机继电保护技术	
82	DL/T 478　继电保护和安全自动装置通用技术条件	
83	GB/T 13729　远动终端设备	
84	DL/T 5149　220kV～500kV 变电所计算机监控系统设计技术规程	
85	DL/T 448　电能计量装置技术管理规程	
86	DL/T 782　110kV 及以上送变电工程启动及竣工验收规程	
87	DL/T 995　继电保护和电网安全自动装置检验规程	
88	GB 50150　电气装置安装工程电气设备交接试验标准	
89	Q/GDW 213　变电站计算机监控系统工厂验收管理规程	
90	Q/GDW 214　变电站计算机监控系统现场验收管理规程	

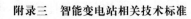

续表

序号	技 术 标 准 名 称	对应文件
91	GB/T 7261 继电保护和安全自动装置基本试验方法	
92	GB/T 19520 电子设备机械结构	
93	GB/T 1207 电磁式电压互感器	
94	GB/T 1208 电流互感器	
95	GB/T 20840.7 互感器 第7部分：电子式电压互感器	
96	GB/T 20840.8 互感器 第8部分：电子式电压互感器	
97	DL/T 620 交流电气装置的过电压保护和绝缘配合	
98	DL/T 621 交流电气装置的接地	
99	DL/T 5136 火力发电厂、变电站二次接线设计技术规程	
100	DL/T 5149 220kV～500kV变电所计算机监控系统设计	
101	DL/T 5003 电力系统调度自动化设计技术规程	
102	DL/T 5002 地质电网调度自动化设计技术规程	
103	DL/T 664 带电设备红外诊断应用规范	
104	DL/T 5222 导体和电器选择设计技术规定	
105	GB 50065 交流电气装置的接地设计规范	
106	GB 50016 建筑设计防火规范	
107	DL/T 1146 DL/T 860实施技术规范	
108	DL/T 890 能量管理系统应用程序接口	
109	GB 50217 电力工程电缆设计规范	
110	GB 50011 建筑抗震设计规范	
111	GB 17945 消防应急照明和疏散指示系统	
112	GB 50034 建筑照明设计标准	
113	GB 50054 低压配电设计规范	
114	DL/T 5390 发电厂和变电所照明设计技术规定	
115	GJB 599A 耐环境快速分离高密度小圆形连接器总规范	
116	GJB 1217A 电连接器试验方法	
117	GB/T 9771.1 通信用单模光纤 第1部分：非色散位移模光纤特性	
118	GB/T 15972.1 光纤总规范 第1部分：总则	
119	GB/T 12357.1 通信用多模光纤 第1部分：A1类多模光纤特性	
120	GB/T 4724 印制电路用覆铜箔环氧纸层压板	
121	YD/T 901 层绞式通信用室外光缆	
122	GB 2951 电线电缆通用实验方法	
123	GB/T 2952 电缆外护层	
124	GB/T 3048 电线电缆电性能试验方法	
125	GB/T 19666 阻燃和耐火电线电缆	

续表

序号	技 术 标 准 名 称	对应文件
126	GB/T 9330　塑料绝缘控制电缆	
127	GB/T 2900.15　电工术语　变压器、互感器、调压器和电抗器	
128	GB/T 2900.50　电工术语　发电、输电及配电　通用术语	
129	GB/T 2900.57　电工术语　发电、输电和配电　运行	
130	GB/T 14285　继电保护和安全自动装置技术规程	
131	DL/T 448　电能计量装置技术管理规程	
132	DL/T 478　静态继电保护及安全自动装置通用技术条件	
133	DL/T 663　220kV～500kV电力系统故障动态记录装置检测要求	
134	DUT 723　电力系统安全稳定控制技术导则	
135	DL 755　电力系统安全稳定导则	
136	DL/T 769　电力系统微机继电保护技术导则	
137	DL/T 782　110kV及以上送变电工程启动及竣工验收规程	
138	DL/T 860　变电站通信网络和系统	
139	DL/T 995　继电保护和电网安全自动装置检验规程	
140	DL/T 1075　数字式保护测控装置通用技术条件	
141	DL/T 1092　电力系统安全稳定控制系统通用技术条件	
142	DL/T 5149　220kV～500kV变电所计算机监控系统设计技术规程	
143	JJG 313　测量用电流互感器检定规程	
144	JJG 314　测量用电压互感器检定规程	
145	JJG 1021　电力互感器检定规程	
146	Q/GDW 157　750kV电力设备交接试验标准	
147	Q/GDW 168　输变电设备状态检修试验规程	
148	Q/GDW 213　变电站计算机监控系统工厂验收管理规程	
149	Q/GDW 214　变电站计算机监控系统现场验收管理规程	
150	IEC 61499 Function blocks for embedded and distributed control systems design	
151	IEC 61588 Precision clock synchronization protocol for networked measurement and control systems	
152	GB/T 13730—2002　地区电网调度自动化系统	
153	GB/T 14285　继电保护和安自装置技术规程	
154	GB 50171　电气装置安装工程　盘、柜及二次回路结线施工及验收规范	
155	GB 50312　综合布线工程验收规范	
156	DL/T 621　交流电气装置的接地	
157	DL/T 624　继电保护微机型试验装置技术条件	
158	DL/T 698　电能信息采集与管理系统	

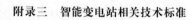

续表

序号	技 术 标 准 名 称	对应文件
159	DL/T 860　变电站通信网络和系统	
160	DL/T 995　继电保护和电网安自装置检验规程	
161	DL/T 1100.1　电力系统的时间同步系统　第 1 部分：技术规范	
162	Q/GDW 131　电力系统实时动态监测系统技术规范	
163	Q/GDW 161　线路保护及辅助装置标准化设计规范	
164	Q/GDW 175　变压器、高压并联电抗器、母线保护及辅助装置标准化设计规范	
165	Q/GDW 214　变电站计算机监控系统现场验收管理规程	
166	Q/GDW 383　智能变电站技术导则	
167	Q/GDW 410　高压设备智能化技术导则	
168	QGDW 431　智能变电站自动化系统现场调试导则	
169	Q/GDW 441　智能变电站继电保护技术规范	
170	Q/GDW 534　变电设备在线监测系统技术导则	
171	Q/GDW 576　站用交直流一体化电源系统技术规范	
172	Q/GDW 652　继电保护试验装置检验规程	
173	Q/GDIY 678　智能变电站一体化监控系统功能规范	
174	Q/GDW 688　智能变电站辅助控制系统设计规范	
175	Q/GDW 689　智能变电站调试规范	
176	Q/GDW 690　电子式互感器现场校验规范	
177	Q/GDW 691　智能变电站合并单元测试规范	
178	Q/GDW 766　10kV～110（66）kV 线路保护及辅助装置标准化设计规范	
179	Q/GDW 767　10kV～110（66）kV 元件保护及辅助装置标准化设计规范	
180	Q/GDW 1396　IEC 61850 工程继电保护应用模型	

参 考 文 献

［1］ 刘振亚. 智能电网技术［M］. 北京：中国电力出版社，2010.

［2］ 刘振亚. 智能电网读本［M］. 北京：中国电力出版社，2010.

［3］ 冯军. 智能变电站原理及测试技术［M］. 北京：中国电力出版社，2011.

［4］ 高翔. 数字化变电站应用技术［M］. 北京：中国电力出版社，2008.

［5］ 高新华. 数字化变电站技术丛书：测试分册［M］. 北京：中国电力出版社，2010.

［6］ 方丽华. 数字化变电站技术丛书：运行维护分册［M］. 北京：中国电力出版社，2010.

［7］ 廖小君. 智能变电站调试及应用培训教材［M］. 北京：中国电力出版社，2016.

［8］ 孙鹏，张大国，汪发明，等. 智能变电站调试与运行维护［M］. 北京：中国电力出版社，2015.

［9］ 林冶. 智能变电站二次系统原理与现场实用技术［M］. 北京：中国电力出版社，2016.

［10］ 重庆市送变电工程有限公司. 智能变电站工程管理与安装调试［M］. 北京：中国电力出版社，2016.

［11］ 国网浙江省电力公司. 智能变电站技术及运行维护［M］. 北京：中国电力出版社，2012.

［12］ 宁夏电力公司教育培训中心. 智能变电站运行与维护［M］. 北京：中国电力出版社，2012.

［13］ 石光. 智能变电站实用技术问答丛书：智能变电站试验与调试［M］. 北京：中国电力出版社，2015.

［14］ 国网江苏省电力公司，国网江苏省电力公司检修分公司. 特高压交流变电站设备安装调试质量工艺监督手册［M］. 北京：中国电力出版社，2016.

［15］ 宋庭会. 智能变电站继电保护现场调试技术［M］. 北京：中国电力出版社，2015.

［16］ 何建军. 智能变电站系统测试技术［M］. 北京：中国电力出版社，2011.

［17］ 国家电网公司基建部. 智能变电站建设技术［M］. 北京：中国电力出版社，2012.

［18］ 刘延冰，李红斌，余春雨，等. 电子互感器原理 技术及应用［M］. 北京：中国电力出版社，2009.

［19］ 河南省电力公司. 智能变电站建设管理与工程实践［M］. 北京：中国电力出版社，2012.

［20］ 耿建风. 智能变电站设计与应用［M］. 北京：中国电力出版社，2012.

［21］ 胡刚. 智能变电站实用知识问答［M］. 北京：电子工业出版社，2013.

［22］ 路文梅. 智能变电站技术与应用［M］. 北京：机械工业出版社，2014.

［23］ 国家电网公司. 智能变电站自动化系统现场调试导则［S］. 北京：中国电力出版社，2010.

［24］ 黄新波. 智能变电站原理与应用［M］. 北京：中国电力出版社，2013.